R을 이용한 기초통계학

박철근 · 한동환 지음

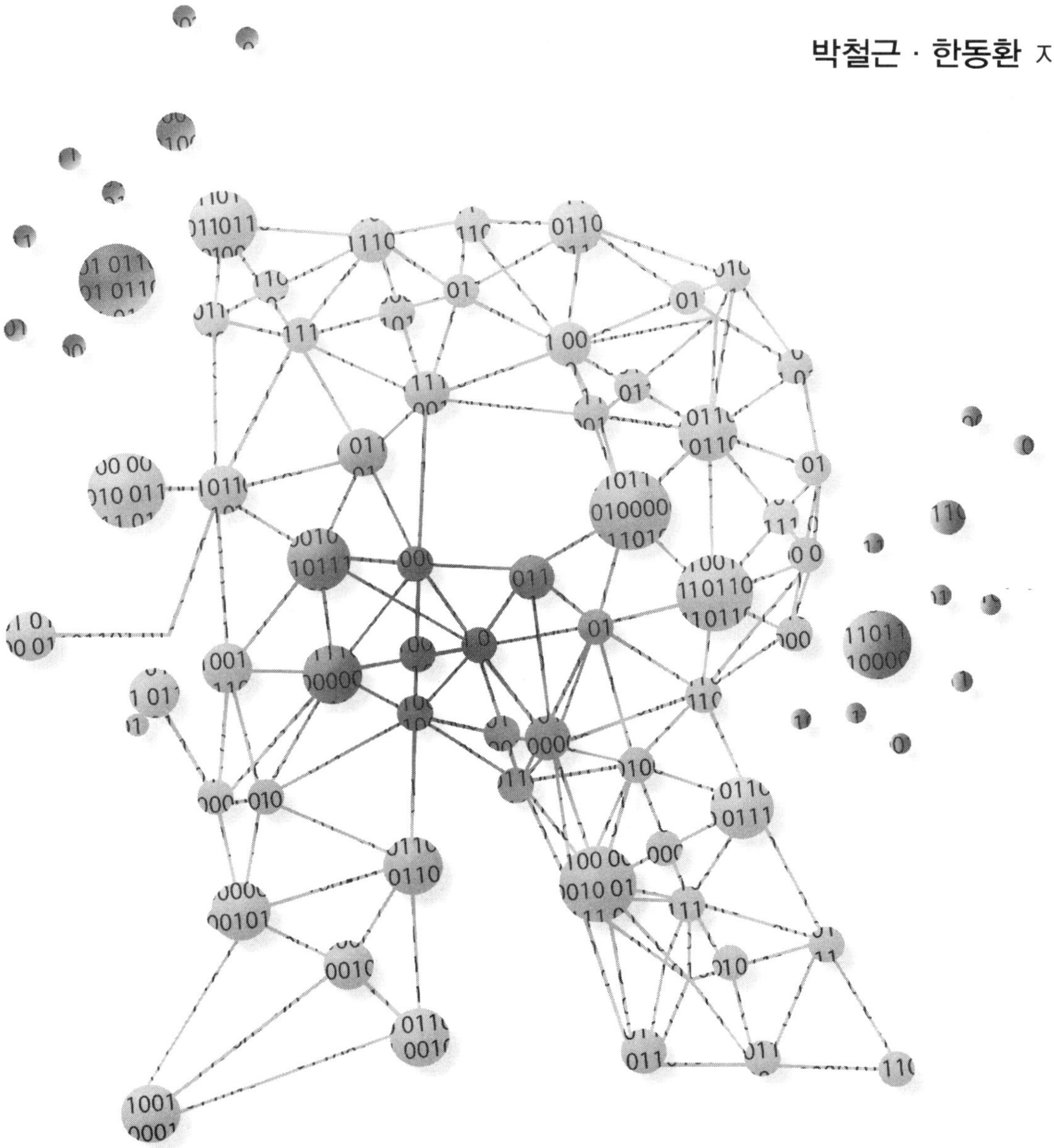

자유아카데미

머리말

정보통신과 컴퓨팅 기술의 비약적인 발전과 더불어 빅데이터 분석기술이 현대를 포함한 미래사회의 정치, 경제, 문화 및 과학기술 등 전 영역에 걸쳐 영향을 미칠 것으로 보이며 그 중요성이 시간이 갈수록 점점 크게 부각되고 있다. 여러 종류의 빅데이터를 수집하고, 분석하며, 시각화하는 빅데이터 기술은 인간의 사회생활 변화 및 환경 변화를 더욱 더 정확하게 예측하여 정부나 기업체 및 단체의 운영효율을 증대시킬 수 있다. 더구나 빅데이터는 정보화사회에서부터 점차 개인화되어 가고 있는 사회 구성원 및 경제 주체에 따라 맞춤형 정보를 제공하고 분석 가능하게 하여 새로운 기회를 제공할 수도 있다.

이와 같이 데이터 분석 기술의 중요성이 인식되면서 R-언어의 중요성도 점차 부각되고 있다. R-언어는 데이터 분석에 중심을 두고 개발된 프로그래밍 언어인 만큼 관련 패키지가 워낙 다양하기 때문이다. 또한 R은 오픈 소스로서 통계학자, 경제학자 등 데이터 분석 전문가들이 빠른 속도로 패키지를 갱신하여 활용성이 풍부하다는 장점도 있다.

빅데이터를 분석하기 위해서는 확률 및 통계 이론을 기본적으로 알아야 할 필요가 있다. 통계학이란 관심의 대상에 대한 자료를 효율적으로 수집·정리하고, 관찰과 조사로부터 얻은 자료에 포함된 정보를 바탕으로 조사 대상 전체의 특성을 추론하는 방법을 제공한다. 그리고 확률 개념은 통계적 방법을 보완하고 통계적 추론의 설득력을 담보하는 중요한 요소이며 통계분석으로 얻어진 결과를 해석할 때 핵심적인 역할을 한다.

본 교재에서는 R-언어의 기본 사용법과 함께 확률과 통계의 이론과 자료분석 방법을 다룬다. R-프로그램이나 R-패키지를 강하게 연계하여 좀 더 흥미롭게 데이터 분석의 기본이 되는 확률과 통계에 접근하고자 한다.

1장에서는 통계분석의 기초 개념으로 통계학과 자료분석 및 기초통계량의 개요를 다룬다.

2장에서는 확률과 확률분포에 대한 정의와 개념을 다루며 확률변수, 확률밀도함수 등을 포함한다.

3장에서는 통계분석에서 많이 사용되는 이산확률분포와 연속확률분포 및 이와 관련된 R의 내부함수를 소개한다.

4장에서는 표본과 표본분포를 다루고 5장에서는 통계적 추론을 다루는데 여기에는 점 추정과 구간추정을 포함하고 R이 제공하는 관련되는 검정함수를 소개한다.

6장 가설검정에서는 모평균과 모분산 및 모비율의 검정을 포함하여 두 모집단에 대한 모수의 비교를 다룬다.

7장에서는 단순선형회귀모형과 다중선형회귀모형을 포함하여 분산분석과 상관분석 방법을 다룬다.

8장에서는 적합도검정과 교차분석을, 9장에서는 비모수적 방법에 대한 여러 가지 검정 방법을 다루고 관련 R 함수를 소개한다.

R-언어에 대한 기초 지식이 있는 독자는 차례에 따라 무리 없이 학습할 수 있으며 R-언어 사용이 처음인 독자는 부록 A1을 필독한 후 차례를 따르기를 권고한다. 출간 후 수정 사항이 있을 경우에는 자유아카데미 홈페이지(www.freeaca.com) 자료실에 제공할 예정이다.

끝으로 본 교재를 통하여 확률 및 통계 이론을 습득하고 관련된 R-프로그램 및 패키지를 활용하여 데이터 분석의 기본이 되는 확률통계 역량을 향상시키기를 진심으로 바란다.

2019년 9월

박 철 근

차례

CHAPTER 01 통계분석 기초

CHAPTER 02 확률과 확률분포

CHAPTER 03 중요한 확률분포

CHAPTER 06 가설검정

CHAPTER 07 범주형 자료분석

CHAPTER 08 비모수 통계

CHAPTER 09 회귀분석

부록 A1 R-언어 입문

부록 A2 누적분포표와 분위수

부록 A3 R 프로그램 소스

CHAPTER 01

통계분석 기초

01

통계분석 기초

1.1 통계학과 자료분석

1.1.1 통계분석의 개요

1. 확률의 역할과 통계분석

◯ **확률(probability)의 역할**: 현대의 통계분석 접근 방법에서 확률의 개념 없이는 자료의 분석에 대한 올바른 이해가 있을 수 없다. 자료로부터 얻어지는 결론의 확신 정도를 계량화하는 데 확률지식이 활용된다. 확률 개념은 통계적 방법을 보완하고 통계적 추론의 설득력을 담보하는 중요한 요소임에 틀림이 없다. 그리고 통계분석으로 얻어진 결과를 해석할 때 p-값은 종종 핵심적인 역할을 한다.

◯ **통계학(statistics)의 정의와 유형**: 여러 문헌에서 정의하는 통계학의 의미는 다음과 같다. 통계학이란 자료의 수집과 정리, 자료를 해석하여 유용한 정보를 이끌어내는 학문이라고 할 수 있다. 통계학이란 관심의 대상에 대한 자료를 효율적으로 수집, 정리, 요약하고, 관찰과 조사로부터 얻은 일부 자료에 포함된 정보를 바탕으로 조사대상 전체의 특성을 추론하는 방법을 제공하는 학문이다.

통계학이란 불확실한 상황에서 효과적인 의사결정을 할 수 있도록 과학적으로 자료를 수집하고 정리하여 해석하는 이론과 방법을 연구하는 학문이다. 이러한 통계학은 크게 두 가지 유형으로 분류한다.

(1) **기술**(descriptive)**통계학**: 자료를 수집, 정리하여 도표로 만들거나 수치값들을 요약한 대푯값이나 변동의 크기 등을 구분하는 방법을 다루는 분야

(2) **추측**(inferential)**통계학**: 구해진 자료들의 관측값들을 분석하여 관심의 대상이 되는 전체 문제에 대한 불확실한 값의 추론을 다루는 분야

◎ **통계분석**(statistical analysis): 통계분석(통계적 추론)이란 특정한 집단이나 불확실한 현상을 대상으로 자료를 수집하여 대상 집단에 대한 정보를 구하고 적절한 통계적 분석 방법을 이용하여 의사결정을 하는 과정을 의미한다. 통계분석에서 **추정**(estimation)은 '대상 집단의 특성값(모수)이 무엇일까?'를 추측하는 것이다. **가설검정**(hypothesis test)은 대상 집단에 대하여 특정한 가설을 설정한 후 그 가설의 채택 여부를 결정하는 것이다. **예측**(forecasting)이란 효율적 의사결정을 위하여 미래의 불확실성을 해결하는 방법을 의미한다.

2. 모집단과 표본

모집단(母集團, population)이란 얻어내야 할 유용한 정보의 대상이 되는 개체의 총집합을 의미하며 무한모집단과 유한모집단으로 구분한다. 모집단에 대해 알고자 하는 값을 **모수**(parameter)라고 한다. **표본**(sample)은 모집단으로부터 추출되면 모집단의 일부로서 부분집합이다. 모수를 추론하기 위해 구하는 표본의 값들을 **통계량**(statistics)이라고 한다. 모집단의 조사 방법은 다음과 같이 **총조사**(census)와 **표본조사**(sample survey)로 나눌 수 있다.

(1) 총조사 - 모집단의 개체를 모두 조사하는 방식

(2) 표본(모집단의 부분집합)조사 - 모집단의 일부만 조사하는 방식

◎ **표본추출(sampling) 방법**: 표본추출 방법은 크게 4가지로 구분할 수 있는데, 첫째로 **단순랜덤추출법**(simple random sampling)은 모집단(N)에서 $n(\leq N)$개를 임의로 선택하는 것이다. 둘째로, **계통추출법**(systematic sampling)은 모집단의 모든 원소들에 번호 $(1,\cdots,N)$를 부여하고 순서대로 나열한 후 $K(=N/n)$개씩 n개 구간으로 나누어 K개로 구성된 구간별로 한 개씩 선택하는 것이다. 셋째로, **집락추출법**(cluster sampling)은 모집단이 몇 개의 집락으로 구성되었다고 가정한 후, 집락을 임의로 선택하고 선택된 집락에서 표본을 임의로 선택한다. 마지막으로, **층화추출법**(stratified sampling)은 이질적인 원소들로 구성된 모집단에서 각 계층을 골고루 대표할 수 있도록 표본을 추출하는 것이다.

3. 자료의 척도와 유형

표본조사 외에 자료를 수집하는 방법으로 실험이 있으며 실험이란 특정 목적 하에서 대상을 **처리**(treatment)한 후 그 결과를 관측하여 자료를 수집하는 것이다. 표본조사나 실험을 실시하는 과정에서 추출된 원소들이나 실험 단위로부터 주어진 목적에 적합하게 자료를 얻는 것을 **측정**(measurement)이라고 한다. 자료 관측 또는 측정에 사용되는 **척도**(scale)는 다음과 같이 분류된다.

(1) **명목**(nominal)**척도**: 측정 대상이 어느 집단에 속하는지 분류할 때 사용하는 척도 (예: 성별(남, 여) 구분, 출생지(서울, 부산, 경기 등) 구분 등)

(2) **순서**(ordinal)**척도**: 측정 대상의 특성이 가지는 서열관계를 관측하는 척도(예: 아주 좋음, 좋음, 보통, 싫음, 아주 싫음 등)

(3) **간격**(interval)**척도**: 측정 대상이 갖고 있는 속성의 양(숫자로 표현됨)을 측정하는 것 (예: 온도, 지수 등)

(4) **비율**(ratio)**척도**: 절대적인 기준인 0값이 존재하고 모든 사칙연산이 가능하며 제일 많은 정보를 가진 척도로 숫자로 관측되는 일반적인 자료(예: 무게, 나이, 연간소득, 제품가격 등)

자료(data)의 유형: 자료의 유형은 크게 질적 자료와 양적 자료로 나눌 수 있다. 질적(qualitative) 자료는 관측 결과가 몇 개의 **범주**(category) 또는 항목의 형태로 나타나는 자료로 관측값의 크기보다 내용이 관심의 대상이 되는 자료이다. 명목척도와 순서척도로 측정된 자료는 질적 자료에 포함된다. 양적(quantitative) 자료는 수치로 측정되는 관측값들을 의미하며 수치형(numerical) 자료 또는 정량 자료라고도 하고 간격척도와 비율척도로 측정된 자료를 말한다. 양적 자료는 관측되는 값의 셀 수 있는 범위에 따라 두 가지로 분류된다.

(1) **연속형**(continuous) **자료**: 관측되는 값들이 셀 수 없는 연속적인 구간의 값을 취하는 경우(예: 온도, 주식지수 등)

(2) **이산형**(discrete) **자료**: 관측되는 값들이 셀 수 있는 값을 취하는 경우(예: 동전던지기에서 앞면이 나오는 횟수, e-메일 송수신 건수 등)

1.1.2 자료의 정리

1. 자료의 도표화

이 절에서 사용하는 원시자료(raw data)는 R의 {MASS} 패키지가 제공하는 데이터셋을 사용하기로 한다. 데이터셋 'immer'는 5종의 보리를 6개 지역에서 2개 연도에 걸쳐 시험재배한 산출량을 제공하는데 아래 표는 이 데이터를 다루기 쉽게 정수화한 결과이다.

[표 1.1] 보리 시험재배 산출량

81	81	85	116	148	104	117	130	62	126	67	97	81	67	92
83	88	101	113	109	106	140	99	97	76	50	62	68	68	95

◎ 도수분포표와 작성 방법: [표 1.1]의 자료를 살펴보면 산출량의 최솟값은 50이고 최댓값은 148을 나타내고 있다. 전체 자료를 동일한 간격을 가지면서 서로 중복되지 않도록 몇 개의 구간으로 나누어 구간별로 속하는 자료의 수를 계산하여 표를 작성하자. 중복되지 않도록 나누어진 구간을 **계급**(class)이라고 하고, 각 계급에 속하는 자료의 개수를 **도수**(**빈도**, frequence)라고 한다. 계급의 수는 너무 많거나 적으면 자료의 특징을 알아보기 힘들어지며 계급의 폭은 원시자료의 최댓값과 최솟값의 차를 계급의 수로 나눈 값을 뜻한다. 그리고 **상대도수**(relative frequence)는 총도수(자료의 총수)에 대한 계급별 도수의 비를 의미한다. **누적도수**(cumulative frequence)는 첫 계급부터 해당 계급까지 누적된 자료의 수이다. 결론적으로 **도수분포표**(frequence distribution table)는 원시자료를 대상으로 적절한 수의 계급으로 나누고 각 계급에 속하는 도수를 산출하여 원시자료를 그룹화한 것이다([표 1.2]).

[표 1.2] 보리 시험재배 산출량 도수분포표

계급(산출량 구간)	대푯값(중간값)	도수(빈도)	상대도수	누적상대도수
(40, 60]	50	1	0.03333	0.03333
(60, 80]	70	7	0.23333	0.26667
(80, 100]	90	11	0.36667	0.63333
(100, 120]	110	7	0.23333	0.86667
(120, 140]	130	3	0.1	0.96667
(140, 160]	150	1	0.03333	1
계		30	1	

◎ 도수분포표의 작성요령 5단계

(1) 관측값의 최댓값과 최솟값을 구해 범위를 산정

(2) 최댓값과 최솟값 사이를 적절한 개수의 구간(계급)들로 나눔

(3) 각 계급구간에 속하는 관측값의 수(도수)를 확인

(4) 관측값의 총수에 대한 각 계급구간의 도수의 비율(상대도수)을 산정

(5) 각 계급구간의 상대도수의 누적값(누적상대도수)을 산정

예제 1.1 [표 1.1]과 [표 1.2]를 작성하기 위한 수치계산 자료를 산출하는 프로그램을 R-언어를 사용하여 작성하시오.

풀이 구하는 보리 시험재배 산출량과 도수분포표를 작성하기 위한 R 스크립트는 다음과 같다.

```
# 1.1 통계학과 자료분석 - 1.1.2 자료의 정리 - 1. 자료의 도표화
> install.packages("MASS")
> library(MASS) # require(MASS)
> immer # 5종의 보리를 6개 지역에서 시험 재배한 산출량
> barley <- ceiling(immer$Y2); barley # 정수(자연수)로 변환
# R이 제공하는 함수 ceiling(x)은 x를 넘는 최소의 정수를 반환함
> barley <- matrix(barley, 2, length(barley)/2); barley
> write.csv(barley, "barley.csv") # [표 1.1] 데이터의 저장
> max(barley); min(barley) # 구간을 나누기 위한 최대 및 최솟값 출력
> freq <- cut(barley, br=c("40","60","80","100","120","140","160"), right=T)
> tfreq <- table(freq); class(freq) # 각 계급별 도수를 산정
> options(digits=5) # 소수점이하 출력 자릿수 지정
> rfreq <- tfreq/length(barley); rfreq # 상대도수를 출력함
> cfreq <- cumsum(rfreq); cfreq # 누적상대도수 출력함
> ftable <- cbind(tfreq, rfreq, cfreq); ftable # 도수분포표를 작성
> write.csv(ftable, "fig1.1.csv") # 도수분포표를 저장
> options(digits=7) # default of digits; 소수점이하 출력 자릿수 환원
```

	A	B	C	D
1		tfreq	rfreq	cfreq
2	(40,60]	1	0.033333333	0.033333333
3	(60,80]	7	0.233333333	0.266666667
4	(80,100]	11	0.366666667	0.633333333
5	(100,120]	7	0.233333333	0.866666667
6	(120,140]	3	0.1	0.966666667
7	(140,160]	1	0.033333333	1

[그림 1.1] 파일에 저장된 보리 산출량 도수분포표

2. 자료의 시각화

방대하고 복잡한 정보를 구조적으로 설명하기 위한 방법으로 데이터 시각화(data visualization)가 필요하다. 시각화는 광범위하게 분산된 방대한 양의 자료를 분석하여 한눈에 볼 수 있도록 차트 등 그림(넓게는 도표도 포함)으로 정리하는 것이다. 데이터 시각화는 그 자체가 목적은 아니지만 자료들의 본질을 이해하고 통찰(insight)을 얻는데 필요한 훌륭한 도구임에 틀림이 없다. 빅데이터 관점에서 시각화는 빠른 의사결정을 내릴 수 있게 하는 수단이 된다.

◎ **막대그래프(bar chart)**: 막대그래프는 보통 가로축에 계급(범주)을 표시하고 세로축에 계급의 높이(도수 또는 상대도수)를 나타낸다([그림 1.2]). R은 막대그래프를 위한 다

양한 패키지를 제공하고 있는데 흔히 사용되는 함수로는 {graphics}의 barplot()과 {ggplot2}의 geom_bar()를 들 수 있다.

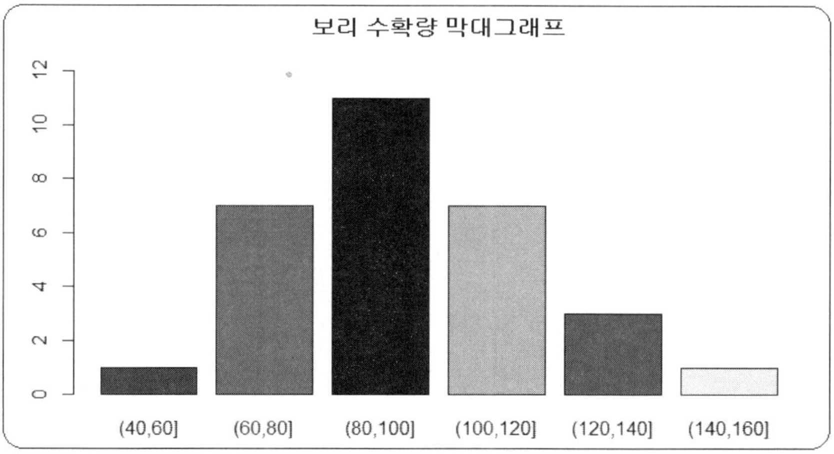

[그림 1.2] 보리 산출량 계급별 도수 막대그래프

○ **히스토그램(histogram)**: 히스토그램은 표로 되어 있는 도수의 분포를 막대그래프(bar chart)로 나타낸 것으로 주로 가로축이 계급을 나타내고 세로축이 도수를 나타낸다. 히스토그램은 일반 막대그래프와 달리 막대들 사이가 이어져야 한다. 즉, 히스토그램은 수평축에 계급구간을 표시하고 수직축에 각 계급구간의 도수를 나타내는 그래프를 의미한다. 수학적 관점에서 히스토그램은 관측값의 수를 계급에 대응하는 사상이다. 관측값의 수를 N, 계급의 수를 n, 각 계급의 도수를 $h_k(k=1,\cdots,n)$라고 하면, 계급의 상대도수는 h_k/N이 되고 다음 관계식을 만족한다.

$$N=\sum_{k=1}^{n} h_k \quad \Leftrightarrow \quad 1=\sum_{k=1}^{n}(h_k/N) \tag{1.1}$$

예제 1.2 위 [예제 1.1]에서 사용한 자료와 계산 결과를 이용하여 막대그래프와 히스토그램을 그리는 R 프로그램을 작성하시오.

풀이 구하는 막대그래프와 히스토그램을 그리는 R 스크립트는 다음과 같다.

```
# 1.1 통계학과 자료분석 - 1.1.2 자료의 정리 - 2. 자료의 시각화
> library(MASS)
> immer # 5종의 보리를 6개 지역에서 시험 재배한 산출량
> barley <- ceiling(immer$Y2); barley # 정수(자연수)로 변환
> options(digits=5) # 소수점이하 출력 자릿수 지정
# 함수 barplot()을 사용하여 막대그래프 그리기 - [그림 1.2]
```

```
> freq <- cut(barley, br=c("40","60","80","100","120","140","160"))
> tfreq <- table(freq); class(freq) # 각 계급별 도수를 산정
> barplot(tfreq, ylim=c(0,12), col=2:7, main="보리 수확량 막대그래프")
# 함수 hist()를 사용하여 히스토그램 그리기 - [그림 1.3]
> freq1 <- hist(barley, main="보리 수확량 히스토그램"); freq1
> hist(barley, main="보리 수확량 상대도수분포", freq = F)
> rfreq1 <- freq1$counts/length(barley); rfreq1 # 상대도수를 출력함
> cfreq1 <- cumsum(rfreq1); cfreq1 # 누적상대도수 출력
> options(digits=7) # default of digits; 소수점이하 출력 자릿수 환원
```

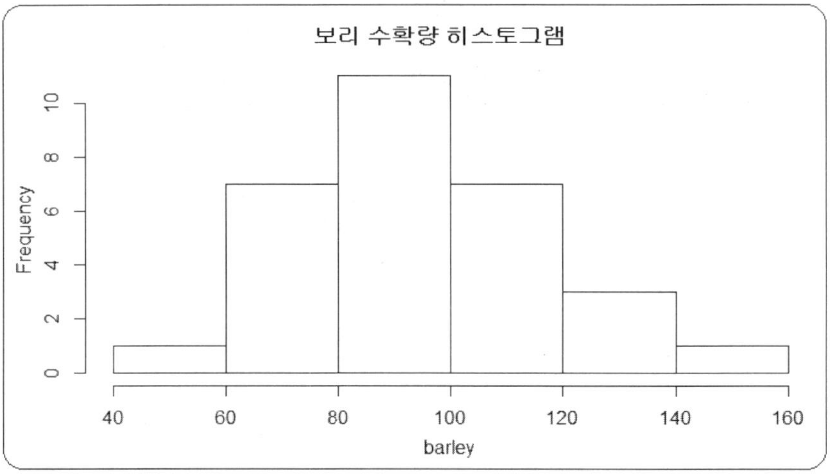

[그림 1.3] 보리 산출량에 대한 히스토그램

◎ **파이 차트(pie chart)**: 파이 차트는 전체의 합이 360도가 되어야 하며 계급(범주)의 빈도수 크기를 서로 비교하는 데 적절하다. 패키지 {graphics}가 제공하는 pie() 함수를 이용할 수 있다.

◎ **도수분포 다각형과 누적상대도수 분포도**: 도수분포다각형은 히스토그램에서 각 직사각형의 윗변의 중점을 차례로 선분으로 연결하여 만든 그래프이고 상대도수분포 다각형은 도수분포표의 중간값을 수평좌표로 하고 상대도수비율을 수직좌표로 하여 평면에서 좌표쌍에 해당하는 점들을 차례로 선분으로 연결하여 만든 그래프이다. 누적상대도수분포도는 도수분포표의 중간값을 수평좌표로 하고 누적상대도수비율을 수직좌표로 하여 좌표쌍의 점들을 차례로 선분으로 연결하여 만든 그래프이다.
일반적으로 표에 나타난 숫자만으로 도수들의 상대적인 비중을 파악하기에는 불편한 점이 있으나 표뿐만 아니라 그래프를 이용하여 시각적으로 나타내면 상대적으로 비중을 쉽게 파악할 수 있다.

예제 1.3 위 [예제 1.1]에서 사용한 자료와 계산 결과를 이용하여 파이차트와 누적상대도수분포도와 도수분포다각형을 그리는 R 프로그램을 작성하시오.

(풀이) 구하는 파이차트, 누적상대도수 분포도와 도수분포다각형을 그리는 R 프로그램은 다음과 같다.

```
# 1.1 통계학과 자료분석 - 1.1.2 자료의 정리 - 2. 자료의 시각화
# [예제 1.3] -> [예제 1.2]의 프로그램을 연결하여 수행
# 함수 pie()를 사용하여 파이차트 그리기 - [그림 1.4]
> (pct <- round(tfreq/sum(tfreq)*100,1))
> (lab<-paste(pct,"%"))
> (lab1 <- rownames(tfreq))
> (lab2 <- paste(lab1, pct,"%"))
> pie(tfreq,radius=1,init.angle=45,col=rainbow(length(tfreq)),label=lab2)
> title("보리 수확량 파이차트")
# 함수 plot()을 사용하여 누적상대도수 그리기 - [그림 1.5]
> x1 <- c(50,70,90,110,130,150) # x1 <- freq1$mids
> plot(x1,cfreq1,type="b",xlim=c(40,160),ylab="누적도수비율",xlab="산출량",
    main="보리 산출량 누적상대도수"); grid(8,5)
# 함수 plot()을 사용하여 상대도수다각형 그리기 - [그림 1.6]
> plot(x1,rfreq1,type="b",xlim=c(40,160),ylab="상대도수비율",xlab="산출량",
    main="보리 산출량 상대도수"); grid(8,5)
# 함수 plot()을 사용하여 도수분포다각형 그리기 - 그림 생략
> plot(x1,freq1$counts,type="b",xlim=c(40,160),ylab="도수(빈도)",
    xlab="산출량", main="보리 산출량 도수분포다각형"); grid(8,5)
```

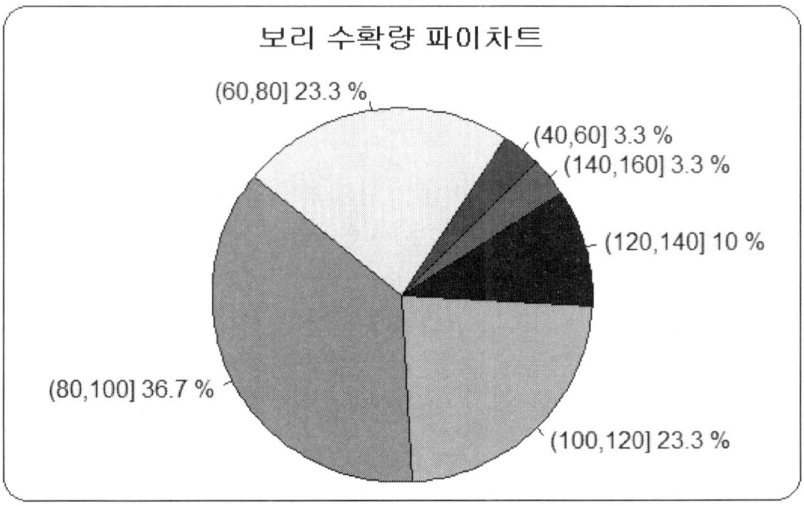

[그림 1.4] 보리 산출량에 대한 파이차트

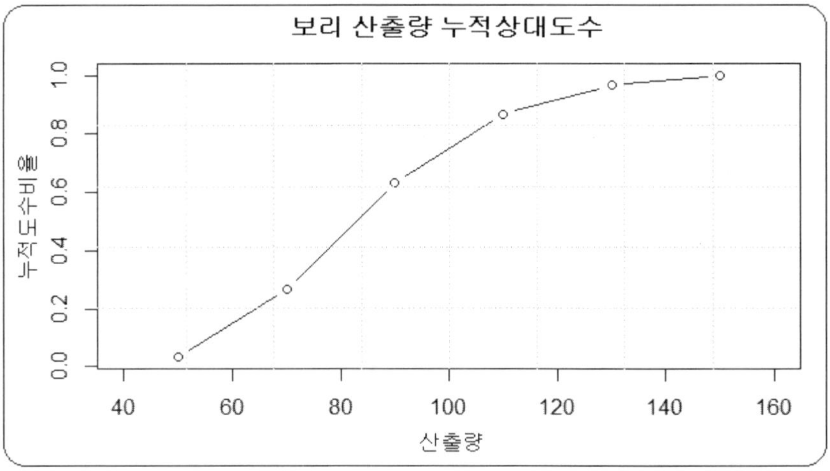

[그림 1.5] 보리 산출량에 대한 누적상대도수분포도

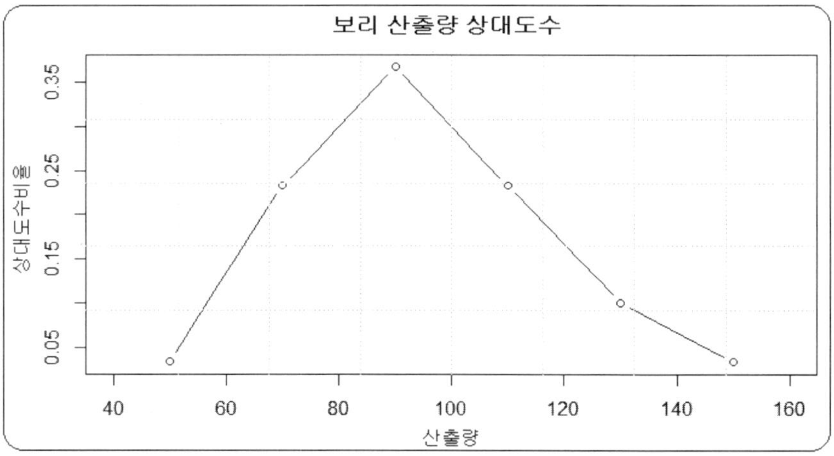

[그림 1.6] 보리 산출량에 대한 도수 및 상대도수다각형

◎ **줄기-잎 그림(Stem-leaf plots)**: 줄기-잎 그림은 특정 클래스의 값이 나타나는 빈도를 표시하는 방법이다. 구체적인 히스토그램을 작성하기 전 원시자료에 대한 단순한 사전 분석에 주로 활용될 수 있다. 원시자료의 모든 값들이 그림에 표시되고 관찰값에 대한 정보를 유지한다. R에서는 {graphics} 패키지의 stem() 함수가 줄기-잎 그림을 제공하며 사용 형식은 다음과 같다.

- stem(x, scale=1, width=80, atom=1e-08) ☞ help(stem)

예제 1.4 [표 1.1]의 자료를 사용하여 줄기-잎 그림을 그리는 R 프로그램을 작성하시오.

풀이 구하는 줄기-잎 그림을 그리는 R 프로그램은 다음과 같다.

```
# 1.1 통계학과 자료분석 - 1.1.2 자료의 정리 - 2. 자료의 시각화
# [예제 1.4] R 함수 stem()을 사용한 줄기-잎 그림 그리기 - [그림 1.7]
> library(MASS)
> immer # 5종의 보리를 6개 지역에서 시험 재배한 산출량
> barley <- ceiling(immer$Y2); barley # 정수(자연수)로 변환
> stem(barley) # 줄기-잎 그림을 표시함
> stem(barley, scale=2) # 인수 "scale=2"는 줄기-잎 표시 눈금을 2배로 늘림
```

```
The decimal point is 1 digit(s) to the right of the |

  5 | 0
  6 | 227788
  7 | 6
  8 | 111358
  9 | 25779
 10 | 1469
 11 | 367
 12 | 6
 13 | 0
 14 | 08
```

[그림 1.7] stem() 함수실행 결과 줄기-잎 그림

1.2 기초 통계량

1.2.1 중심위치 표시측도

자료의 개괄적인 특성을 파악하기 위해서 도표나 그림을 이용할 수 있다. 양적 자료들의 구체적인 특성을 분석하기 위해서는 **표시측도**(통계량)를 이용하여 그 특성을 표현할 필요가 있다. 이러한 표시측도들 중 가장 기본적인 것이 중심위치 표시측도라고 할 수 있으며 **중심위치** 표시측도(대표값)로 평균, 중앙값, 최빈값 등을 들 수 있다.

1. 평균(mean)

평균은 중심위치 표시측도 중 가장 널리 사용되는 대표(representative)값이며 일상에서 평균이라고 부르는 것으로 주로 산술평균(표본평균)을 의미한다. 평균에는 산술평균, 절사(절단)평균, 가중산술평균, 기하평균, 조화평균, 이차평균(제곱평균제곱근) 등이 있다.

◯ 산술평균(arithmetic mean, average): 산술평균은 통계량의 성질 중 불편성(unbiasedness)의 좋은 성질을 가진다. 산술평균은 특잇값 또는 이상값(outlier)에 크게 영향을 받는 단점이 있다. 관측값들의 총합을 관측값의 총수로 나눈 것으로 정의된다. 실수값을 갖는 확률변수 X에 대해서, 산술평균은 X의 기댓값이 된다. 표본평균은 모평균 같은 중심성향에 대한 추정량으로 자주 쓰인다.

정의 1.1a 관측값들의 총수를 N이라고 하고 관측값들(원시자료)을 $x_1,\cdots,x_N$이라고 하면 모집단의 산술평균(**모평균**)은 다음과 같이 정의한다.

$$\text{모평균 : } \mu = \frac{1}{N}\sum_{k=1}^{N} x_k \tag{1.2a}$$

정의 1.1b 관측값들에서 추출한 표본의 수를 n이라고 하고 값들을 $x_1,\cdots,x_n$이라고 하면 표본의 산술평균(**표본평균**)은 다음과 같이 정의한다.

$$\text{표본평균 : } \bar{x} = \frac{1}{n}\sum_{k=1}^{n} x_k \tag{1.2b}$$

◯ 절사평균(trimmed mean): 가끔 너무 큰 값이나 너무 작은 값이 들어 있는 등 부정확한 값에 의해 자료의 특성이 왜곡될 수 있다. 이러한 특잇값 및 이상값(outlier)에 영향을 받는 단점을 보완하기 위해 사용된다. 절사평균은 자료에서 가장 큰 값이나 작은 값들을 '잘라내고' 산술평균을 낸 것을 의미한다.

예제 1.5 R의 패키지 {MASS}가 제공하는 데이터셋 'hills'는 1984년 스코틀랜드인 35명의 언덕 오르기 경주 결과를 제공한다. 이 자료에서 'dist'는 마일(mile) 단위 이동거리, 'climb'는 피트(feet) 단위 오른 언덕높이, 'time'은 분 단위 걸린 시간을 나타낸다. 이 자료를 사용하여 단위거리당 걸린 시간의 산술평균과 산술평균의 3배가 넘는 이상값을 제외한 절사평균을 구하시오.

(풀이) 산술평균과 절사평균을 구하는 R 프로그램은 다음과 같다.

```
# 1.2 기초 통계량 - 1.2.1 중심위치 표시측도 - 1. 평균
# [예제 1.5] 산술평균과 절사평균 및 이들의 차이를 구하기
> library(MASS)
> head(hills); dim(hills)
> dist.time <- hills[,3]/hills[,1]; dist.time
```

```
> mean.time <- mean(dist.time); mean.time # 산술평균: 7.557533
> which(dist.time > 3*mean.time) # 실행 결과: [1] 18
> length(dist.time[-18]) # 18번째 요소를 잘라내기
> trim.time <- mean(dist.time[-18]); trim.time # 절사평균: 7.008735
> mean.time - trim.time # 산술평균과 절사평균의 차: 0.5487981
```

가중산술평균(weighted arithmetic mean): 가중산술평균은 주어진 관측값별로 중요도에 따라 가중치를 곱하여 평균을 계산한다. 모든 관측값들의 가중치가 같을 경우 가중산술평균은 산술평균이 된다. 가중산술평균은 같은 모집단에서 표본을 서로 다른 개수로 뽑을 때 평균값을 구하려고 주로 사용한다.

정의 1.2 추출한 n개의 값들을 $x_1, \cdots, x_n$이라고 하고 각 가중치를 $w_1, \cdots, w_n$이라고 하면 가중산술평균은 다음과 같이 정의한다.

$$\text{가중산술평균 : } \overline{x_w} = \left(\sum_{k=1}^{n} w_k x_k\right) \Big/ \left(\sum_{k=1}^{n} w_k\right) \tag{1.3}$$

예제 1.6 다음 어느 대학의 단과대학별 취업률의 평균과 가중평균을 구하시오.

단과대학	보건대	외국어대	상경대	공과대A	공과대B	인문대	계/평균
졸업자	409	79	418	147	472	715	2,240
취업률	76.1	76.2	70.5	70.5	69.2	59.6	70.35

풀이 단과대학별 졸업자수를 고려하지 않은 평균 취업률은 70.35%이다. 그러나 단과대학별 졸업자수에 가중치를 둔 가중평균은 67.97%이다.

```
# 1.2 기초 통계량 - 1.2.1 중심위치 표시측도 - 1. 평균
# [예제 1.6] 가중평균의 유효성
> grad <- c(409, 79, 418, 147, 472, 715); sum(grad)
> grad1 <- grad/sum(grad); grad1
> job <- c(76.1, 76.2, 70.5, 70.5, 69.2, 59.6); mean(job) # 70.35
> sum(grad1*job) # 67.97036
```

○ 그 외 평균의 의미

(1) 기하평균: 양수 $a_1, a_2, \cdots, a_n$에 대해, 이들 곱의 n 제곱근: $\sqrt[n]{a_1 a_2 \cdots a_n}$,

(예: 최근 2년간 성장률이 15%와 −5%일 때 연평균성장률)

$\sqrt{1.15 \times 0.95} = 1.045$ => 연평균성장률은 4.5%

(2) 조화평균: $a = (a_1, a_2, \cdots, a_n)$에 대해, 역수들의 산술평균의 역수: $n / \sum_{k=1}^{n} (1/a_k)$,

(예: 갈 때 평균시속 100 km/h, 올 때 60 km/h인 경우 왕복 평균시속)

2(100×60)/(100+60) = 75 km/h

(3) 이차평균: $a = (a_1, a_2, \cdots, a_n)$에 대해, 제곱평균의 제곱근: $\sqrt{\sum_{k=1}^{n} a_k^2 / n}$,

(예: 전기공학에서 실효값(제곱평균의 제곱근))

2. 중앙값(median)

중앙값은 어떤 주어진 값들을 크기 순서대로 정렬했을 때 가장 중앙에 위치하는 값을 의미한다. 자료의 중심을 나타내는 대푯값으로 중앙값을 사용할 수 있고 중위수라고도 하며 중앙값은 평균과 달리 특잇값에 민감하지 않다는 장점이 있다.

정의 1.3 관측값 n개를 $x_1, x_2, \cdots, x_n$이라고 하고 이들을 오름차순으로 재정리한 값들을 $x_{[1]}, x_{[2]}, \cdots, x_{[n]}$이라고 하면 중앙값은 다음과 같이 정의한다.

$$\text{중앙값} : \begin{cases} x_{[(n+1)/2]}, & n\text{이 홀수}, \\ \dfrac{x_{[n/2]} + x_{[n/2+1]}}{2}, & n\text{이 짝수} \end{cases} \tag{1.4}$$

예제 1.7 위 [표 1.1]의 자료를 이용하여 보리 산출량의 산술평균값과 중앙값을 R 프로그램을 이용하여 구하시오.

풀이 보리 산출량의 산술평균값과 중앙값을 구하는 R 프로그램은 다음과 같다.

```
# 1.2 기초 통계량 - 1.2.1 중심위치 표시측도 - 2. 중앙값
# [예제 1.7] 풀이 : R 함수 stem()을 사용한 줄기-잎 그림 그리기
> library(MASS)
> immer # 5종의 보리를 6개 지역에서 시험 재배한 산출량
> barley <- ceiling(immer$Y2); barley # 정수(자연수)로 변환
> mean(barley); length(barley) # 산술평균: 93.63333, 자료의 수: 30
> median(barley) # 중앙값: 93.5 <== R이 제공하는 함수 사용
```

```
> barley1 <- sort(barley, decreasing=F); barley1
> (barley1[15] + barley1[16])/2 # 중앙값: 93.5 <== 정의에 따른 계산
> mean(immer$Y2); median(immer$Y2) # 원시자료의 산술평균과 중앙값
> summary(immer) # R이 제공하는 요약 통계량 반환 함수
```

3. 최빈값(mode)

최빈값이란 문자 그대로 주어진 관측값 중에서 가장 자주 나오는 값이다. 최빈값은 표본평균이나 중앙값과는 달리 이산형, 범주형 자료에 널리 쓰인다. 주어진 자료에서 평균이나 중앙값을 구하기 어려운 경우에 특히 유용하다. 최빈값은 산술평균과 달리 유일한 값이 아닐 수도 있으며 다봉형의 분포일 때 최빈값은 중심위치 표시측도로 선택하기 부적절하다.

예제 1.8 R의 패키지 {UsingR}의 'cfb' 데이터셋은 1000명 참가자의 교육수준 및 재정상태에 대한 14가지 항목을 포함하고 있다. 데이터셋의 3번째 열은 1년부터 17년까지의 교육연수를 나타내는데 이에 대한 산술평균, 중앙값 및 최빈값을 R을 사용하여 구하시오.

(풀이) 산술평균값, 중앙값 및 최빈값을 구하는 R 프로그램은 다음과 같다.

```
# 1.2 기초 통계량 - 1.2.1 중심위치 표시측도 - 3. 최빈값
# [예제 1.8] 풀이 : R 패키지 {UsingR}의 "cfb" 데이터셋 3열의 최빈값 구하기
> install.packages("UsingR")
> library(UsingR)
> head(cfb); dim(cfb)
> mean(cfb$EDUC) # 또는 mean(cfb[,3]): 교육수준 평균 13.075년
> median(cfb$EDUC) # 또는 median(cfb[,3]): 교육수준 중앙값 13년
> table(cfb[,3]) # 분명하게 교육수준 최빈값은 12년
> summary(cfb[,3])
```

1.2.2 산포정도 표시측도

앞 소절에서는 자료의 분포를 설명하는 측도로 중심위치 표시측도를 소개했다. 자료의 특성을 파악하기 위해서는 중심위치 외에도 중심으로부터 관측값들이 어느 정도로 퍼져 있는지(산포, dispersion)를 측정하는 것도 중요하다.

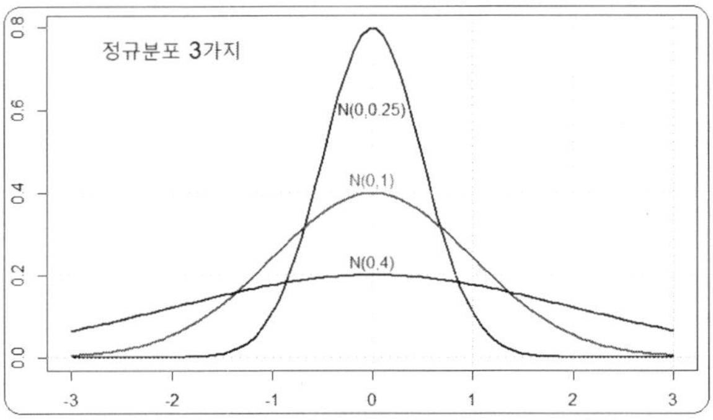

[그림 1.8] 산포정도가 다른 3가지 분포

1. 범위와 분위수

◎ **범위(range)**: 기술통계학(descriptive statistics)에서 범위는 전체 데이터를 포함하는 최소 구간으로 정의되고 통계적으로 퍼짐(산포)정도를 표시한다. 범위는 관측값들의 두 수에만 의존하므로 작은 데이터셋의 산포정도를 표시하는 데 유용하다.

> **정의 1.4** 표본집합(관측값들)의 범위는 최댓값과 최솟값의 차이로 정의한다.
>
> 범위(range) = (관측값의 최댓값) − (관측값의 최솟값)

[예 1.1] [예제 1.6]에서 취업률의 최댓값은 76.2이고 최솟값은 59.6이므로 범위는 이 두 값의 차이인 (76.2 - 59.6) = 16.6이다.

◎ **분위수(quantile)**: 분위수는 관측값들의 범위를 같은 크기로 나누거나 확률분포의 범위를 같은 확률을 가진 연속적인 간격으로 나누었을 때 특정 위치의 값을 의미한다. 예를 들어, q-분위수는 관측값들의 범위를 q개의 동일한 크기로 나누며 범위의 최댓값과 최솟값을 제외한 위치(지점)는 (q − 1)개로 형성된다.

◎ **백분위수(percentile)**: 백분위수(100-quantile, percentile)는 관측값들의 범위를 100개의 동일한 크기로 나누었을 때 특정 위치의 값을 의미한다. 백분위수는 크기가 있는 값들로 이뤄진 자료를 순서대로 나열했을 때 백분율로 나타낸 특정 위치의 값을 이르는 용어이다. 제p백분위수(p-th percentile)는 관측치를 오름차순으로 정렬했을 때 관측값 중 p%가 그 값보다 작거나 같게 되는 값으로 정의한다. 그러나 백분위수의 수학적 표현은 다양하며 일반적으로 결과가 일치하지 않는다.

R에서 백분위수의 계산: R에서는 {stats} 패키지의 quantile() 함수가 주어진 확률에 대응하는 분위수(quantiles)를 반환한다. 총 9가지 형태의 분위수를 제공하고 있으며 제7형(type)이 기본형이다. 관측값 n개를 $x_1, \cdots, x_n$이라고 하고 오름차순으로 재정리한 값들을 $x_{[1]}, \cdots, x_{[n]}$이라고 할 때, R에서 제7형의 제p백분위수는 다음과 같이 계산된다.

$$Q[7](p/100) = (1-\gamma)x_{[j]} + \gamma x_{[j+1]},\ \ 0 < j < n, \tag{1.5}$$

여기서 순위 $j = [(p/100)(n-1)+1]$는 $(p/100)(n-1)+1$보다 크지 않은 최대의 정수이고 $\gamma = (p/100)(n-1)+1-j$가 된다. 분명하게 $p=0$일 때 $j=1, \gamma=0$이고 $Q[7](0) = x_{[1]}$이며 $p=100$일 때 $j=n, \gamma=0$이고 $Q[7](1) = x_{[n]}$이다.

예제 1.9 R에서 백분위수 계산 방식에 따라 관측값의 수 n이 30일 때 제25백분위수, 제50백분위수 및 제75백분위수를 구하시오.

풀이 제p백분위수의 정의에 따라 제25백분위수를 구하기 위해 식 (1.5)에서 우선 j와 γ를 구해야 한다. 먼저, $(25/100)\times(30-1)+1 = 8.25$이므로 $j=8$이 되고 $\gamma = 0.25$가 된다. 그러므로 제25백분위수는 $Q[7](0.25) = 0.75x_{[8]} + 0.25x_{[9]}$이 된다. 같은 방법으로 계산하면 제50백분위수와 제75백분위수는 다음과 같다.

$$\begin{aligned} &\text{제 25 백분위수}: \ Q[7](0.25) = 0.75x_{[8]} + 0.25x_{[9]}, \\ &\text{제 50 백분위수}: \ Q[7](0.5) = 0.5x_{[15]} + 0.5x_{[16]}, \\ &\text{제 75 백분위수}: \ Q[7](0.75) = 0.25x_{[22]} + 0.75x_{[23]}. \end{aligned}$$

```
# 1.2 기초 통계량 - 1.2.2 산포정도 표시측도 - 1. 범위와 분위수
# barley1 <- sort(ceiling(immer$Y2), decreasing=F); barley1
> k1 <- 0.25*(length(barley1)-1)+1; k1 # 제7형 방법: 교과서 식 (1.5) 참조
> g1 <- k1 - floor(k1); g1 # 제7형 방법: 교과서 식 (1.5) 참조
> Q1 <- (1-g1)*barley1[floor(k1)] + g1*barley1[ceiling(k1)]; Q1
> k3 <- 0.75*(length(barley1)-1)+1; k3
> qn <- qnorm(0.25,lower.tail=F); qn # 정규분포 제1사분위수
> g3 <- k3 - floor(k3); g3
> Q3 <- (1-g3)*barley1[floor(k3)] + g3*barley1[ceiling(k3)]; Q3
# R이 제공하는 함수를 이용한 사분위수범위
> quantile(barley1) # R이 제공하는 변위치(quantile) 자료
> range <- quantile(barley1)[4] - quantile(barley1)[2]; range
 # R이 제공하는 9개 유형들의 4분위수 결과 비교
(p <- c(0, 25, 50, 75, 100)/100); (res <- matrix(0, 9, 5))
for(type in 1:9) res[type, ] <- y <- quantile(barley1,  p, type = type)
dimnames(res) <- list(1:9, names(y)); round(res, 3)
```

사분위수(quartile): 사분위수는 관측값을 오름차순으로 정리한 후 4등분했을 때 각 등위에 해당하는 값을 의미한다. 제1사분위수(Q_1, first quartile), 제2사분위수(Q_2, second quartile), 제3사분위수(Q_3, third quartile)는 각각 제25, 제50, 제75 백분위수가 된다.

사분위수범위(IQR: Interquartile range): 제1사분위수와 제3사분위수의 간격을 산포정도의 표시측도로 사용할 수 있는데 이를 사분위수범위라고 한다([그림 1.9]). 중앙값(median)을 기준하여 양쪽으로 전체 자료의 50%를 포함한다.

정의 1.5 제3사분위수가 Q_3, 제1사분위수가 Q_1일 때 IQR은 다음과 같다.

사분위수범위 : $IQR = Q_3 - Q_1$ (1.6)

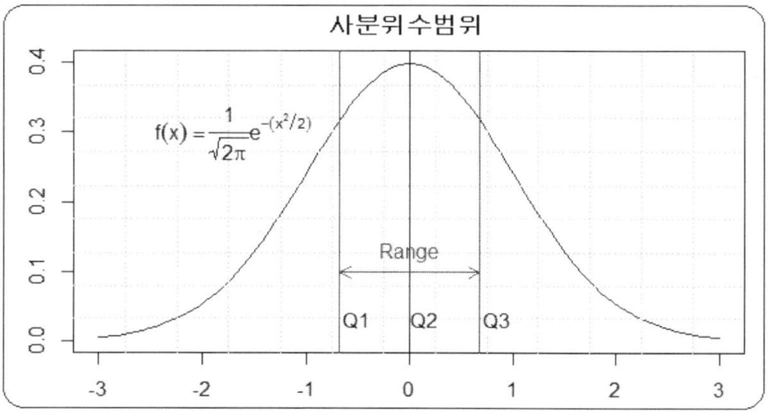

[그림 1.9] 표준정규분포의 사분위수범위

```
# 1.2 기초 통계량 - 1.2.2 산포정도 표시측도 - 1. 범위와 분위수 - [그림 1.9]
> x2 <- seq(-3,3,length=100)
> fn <- function(s,x) { 1/(sqrt(2*pi)*s)*exp(-(x^2/(2*s^2))) }
> f4 <- fn(1, x2); summary(f4)
> plot(x2, f4, ylim=c(0,0.4), type="l",xlab="", main="사분위수범위")
> qn <- qnorm(0.25,lower.tail=F); qn # 정규분포 제1사분위수
> grid(13,9); abline(v=c(-qn,0,qn), col=c(2,1,2))
> text(-0.5,0.03,"Q1"); text(0.15,0.03,"Q2"); text(0.85,0.03,"Q3")
> arrows(-qn,0.1,qn,0.1, length=0.1, col="red")
> arrows(qn,0.1,-qn,0.1, length=0.1, col="red")
> text(0,0.13,"Range", col="red")
> text(-1.7, 0.3, expression(paste(f(x)==frac(1,sqrt(2*pi)),e^-(x^2/2))))
```

예제 1.10 위 [표 1.1]의 자료를 이용하여 R에서 백분위수 계산 방식에 따라 사분위수와 사분위수범위를 구하시오.

(풀이) [표 1.1]의 보리 시험재배 산출량을 오름차순으로 정리하면 다음과 같다.

[표 1.3] 보리 시험재배 산출량 오름차순 정리 결과(barley1)

50	62	62	67	67	68	68	76	81	81	81	83	85	88	92
95	97	97	99	101	104	106	109	113	116	117	126	130	140	148

참고 1.1 위 [표 1.3]과 [예제 1.9]의 결과에 따라 $Q_1 = 0.75x_{[8]} + 0.25x_{[9]} = 77.25$이고, $Q_2 = 0.5x_{[15]} + 0.5x_{[16]} = 93.5$이며, $Q_3 = 0.25x_{[22]} + 0.75x_{[23]} = 108.25$이므로 구하는 $IQR = Q_3 - Q_1 = 108.25 - 77.25 = 31$이 된다.

참고 1.2 [표 1.3]의 자료를 사용하여 R에서 함수 quantile(barley1)을 실행한 결과는 다음과 같다.

0%	25%	50%	75%	100%
50	77.25	93.5	108.25	148

2. 분산과 표준편차

자료의 산포(퍼진) 범위도 중요하지만 더 중요한 것은 관측값이 자료의 중심에서 떨어져 있는 정도이며 중요한 산포정도 표시측도가 된다. 관측값들이 $x_1, x_2, \cdots, x_n$으로 주어졌을 때, 중심위치 표시측도로 산술평균($\bar{x}$)을 사용하면 개별 관측값에 대한 편차(deviation)는 $x_k - \bar{x},\ k = 1, 2, \cdots, n$이 된다. 그러나 이 편차의 합은 0이 되어 전체 자료에 대한 산포정도 표시측도로 사용할 수 없게 된다. 이러한 점을 보완하기 위해 평균절대편차(mean absolute deviation)나 분산(variance) 및 표준편차(standard deviation) 등이 산포정도 표시측도로 사용되고 있다.

○ **평균절대편차**: 편차의 합이 0이 되는 것을 방지하는 하나의 방법으로 편차의 절댓값의 합을 생각할 수 있다. 즉, 각 관측값에서 전체 평균을 뺀 절댓값으로 표시되는 편차의 산술평균을 고려한다는 의미한다. 산포정도의 표시측도로 편차의 절대값들의 평균을 사용할 수 있으며 이를 **평균절대편차**(average absolute deviation, AAD 또는 mean absolute deviation, MAD)라고 하고 간단히 평균편차(mean deviation) 또는 절대편차(absolute deviation)라고도 한다.

정의 1.6 관측값들이 $x_1, x_2, \cdots, x_n$으로 주어지고 산술평균을 $\overline{x}$라고 하면 평균절대편차(MAD)는 다음과 같이 정의한다.

$$MAD = \frac{1}{n}\sum_{k=1}^{n}|x_k - \overline{x}| \tag{1.7}$$

분산과 표준편차: 산포정도의 표시측도로 편차의 절댓값들의 합 대신에 편차의 제곱의 합, 즉 $\sum(x_k - \overline{x})^2$을 고려할 수 있다. 편차들의 제곱의 평균을 산포정도의 표시측도로서 **분산**(variance)이라고 한다. 편차의 제곱의 합을 사용하므로 관측값들이 넓게 퍼져 있을수록 분산의 변동폭은 절대편차의 변동폭보다 크다고 할 수 있다. 편차의 제곱의 합은 변수의 실제 변동폭을 과대평가하므로 이것을 맞추기 위해 분산의 제곱근을 사용하는데 이를 **표준편차**(standard deviation)라고 한다. 결국 평균편차, 분산 및 표준편차는 계산방식이 다르기는 하나 모두 관측값들이 중심으로부터 퍼져 있는 정도를 표시하는 측도들이다.

정의 1.7 관측값들이 $x_1, x_2, \cdots, x_n$으로 주어지고 산술평균을 $\overline{x}$라고 하면 표본분산(s^2)과 표본표준편차(s)는 다음과 같이 정의한다.

$$\text{표본분산 : } s^2 = \frac{1}{n-1}\sum_{k=1}^{n}(x_k - \overline{x})^2, \tag{1.8}$$

$$\text{표본표준편차 : } s = \sqrt{s^2} = \sqrt{\frac{1}{n-1}\sum_{k=1}^{n}(x_k - \overline{x})^2},$$

여기서 평균을 구할 때 $n-1$을 사용하는데 이를 자유도라고 하고 뒤편([참고 4.5])에서 설명하기로 한다

참고 1.3 모집단에 대한 분산(**모분산**, σ^2)과 모집단에 대한 표준편차(**모표준편차**, σ)에 대한 정의는 식 (1.8)에서 $n-1$ 대신 n을 사용한다.

참고 1.4 표본분산은 제곱항을 전개하여 간단하게 다음과 같이 나타낼 수 있다.

$$s^2 = \frac{1}{n-1}\left(\sum_{k=1}^{n}x_k^2 - n\overline{x}^2\right) = \frac{1}{n-1}\left(\sum_{k=1}^{n}x_k^2 - \frac{1}{n}(\sum_{k=1}^{n}x_k)^2\right) \tag{1.9}$$

예제 1.11 [표 1.3]의 자료와 R의 프로그램을 이용하여 식 (1.8)과 식 (1.9)의 정의에 따른 표본표준편차를 계산하고 R의 함수 sd()의 결과와 비교하시오.

(풀이) 정의에 따른 계산 결과와 R의 함수 sd()의 계산 결과를 비교하기 위한 R 프로그램은 다음과 같다.

```
# 1.2 기초 통계량 - 1.2.2 산포정도 표시측도 - 2. 분산과 표준편차
> library(MASS)
> head(immer) # 5종의 보리를 6개 지역에서 시험 재배한 산출량
> immer1 <- sort(ceiling(immer$Y2), decreasing=F); immer1
> options(digits=12)
> (var1 <- sum((immer1 - mean(immer1))^2)/(length(immer1)-1))
> (sd1 <- sqrt(var1))
> var2 <- (sum(immer1^2)-length(immer1)*mean(immer1)^2)/(length(immer1)-1)
> (sd2 <- sqrt(var2))
> var(immer1)
> sd(immer1); options(digits=7)
```

변동계수: 측정단위가 서로 다르거나 중심위치가 크게 다른 자료들을 비교하기 위해서는 지금까지 소개한 범위, 분위수, 표준편차 등으로 부적절하다. 이러한 경우에는 상대적인 산포정도를 표현할 수 있는 측도가 필요하게 된다. 변동계수(CV, coefficient of variation)는 표준편차를 산술평균으로 나눈 값으로 상대적인 산포정도를 나타내며 상대표준편차(RSD, relative standard deviation)라고도 한다.

정의 1.8 평균 $\bar{x}$와 표준편차 s에 대하여 변동계수는 다음과 같이 정의한다.

$$\text{표본변동계수} : CV = \frac{s}{\bar{x}} \times 100 \qquad (1.10)$$

참고 1.5 모집단에 대한 변동계수도 같은 방법으로 정의할 수 있고 변동계수의 정의를 백분율이 아닌 단순 비율로 정의할 수도 있다.

예제 1.12 R의 {datasets} 패키지의 데이터셋 'iris'는 3종의 붓꽃에 대한 꽃받침(Sepal) 길이와 폭 및 꽃잎(Petal) 길이와 폭에 대한 정보를 제공한다. 이들 중 부채붓꽃(Setosa)의 자료는 데이터셋의 1행부터 50행까지로 이루어져 있다. Setosa 자료만을 추출하여 열(column)별 변동계수를 구하시오.

(풀이) Setosa 자료를 추출하여 변동계수를 구하는 R 프로그램은 다음과 같다.

```
# 1.2 기초 통계량 - 1.2.2 산포정도 표시측도 - 2. 분산과 표준편차
# [예제 1.12] 데이터셋 'iris'의 Setosa에 대한 열별 변동계수 구하기
```

```
> head(iris); Setosa <- iris[1:50,-5]; Setosa # Setosa 자료만 추출
> csd.Setosa <- apply(Setosa, 2, sd); csd.Setosa
> (csd.Setosa/colMeans(Setosa))*100
> # 꽃받침(Sepal)의 길이와 폭보다 꽃잎(Petal)의 길이와 폭의 변동폭이 큼
```

3. 상자그림

관측값들의 중심위치와 산포정도를 간단히 시각적으로 표시하는 것으로 **상자그림**(box plot)이 있다. 상자그림은 앞에서 소개한 히스토그램 및 줄기-잎 그림과는 달리 최솟값, 최댓값과 중앙값을 포함한 사분위수와 사분위수범위를 시각적으로 파악할 수 있게 한다. 관측자료 데이터셋으로부터 여러 개의 상자그림을 그려 상호비교도 가능하다. 그리고 R의 패키지 {graphics}는 상자그림 도구로 boxplot() 함수를 제공한다. 최솟값, 제1사분위수(Q1), 중앙값, 제3사분위수(Q3), 사분위수범위(IQR), 최댓값 등을 차례로 표시한다([그림 1.10]). 상자의 양끝에서 **수염**(whisker)이 그려지는 경계 내부를 범위(range)라고 하고 수염 범위 양쪽 경계를 내부울타리(IF, inner fence)라고 하며 아래 경계값을 하내부울타리(lower IF), 반대를 상내부울타리(upper IF)라고 한다. 수염 경계 외부 값들을 이상값(outlier)이라고 한다(R에서 boxplot() 출력결과). [그림 1.10]은 데이터셋 'iris'에서 획득한 붓꽃 3종의 꽃받침(Sepal) 폭에 대한 상자그림을 나타내고 있다.

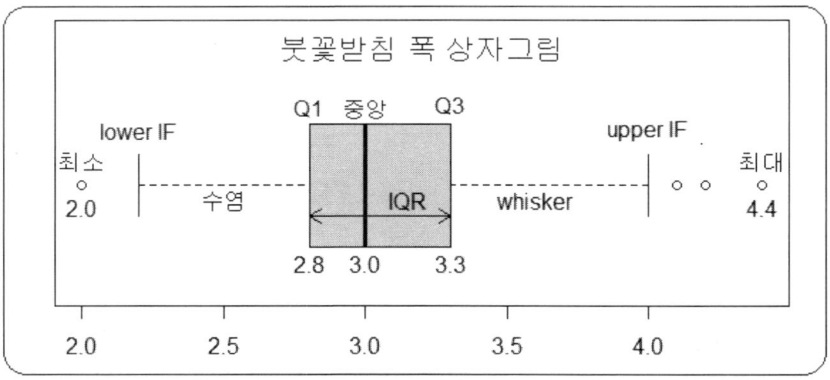

[그림 1.10] 붓꽃 꽃받침 폭에 대한 상자그림

◎ 상자그림 작성 방법(수평 작도 기준)

(1) 사분위수 Q_1, Q_2, Q_3를 구하고 Q_1과 Q_3로 네모상자를 그림

(2) 네모상자의 가로 폭은 바로 사분위수범위(IQR)가 되게 함

(3) 네모상자 내부의 중앙값(Q_2) 위치에 수직선을 그림

(4) 상자의 왼쪽 끝에서 ($Q_1 - 1.5 \times IQR$)까지 오른쪽 끝에서 ($Q_3 + 1.5 \times IQR$)까지 점선으로 연결하고 이들의 끝에 경계선을 표시함

(5) 제4 단계의 양쪽 경계선(IF, inner fence) 바깥에 이상값(outliers)을 표시함

참고 1.6 다음 R 프로그램은 [그림 1.10]을 그리기 위한 것이다.

```
# 1.2 기초 통계량 - 1.2.2 산포정도 표시측도 - 3. 상자그림
> head(iris); sepalW <- iris$Sepal.Width; sepalW
> mean(sepalW); sd(sepalW)
> min(sepalW); max(sepalW)
> lenght(sepalW); quantile(iris.sepal.width)
> print(boxplot(sepalW))
> boxplot(sepalW, horizontal=T, col="lightblue")
> text(2,0.93,"2.0"); text(2,1.08,"최소")
> text(2.2,1.18,"lower IF")
> text(2.8,0.75,"2.8"); text(2.8,1.25,"Q1")
> text(3,0.75,"3.0"); text(3,1.25,"중앙")
> text(3.3,0.75,"3.3"); text(3.3,1.26,"Q3")
> text(4,1.18,"upper IF")
> text(4.4,0.93,"4.4"); text(4.4,1.08,"최대")
> text(3.2,1.45,"붓꽃받침 폭 상자그림",cex=1.3)
> arrows(2.8,0.9,3.3,0.9,length=0.1)
> arrows(3.3,0.9,2.8,0.9,length=0.1)
> text(3.15,0.95,"IQR")
> text(2.5,0.95,"수염"); text(3.6,0.95,"whisker")
# 여러 개의 박스 플롯을 함께 그림
> boxplot(iris)
```

◎ **상자그림의 이해**: 상자그림에서 중앙값은 자료(관측)집합의 중심위치를 나타내고, 상자의 가로축 크기는 사분위수범위로 자료의 50%를 포함하는 범위이다. 상자그림은 중앙값을 중심으로 관측값들의 분포 대칭성을 나타낸다. 상자의 크기가 작을수록 관측값들이 중심위치에 밀집되어 있음을 나타낸다. 양쪽 경계선의 내부에는 이상값을 제외한 대부분의 관측값들이 포함된다. 참고문헌에 따라 구간 $[Q1 - 1.5IQR, Q3 + 1.5IQR]$의 외부에 위치하고 구간 $[Q1 - 3IQR, Q3 + 3IQR]$의 내부 값들을 경성(mild) 이상값이라고 한다. 특히, 구간 $[Q1 - 3IQR, Q3 + 3IQR]$의 외부 값들을 극단(extreme) 이상값이라고 한다.

연습문제

[1] 어떤 과목에 대한 성적을 나타내는 다음 표를 이용하여 각 물음에 답하시오.

71	84	68	75	91	87	63	77	81	98
57	73	74	85	50	62	66	78	65	59
75	89	94	93	86	61	87	74	70	67

(1) 다음 도수분포표를 채우시오.

계급	중간값	빈도	상대도수	누적상대도수
[50,58)				
[58,66)				
[66,74)				
[74,82)				
[82,90)				
[90,98]				

(2) 계급구간 수를 5개로 하고 R이 제공하는 내부함수 hist()를 사용하여 히스토그램을 작성하고 다음 도수분포표를 채우시오.

계급	중간값	빈도	상대도수	누적상대도수
[50,60)				
[60,70)				
[70,80)				
[80,90)				
[90,100)				

(3) [예제 1.9]와 같은 방법으로 제1사분위수 순위($j = j_1$), 제2사분위수 순위($j = j_2$) 및 제3사분위수 순위($j = j_3$)를 구하시오.

(4) R이 제공하는 함수 sort()를 사용하여 [예제 1.9]와 같은 방법으로 각 사분위수 순위(j)에 대응하는 제1사분위수, 제2사분위수(중앙값), 제3사분위수를 구하고, 결과를 이용하여 사분위수범위를 구하시오.

(5) 표에 주어진 표본자료에 대한 평균절대편차(MAD)를 구하시오.

(6) 표본분산과 표본표준편차를 정의에 의해 구하고 각각 R이 제공하는 함수들의 출력 결과와 비교하시오.

[2] R의 {MASS} 패키지가 제공하는 'immer' 데이터셋은 5종(Var)의 보리를 6개 지역(Loc)에서 시험 재배한 산출량을 2년에 걸쳐 제공한다. 이 데이터셋을 이용하여 다음 물음에 답하시오.

(1) R이 제공하는 함수를 이용하여 다음 표의 빈칸을 채우시오.

년도	최솟값	1사분위수	중앙값	평균	3사분위수	최댓값
Y1						
Y2						

(2) 연도별 산출량의 변동계수를 구하시오(소수점 이하 5자리).

[3] 다음 자료 중 하나를 자료 내의 다른 값으로 바꿀 때 각 물음에 답하시오.

20	25	30	30	30	30	30	40
45	50	50	55	60	65	165	

(1) 평균값의 최대 차이를 구하시오.

(2) 중앙값의 최대 차이를 구하시오.

(3) 최빈값의 최대 차이를 구하시오.

(4) 원자료를 이용하여 [예제 1.9]와 같은 방법으로 제1사분위수 순위($j = j_1$), 제2사분위수 순위($j = j_2$) 및 제3사분위수 순위($j = j_3$)를 구하시오.

(5) 원자료를 이용하여 [예제 1.9]와 같은 방법으로 각 사분위수 순위(j)에 대응하는 제1사분위수, 제2사분위수(중앙값), 제3사분위수를 구하시오.

[4] 어느 날 90개 지역에서 측정한 강수량에 대한 다음 자료(단위:mm)를 이용하여 각 물음에 답하시오.

```
18.6 25.9 14.6 19.1 18.9 10.1 17.3 34.2 24.5 24.1 13.4 40.3 18.6 53.9 14.9
15.1 20.4 54.3  9.6 16.8 33.7 20.2 19.9 32.1 16.6 27.2 13.7 18.4 23.3 34.3
47.8 25.8 21.8 57.1 27.5 17.2 23.4  7.1 24.9 26.9 28.7 26.6 29.3 12.5 18.1
43.4 38.9 26.3 29.9 48.2 17.8 37.1  9.3 19.6 18.1 17.4 44.2 16.6 20.5 39.7
 8.6 42.1 34.2 14.1 31.3 14.0 38.3 18.4 18.9 32.3 15.6 22.1 13.9 24.3 22.1
19.0 26.7 16.5 14.3 22.0 36.7 15.3 23.2 64.8 37.2  8.2 24.3 32.8 21.8 26.4
```

(1) R의 함수 summary()를 사용하여 위 자료의 요약통계를 출력하시오.

(2) R이 제공하는 함수를 이용하여 최댓값, 최솟값, 평균 및 중앙값을 개별적으로 구하고 (1)의 결과와 비교하시오.

(3) R이 제공하는 함수 cut()를 사용하여 계급 구간 수를 10개로 하고 계급구간별 빈도수와 상대도수 및 누적상대도수를 구하시오.

(4) 계급 구간 수를 12개로 하고 R이 제공하는 내부함수 hist()를 사용하여 히스토그램을 작성하시오.

(5) (4)의 결과를 이용하여 빈도, 상대도수 및 누적상대도수를 구하시오.

(6) R이 제공하는 함수를 이용하여 줄기-잎 그림과 상자 그림을 그리시오.

[5] R 패키지 {datasets}의 데이터 'ChickWeight'는 병아리 성장촉진을 위한 4가지 다른 단백질 함유 사료의 효과에 대한 경과 일수(Time)별 몸무게(weight) 증가 결과이다. 데이터에서 21일차 병아리 몸무게를 식이요법(Diet)을 포함하고 추출하여 변수 Chick21에 저장하고 다음 각 물음에 답하시오.

(1) 병아리 무게(Chick21$weight)의 평균과 중앙값을 구하시오.

(2) 병아리 무게(Chick21$weight)의 최솟값과 최댓값을 구하시오.

(3) 함수 summary()를 사용하여 병아리 무게의 요약통계를 구하시오.

(4) R의 함수 hist()를 사용하여 병아리 무게의 히스토그램을 그리시오.

(5) 식이요법(Chick21$Diet)별 병아리 무게의 평균값을 구하시오.

(6) 식이요법(Chick21$Diet)별 병아리 표본 수를 구하시오.

(7) 식이요법(Chick21$Diet)별 병아리 무게의 요약통계를 구하시오.

(8) 식이요법(Chick21$Diet)별 병아리 무게의 히스토그램을 그리시오.

CHAPTER 02

확률과 확률분포

02

확률과 확률분포

2.1 확률

2.1.1 표본공간과 사건

불확실성을 구체적인 수치로 표시하는 작업은 통계분석에서 유용한 절차이며 통계적 분석 절차에서 확률은 추론에 설득력을 담보하는 중요한 요소이다. 확률이란 어떤 사건이 일어나는 또는 어떤 결과가 나타나는 가능성의 비율을 의미한다. **통계적 실험**(statistical experiment)이란 어떤 실험을 통해 나올 수 있는 모든 결과는 알고 있지만 어떤 결과가 나타나는지는 알지 못하는 실험을 의미하는데 통계적 실험과 통계적 시행(trial)은 같은 의미로 사용된다.

1. 표본공간

표본공간(sample space)이란 통계적 실험에서 나올 수 있는 모든 결과들의 집합을 의미한다. 표본공간을 Ω(책에 따라 S 또는 U)로 표시하며 집합 Ω를 구성하는 개개의 결과(집합 용어로 원소)를 **근원사건**(elementary outcomes)이라고 한다.

[예 2.1] 한 개의 동전을 던지는 실험을 고려하여 앞면이 나오면 H(head), 뒷면이 나오면 T(tail)라고 할 때 표본공간은 $\Omega=\{H, T\}$이다.

[예 2.2] 두 개의 동전을 동시에 던지는 실험에서 나타날 수 있는 가능한 모든 결과, 즉 표본공간은 $\Omega=\{(H,H),(H,T),(T,H),(T,T)\}$이다.

예제 2.1 A팀과 B팀이 운동경기를 2회 한다고 할 때, 경기에서 일어날 수 있는 모든 가능한 결과들의 집합, 즉 표본공간을 구하시오.

(풀이) 경기에서 이기는 경우를 '승', 비기는 경우를 '무', 지는 경우를 '패'라고 하면 두 번의 경기에 대한 결과의 표본공간은 다음과 같다.

$$\Omega = \{승승, 승무, 승패, 무승, 무무, 무패, 패승, 패무, 패패\}$$

○ 이산표본공간과 연속표본공간

이산표본공간(discrete sample space)은 근원사건(원소)의 개수를 셀 수 있는 경우의 표본공간을 의미한다. 예로, [예 2.1]과 [예 2.2]의 표본공간은 이산표본공간이다. 연속(continuous)표본공간은 근원사건의 개수를 셀 수 없으며 연속적인 값을 갖는 경우의 표본공간을 의미한다.

[예 2.3] 전구의 수명시간을 t라고 할 때, 수명시간은 일반적으로 지수분포를 갖는다고 알려져 있고 이에 대한 표본공간은 $\Omega = \{t|t > 0\}$이다.

2. 사건

표본공간을 집합으로 보면 여러 개의 결과들이 모인 부분집합을 생각할 수 있으며 이 부분집합을 **사건**(event)이라고 한다. 사건 A와 B가 **배반사건**(disjoint event)이라고 함은 두 사건이 집합적 의미로 공통의 원소를 갖지 않는 경우, 즉 $A \cap B = \phi$를 의미한다. 사건 A의 **여사건**(complementary event)이란 표본공간 Ω의 결과들 중에서 사건 A에 속하지 않는 모든 사건들의 집합을 의미하고 A^c로 표기한다. 사건 A와 B의 **합사건**(union event)은 A와 B 중 적어도 하나에 포함되는 사건들의 집합을 의미하고 $A \cup B$로 표기한다. 사건 A와 B의 **곱사건**(intersection event)은 A와 B에 동시에 포함되는 사건들의 집합을 의미하고 $A \cap B$로 표기한다.

예제 2.2 정상적인 육면체 주사위 2개를 동시에 던지는 시행을 고려하여

(1) 표면 숫자의 합이 7이 되는 사건 A를 구하고,

(2) 표면 숫자의 차가 3이 되는 사건 B를 구하고,

(3) 사건 A와 사건 B의 곱사건($A \cap B$)을 구하고,

(4) 사건 A와 사건 B의 합사건($A \cup B$)을 구하고,

(5) 합사건 $A \cup B$의 여사건 $(A \cup B)^c$의 근원사건(원소)의 수를 구하시오.

풀이

(1) 두 주사위 모두 표면 숫자는 1에서 6까지 나올 수 있으므로 합이 7이 되는 경우는 다음과 같다.

$A = \{(1,6),(2,5),(3,4),(4,3),(5,2),(6,1)\}$

(2) 차가 3이 되는 경우는 다음과 같다.

$B = \{(6,3),(5,2),(4,1),(1,4),(2,5),(3,6)\}$

(3) 사건 A와 B의 곱사건은 다음과 같다.

$A \cap B = \{(5,2),(2,5)\}$

(4) 사건 A와 B의 합사건은 다음과 같다.

$A \cup B = \{(1,6),(2,5),(3,4),(4,3),(5,2),(6,1),(6,3),(3,6),(4,1),(1,4)\}$

(5) 표본공간의 근원사건의 수는 $6 \times 6 = 36$이고 $A \cup B$의 근원사건의 수는 10이므로 $A \cup B$의 여사건 $(A \cup B)^c$의 개수는 $36 - 10 = 26$이 된다.

2.1.2 확률의 정의

실험이나 관측을 통해 어떤 사건이 일어날 가능성을 예측하여 수학적으로 표현하기 위해 확률(probability)의 개념을 사용한다. 수학적으로 확률은 표본공간(Ω)을 정의구역으로 하여 부분사건(사건이 일어날 가능성)을 0과 1 사이의 숫자에 대응시키는 함수로 이해할 수 있다. 확률을 정의하는 방법은 여러 가지가 있으나 여기서는 세 가지를 소개하기로 한다.

1. 고전적 관점에서 확률의 정의

고전적 관점(classical viewpoint)에서 확률의 정의는 표본공간(Ω)에 있는 모든 근원사건은 발생할 가능성이 같다고 가정하는 데서 출발한다. 발생 가능한 결과의 개수가 모두 N개가 있을 때, 각각의 근원사건이 일어날 확률은 분명하게 $1/N$이 된다. 사건 A의 확률은 사건 A에 속하는 근원사건(원소)의 개수의 비율로 정의하며 고전적 관점에서 확률을 수학적(mathematical) 확률이라고도 한다.

정의 2.1 표본공간의 원소의 개수를 $N = n(\Omega)$라고 하고 사건 A에 속하는 원소의 개수를 $n(A)$라고 하면, 사건 A의 확률 $P(A)$는 다음과 같이 정의한다.

$$P(A) = \frac{n(A)}{n(\Omega)} = \frac{n(A)}{N} \tag{2.1}$$

예제 2.3 위 [예제 2.2]에 대해 각 사건들에 대한 확률을 구하시오.

(1) 표면 숫자의 합이 7이 되는 사건 A의 확률을 구하고,

(2) 표면 숫자의 차가 3이 되는 사건 B의 확률을 구하고,

(3) 사건 A와 사건 B의 곱사건($A \cap B$)의 확률을 구하고,

(4) 사건 A와 사건 B의 합사건($A \cup B$)의 확률을 구하고,

(5) 합사건 $A \cup B$의 여사건 $(A \cup B)^c$의 확률을 구하시오.

풀이 (1) 표본공간의 수는 $N = n(\Omega) = 36$이고 $n(A) = 6$이므로 $P(A) = 1/6$이다.

(2) 같은 방법으로 $P(B) = 6/36 = 1/6$

(3) $P(A \cap B) = 2/36 = 1/18$

(4) [예제 2.2]의 결과로부터 $P(A \cup B) = 10/36 = 5/18$

(5) [예제 2.2]의 결과로부터 $P((A \cup B)^c) = 26/36 = 13/18$을 얻는다.

2. 상대도수 관점에서 확률의 정의

상대도수(relative frequency) 관점에서 확률의 정의는 극한의 개념을 사용한다. 이는 표본공간의 모든 원소를 열거하기 어렵고 각각의 근원사건들이 일어날 가능성이 모두 같다고 볼 수 없기 때문이다. 상대도수 관점에서 극한 개념을 적용한 정의를 통계적 확률이라고 한다.

정의 2.2 통계적 실험에서 시행(trial)횟수를 m이라고 하고 이 중 사건 A가 일어난 횟수를 $m(A)$라고 하면 상대도수 관점에서 확률은 다음과 같이 정의된다.

$$P(A) = \lim_{m \to \infty} \frac{m(A)}{m} \tag{2.2}$$

예제 2.4 R의 패키지 {stats}는 이항분포에 대해 난수를 생성하는 rbinom() 함수를 제공한다. 형식은 rbinom(n, size, prob)로 인수 중 n은 관찰의 개수, size는 시행횟수, prob는 시행에서 성공확률을 나타낸다. 동전을 던지는 시행횟수 대비 앞면이 나오는 개수가 시행횟수를 증가함에 따라 0.5에 수렴하는 것을 나타내는 시뮬레이션 프로그램을 작성하시오.

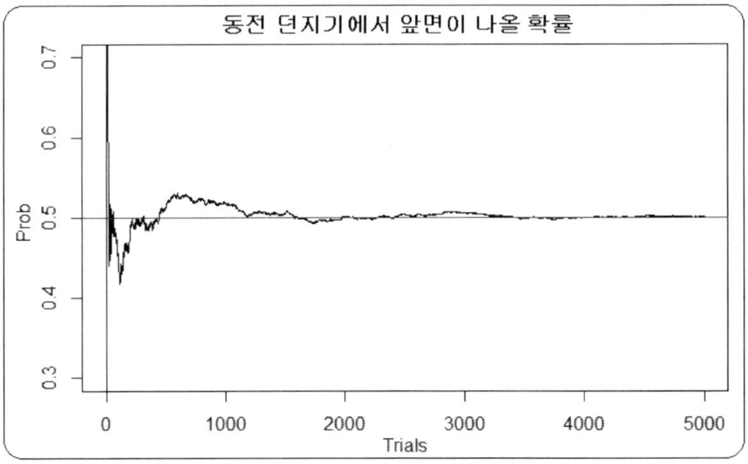

[그림 2.1] 앞면이 나올 상대도수비율의 수렴

(풀이) 함수 rbinom()을 이용하기 위해 고전적 확률의 정의에 따라 동전을 던져 앞면이 나올 확률은 1/2로 한다. 시행횟수를 5000회로 하여 시행한다고 하면 상대도수비율을 구하기 위한 시뮬레이션 프로그램은 다음과 같다.

```
# 2.1 확률 - 2.1.2 확률의 정의 - 2. 상대도수 관점에서 확률의 정의
# [예제 2.4] 동전 던지기 시뮬레이션 - [그림 2.1] 참조
> coin.toss <- function(n) {
  set.seed(1234); windows(7,5) # 재현성을 위한 시드; 윈도우 초기화
  rn <- rbinom(n,1,0.5) # 베르누이 시행에서 난수 생성
  freq <- cumsum(rn)/1:n
  plot(freq, xlab="Trials", ylab="Prob", type="l", ylim=c(0.3,0.7))
  abline(h=0.5, col="red"); title("동전 던지기에서 앞면이 나올 확률")
}
> coin.toss(5000)
```

3. 공리적 확률의 정의

공리적(axiomatic) 확률의 정의는 고전적 관점과 상대도수 관점 등을 동시에 고려하여 콜모고로프(Kolmogorov)에 의해 이루어졌다. 공리적 정의를 도입하게 된 이유는 오랫동안 쌓아온 확률현상에 대한 경험적 인식을 이론적으로 뒷받침할 필요가 있었기 때문이라고 볼 수 있다.

정의 2.3 표본공간 Ω에서 다음 세 공리를 만족하는 $P(A)$를 사건 A의 확률이라고 한다.

(1) 표본공간 Ω의 임의의 사건 A는 $0 \leq P(A) \leq 1$을 만족해야 한다.

(2) 표본공간 Ω의 확률은 $P(\Omega)=1$이 된다.

(3) 상호배반사건인 $A_1, A_2, A_3, \cdots$에 대하여 다음 식이 성립한다.

$$P\left(\bigcup_{k=1}^{\infty} A_k\right)=\sum_{k=1}^{\infty} P(A_k) \tag{2.3}$$

2.1.3 확률의 계산 법칙

확률을 간편하게 계산할 수 있는 정리들이 있으며 이러한 정리들은 확률의 공리들로부터 유도할 수 있다. 여사건의 법칙, 합의 법칙, 곱의 법칙 등이 있으며 먼저 여사건의 법칙과 합의 법칙을 소개하기로 한다.

정리 2.1 표본공간 Ω 안에 있는 두 사건 A와 B에 대해 다음 법칙이 성립한다.

(1) 여사건의 법칙: $P(A^c)=1-P(A)$

(2) $P(\Omega)=1$이므로 $P(\phi)=0$

(3) $A \subset B$이면 $P(A) \leq P(B)$

(4) 합의 법칙: $P(A \cup B)=P(A)+P(B)-P(A \cap B)$

[증명]

(1) [정의 2.3]의 공리 (2)와 (3)으로부터 다음 식이 성립한다.

$$1=P(\Omega)=P(A \cup A^c)=P(A)+P(A^c)$$

(2) [정의 2.3]의 공리 (2)로부터 $P(\Omega)=1$이고 Ω와 ϕ는 배반사건이므로 다음 식이 성립하고 위 (2)를 증명한다.

$$1=P(\Omega \cup \phi)=P(\Omega)+P(\phi) \Rightarrow P(\phi)=0$$

(3) 분명하게 $B=(B \cap A^c) \cup A$이고 사건 $B \cap A^c$와 A는 배반사건이므로 [정의 2.3]의 공리 (1)과 (2)로부터 다음 식이 성립하고 위 (3)을 증명한다.

$$P(B)=P(B \cap A^c)+P(A) \Rightarrow P(B)-P(A)=P(B \cap A^c) \geq 0$$

(4) 분명하게 $A \cap B^c$와 $A \cap B$ 및 $A^c \cap B$는 상호배반사건이므로 [정의 2.3]의 공리 (3)으로부터 다음 세 식이 성립한다.

$$P(A \cup B) = P(A \cap B^c) + P(A \cap B) + P(A^c \cap B) \cdots (a) \qquad (2.4)$$
$$P(A) = P(A \cap B^c) + P(A \cap B) \cdots\cdots\cdots\cdots (b)$$
$$P(B) = P(A^c \cap B) + P(A \cap B) \cdots\cdots\cdots\cdots (c)$$

위 식 (2.4)의 (b)와 (c)를 정리하고 (a)에 대입하여 (4)를 증명한다.

예제 2.5 [예제 2.3]의 결과를 이용하여 합의 법칙과 여사건의 법칙이 성립함을 계산으로 보이시오.

풀이 합의 법칙에 대하여, [예제 2.3]에서 $P(A \cup B) = 5/18$, $P(A) = P(B) = 1/6$, $P(A \cap B) = 1/18$이므로 [정리 2.1]의 식 (4)에 대입하면 다음 결과를 얻는다.

$$P(A \cup B) = \frac{5}{18} = \frac{3}{18} + \frac{3}{18} - \frac{1}{18} = P(A) + P(B) - P(A \cap B)$$

여사건의 법칙에 대하여 다음 식이 성립한다.

$$P((A \cup B)^c) = \frac{13}{18} = 1 - \frac{5}{18} = 1 - P(A \cup B)$$

2.1.4 조건부확률

조건부확률(conditional probability)은 어떤 사건 B가 일어났다는 조건 하에서 사건 A가 일어날 확률을 의미한다. 다시 말해서, 조건부확률은 어떤 결과가 B에 포함되었다면 그 결과가 사건 A 안에도 포함될 확률을 나타낸다.

정의 2.4 사건 B가 일어났다는 조건 하에서 사건 A가 일어날 확률인 조건부확률은 다음과 같이 정의한다.

$$P(A|B) = \frac{P(A \cap B)}{P(B)}, \ (\text{단, } P(B) > 0) \qquad (2.5)$$

예제 2.6 두 개의 주사위를 동시에 던지는 실험인 [예제 2.2]와 [예제 2.3]에서 표면 숫자의 차가 3이 되는 사건 B가 일어났다는 조건 하에서 표면 숫자의 합이 7이 되는 사건 A가 일어날 조건부확률을 구하시오.

풀이 [예제 2.3]의 결과에 따라 $P(B) = 1/6$이고 $P(A \cap B) = 1/18$이므로 구하는 조건부확률은 다음과 같다.

$$P(A|B) = \frac{P(A \cap B)}{P(B)} = \frac{1/18}{1/6} = \frac{1}{18} \times 6 = \frac{1}{3}$$

1. 확률의 곱셈법칙

조건부확률의 정의로부터 두 사건 A와 B가 동시에 일어날 합사건(교사건)의 확률에 관한 곱셈법칙을 쉽게 유도할 수 있다. 즉,

$$P(A \cap B) = P(A|B)P(B), \ (P(B) > 0) \tag{2.6}$$

식 (2.5)와 사건 A가 일어났다는 조건 하에서 사건 B가 일어날 조건부확률을 고려하면 다음 관계식을 얻을 수 있다.

$$P(A \cap B) = P(B|A)P(A), \ (P(A) > 0) \tag{2.7}$$

두 사건의 곱셈법칙에 대한 식 (2.6)은 세 사건들에 대한 곱셈법칙으로 자연스럽게 확장할 수 있고 세 사건 A_1, A_2, A_3에 대해 다음 식이 성립한다.

$$\begin{aligned} P(A_1 \cap A_2 \cap A_3) &= P(A_1 \cap A_2)P(A_3|A_1 \cap A_2) \\ &= P(A_1)P(A_2|A_1)P(A_3|A_1 \cap A_2) \end{aligned} \tag{2.8}$$

정리 2.2 사건 A와 B의 확률이 $P(A) > 0$이고 $P(B) > 0$이면 다음 식이 성립한다.

$$P(A \cap B) = P(A|B)P(B) = P(B|A)P(A), \ (P(A)P(B) > 0) \tag{2.9}$$

[증명] 식 (2.6)과 식 (2.7)에 의해 식 (2.9)가 성립함을 확인할 수 있다.

정리 2.3 사건 $A_1, A_2, \cdots, A_n$에 대해 $P(A_1 \cap \cdots \cap A_k) > 0, \ k = 1, \cdots, n-1$이면,

$$\begin{aligned} P(A_1 \cap \cdots \cap A_n) = P(A_1)P(A_2|A_1)P(A_3|A_1 \cap A_2) \\ \cdots P(A_n|A_1 \cap \cdots \cap A_{n-1}) \end{aligned} \tag{2.10}$$

[증명] 식 (2.8)의 유도 방법과 같은 방법으로 식 (2.10)을 쉽게 얻을 수 있다.

2. 독립 사건

조건부확률에서는 사건 A의 발생 확률이 사건 B의 발생확률에 영향을 주는데 이러한 경우 A와 B는 서로 종속(dependent)되었다고 한다. 그런데 독립사건(independent event)이란 개념적으로 한 사건의 발생이 다른 사건의 발생에 전혀 영향을 미치지 않는

경우를 의미한다.

정의 2.5 두 사건 A와 B에 대하여 다음 식이 성립하면 사건 A와 B는 서로 독립(mutually independent)이라고 한다.

$$P(A \cap B) = P(A)P(B) \tag{2.11}$$

예제 2.7 두 개의 주사위를 동시에 던지는 실험에서 표면 숫자의 합이 2의 배수가 되는 사건을 A, 표면 숫자의 합이 3의 배수가 되는 사건을 B라고 할 때 두 사건의 독립관계를 확인하시오.

풀이 실험에서 표면 숫자에 대한 표본공간은 다음과 같은 행렬로 표시된다.

$$\begin{array}{llllll}\{(1,1), & (1,2), & (1,3), & (1,4), & (1,5), & (1,6), \\ (2,1), & (2,2), & (2,3), & (2,4), & (2,5), & (2,6), \\ (3,1), & (3,2), & (3,3), & (3,4), & (1,5), & (3,6), \\ (4,1), & (4,2), & (4,3), & (4,4), & (4,5), & (4,6), \\ (5,1), & (5,2), & (5,3), & (5,4), & (5,5), & (5,6), \\ (6,1), & (6,2), & (6,3), & (6,4), & (6,5), & (6,6)\}\end{array}$$

위 행렬로부터 $P(A) = 18/36$, $P(B) = 12/36$이며 $P(A \cap B) = 1/6$이므로

$$P(A \cap B) = \frac{1}{6} = \frac{1}{2} \times \frac{1}{3} = \frac{18}{36} \times \frac{12}{36} = P(A)P(B).$$

정의 2.6 일련의 사건 $A_1, A_2, \cdots, A_n$을 고려할 때, 임의의 k개의 사건에 대해 다음 식이 항상 성립하면 사건 $A_{(1)}, A_{(2)}, \cdots, A_{(k)}$는 서로 독립이라고 한다.

$$P(A_{(1)} \cap \cdots \cap A_{(k)}) = P(A_{(1)})P(A_{(2)}) \cdots P(A_{(k)}),\ k = 2, \cdots, n \tag{2.12}$$

예제 2.8 두 개의 동전을 차례로 던지는 사건에서 첫째 동전이 뒷면이 나오는 사건을 A, 둘째 동전이 뒷면이 나오는 사건을 B, 두 동전 모두 같은 면이 나오는 사건을 C라고 할 때, 사건 A, B, C의 독립관계를 판단하시오.

풀이 동전이 앞면을 보이는 경우를 H, 뒷면을 보이는 경우를 T로 표기하면 표본공간은 $\Omega = \{HH, HT, TH, TT\}$이며 $A = \{TH, TT\}$이고 $B = \{HT, TT\}$이며 $C = \{HH, TT\}$이므로 $P(A) = P(B) = P(C) = 1/2$이고 $P(A \cap B) = P(B \cap C) = P(A \cap C) = 1/4$이 된다. 결과적으로 사건 A와 B, 사건 B와 C 및 사건 A와 C는 서로 독립이다. 그러나 $P(A \cap B \cap C) = 1/4$이지만 $P(A)P(B)P(C) = 1/8$이므로 세 사건 A, B, C는 서로 독립이 아니다.

2.1.5 베이즈 정리

1. 표본공간의 분할

표본공간 Ω를 여러 개의 배반사건들의 합으로 표현할 수 있을 때 이러한 배반사건들의 모임을 표본공간의 **분할**(partition)이라고 한다. 수학의 집합론적 정의에서 분할은 근원사건이 정확히 하나의 부분사건에 속하게 되고 공집합이 아닌 부분사건들의 합이 표본공간을 형성할 때 성립한다.

정의 2.7 표본공간 Ω 내의 배반사건 $B_1, B_2, \cdots, B_n$에 대해 다음 식이 성립할 때 사건 $B_1, B_2, \cdots, B_n$은 표본공간 Ω의 분할이라고 한다.

$$\Omega = \bigcup_{k=1}^{n} B_k, \quad B_i \cap B_j = \phi, \ (i \neq j) \tag{2.13}$$

2. 전확률 법칙

확률의 곱셈법칙과 표본공간의 분할을 이용하여 임의의 사건의 확률을 표현할 수 있으며 이것을 전확률의 법칙(law of total probability)이라고 한다.

정리 2.4a 사건 $B_1, B_2, \cdots, B_n$이 표본공간 Ω의 분할이면 Ω의 임의의 사건 A의 확률 $P(A)$는 다음 식으로 구할 수 있다.

$$P(A) = \sum_{k=1}^{n} P(B_k) P(A|B_k) \tag{2.14}$$

[증명] 표본공간 Ω 내의 사건 A는 합사건과 곱사건을 이용하여 다음과 같은 식으로 표시 가능하다.

$$A = (A \cap B_1) \cup (A \cap B_2) \cup \cdots \cup (A \cap B_n)$$

또한 $(A \cap B_i) \cap (A \cap B_j) = A \cap (B_i \cap B_j) = \phi, \ (i \neq j)$이므로 식 (2.3)과 조건부확률에 관한 정리인 [정리 2.2]에 의해 다음 식을 얻을 수 있다.

$$P(A) = \sum_{k=1}^{n} P(A \cap B_k) = \sum_{k=1}^{n} P(B_k) P(A|B_k)$$

3. 베이즈 정리

사건 $B_1, B_2, \cdots, B_n$이 표본공간 Ω의 분할이라고 하면 분할사건 $B_k, k=1,\cdots,n$의 확률 $P(B_k)$를 **사전확률**(prior probability)이라고 하고, 이후 표본공간 Ω 내의 임의의 사건 A가 주어졌을 때 특정한 분할사건 B_k로부터 나왔을 확률 $P(B_k|A)$를 **사후확률**(post probability)이라고 한다. 베이즈 정리(Bayes' theorem)는 표본공간이 분할사건들로 표현될 때 사전확률과 사후확률에 대한 관계를 표시하는 정리라고 할 수 있다. 특히 베이즈 정리는 데이터 분석 분야에서 매우 중요한 도구 중 하나이다.

정리 2.4b 사건 $B_1, B_2, \cdots, B_n$이 표본공간 Ω의 분할일 때, Ω 내의 임의의 사건 A가 주어지면, 분할사건 $B_k, k=1,\cdots,n$로부터 나왔을 확률 $P(B_k|A)$는 다음 식으로 구할 수 있다.

$$P(B_k|A) = \frac{P(B_k)P(A|B_k)}{\sum_{i=1}^{n} P(B_i)P(A|B_i)}, \quad k=1,2,\cdots,n \tag{2.15}$$

[증명] 식 (2.9)로부터 $P(B_k|A)P(A) = P(B_k)P(A|B_k)$이므로 전확률 법칙에 의해 다음 식을 얻을 수 있고 식 (2.15)가 성립함을 확인할 수 있다.

$$P(B_k|A) = \frac{P(B_k)P(A|B_k)}{P(A)} = \frac{P(B_k)P(A|B_k)}{\sum_{i=1}^{n} P(B_i)P(A|B_i)}, \quad k=1,2,\cdots,n$$

예제 2.9 정육면체 주사위를 두 번 던지는 실험에서 표면 숫자의 합이 2의 배수가 되는 사건을 A라고 하고 첫 번째 주사위의 표면이 k인 사건을 B_k라고 할 때 사후확률 $P(B_k|A), k=1,2,\cdots,6$을 조건부확률과 베이즈 공식으로 구한 결과를 비교하시오.

풀이 정육면체 주사위를 두 번 던지는 실험의 표본공간은 [예제 2.7]의 표본공간과 동일하다. 사건 $B_k = \{(k,1),(k,2),\cdots,(k,6)\}$이고 $\Omega = \cup_{k=1}^{6} B_k$이며 모든 (i,j)에 대해 $B_i \cap B_j = \phi, (i \neq j)$이므로 $\{B_1, B_2, \cdots, B_6\}$은 표본공간의 분할이 된다. 그러면 조건부확률의 정의에 따라 모든 $k=1,2,\cdots,6$에 대해 다음 식을 얻는다.

$$P(B_k|A) = \frac{P(B_k \cap A)}{P(A)} = \frac{3/36}{18/36} = \frac{3}{18} = \frac{1}{6}.$$

또한 모든 $k=1,2,\cdots,6$에 대해 $P(B_k) = 1/6$이고 $P(A|B_k) = 3/6 = 1/2$이므로

$$\frac{P(B_k)P(A|B_k)}{\sum_{i=1}^{6} P(B_i)P(A|B_i)} = \frac{\frac{1}{6}\times\frac{1}{2}}{\sum_{i=1}^{6}\frac{1}{6}\times\frac{1}{2}} = \frac{1}{6}.$$

예제 2.10 어떤 공장에서 3대의 기계로 제품을 생산한다고 하고 첫째(B_1) 기계는 제품의 30%를 생산하고 불량률은 2%, 둘째(B_2) 기계는 30%를 생산하고 불량률은 3%, 셋째(B_3) 기계는 40%를 생산하고 불량률은 1%라고 할 때

(1) 제품이 불량일 확률을 구하고,

(2) 불량 제품이 첫째 기계에서 생산되었을 확률을 구하고,

(3) 불량 제품이 셋째 기계에서 생산되었을 확률을 구하시오.

풀이 임의로 선택한 제품이 불량일 사건을 A로 표시하면, 다음 값들을 얻는다.

$$P(A|B_1) = 0.02,\ P(A|B_2) = 0.03,\ P(A|B_3) = 0.01$$

임의로 선택한 제품이 $B_k, k = 1,2,3$ 기계의 생산 제품일 확률 $P(B_k)$는

$$P(B_1) = 0.3,\ P(B_2) = 0.3,\ P(B_3) = 0.4.$$

전확률 법칙에 의해 임의의 제품이 불량일 사건 A의 확률 $P(A)$에 대해 다음 결과를 얻는다.

$$\begin{aligned} P(A) &= P(B_1)P(A|B_1) + P(B_2)P(A|B_2) + P(B_3)P(A|B_3) \\ &= 0.3\times 0.02 + 0.3\times 0.03 + 0.4\times 0.01 \\ &= 0.019 \end{aligned}$$

(1) 결과적으로 제품의 불량률은 1.9%이다.

(2) 구하는 확률은 $P(B_1|A)$이므로 베이즈 정리에 의해 다음 식을 가진다.

$$\begin{aligned} P(B_1|A) &= \frac{P(B_1)P(A|B_1)}{P(B_1)P(A|B_1) + P(B_2)P(A|B_2) + P(B_3)P(A|B_3)} \\ &= \frac{0.3\times 0.02}{0.3\times 0.02 + 0.3\times 0.03 + 0.4\times 0.01} \\ &= \frac{0.006}{0.019} \approx 0.31579 \end{aligned}$$

(3) 위 (2)와 같은 방법으로 해당 확률을 구하면 다음 확률을 얻는다.

$$\begin{aligned} P(B_3|A) &= \frac{P(B_3)P(A|B_3)}{P(B_1)P(A|B_1) + P(B_2)P(A|B_2) + P(B_3)P(A|B_3)} \\ &= \frac{0.4\times 0.01}{0.3\times 0.02 + 0.3\times 0.03 + 0.4\times 0.01} \\ &= \frac{0.004}{0.019} \approx 0.21053. \end{aligned}$$

2.2 확률분포

2.2.1 확률변수

확률변수(random variable)란 실험의 각 결과, 즉 근원사건에 실수값을 대응시키는 함수(실함수, real-valued function)를 의미한다. 수학적으로 확률변수는 정의역이 표본공간이고 치역이 실수인 실함수이다. 이렇게 하여 특정 사건이 일어날 확률은 변수가 특정 값을 가질 확률로 표현할 수 있다. 그러므로 확률변수는 특정 값이 나타날 가능성이 확률적으로 주어지는 변수이다.

정의 2.8 확률변수 X는 정의구역을 표본공간 Ω로 하고 치역을 실수집합 R로 하는 실함수로 정의한다. 즉, $X: \Omega \rightarrow R$인 사상이 된다.

참고 2.1 확률변수 X가 가지는 실수값들의 집합(Ω_X)을 **공역**(codomain)이라고 하며, 실수집합의 부분집합이 되고 집합론적으로 다음과 같은 의미를 가진다.

$$\Omega_X = \{ X(a) : a\text{는 } \Omega\text{의 근원사건} \}$$

정의 2.9 Ω_X가 유한집합이거나 셀 수 있는 집합이면 X를 **이산확률변수**라고 한다. 즉, X의 공역은 $\Omega_X = \{ x_1, \cdots, x_n \}$ 또는 $\Omega_X = \{ x_1, x_2, \cdots \}$이 된다.

참고 2.2 Ω_X가 연속적인 값을 갖고 셀 수 없는 집합이면 X를 **연속확률변수**라고 하지만 이는 대응하는 확률밀도함수를 가지는 경우에 한한다.

예제 2.11 정육면체 주사위를 두 번 던지는 실험에서 표면 숫자의 합을 확률변수 X라고 하고 표면 숫자의 차를 확률변수 Y라고 할 때 X의 공역과 Y의 공역을 구하시오.

풀이 주사위를 두 번 던져서 나타나는 표본공간은 [예제 2.7]에 잘 나타나 있다. 이산확률변수 X의 공역은 $\Omega_X = \{2,3,4,5,6,7,8,9,10,11,12\}$이고 이산확률변수 Y의 공역은 $\Omega_Y = \{0,1,2,3,4,5\}$이다.

예제 2.12 [예제 2.7]과 [예제 2.11]을 이용하여 다음 확률들을 구하시오.

(1) Ω_X의 각 원소 값에 대한 확률 $P(X = x_k)$, $x_k = 2,3,7,11,12$를 구하고,

(2) Ω_Y의 각 원소 값에 대한 확률 $P(Y=y_k)$, $y_k=0,1,\cdots,5$를 구하시오.

(풀이) [예제 2.7]의 표본공간을 나타낸 행렬을 이용하기로 한다.

(1) $\{X=2\}=\{(1,1)\}$이므로 $P(X=2)=1/36$이고, $\{X=3\}=\{(2,1),(1,2)\}$이므로 $P(X=3)=2/36=1/18$, 같은 방법으로, $P(X=7)=6/36=1/6$이 되고 $\{X=11\}=\{(5,6),(6,5)\}$이므로 $P(X=11)=1/18$, 한편 $P(X=12)=1/36$

(2) $\{Y=0\}=\{(1,1),(2,2),\cdots,(6,6)\}$이므로 $P(Y=0)=6/36=1/6$, 같은 방법으로 $P(Y=1)=10/36=5/18$, $P(Y=2)=8/36=2/9$, $P(Y=3)=6/36=1/6$, $P(Y=4)=1/9$이고, $\{Y=5\}=\{(6,1),(1,6)\}$이므로 $P(Y=5)=1/18$이 된다.

2.2.2 확률분포와 확률밀도함수

확률변수 X가 가질 수 있는 모든 값들과 이에 대응하는 확률을 함수식이나 그래프로 나타낸 것을 확률변수 X의 확률분포(probability distribution)라고 한다. 확률변수 X와 $\Omega_X=\{x_1,\cdots,x_n\}$에 대해 대응하는 확률을 $f_X(x_k)=P(X=x_k)$라고 하면 $(x_k,f_X(x_k))$, $k=1,2,\cdots,n$를 확률분포라고 한다.

1. 이산확률분포

확률변수 X가 이산이면 대응되는 확률분포를 이산확률분포라고 한다. 말하자면, 확률변수 X와 $\Omega_X=\{x_1,x_2,\cdots\}$에 대해 대응하는 확률을 $f_X(x_k)=P(X=x_k)$라고 하면 $(x_k,f_X(x_k))$, $k=1,2,\cdots$은 이산확률분포라고 한다.

정의 2.10 확률질량함수(pmf, probability mass function)의 정의

확률변수 X가 이산형이고, 실수 $x_k\in\Omega_X$에 대해 $f_X(x_k)=P(X=x_k)$가 다음 두 조건을 만족하면 f_X를 X의 확률질량함수라고 한다.

(1) 모든 $x_k\in\Omega_X$에 대해, $0\leq f_X(x_k)\leq 1$

(2) $\Omega_X=\{x_1,x_2,\cdots\}$에 대해, $\sum_{x_k\in\Omega_X} f_X(x_k)=1$

참고 2.3 이산확률변수 X와 공역 $\Omega_X=\{x_1,x_2,\cdots\}$에 대해 다음 식이 성립한다.

$$f_X(x)=\begin{cases}P(X=x), & x\in\Omega_X\\ 0, & x\notin\Omega_X\end{cases}\tag{2.16}$$

참고 2.4 확률질량함수가 $f_X(x)$일 때, X가 어떤 구간 $[a,b]$에 속할 확률은

$$P(a \leqq X \leqq b) = \sum_{x_k \in [a,b] \cap \Omega_X} f_X(x_k)$$

예제 2.13 [예제 2.12]에 이어, 이산확률변수 X에 대한 다음 두 문항에 답하시오.

(1) Ω_X의 나머지 원소 값에 대한 확률 $P(X=x_k)$, $x_k = 4,5,6,8,9,10$을 구하고,

(2) R을 이용하여 이산확률변수 X의 확률질량함수 그래프를 그리시오.

풀이

(1) [예제 2.12]와 같은 방법으로 $P(X=4) = P(X=10) = 3/36 = 1/12$을 구하고 $P(X=5) = P(X=9) = 4/36 = 1/9$과 $P(X=6) = P(X=8) = 5/36$을 구할 수 있다.

(2) R의 패키지 {graphics}가 제공하는 plot() 함수를 사용하여 그래프를 그린다.

```
# 2.2 확률분포 - 2.2.2 확률분포와 확률밀도함수 - 1. 이산확률분포
# [예제 2.13] 이산확률분포의 확률질량함수 그래프 - [그림 2.2]
> xv <- c(2,3,4,5,6,7,8,9,10,11,12); xv
> fv <- c(1,2,3,4,5,6,5,4,3,2,1)/36; fv
> plot(xv,fv, type="h",xlab="X", ylab="f(x)", ylim=c(0.02,0.18))
> grid(11,8); points(xv,fv,cex=0.8)
> title("이산확률변수의 pmf")
> lab <- c("1/36","1/18","1/12","1/9","5/36","1/6","5/36","1/9","1/12","1/18",
"1/36")
> text(xv,fv+0.01,labels=lab)
```

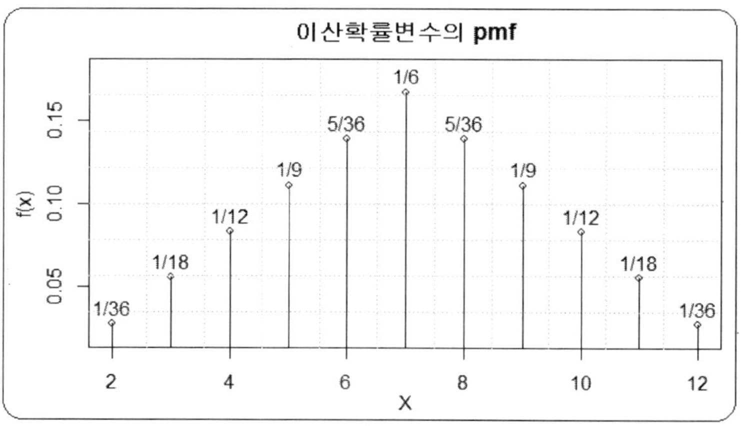

[그림 2.2] 이산확률변수 X의 확률질량함수

누적분포함수: 이산확률변수 X의 **누적분포함수**(cdf, cumulative distribution function)는 특정값 x가 주어졌을 때 X가 x보다 작거나 같을 확률 $P(X \leq x)$을 의미한다. 누적분포함수는 확률질량함수와 같이 확률의 특성을 나타내며 연관된 다른 함수값을 구하는 데 활용할 수 있다.

정의 2.11 이산확률변수 X의 확률질량함수가 $f_X(x)$일 때, 다음 함수 $F_X(x)$를 X의 누적분포함수라고 한다.

$$F_X(x) = P(X \leq x) = \sum_{x_k \in (-\infty, x] \cap \Omega_X} f_X(x_k)$$

참고 2.5 $F_X(x)$는 x보다 크지 않은 $x_k \in \Omega_X$에 대해 $P(X = x_k)$들을 합한 값이다.

누적분포함수의 특성

(1) Ω_X의 최솟값을 $\min(\Omega_X)$라고 하면, 모든 $x < \min(\Omega_X)$에 대해 $F_X(x) = 0$

(2) Ω_X의 최댓값을 $\max(\Omega_X)$라고 하면, 모든 $x \geq \max(\Omega_X)$에 대해 $F_X(x) = 1$

(3) $F_X(x)$는 우연속함수이다. 즉, $\lim_{h \to 0+} F_X(x+h) = F_X(x)$

(4) 임의의 실수 x_1, x_2에 대해 $x_1 < x_2$이면, $F_X(x_1) \leq F_X(x_2)$

예제 2.14 [예제 2.13]에서 다룬 이산확률변수 X에 대한 누적분포함수를 R을 이용하여 그리시오.

풀이 누적분포함수를 그리기 위한 R 프로그램은 다음과 같다.

```
# 2.2 확률분포 - 2.2.2 확률분포와 확률밀도함수 - 1. 이산확률분포
# [예제 2.14] 이산확률분포의 누적밀도함수(cdf) 그래프 - [그림 2.3]
> xv <- c(2,3,4,5,6,7,8,9,10,11,12)
> fv <- c(1,2,3,4,5,6,5,4,3,2,1)/36
> fs <- cumsum(fv); fs # fv의 누적분포함수 값을 구함
> xv <- c(1,xv,13); fs <- c(0,fs,1)
> plot(xv,fs,type="s",xlab="X",ylab="F(x)",xlim=c(1,13),ylim=c(0,1.07))
> grid(11,8); title("이산확률변수의 cdf")
> lab <- c("0","1/36","1/12","1/6","5/18","5/12","7/12","13/18","5/6",
      "11/12","35/36","1")
> text(xv[-13]+0.4,fs[-13]+0.05,labels=lab)
```

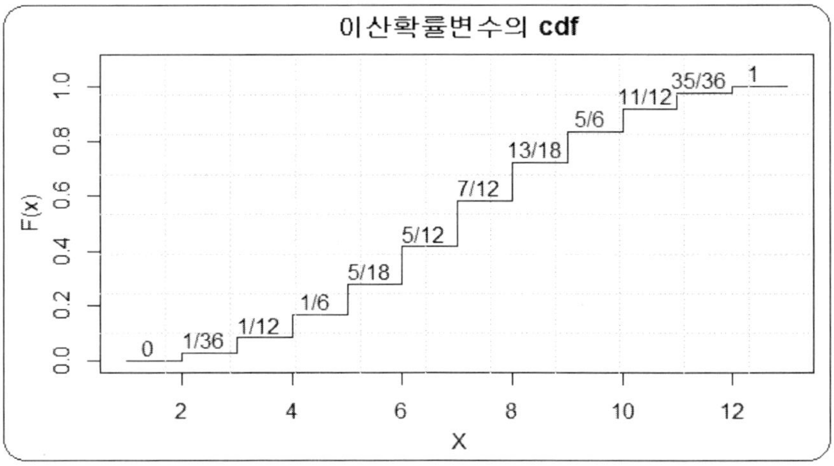

[그림 2.3] 이산확률변수 X의 누적분포함수

2. 연속확률분포

확률변수 X가 연속이면 대응되는 확률분포를 연속확률분포라고 한다. 공역 Ω_X가 연속적인 값을 갖고 셀 수 없는 집합이면 X를 연속확률변수라고 하지만 대응하는 확률밀도함수를 가지는 경우에 한한다.

> **정의 2.12** **확률밀도함수**(pdf, probability density function)의 정의
>
> 확률변수 X와 임의의 실수 구간 $[a,b]$에 대해, 다음 식을 만족하는 $f_X(x)$가 존재하면 X를 연속확률변수라고 하고 $f_X(x)$를 확률밀도함수라고 한다.
>
> $$P(a \leq X \leq b) = \int_a^b f_X(x)dx,$$
>
> 여기서 모든 $x \in R$에 대해 $f_X(x) \geq 0$이고 $\int_{-\infty}^{\infty} f_X(x)dx = 1$이 된다.

참고 2.6 임의의 $a \in R$에 대해 $\int_a^a f_X(x)dx = 0$임을 주지해야 한다.

예제 2.15 어떤 제품의 수명($x \geq 0$, 단위는 시간)에 대한 확률밀도함수가 다음과 같이 주어질 때 10시간 내에 수명이 다할 확률을 구하시오.

$$f(x) = \frac{1}{(x+1)^2},\ x \geq 0$$

풀이 $\int_0^{\infty} \frac{1}{(x+1)^2}dx = \left[\frac{-1}{x+1}\right]_0^{\infty} = 0-(-1) = 1$이므로 $f(x)$는 확률밀도함수가 되고 구하는 확률은 다음과 같이 계산할 수 있다.

$$P(0 \leqq X \leqq 10) = \int_0^{10} \frac{1}{(x+1)^2}dx = \left[\frac{-1}{x+1}\right]_0^{10} = 1-\frac{1}{11} = \frac{10}{11}$$

예제 2.16 확률밀도함수가 다음과 같이 주어질 때 상수 c를 구하시오.

$$f(x) = \begin{cases} ce^{-2x}, & x \geqq 0 \\ 0, & x < 0 \end{cases}$$

풀이 확률밀도함수가 되기 위해서는 $f(x) > 0$이고 $\int_0^{\infty} f(x)dx = 1$이어야 하므로 $c > 0$이어야 하고 다음 식을 만족하여야 한다.

$$\int_0^{\infty} ce^{-2x}dx = \left[-\frac{c}{2}e^{-2x}\right]_0^{\infty} = 0-(-\frac{c}{2}) = 1$$

그러므로 $c = 2$가 되어야 한다.

예제 2.17 R 프로그램을 이용하여 [예제 2.15]와 [예제 2.16]에 대한 확률밀도함수의 그래프를 그리시오.

풀이 확률밀도함수를 그리기 위한 R 프로그램과 그래프는 다음과 같다.

```
# 2.2 확률분포 - 2.2.2 확률분포와 확률밀도함수 - 2. 연속확률분포
# [예제 2.17] 연속확률분포의 확률밀도함수(pdf) 그래프 - [그림 2.4]
> xv <- seq(0,5,length=100); xv
> f1 <- function(x) 1/(x+1)^2
> f2 <- 2*exp(-2*xv) # R의 함수 exp()를 사용
> plot(xv, f1(xv), type = "l", col="red", ylab="f(x)", xlab="X")
> title(expression(paste("확률밀도함수 : ", 1/(x+1)^2,"와 ", 2*e^{-2*x})));
> grid(11,8); points(xv, f2, type = "l", col="blue")
> text(2, 0.2, expression(1/(x+1)^2), col="red")
> text(1,0.5,expression(2*e^{-2*x}), col="blue")
```

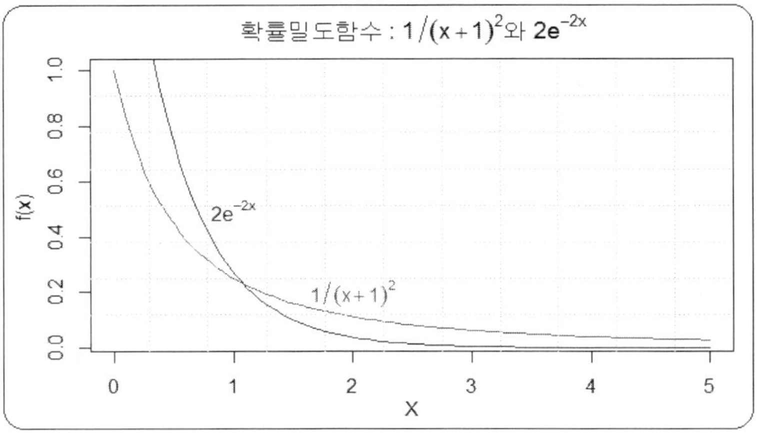

[그림 2.4] 연속확률변수 X의 확률밀도함수

누적분포함수: 연속확률변수 X의 누적분포함수(cdf) $F_X(x)$는 특정값 x가 주어졌을 때 X가 x보다 작거나 같을 확률 $P(X \leq x)$을 의미한다. 누적분포함수는 확률밀도함수와 같이 확률의 특성을 나타내며 연관된 다른 함수값을 구할 때 이용할 수 있다.

정의 2.13 연속확률변수 X의 확률밀도함수를 $f_X(x)$라고 하면, 다음과 같이 정의된 함수 $F_X(x)$를 X의 **누적분포함수**라고 한다.

$$F_X(x) = P(X \leq x) = \int_{-\infty}^{x} f_X(t)dt$$

참고 2.7 미적분의 기본정리에 따라 연속확률변수의 확률밀도함수 $f_X(x)$와 누적분포함수 $F_X(x)$ 사이에는 $f_X(x) = \frac{d}{dx} F_X(x)$인 관계식이 성립한다.

참고 2.8 연속확률변수 X가 구간 $[a,b]$ 사이의 값을 가질 확률은 다음과 같다.

$$P(a < X \leq b) = \int_{a}^{b} f_X(t)dt = F_X(b) - F_X(a)$$

예제 2.18 R 프로그램을 이용하여 [예제 2.15]와 [예제 2.16]에 대한 누적분포함수의 그래프를 그리시오.

풀이 [예제 2.15]와 [예제 2.16]에 대한 누적분포함수는 각각 다음과 같고 누적분포함수의 그래프를 그리기 위한 R 프로그램과 그래프는 다음과 같다.

$$F_1(x) = \int_0^x \frac{1}{(t+1)^2} dt = \left[-\frac{1}{t+1} \right]_0^x = 1 - \frac{1}{x+1} = \frac{x}{x+1},$$
$$F_2(x) = \int_0^x 2e^{-2t} dt = [-e^{-2t}]_0^x = 1 - e^{-2x}.$$

```
# 2.2 확률분포 - 2.2.2 확률분포와 확률밀도함수 - 2. 연속확률분포
# [예제 2.18] 연속확률분포의 누적분포함수(cdf) 그래프 - [그림 2.5]
> xv <- seq(0,20,length=100); xv
> f1 <- xv/(xv+1); f2 <- 1-exp(-2*xv)
> plot(xv, f1, type="l", col="red", ylab="F(x)", xlab="X", ylim=c(0,1))
> title(expression(paste(1/(x+1)^2,"와 ", 2*e^{-2*x}, "의 누적분포함수")))
# paste(...)는 수식을 문자열로 바꾸고 벡터형으로 연결함
> grid(11,8); points(xv, f2, type = "l", col="blue")
> text(3.2, 0.6, expression(1/(x+1)^2), col="red")
> text(2.5, 0.9,expression(2*e^{-2*x}), col="blue")
```

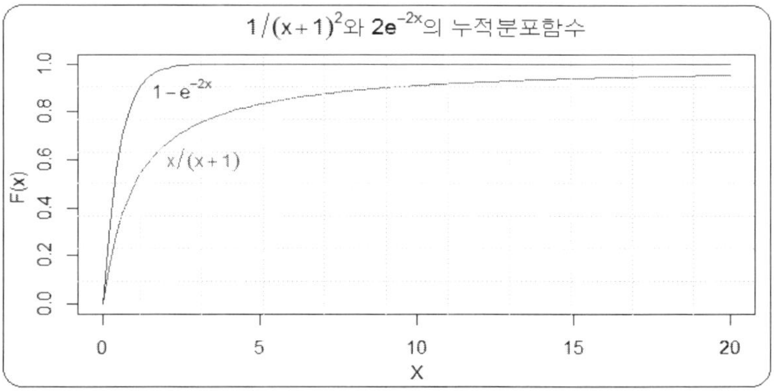

[그림 2.5] 연속확률변수 X의 누적분포함수

3. 결합확률분포

하나의 확률분포를 고려할 수도 있지만 여러 개의 확률분포를 동시에 고려할 필요가 있을 수도 있다. 한 실험에서도 관측 대상이 두 가지 이상인 경우도 있으며, 이들 대상에 대한 관측 결과 사이의 관계 정도에도 관심을 가질 수 있다. 여기서는 두 확률변수의 결합확률분포에 대해서만 다루기로 한다.

◎ **이산확률변수의 결합확률분포**: 두 확률변수 X와 Y가 이산형인 경우, 결합확률질량함수(joint probability mass function)는 $f(x_i, y_j) = P(X = x_i, Y = y_j)$이고 x_i와 y_j가 동시에 발생한다. 여기서는 두 확률변수가 모두 이산형인 경우만 다루기로 한다.

정의 2.14 두 이산확률변수 X와 Y에 대해 함수 $f(x,y)=P(X=x, Y=y)$가 다음 조건을 만족하면 이 $f(x,y)$를 변수 X와 Y의 결합확률질량함수라고 한다.

(1) 모든 $x \in \Omega_X$, $y \in \Omega_Y$에 대해, $0 \le f(x,y) \le 1$

(2) 모든 $x \in \Omega_X$, $y \in \Omega_Y$에 대해, $\sum_{x \in \Omega_X} \sum_{y \in \Omega_Y} f(x,y) = 1$

참고 2.9 식 (2)에서 $\Omega_X = \{x_1, \cdots, x_n\}$이고 $\Omega_Y = \{y_1, \cdots, y_m\}$이면

$$\sum_{i=1}^{n} \sum_{j=1}^{m} f(x_i, x_j) = 1.$$

참고 2.10 평면상의 어떤 영역 $A \times B$에 대해, $P((x,y) \in A \times B) = \sum_A \sum_B f(x,y)$가 된다.

예제 2.19 아래 표는 자동차의 속력(X)과 제동거리(Y) 간의 관계를 50회 시행하여 조사한 결과로 얻은 빈도수을 나타낸다. 이 표를 이용하여 (1) 결합확률질량함수를 구하고, (2) 결합확률질량함수의 그래프를 그리시오.

Y \ X		1	2	3	4	5	계(단위: mph)
		[4~8]	(8~12]	(12~16]	(16~20]	(20~25]	
1	(1~31]	5	9	4	2	0	20
2	(31~61]	0	1	8	9	1	19
3	(61~91]	0	0	1	4	3	8
4	(91~121]	0	0	0	0	3	3
계(단위: 피트)		5	10	13	15	7	50

풀이 조사 결과 확률변수의 쌍 (X, Y)에 대한 결합확률질량함수는 개별 쌍의 도수를 총 시행횟수로 나눈 값으로 볼 수 있다. 즉, $f(1,1)=P(X=1, Y=1)$은 상대도수로 나타낼 수 있으므로 다음 확률들을 얻는다.

$$\begin{aligned} f(1,1) &= P(X=1, Y=1) = 5/50 = 0.1, \\ f(2,1) &= P(X=2, Y=1) = 9/50 = 0.18, \\ &\vdots \\ f(5,4) &= P(X=5, Y=4) = 3/50 = 0.06 \end{aligned}$$

그러므로 두 확률변수 쌍 (X, Y)에 대한 결합확률질량함수는 다음 표와 같다.

[표 2.1] 결합확률질량함수 표

Y \ X		1	2	3	4	5
		[4~8]	(8~12]	(12~16]	(16~20]	(20~25]
1	(1~31]	0.1	0.18	0.08	0.04	0
2	(31~61]	0	0.02	0.16	0.18	0.02
3	(61~91]	0	0	0.02	0.08	0.06
4	(91~121]	0	0	0	0	0.06

(2) 결합확률질량함수를 그리기 위한 R 프로그램과 그래프는 다음과 같다.

```
# 2.2 확률분포 - 2.2.2 확률분포와 확률밀도함수 - 3. 결합확률분포
# [예제 2.19] 이산확률분포의 결합확률질량함수 그래프 - [그림 2.6]
> library(scatterplot3d)
> x1 <- 1:5; y1 <- 1:4
> z1 <- c(5,0,0,0,9,1,0,0,4,8,1,0,2,9,4,0,0,1,3,3)/50
> ym <- y1%*%t(c(1,1,1,1,1)); ym
> xm <- matrix(1,4,1)%*%x1; xm
> ym <- as.vector(ym); xm <- as.vector(xm)
> scatterplot3d(xm,ym,z1, xlim=c(0.5,5.5), ylim=c(0.5,4.5), type="h",
        xlab="speed", ylab="distance", zlab="prob")
```

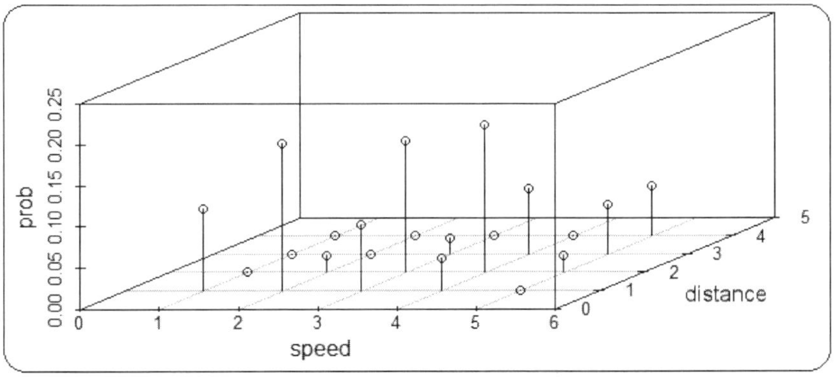

[그림 2.6] 이산확률변수들의 결합확률질량함수

◎ **이산확률변수의 주변확률분포**: 두 이산확률변수의 결합확률분포로부터 각 확률변수에 대한 분포를 **주변확률분포**(marginal distribution function)라고 한다. 두 확률변수 (X, Y)가 이산형인 경우 결합확률질량함수 $f(x,y)$로부터 각각의 **주변확률질량함수**(marginal pmf) $f_X(x)$와 $f_Y(y)$를 구할 수 있다. 두 확률변수 X, Y의 공역이 각각 Ω_X, Ω_Y라고 하면, $f_X(x)$는 Ω_Y의 모든 값에 대해 더하여 얻고, $f_Y(y)$는 Ω_X의 모든

값에 대해 더하여 얻는다.

정의 2.15 두 이산확률변수 X와 Y에 대해 함수 $f(x,y)=P(X=x, Y=y)$가 결합확률질량함수이면, 주변확률질량함수는 각각 다음 식으로 정의된다.

$$f_X(x)=\sum_{y\in\Omega_Y} f(x,y) \text{와} \quad f_Y(y)=\sum_{x\in\Omega_X} f(x,y)$$

예제 2.20 [예제 2.19]에 나타나 있는 표는 자동차의 속력(X)과 제동거리(Y) 간의 관계를 50회 시행하여 조사한 빈도수를 나타낸다. 이 표와 [예제 2.19]의 결과를 이용하여 (1) 결합확률질량함수를 구하고, (2) X와 Y에 대한 각각의 주변확률질량함수 $f_X(x)$와 $f_Y(y)$를 구하시오.

풀이 자동차의 속력 X에 대한 주변확률질량함수 $f_X(x)$는 [정의 2.15]에 의해 Y가 가질 수 있는 모든 값([표 2.1]의 각 열)을 더하여 구할 수 있다. 제동거리 Y에 대한 주변확률질량함수 $f_Y(y)$는 X가 가질 수 있는 모든 값([표 2.1]의 각 행)을 더하여 아래와 같이 구할 수 있고, 표로 나타내면 다음과 같다.

$$f_Y(y)=\sum_{x=1}^{5} f(x,y)=\begin{cases}0.4, & y=1\\ 0.38, & y=2\\ 0.16, & y=3\\ 0.06, & y=4\\ 0, & y\text{의 다른값}\end{cases}$$

Y \ X		1 [4~8]	2 (8~12]	3 (12~16]	4 (16~20]	5 (20~25]	$f_Y(y)$
1	(1~31]	0.1	0.18	0.08	0.04	0	0.4
2	(31~61]	0	0.02	0.16	0.18	0.02	0.38
3	(61~91]	0	0	0.02	0.08	0.06	0.16
4	(91~121]	0	0	0	0	0.06	0.06
$f_X(x)$		0.1	0.2	0.26	0.3	0.14	1

○ **연속확률변수의 결합확률분포**: 두 확률변수 X와 Y가 연속형이라고 하면 결합확률밀도함수 $f(x,y)$는 (x,y)-평면상에 이루어지는 표면(surface)으로 해석할 수 있다. 평면상의 어떤 영역 $A\times B$에 대해, $P((x,y)\in A\times B)$는 밑면 $A\times B$와 그 위의 표면으로 이루어지는 입체의 부피와 같다.

정의 2.16 연속확률변수의 **결합확률밀도함수**(joint pdf)의 정의

확률변수 X, Y와 (x,y)-평면상의 임의의 영역 $A\times B$에 대해, 다음 식을 만족하는 $f(x,y)$가 존재하면, $f(x,y)$를 X와 Y의 결합확률밀도함수라고 한다.

$$P((x,y)\in A\times B)=\int_A\int_B f(x,y)dxdy,$$

여기서 $f(x,y)\geq 0$이고 $\int_{-\infty}^{\infty}\int_{-\infty}^{\infty}f(x,y)dxdy=1$을 만족해야 한다.

예제 2.21 두 연속확률변수 X와 Y의 결합확률밀도함수가 다음과 같을 때, 각 물음에 답하시오.

$$f(x,y)=\begin{cases}ce^{-2(x+y)}, & x,y\geq 0,\\ 0, & \text{그 밖에서}\end{cases}$$

(1) 결합확률밀도함수가 되도록 상수 c를 결정하시오.

(2) 확률 $P(0\leq x,y\leq 1)$을 구하시오.

풀이

(1) 먼저 $f(x,y)$가 결합확률밀도함수이므로 다음 식이 성립한다.

$$\int_0^{\infty}\int_0^{\infty}ce^{-2(x+y)}dxdy=\int_0^{\infty}\int_0^{\infty}ce^{-2y}e^{-2x}dxdy=\frac{c}{2}\int_0^{\infty}e^{-2y}dy=1$$

한편 $\frac{c}{2}\int_0^{\infty}e^{-2y}dy=\frac{c}{4}$이므로 $c=4$이다.

(2) $2\int_0^1 e^{-2x}dx=(1-e^{-2})$이므로 $\int_0^1\int_0^1 4e^{-2y}e^{-2x}dxdy=2(1-e^{-2})\int_0^1 e^{-2y}dy$

이 되어 결국 다음 값을 얻을 수 있다.

$$\begin{aligned}P(0\leq x,y\leq 1)&=\int_0^1\int_0^1 4e^{-2y}e^{-2x}dxdy\\&=(1-e^{-2})^2\end{aligned}$$

◯ **연속확률변수의 주변확률분포**: 두 연속확률변수의 결합확률분포로부터 각 확률변수에 대한 분포를 주변확률분포(marginal distribution function)라고 한다. 두 확률변수 (X, Y)가 연속형인 경우 **결합확률밀도함수**(joint pdf) $f(x,y)$로부터 각각의 **주변확률밀도함수**(marginal pdf) $f_X(x)$와 $f_Y(y)$를 구할 수 있다. X의 주변확률밀도함수 $f_X(x)$는 $f(x,y)$를 y에 대해 적분하여 얻을 수 있고, Y의 주변확률밀도함수 $f_Y(x)$는 $f(x,y)$를 x에 대해 적분하여 얻을 수 있다.

정의 2.17 두 연속확률변수 X와 Y에 대해 함수 $f(x,y)$가 결합확률밀도함수라고 하면, 주변확률밀도함수는 다음 식으로 구할 수 있다.

(1) X의 주변확률밀도함수는 $f_X(x) = \int_{-\infty}^{\infty} f(x,y)dy$이고

(2) Y의 주변확률밀도함수는 $f_Y(y) = \int_{-\infty}^{\infty} f(x,y)dx$이다.

예제 2.22 두 연속확률변수 X와 Y의 결합확률밀도함수가 다음과 같을 때, 각 물음에 답하시오.

$$f(x,y) = \begin{cases} cxy, & 0 < x < y < 1, \\ 0, & \text{그 밖에서} \end{cases}$$

(1) 결합확률밀도함수가 되도록 상수 c를 결정하시오.

(2) X와 Y의 주변확률밀도함수를 구하시오.

풀이

(1) $\int_0^{\infty}\int_0^{\infty} f(x,y)dxdy = \int_0^1\int_0^1 cxydxdy = \frac{c}{2}\int_0^1 y^3dy = \frac{c}{8}$이므로 $c=8$

(2) $f_X(x) = \int_x^1 8xydy = 4x[y^2]_x^1 = 4x(1-x^2)$이므로 X의 주변확률밀도함수는

$$f_X(x) = \begin{cases} 4x(1-x^2), & 0 < x < 1, \\ 0, & \text{그 밖에서} \end{cases}$$

같은 방법으로, $f_Y(y) = \int_0^y 8xydx = 4y[x^2]_0^y = 4y^3$이므로 다음 식을 얻는다.

$$f_Y(y) = \begin{cases} 4y^3, & 0 < y < 1, \\ 0, & \text{그 밖에서} \end{cases}$$

조건부확률분포: 조건부확률에서 보았듯이 어떤 사건이 일어난 조건 하에서 한 사건이 일어날 경우에 대한 문제를 확률분포에 대한 것으로 확장할 수 있다. 두 확률변수 X와 Y에 대해, 변수 Y에 관한 정보는 X와 Y의 결합확률밀도함수로부터 얻을 수 있다. 확률변수 X의 결과를 안다는 조건 하에서 Y의 조건부확률에 관한 확률적 정보는 앞에서 전개한 조건부확률에서 실마리를 찾을 수 있다.

두 확률변수 X와 Y가 이산형이고 결합확률질량함수 $f(x,y)$를 가진다면, Y에 대한

조건부확률은 어떤 사건에 대한 조건부확률로 생각할 수 있다. [정의 2.4]에 따라 사건 $\{X=x\}$가 일어난 후 사건 $\{Y=y\}$가 일어날 조건부확률은 다음 식으로 주어진다.

$$P(Y=y|X=x)=\frac{P(Y=y,X=x)}{P(X=x)}=\frac{f(x,y)}{f_X(x)},\ (P(X=x)>0) \qquad (2.17)$$

식 (2.17)에서 확률변수 X가 연속형이면 $P(X=x)=0$이지만 $f_X(x)$는 고려할 수 있으므로 조건부확률밀도함수의 정의는 연속확률변수에도 유효하다.

정의 2.18 두 확률변수 X와 Y가 결합확률질량함수 또는 결합확률밀도함수로 $f(x,y)$를 가진다면, $\{X=x\}$가 일어난 조건하에서 Y의 조건부확률밀도함수(conditional pdf)는 다음과 같이 정의한다.

$$f_{Y|x}(y|x)=\frac{f(x,y)}{f_X(x)},\ (\text{단, } f_X(x)>0) \qquad (2.18)$$

참고 2.11 $\int_{-\infty}^{\infty} f(y|x)dy=\frac{1}{f_X(x)}\int_{-\infty}^{\infty} f(x,y)dy=1$이므로 $f_{Y|x}(y|x)$는 확률밀도함수가 되고 이에 대응하는 조건부확률변수는 $Y|x$로 나타내기도 한다.

예제 2.23 [예제 2.22]에 주어진 결합확률밀도함수에 대해 조건부확률밀도함수 $f_{Y|x}(y|x)$를 구하시오.

풀이 먼저 $f_X(x)$는 [예제 2.22]에서 다음과 같이 계산되어 있다.

$$f_X(x)=\begin{cases}4x(1-x^2), & 0<x<1,\\ 0, & \text{그 밖에서}\end{cases}$$

마찬가지로 [예제 2.22]에서 결합확률밀도함수는 다음 식으로 주어져 있다.

$$f(x,y)=\begin{cases}8xy, & 0<x<y<1,\\ 0, & \text{그 밖에서}\end{cases}$$

그러므로 $f_{Y|x}(y|x)$는 다음 식과 같이 주어진다.

$$f_{Y|x}(y|x)=\frac{f(x,y)}{f_X(x)}=\frac{2y}{1-x^2},\ 0<x<y<1$$

한편 $\int_0^1 f_{Y|x}(y|x)dy=\int_x^1 (2y/(1-x^2))dy=(1-x^2)^{-1}[y^2]_x^1=1$이 된다.

예제 2.24 두 연속확률변수 X와 Y가 다음과 같은 결합확률밀도함수 $f(x,y)$를 가질

때, (1) $f_{Y|x}(y|x)$를 구하고, (2) $f_{X|y}(x|y)$를 구하시오.

$$f(x,y)=\begin{cases}\dfrac{1+6xy^2}{2}, & 0<x,y<1,\\ 0, & \text{그 밖에서}\end{cases}$$

(풀이) 확률변수 X의 조건부확률밀도함수 $f_X(x)$는 다음과 같다.

$$f_X(x)=\int_0^1 \frac{1+6xy^2}{2}dy=\frac{1}{2}[y+2xy^3]_0^1=\frac{1}{2}(1+2x),\ 0<x<1,$$

위 식에서 그 밖의 범위에서 $f_X(x)=0$. Y의 조건부확률밀도함수 $f_Y(y)$는

$$f_Y(y)=\int_0^1 \frac{1+6xy^2}{2}dx=\frac{1}{2}[x+3x^2y^2]_0^1=\frac{1}{2}(1+3y^2),\ 0<y<1,$$

여기서, 그 밖의 범위에서 $f_Y(y)=0$이다. (1) 조건부확률변수 $Y|x$에 대한 조건부확률밀도함수 $f_{Y|x}(y|x)$는 다음과 같다.

$$f_{Y|x}(y|x)=\begin{cases}\dfrac{1+6xy^2}{1+2x}, & 0<y<1,\\ 0, & \text{그 밖에서}\end{cases}$$

(2) 조건부확률변수 $X|y$에 대한 조건부확률밀도함수 $f_{X|y}(x|y)$는 다음과 같다.

$$f_{X|y}(x|y)=\begin{cases}\dfrac{1+6xy^2}{1+3y^2}, & 0<x<1,\\ 0, & \text{그 밖에서}\end{cases}$$

한편 $\int_0^1 f_{Y|x}(y|x)dy=\int_0^1 \frac{1+6xy^2}{1+2x}dy=\frac{1}{1+2x}[y+2xy^3]_0^1=1$이 되고 조건부확률변수 $X|y$의 조건부확률에 대한 적분도 $\int_0^1 \frac{1+6xy^2}{1+3y^2}dx=\frac{1}{1+3y^2}[x+3x^2y^2]_0^1=1$이 된다.

2.2.3 확률변수의 기댓값과 분산

2장에서는 관측값들(표본)에 대한 중심위치 표시측도와 자료의 퍼진 정도를 나타내는 산포정도 표시측도를 다루었다. 대표적인 중심위치 표시측도는 표본평균(sample mean), 산포정도 표시측도는 표본분산(sample variance) 및 표본표준편차를 들 수 있다. 여기서는 여러 가지 실수값을 갖는 확률변수에 대한 평균을 구하는 방법과 표준편차(standard deviation)를 구하는 방법을 다루기로 한다.

확률변수 X의 평균(mean)은 **기댓값**(expected value; expectation)이라고도 하며 $E(X)$

또는 μ_X로 나타내기도 한다. 확률변수 X의 분산(variance)은 1장에서 다루었듯이 편차 제곱의 평균이었으므로 $\sigma_X^2 = E(X-\mu_X)^2$으로 대응할 수 있다. 확률변수 X의 표준편차(standard deviation)는 분산의 양의 제곱근이므로 σ_X로 나타내고 $\sigma_X = \sqrt{E(X-\mu_X)^2}$로 볼 수 있다.

1. 확률변수의 기댓값

확률질량함수나 확률밀도함수는 확률변수의 전반적인 분포나 사건발생 특성에 대한 정보를 주지만 이러한 특성의 요약측도를 알면 더 유용할 것이다. 확률변수의 기댓값은 2장에서와 마찬가지로 분포에서 중심위치 표시측도로 볼 수 있다. 이산확률변수와 연속확률변수에 대한 기댓값의 정의는 근본적으로 차이는 없지만 확률변수가 취하는 값이 셀 수 있는 이산이냐 무한의 셀 수 없는 연속이냐에 따라 합의 기호를 사용하거나 적분 기호를 사용하는 정도의 차이만 있다.

정의 2.19 확률변수 X의 공역이 Ω_X이고 확률질량함수 또는 확률밀도함수로 $f_X(x)$를 갖는다면 X의 기댓값 $E(X)$는 다음과 같이 정의한다.

$$E(X) = \sum_{x \in \Omega_X} xP(X=x) = \sum_{x \in \Omega_X} xf_X(x),\ X\text{가 이산형}$$

$$E(X) = \int_{\Omega_X} xf_X(x)dx = \int_{-\infty}^{\infty} xf_X(x)dx),\ X\text{가 연속형}$$

기댓값의 특성: 기댓값의 성질은 정의에 따라 확률변수에 임의의 상수를 곱하거나 더하여도 상수만큼 기댓값에 그대로 반영된다.

정리 2.5 확률변수 X와 임의의 상수 a,b에 대해 다음 식이 성립한다.

$$E(aX+b) = aE(X)+b$$

[증명] [정의 2.19]에 의해 다음 식들이 성립함을 쉽게 보일 수 있다.

$$E(aX+b) = \sum_{x \in \Omega_X} (ax+b)f_X(x) = a\sum_{x \in \Omega_X} xf_X(x) + b\sum_{x \in \Omega_X} f_X(x) = aE(X)+b,$$

$$E(aX+b) = \int_{\Omega_X} (ax+b)f_X(x)dx = aE(X) + b\int_{-\infty}^{\infty} f_X(x)dx = aE(X)+b$$

참고 2.12 위 [정리 2.5]를 확장하여 X에 종속된 새로운 확률변수 $g(X)$에 대한 평균을 고려할 수 있으며 이산형과 연속형에 대해 모두 일반화할 수 있다.

정의 2.20 확률변수 X가 분포함수 $f_X(x)$를 갖고 $g(x)$가 적분가능이면, 확률변수 $g(X)$의 기댓값은 다음과 같이 정의한다.

$$E(g(X)) = \sum_{x \in \Omega_X} g(x) f_X(x), \ X\text{가 이산형}, \tag{2.19}$$

$$E(g(X)) = \int_{-\infty}^{\infty} g(x) f_X(x) dx, \ X\text{가 연속형}$$

예제 2.25 [예제 2.12]와 [예제 2.13]에 제시된 이산확률변수 X와 Y에 대하여, (1) X의 기댓값을 구하고, (2) Y의 기댓값을 구하시오.

풀이

(1) 정육면체 주사위를 2회 던져서 나오는 표면숫자의 합으로 이루어진 확률변수 X의 공역 Ω_X와 공역의 각 원소에 대응하는 확률은 다음과 같다.

$$\Omega_X = \{2,3,4,5,6,7,8,9,10,11,12\},$$
$$f_X(x) = \left\{\frac{1}{36}, \frac{1}{18}, \frac{1}{12}, \frac{1}{9}, \frac{5}{36}, \frac{1}{6}, \frac{5}{36}, \frac{1}{9}, \frac{1}{12}, \frac{1}{18}, \frac{1}{36}\right\}$$

그러므로 기댓값은 다음과 같이 주어진다.

$$E(X) = \frac{1}{18} + \frac{1}{6} + \frac{1}{3} + \frac{5}{9} + \frac{30}{36} + \frac{7}{6} + \frac{40}{36} + \frac{9}{9} + \frac{10}{12} + \frac{11}{18} + \frac{1}{3} = 7$$

(2) 정육면체 주사위를 2회 던져서 나오는 표면숫자의 차로 이루어진 확률변수 Y의 공역 Ω_Y와 공역의 각 원소에 대응하는 확률은 다음과 같다.

$$\Omega_Y = \{0,1,2,3,4,5\},$$
$$f_Y(x) = \left\{\frac{1}{6}, \frac{5}{18}, \frac{2}{9}, \frac{1}{6}, \frac{1}{9}, \frac{1}{18}\right\}$$

그러므로 기댓값은 다음과 같이 주어진다.

$$E(Y) = \frac{5}{18} + \frac{4}{9} + \frac{3}{6} + \frac{4}{9} + \frac{5}{18} = \frac{35}{18}$$

예제 2.26 연속확률변수 X의 확률밀도함수 $f_X(x)$가 다음과 같이 파라미터 λ를 갖는 지수분포로 알려져 있는 함수로 주어질 때 다음 물음에 답하시오.

(1) X의 기댓값을 구하시오.

(2) 파라미터 $\lambda = 1,2,3$일 때 pdf의 그래프를 그려 비교하시오.

$$f_X(x) = \begin{cases} \lambda e^{-\lambda x}, & x > 0, \\ 0, & \text{그 밖에서} \end{cases}$$

(풀이)

(1) $\int_0^\infty \lambda e^{-\lambda x} dx = [-e^{-\lambda x}]_0^\infty = 1$ 이고 평균은 다음과 같다.

$$E(X) = \int_0^\infty \lambda x e^{-\lambda x} dx = [-xe^{-\lambda x}]_0^\infty + \int_0^\infty e^{-\lambda x} dx = \frac{1}{\lambda}$$

(2) 그래프를 그리기 위한 R 프로그램과 그림은 다음과 같다.

```
# 2.2 확률분포 - 2.2.3 확률변수의 기댓값과 분산 - 1. 확률변수의 기댓값
# [예제 2.26] 지수분포의 확률밀도함수 그래프 - [그림 2.7]
> fx <- function(lambda,x) {lambda*exp(-lambda*x)}
> xv <- seq(0,4,length=80)
> f1 <- fx(1,xv); f2 <- fx(2,xv); f3 <- fx(3,xv)
> plot(xv,f1,xlab="X",ylab="f(x)",type="l",ylim=c(0,2),main="지수확률밀도함수")
> grid(11,8); lines(xv,f2, col="red")
> lines(xv,f3, col="blue")
> text(0.2,0.7,expression(lambda==1))
> text(0.7,0.7,expression(lambda==2), col="red")
> text(0.45,1.3,expression(lambda==3), col="blue")
```

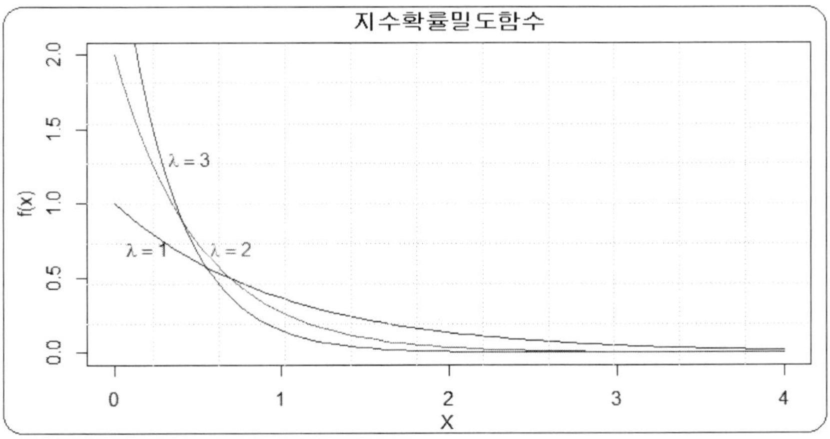

[그림 2.7] 파라미터 λ별 지수분포 확률밀도함수

2. 확률변수의 분산과 표준편차

기댓값이 확률변수의 중심위치 표시측도라고 한다면 분산과 표준편차는 확률변수의 퍼진 정도를 나타내는 산포(variability)정도 표시측도라고 할 수 있다. 표준편차가 큰 값을 가지면 확률변수 X의 값들이 평균에서 멀리 퍼져 있음을 의미하고 작은 값을 가질 때는 평균 근방에 가깝게 분포함을 의미한다. 분산은 확률변수 X의 값에서 평균 μ를 뺀 값의 제곱에 대한 기댓값이고 표준편차는 이것의 양의 제곱근을 의미하며, 분산은 σ_X^2(간단히 σ^2) 또는 $Var(X)$로 표기하고 표준편차는 σ_X(간단히 σ)로 표기한다. 표준편차는 확률변수 X와 같은 단위를 가지지만 분산은 제곱단위를 가진다. [정의 2.20]에 근거하여, $g(X)=(X-\mu_X)^2$로 취하면 분산의 정의는 타당성을 가지며 연속형일 때뿐만 아니라 이산형에 대해서도 마찬가지이다.

정의 2.21 확률변수 X가 확률밀도함수 $f_X(x)$와 기댓값 μ_X를 가지고 Ω_X가 X의 공역일 때, X의 분산은 다음과 같이 정의한다.

$$\sigma_X^2 = E(X-\mu_X)^2 = \sum_{x\in\Omega_X}(x-\mu_X)^2 f_X(x), \ X\text{가 이산형}, \tag{2.20}$$

$$\sigma_X^2 = E(X-\mu_X)^2 = \int_{-\infty}^{\infty}(x-\mu_X)^2 f_X(x)dx, \ X\text{가 연속형}$$

참고 2.13 분산(σ^2)의 양의 제곱근을 X의 표준편차(σ)라고 한다.

정리 2.6 확률변수 X의 분산은 다음 식으로 다시 나타낼 수 있다.

$$\sigma_X^2 = E(X-\mu)^2 = E(X^2)-\mu^2, \ X\text{가 이산형, 연속형}$$

[증명] 연속형일 경우의 증명을 완성하고 이산형일 경우의 증명은 독자들에게 남긴다.

$$\begin{aligned}\sigma_X^2 &= \int_{-\infty}^{\infty}(x-\mu)^2 f_X(x)dx = \int_{-\infty}^{\infty}(x^2-2\mu x+\mu^2)f_X(x)dx \\ &= \int_{-\infty}^{\infty}x^2 f_X(x)dx - 2\mu\int_{-\infty}^{\infty}x f_X(x)dx + \mu^2\int_{\infty}^{\infty}f_X(x)dx \\ &= E(X^2)-2\mu^2+\mu^2 \\ &= E(X^2)-\mu^2\end{aligned}$$

예제 2.27 정육면체 주사위를 2회 던져서 나오는 표면숫자의 합을 갖는 확률변수 X와 두 숫자의 차를 갖는 확률변수 Y에 대하여, [예제 2.25]의 결과를 이용하여 (1) X의 분산을 구하고, (2) Y의 분산을 구하시오.

풀이

(1) X의 평균은 $E(X)=7$이고 공역을 Ω_X라고 두면 다음 식들을 얻는다.

$$\Omega_X = \{2,3,4,5,6,7,8,9,10,11,12\},$$
$$f_X(x) = \{\frac{1}{36},\frac{1}{18},\frac{1}{12},\frac{1}{9},\frac{5}{36},\frac{1}{6},\frac{5}{36},\frac{1}{9},\frac{1}{12},\frac{1}{18},\frac{1}{36}\}$$

그러면 이산형 확률변수의 정의에 의해 X의 분산은 다음과 같다.

$$\sigma_X^2 = \frac{25}{36}+\frac{16}{18}+\frac{9}{12}+\frac{4}{9}+\frac{5}{36}+\frac{0}{6}+\frac{5}{36}+\frac{4}{9}+\frac{9}{12}+\frac{16}{18}+\frac{25}{36}$$
$$= 2\times\left(\frac{25}{36}+\frac{16}{18}+\frac{9}{12}+\frac{4}{9}+\frac{5}{36}\right) = \frac{35}{6} \approx 5.83333$$

(2) Y의 기댓값은 $E(Y) = 35/18$이고 공역을 Ω_Y라고 두면 다음 식들을 얻는다.

$$\Omega_Y = \{0,1,2,3,4,5\},$$
$$f_Y(y) = \left\{\frac{1}{6},\frac{5}{18},\frac{2}{9},\frac{1}{6},\frac{1}{9},\frac{1}{18}\right\}$$

그러면 이산형 확률변수의 정의에 의해 Y의 분산은 다음과 같다.

$$\sigma_Y^2 = \frac{1}{6}(\frac{35}{18})^2 + \frac{5}{18}(\frac{17}{18})^2 + \frac{2}{9}(\frac{1}{18})^2 + \frac{1}{6}(\frac{19}{18})^2 + \frac{1}{9}(\frac{37}{18})^2 + \frac{1}{18}(\frac{55}{18})^2 \approx 2.05247$$

한편, 문제 (1)과 (2)를 풀기 위한 R 프로그램은 다음과 같다.

```
# 2.2 확률분포 - 2.2.3 확률변수의 기댓값과 분산 - 2.분산과 표준편차
# [예제 2.27] 정육면체 주사위를 2회 던지는 시행에서 표면숫자의 합을
# 확률변수 X로, 표면숫자의 차를 확률변수 Y로 할 때 각각의 분산 구하기
> x1 <- 2:12; p1 <- c(1,2,3,4,5,6,5,4,3,2,1)/36; p1
> mean1 <- sum(x1*p1); mean1 # E[X] = 7
> x2 <- 0:5; p2 <- c(6,10,8,6,4,2)/36; p2
> mean2 <- sum(x2*p2); mean2 # E[Y] = 35/18 = 1.94444
> var1 <- sum(p1*(x1-mean1)^2); var1 # Var[X] = 5.83333
> var2 <- sum(p2*(x2-mean2)^2); var2 # Var[Y] = 2.05247
# 참고로
2*(25/36+16/18+9/12+4/9+5/36) # 5.833333
(35/18)^2/6+(17/18)^2*5/18+(1/18)^2*2/9+(19/18)^2/6+(37/18)^2/9+(55/18)^2/18
# 2.05247
```

예제 2.28 연속확률변수 X의 확률밀도함수(pdf)가 파라미터 λ를 갖는 지수분포일 때 [예제 2.26]의 결과 $E(X) = 1/\lambda$임을 알고, (1) X의 분산을 구하고, (2) R 프로그램을 이용하여 분산과 표준편차를 구하시오.

풀이

(1) X의 pdf는 $f_X(x) = \lambda e^{-\lambda x}, x > 0$이고 평균은 $E(X) = 1/\lambda$이므로

$$
\begin{aligned}
\sigma_X^2 &= \int_0^\infty x^2 f_X(x)dx - (1/\lambda)^2 = \int_0^\infty x^2 \lambda e^{-\lambda x} dx - (1/\lambda)^2 \\
&= [-x^2 e^{-\lambda x}]_0^\infty + (2/\lambda)\int_0^\infty x\lambda e^{-\lambda x} dx - (1/\lambda)^2 \\
&= (2/\lambda)E(X) - (1/\lambda)^2 = 2(1/\lambda)^2 - (1/\lambda)^2 = (1/\lambda)^2
\end{aligned}
$$

참고 2.14 그러므로 지수분포의 표준편차는 평균과 같은 $\sigma = \mu = 1/\lambda$이다.

참고 2.15 $\lambda = 1$일 때 $\sigma^2 = \mu = 1$이고 $\lambda = 2$일 때 $\sigma^2 = 0.25$이며 $\sigma = \mu = 0.5$이다.

(2) R의 패키지 {stats}가 제공하는 함수 integrate()를 사용하면 편리하다.

```
# 2.2 확률분포 - 2.2.3 확률변수의 기댓값과 분산 - 2. 분산과 표준편차
# [예제 2.28] 지수분포의 분산과 표준편차 구하기
> fx <- function(a,x) {(a*x)*exp(-a*x)}
> fv <- function(a,x) {(a*x^2)*exp(-a*x)}
> ma <- function(a) {integrate(function(x) fx(a,x),0,Inf)$value}
> va <- function(a) {integrate(function(x) fv(a,x),0,Inf)$value}
> ma(1); var1 <- va(1)-ma(1)^2; var1
> sigma1 <- sqrt(var1); sigma1
> ma(2); var2 <- va(2)-ma(2)^2; var2
> sigma2 <- sqrt(var2); sigma2
```

3. 확률변수의 평균과 분산의 관계

평균(기댓값)이 확률변수의 중심위치 표시측도를 나타내고 분산은 평균값을 중심으로 확률변수의 흩어진 정도를 나타내는 산포정도 표시측도임을 알고 있다. 평균은 다르지만 분산이 같으면 흩어진 정도는 같으나 중심위치가 다르다. 평균은 같으나 분산이 다르면 중심은 같지만 흩어진 정도가 달라 중심을 기준으로 확률값이 차이가 난다.

예제 2.29 다음 세 가지 2차 함수에 대해 각 항의 물음에 답하시오.

$$
\begin{aligned}
&f1(x) = 3(1-(x-1)^2)/4, \quad 0 \le x \le 2, \\
&f2(x) = 3(1-(x-1.5)^2)/4, \; 0.5 \le x \le 2.5, \\
&f3(x) = 0.5 - 2(x-1.5)^2/9, \; 0 \le x \le 3
\end{aligned}
$$

(1) 세 가지 함수 모두 확률밀도함수임을 보이시오.

(2) 각 분포에 대한 평균을 구하시오.

(3) 각 분포에 대한 분산을 구하시오.

(4) R 프로그램을 이용하여 (1), (2), (3)을 확인하시오.

(풀이)

(1) 주어진 범위에 대한 각 함수의 적분은 다음과 같다.

$$\int_0^2 f1(x)dx = \frac{3}{4}\int_0^2 (1-(x-1)^2)dx = \frac{3}{4}\int_0^2 (2x-x^2)dx = 1,$$
$$\int_{0.5}^{2.5} f2(x)dx = \frac{3}{4}\int_{0.5}^{2.5} (1-(x-1.5)^2)dx = \frac{3}{4}\int_0^2 (1-(t-1)^2)dt = 1,$$

$$\int_0^3 f3(x)dx = \int_0^3 (0.5-2(x-1.5)^2/9)dx = \frac{2}{3}\int_0^3 (x-\frac{1}{3}x^2)dx = 1$$

위 식들로부터 $f1, f2, f3$ 모두 주어진 범위에서의 확률밀도함수이다.

(2) 대응되는 확률변수를 각각 $X1, X2, X3$라 두면 평균은 다음과 같다.

$$E(X1) = \frac{3}{4}\int_0^2 x(2x-x^2)dx = 1,$$
$$E(X2) = \frac{3}{4}\int_0^2 (t+0.5)(1-(t-1)^2)dt = E(X1) + \frac{3}{8}\int_0^2 (2t-t^2)dt = 1.5,$$
$$E(X3) = \frac{2}{3}\int_0^3 x(x-\frac{1}{3}x^2)dx = 1.5$$

(3) 각 분포의 분산을 구하기 위해 먼저 $E(X1^2), E(X2^2), E(X3^2)$을 구하면

$$E(X1^2) = \frac{3}{4}\int_0^2 x^2(2x-x^2)dx = 1.2,$$
$$E(X2^2) = \frac{3}{4}\int_0^2 (t+0.5)^2(1-(t-1)^2)dt = E(X1^2+X1) + \frac{3}{16}\int_0^2 (2t-t^2)dt,$$
$$= 1.2 + 1 + \frac{1}{4} = 2.45$$
$$E(X3^2) = \frac{2}{3}\int_0^3 x^2(x-\frac{1}{3}x^2)dx = 2.7$$

그러므로 각 확률변수에 대응되는 분산을 $\sigma_1^2, \sigma_2^2, \sigma_3^2$이라 두면 각 값들은

$$\sigma_1^2 = E(X1^2) - E(X1)^2 = 1.2 - 1^2 = 0.2,$$
$$\sigma_2^2 = E(X2^2) - E(X2)^2 = 2.45 - 1.5^2 = 0.2,$$
$$\sigma_3^2 = E(X3^2) - E(X3)^2 = 2.7 - 1.5^2 = 0.45$$

참고 2.16 확률변수 $X1$(pdf, $f1$)과 $X2$(pdf, $f2$)는 분산은 같으나 평균은 다르며 확률변수 $X2$와 $X3$(pdf, $f3$)는 평균이 같으나 분산이 다르다([그림 2.8]).

(4) (1), (2), (3)을 확인하기 위한 R 프로그램은 다음과 같다.

```
# 2.2 확률분포 - 2.2.3 확률변수의 기댓값과 분산 - 3.평균과 분산의 관계
# [예제 2.29] 평균과 분산의 관계를 보이고 pdf's 그리기
```

```
# 확률변수 X1에 대한 pdf 확인 및 평균과 분산을 계산, pdf 그래프
> x1 <- seq(0,2,length=50)
> f1 <- function(x) {3*(1-(x-1)^2)/4}
> f1m <- function(x) {x*f1(x)}
> f1v <- function(x) {x*x*f1(x)}
> integrate(f1,0,2) # 확률밀도함수임을 보임
> m1 <- integrate(f1m,0,2)$value; m1 # 평균을 계산
> v1 <- integrate(f1v,0,2)$value - m1^2; v1 # 분산을 계산
> plot(x1,f1(x1),type="l",xlim=c(0,3),xlab="X's",ylab="pdf's")
> grid(8,6); text(0.4,0.6,"f1(x)")
> title("평균과 분산의 관계")
# 확률변수 X2에 대한 pdf 확인 및 평균과 분산을 계산, pdf 그래프
> x2 <- seq(0.5,2.5,length=50)
> f2 <- function(x) {3*(1-(x-1.5)^2)/4}
> f2m <- function(x) {x*f2(x)}
> f2v <- function(x) {x*x*f2(x)}
> integrate(f2,0.5,2.5) # 확률밀도함수임을 보임
> m2 <- integrate(f2m,0.5,2.5)$value; m2 # 평균을 계산
> v2 <- integrate(f2v,0.5,2.5)$value - m2^2; v2 # 분산을 계산
> lines(x2,f2(x2),col="blue")
> text(2.1,0.6,"f2(x)",col="blue")
# 확률변수 X3에 대한 pdf 확인 및 평균과 분산을 계산, pdf 그래프
> x3 <- seq(0,3,length=75)
> f3 <- function(x) (0.5-2*(x-1.5)^2/9)
> f3m <- function(x) x*f3(x)
> f3v <- function(x) x*x*f3(x)
> integrate(f3,0,3) # 확률밀도함수임을 보임
> m3 <- integrate(f3m,0,3)$value; m3 # 평균을 계산
> v3 <- integrate(f3v,0,3)$value - m3^2; v3 # 분산을 계산
> lines(x3,f3(x3),col="red")
> text(2.4,0.4,"f3(x)",col="red")
```

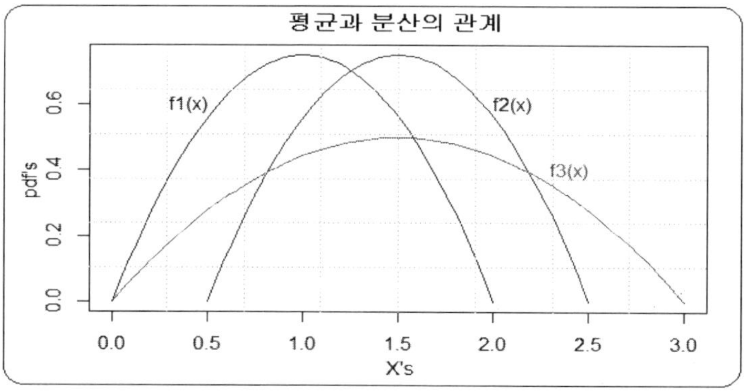

[그림 2.8] 세 확률변수의 평균과 분산의 비교

체비세프 부등식: 체비세프 부등식(Chebyshev's inequality)은 확률변수의 분포에는 상관없이 변수값과 평균값의 차의 절댓값이 표준편차의 상수배보다 작거나 같을 확률 $P(|X-\mu| \leq c\sigma), c>1$은 하한치 $1-1/c^2$를 갖는다는 것을 나타낸다. 예를 들어, 확률변수 X가 어떤 분포일지라도 $P(|X-\mu| \leq 2\sigma)$는 하한으로 $1-1/4$을 갖고 $P(|X-\mu| \leq 3\sigma)$은 하한으로 0.89를 갖는다는 의미이다. 한편, X가 정규분포이면 $P(|X-\mu| \leq 1\sigma) \approx 0.68$이고 $P(|X-\mu| \leq 2\sigma) \approx 0.954$이며 $P(|X-\mu| \leq 3\sigma) \approx 0.9973$이다.

정리 2.7 확률변수 X의 평균이 μ, 표준편차가 σ이면, 임의의 $\epsilon > 0$에 대해 다음 부등식이 성립한다.

$$P(|X-\mu| \leq \epsilon) \geq 1-\frac{\sigma^2}{\epsilon^2}$$

[증명] 사건 A를 $A=|X-\mu|>\epsilon, \epsilon>0$라고 두면, 다음 식이 성립한다.

$$\sigma_X^2 = \int_A (X-\mu)^2 f_X(x)dx + \int_{A^c} (X-\mu)^2 f_X(x)dx \geq \epsilon^2 P(A)$$

위 식의 양변을 $-\epsilon^2$으로 나누고, 1을 더하면 다음 식을 얻는다.

$$1-\frac{\sigma^2}{\epsilon^2} \leq 1-P(A)$$

그리고 [정리 2.1] 여사건의 법칙에 의해 결과적으로 다음 식을 얻는다.

$$P(|X-\mu| \leq \epsilon) = P(A^c) = 1-P(A) \geq 1-\frac{\sigma^2}{\epsilon^2}$$

참고 2.17 한편 $\epsilon = c\sigma, c>1$라고 두면 $P(\mu - c\sigma \leq X \leq \mu + c\sigma) \geq 1-1/c^2$을 얻는다.

참고 2.18 어떤 확률변수가 평균을 중심으로 하여 양쪽으로 2배의 표준편차 내에 값을 가질 확률은 75% 이상이고, 평균을 중심으로 하여 3배의 표준편차 내에 값을 가질 확률은 89% 이상임을 나타낸다.

4. 두 확률변수의 기댓값과 독립

두 확률변수 X와 Y의 결합확률밀도함수에 관한 [정의 2.16]과 기댓값의 일반화에 관한 [정의 2.20]을 함께 고려하여 두 확률변수 X와 Y의 기댓값에 대해 같은 맥락에서 접근해 보기로 한다. 두 사건 A와 B의 독립에 관한 [정의 2.5]를 두 확률변수 X와 Y의 독립에 대해 같은 맥락에서 접근하자. 두 확률변수 X와 Y가 둘 다 이산형이거나 둘 다 연속형일 경우 모두 같은 방식으로 정의되고 단지 합의 기호와 적분기호에서만 차이가 있다.

정의 2.22 두 확률변수 X와 Y가 결합확률분포함수 $f(x,y)$를 갖고 $g(x,y)$가 적분가능이면, $g(X,Y)$의 기댓값은 다음과 같이 정의한다.

$$E(g(X,Y)) = \sum_{x \in \Omega_X} \sum_{x \in \Omega_Y} g(x,y) f(x,y),\ X, Y\text{가 이산형},$$

$$E(g(X,Y)) = \int_{-\infty}^{\infty} \int_{-\infty}^{\infty} g(x,y) f(x,y) dx,\ X, Y\text{가 연속형}$$

정의 2.23 두 확률변수 X와 Y가 임의의 실수 집합 A와 B에 대해 다음 조건을 만족하면 상호독립이라고 하고 독립이 아니면 상호종속이라고 한다.

$$P(X \in A, Y \in B) = P(X \in A) P(Y \in B)$$

정리 2.8 두 확률변수 X와 Y의 결합확률밀도함수를 $f(x,y)$라고 하고 주변확률밀도함수를 각각 $f_X(x)$와 $f_Y(y)$라고 하면 X와 Y가 서로 독립일 필요충분조건은 임의의 $x \in \Omega_X$와 $y \in \Omega_Y$에 대해 다음 식이 성립하는 것이다.

$$f(x,y) = f_X(x) f_Y(y)$$

[증명] 확률변수 X와 Y가 둘 다 이산형이거나 연속형이라고 하면 다음 식들이 성립한다.

$$P(X \in A) P(Y \in B) = \sum_{x \in A} f_X(x) \sum_{y \in B} f_Y(y) = \sum_{x \in A} \sum_{y \in B} f_X(x) f_Y(y)$$

$$P(X \in A) P(Y \in B) = \int_A f_X(x) dx \int_B f_Y(y) dy = \int_A \int_B f_X(x) f_Y(y) dx dy$$

그러므로 위 두 식으로부터 필요충분조건은 $f(x,y) = f_X(x) f_Y(y)$임을 알 수 있다.

예제 2.30 확률변수 X와 Y의 결합확률분포가 다음과 같이 주어져 있을 때 다음 각 물음에 답하시오.

[표 2.2] 확률변수 X와 Y의 결합확률질량함수 표

$f(X,Y)$		Y			$f_X(x)$
		1	3	5	
X	2	0.075	0.12	0.105	
	4	0.1125	0.18	0.1575	
	6	0.0625	0.1	0.0875	
$f_Y(y)$					1

(1) 주변확률질량함수 $f_X(x)$와 $f_Y(y)$를 구하여 [표 2.2]를 완성하시오.

(2) 확률변수 X와 Y의 상호독립성을 확인하시오.

(3) $E(X)$와 $E(Y)$, $Var(X)$와 $Var(Y)$ 및 $Cov(X, Y)$를 구하시오.

풀이

(1) $f_X(2) = 0.3$, $f_X(4) = 0.45$, $f_X(6) = 0.25$이고 $f_Y(1) = 0.25$, $f_Y(3) = 0.4$이며 $f_Y(5) = 0.35$가 된다.

(2) [표 2.2]로부터 $f(2,1) = 0.075$이고, (1)로부터 $f_X(2) = 0.3$, $f_Y(1) = 0.25$이므로 $f_X(2)f_Y(1) = 0.3 \times 0.25 = 0.075$이다. 같은 방법으로 $f(4,1) = 0.1125 = 0.45 \times 0.25 = f_X(4)f_Y(1)$, $f(2,3) = 0.12 = 0.3 \times 0.4 = f_X(2)f_Y(3)$, 계속하여 $i = 2, 4, 6$, $j = 1,2,3$에 대하여 $f(i,j) = f_X(i)f_Y(j)$임을 확인할 수 있으므로 확률변수 X와 Y는 서로 독립이다.

(3) $E(X) = 2f_X(2) + 4f_X(4) + 6f_X(6) = 3.9$이고, 같은 방법으로 $E(Y) = 3.2$를 구한다. 다음 $E(X^2) = 2^2f_X(2) + 4^2f_X(4) + 6^2f_X(6) = 17.4$이고, 같은 방법으로 $E(Y^2) = 12.6$를 구한다. $Var(X) = E(X^2) - (E(X))^2 = 17.4 - 3.9^2 = 2.19$, 같은 방법으로 $Var(Y) = 2.36$를 구한다. 공분산을 구하기 위해, 이제 $E(XY) = \sum_{i=1}^{3}\sum_{j=1}^{3}(2i)(2j-1)f(2i, 2j-1) = 12.48$을 구하게 되었고, 공분산은 $Cov(X, Y) = E(XY) - E(X)E(Y) = 12.48 - 3.9 \times 3.2 = 0$이 된다.

정리 2.9 두 확률변수 X와 Y가 서로 독립이면 다음 식이 성립한다.

$$E(XY) = E(X)E(Y)$$

[증명] 이산일 경우의 증명을 완성하고 연속일 경우의 증명은 독자들에게 남긴다. X와 Y의 결합확률질량함수를 $f(x,y)$라고 하고 주변확률질량함수를 각각 $f_X(x)$와 $f_Y(y)$라고 하면, 다음 식을 얻는다.

$$\begin{aligned} E(X)E(Y) &= \sum_{x \in \Omega_X} x f_X(x) \sum_{y \in \Omega_Y} x f_Y(y), \\ &= \sum_{x \in \Omega_X}\sum_{y \in \Omega_Y} xy f_X(x) x f_Y(y), \\ &= \sum_{x \in \Omega_X}\sum_{y \in \Omega_Y} xy f(x,y) \Leftarrow [\text{정리 } 2.8] \\ &= E(XY) \end{aligned}$$

참고 2.19 위 정리의 역은 성립하지 않는다.

5. 두 확률변수의 공분산과 상관계수

두 확률변수의 결합분포를 고려할 때, 평균과 분산은 각각 중심위치 표시측도 및 산포정도 표시측도이다. 두 확률변수의 관계 정도를 표시할 수 있는 측도가 필요할 경우가 있다. 예로 키와 체중과의 관계나 부모의 지능과 자식의 지능과의 관계 등을 들 수 있다. 두 확률변수 X와 Y의 관계 정도를 표시하는 측도로 **공분산**(covariance)과 **상관계수**(correlation coefficient)가 있으며, 일반적으로 $Cov(X, Y)$와 $\rho(X, Y)$로 각각 표기한다.

정의 2.24 두 확률변수 X와 Y의 공분산은 다음과 같이 정의한다.

$$Cov(X, Y) = E[(X - \mu_X)(Y - \mu_Y)] = E[(X - E(X))(Y - E(Y))] \quad (2.21)$$

정리 2.10 a와 b가 상수일 때, 두 확률변수 X와 Y에 대해 다음 식이 성립한다.

(1) $Cov(X, Y) = E(XY) - E(X)E(Y)$

(2) $Cov(aX, bY) = ab\,Cov(X, Y)$

(3) $Var(aX + bY) = a^2 Var(X) + b^2 Var(Y) + 2ab\,Cov(X, Y)$

[증명]

(1) 공분산의 정의로부터 다음 식이 성립한다.

$$\begin{aligned} Cov(X, Y) &= E[(X - E(X))(Y - E(Y))] \\ &= E[XY - XE(Y) - E(X)Y + E(X)E(Y)] \\ &= E(XY) - E(X)E(Y) - E(X)E(Y) + E(X)E(Y) \\ &= E(XY) - E(X)E(Y) \end{aligned}$$

(2) 위 (1)로부터 다음 식을 얻는다.

$$\begin{aligned} Cov(aX, bY) &= E(aXbY) - E(aX)E(bY) \\ &= ab(E(XY) - E(X)E(Y)) = ab\,Cov(X, Y) \end{aligned}$$

(3) 간단히 진행하기 위해 X와 Y의 평균을 각각 μ_X와 μ_Y라고 두면

$$\begin{aligned} Var(aX + bY) &= E[((aX + bY) - (a\mu_X + b\mu_Y))^2] \\ &= E[a^2(X - \mu_X)^2 + b^2(Y - \mu_Y)^2 + 2ab(X - \mu_X)(Y - \mu_Y)] \\ &= a^2 Var(X) + b^2 Var(Y) + 2ab\,Cov(X, Y) \end{aligned}$$

○ **상관계수**: 공분산의 값은 두 확률변수 X와 Y가 갖는 값과 그 단위에 따라 크게 변할 수 있고 이는 불편을 초래할 수 있다. 이를 보완하기 위해 공분산을 X와 Y의 표준편차의 곱으로 나눈 관계정도 표시측도를 상관계수라고 하고 $Cor(X, Y)$ 또는 $\rho(X, Y)$로 표기한다.

정의 2.25 두 확률변수 X와 Y의 상관계수는 다음과 같이 정의된다.

$$Cor(X, Y) = \frac{Cov(X, Y)}{\sqrt{Var(X)\,Var(Y)}} \tag{2.22}$$

참고 2.20 상관계수 값이 0에 가까울수록 관계가 적음을 나타내고 -1에 가까울수록 강한 음의 관계를, +1에 가까울수록 강한 양의 관계를 나타낸다고 한다.

예제 2.31 [예제 2.19]와 [예제 2.20]에서 구한 결합확률질량함수 표와 주변확률질량함수를 이용하여 다음 물음에 답하시오.

(1) 적절한 정의 및 정리를 이용하여 $E(X)$와 $E(Y)$, $Var(X)$와 $Var(Y)$를 구하는 R 프로그램을 작성하시오.

(2) (1)의 결과를 갖고 $Cov(X, Y)$와 $Cor(X, Y)$를 구하시오.

풀이 (1)과 (2)를 구하는 R 프로그램은 다음과 같다.

```
# 2.2 확률분포 - 2.2.3 확률변수의 기댓값과 분산 - 5. 공분산과 상관계수
# [예제 2.31] 공분산과 상관계수 구하기
> x <- 1:5; y <- 1:4
> fxy <- matrix(c(5,0,0,0,9,1,0,0,4,8,1,0,2,9,4,0,0,1,3,3)/50,4,5); fxy
> fx <- apply(fxy,2,sum); fx # X의 주변확률질량함수
> fy <- apply(fxy,1,sum); fy # Y의 주변확률질량함수
> ex <- sum(x*fx); ex # E(X) = 3.18
> ey <- sum(y*fy); ey # E(Y) = 1.88
> exy <- sum(fxy*outer(y,x)); exy # E(XY) = 6.78
> covxy <- exy - ex*ey; covxy # Cov(X,Y) = 0.8016
> varx <- sum(x*x*fx) - ex^2; varx # Var(X)  = 1.4276
> vary <- sum(y*y*fy) - ey^2; vary # Var(Y)  = 0.7856
> corxy <- covxy/sqrt(varx*vary); corxy # Cor(X,Y) =  0.7569265
# rm(list=ls())
```

정리 2.11 두 확률변수 X와 Y가 상호독립이면 다음 두 식이 성립한다.

$$Cov(X, Y) = Cor(X, Y) = 0$$
$$Var(X \pm Y) = Var(X) + Var(Y)$$

[증명] X와 Y가 상호독립이면, [정리 2.9]로부터 $E(XY) = E(X)E(Y)$이므로 [정리 2.10]의 (1)에 의해 $Cov(X, Y) = 0$이고 $Cor(X, Y)$의 정의로부터 $Cor(X, Y) = 0$가 되고, 첫째 식이 성립함을 증명할 수 있다. 둘째 식에 대해, [정리 2.10]의 (3)에서 $a = 1$과 $b = \pm 1$을 택하면 다음 식을 얻는다.

$$Var(X \pm Y) = Var(X) + Var(Y) - 2Cov(X, Y)$$

첫째 식으로부터 $Cov(X, Y) = 0$이므로 둘째 식이 성립함을 증명할 수 있다.

예제 2.32 다음 주어진 두 확률변수 X와 Y의 결합확률밀도함수에 대해 각 물음에 답하시오.

$$f(x,y) = \begin{cases} 6xy^2, & 0 \leq x,y \leq 1, \\ 0, & \text{그 밖에서} \end{cases}$$

(1) 주변확률밀도함수를 구하고 독립성을 확인하고,

(2) $E(X)$와 $E(Y)$, $Var(X)$와 $Var(Y)$ 및 $Cov(X, Y)$, $Cor(X, Y)$를 구하시오.

풀이

(1) 결합확률밀도함수 $f(x,y)$에 대하여 $f_X(x)$와 $f_Y(y)$를 먼저 구하면

$$f_X(x) = \int_0^1 f(x,y)dy = \int_0^1 (2x)(3y^2)dy = 2x[y^3]_0^1 = 2x,$$
$$f_Y(y) = \int_0^1 f(x,y)dx = \int_0^1 (3y^2)(2x)dx = 3y^2[x^2]_0^1 = 3y^2$$

한편, $f(x,y) = 6xy^2 = f_X(x)f_Y(y)$이므로 확률변수 X와 Y는 상호독립이다.

(2) $Cov(X, Y)$와 $Cor(X, Y)$을 구하기 위한 값들은 다음과 같다.

$$E(X) = \int_0^1 x(2x)dx = (2/3)[x^3]_0^1 = 2/3$$
$$E(X^2) = \int_0^1 x^2(2x)dx = (1/2)[x^4]_0^1 = 1/2$$
$$Var(X) = E(X^2) - E(X)^2 = 1/2 - (2/3)^2 = 1/18$$

같은 방법으로 확률변수 Y에 대해 계산에 필요한 값들을 구하면

$$E(Y) = \int_0^1 y(3y^2)dy = (3/4)[y^4]_0^1 = 3/4$$
$$E(Y^2) = \int_0^1 y^2(3y^2)dy = (3/5)[y^5]_0^1 = 3/5$$
$$Var(Y) = E(Y^2) - E(Y)^2 = 3/5 - (3/4)^2 = 3/80$$

$Cov(X, Y) = E(XY) - E(X)E(Y)$이므로 $E(XY)$를 구하면 다음과 같다.

$$E(XY) = \int_0^1 \int_0^1 xy(6xy^2)dxdy = \int_0^1 y^3[2x^3]_0^1 dy = \int_0^1 2y^3 dy = 1/2$$

이렇게 하여 $Cov(X, Y) = 1/2 - (2/3)(3/4) = 0$이고, 역시 $Cor(X, Y) = 0$이 된다. 두 확률변수 X와 Y는 서로 독립이므로 $Cov(X, Y) = Cor(X, Y) = 0$이 된다.

연습문제

[1] 주머니 속에 크기와 모양이 같은 흰 구슬 4개와 검은 구슬 5개가 들어 있다. 이 주머니에서 임의로 3개의 구슬을 동시에 꺼낼 때, 다음 물음에 답하시오.

(1) 흰 구슬 1개와 검은 구슬 2개가 나올 확률을 구하시오.

(2) 흰 구슬 2개와 검은 구슬 1개가 나올 확률을 구하시오.

[2] 표본공간 S는 $S=\{1, 2, 3, \cdots, 12\}$이고 모든 근원사건의 확률은 같다. 사건 A가 $A=\{4, 8, 12\}$일 때, 다음 물음에 답하시오.

(1) 사건 A와 독립이고 $n(A\cap X)=2$가 되는 사건 X의 확률 $P(X)$를 구하시오. (단, $n(B)$는 집합 B의 원소의 개수를 나타낸다.)

(2) 사건 A와 독립이고 $n(A\cap X)=2$가 되는 사건 X의 개수를 구하시오.

[3] 여덟 개의 a와 네 개의 b를 모두 사용하여 만든 12자리 문자열 중에서 다음 조건을 모두 만족시키는 문자열의 개수를 구하시오.

(가) b는 연속해서 나올 수 없다. (나) 첫째 자리 문자가 b이면 마지막 자리 문자는 a이다.

[4] 숫자 1, 2, 2, 4, 5, 5를 일렬로 배열하여 여섯 자리 자연수를 만들 때, 300000보다 큰 자연수의 개수를 구하시오.

[5] A지역에는 세 곳, B지역에는 네 곳, C지역에는 다섯 곳, D지역에는 여섯 곳의 관광지가 있다. 이 중에서 세 곳을 선택하여 관광하려고 할 때, 다음 각 물음에 답하시오.

(1) 선택한 세 곳이 모두 B지역일 경우의 수를 구하고,

(2) 선택한 세 곳이 모두 C지역일 경우의 수를 구하고,

(3) 선택한 세 곳이 모두 D지역일 경우의 수를 구하고,

(4) 선택한 세 곳이 모두 같은 지역이 되는 경우의 수를 구하시오.

[6] 두 사건 A, B에 대하여, $P(A)=1/3$, $P(B)=1/4$이며 $P(A|B)=1/3$일 때, 다음 각 물음에 답하시오.

(1) 확률 $P(A\cap B)$를 구하시오.

(2) 확률 $P(A \cup B)$를 구하시오.

(3) 확률 $P(A^C \cap B^C)$를 구하시오.

[7] 어느 회사의 전체 직원은 기혼남성 10명, 미혼남성 20명, 기혼여성 30명, 미혼여성 x 명이다. 이 회사에서 직원 중 한 사람을 선택하여 선물을 주기로 하였다. 선택된 직원이 남성인 경우를 사건 A라고 하고, 미혼인 경우를 사건 B라고 하자. 두 사건 A와 B가 서로 독립일 때, x의 값을 구하시오. (단, 각 직원이 선택될 확률은 같다고 가정한다.)

[8] 서로 독립인 두 사건 A와 B에 대하여 갑은 두 사건이 서로 독립이라고 생각하여 $P(A \cup B) = 0.7$의 값을 얻었고, 을은 두 사건이 서로 배반이라고 잘못 생각하여 $P(A \cup B) = 0.9$의 값을 얻었다. 다음 각 물음에 답하시오.

(1) $|P(A) - P(B)|$의 값을 구하시오.

(2) 두 사건의 확률 $P(A)$와 $P(B)$를 구하시오.

[9] 어느 과일 가게에서는 사과를 3개씩 묶어 사과의 총 무게가 850 g 이상이면 1등급, 850 g 미만이면 2등급으로 분류하여 판매한다. 무게 300 g인 사과 4개와 250 g인 사과 2개 중에서 임의로 3개씩 선택하여 2개의 묶음으로 만들었다. 하나의 묶음이 1등급으로 분류되는 사건을 A, 또 다른 묶음이 1등급으로 분류되는 사건을 B라고 할 때, 다음 각 물음에 답하시오.

(1) 하나의 묶음이 1등급으로 분류되는 사건 A의 확률 $P(A)$를 구하시오.

(2) 둘 다 1등급으로 분류될 확률 $P(A \cap B)$를 구하시오.

(3) 하나의 묶음이 1등급으로 분류되었을 때, 다른 묶음도 1등급일 조건부확률 $P(B|A)$을 구하시오.

[10] 어느 학급은 남학생 18 명, 여학생 16 명으로 이루어져 있다. 이 학급의 모든 학생은 중국어와 일본어 중 한 과목만 수업을 받는다고 한다. 남학생 중에서 중국어 수업을 받는 학생은 12 명이고, 여학생 중에서 일본어 수업을 받는 학생은 7 명이다. 다음 각 물음에 답하시오.

(1) 주어진 조건을 이용하여 다음 표를 완성하시오.

	남학생	여학생	계
중국어			
일본어			
계			

(2) 이 학급에서 선택된 한 학생이 중국어 수업을 받는다고 할 때, 이 학생이 여학생일 확률을 구하시오.

(3) 이 학급에서 선택된 한 학생이 일본어 수업을 받는다고 할 때, 이 학생이 남학생일 확률을 구하시오.

[11] R의 패키지 {datasets}는 자료집합 Titanic을 제공하는데 이는 타이타닉호 침몰 당시 승객 중 생존자와 사망자 수에 관한 내용을 포함하며 아래 표와 같이 알려져 있다. 이 표를 이용하여 다음 확률들을 구하시오.

구분			일등석	이등석	삼등석	승무원	계
생존자수	미성년	남성	5	11	13	0	29
		여성	1	13	14	0	28
	성인	남성	57	14	75	192	338
		여성	140	80	76	20	316
	소계		203	118	178	212	711
사망자수	미성년	남성	0	0	35	0	35
		여성	0	0	17	0	17
	성인	남성	118	154	387	670	1,329
		여성	4	13	89	3	109
	소계		122	167	528	673	1,490
총계			325	285	706	885	2,201

(1) 총 2201명 중에서 임의로 선택한 사람이 일등석 승객이면서 생존할 확률

(2) 일등석 승객 중 임의로 선택한 사람이 생존할 확률

(3) 총 2201명 중에서 임의로 선택한 사람이 이등석 승객이면서 생존할 확률

(4) 이등석 승객 중 임의로 선택한 사람이 생존할 확률

(5) 생존한 사람 중 임의로 선택한 사람이 일등석 승객일 확률

(6) 생존한 사람 중 임의로 선택한 사람이 삼등석 승객일 확률

(7) 생존한 사람 중 임의로 선택한 사람이 여성일 확률

(8) 사망한 사람 중 임의로 선택한 사람이 여성일 확률

(9) 생존한 사람 중 임의로 선택한 사람이 남성일 확률

(10) 사망한 사람 중 임의로 선택한 사람이 남성일 확률

(11) 임의로 선택한 사람이 남성일 확률과 여성일 확률

(12) (7)에서 (11)까지로부터 알 수 있는 사실

[12] 어느 자동차 보험회사에서는 가입자를 고위험군, 중위험군, 저위험군의 세 그룹으로 나누고 있다고 한다. 고위험군, 중위험군, 저위험군에 속한 가입자가 보험금을 청구할 확률은 각각 0.5, 0.2, 0.05 이며, 가입자 중 각 그룹에 속하는 비율은 차례로 10%, 70%, 20% 라고 한다. 어느 가입자가 보험금을 청구하였을 때, 다음 각 물음에 답하시오.

(1) 임의의 가입자가 보험을 청구했을 확률을 구하시오

(2) 이 가입자가 고위험군에 속한 사람일 확률을 구하시오.

[13] 이산확률변수 X 의 확률분포표가 다음과 같을 때, 각 물음에 답하시오.

X	1	2	4	8	합계
$P(X=x)$	1/4	a	1/8	b	1

(1) 확률변수 X 의 평균이 5일 때, X 의 분산을 구하시오.

(2) 확률변수 X 의 평균이 4일 때, X 의 분산을 구하시오.

[14] 이산확률변수 X 의 확률질량함수가 $P(X=x)=x/15, (x=1,2,3,4,5)$ 일 때 다음 물음에 답하시오.

(1) 확률변수 X 의 기댓값을 $E(X)$라고 할 때 $E(2X)$를 구하시오.

(2) $g(t) \equiv \sum_{x=1}^{5} P(X=x)t^x$ 라고 둘 때 $g'(t) \equiv dg(t)/dt$를 구하시오.

(3) $E(2X)-g'(1)$을 구하시오.

[15] 다음과 같이 정의된 확률변수 X, Y, Z 에 대해 각 물음에 답하시오.

X : 연속하는 100개의 자연수에서 임의로 뽑은 두 수의 차
Y : 연속하는 100개의 홀수에서 임의로 뽑은 두 수의 차
Z : 연속하는 100개의 짝수에서 임의로 뽑은 두 수의 차

(1) 확률변수 X 의 확률을 구하시오.

(2) 확률변수 Y 의 확률을 구하시오.

(3) 확률변수 Z 의 확률을 구하시오.

(4) 확률변수 X, Y, Z 의 분산의 대소 관계를 나타내시오.

[16] 확률변수 X와 Y에 대한 결합확률이 다음 표와 같이 주어질 때, 다음 각 물음에

답하시오.

x \ y	0	1	2	3	합계
0	0.05	0.05	0.1	0	
1	0.05	0.1	0.25	0.1	
2	0	0.15	0.1	0.05	
합계					

(1) 합계란을 채우면서 X의 주변확률분포를 구하시오.

(2) 합계란을 채우면서 Y의 주변확률분포를 구하시오.

(3) X의 평균(μ_X)과 표준편차(σ_X)를 구하시오.

(4) Y의 평균(μ_Y)과 표준편차(σ_Y)를 구하시오.

(5) 확률변수 $Z = X + Y$의 확률분포를 구하시오.

(6) Z의 평균(μ_Z)과 분산(σ_Z^2)을 구하시오.

[17] 각 면에 1, 1, 2, 2, 2, 4 의 숫자가 하나씩 적혀 있는 정육면체 모양의 상자가 있다. 이 상자를 던졌을 때, 윗면에 적힌 수를 확률변수 X 라고 하자. 확률변수 $5X+3$ 의 평균을 구하시오.

[18] 확률변수 X 의 확률밀도함수 $f(x)$가 다음과 같을 때, 각 물음에 답하시오.

$$f(x) = \begin{cases} c(9-x^2), & -3 \leq x \leq 3, \\ 0, & \text{그 밖에} \end{cases}$$

(1) 상수 c를 구하시오.

(2) 확률변수 X의 기댓값 $E(X)$를 구하시오.

(3) 확률변수 X의 분산 $Var(X)$를 구하시오.

(4) 위 문항들의 답을 R의 내부함수를 적용한 R 프로그램을 이용하여 구하시오.

[19] 다음과 같이 주어진 함수에 대해 각 물음에 답하시오.

$$f(x) = \begin{cases} c(2+x), & -2 \leq x < 0, \\ c(2-x), & 0 \leq x < 2, \\ 0, & x < -2 \text{ 또는 } x \geq 2 \end{cases}$$

(1) $f(x)$가 확률밀도함수가 되는 상수 c의 값을 구하시오.

(2) $P(-1 \leq X < 1/2)$의 확률을 구하시오.

(3) 확률변수 X의 확률밀도함수가 $f(x)$일 때 X의 기댓값을 구하시오.

(4) 확률변수 X의 확률밀도함수가 $f(x)$일 때 X의 분산을 구하시오.

[20] 구간 $[0, 2]$에서 정의된 연속확률변수 X의 확률밀도함수 $f(x)$가 다음과 같이 주어질 때, 각 물음에 답하시오.

$$f(x) = \begin{cases} a(1-x), 0 \leq x < 1 \\ b(x-1), 1 \leq x \leq 2 \end{cases}$$

(1) $P(1 \leq X \leq 2) = a/6$가 될 때, 상수 a와 b를 구하시오.

(2) 확률변수 X의 기댓값을 구하시오.

(3) 확률변수 X의 분산을 구하시오.

[21] 연습문제 [20]의 각 물음에 대한 답을 R의 내부함수를 적용한 R 프로그램을 이용하여 구하시오.

(1) R 프로그램을 이용하여 $P(1 \leq X \leq 2) = a/6$가 될 때, 상수 a와 b를 구하시오.

(2) R 프로그램을 이용하여 확률변수 X의 기댓값을 구하시오.

(3) R 프로그램을 이용하여 확률변수 X의 분산을 구하시오.

[22] 다음 두 확률변수 X와 Y의 결합확률밀도함수에 대해, 각 물음에 답하시오.

$$f(x,y) = \begin{cases} cx^2y, 0 < x < y < 1, \\ 0, \quad \text{그 밖에서} \end{cases}$$

(1) 상수 c를 구하시오.

(2) X의 주변확률분포를 구하시오.

(3) Y의 주변확률분포를 구하시오.

(4) X와 Y의 기댓값을 구하시오.

(5) X와 Y의 분산을 구하시오.

(6) X와 Y의 공분산 $Cov(X, Y)$를 구하시오.

(7) 확률 $P(X > Y^2)$을 구하시오.

(8) 조건부확률분포 $f_{X|y}(x|y)$를 구하시오.

[23] 연습문제 [22]의 (1)과 (4)부터 (7)에 대한 답을 R의 내부함수를 적용한 R 프로그램을 이용하여 구하시오.

CHAPTER 03

중요한 확률분포

03

중요한 확률분포

3.1 이산확률분포

앞장에서도 보았듯이 확률변수도 다양하지만 확률분포도 무수히 많다. 확률변수는 그 유형에 따라 크게 이산확률분포와 연속확률분포로 구분한다. 이산확률변수는 확률변수가 갖는 값의 공역이 유한이거나 셀 수 있는 집합이고 연속확률분포는 그 공역이 연속적이며 셀 수 없는 무한 집합이다. 통계분석에서 자주 볼 수 있는 이산형 확률분포에는 베르누이 분포, 이항분포, 초기하분포, 포아송 분포, 음이항분포, 다항분포 등이 있다. 통계분석에서 자주 나타나는 연속형 확률분포에는 균등(일양)분포, 지수분포, 정규분포, 스튜던트 T-분포, 카이제곱분포, 감마 분포, 베타 분포 등이 있다.

3.1.1 베르누이 시행과 분포

통계적 실험(statistical experiment)과 통계적 시행(trial)은 같은 의미로 사용되는데 어떤 실험을 통해 나올 수 있는 모든 결과는 알고 있지만 어떤 결과가 나타나는지는 알지 못하는 실험을 의미한다. **베르누이**(Bernoulli) **시행**은 통계적 시행에서 결과가 오직 두 가지[강조하여 편의상 성공(S, success)과 실패(F, failure)]만 가지는 시행을 지칭하는 것이다. 일반적으로 시행에서 성공할 확률을 $P(S)=p$로, 실패할 확률을 $P(F)=1-p$로 나타내고, 각 시행은 다른 시행에 영향을 미치지 않는 서로 독립시행이어야 한다. 베르누이 시행의 가장 간단한 예가 동전던지기일 것이며 이외에도 완성품과 불량품, 찬성과 반대, 합격과 불합격 등으로 결과가 나타나는 시행을 들 수 있다.

1. 베르누이 분포

베르누이 분포(Bernoulli distribution)는 베르누이 시행에서 확률변수의 값을 성공과 실패에 따라 1또는 0으로 대응시킨 것이다. 단 한 번 베르누이 시행을 한 결과의 확률변수가 베르누이 분포라고 하면 여러 번 독립적으로 반복해서 시행한 결과에 대한 확률변수가 이항분포이다.

정의 3.1 성공확률이 $p, (0 \leqq p \leqq 1)$인 베르누이 시행에서 확률변수 X가 0 또는 1의 결과값을 취하고 다음의 확률질량함수를 가지면 베르누이 분포라고 한다.

$$f_X(x) = \begin{cases} p, & x = 1, \\ 1-p, & x = 0, \end{cases} \tag{3.1}$$

여기서 X는 모수(parameter) p인 베르누이 분포를 따른다고 하고 $X \sim B(1,p)$로 표기한다.

정리 3.1 확률변수 X의 모수 p인 베르누이 분포를 따르면 평균은 $E(X) = p$이고 분산은 $Var(X) = p(1-p)$로 주어진다.

[증명] 기댓값과 분산의 정의와 식 (3.1)에 의해 다음 결과를 얻을 수 있다.

$$\begin{aligned} E(X) &= 1 \times p + 0 \times (1-p) = p, \\ Var(X) &= E((X - E(X))^2 = E(X-p)^2 \\ &= (1-p)^2 \times p + (0-p)^2 \times (1-p) \\ &= p(1-p) \end{aligned}$$

2. 이항분포

단 한 번의 베르누이 시행에 대한 결과의 확률변수는 베르누이 분포이다. 이항분포(binomial distribution)는 **동일한 베르누이 시행**이 n번 반복된 결과에 대한 확률변수로 해석할 수 있다. 확률변수 $X_k, (k = 1, \cdots, n)$가 모수 p인 베르누이 분포를 따르면, $X = \sum_{k=1}^{n} X_k$는 확률변수로서 성공의 횟수를 의미하는 공역을 $\Omega_X = \{0, 1, \cdots, n\}$로 가진다. 확률변수 X가 모수 p인 이항분포를 따르면 $X \sim B(n,p)$로 표기한다. 이때 x번 성공이 일어나고 $n-x$번 실패가 일어날 확률은 다음과 같다.

$$P(X = x) = \binom{n}{x} p^x (1-p)^{n-x}, x = 0, 1, \cdots, n,$$

여기서 $\binom{n}{x} = {}_nC_x$는 n개로부터 x개를 뽑는 **조합**(combination)의 수를 의미한다. 조합이란 서로 구별되는 n개의 물건 중에서 x개를 뽑는 경우의 수를 의미하고 다음과 같이 나타내며 R에서는 함수 choose(n,x)를 사용한다.

$$\binom{n}{x} = {}_nC_x = \frac{n!}{x!(n-x)!} \tag{3.2}$$

예제 3.1 아홉 명의 학생 중에서 세 명의 학생을 임의로 선발하여 팀을 구성할 때 경우의 수를 구하시오.

풀이 식 (3.2)를 이용하면 $n=9$이고 $x=3$이므로 결과는 다음과 같다.

$$\binom{9}{3} = \frac{9!}{3!(9-3)!} = \frac{9!}{3!6!} = \frac{9\times 8\times 7}{3\times 2\times 1} = 84$$

정의 3.2 모수 p를 갖는 베르누이 시행을 독립적으로 n번 반복할 때 성공의 횟수를 X라고 하면, X는 모수가 n,p인 이항분포를 따른다고($X \sim B(n,p)$, 또는 $B(x;n,p)$로 표기) 하고 그 확률질량함수 $f_X(x)$는 다음과 같이 주어진다.

$$f_X(x) = \begin{cases} \binom{n}{x} p^x (1-p)^{n-x}, & x = 0,1,\cdots,n, \\ 0, & \text{그 밖에서} \end{cases} \tag{3.3}$$

정리 3.2 확률변수 X가 모수 n,p인 이항분포를 따르면 평균은 $E(X)=np$이고 분산은 $Var(X)=np(1-p)$로 주어진다.

[증명] 확률변수 $X_k, (k=1,\cdots,n)$를 베르누이 시행이라고 하면 $X = X_1 + \cdots + X_n$이므로 [정리 2.5], [정리 2.10]과 [정리 3.1]의 결과로부터 쉽게 다음 결과를 얻는다.

$$E(X) = E\left(\sum_{k=1}^{n} X_k\right) = \sum_{k=1}^{n} E(X_k) = np,$$
$$Var(X) = Var\left(\sum_{k=1}^{n} X_k\right) = \sum_{k=1}^{n} Var(X_k) = np(1-p)$$

예제 3.2 어떤 도시의 지하철 이용만족도가 80%로 조사되었다고 할 때, 참여한 시민 중 10명을 뽑아 만족 여부를 알아보고자 한다. 다음 물음에 답하시오.

(1) 10명 중 5명이 만족일 확률을 구하고,

(2) 10명 중 2명이 불만족일 확률 구하고,

(3) 10명 중 만족하는 시민의 평균수와 분산을 구하시오.

풀이

(1) 확률변수 X를 10명 중 만족하는 시민의 수라고 하면, 베르누이 시행에서 $n=10$이고 $x=5$이며 $p=0.8$이다. $P(X=5)$일 확률은 다음과 같다.

$$P(X=5)=\binom{10}{5}(0.8)^5(0.2)^5=0.0264$$

(2) 8명이 만족일 경우이므로 $P(X=8)=\binom{10}{8}(0.8)^8(0.2)^2=0.3020$이다.

(3) $E(X)=np=10\times 0.8=8$이고 $Var(X)=np(1-p)=10(0.8)(0.2)=1.6$이다.

예제 3.3 R을 이용하여 확률변수 $X\sim B(10,0.5)$의 pmf와 cdf를 그리시오.

풀이 그래프 그리기는 {graphics} 패키지의 간단한 plot() 함수를 사용한다.

```
# 3.1 이산확률분포 - 3.1.1 베르누이 시행과 분포 - 2. 이항분포
# [예제 3.3] 이항확률변수의 확률질량함수와 누적분포함수 그래프
> x <- 0:10; x
> fx <- choose(10,x)*(0.5)^10; fx
> plot(x,fx,type="h",main="이항분포의 확률질량함수") # [그림 3.1]
> grid(11,9); points(x,fx,pch=20,cex=0.8)
> cfx <- cumsum(fx); cfx
> plot(x,cfx,type="b",main="이항분포의 누적분포함수"); grid(11,9)
# R에서 제공하는 함수 dbinom()과 pbinom()을 이용한 그래프
> dbinom(x,10,0.5) # R이 제공하는 이항확률변수의 확률질량함수
> plot(x,dbinom(x,10,0.5),type="h",main="이항분포의 PMF")
> grid(11,9); points(x,dbinom(x,10,0.5),cex=0.5)
> pbinom(x,10,0.5) # R이 제공하는 이항확률변수의 누적분포함수
> plot(x,pbinom(x,10,0.5),type="b",main="이항분포의 CDF"); grid(11,9)
# 참고로 qbinom(p, size, prob, ~ )은 누적확률 p에 해당하는 변량값을 반환
```

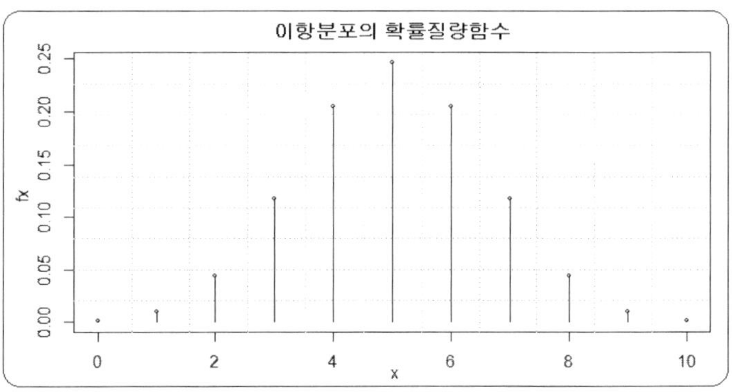

[그림 3.1] 이항확률분포 $X\sim B(10,0.5)$의 확률질량함수

◯ **R에서 이항확률분포 관련 내부함수**: R의 {stats} 패키지는 중요하고 특수한 확률분포에 대해 밀도함수, 누적분포함수, 분위(quantile)함수 및 난수생성함수를 제공한다. 아래 표는 이항분포에 대해 R이 제공하는 내부함수들을 요약하고 있다.

[표 3.1] 이항분포 관련 R제공 함수의 형식과 실행 내용

R제공 함수 형식	인수 설명	실행 내용
dbinom(x,size=n,prob=p,~)	x,q: 분위수 n: 시행횟수 p: 모수-확률 r: 누적확률	$X \sim B(n,p)$의 $P(X=x)$ 값을 반환
pbinom(q,size=n,prob=p,~)		$X \sim B(n,p)$의 $P(X \leq q)$ 값을 반환
qbinom(r,size=n,prob=p,~)		$X \sim B(n,p)$의 r에 대한 분위수를 반환
rbinom(k,size=n,prob=p,~)		$X \sim B(n,p)$에 따르는 k개의 난수 생성

3.1.2 초기하분포

초기하분포(hypergeometric distribution)는 유한모집단의 구성원이 두 가지로 분류될 때 다시 넣지 않고 뽑는(sampling without replacement, **비복원추출**) 것 중 어느 한 종류에 속하는 수에 대한 확률모형이다. 비복원추출이므로 베르누이 독립시행은 아님을 알 수 있고 성공횟수를 X라고 할 때, X를 초기하분포라고 할 수 있다.

정의 3.3 모집단의 크기가 N이고 표본의 크기가 n이며 모집단 내에서 주목하는 종류에 속하는 구성원의 수(성공횟수)를 k라고 할 때, 표본 내에서 주목하는 종류에 속하는 구성원의 수(표본 성공횟수) X가 다음의 확률질량함수를 가지면 X는 초기하분포를 따른다고 한다.

$$f_X(x) = P(X=x) = \begin{cases} \dfrac{\binom{k}{x}\binom{N-k}{n-x}}{\binom{N}{n}}, & x = 0, 1 \cdots, n, \ (x \leq k), \\ 0, & \text{그 밖에서} \end{cases} \tag{3.4}$$

여기서 분명하게 $n-x \leq N-k$이어야 하고 $k, n \leq N$을 만족해야 한다.

정리 3.3 초기하분포의 평균과 분산은 다음과 같이 주어진다.

$$\mu = E(X) = \frac{nk}{N} \tag{3.5}$$

$$\sigma^2 = Var(X) = \frac{nk(N-k)(N-n)}{N^2(N-1)}$$

[증명] 평균의 정의와 확률질량함수 식 (3.4)로부터

$$\mu=\sum_{x=0}^{n}x\binom{k}{x}\binom{N-k}{n-x}/\binom{N}{n}=k\sum_{x=0}^{n}\frac{(k-1)!}{(x-1)!(k-x)!}\binom{N-k}{n-x}/\binom{N}{n},$$
$$=k\sum_{x=1}^{n}\binom{k-1}{x-1}\binom{N-k}{n-x}/\binom{N}{n}$$

위 식에서 $y=x-1$로 두면 다음 식으로 다시 쓸 수 있다.

$$\mu=E(X)=k\sum_{y=0}^{n-1}\binom{k-1}{y}\binom{N-k}{n-1-y}/\binom{N}{n}$$

한편, $\binom{N-k}{n-1-y}=\binom{(N-1)-(k-1)}{n-1-y}$이고 $\binom{N}{n}=\frac{N}{n}\binom{N-1}{n-1}$이므로 다음 식이 성립한다.

$$\mu=E(X)=\frac{nk}{N}\sum_{y=0}^{n-1}\binom{k-1}{y}\binom{(N-1)-(k-1)}{n-1-y}/\binom{N-1}{n-1}=\frac{nk}{N}$$

같은 방법으로 하여 다음 식을 쉽게 얻을 수 있다.

$$E(X(X-1))=\frac{n(n-1)k(k-1)}{N(N-1)}$$

더구나 $\sigma^2=E(X^2)-\mu^2$이므로 다음 식으로 증명을 완료한다.

$$\sigma^2=E(X(X-1))+\mu-\mu^2$$
$$=\frac{n(n-1)k(k-1)}{N(N-1)}+\frac{nk}{N}+\frac{(nk)^2}{N^2}=\frac{nk(N-k)(N-n)}{N^2(N-1)}$$

정리 3.4 초기하분포에서 주목하는 종류에 속할 확률은 $p=k/N$이고 이것을 성공확률로 하면 평균은 $\mu=np$이고 분산은 $\sigma^2=np(1-p)(N-n)/(N-1)$이다.

[증명] 위 [정리 3.3]의 식 (3.5)에 $p=k/N$를 대입하면 $\mu=np$이고

$$\sigma^2=\frac{nk(N-k)(N-n)}{N^2(N-1)}=\left(\frac{nk}{N}\right)\left(\frac{N-k}{N}\right)\left(\frac{N-n}{N-1}\right)=np(1-p)\frac{N-n}{N-1}$$

예제 3.4 초기하분포에서 $N=15$, $n=5$이고 $k=11$일 때, 확률질량함수를 구하고 평균과 분산을 구하시오.

풀이 제약조건 $n-x\leqq N-k$로부터 $1\leqq x$이고 $n=5$이므로 초기하분포 X의 공역은 $\Omega_X=\{1,2,3,4,5\}$이다. ${}_{15}C_5=3003$이므로 $f_X(1)$과 $f_X(2)$는 다음과 같다.

$$f_X(1) = \frac{{}_{11}C_1 \times {}_4C_4}{3003} = \frac{11}{3003} \approx 0.00366,$$
$$f_X(2) = \frac{{}_{11}C_2 \times {}_4C_3}{3003} = \frac{55 \times 4}{3003} \approx 0.07326$$

같은 방법으로 계산하면 다음 값들을 얻는다.

$$f_X(3) = \frac{{}_{11}C_3 \times {}_4C_2}{3003} = \frac{165 \times 6}{3003} \approx 0.32967$$
$$f_X(4) = \frac{330 \times 4}{3003} \approx 0.43956, \quad f_X(5) = \frac{462}{3003} \approx 0.15385$$

한편, 평균과 분산은 [정리 3.4]를 이용하여 $E(X) = nk/N = 55/15 \approx 3.66667$이고, $p = 11/15$이므로 $\sigma^2 = 5(11/15)(4/15)(10/14) = 44/63 \approx 0.698413$을 구할 수 있다.

예제 3.5 화장품의 품질은 색조, 향 및 수분함량 등으로 결정되는데 한 박스에 포장된 용기는 50개이고, 임의의 박스의 95%는 최상품이라고 할 때

(1) 이항분포로 한 박스에 대해 최상품 용기 수의 기댓값과 분산을 구하고,

(2) 초기하분포로 100박스에 대해 한 박스의 최상품 용기 수의 기댓값과 분산을 구하시오.

풀이

(1) [정리 3.2]에 의해 $\mu = 50 \times 0.95 = 47.5$이고 $\sigma^2 = 47.5 \times 0.05 = 2.375$이다.

(2) 주어진 조건에서 $N = 5000$이고 $n = 50$이며 $k = 0.95 \times 5000 = 4750$이므로 식 (3.5)에 따라 $\mu = nk/N = 50 \times 4750/5000 = 47.5$이고 분산은 다음과 같다.

$$\sigma^2 = \frac{nk(N-k)(N-n)}{N^2(N-1)} = \frac{50 \times 4750 \times 250 \times 4950}{25 \times 10^6 \times 4999} = \frac{475 \times 495}{20 \times 4999} \approx 2.35172$$

참고 3.1 즉, N이 충분히 클 때 초기하분포는 이항분포로 근사 가능함을 의미한다.

3.1.3 포아송 분포

포아송(Poisson) 확률분포는 이산확률분포 중 가장 많이 사용되는 분포의 하나로 프랑스 수학자 포아송의 이름을 따서 지어졌다. **포아송 분포**는 주어진 시간 동안 사건이 발생(occurrence, arrival)한 수를 고려하여 확률변수로 정의한다. 사건의 발생이 임의(random)로 일어나며 한 사건의 발생은 다음 사건 발생에 영향을 주지 않는다는 의미에서 독립이라고 한다.

[예 3.1] 일정 시간 동안 전화국 교환기에 통화 연결을 원하는 전화호의 도착 수

[예 3.2] 일정 시간 동안 음식점, 은행, 병원 등에 도착하는 비예약 고객의 수

정의 3.4a X가 이산확률변수로서 일정 시간($[0,t)$) 동안 x개의 사건이 발생할 확률질량함수가 다음과 같이 주어지면 X가 포아송 분포를 따른다고 한다.

$$f_X(x) = \begin{cases} \dfrac{e^{-\lambda t}(\lambda t)^x}{x!}, & x = 0,1,2,\cdots,\lambda > 0, \\ 0, & \text{그 밖에서} \end{cases} \tag{3.6}$$

여기서 e는 자연 상수이고, λ는 일정시간 동안 평균 발생수로 포아송 분포의 모수(parameter)라고 하고 $X \sim Pois(\lambda t)$ 또는 $Pois(x;\lambda t)$로 표기한다.

참고 3.2 확률변수들의 집합(family)을 **확률과정**(stochastic process, random process, random function)이라고 하면 $X(t) = Pois(\lambda t)$는 하나의 확률과정으로 볼 수 있고, 이 $\{X(t) : t \geq 0\}$를 포아송 확률과정이라고 한다.

1. 포아송 확률과정 $\{X(t) : t \geq 0\}$의 특성

(1) $X(0) = 0$: 시작 시점에서 사건발생 수는 0임

(2) 모든 $t_0 < t_1 < t_2, \cdots, < t_n$에 대해 $X(t_1) - X(t_0)$, $X(t_2) - X(t_1)$, $\cdots$, $X(t_n) - X(t_{n-1})$들, 겹치지 않는 시간 동안에 사건이 발생하는 수는 서로 독립임

(3) $P(X(h) = 1) = \lambda h + o(h)$: 짧은 시간 동안에 사건이 발생할 확률은 시간의 크기(h)에 비례함

(4) $P(X(h) \geq 2) = o(h)$: 짧은 시간 동안 두 사건 이상 발생할 확률은 무시가능

예제 3.6 어떤 전화 교환기에 가장 바쁜 한 시간 동안 호(call) 연결을 요구하고 연결이 되기 전에 포기하는 호의 수가 평균 8개라고 하면, 다른 날 같은 시간대 한 시간 동안 10개 이상의 호를 포기할 확률을 구하시오.

풀이 한 시간 동안 연결을 포기하는 호의 수를 X라고 하면 $X \sim Pois(8)$이므로 구하는 확률은

$$P(X \geq 10) = 1 - P(X \leq 9) = 1 - \sum_{x=0}^{9} \frac{e^{-8}8^x}{x!} \approx 0.283376$$

예제 3.7 어떤 전화 교환기에 가장 바쁜 한 시간 동안 호 연결을 요구하는 수가 7200

호라고 할 때, 일초 동안 3개 이상의 호가 도착할 확률을 구하시오.

(풀이) 단위시간을 초로 하면 $\lambda = 2 = 7200/3600$이므로 구하는 확률은

$$P(X \geq 3) = 1 - P(X \leq 2) = 1 - \sum_{x=0}^{2} \frac{e^{-2}2^x}{x!} = 0.32332$$

정리 3.5 확률변수 X가 $X \sim Pois(\lambda t)$이면 평균과 분산은 $\mu_X = \sigma_X^2 = \lambda t$이다.

[증명] 식을 간단히 하기 위해 $\theta = \lambda t$라고 두면, 평균의 정의에 의해

$$\mu_X = \sum_{x=0}^{\infty} \frac{xe^{-\theta}\theta^x}{x!} = \sum_{x=1}^{\infty} \frac{\theta e^{-\theta}\theta^{x-1}}{(x-1)!} = \theta \sum_{y=0}^{\infty} \frac{e^{-\theta}\theta^y}{y!} = \theta = \lambda t \tag{3.7}$$

분산을 구하기 위해 식 (3.7)과 같은 방법으로 먼저 $E(X(X-1))$을 계산한다.

$$E(X(X-1)) = \sum_{x=0}^{\infty} \frac{x(x-1)e^{-\theta}\theta^x}{x!} = \sum_{x=2}^{\infty} \frac{\theta^2 e^{-\theta}\theta^{x-2}}{(x-2)!} = \theta^2 \sum_{y=0}^{\infty} \frac{e^{-\theta}\theta^y}{y!} = \theta^2$$

결과적으로 확률변수 X의 분산을 구하면 다음과 같다.

$$\sigma_X^2 = E(X^2) - \mu_X^2 = E(X(X-1)) + \mu_X - \mu_X^2 = \theta^2 + \theta - \theta^2 = \theta = \lambda \mathrm{t}$$

예제 3.8 R을 이용하여 확률변수 $X \sim Pois(4.5)$의 pmf와 cdf를 그리시오.

(풀이) 그래프 그리기는 {graphics} 패키지의 간단한 plot() 함수를 사용한다.

```
# 3.1 이산확률분포 - 3.1.3 포아송 분포 : [예제 3.8] pmf와 cdf 그리기
> x <- 0:12; fx <- exp(-4.5)*4.5^x/factorial(x); fx
> plot(x,fx,type="h",main="포아송 분포의 확률질량함수")
> grid(11,9); points(x,fx,cex=0.5)
> cfx <- cumsum(fx); cfx
> plot(x,cfx,type="b",main="포아송 분포의 누적분포함수"); grid(11,9)
# R에서 제공하는 함수 dpois()과 ppois()을 이용한 그래프
> dpois(x,4.5) # R이 제공하는 포아송 분포의 확률질량함수 - [그림 3.2]
> plot(x,dpois(x,4.5),type="h",main="포아송 분포의 PMF")
> grid(11,9); points(x,dpois(x,4.5),cex=0.5)
> ppois(x,4.5) # R이 제공하는 포아송 분포의 누적분포함수 - 그림 생략
> plot(x,ppois(x,4.5),type="b",main="포아송 분포의 CDF"); grid(11,9)
```

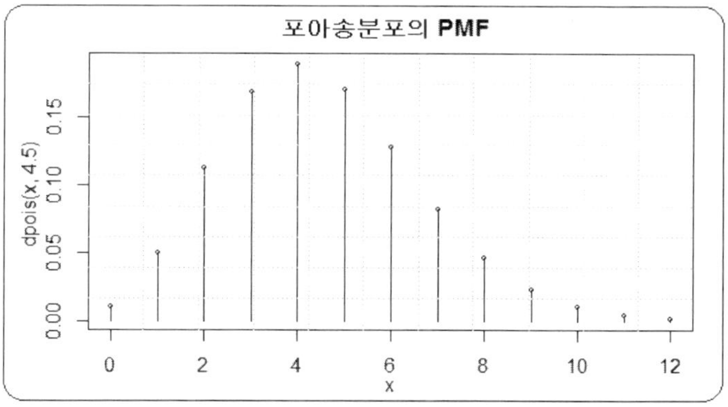

[그림 3.2] 포아송 분포 $X \sim Pois(4.5)$의 확률질량함수

2. R에서 포아송 분포 관련 내부함수

R의 {stats} 패키지는 포아송 분포를 포함한 특수한 확률분포에 대해 밀도함수, 누적분포함수, 분위함수 및 난수생성함수를 제공한다. [표 3.3]에 나타나 있는 바와 같이 R에서 확률분포의 약칭을 '~'로 대응한다면, d~()는 밀도함수, p~()는 누적분포함수, q~()는 분위함수, r~()은 난수생성함수 등을 의미한다. 아래 [표 3.2]는 포아송 분포에 대해 R이 제공하는 내부함수들을 요약하고 있다.

[표 3.2] 포아송 분포 관련 R제공 함수의 형식과 실행 내용

<table>
<tr><th>R제공 함수 형식</th><th>인수 설명</th><th>실행 내용</th></tr>
<tr><td>dpois(x, lambda, log=~)</td><td rowspan="4">x,q: 분위수
λ: 모수-평균
r: 누적확률</td><td>$X \sim Pois(\lambda)$의 $P(X=x)$ 값을 반환</td></tr>
<tr><td>ppois(q, lambda, ~)</td><td>$X \sim Pois(\lambda)$의 $P(X \le q)$ 값을 반환</td></tr>
<tr><td>qpois(r, lambda, ~)</td><td>$X \sim Pois(\lambda)$의 r에 대응 분위수를 반환</td></tr>
<tr><td>rpois(k, lambda)</td><td>$X \sim Pois(\lambda)$에 따르는 k개의 난수 생성</td></tr>
</table>

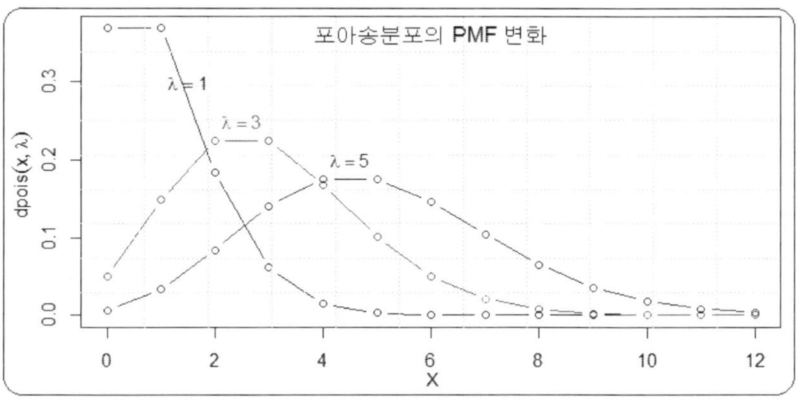

[그림 3.3] 모수 λ에 따른 포아송 분포 확률질량함수 변화

[표 3.3] R이 명명한 주요 확률분포의 약칭

이산확률분포		연속확률분포		가설검정용 확률분포	
분포명	약칭	분포명	약칭	분포명	약칭
이항분포	binom	일양분포	unif	카이제곱분포	chisq
초기하분포	hyper	지수분포	exp	t-분포	t
기하분포	geom	정규분포	norm	F분포	f
포아송 분포	pois	감마 분포	gamma		
음이항분포	nbinom	베타 분포	beta		

[주1] 확률밀도함수(d~), 누적분포함수(p~), 분위함수(q~), 난수생성(r~) 등을 지원

예제 3.9 어떤 주유소에서 한 시간 동안 평균 12대의 자동차가 주유를 요청할 때, 다음 각 물음에 답하고 R 프로그램의 결과와 비교하시오.

(1) 10분 동안 주유를 위한 자동차 도착이 없을 확률을 구하고

(2) 10분 동안 주유를 위해 4대 이상의 자동차가 도착할 확률을 구하고

(3) 1시간 동안 주유를 위해 16대 이상의 자동차가 도착할 확률을 구하시오.

풀이 단위시간을 10분으로 하면 평균 도착률 $\lambda = 2$이므로 X를 10분 동안 주유를 위해 도착하는 자동차 수라고 하면 $X \sim Pois(2)$를 따른다.

(1) 구하는 확률은 $P(X=0) = e^{-2} \approx 0.13533$; [R 명령] dpois(0,2)

(2) 구하는 확률은 $P(X \geqq 4) = 1 - P(x \leqq 3) \approx 0.14288$; [R 명령] 1-ppois(3,2)

(3) 이 경우, X를 한 시간 동안 도착하는 자동차 수라고 하면 $Pois(12)$를 따르므로 구하는 확률은 $P(X \geqq 16) = 1 - P(x \leqq 15) \approx 0.15558$; [R 명령] 1-ppois(15,12)

정리 3.6 확률변수 X가 $X \sim B(n,p)$일 때, $n \to \infty$, $p \to 0$이고 $np \to \theta$이면, $X \sim Pois(\theta)$; 즉, $n \to \infty$, $p \to 0$일 때 이항분포는 포아송 분포로 근사할 수 있다.

[증명] 증명을 위해 이항분포의 확률질량함수를 다시 쓰면

$$\begin{aligned} B(n,p) &= \binom{n}{x} p^x (1-p)^{n-x} = \frac{n!}{x!(n-x)!} p^x (1-p)^{n-x} \\ &= \frac{n(n-1)\cdots(n-x+1)}{x!} p^x (1-p)^{n-x} \end{aligned}$$

위 식에 $p = \theta/n$을 대입하고 정리하면 다음 식을 얻는다.

$$B(n,p) = 1(1-\frac{1}{n})(1-\frac{2}{n})\cdots(1-\frac{x-1}{n})\frac{\theta^x}{x!}\left(1-\frac{\theta}{n}\right)^{n-x}$$

분명하게도 $\lim_{n\to\infty}\left(1-\frac{k}{n}\right)=1, (k=1,\cdots,x-1)$ 이고 $\lim_{n\to\infty}\left(1-\frac{\theta}{n}\right)^{-x}=1$이며, 자연 상수 e의 정의인 $e=\lim_{m\to\infty}\left(1+\frac{1}{m}\right)^m$에서 $m=-n/\theta$으로 치환하면 다음 식을 얻는다.

$$\lim_{n\to\infty, p\to 0} B(n,p) = \frac{\theta^x}{x!}\lim_{n\to\infty, p\to 0}\left(1-\frac{\theta}{n}\right)^n = \frac{\theta^x}{x!}\lim_{m\to\infty, p\to 0}\left[\left(1+\frac{1}{m}\right)^m\right]^{-\theta} = \frac{\theta^x}{x!}e^{-\theta}$$

결국, 위 식으로 증명이 완료된다.

예제 3.10 어떤 한 사고가 어느 날 발생할 확률은 0.004이고 사고들은 서로 독립이라고 할 때 다음 물음에 답하시오.

(1) 500일 동안 사고가 2건 발생할 확률을 $B(n,p)$와 $Pois(\lambda)$로 각각 구하고,

(2) 사고가 많아야 3건일 확률을 $B(n,p)$와 $Pois(\lambda)$로 각각 구하시오.

풀이

(1) 주어진 조건에 의해 $n=500$이고 $p=0.004$이며 $\lambda=np=2$을 얻는다.

$$_{500}C_2(0.004)^2(1-0.004)^{498}\approx 0.27121,\ e^{-2}2^2/2=0.27067$$

(2) 두 확률변수의 구분을 위해 $X_b\sim B(500,0.004)$, $X_p\sim Pois(2)$라고 두면

$$P(X_b\le 3)=\sum_{x=0}^{3}{}_{500}C_x(0.004)^x(1-0.004)^{500-x}\approx 0.85749,$$
$$P(X_p\le 3)=\sum_{x=0}^{3}e^{-2}2^x/x!\approx 0.85712$$

3. 절단 포아송 분포

절단(truncated) **포아송 분포**는 통신망(telecommunication network) 트래픽 엔지니어링(traffic engineering)에서 아주 유용한 확률분포이다. 얼랑 손실(Erlang loss)분포라고도 하며 이는 덴마크인 수학자의 이름을 딴 것이다.

정의 3.4b 확률변수 X의 확률질량함수가 다음과 같이 주어지면 X를 모수 n과 α를 갖는 절단 포아송 분포라고 한다.

$$f_X(x)=\begin{cases}\dfrac{\alpha^x/x!}{\sum_{k=0}^{n}\alpha^k/k!}, & x=0,1,\cdots,n \\ 0, & \text{그 밖에서}\end{cases} \tag{3.8}$$

참고 3.3 특히, 식 (3.8)의 확률 $f_X(n)$을 **얼랑 손실공식** 또는 얼랑(Erlang) 제1공식(1917년 발표)이라고 하고 $E_1(n,\alpha)$로 표기하며 다음과 같이 나타낸다.

$$E_1(n,\alpha)=\frac{\alpha^n/n!}{\sum_{k=0}^{n}\alpha^k/k!} \tag{3.9}$$

4. 얼랑 손실공식의 이해

통신망 트래픽 엔지니어링에서 $E_1(n,\alpha)$는 연결을 요구한 전화호가 손실될 확률을 의미하며 매우 유용한 공식이다. 얼랑 손실분포의 모수 α는 부과된 트래픽(offered traffic) 또는 트래픽 강도(traffic intensity)로 알려져 있다. 모수 n은 통신 중계회선(trunk line)의 수로 적용되고 부과 트래픽 α를 알고 있다면 적절한 손실률을 만족하는 중계선의 수를 계산할 수 있다.

중계회선 관점에서 $E_1(n,\alpha)$은 연결을 요구한(도착한) 전화호가 모든 n개의 회선이 점유되어 교환 시스템에서 손실될 확률을 의미한다. 부과된 트래픽 α는 포아송 분포의 모수 λ(평균 도착률)와 식 $\alpha=\lambda/\mu$로 연결되며, 여기서 $1/\mu$는 지수분포(다음 절 참조)의 평균 서비스 시간을 의미한다. 또한, 여기서 μ는 서비스 완료율이라고 하며, 분명하게 $\alpha[1-E_1(n,\alpha)]$는 운반된 트래픽(carried traffic)이 된다.

3.1.4 음이항분포와 기하분포

1. 음이항분포

베르누이 시행을 한 번 한 결과의 확률변수가 베르누이 분포이고 베르누이 시행이 여러 번 반복된 결과에 대한 확률변수가 이항분포이다. 이항분포 $X\sim B(x;n,p)$는 n번 시행에서 x번 성공이 일어날 확률을 표시한다. 이와는 달리 r번째 성공이 x번 시행에서 일어날 확률을 고려할 수 있다. 이러한 종류의 시행을 **음이항시행**(negative binomial trial)이라고 한다.

정의 3.5 독립적 반복시행에서 성공확률을 p라고 하고, r번째 성공이 일어날 때까지 시행횟수인 X가 다음 확률질량함수를 가지면 X를 **음이항분포**(negative binomial distribution)라고 한다.

$$f_X(x)=\begin{cases}\binom{x-1}{r-1}p^r(1-p)^{x-r}, & x=r, r+1, \cdots, \\ 0, & \text{그 밖에서}\end{cases} \tag{3.10}$$

참고 3.4 확률분포가 식 (3.10)과 같이 주어질 때 $X \sim B_N(x;r,p)$로 표기하고 X가 음이항분포를 따른다고 하며 음이항분포를 파스칼(Pascal) 분포라고 부르기도 한다.

참고 3.5 특히, $r=1$일 때 음이항분포는 기하(geometric)분포가 된다.

음이항 확률질량함수의 다른 형태: 식 (3.10)의 확률질량함수에서 $x-r=k$로 두면 다음 식을 얻을 수 있다.

$$f_X(k)=\begin{cases}\binom{k+r-1}{r-1}p^r(1-p)^{k}, & k=0,1,2, \cdots, \\ 0, & \text{그 밖에서}\end{cases} \tag{3.10a}$$

위 식을 다시 감마 함수[$\Gamma(n)=(n-1)!$, $n=1,2,\cdots$]를 이용하여 변환하면 다음과 같다.

$$f_X(k)=\begin{cases}\dfrac{\Gamma(k+r)}{\Gamma(r)k!}p^r(1-p)^{k}, & k=0,1,2, \cdots, \\ 0, & \text{그 밖에서}\end{cases} \tag{3.10b}$$

정리 3.7 확률변수 X가 $X \sim B_N(x;r,p)$이면 평균과 분산은 다음과 같다.

$$\mu=E(X)=\frac{r}{p}, \quad \sigma^2=Var(X)=\frac{r(1-p)}{p^2}$$

[증명] 계산을 간단히 실행하기 위해 $q=1-p$로 두면 $E(X)$의 정의로부터

$$E(X)=\sum_{x=r}^{\infty}x\binom{x-1}{r-1}p^r q^{x-r}=rp^r\sum_{x=r}^{\infty}\binom{x}{r}q^{x-r}$$

위 식에서 $x-r=k$로 두어 다음 식으로 변경하고 전개하면

$$\begin{aligned}E(X)&=rp^r\sum_{k=0}^{\infty}\binom{r+k}{r}q^{x-r}\\&=rp^r\left[\binom{r}{r}q^0+\binom{r+1}{r}q^1+\binom{r+2}{r}q^2+\binom{r+3}{r}q^3+\cdots\right]\end{aligned}$$

$$= rp^r \left[\binom{r}{0} q^0 + \binom{r+1}{1} q^1 + \binom{r+2}{2} q^2 + \binom{r+3}{3} q^3 + \cdots \right]$$

$$= rp^r \left[1 + (r+1)q + \frac{(r+1)(r+2)}{2!} q^2 + \frac{(r+1)(r+2)(r+3)}{3!} q^3 + \cdots \right],$$

이항정리에 의해, 또 $q = 1-p$이므로 최종적으로 다음 식을 얻는다.

$$E(X) = rp^r (1-q)^{-(r+1)} = r/p$$

같은 방법으로 $E(X(X+1))$를 구하면 $E(X(X+1)) = r(r+1)/p^2$이므로

$$Var(X) = E(X^2) - E(X)^2 = \frac{r(r+1)}{p^2} - \frac{r}{p} - \frac{r^2}{p^2} = \frac{r(1-p)}{p^2}$$

결국 위 식으로 증명이 완료된다.

음이항분포 관련 R의 내부함수 요약: 음이항분포에 대해 R이 제공하는 내부함수들은 다음과 같다.

[표 3.4] 음이항분포 관련 R제공 함수의 형식과 실행 내용

R제공 함수 형식	인수 설명	실행 내용
dnbinom(x,size,prob,mu,~)	x,q: 분위수 λ: 모수-평균 도착률 p: 누적확률	$X \sim B_N(r,p)$의 $P(X=x)$ 값을 반환
pnbinom(q,size,prob,mu,~)		$X \sim B_N(r,p)$의 $P(X \leq q)$ 값을 반환
qnbinom(p,size,prob,mu,~)		$X \sim B_N(r,p)$의 r에 대응 분위수를 반환
rnbinom(n,size,prob,mu)		$X \sim B_N(r,p)$에서 n개의 난수 생성

상세형식1 : dnbinom(x, size=r, prob=p, mu, log = FALSE)

상세형식2 : pnbinom(q, size, prob, mu, lower.tail = TRUE, log.p = FALSE)

상세형식3 : qnbinom(p, size, prob, mu, lower.tail = TRUE, log.p = FALSE)

예제 3.11 수학 학습지 한 구좌를 판매할 확률이 0.1인 외판원이 하루 동안 3구좌를 판매할 때까지 고객을 방문한다고 할 때, 외판원이 만난 예상고객 수를 확률변수 X라고 하고, 다음 각 물음에 답하시오.

(1) 확률변수 X의 확률질량함수를 구하고,

(2) [정리 3.7]의 결과를 이용하여 확률변수 X의 기댓값과 분산을 구하고,

(3) 4번째 방문에서 첫 구좌를 판매할 확률을 구하고,

(4) 15번째 방문에서 3구좌를 모두 판매할 확률을 구하시오.

풀이

(1) 식 (3.10)을 적용하여 확률변수 X에 대한 모수는 $r=3$, $p=0.1$이므로 구하는 확률질량함수는 다음과 같다.

$$f_X(x)=\binom{x-1}{2}(0.1)^3(1-0.1)^{x-3},\ x=3,4,5,\cdots$$

(2) $E[X]=r/p=3/0.1=30$, $Var(X)=r(1-p)/p^2=270$

(3) 구하는 확률은 모수 $p=0.1$인 기하분포이므로 $(1-0.1)^3\times 0.1\approx 0.0729$이고 R내부함수 스크립트는 'dgeom(3,0.1)' 또는 'dnbinom(4-1,1,0.1)'이다.

(4) 구하는 확률은 $f_X(15)=\binom{15-1}{2}(0.1)^3(1-0.1)^{15-3}\approx 0.0257$이고 해당하는 R내부함수 스크립트는 'dnbinom(15-3,3,0.1)'이다.

2. 기하분포

기하분포(geometrical distribution)는 베르누이 시행에서 첫 성공이 일어날 때까지 총 시행횟수에 관심을 둔 것이고, 음이항분포에서 $r=1$일 때의 특수한 경우의 확률분포이다.

정의 3.6 독립 반복시행에서 성공확률을 p라고 하고, 첫째 성공이 일어날 때까지 시행횟수인 X가 다음 확률질량함수를 가지면 X를 **기하분포**라고 한다.

$$f_X(x)=\begin{cases}p(1-p)^{x-1}, & x=1,2,\cdots,\\ 0, & \text{그 밖에서}\end{cases}$$

참고 3.6 이 때 $X\sim \mathrm{Geo}(x;p)$로 표기하고 X가 기하분포를 따른다고 한다.

정리 3.8 확률변수 X가 $X\sim \mathrm{Geo}(x;p)$이면 평균과 분산은 다음과 같다.

$$\mu=E(X)=\frac{1}{p},\quad \sigma^2=Var(X)=\frac{1-p}{p^2}$$

[증명] [정리 3.7]에서 $r=1$일 경우이므로 분명하다. 다른 방법으로 접근하면

$$E(X)=\sum_{x=1}^{\infty}xp(1-p)^{x-1}=\frac{p}{1-p}\sum_{x=1}^{\infty}x(1-p)^x$$

위 식 우변의 합을 전개하면 다음 식을 얻는다.

$$S = \sum_{x=1}^{\infty} x(1-p)^x = (1-p)^1 + 2(1-p)^2 + 3(1-p)^3 + \cdots$$

분명하게 $S-(1-p)S=(1-p)/p$이고 $S=(1-p)/p^2$이 되므로

$$E(X) = \left(\frac{p}{1-p}\right)\left(\frac{1-p}{p^2}\right) = \frac{1}{p}$$

같은 방법으로 하여 $E(X(X+1)) = 2/p^2$을 얻을 수 있고 [정리 2.6]에 의해

$$Var(X) = E(X^2) - E(X)^2 = \frac{2}{p^2} - \frac{1}{p} - \frac{1}{p^2} = \frac{1-p}{p^2}$$

예제 3.12 한 개의 주사위를 던져서 표면에 특정 숫자가 나타날 때까지 시행횟수를 X라고 하고 다음 물음에 답하시오.

(1) 3의 배수를 두 번 가지기 위해 5번 시행할 확률을 구하고,

(2) 표면 숫자 6이 처음으로 나올 때가 정확히 6번 던질 확률을 구하시오.

풀이

(1) 표면이 3이나 6이 나올 확률은 $p=1/3$이므로 구하는 확률은 다음과 같다.

$$P(X=5) = \binom{4}{1}\left(\frac{1}{3}\right)^2\left(1-\frac{1}{3}\right)^3 \approx 0.131687$$

(2) 한 번 던져서 표면이 6이 나올 확률은 $p=1/6$이므로 구하는 확률은 다음과 같다.

$$P(X=6) = \left(\frac{1}{6}\right)\left(\frac{5}{6}\right)^5 \approx 0.06698$$

◎ **기하분포 관련 R의 내부함수 요약**: 4가지 중요한 내부함수는 아래 표와 같다.

[표 3.5] 기하분포 관련 R제공 함수의 형식과 실행 내용

R제공 함수 형식	인수 설명	실행 내용
dgeom(x, prob=p, log=~)	x,q: 분위수 λ: 모수-평균 도착률 r: 누적확률	$X \sim \text{Geo}(p)$ 의 $P(X=x)$ 값을 반환
pgeom(q, prob=p, ~)		$X \sim \text{Geo}(p)$ 의 $P(X \leq q)$ 값을 반환
qgeom(r, prob=p, ~)		$X \sim \text{Geo}(p)$ 의 r에 대응 분위수를 반환
rgeom(k, prob=p)		$X \sim \text{Geo}(p)$ 에 따르는 k개의 난수 생성

상세형식1 : dgeom(x, prob, log = FALSE)

상세형식2 : pgeom(q, prob, lower.tail = TRUE, log.p = FALSE)

상세형식3 : qgeom(p, prob, lower.tail = TRUE, log.p = FALSE)

기하분포의 확률질량함수 그래프: 만약 $X \sim \text{Geo}(p)$ 이면 모수 확률 $p=0.5$를 경계로 $p>0.5$일 때 발생확률이 상대적으로 빨리 감소하고 $p<0.5$일 때 상대적으로 느리게 감소한다. [그림 3.4]는 모수 확률 $p=0.3, 0.5, 0.7$에 대하여 기하분포의 확률질량함수 그래프를 나타낸다.

```
# 3.1 이산확률분포 - 3.1.4 음이항분포와 기하분포 - 2. 기하분포
# [예제 3.12]의 풀이 및 기하분포의 확률질량함수 그래프
> r <- 2; p <- 1/3; x <- 5;
> px <- choose(x-1,r-1)*p^r*(1-p)^(x-r); px # [예제 3.12]의 (1)번
> choose(4,1)*(1/3)^2*(1-1/3)^3
> dnbinom(x-r, r, p)  # [예제 3.12]의 (1)번 - R의 내부함수를 이용
> r <- 1; p <- 1/6; x <- 6;
> px1 <- choose(x-1,r-1)*p^r*(1-p)^(x-r); px1 # [예제 3.12]의 (2)번
> choose(5,0)*(1/6)*(1-1/6)^5
> dnbinom(x-r, r, p)  # [예제 3.12]의 (2)번 - R의 내부함수를 이용
> x<-0:10; plot(x,dgeom(x,0.5),type="b",pch=20,lty=2)
> title("기하분포 PMF"); grid(9,7) # 기하분포의 확률질량함수 그래프
> points(x,dgeom(x,0.7),type="b", col="red",pch=20,lty=2)
> points(x,dgeom(x,0.3),type="b",col="blue",pch=20,lty=2)
> text(2.1,0.2,"Geo(0.5)"); text(1.7,0.03,"Geo(0.7)",col=2)
> text(4,0.1,"Geo(0.3)",col="blue")
```

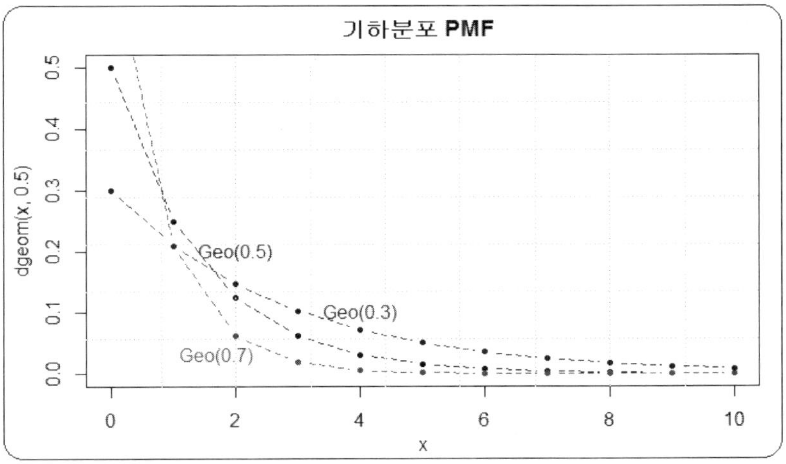

[그림 3.4] 모수 p에 따른 기하분포 확률질량함수 변화

3.1.5 다항분포

앞에서 다룬 이항분포는 베르누이 시행, 즉 두 가지 결과를 갖는 실험으로부터 유도되었음을 알고 있다. 다항분포(multinomial distribution)는 여러 번의 독립시행에서 개개

의 시행이 세 종류 이상의 결과를 가지는 분포로 이항분포의 일반화로 볼 수 있다. 개별 시행이 세 가지 이상의 결과를 갖는 확률실험을 다항시행(multinomial trial)이라고 한다. 다항분포의 확률질량함수는 이항분포로부터 일반화하여 유도할 수 있다.
독립적인 n번의 시행에서 매 시행마다 각각의 확률 $p_1, p_2, \cdots, p_r$을 갖는 가능한 결과의 수가 r이라는 의미를 가지고 있다. 이때, 당연히 $p_1 + p_2 + \cdots + p_r = 1$를 만족해야 한다. $X_i, (i = 1, 2, \cdots, r)$를 i-번째 결과가 발생할 횟수라고 하면, n번의 시행결과 총 가능한 경우의 수는 $n!/x_1! \cdots x_r!$이 된다.

정의 3.7 확률변수 $X_i, (i = 1, 2, \cdots, k)$를 n번의 시행에서 i번째 결과가 발생할 횟수라고 하고 결합확률질량함수로 다음 식을 가지면 X_i들을 **다항분포**라고 한다.

$$P(X_1 = x_1, \cdots, X_k = x_k) = \frac{n!}{x_1! \cdots x_k!} p_1^{x_1} \cdots p_k^{x_k},$$

여기서 $x_1 + \cdots + x_k = n$, $x_i \geq 0$이고, X_i는 확률 p_i를 갖는 i번째 종류의 개수를 나타내기 때문에 X_i의 주변확률분포는 $X_i \sim B(n, p_i)$를 따르게 되고, 결과적으로 $E(X_i) = np_i$이며 $Var(X_i) = np_i(1 - p_i)$이 된다.

예제 3.13 주사위를 6번 던지는 시행에서 표면이 i가 나오는 횟수를 X_i라고 하고 다음 물음에 답하시오.

(1) 결합확률질량함수를 구하고,

(2) 표면의 숫자 1, 3, 5가 각 2회씩 나올 확률을 구하시오.

풀이 (1) $P(X_1 = x_1, \cdots, X_6 = x_6) = 6!\left(\frac{1}{6}\right)^{\sum_{i=1}^{6} x_i} / \left[\prod_{i=1}^{6} (x_i!)\right]$이고, (2) 구하는 확률은 $\frac{6!}{6^6 (2!)^3} = 0.00193$이다.

◎ 다항분포의 주변확률분포: 만약 1회의 다항시행에서 i-번째 결과가 일어난 것을 성공이라고 하고 그 이외의 결과가 일어난 것을 실패라고 하면, 이는 성공확률이 p_i인 베르누이 시행으로 볼 수 있다. 이 시행을 n번 독립적으로 반복시행한다고 할 때 i-번째 결과가 발생할 횟수 $X_i, (i = 1, 2, \cdots, r)$는 $X_i \sim B(n, p_i)$를 따른다. 즉, 다항분포의 주변확률분포 X_i는 이항분포를 따르고 X_i의 평균과 분산은 다음과 같이 주어진다.

$$E(X_i) = np_i, \quad Var(X_i) = np_i(1 - p_i)$$

3.2 연속확률분포

연속확률분포는 그 확률변수가 취하는 값들의 집합인 공역이 연속적이며 셀 수 없는 무한 집합이다. 연속확률분포는 공역의 특정한 한 점에서 확률은 0이므로 매우 짧은 구간 사이에 있을 확률을 고려하며, 확률밀도함수와 X축이 이루는 면적의 합은 1이 된다. 통계분석에서 자주 나타나는 연속형 확률분포에는 균일(일양)분포, 지수분포, 정규분포, 스튜던트 T-분포, 카이제곱분포, 감마 분포, 베타 분포 등이 있다.

3.2.1 균일분포

균일분포(uniform distribution)는 가장 단순한 연속형 확률분포로 균등분포 또는 일양분포라고도 하며 어떤 주어진 유한 구간에서 사건이 일어날 확률은 항상 같은 분포를 의미한다. 그러므로 폐구간 $[a,b]$에서 균일분포의 확률밀도함수는 일정한 상수 $1/(b-a)$로 나타난다.

정의 3.8 확률변수 X가 구간 $[a,b]$ 상에 균일하게 분포되어 있을 때, X의 확률밀도함수가 다음과 같이 주어지면 X는 **균일분포**라고 한다.

$$f_X(x) = \begin{cases} \dfrac{1}{b-a}, & a \leq x \leq b, \\ 0, & \text{그 밖에서} \end{cases}$$

참고 3.7 이때 $X \sim U(a,b)$로 표기하고 X가 균일분포를 따른다고 한다.

정리 3.9 X가 $X \sim U(a,b)$이면 누적분포함수, 평균과 분산은 다음과 같다.

$$F_X(x) = \frac{x-a}{b-a}, \ a \leq x \leq b, \tag{3.11}$$

$$E(X) = \frac{a+b}{2}, \quad Var(X) = \frac{(b-a)^2}{12}$$

[증명] 먼저 누적분포함수와 평균의 정의 및 [정리 2.6]에 의해,

$$F_X(x) = \int_a^x \frac{1}{b-a} dt = \frac{1}{b-a}[t]_a^x = \frac{x-a}{b-a},$$

$$E(X) = \int_a^b \frac{x}{b-a} dx = \frac{1}{2(b-a)}[t^2]_a^b = \frac{a+b}{2},$$

$$Var(X)=\int_a^b \frac{x^2}{b-a}dx-\left(\frac{a+b}{2}\right)^2=\frac{a^2+ab+b^2}{3}-\frac{(a+b)^2}{4}=\frac{(b-a)^2}{12}$$

예제 3.14 확률변수가 $X\sim U(2,7)$일 때 다음 물음에 답하시오.

(1) $E(X)$와 σ_X를 구하고,

(2) $P(3\leq X\leq 5)$를 계산하고,

(3) $X\sim U(2,7)$의 pdf를 R 프로그램을 이용하여 그리시오.

풀이

(1) 식 (3.11)로부터 $E(X)=(2+7)/2=4.5$이고 $Var(X)=(7-2)^2/12$이므로 $\sigma_X=5/\sqrt{12}\approx 1.44338$이다.

(2) $P(3\leq X\leq 5)=F_X(5)-F_X(3)$이므로 식 (3.11)의 첫 식으로부터

$$F_X(5)-F_X(3)=\frac{5-2}{7-2}-\frac{3-2}{7-2}=\frac{2}{5}=0.4$$

(3) PDF 그래프 및 그래프를 그리기 위한 R 프로그램은 다음과 같다.

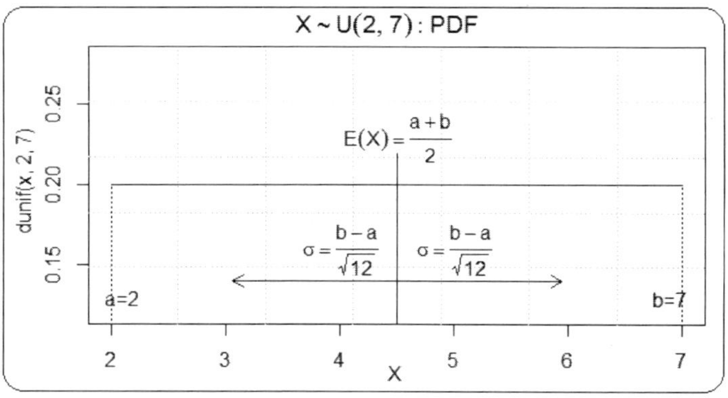

[그림 3.5] 균일분포의 확률밀도함수 그래프

```
# 3.2 연속확률분포 - 3.2.1 균일분포 :
# [예제 3.14] 균일분의 확률밀도함수 그래프 그리기
> x<-2:7; dunif(x,2,7)
> plot(x,dunif(x,2,7), type="l",xlab="X"); grid(7,5)
> title(expression(X %~% U(2,7) : PDF))
> lines(c(2,2),c(0,0.2), lty=3); text(2.1,0.13,"a=2")
> lines(c(7,7),c(0,0.2), lty=3); text(6.9,0.13,"b=7")
> lines(c(4.5,4.5),c(0,0.22))
> text(4.5,0.23,expression(E(X)==frac(a+b,2)))
```

```
> sig <- 5/sqrt(12); ex <- 4.5
> exp1 <- expression(sigma==frac(b-a,sqrt(12)))
> arrows(ex,0.14,ex+sig,0.14,length=0.1); text(5,0.16,exp1)
> arrows(ex,0.14,ex-sig,0.14,length=0.1); text(4,0.16,exp1)
```

3.2.2 지수분포

지수분포(exponential distribution)는 우리 일상생활에서 어떤 기계나 제품의 수명시간, 상점에 고객이 도착하는 시간간격, 통화를 위해 연결을 요구하는 전화호의 도착시간간격(inter-arrival time) 등을 잘 모델링한다. 포아송 분포는 일정시간(또는 공간) 내에 주목하는 사건이 발생하는 횟수에 대한 확률분포이고 지수분포는 이 사건들이 발생하는 데 걸리는 시간을 나타내는 연속확률분포이다.

만약 X를 어떤 사건이 발생할 때까지 지속시간을 나타내는 확률변수라고 하고 특정 시점까지 이 사건이 발생하지 않았다면 특정시점 이후 사건이 발생할 때까지 시간 역시 지수분포를 따른다. 이를 지수분포의 **무기억성**(no memory, lack of memory, memoryless property)이라고 한다.

정의 3.9 확률변수 X의 확률밀도함수가 다음 식으로 주어지면 확률변수 X는 모수 $\lambda > 0$를 갖는 **지수분포**라고 한다.

$$f_X(x) = \begin{cases} \lambda e^{-\lambda x}, & x \geq 0, \\ 0, & \text{그 밖에서} \end{cases}$$

참고 3.8 이때 $X \sim \mathrm{Exp}(\lambda)$로 표기하고 X가 지수분포를 따른다고 한다.

정리 3.10 X가 $X \sim \mathrm{Exp}(\lambda)$이면 평균은 $E(X) = 1/\lambda$이고 분산은 $\sigma^2 = 1/\lambda^2$이다.

[증명] 먼저 평균을 계산하기 위해 정의와 부분적분법을 이용하면

$$E(X) = \int_0^\infty x\lambda e^{-\lambda x}dx = [-xe^{-\lambda x}]_0^\infty + \int_0^\infty e^{-\lambda x}dx$$

$$= [-(1/\lambda)e^{-\lambda x}]_0^\infty = 1/\lambda$$

한편, $\sigma^2 = Var(X) = E(X^2) - E(X)^2$이므로 $E(X^2)$을 구하면 다음과 같다.

$$E(X^2)=\int_0^\infty x^2\lambda e^{-\lambda x}dx=[-x^2e^{-\lambda x}]_0^\infty+\int_0^\infty 2xe^{-\lambda x}dx$$
$$=[-(2/\lambda)xe^{-\lambda x}]_0^\infty+\int_0^\infty (2/\lambda)e^{-\lambda x}dx=2/\lambda^2$$

위 식을 대입하면 $\sigma^2=Var(X)$는 다음과 같이 주어진다.

$$Var(X)=E(X^2)-E(X)^2=2/\lambda^2-1/\lambda^2=1/\lambda^2$$

그러므로 지수분포의 표준편차는 $\sigma_X=1/\lambda$로 기댓값과 같다.

정리 3.11 (지수분포의 무기억성) X가 $X\sim \mathrm{Exp}(\lambda)$일 때, 어떤 특정시점 x_0이후에 사건이 발생할 때까지 경과시간을 확률변수 Y라고 두면 다음 식이 성립한다.

$$P(y\leqq Y)=P(y+x_0\leqq X|x_0\leqq X)=1-F_X(y)$$

[증명] 누적확률분포함수의 정의에 의해 다음 식을 얻는다.

$$F_X(x)=\int_0^x f_X(t)dt=\int_0^x \lambda e^{-\lambda t}dt=[-e^{-\lambda t}]_0^x=1-e^{-\lambda x} \qquad (3.12)$$

그러므로 $P(X\geqq x)=1-F_X(x)=e^{-\lambda x}$이고 다음 식에 적용하면

$$P(X\geqq y+x_0|X\geqq x_0)=\frac{P(X\geqq x_0+y)}{P(X\geqq x_0)}=\frac{e^{-\lambda(x_0+y)}}{e^{-\lambda x_0}}=e^{-\lambda y}=P(Y\geqq y)$$

○ **지수분포와 포아송 과정의 관계**: 확률과정이란 확률변수들의 집합으로 연속확률과정은 시간에 따라 발생하는 연속적인 사건들로 구성된다. 포아송 확률과정이 일정 시간 동안 발생한 사건의 수를 나타내는 확률변수라고 하면 지수분포는 그 사건들이 발생한 인접시점 간의 시간간격을 나타내는 확률변수이다.

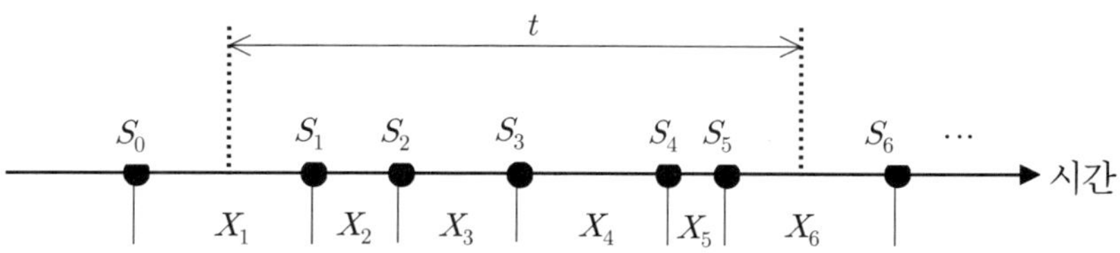

[그림 3.6] 포아송 도착과정과 도착간 시간간격

정리 3.12 확률과정이 $N(t)\sim Pois(\lambda t)$이며 사건발생 시각을 $S_1, S_2, \cdots$이라고 하고 $X_k=S_k-S_{k-1}, (k=1,2,\cdots, S_0=0)$라고 두면, $P(X_k>x)=e^{-\lambda x}$가 성립한다. 이때 $\{X_n : n\geqq 1\}$을 도착간 시간간격(sequence of interarrival times)이라고 한다.

[증명] 먼저 사건 $\{X_1 > x\}$이 발생할 필요충분조건은 포아송 과정에서 어떤 사건도 구간 $[0,x]$에서 발생하지 않은 것이므로 다음 식을 가진다.

$$P(X_1 > t) = P(N(t) = 0) = \frac{e^{-\lambda t}(\lambda t)^0}{0!} = e^{-\lambda t}$$

그러므로 식 (3.12)에 의해 X_1은 모수 λ를 갖는 지수분포이다. 다음 $X_1 = s$라는 조건 하에서 X_2의 분포는 포아송 과정의 특성 (2)에 의해서 다음과 같다.

$$\begin{aligned} P(X_2 > t | X_1 = s) &= P((s, s+t]\text{에서 사건이 없음} | X_1 = s) \\ &= P((s, s+t]\text{에서 사건이 없음}), \\ &= e^{-\lambda t} \end{aligned}$$

또한 X_1과 X_2는 독립이므로 $P(X_k > x) = e^{-\lambda x}$을 보일 수 있다. 같은 방법으로 모든 $k = 1, 2, \cdots$에 대해 $P(X_k > x) = e^{-\lambda x}$을 보일 수 있다.

예제 3.15 모수 $\lambda = 1, 2, 3$에 대한 $X \sim \text{Exp}(\lambda)$의 확률밀도함수를 R 프로그램을 이용하여 그리시오.

(풀이) 지수분포 확률밀도함수 그리기 R 프로그램과 그래프는 다음과 같다.

```
# 3.2 연속확률분포 - 3.2.2 지수분포 : [예제 3.15] 지수분포 PDF
> x <- seq(0,3,length=40)
> plot(x,dexp(x,3), type="l",main="지수분포 확률밀도함수")
> grid(9,7); text(0.3,2.0,expression(lambda==3))
> lines(x,dexp(x,2), col="red")
> text(0.7,0.8,expression(lambda==2),col="red")
> lines(x,dexp(x,1), col="blue")
> text(0.2,0.6,expression(lambda==1),col="blue")
```

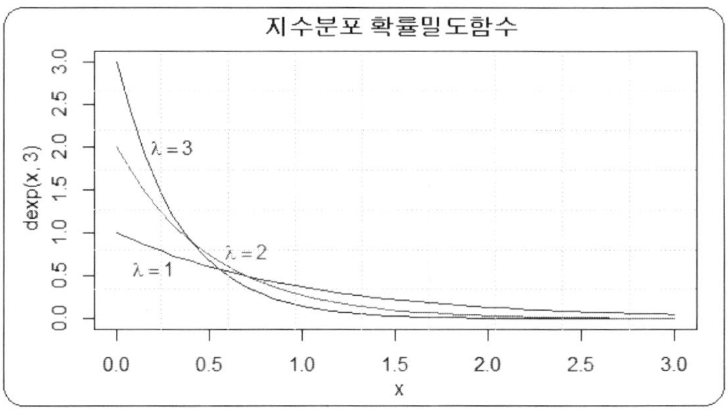

[그림 3.7] $X \sim \text{Exp}(\lambda)$**의 세 가지 확률밀도함수**

지수분포 관련 R의 내부함수 요약 : 4가지 중요한 내부함수는 아래 표와 같다.

[표 3.6] 지수분포 관련 R제공 함수의 형식과 실행 내용

R제공 함수 형식	인수 설명	실행 내용
dexp(x, rate=λ, log=~)	x,q: 분위수 λ: 모수-평균 도착률 r: 누적확률	$X \sim \mathrm{Exp}(\lambda)$의 $P(X=x)$ 값을 반환
pexp(q, rate=λ, ~)		$X \sim \mathrm{Exp}(\lambda)$의 $P(X \leq q)$ 값을 반환
qexp(r, rate=λ, ~)		$X \sim \mathrm{Exp}(\lambda)$의 r에 대응 분위수를 반환
rexp(k, rate=λ)		$X \sim \mathrm{Exp}(\lambda)$에 따르는 k개의 난수 생성

예제 3.16 어떤 주유소에서 자동차가 주유를 위해 도착하는 시간 간격(단위 분)이 지수분포인 $X \sim \mathrm{Exp}(0.2)$를 따른다고 할 때 다음 물음에 답하시오.

(1) 주유 요청 차량의 평균 간격시간을 구하고,

(2) $X \sim \mathrm{Exp}(\lambda)$를 이용하여 시간 간격이 10분 이상일 확률을 구하시오.

풀이 (1) 정리 [3.10]에 의해 $E(X) = 1/0.2 = 5$분

(2) 식 (3.12)에 의해 구하는 확률은 $P(X > 10) = e^{-10\lambda} = e^{-2} \approx 0.13534$

3.2.3 감마 분포

감마 분포(gamma distribution)는 지수분포의 확장으로 볼 수 있으며 포아송 과정을 분석하는 데 사용되기도 한다. 또한, 신뢰성 이론(reliability theory)과 같은 분야에서 중요하게 응용된다. 감마 분포는 포아송 분포의 가정을 만족하는 시행에서 $X = \alpha$번째 사건이 일어날 때까지 걸리는 시간에 대한 연속확률분포이다.

정의 3.10a 확률변수 X의 확률밀도함수가 다음 식으로 주어지면 확률변수 X는 모수 $\alpha > 0$와 $\beta > 0$를 갖는 **감마 분포**라고 한다.

$$f_X(x) = \begin{cases} \dfrac{x^{\alpha-1} e^{-x/\beta}}{\Gamma(\alpha)\beta^{\alpha}}, & x \geq 0, \\ 0, & \text{그 밖에서} \end{cases} \tag{3.13}$$

참고 3.9 이때 $X \sim Gam(\alpha, \beta)$[또는 $X \sim \Gamma(\alpha, \beta)$]로 표기하고 X가 감마 분포를 따른다고 하며 $\beta = 1/\lambda$일 때 얼랑 분포(Erlang distribution)라고도 한다. 모수 $\lambda = 1/\beta$를 사건발생(도착)률이라고 하면 β는 첫 도착 때까지 걸리는 시간을 의미하게 된다. 식

(3.13)서 α는 자연수로 국한되지만 양의 실수($\alpha > 0$)로 확장하면 감마 함수는 다음과 같이 정의되는 반복식을 가진다.

$$\Gamma(\alpha) = \int_0^\infty t^{\alpha-1} e^{-t} dt = (\alpha-1)\Gamma(\alpha-1) \tag{3.14}$$

참고 3.10 식 (3.14)에서 만약 α가 자연수이면 $\Gamma(\alpha) = (\alpha-1)!$이 된다. 특히, 식 (3.13)에서 $\alpha = 1$인 경우 지수분포에 해당하며, $\alpha = \nu/2, \beta = 2$인 경우 자유도 ν인 카이제곱분포에 해당한다.

감마 분포의 다른 표현: 식 (3.13)에서 편의상 $\lambda = 1/\beta$로 두면 다음 식으로 다시 쓸 수 있다. 아래 식에서 α를 형태(shape)모수, $\beta = 1/\lambda$를 척도(scale)모수라고 한다.

$$f_X(x) = \begin{cases} \dfrac{\lambda^\alpha x^{\alpha-1} e^{-\lambda x}}{\Gamma(\alpha)}, & x \geq 0, \\ 0, & \text{그 밖에서} \end{cases} \tag{3.15}$$

적률과 적률생성함수: 확률변수 X와 적분 가능한 함수 $g(x)$에 대해 [정의 2.20]에서 확률변수 $g(X)$의 기댓값은 $E(g(X))$로 정의했다. 자연수 $k, (k = 1, 2, \cdots)$에 대해 $g(x) = x^k$라 두고 기댓값 $E(X^k)$가 존재한다면 이 $E(X^k)$를 확률변수 X의 원점에 대한 제k차 **적률**(moment)이라고 한다. 확률변수 X의 기댓값을 μ라고 하고 기댓값 $\mu_k = E[(X-\mu)^k]$가 존재한다면 이 μ_k를 확률변수 X의 제k차 **중심적률**(central moment)이라고 한다. 임의의 실수 $t \in (-\delta, \delta), \delta > 0$에 대해 $g(x) = e^{tx}$라고 두고, 기댓값 $M_X(t) \equiv E(e^{tX})$가 존재한다면 이 $M_X(t) \equiv E(e^{tX})$를 확률변수 X의 **적률생성함수**(moment generating function)라고 한다. 만약 확률변수 X의 적률생성함수가 존재한다면, 이를 미분하여 확률변수 X의 모든 차수의 적률을 구할 수 있다.

정리 3.13 확률분포가 $X \sim \Gamma(\alpha, \beta)$이면 $E(X) = \alpha\beta$이고 $Var(X) = \alpha\beta^2$이다.

[증명] 계산을 편리하게 실행하기 위하여 다음과 같이 정의되는 적률생성함수를 도입한다.

$$M_X(t) = \int_0^\infty e^{tx} \frac{x^{\alpha-1} e^{-x/\beta}}{\Gamma(\alpha)\beta^\alpha} dx = \int_0^\infty \frac{x^{\alpha-1} e^{-x(1/\beta - t)}}{\Gamma(\alpha)\beta^\alpha} dx$$

위식의 우변에서 $y = x(1/\beta - t)$라고 두면 $(1/\beta - t)dx = dy$이므로 다음 식을 얻는다.

$$M_X(t) = \frac{1}{\Gamma(\alpha)\beta^\alpha} \int_0^\infty \frac{1}{(1/\beta - t)^\alpha} y^{\alpha-1} e^{-y} dy = \frac{1}{\Gamma(\alpha)\beta^\alpha (1/\beta - t)^\alpha} \int_0^\infty y^{\alpha-1} e^{-y} dy$$

식 (3.14)에 의해서 $\Gamma(\alpha) = \int_0^\infty y^{\alpha-1} e^{-y} dy$이므로 결국 다음 식을 얻는다.

$$M_X(t) = \frac{1}{\beta^\alpha (1/\beta - t)^\alpha} = (1-\beta t)^{-\alpha}$$

그러므로 $E(X) = M_X'(0) = \alpha\beta$이고, 다음 식으로 증명을 완료한다.

$$Var(X) = M_X''(0) - E(X)^2 = \beta^2(\alpha^2 + \alpha) - \alpha^2\beta^2 = \alpha\beta^2$$

예제 3.17 R이 제공하는 감마 분포 관련 내부함수 dgamma()를 이용하여 모수 짝 $(\alpha, \beta) = (1,2), (2,1), (3,2), (5,1), (8,1/2)$에 대한 확률밀도함수 그래프를 그리시오.

풀이 감마 분포 확률밀도함수 그리기 R 프로그램과 그래프는 다음과 같다.

```
# 3.2 연속확률분포 - 3.2.3 감마 분포: [예제 3.17] 감마 분포 PDF
> x <- seq(0,12,length=60)
> plot(x,dgamma(x,1,1/2),type="l", main="감마 분포 PDF") # [그림 3.8]
> grid(9,7); points(x,dgamma(x,2,1),type="l",col="violet")
> lines(x,dgamma(x,3,1/2),col="blue")
> lines(x,dgamma(x,5,1),col="red")
> lines(x,dgamma(x,8,2),col="green")
> col1 <- c('Gam(1,2)','Gam(2,1)','Gam(3,2)','Gam(5,1)','Gam(8,0.5)')
> legend(9,0.5,col1,cex=0.9, col=c(1,6,4,2,3),lty=1) # 범례추가
```

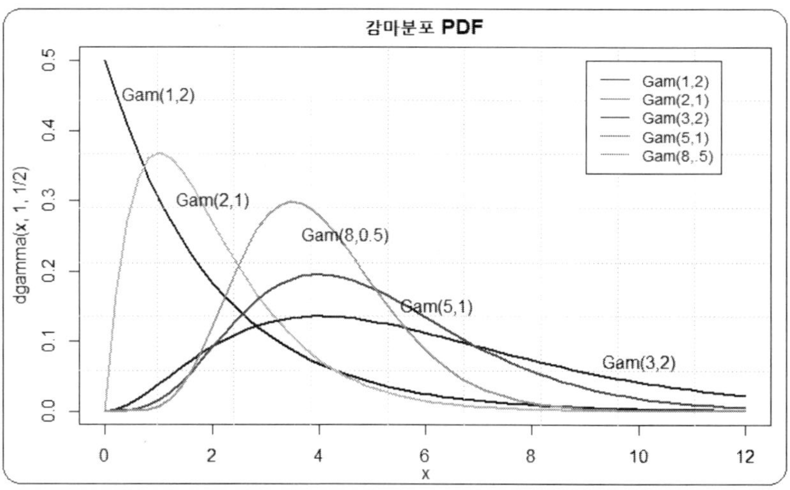

[그림 3.8] 감마 분포 $X \sim \Gamma(\alpha, \lambda)$에 대한 PDF

감마 분포 관련 R의 내부함수 요약: 4가지 중요한 내부함수는 다음 표와 같다.

[표 3.7] 감마 분포 관련 R제공 함수의 형식과 실행 내용

R제공 함수 형식	인수 설명	실행 내용
dgamma(x, α, λ, log=~)	x,q: 분위수 α: 형태모수 λ: 도착률 r: 누적확률	$X \sim \Gamma(\alpha,\beta)$의 $P(X=x)$ 값을 반환
pgamma(q, α, λ, ~)		$X \sim \Gamma(\alpha,\beta)$의 $P(X \leq q)$ 값을 반환
qgamma(r, α, λ, ~)		$X \sim \Gamma(\alpha,\beta)$의 r에 대응 분위수를 반환
rgamma(k, α, λ)		$X \sim \Gamma(\alpha,\beta)$에 따르는 k개의 난수생성

상세형식 : dgamma(x, shape = α, rate = λ, scale = 1/λ, log = FALSE)

정리 3.14 (지수분포와 감마 분포의 관계) 포아송 확률과정 $N(t)$의 사건발생 시각을 $S_1, S_2, \cdots$ 이라고 하고 이들의 간격시간을 $X_k = S_k - S_{k-1}, (k=1,2,\cdots, S_0 = 0)$라 두면 k번째 사건발생 시각인 $S_k, (k \geq 1)$는 감마 분포를 따른다.

[증명] k번째 사건발생이 시각 t 및 그 이전에 발생할 필요충분조건은 시각 t까지 발생한 사건의 수가 적어도 k개라는 것이다. 즉,

$$N(t) \geq t \quad \Leftrightarrow \quad S_k \leq t$$

그리고 $\{N(t) : t \geq 0\}$는 포아송 과정이므로 다음 식을 얻을 수 있다.

$$P(S_k \leq t) = P(N(t) \geq t) = \sum_{i=k}^{\infty} P(N(t) = i) = \sum_{i=k}^{\infty} e^{-\lambda t} \frac{(\lambda t)^2}{i!}$$

따라서 확률변수 S_k의 확률밀도함수를 구하기 위해 위 식을 미분하면

$$\begin{aligned} f_{S_k}(t) &= \frac{d}{dt} P(S_k \leq t) = \sum_{i=k}^{\infty} \frac{d}{dt}\left[e^{-\lambda t} \frac{(\lambda t)^i}{i!} \right] \\ &= -\sum_{i=k}^{\infty} \lambda e^{\lambda t} \frac{(\lambda t)^i}{i!} + \sum_{i=k}^{\infty} \lambda e^{\lambda t} \frac{(\lambda t)^{i-1}}{(i-1)!} \\ &= \lambda e^{-\lambda t} \frac{(\lambda t)^{k-1}}{(k-1)!} = \frac{\lambda^k t^{k-1} e^{-\lambda t}}{(k-1)!}. \end{aligned}$$

참고 3.11 [정리 3.12]에서 $X_k, (k \geq 1)$는 지수분포를 따른다는 것을 증명했다.

3.2.4 베타 분포

베타 분포(beta distribution)는 구간 [0,1]에서 정의되는 분포로 보통 α와 β로 표기하는 두 개의 모수를 가진다. 자연계에 존재하는 데이터의 분포를 묘사하기보다는 베이지안 추정의 결과를 묘사하기 위한 목적으로 사용된다. 베타 분포는 비율에 관한 문제를 모

델링하기 위한 분포모형으로 주로 사용된다.

> **정의 3.10b** 확률변수 X의 확률밀도함수가 다음 식으로 주어지면 확률변수 X는 모수 $\alpha > 0$와 $\beta > 0$를 갖는 **베타 분포**라고 한다.
>
> $$f_X(x) = \begin{cases} \dfrac{\Gamma(\alpha+\beta)}{\Gamma(\alpha)\Gamma(\beta)} x^{\alpha-1}(1-x)^{\beta-1}, & 0 \le x \le 1, \\ 0, & \text{그 밖에서} \end{cases} \tag{3.16a}$$

참고 3.12 이때 $X \sim B(\alpha,\beta)$로 표기하고 X가 베타 분포를 따른다고 한다. 특히, $\alpha=\beta=1$이면 (0,1) 상의 균일분포이다. 즉 $X \sim B(1,1) = U(0,1)$이 된다. 한편, $B(\alpha,\beta) = \Gamma(\alpha)\Gamma(\beta)/\Gamma(\alpha+\beta)$로 두면 식 (3.16a)의 다른 표현을 얻는다.

$$f_X(x) = \frac{1}{B(\alpha,\beta)} x^{\alpha-1}(1-x)^{\beta-1},\ 0 \le x \le 1 \tag{3.16b}$$

> **정리 3.15** 확률과정이 $X \sim B(\alpha,\beta)$이면 $E(X)$와 $Var(X)$는 다음과 같이 주어진다.
>
> $$E(X) = \frac{\alpha}{\alpha+\beta}, \quad Var(X) = \frac{\alpha\beta}{(\alpha+\beta)^2(\alpha+\beta+1)} \tag{3.17}$$

[증명] 모든 $k=1,2,\cdots$에 대해 다음 식을 쉽게 얻을 수 있다.

$$E(X^k) = \frac{1}{B(\alpha,\beta)}\int_0^1 x^{k+\alpha-1}(1-x)^{\beta-1}dx = \frac{B(\alpha+k,\beta)}{B(\alpha,\beta)}$$

그러므로 평균인 $E(X) = B(\alpha+1,\beta)/B(\alpha,\beta)$이므로 $\Gamma()$ 함수를 사용하여

$$E(X) = \frac{\Gamma(\alpha+1)\Gamma(\beta)}{\Gamma(\alpha+\beta+1)}\frac{\Gamma(\alpha+\beta)}{\Gamma(\alpha)\Gamma(\beta)} = \frac{(\alpha)\Gamma(\alpha)\Gamma(\beta)}{(\alpha+\beta)\Gamma(\alpha+\beta)}\frac{\Gamma(\alpha+\beta)}{\Gamma(\alpha)\Gamma(\beta)} = \frac{\alpha}{\alpha+\beta}$$

같은 방법으로 $E(X^2) = B(\alpha+2,\beta)/B(\alpha,\beta)$이므로 다음 식을 얻는다.

$$E(X^2) = \frac{\Gamma(\alpha+2)\Gamma(\beta)}{\Gamma(\alpha+\beta+2)}\frac{\Gamma(\alpha+\beta)}{\Gamma(\alpha)\Gamma(\beta)} = \frac{\alpha(\alpha+1)}{(\alpha+\beta+1)(\alpha+\beta)}$$

한편 $Var(X) = E(X^2) - E(X)^2$이므로 위 두 식을 대입하여 정리하면

$$Var(X) = \frac{\alpha(\alpha+1)}{(\alpha+\beta+1)(\alpha+\beta)} - \frac{\alpha^2}{(\alpha+\beta)^2} = \frac{\alpha\beta}{(\alpha+\beta)^2(\alpha+\beta+1)}$$

예제 3.18 다음 함수가 확률밀도함수가 되도록 하고 각 물음에 답하시오.

$$f_X(x) = cx^2(1-x)^3,\ 0 \leq x \leq 1$$

(1) 상수 c를 구하고, 해당하는 베타 분포의 모수들을 구하시오.

(2) 평균과 분산을 구하고,

(3) (1)과 (2)를 R 프로그램으로 해결하시오.

풀이

(1) 분명하게 $\int_0^1 cx^2(1-x)^3 dx = 1$이어야 하므로 계산하면

$1 = c\int_0^1 x^2(1-x)^3 dx = c\int_0^1 (x^2 - 3x^3 + 3x^4 - x^5)dx = \frac{c}{60}$ 이므로 $c = 60$이 된다.

주어진 함수로부터 $\alpha = 3, \beta = 4$이므로 $X \sim B(3,4)$가 되고 $B(3,4) = 1/60$이다.

(2) 식 (3.17)로부터 $E(X) = \alpha/(\alpha+\beta) = 3/7$이고 $Var(X) = 3/98$이다.

(3) (1)과 (2)를 R로 해결하기 위한 프로그램은 다음과 같다.

```
# 3.2 연속확률분포 - 3.2.4 베타 분포: [예제 3.18] 베타 분포 적분
> fx <- function(x) {x^2*(1-x)^3} # alpha=3, beta=4
> cst <- integrate(fx,0,1)$value; cst
> cst <- 1/cst; cst # c = 1/beta(3,4) = 60
> alpha <- 3; beta <- 4
> ex <- alpha/(alpha + beta); ex # manually calcurated : 3/7
> varx <- alpha*beta/((alpha + beta)^2*(alpha + beta + 1)); varx # 3/98
> fx1 <- function(x) {60*x^3*(1-x)^3}
> ex1 <- integrate(fx1,0,1)$value; ex1 # 3/7
> fx2 <- function(x) {60*x^4*(1-x)^3}
> ex2 <- integrate(fx2,0,1)$value; ex2
> var1 <- ex2 - ex1^2; var1 # 3/98
```

예제 3.19 R이 제공하는 베타 분포 관련 내부함수 dbeta()를 이용하여 모수짝 $(\alpha,\beta) = (5,3),(3,3),(2,2),(1,1),(0.5,0.5)$에 대한 pdf 그래프를 그리시오.

풀이 베타 분포 확률밀도함수 그리기 R 프로그램과 그래프는 다음과 같다.

```
# 3.2 연속확률분포 - 3.2.3 베타 분포: [예제 3.19] 베타 분포 PDF
# dbeta(x, shape1=alpha, shape2=beta, ncp = 0, log = FALSE)
> x <- seq(0,1,length=60)
> plot(x,dbeta(x,5,3),type="l", xlab="X",main="베타 분포 PDF")
```

```
> text(0.7,2,"B(5,3)"); grid(9,7);
> lines(x,dbeta(x,3,3),col=6)
> text(0.34,1.6,"B(3,3)",col=6)
> lines(x,dbeta(x,2,2),col="red")
> text(0.56,1.4,"B(2,2)",col="red")
> lines(x,dbeta(x,1,1),col=4); text(0.5,0.9,"B(1,1)",col=4)
> lines(c(0,0),c(0,1),lty=3,col=4)
> lines(c(1,1),c(0,1),lty=3,col=4)
> lines(x,dbeta(x,0.5,0.5),col=3); text(0.1,2,"B(0.5,0.5)",col=3)
```

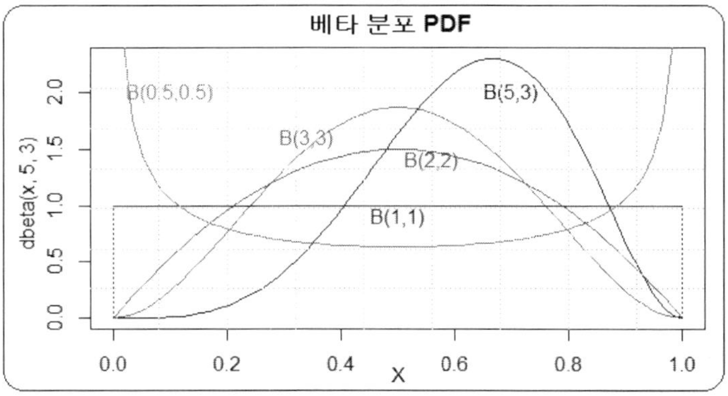

[그림 3.9] 베타 분포 $X \sim B(\alpha, \beta)$에 대한 PDF

◎ **베타 분포 관련 R의 내부함수 요약**: 4가지 중요한 내부함수는 아래 표와 같다.

[표 3.8] 베타 분포 관련 R제공 함수의 형식과 실행 내용

R제공 함수 형식	인수 설명	실행 내용
dbeta(x, α, β, log=~)	x,q: 분위수 α, β: 모수 r: 누적확률	$X \sim B(\alpha, \beta)$의 $P(X = x)$ 값을 반환
pbeta(q, α, β, ~)		$X \sim B(\alpha, \beta)$의 $P(X \leq q)$ 값을 반환
qbeta(r, α, β, ~)		$X \sim B(\alpha, \beta)$의 r에 대응 분위수를 반환
rbeta(k, α, β)		$X \sim B(\alpha, \beta)$에 따르는 k개의 난수생성

상세형식 : dbeta(x, shape1 = α, shape2 = β, ncp = 0, log = FALSE)

예제 3.20 R이 제공하는 베타 분포의 내부함수 pbeta()를 이용하여 모수짝 $(\alpha, \beta) = (5,3), (3,3), (1,1), (0.5,0.5)$에 대한 누적분포함수(cdf) 그래프를 그리시오.

풀이 베타 분포 누적분포함수 그리기 R 프로그램과 그래프는 다음과 같다.

```
# 3.2 연속확률분포 - 3.2.3 베타 분포: [예제 3.20] 베타 분포 CDF
> x <- seq(0,1,length=60)
> plot(x,pbeta(x,5,3),type="l", xlab="X",main="베타 분포 CDF")
> text(0.6,0.3,"B(5,3)"); grid(9,7);
> points(x,pbeta(x,3,3),type="l",col=4); text(0.6,0.8,"B(3,3)",col=4)
> points(x,pbeta(x,1,1),type="l",col=2); text(0.2,0.2,"B(1,1)",col=2)
> points(c(1,1),c(0,1),type="l",lty=3,col=2)
> points(x,pbeta(x,0.5,0.5),type="l",col=3)
> text(0.2,0.4,"B(0.5,0.5)",col=3)
```

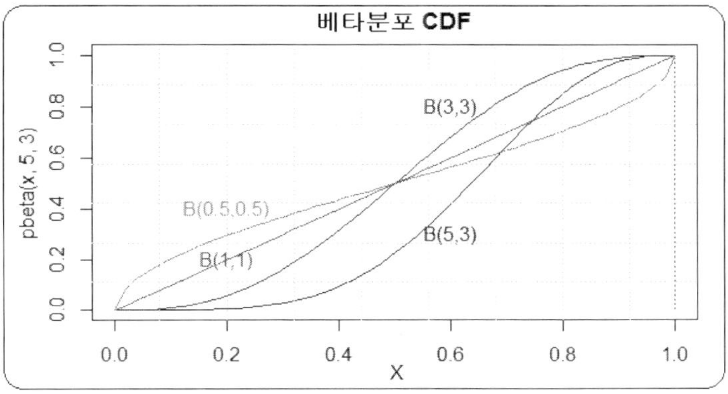

[그림 3.10] 베타 분포 $X \sim B(\alpha, \beta)$에 대한 CDF

3.3 정규분포

정규분포(normal distribution)는 연속확률분포 중에서 통계적 분석에 가장 활용도가 높은 분포라고 할 수 있으며 **가우시안**(Gaussian) **분포**라고도 한다. 정규분포는 공학계산에서도 잡음이나 오차들의 분포 및 시스템을 모형화하는 데 근거를 제공하기도 한다. 또한, 정규분포는 **중심극한정리**(CLT, central limit theorem)와도 매우 밀접한 관계가 있는 것으로 표본평균의 분포를 근사하는 데 유용하게 활용된다. 중심극한정리는 서로 독립인 확률변수들의 평균분포는 표본의 수가 충분히 크면 정규분포에 가까워진다는 명제이다.

중심극한정리의 현실적 이해는 자연현상이나 사물을 측정할 때 측정값은 아무렇게나 나타나는 것이 아니라 참값과 가까운 측정값은 많이 나타나고 참값에 비해 많이 크거나 작은 값들은 적게 나타난다는 의미를 포함하고 있다. 이와 같이 실생활에서 나타나는 현상 중 많은 것들은 정규분포와 다르긴 하나 정규분포는 여전히 통계분석에서 중요한 위치를 점하고 있다.

3.3.1 정규분포의 확률계산

정규분포(normal distribution)는 두 개의 모수, 즉 평균 μ와 분산 σ^2에 의해 결정되고 종모양의 그래프를 가지고 평균을 중심으로 좌우 대칭형이다. 평균 μ는 확률밀도함수의 극대치를 보여주는 최빈값과 일치하며 중앙값과도 일치하는 그래프를 가진다. 또한, 평균 μ는 중심위치 표시측도 모수이고 분산 σ^2은 산포정도 표시측도 모수이다. 중심위치 표시측도인 평균이 같고 분산이 달라지면 그래프의 종모양이 퍼진 형태이거나 뾰족한 형태로 산포정도만 변한다. 반면에 산포정도 표시측도인 분산이 같고 평균이 달라지면 분포의 모양은 변하지 않고 중심위치만 그래프 상에서 좌우로 변경된다.

정의 3.11 확률변수 X의 확률밀도함수가 다음 식으로 주어지면 확률변수 X는 모수 μ와 σ를 갖는 정규분포라고 한다.

$$f_X(x) = \frac{1}{\sigma\sqrt{2\pi}} exp\left[-\frac{(x-\mu)^2}{2\sigma^2}\right], -\infty < x < \infty, \tag{3.18}$$

참고 3.13 이 때 $X \sim N(\mu, \sigma^2)$로 표기하고 X가 정규분포를 따른다고 하며 확률밀도함수는 두 모수 μ와 σ에 의해 결정된다.

예제 3.21 다음 함수가 확률밀도함수가 되기 위한 상수 c와 $a>0$를 결정하고 평균과 분산을 구하시오.

$$f_X(x) = ce^{-ax^2},\ a>0, -\infty < x < \infty \tag{3.19}$$

풀이 확률밀도함수가 되기 위해 $\int_{-\infty}^{\infty} ce^{-ax^2}dx = 1$이어야 하므로

$$1 = \int_{-\infty}^{\infty} ce^{-ax^2}dx = \int_{-\infty}^{\infty} ce^{-y^2}\left(\frac{1}{\sqrt{a}}dy\right) = \frac{c}{\sqrt{a}}\int_{-\infty}^{\infty} e^{-y^2}dy$$

적분 $\int_{-\infty}^{\infty} e^{-y^2}dy$는 가우스 적분이고 $\sqrt{\pi}$가 되므로 $c = \sqrt{a/\pi}$이다. 그러므로

$$f_X(x) = \sqrt{\frac{a}{\pi}}e^{-ax^2},\ a>0, -\infty < x < \infty \tag{3.20}$$

다음은 $a>0$를 구하기 위해 식 (3.20)에 대응하는 확률분포의 평균을 μ라고 두고 분산

을 σ^2이라고 두면 $xe^{-ax^2}, -\infty < x < \infty$는 기함수이므로 $\mu = 0$이다. 이제 분산을 구하기 위해 부분적분 공식을 이용하면 다음 식을 얻는다.

$$\begin{aligned}\sigma^2 &= \frac{\sqrt{a}}{\sqrt{\pi}} \int_{-\infty}^{\infty} x \cdot xe^{-ax^2} dx \\ &= \frac{\sqrt{a}}{\sqrt{\pi}} \left(\left[-(\frac{1}{2a}) xe^{-ax^2} \right]_{-\infty}^{\infty} + \frac{1}{2a} \int_{-\infty}^{\infty} e^{-ax^2} dx \right) \\ &= \frac{1}{2a} \frac{\sqrt{a}}{\sqrt{\pi}} \int_{-\infty}^{\infty} e^{-ax^2} dx\end{aligned}$$

적분을 간단하게 실행하기 위해 $y = \sqrt{a}\,x, a > 0$로 치환하면

$$\sigma^2 = \frac{1}{2a} \frac{\sqrt{a}}{\sqrt{\pi}} \int_{-\infty}^{\infty} e^{-ax^2} dx = \frac{1}{2a} \frac{\sqrt{a}}{\sqrt{\pi}} \frac{1}{\sqrt{a}} \int_{-\infty}^{\infty} e^{-y^2} dy = \frac{1}{2a}$$

결국 $a = 1/(2\sigma^2)$을 얻고, 이 확률변수의 평균은 0이고 분산은 $\sigma^2 = 1/(2a)$이다. 그리고 c와 a가 결정되어 구하는 확률밀도함수는 다음과 같다.

$$f_X(x) = \frac{1}{\sigma\sqrt{2\pi}} exp\left(-\frac{x^2}{2\sigma^2} \right), \sigma > 0, -\infty < x < \infty \tag{3.21}$$

정리 3.16 확률분포가 $X \sim N(\mu, \sigma^2)$이면 평균 $E(X)$와 분산 $Var(X)$는 다음과 같이 주어진다.

$$E(X) = \mu, \quad Var(X) = \sigma^2$$

[증명] 계산을 편리하게 실행하기 위하여 다음과 같이 정의되는 적률생성함수를 도입하고 계산하면 모든 실수 t에 대해 다음 식을 얻는다.

$$\begin{aligned}M_X(t) &= \frac{1}{\sigma\sqrt{2\pi}} \int_{-\infty}^{\infty} \exp(tx)\exp[-(x-\mu)^2/(2\sigma^2)]\,dx \qquad (3.22)\\ &= \frac{1}{\sigma\sqrt{2\pi}} \int_{-\infty}^{\infty} \exp\left(-\frac{x^2}{2\sigma^2} + \frac{2x(t\sigma^2+\mu)}{2\sigma^2} - \frac{\mu^2}{2\sigma^2} \right) dx \\ &= \frac{1}{\sigma\sqrt{2\pi}} \int_{-\infty}^{\infty} \exp\left(\frac{-[x-(\mu+\sigma^2 t)]^2}{2\sigma^2} + \mu t + \frac{\sigma^2 t^2}{2} \right) dx \\ &= \exp\left(\mu t + \frac{\sigma^2 t^2}{2} \right)\end{aligned}$$

따라서 모든 차수의 적률이 존재하므로

$$E(X) = M_X{}'(t)|_{t=0} = [(\mu + \sigma^2 t) M_X(t)]_{t=0} = \mu \tag{3.23}$$

분산을 구하기 위해 먼저 $E(X^2)$을 계산하면 다음과 같다.

$$E(X^2) = M_X''(t)|_{t=0} = [\sigma^2 M_X(t) + (\mu + \sigma^2 t)^2 M_X(t)]_{t=0} = \sigma^2 + \mu^2 \quad (3.24)$$

그러므로 식 (3.23)과 (3.24)로부터 $Var(X) = E(X^2) - E(X)^2 = \sigma^2$을 구한다.

예제 3.22 R이 제공하는 정규분포 관련 내부함수 dnorm()를 이용하여 모수쌍 $(\mu,\sigma) = (0,0.5),(0,1),(0,1.5),(3,1),(-3,1)$에 대한 pdf 그래프를 그리시오.

풀이 정규분포의 확률밀도함수(pdf)를 그리기 위한 R 프로그램과 실행결과 그래프는 다음과 같다.

```
# 3.3 정규분포 - 3.3.1 정규분포의 확률계산 : [예제 3.22] 정규분포 PDF
# dnorm(x, mean = 0, sd = 1, log = FALSE)
> x <- seq(-7,7,length=140)
> f1 <- dnorm(x,0,0.5); plot(x,f1,type="l", main="정규분포 5가지")
> f2 <- dnorm(x,0,1); grid(14,11); lines(x,f2,col=2)
> f3 <- dnorm(x,0,1.5); lines(x,f3,col=4)
> f4 <- dnorm(x,3,1); lines(x,f4,col=6)
> f5 <- dnorm(x,-3,1); lines(x,f5,col=3)
> col1 <- c('N(0,0.5)','N(0,1)','N(0,1.5)','N(3,1)','N(-3,1)')
> legend(4,0.8,col1,cex=0.9, col=c(1,2,4,6,3),lty=1) # 범례추가
> text(0,0.6,"N(0,0.5)",cex=0.9)
> text(-4.6,0.3,"N(-3,1)",cex=0.9,col=3)
> text(4.6,0.3,"N(3,1)",cex=0.9,col=6)
> text(0,0.42,"N(0,1)",cex=0.9,col=2)
> text(0,0.2,"N(0,1.5)",cex=0.9,col=4)
```

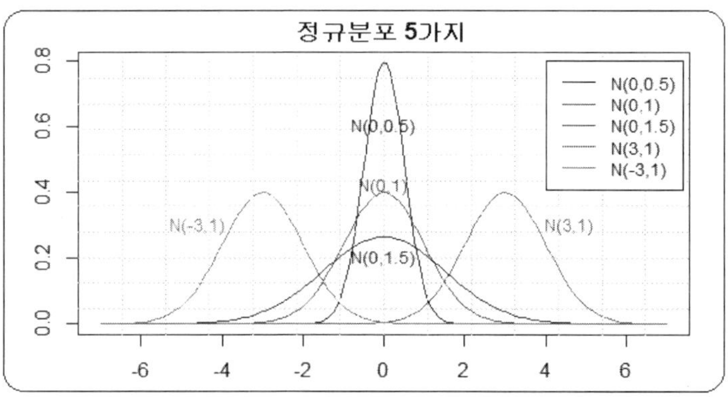

[그림 3.11] 정규분포 $X \sim N(\mu,\sigma^2)$에 대한 CDF

예제 3.23 확률변수 X가 모수 $\mu = 4, \sigma = 2$를 갖는 정규분포를 따를 때,

(1) X가 평균으로부터 $\pm\sigma, \pm 2\sigma, \pm 3\sigma$ 의 사이에 있을 확률을 구하고,

(2) 해당하는 면적을 R 프로그램을 이용하여 그래프로 나타내시오.

(풀이) (1) 구하는 확률은 다음과 같다.

$$P(\mu-\sigma \leqq X \leqq \mu+\sigma) \approx 0.6826895$$
$$P(\mu-2\sigma \leqq X \leqq \mu+2\sigma) \approx 0.9544997$$
$$P(\mu-3\sigma \leqq X \leqq \mu+3\sigma) \approx 0.9973002$$

참고 3.14 위 세 개의 확률은 68-95-99.7 규칙으로 알려져 있다. 보다 정확하게는 68.27%-95.45%-99.73%이고, 값들은 각각 평균에서 표준편차의 1, 2, 3배 내에 있다는 의미를 포함하고 있는 규칙이다.

(2) 해당 면적에 대응하는 그래프와 R 프로그램은 다음과 같다.

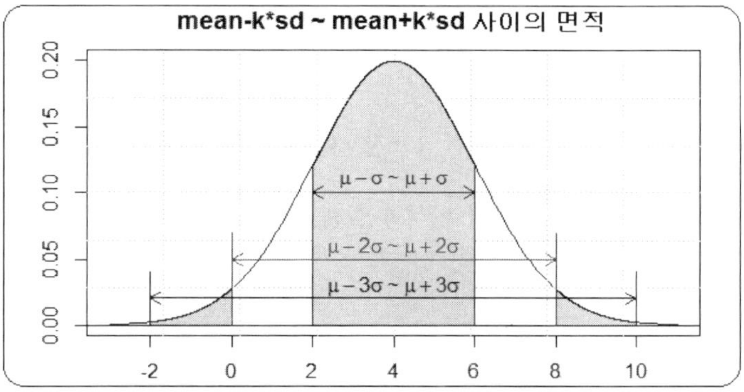

[그림 3.12] 정규분포 $X \sim N(4,4)$에 대한 CDF

참고 3.15 [그림 3.12]는 평균에서 좌우로 표준편차의 1, 2, 3배 내에 있는 영역을 잘 나타내고 있다.

```
# 3.3 정규분포 - 3.3.1 정규분포의 확률계산 : [예제 3.23] 정규분포 CDF
# pnorm(q, mean = 0, sd = 1, lower.tail = TRUE, log.p = FALSE)
> x <- seq(-3,11,length=160)
> s1 <- 2; s2 <- 4; s3 <- 6 #mu=4, sigma=2
> p1 <- pnorm(4+s1,4,2) - pnorm(4-s1,4,2); p1
> p2 <- pnorm(4+s2,4,2) - pnorm(4-s2,4,2); p2
> p3 <- pnorm(4+s3,4,2) - pnorm(4-s3,4,2); p3
> main1 <- c("mean-k*sd ~ mean+k*sd 사이의 면적") # [그림 3.12]
> fx <- dnorm(x,4,2)
> plot(x,fx,type="l", main=main1); grid(8,6); abline(h=0);
> x1 <- seq(from=4-s1, to=4+s1, by=0.001); y1 <- dnorm(x1,4,2)
> polygon(c(x1,rev(x1)),c(y1,rep(0,length(x1))),col="lightgray")
> x2 <- seq(from=4-s3, to=4-s2, by=0.001); y2 <- dnorm(x2,4,2)
```

```
> polygon(c(x2,rev(x2)),c(y2,rep(0,length(x2))),col="lightgray")
> x3 <- seq(from=4+s2, to=4+s3, by=0.001); y3 <- dnorm(x3,4,2)
> polygon(c(x3,rev(x3)),c(y3,rep(0,length(x3))),col="lightgray")
> f1 <- dnorm(4+s1,4,2) # 여기서부터는 영역 표시를 위함
> lines(c(4+s1,4+s1),c(0,f1),col=4,lty=1)
> lines(c(4-s1,4-s1),c(0,f1),col=4,lty=1)
> lines(c(4+s2,4+s2),c(0,0.07),col=2,lty=1)
> lines(c(4-s2,4-s2),c(0,0.07),col=2,lty=1)
> lines(c(4+s3,4+s3),c(0,0.04),col=1,lty=1)
> lines(c(4-s3,4-s3),c(0,0.04),col=1,lty=1)
> arrows(4-s1,0.1,4+s1,0.1,col=4,length=0.1,code=3)
> arrows(4-s2,0.05,4+s2,0.05,col=2,length=0.1,code=3)
> arrows(4-s3,0.02,4+s3,0.02,col=1,length=0.1,code=3)
> text(4,0.11,expression(mu-sigma%~%mu+sigma),col=4)
> text(4,0.06,expression(mu-2*sigma%~%mu+2*sigma),col=2)
> text(4,0.03,expression(mu-3*sigma%~%mu+3*sigma),col=1)
```

정규분포관련 R의 내부함수 요약: 4가지 중요한 내부함수는 아래 표와 같다.

[표 3.9] 정규분포 관련 R제공 함수의 형식과 실행 내용

R제공 함수 형식	인수 설명	실행 내용
dnorm(x, μ, σ, log = ~)	x,q: 분위수 μ: 모수-평균 σ: 표준편차 r: 누적확률	$X \sim N(\mu,\sigma^2)$의 $P(X=x)$ 값을 반환
pnorm(q, μ, σ, ~)		$X \sim N(\mu,\sigma^2)$의 $P(X \leq q)$ 값을 반환
qnorm(r, μ, σ, ~)		$X \sim N(\mu,\sigma^2)$의 r에 대응 분위수를 반환
rnorm(k, μ, σ)		$X \sim N(\mu,\sigma^2)$에 따르는 k개의 난수생성

상세형식 : dnorm(x, mean = μ, sd = σ, lower.tail = T, log = FALSE)

예제 3.24 확률변수 X가 $X \sim N(4,4)$일 때 다음 값들을 구하시오.

(1) R 내부함수를 이용하여 $P(X \leq x) = 0.3$이 되는 x값

(2) R 내부함수를 이용하여 $P(1 \leq X \leq x) = 0.8$이 되는 x값

(3) R 내부함수를 이용하여 $P(x \leq X) = 0.2$이 되는 x값

풀이

(1) R 명령어: qnorm(0.3,4,2) ⇒ 2.951199

(2) R 명령어: qnorm(0.8+pnorm(1,4,2),4,2) ⇒ 6.222849

(3) R 명령어: qnorm(0.2,4,2,lower.tail=F) ⇒ 5.683242

3.3.2 정규분포의 결합

정규분포의 중요한 성질 중 하나로 정규분포의 **선형결합**(linear combination) 역시 정규분포를 따른다는 것이다. 특히, 두 정규분포가 서로 독립이 아니라도 그들의 합은 정규분포를 따른다.

> **정리 3.17** 정규확률변수의 중요한 두 가지 성질
>
> (1) (선형결합) 만약 $X \sim N(\mu, \sigma^2)$이고 a, b가 상수이면 $aX+b \sim N(a\mu+b, a^2\sigma^2)$이다.
>
> (2) (정규분포의 가법성) 두 확률변수 X_1과 X_2가 서로 독립이고 $X_1 \sim N(\mu_1, \sigma_1^2)$이며 $X_2 \sim N(\mu_2, \sigma_2^2)$이라면 $X_1 + X_2 \sim N(\mu_1+\mu_2, \sigma_1^2+\sigma_2^2)$이 된다.

[증명]

(1) [정의 2.20]에서 $g(x) = ax+b$로 두면 $g(x)$는 선형함수로 적분 가능하고 두 함수의 합의 적분은 적분의 합이므로 기댓값은 다음과 같다.

$$\begin{aligned} E(aX+b) &= \int_{-\infty}^{\infty} \frac{(ax+b)}{\sigma\sqrt{2\pi}} e^{-\frac{(x-\mu)^2}{2\sigma^2}} dx \\ &= a\int_{-\infty}^{\infty} \frac{x}{\sigma\sqrt{2\pi}} e^{-\frac{(x-\mu)^2}{2\sigma^2}} dx + b\int_{-\infty}^{\infty} \frac{1}{\sigma\sqrt{2\pi}} e^{-\frac{(x-\mu)^2}{2\sigma^2}} dx \\ &= aE(X)+b \end{aligned} \tag{3.25}$$

같은 방법으로 $E(aX+b)^2 = a^2E(X^2)+2abE(X)+b^2$을 쉽게 보일 수 있다. 그러므로 확률변수 $aX+b$의 분산은 다음과 같이 주어진다.

$$\begin{aligned} Var(aX+b) &= E(aX+b)^2 - (aE(X)+b)^2 \\ &= a^2E(X^2) - a^2E(X)^2 \\ &= a^2\sigma^2 \end{aligned} \tag{3.26}$$

따라서 식 (3.25)와 (3.26)으로부터 $aX+b \sim N(a\mu+b, a^2\sigma^2)$임을 알 수 있다.

(2) 식 (3.22)로부터 $M_{X_1}(t) = \exp(\mu_1 t + \sigma_1^2 t^2/2)$, $M_{X_2}(t) = \exp(\mu_2 t + \sigma_2^2 t^2/2)$ 이고 X_1, X_2가 서로 독립이므로 적률생성함수의 정의에 의해 $M_{X_1+X_2}(t) = M_{X_1}(t)M_{X_2}(t)$가 된다. 따라서 $X_1 + X_2 \sim N(\mu_1+\mu_2, \sigma_1^2+\sigma_2^2)$임을 쉽게 증명할 수 있다.

◎ **정규분포들의 선형결합**: 위 [정리 3.17]의 두 명제를 종합하여 일반화된 선형결합(generalized linear combination)으로 표시할 수 있다. 서로 독립인 확률변수들

$X_k, k=1,2,\cdots,n$에 대해 $X_k \sim N(\mu_k, \sigma_k^2), k=1,\cdots,n$이고 $a_k, k=1,\cdots,n$과 b가 상수이면 [정리 3.17]의 결과로 다음 식이 성립한다.

$$\sum_{k=1}^{n} a_k X_k + b \sim N\left(\sum_{k=1}^{n} a_k \mu + b,\ \sum_{k=1}^{n} a_k^2 \sigma_k^2\right) \tag{3.27}$$

서로 독립인 확률변수들 $X_k, \sim N(\mu, \sigma^2), k=1,\cdots,n$에 대해 $\overline{S}_n = \dfrac{1}{n}\sum_{k=1}^{n} X_k$이라고 두고 식 (3.27)에서 $a_k = 1/n, b=0$라고 두면 $\overline{S}_n \sim N(\mu, \sigma^2/n)$이 분명하다.

3.3.3 표준정규분포

표준정규분포(standard normal distribution)는 정규분포의 한 종류로 평균이 $\mu=0$이고 분산이 $\sigma^2=1$인 확률분포이다. **표준화**(standardization)란 정규분포를 표준정규분포로 변환하는 것을 말한다. 일반적으로 정규분포를 X로 표기하면 표준정규분포는 Z로 표기한다.

정의 3.12 확률변수 Z가 평균이 $\mu=0$이고 분산이 $\sigma^2=1$인 다음과 같은 확률밀도함수를 가지면 Z를 표준정규확률변수라고 한다.

$$\phi(x) = f_Z(x) = \frac{1}{\sqrt{2\pi}} e^{-x^2/2},\ -\infty < x < \infty \tag{3.28}$$

참고 3.16 이 때 $\phi(x)$를 표준정규확률밀도함수라고 하고 $Z \sim N(0,1)$로 표기한다. 확률변수 Z의 누적분포함수는 $\Phi(x) = P(Z \leq x) = \int_{-\infty}^{x} \phi(t)dt$로 표기한다.

정리 3.18 만약 $X \sim N(\mu, \sigma^2)$이면 $Z = (X-\mu)/\sigma \sim N(0,1)$이 된다.

[증명] [정리 3.17]의 (1)에서 $a=1/\sigma, b=-\mu/\sigma$라고 두면 $E(Z) = E(X)/\sigma - \mu/\sigma$이고 $E(X)=\mu$이므로 $E(Z)=0$이고 $Var(Z) = (1/\sigma)^2\sigma^2 = 1$을 확인할 수 있다. 결국 $Z = (X-\mu)/\sigma \sim N(0,1)$임을 알 수 있다.

○ **누적분포함수 $\Phi(x)$의 특성**: 평균이 0이고 평균에서 pdf가 좌우 대칭이므로 다음 세 사실이 성립한다.

(1) $\Phi(0) = 0.5$: 좌우 대칭성

(2) $P(Z > x) = 1 - \Phi(x)$: 여사건의 확률에 의해 분명함

(3) $\Phi(-x) = P(Z > x) = 1 - \Phi(x)$: 좌우 대칭성과 (2)

예제 3.25 서로 독립인 두 확률변수가 $X_1 \sim N(63, 1.44)$이고 $X_2 \sim N(67, 2.56)$일 때 표준화하여 다음 확률들을 구하시오.

(1) $P(X_1 - X_2 > 0)$

(2) $P(X_1 + X_2 < 126)$

풀이

(1) $Y_1 = X_1 - X_2$라 두면 평균과 분산은 다음과 같다.

$$\mu_{Y_1} = E(X_1 - X_2) = \mu_{X_1} - \mu_{X_2} = 63 - 67 = -4$$
$$\sigma_{Y_1}^2 = Var(X_1 - X_2) = \sigma_{X_1}^2 + \sigma_{X_2}^2 = 1.44 + 2.56 = 4 = 2^2$$

그러므로 Y_1을 표준화하면 다음 식과 구하는 확률을 얻는다.

$$P(X_1 - X_2 > 0) = P(Y_1 > 0) = P\left(\frac{Y_1 + 4}{2} > \frac{4}{2}\right) = 1 - \Phi(2) \approx 0.02275$$

(2) $Y_2 = X_1 + X_2$라고 두면 평균과 분산은 다음과 같다.

$$\mu_{Y_2} = E(X_1 + X_2) = \mu_{X_1} + \mu_{X_2} = 63 + 67 = 130$$
$$\sigma_{Y_1}^2 = Var(X_1 + X_2) = \sigma_{X_1}^2 + \sigma_{X_2}^2 = 1.44 + 2.56 = 2^2$$

그러므로 Y_2를 표준화하면 다음 식과 구하는 확률을 얻는다.

$$P(X_1 + X_2 < 126) = P\left(\frac{Y_2 - 130}{2} < -2\right) = \Phi(-2) \approx 0.02275$$

3.3.4 일반분포의 정규분포 근사

정규분포의 유용한 특성은 이항분포를 포함한 다른 일반 분포들에 대한 양호한 근사치를 제공한다는 것이다. 중심극한정리는 서로 독립인 확률변수들의 평균분포는 표본의 수가 충분히 크면 정규분포에 가까워진다는 것이다. 3.1절의 [그림 3.1]에서 이항확률분포가 이산형이지만 확률질량함수의 그래프는 종 모양을 갖는다는 것을 알았고 이는 정규분포로 근사하기 적절함을 의미한다.

1. 이항분포의 정규분포 근사

실제로 이항분포 $X \sim B(n, p)$에서 n이 충분히 크고 모수 p가 0과 1에 크게 가깝지 않

으면 이항분포 확률은 정규분포 확률로 잘 근사된다. 만약 $X \sim B(n,p)$이면, [정리 3.2]에 따라 평균은 $\mu = np$이고 $\sigma^2 = np(1-p)$이므로 정규분포로 근사된다면 $X \sim N(np, np(1-p))$가 되어야 한다.

예제 3.26 $X \sim B(14, 0.5)$이면 근사 정규분포가 $X \sim N(7, 3.5)$이 될 때, R 프로그램을 이용하여 두 분포의 확률밀도함수 그래프를 그리고 비교하시오.

풀이 그래프를 그리기 위한 R 프로그램은 다음과 같다.

```
# 3.3 정규분포 - 3.3.4 일반분포의 정규분포 근사 - 1. 이항분포의 정규분포 근사
# [예제 3.26] 이항분포와 정규분포 확률밀도함수 그래프 비교
> x1 <- 2:12; n <- 14; p <- 0.5 # mu = 7, sigma^2 = 3.5
> f1 <- dbinom(x1,n,p)
> plot(x1,f1,type="h",main="이항분포와 정규분포 PDF 비교") # [그림 3.13]
> points(x1,f1, pch=20)
> x2 <- seq(2,12,length=140)
> f2 <- dnorm(x2,n*p,sqrt(n*p*(1-p)))
> grid(13,5); lines(x2,f2,col="blue")
> text(9.2,0.15,expression(N(7,3.5)),col=4)
> text(6.5,0.15,expression(B(14,0.5)),col=1)
```

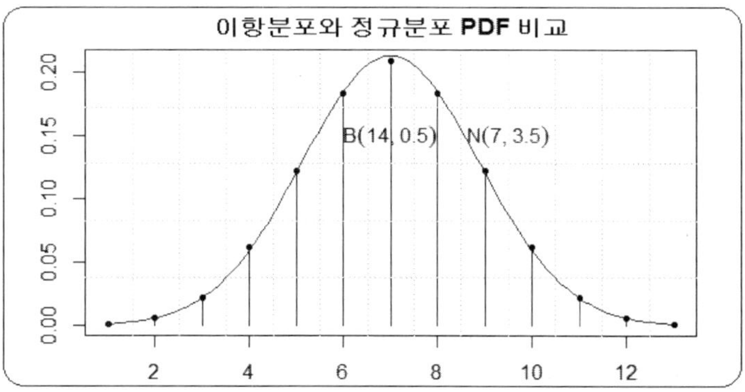

[그림 3.13] 이항분포의 정규분포로 근사

● **연속성수정**: 이항확률밀도함수는 x가 정수일 때 밀도 $f_X(x) = P(X = x)$를 갖는데 이를 연속형으로 근사하기 위해서 $P(x - 1/2 < X < x + 1/2)$로 생각하는 것을 연속성수정(continuity correction)이라고 한다. 그러므로 이항분포에서 $P(a \leqq X \leqq b)$는 정규분포에서 $P(a - 1/2 \leqq X \leqq b + 1/2)$로 근사 가능하다.

> **정리 3.19** (1) 만약 $X \sim B(n,p)$이면 $X \sim N(np, np(1-p))$로 근사 가능하며
> (2) 특히, $Z = (X \pm 0.5 - np)/\sqrt{np(1-p)} \sim N(0,1)$을 따른다.

[증명] (1)의 증명은 이 책의 범위를 벗어난다(DeMoivre-Laplace 정리 참조).

(2) 연속성수정 공식과 [정리 3.18]에 의해 다음 식이 성립한다.

$$Z = \frac{X \pm 0.5 - \mu}{\sigma} = \frac{(X \pm 0.5 - np)}{\sqrt{np(1-p)}} \sim N(0,1)$$

예제 3.27 $X_1 \sim B(14, 0.5)$이고 근사 정규분포는 $X_2 \sim N(7, 3.5)$이 될 때 R 프로그램을 이용하여 다음의 확률들을 각각 구하시오.

(1) $P(X_1 = 1), P(X_1 = 4), P(X_1 = 7), P(X_1 = 10), P(X_1 = 13)$를 구하고,

(2) $P(X_2 = 1), P(X_2 = 4), P(X_2 = 7), P(X_2 = 10), P(X_2 = 13)$를 구하고,

(3) 확률들 $P(0.5 < X_2 < 1.5)$, $P(3.5 < X_2 < 4.5)$, $P(6.5 < X_2 < 7.5)$과 확률들 $P(9.5 < X_2 < 10.5)$, $P(12.5 < X_2 < 13.5)$를 구하고,

(4) $P(5 \leqq X_1 \leqq 9)$와 $P(4.5 \leqq X_2 \leqq 9.5)$의 확률들을 정규근사화로 구하고, $P(5 \leqq X_1 \leqq 9)$를 이항분포 확률질량함수로 구한 것과 비교하시오.

풀이

(1) 확률은 순서대로, 0.00085, 0.06110, 0.20947, 0.06110, 0.00085이다.

(2) 순서대로, 0.00125, 0.05895, 0.21324, 0.05895, 0.00125를 구한다.

한편, 수학적인 각 확률들은 0이지만 R에서는 질량(mass)을 반환한 것이다.

(3) 구하는 확률은 순서대로, 0.00139, 0.06004, 0.21073, 0.06004, 0.00139이다.

(4) $P\left(\frac{-2}{\sqrt{3.5}} \leqq \frac{X_1 - 7}{\sqrt{3.5}} \leqq \frac{2}{\sqrt{3.5}}\right) \approx \Phi\left(\frac{2}{\sqrt{3.5}}\right) - \Phi\left(\frac{-2}{\sqrt{3.5}}\right) \approx 0.71495$이고,

$P\left(\frac{-2.5}{\sqrt{3.5}} \leqq \frac{X_2 - 7}{\sqrt{3.5}} \leqq \frac{2.5}{\sqrt{3.5}}\right) \approx 0.81855$, $P(5 \leqq X_1 \leqq 9) \approx 0.82043$이다.

```
# 3.3 정규분포 - 3.3.3 일반분포의 정규분포 근사 - 1. 이항분포의 정규분포 근사
# [예제 3.27] 이항분포와 정규분포의 연속성수정
> x1 <- seq(1,13,by=3)
> n <- 14; p <- 0.5
> fb <- dbinom(x1,n,p); round(fb,digits=5)
> fn <- dnorm(x1,n*p,sqrt(n*p*(1-p)));  round(fn,digits=5)
> fc <- pnorm(x1+0.5,7,sqrt(7*(1-p)))-pnorm(x1-0.5,7,sqrt(7*(1-p)))
> round(fc,digits=5)
> fb4 <- pnorm(2/sqrt(3.5)) - pnorm(-2/sqrt(3.5)); round(fb4,digits=5)
> fn4 <- pnorm(2.5/sqrt(3.5)) - pnorm(-2.5/sqrt(3.5))
```

```
> round(fn4,digits=5)
> round(pbinom(9,14,0.5)-pbinom(4,14,0.5), digits=5)
```

2. 중심극한정리

중심극한정리(CLT)는 같은 분포를 갖고 서로 독립인 확률변수들의 평균분포는 표본의 수가 충분히 크면 정규분포에 가까워진다는 것(Lindeberg-Lévy 정리)이다. 같은 분포는 아니나 서로 독립인 확률변수들의 평균분포는 표본의 수가 충분히 크면 정규분포에 가까워진다(일반화: Lyapunov 정리).

정리 3.20 (Lindeberg-Lévy 중심극한정리) 확률변수들 $X_1, X_2, \cdots, X_n$이 서로 독립이고 $E(X_k) = \mu$, $Var(X_k) = \sigma^2$(즉, iid)일 때 $S_n = \sum_{k=1}^{n} X_k$에 대해 다음 식이 성립한다.

$$\frac{S_n - n\mu}{\sigma\sqrt{n}} \xrightarrow{d} N(0,1),\ n \to \infty \text{ 일 때}, \tag{3.29}$$

[증명] 여기서 수렴은 확률론적 수렴이고 증명은 이 책의 범위를 벗어난다.

○ **중심극한정리의 다른 표현**: [정리 3.20]에서 확률표본 $X_1, X_2, \cdots, X_n$들이 서로 독립이고 같은 분포를 가진다고 할 때 표본평균을 고려하면 $\overline{X} \equiv \overline{S_n} = S_n/n$이 되고 식 (3.29)는 다음 식으로 다시 쓸 수 있다.

$$\frac{\overline{S_n} - \mu}{\sigma/\sqrt{n}} \xrightarrow{d} N(0,1),\ n \to \infty \text{ 일 때} \tag{3.30}$$

중심극한정리는 서로 독립이며 같은 분포를 갖는 확률변수들의 평균에 대한 확률을 근사하는 데 매우 유용한 방법을 제공한다.

예제 3.28 $X_1 \sim Pois(\lambda t), \lambda = 0.5, t = 100$일 때 중심극한정리에 의한 근사 정규분포 X_2, 표준정규분포 Z_2와 다음 각 확률들을 구하시오.

(1) $P(X_1 \leq 45)$와 대응되는 X_2의 근사 확률

(2) X_2에 대응되는 Z_2의 근사 확률

(풀이)

(1) $P(X_1 \leq 45) \approx 0.26687$이고 $\mu_{X_1} = \sigma^2_{X_1} = \lambda t = 50$이므로 $X_2 \sim N(50, 50)$이다. 그러므로 대응되는 X_2의 근사 확률은 $P(X_2 \leq 45) \approx 0.23975$이 된다.

(2) Z_2의 근사 확률은 $P(X_2 \leq 45) \approx \Phi((45-50)/\sqrt{50}) \approx 0.23975$이다.

3.3.5 정규분포 관련 확률분포

1. 카이제곱분포

3.2절 [정의 3.10a]의 식 (3.13)에서 감마 분포 $X \sim Gam(\alpha, \beta)$의 첫 번째 특수한 경우는 $\alpha = 1$일 때이고 $\lambda = 1/\beta$로 두면 $X \sim \text{Geo}(\lambda)$인 지수분포가 된다. 감마 분포의 두 번째 특수한 경우는 $\alpha = \nu/2, \beta = 2$인 경우로 자유도(df, degree of freedom) ν인 카이제곱(χ^2)분포(chi-squired distribution)에 해당한다. 카이제곱분포는 신뢰구간이나 가설검정과 추정 등 통계적 추론에서 중요한 역할을 한다.

정의 3.13 확률변수 X의 확률밀도함수가 다음 식으로 주어지면 확률변수 X는 자유도 $\nu > 0$인 **카이제곱분포**라고 한다.

$$f_X(x) = \begin{cases} \dfrac{x^{\nu/2-1}e^{-x/2}}{\Gamma(\nu/2)2^{\nu/2}}, & x \geq 0, \\ 0, & x < 0 \end{cases} \tag{3.31}$$

참고 3.17 이 때 $X \sim \chi^2(\nu)$로 표기하고 X가 자유도 ν인 χ^2-분포를 따른다고 한다. χ^2-분포의 **임계값**(수표값)은 χ^2_α로 나타내며 $P(X \geq \chi^2_\alpha) = \alpha$로 정의된다.

정리 3.21 확률분포가 $X \sim \chi^2(\nu)$이면 $E(X) = \nu$이고 $Var(X) = 2\nu$이며 적률생성함수는 $M_X(t) = (1-2t)^{-\nu/2}$, $1 > 2t$이 된다.

[증명] [정리 3.13]에서 $X \sim Gam(\alpha, \beta)$이면 $E(X) = \alpha\beta$이고 $Var(X) = \alpha\beta^2$이므로 $\alpha = \nu/2$로, $\beta = 2$로 두면 $X \sim \chi^2(\nu)$일 때 $E(X) = \nu$이고 $Var(X) = 2\nu$가 된다. 같은 방법으로 [정리 3.13]의 증명으로부터 $M_X(t) = (1-2t)^{-\nu/2}$을 얻을 수 있다.

● **카이제곱분포 관련 R의 내부함수 요약**: 4개의 중요한 내부함수는 다음 표와 같다.

[표 3.10] 카이제곱분포 관련 R제공 함수의 형식과 실행 내용

R제공 함수 형식	인수 설명	실행 내용
dchisq(x, ν, ncp, log = ~)	x,q: 분위수 ν: 모수:자유도 r: 누적확률	$X \sim \chi^2(\nu)$의 $P(X=x)$ 값을 반환
pchisq(q, ν, ncp, ~)		$X \sim \chi^2(\nu)$의 $P(X \le q)$ 값을 반환
qchisq(r, ν, ncp, ~)		$X \sim \chi^2(\nu)$의 r에 대응 분위수를 반환
rchisq(k, ν, ncp)		$X \sim \chi^2(\nu)$에 따르는 k개의 난수생성

상세형식 : pchisq(q, df, ncp = 0, lower.tail = TRUE, log.p = FALSE)

예제 3.29 R이 제공하는 카이제곱분포 관련 내부함수 dchisq()를 이용하여 세 가지 모수 $\nu = 4, 8, 12$에 대한 확률밀도함수(pdf) 그래프를 그리시오.

풀이 확률밀도함수를 그리기 위한 R 프로그램과 그래프는 다음과 같다.

```
# 3.3 정규분포 - 3.3.3 중심극한정리 - 3.3.5 정규분포 관련 확률분포
# [예제 3.29] 카이제곱분포의 확률밀도함수 그래프
> x <- seq(0,25,length=90)
> plot(x, dchisq(x,4), lwd=2, type="l"); grid(9,7) # [그림 3.14]
> text(12.5,0.18,"카이제곱분포 PDF", cex=1.3)
> lines(x, dchisq(x,8),lwd=2, col=2)
> lines(x, dchisq(x,12),lwd=2, col=4)
> text(5,0.15,expression(nu==4));
> text(9,0.11,expression(nu==8),col=2)
> text(16,0.07,expression(nu==12),col=4)
# 아래 [정리 3.22] 관련 gamma(1/2)에 대한 계산
> gamma(1/2) # gamma(1/2)=sqrt(pi)
> fx <- function(x) {exp(-x)/sqrt(x)}
> integrate(fx,0,Inf)$value; sqrt(pi)
```

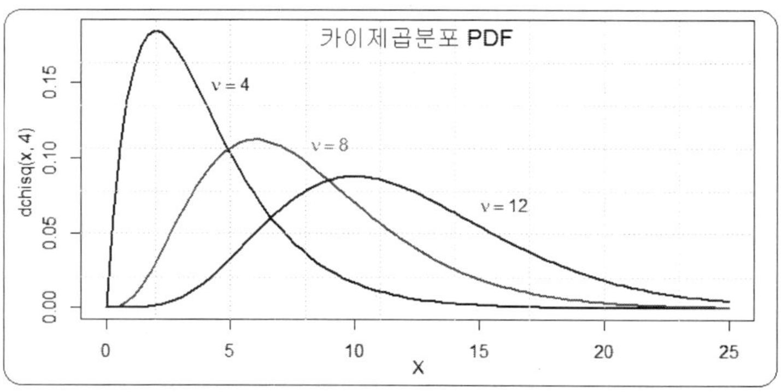

[그림 3.14] $\chi^2(\nu)$ 분포의 자유도에 따른 그래프 비교

카이제곱분포의 다른 유도 방법: 카이제곱분포는 ν개의 서로 독립적인 표준정규확률변수를 각각 제곱한 후 합해서 얻어지는 분포이다. 서로 독립이고 표준정규분포를 따르는 $\nu, (>0)$개의 확률변수 $X_1, \cdots, X_\nu$가 주어졌다면, $X_1^2 + X_2^2 + \cdots + X_\nu^2$은 자유도 ν의 카이제곱분포를 따른다.

정리 3.22 서로 독립인 ν개의 확률변수 $X_1, X_2, \cdots, X_\nu$가 $X_k \sim N(\mu, \sigma^2)$로 주어지고, $Z_k = (X_k - \mu)/\sigma$로 두면 $S_\nu = Z_1^2 + \cdots + Z_\nu^2$는 자유도 ν의 카이제곱분포를 따른다.

[증명]

(1) 먼저 $X \sim N(\mu, \sigma^2)$이고 $Z = (X - \mu)/\sigma$로 두면 $Z^2 \sim \chi^2(1)$이 됨을 증명하자.

확률변수 Z의 정규확률밀도함수는 $f_Z(z) = \frac{1}{\sqrt{2\pi}} exp(-z^2/2), -\infty < z < \infty$ 이다. 한편 $Y = Z^2$으로 두면 확률변수값은 $y = z^2$이고 $z = \pm\sqrt{y}$가 되므로 임의의 $b > a \geqq 0$에 대해 $P(a < Y < b) = P(\sqrt{a} < Z < \sqrt{b}) + P(-\sqrt{b} < Z < -\sqrt{a})$ 이므로 $P(a < Y < b)$는 다음 식으로 주어진다.

$$P(a < Y < b) = \int_{\sqrt{a}}^{\sqrt{b}} f_Z(z)dz + \int_{-\sqrt{b}}^{-\sqrt{a}} f_Z(z)dz$$

위 식에서 $z = \pm\sqrt{y}$로 치환하면 $dz = \pm 1/(2\sqrt{y})dy$(복호동순)이므로 확률변수 Y의 확률밀도함수를 $f_Y(y)$로 두면 다음 식을 얻는다.

$$P(a < Y < b) = \int_a^b \frac{f_Z(\sqrt{y}) + f_Z(-\sqrt{y})}{2\sqrt{y}} dy = \int_a^b f_Y(y)dy$$

한편 $f_Z(\pm\sqrt{y}) = \frac{1}{\sqrt{2\pi}} exp(-y/2)$ 이므로 $f_Y(y) = \frac{1}{\sqrt{y}} \frac{1}{\sqrt{2\pi}} exp(-y/2)$ 이다. [정의 3.13]에 의해 자유도 $\nu = 1$인 $\chi^2(1)$분포의 확률밀도함수는 다음 식으로 주어진다.

$$f_Y(y) = \begin{cases} \frac{e^{-y/2}}{\Gamma(1/2)\sqrt{2y}}, & y \geqq 0, \\ 0, & y < 0. \end{cases}$$

더구나 식 (3.14)로 주어지는 감마함수의 정의에 따라 $\Gamma(1/2) = \int_0^\infty e^{-t}/\sqrt{t}\, dt$이고 이 적분값은 $\sqrt{\pi}$ 이므로 $Y = Z^2 \sim \chi^2(1)$이 됨을 증명하게 된다.

(2) 2단계로 $Z_k = (X_k - \mu)/\sigma$로 두면 $Z_k \sim N(0,1)$이고, (1)에 의해 $S_\nu = \sum_{k=1}^{\nu} Z_k^2$에서 $Z_k^2 \sim \chi^2(1)$이 된다. 한편, $X_1, X_2, \cdots, X_\nu$가 서로 독립이므로 $Z_1^2, Z_2^2, \cdots, Z_\nu^2$도 서로 독립이고 [정리 3.21]과 독립적 확률변수들의 합에 대한 적률생성함수의 특성으로부터 $S_\nu = \sum_{k=1}^{\nu} Z_k^2 \sim \chi^2(\nu)$이 됨을 쉽게 확인할 수 있다.

2. 스튜던트 t-분포

스튜던트 t-분포(student t-distribution)는 정규분포의 평균측정 시 주로 사용되는 분포이다. 스튜던트 t-분포는 Z가 표준정규분포, χ_ν^2는 자유도가 ν인 카이제곱분포로 주어질 때 확률변수 $Z/\sqrt{\chi_\nu^2/\nu}$의 분포로 정의된다. 분포의 모양을 결정하는 것은 자유도이며, 커질수록 표준정규분포에 가깝고 pdf는 표준정규분포와 비슷하게 좌우 대칭인 종 모양을 나타낸다.

정의 3.14 확률변수 X의 확률밀도함수가 다음 식으로 주어지면 확률변수 X는 자유도 $\nu > 0$를 갖는 t-분포라고 한다.

$$f_X(x) = \frac{\Gamma[(\nu+1)/2]}{\Gamma(\nu/2)\sqrt{\pi\nu}}\left(1+\frac{x^2}{\nu}\right)^{-(\nu+1)/2}, \; -\infty < x < \infty, \quad (3.32)$$

여기서 $\Gamma(\alpha) = \int_0^\infty t^{\alpha-1}e^{-t}dt$이고, X가 자유도 ν인 t-분포를 따른다고 한다.

참고 3.18 t-분포의 임계값(수표값)은 $t_{\alpha,\nu}$로 나타내며 $P(X \geq t_{\alpha,\nu}) = \alpha$로 정의되고 모분산 추정을 위한 표본분산의 분포를 이해하는 데 유용하다.

예제 3.30 R이 제공하는 t-분포 관련 내부함수 dt()를 이용하여 네 가지 모수 $\nu = 1, 2, 5, \infty$에 대한 확률밀도함수(pdf) 그래프를 그리시오.

(풀이) 확률밀도함수를 그리기 위한 R 프로그램과 그래프는 다음과 같다.

```
# 3.3 정규분포 - 3.3.3 중심극한정리 - 3.3.5 정규분포 관련 확률분포
# [예제 3.30] t-분포의 확률밀도함수 그래프
> x <- seq(-4,4,length=80)
> plot(x, dt(x,Inf),lwd=2, type="l",main="t-분포 PDF") # [그림 3.15]
```

```
> grid(9,7); lines(x, dt(x,1), lwd=2, col=2)
> lines(x, dt(x,2),lwd=2, col=4)
> lines(x, dt(x,5),lwd=2, col=3)
> text(-1,0.35,expression(nu==infinity))
> text(0,0.28,expression(nu==1),col=2)
> text(0,0.34,expression(nu==2),col=4)
> text(0,0.37,expression(nu==5),col=3)
```

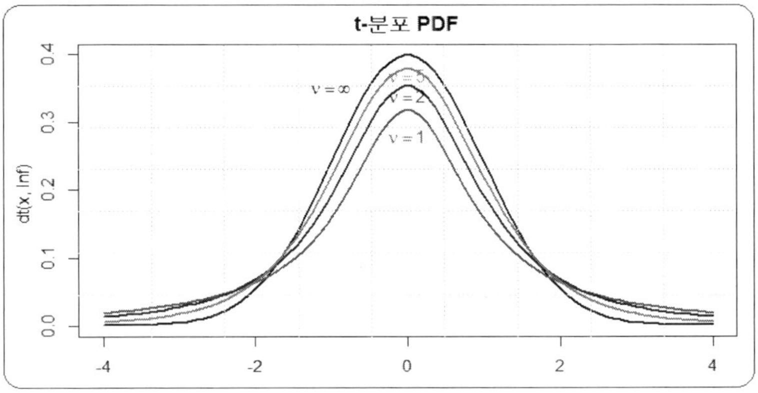

[그림 3.15] t-분포의 자유도에 따른 PDF 그래프 비교

t-분포 관련 R의 내부함수 요약: 4가지 중요한 내부함수는 아래 표와 같다.

[표 3.11] t-분포 관련 R제공 함수의 형식과 실행 내용

R제공 함수 형식	인수 설명	실행 내용
dt(x, ν, ncp, log = ~)	x,q: 분위수 ν: 모수 r: 누적확률	$X \sim t(\nu)$의 $P(X=x)$ 값을 반환
pt(q, ν, ncp, ~)		$X \sim t(\nu)$의 $P(X \le q)$ 값을 반환
qt(r, ν, ncp, ~)		$X \sim t(\nu)$의 r에 대응 분위수를 반환
rt(k, ν, ncp)		$X \sim t(\nu)$에 따르는 k개의 난수생성

상세형식 : pt(q, df, ncp, lower.tail = TRUE, log.p = FALSE)

3. F-분포

F-분포(F-distribution)는 통계분석의 F 검정과 분산분석 등에 주로 사용된다. 두 확률변수 χ_1^2, χ_2^2의 자유도가 각각 ν_1, ν_2이고 서로 독립인 카이제곱분포를 따른다고 할 때, F-분포는 확률변수 $F=(\chi_1^2/\nu_1)/(\chi_2^2/\nu_2)$로 정의된다.

정의 3.15 확률변수 X의 확률밀도함수가 다음 식으로 주어지면 확률변수 X는 자유도 $\nu_1, \nu_2 > 0$를 갖는 F-분포라고 한다.

$$f_X(x) = \begin{cases} \dfrac{1}{B(\nu_1/2, \nu_2/2)} \left(\dfrac{\nu_1 x}{\nu_1 x + \nu_2} \right)^{\nu_1/2} \left(1 - \dfrac{\nu_1 x}{\nu_1 x + \nu_2} \right)^{\nu_2/2} x^{-1}, & x \geq 0, \\ 0, & x < 0 \end{cases} \quad (3.33)$$

참고 3.19 이때 X가 자유도 $\nu_1, \nu_2 > 0$인 F-분포를 따른다고 하고, F-분포에서 $\alpha = \int_{f_\alpha}^{\infty} f_X(x)dx$가 되는 f_α를 F-분포의 임계값(수표값)이라고 한다.

예제 3.31 R이 제공하는 F-분포 관련 내부함수 df()를 이용하여 세 가지 모수짝 $(\nu_1, \nu_2) = (20,20), (5,20), (5,5)$에 대한 확률밀도함수(pdf) 그래프를 R 프로그램을 사용하여 그리시오.

풀이 확률밀도함수를 그리기 위한 R 프로그램과 그래프는 다음과 같다.

```
# 3.3 정규분포 - 3.3.3 중심극한정리 - 3.3.5 정규분포 관련 확률분포
# [예제 3.31] F-분포의 확률밀도함수 그래프
> x <- seq(0,5,length=100)
> plot(x, df(x,20,20),lwd=2, type="l",xlab="X") # [그림 3.16]
> grid(9,7); text(2.5,0.95,"F-분포 PDF",cex=1.3)
> lines(x, df(x,5,20), lwd=2, col=2)
> lines(x, df(x,5,5),lwd=2, col=4)
> text(1.5,0.8," v1 =  v2 = 20")
> text(0.9,0.3," v1 =  v2 = 5",col=4)
> text(1.0,0.6," v1 =5, \n  v2 = 20",col=2)
```

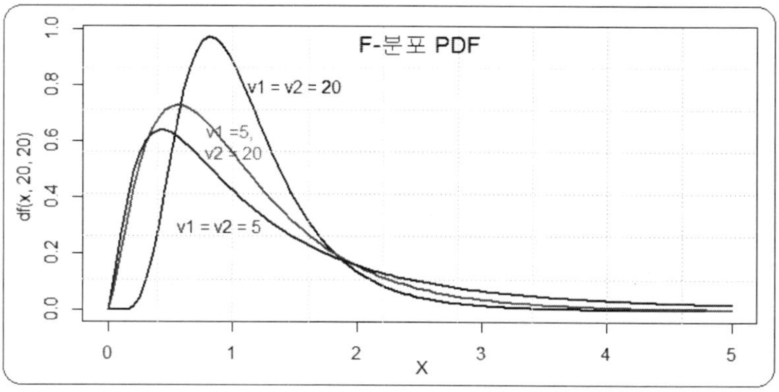

[그림 3.16] F-분포의 자유도에 따른 PDF 그래프 비교

◎ **F-분포 관련 R의 내부함수 요약**: 4가지 중요한 내부함수는 아래 표와 같다.

[표 3.12] F-분포 관련 R제공 함수의 형식과 실행 내용

R제공 함수 형식	인수 설명	실행 내용
df(x, ν_1, ν_2, ncp, log = ~)	x,q: 분위수 ν_1, ν_2: 모수 r: 누적확률	$X \sim F(\nu_1, \nu_2)$의 $P(X=x)$ 값을 반환
pf(q, ν_1, ν_2, ncp, ~)		$X \sim F(\nu_1, \nu_2)$의 $P(X \leq q)$ 값을 반환
qf(r, ν_1, ν_2, ncp, ~)		$X \sim F(\nu_1, \nu_2)$의 r에 대응 분위수를 반환
rf(k, ν_1, ν_2, ncp)		$X \sim F(\nu_1, \nu_2)$에 따르는 k개의 난수생성

상세형식1 : df(x, df1, df2, ncp, log = FALSE)
상세형식2 : pf(q, df1, df2, ncp, lower.tail = TRUE, log.p = FALSE)
상세형식3 : qf(p, df1, df2, ncp, lower.tail = TRUE, log.p = FALSE)

4. 로그 정규분포

확률변수 X에 자연로그를 취한 확률변수가 $\ln(X) \sim N(\mu, \sigma^2)$이면, 즉 $\ln(X)$가 정규분포를 따르면 이때 확률변수 X가 로그 정규분포를 따른다고 한다. 로그 정규분포(lognormal distribution)를 대수정규분포라 부르기도 하며 로그 정규분포의 누적분포함수는 표준정규분포의 누적분포함수로 쉽게 구할 수 있다. 로그 정규분포의 확률밀도함수 모양은 왼편이 볼록한 형태인데 이는 초기에는 발생빈도가 높지만 이후에는 급격히 줄어든다는 의미를 나타낸다.

정의 3.16 확률변수 X의 확률밀도함수가 다음 식으로 주어지면 확률변수 X는 모수 μ와 σ를 갖는 **로그 정규분포**라고 한다.

$$f_X(x) = \begin{cases} \dfrac{1}{\sigma x \sqrt{2\pi}} exp\left(-\dfrac{[\ln(x) - \mu]^2}{2\sigma^2}\right), & x \geq 0, \\ 0, & x < 0 \end{cases} \quad (3.34)$$

참고 3.20 $\ln(X) \sim N(\mu, \sigma)$이고 X가 모수 μ, σ를 갖는 로그 정규분포를 따른다고 하며 평균과 분산은 각각 $E(X) = \exp(\mu + \sigma^2/2)$와 $Var(X) = \exp(2\mu + \sigma^2)(e^{\sigma^2} - 1)$이다.

예제 3.32 R이 제공하는 로그 정규분포 관련 내부함수 dlnorm()를 이용하여 모수 $(\mu, \sigma) = (0.5, 0.5), (0.5, 1), (1, 0.5)$에 대한 확률밀도함수(pdf) 그래프를 그리시오.

(풀이) 확률밀도함수를 그리기 위한 R 프로그램과 그래프는 다음과 같다.

```
# 3.3 정규분포 - 3.3.3 중심극한정리 - 3.3.5 정규분포 관련 확률분포
# [예제 3.32] 로그 정규분포의 확률밀도함수 그래프
> x <- seq(0,8,length=80)
> plot(x, dlnorm(x,0.5,0.5),lwd=2, type="l",xlab="X") # [그림 3.17]
> grid(9,7); text(4,0.52,"로그 정규분포 PDF",cex=1.3)
> lines(x, dlnorm(x,0.5,1), lwd=2, col=2)
> lines(x, dlnorm(x,1,0.5),lwd=2, col=4)
> text(2.8,0.4," ν = σ = 0.5"); text(1.9,0.1," ν = 0.5,\n σ = 1",col=2)
> text(4.1,0.25," ν = 1, σ = 0.5",col=4)
```

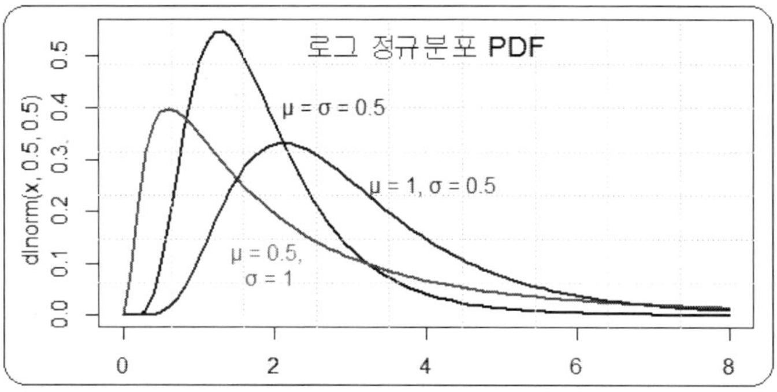

[그림 3.17] 로그 정규분포의 모수별 PDF 그래프 비교

◎ **로그 정규분포 관련 R의 내부함수 요약**: 4가지 내부함수는 아래 표와 같다.

[표 3.13] 로그 정규분포 관련 R제공 함수의 형식과 실행 내용

R제공 함수 형식	인수 설명	실행 내용
dlnorm(x, lm, lsd, ~)	x,q: 분위수 lm, lsd: 모수 p: 누적확률	$\ln(X) \sim N(\mu,\sigma^2)$의 $P(X=x)$ 값을 반환
plnorm(q, lm, lsd, ~)		$\ln(X) \sim N(\mu,\sigma^2)$의 $P(X \leq q)$ 값을 반환
qlnorm(p, lm, lsd, ~)		$\ln(X) \sim N(\mu,\sigma^2)$의 p에 대응 분위수를 반환
rlnorm(n, lm, lsd)		$\ln(X) \sim N(\mu,\sigma^2)$에 따르는 n개의 난수생성

상세형식1 : dlnorm(x, meanlog=0, sdlog=1, log=FALSE)
상세형식2 : plnorm(q, meanlog=0, sdlog=1, lower.tail=TRUE, log.p=FALSE)
상세형식3 : qlnorm(p, meanlog=0, sdlog=1, lower.tail=TRUE, log.p=FALSE)

5. 다변량정규분포

다변량정규분포(multivariate normal distribution) 중 특별한 경우인 이변량(bivariate)정규분포는 4개의 모수와 변수 간 상관계수에 의존한다. **이변량정규분포**의 두 주변분포 및 조건부확률분포 모두 정규분포를 따른다. 두 확률변수 (X, Y)에 대한 이변량정규분포의 주변분포는 $X \sim N(\mu_X, \sigma_X^2)$이고 $Y \sim N(\mu_Y, \sigma_Y^2)$이므로 4개의 모수와 상관계수 $\rho = \rho(X, Y)$를 가진다. 만약 X와 Y가 독립이면 $E(XY) = E(X)E(Y)$이므로 $\rho(X, Y) = 0$이고 또한 두 주변밀도함수 $f_X(x)$와 $f_Y(y)$에 대해 $f(x,y) = f_X(x)f_Y(y)$이 성립한다. 특히 $X, Y \sim N(0,1)$이라고 하면 $f(x,y)$는 다음 식으로 주어진다.

$$f(x,y) = f_X(x)f_Y(y) = \frac{1}{2\pi}exp\left(-\frac{x^2+y^2}{2}\right), -\infty < x,y < \infty \quad (3.35)$$

상관계수 $\rho, (-1 \leqq \rho \leqq 1)$가 $\rho \neq 0$이면 결합확률밀도함수는 다음과 같다.

$$f(x,y) = \frac{1}{2\pi\sqrt{1-\rho^2}}exp\left(-\frac{x^2+y^2-2\rho xy}{2(1-\rho^2)}\right), -\infty < x,y < \infty \quad (3.36)$$

예제 3.33 R이 제공하는 패키지 {rgl}의 함수 plot3d()와 {graphics}의 persp() 함수를 이용하여 이변량정규분포 결합확률밀도함수(pdf) 그래프를 그리시오.

풀이 결합확률밀도함수를 그리기 위한 R 프로그램은 다음과 같다.

```
# 3.3 정규분포 - 3.3.3 중심극한정리 - 3.3.4 추론에 유용한 확률분포
# [예제 3.33] 다변량분포의 확률밀도함수 그래프(3차원 그래프)
#  {rgl} 패키지의 plot3d() 함수 사용
> library(rgl)
> t1 <- seq(-3.0,3.0,length=60)
> x1 <- t1%*%t(rep(1,60)); y1 <-t(x1)
> z1 <- (1/(2*pi))*exp((-x1^2-y1^2)/2); nx <- length(x1)
> plot3d(x1, y1, z1, type="l", xlab="x-axis", ylab="y-axis", zlab="z-axis",
      main=expression(exp((-x^2-y^2)/2)/2*pi)) # 그림 생략
#  {graphics} 패키지의 persp() 함수 사용
> y<-x<-seq(-3,3,length=60)
> f1<-function(x, y) { (1/(2*pi))*exp((-x^2-y^2)/2) }
> z2 <- outer(x, y, f1); dim(z2) # 형식 outer(x,y,FUN)
> persp(x, y, z2, theta = 30, phi = 30, expand = 0.5, col = "green",
     xlab="x:[-3,3]", ylab="y:[-3,3]", zlab="z:[0,0.16]", scale=T,
     main=expression(exp((-x^2-y^2)/2)/2*pi)) # 그림 생략
```

연습문제

[1] 통계적 시행에서 우리가 관심이 있는 결과를 성공이라고 부르는 베르누이 시행의 조건을 세 가지로 요약하여 설명하시오.

[2] 불량률이 0.03인 공정에서 20개의 표본을 임의로 추출하고, 검사하여 발견한 불량 제품의 수를 X라고 할 때, 다음 물음에 답하시오.

(1) X의 확률질량함수(PMF)를 구하시오.

(2) (1)에서 구한 PMF를 직접 이용하여 정의에 의해 기댓값과 분산을 구하는 R 프로그램을 작성하고 답을 구하시오.

(3) (1)에서 구한 PMF에 대응하는 R내부함수 dbinom()을 이용하여 기댓값과 분산을 구하는 R 프로그램을 작성하고 답을 구하시오.

(4) [정리 3.2]의 결과를 이용하여 기댓값과 분산을 구하시오.

(5) 2개의 불량품이 발견될 확률을 구하시오.

(6) 3개 이상의 불량품이 발견될 확률을 구하시오.

[3] 확률변수 X가 이항분포를 따른다고 할 때 다음 각 물음에 답하시오.

(1) $X \sim B(n, 1/3)$이고 $Var(3X) = 40$일 때 시행횟수 n의 값을 구하시오.

(2) $X \sim B(n, 1/3)$이고 $E(2X+5) = 13$일 때 n의 값을 구하시오.

(3) $X \sim B(9, p)$이고 $E(X)^2 = Var(X)$일 때 p의 값을 구하시오.

(4) $X \sim B(200, p)$이고 $E(X) = 40$일 때 $Var(X)$를 구하시오.

(5) $X \sim B(6, 2/3)$일 때 $Var(-3X+2)$를 구하시오.

(6) $X \sim B(n, p)$이고 $E(2X-5) = 175$이며 $Var(2X-5) = 144$일 때 시행횟수 n과 성공확률 p를 구하시오.

[4] 총 50개의 개체로 구성되며, 30개의 성공개체(주목하는 구성원의 수)가 있는 유한 모집단에서 10개의 표본을 비복원추출할 때 다음 각 물음에 답하시오.

(1) X의 확률질량함수를 구하시오.

(2) (1)에서 구한 PMF를 직접 이용하여 정의에 의해 기댓값과 분산을 구하는 R 프로그램을 작성하고 답을 구하시오.

(3) (1)에서 구한 PMF에 대응하는 R 내부함수 dhyper()를 이용하여 기댓값과 분산을 구하는 R 프로그램을 작성하고 답을 구하시오.

(4) [정리 3.3]의 결과를 이용하여 기댓값과 분산을 구하시오.

(5) 성공개체가 3개일 확률을 구하시오.

(6) 성공개체가 4개 이상일 확률을 구하시오.

[5] 본문 [예제 3.5]에 대한 문항과 다음 각 문항에 대해 R 프로그램을 사용하여 결과를 구하고 비교하시오.

(1) 이항분포에 대한 [정리 3.2]에 따라 평균과 분산을 구하시오.

(2) 초기하분포에 대한 [정리 3.3]에 따라 평균과 분산을 구하시오.

(3) 이항분포를 이용하여 정의에 의해 평균과 분산을 구하시오.

(4) 초기하분포를 이용하여 정의에 의해 평균과 분산을 구하시오.

[6] 어떤 지점에서 교통사고가 한 달에 평균 (a) 1회, (b) 3회, (c) 5회 발생한다고 할 때, R 프로그램을 활용하여 다음 물음에 답하시오.

(1) 세 경우의 확률질량함수 그래프를 함께 그리고 비교하시오.

(2) 함수 ppois()를 이용하여 각각 사고수가 3회 미만일 확률을 구하시오.

(3) 함수 dpois()를 이용하여 각각 사고수가 3회 미만일 확률을 구하시오.

[7] 포아송 확률분포의 또 다른 해석은 [정의 3.4a]에서 $t=1$로 두고 한 단위에서 발생하는 희소 사건의 발생 수에 대한 확률분포로 이해할 수 있다. 일정 단위당 평균 발생 결점수가 1.5개인 제품을 생산하는 프로세스에서 샘플링 검사를 실시했을 때, 다음 각 물음에 답하시오.

(1) 결점수의 확률분포를 구하시오.

(2) [정리 3.5]의 결과를 이용하여 기댓값과 분산 구하시오.

(3) 기댓값과 분산을 (1)의 확률분포를 이용하여 직접 구하시오.

(4) R의 내부함수 dpois()를 이용하여 기댓값과 분산을 구하시오.

(5) 한 단위 제품에서 2개의 결점이 발견될 확률을 구하시오.

(6) 한 단위 제품에서 3개 이상의 결점이 발견될 확률을 구하시오.

(7) 10개의 단위 제품에서 20개의 결점이 발견될 확률을 구하시오.

[8] 얼랑 손실공식은 Erlang B 공식이라고도 하며 $B(n,\alpha) \equiv E_1(n,\alpha)$로 표시하기도

한다. 전화망의 관점에서 $B(n,\alpha)$는 블로킹(blocking) 확률을 나타내며 n은 통화회선수로 적용되고 α는 부과트래픽으로 적용된다. 블로킹 확률은 통화회선수의 부족으로 회선연결이 불가능하여 호가 손실되는 확률을 의미한다. 따라서 Eerlang B 공식은 주어진 부과트래픽에 대해 정해진 블로킹 확률보다 적게 유지하기 위해 필요한 회선수를 산출하는 데 이용한다. 식 (3.9)로 주어진 Eerlang B 공식은 다음과 같은 반복식(recursive relation)을 갖는다고 알려져 있다. 이 반복식을 이용하여 다음 각 물음에 답하시오.

$$B(0,\alpha)=1$$
$$B(k,\alpha)=\frac{\alpha B(k-1,\alpha)}{k+\alpha B(k-1,\alpha)},\ k=1,2,\cdots,n$$

(1) 회선수 n과 부과트래픽 α가 주어졌을 때 블로킹 확률을 구하는 사용자 정의 함수를 R 프로그램으로 작성하시오.

(2) 주어진 블로킹 확률 $b=B(n,\alpha)$ 내에서 α 트래픽이 부과될 때 필요한 회선수를 구하는 사용자정의함수를 R 프로그램으로 작성하시오.

(3) (2)의 사용자정의함수를 사용하여 $b=0.01$ 내에서 $\alpha=10,\ 50,\ 100$에 대응하는 회선수를 구하시오.

[9] 성공확률이 $p=0.4$인 시행에서 $r=3$회 및 $r=5$회의 성공을 얻을 때까지 시행했을 때 시행횟수의 확률분포에 대해 다음 각 물음에 답하시오.

(1) 시행횟수의 확률분포를 구하여 비교하시오.

(2) [정리 3.7]의 결과를 이용하여 기댓값과 분산을 구하시오.

(3) 성공횟수 $r=3$에 대한 시행횟수의 확률분포의 기댓값과 분산을 R 프로그램으로 (1)의 확률분포를 이용하여 직접 구하시오.

(4) 성공횟수 $r=3$에 대한 시행횟수의 확률분포의 기댓값과 분산을 R의 내부함수를 이용하여 구하시오.

(5) 성공횟수 $r=5$에 대하여 (3)과 (4)를 반복하시오.

[10] 성공확률이 $p=0.3$인 시행에서 첫 성공을 얻을 때까지 시행횟수의 확률변수 X에 대해 다음 각 물음에 답하시오.

(1) 확률변수 X에 대한 확률질량함수(PMF)를 구하시오.

(2) [정리 3.8]의 결과를 이용하여 기댓값과 분산을 구하시오.

(3) (1)의 PMF를 이용하여 기댓값과 분산을 직접 구하시오.

(4) R의 내부함수를 이용하여 기댓값과 분산을 구하시오.

[11] 평균수명이 10년인 지수분포를 따르는 제품을 5년간 고장 없이 사용했을 때 다음 물음에 답하시오.

(1) [정리 3.10]의 결과를 이용하여 기댓값과 분산을 구하시오.

(2) 기댓값과 분산을 지수분포의 확률분포를 이용하여 직접 구하시오.

(3) R의 내부함수를 이용하여 기댓값과 분산을 구하시오.

(4) 앞으로 3년 더 고장 없이 작동할 확률을 구하시오.

[12] 감마(Gamma) 분포는 $f(x) = cx^{a-1}e^{-x/b}, x > 0; a,b > 0$의 형태의 확률밀도 함수를 가진다. 여기서 a는 분포의 형태를 결정하는 형상모수(shape parameter)라고 하고, b는 단위를 결정하는 척도모수(scale parameter)라고 한다. 감마함수는 $\Gamma(a) = \int_0^\infty t^{a-1}e^{-t}dt$로 정의되고 $\Gamma(1) = \int_0^\infty e^{-t}dt = 1$이고 $\Gamma(a) = (a-1)!$이다. 따라서 $f(x)$가 확률분포가 되기 위한 상수는 $c = 1/(b^a\Gamma(a))$가 되어야 한다. 형상모수 $a = 3$, 척도모수 $b = 5$를 갖는 감마 분포에 대해 다음 물음에 답하시오.

(1) R 프로그램을 이용하여 평균과 분산을 정의에 따라 직접 구하시오.

(2) [정리 3.13]의 결과를 이용하여 평균과 분산을 구하시오.

(3) R의 내부함수를 이용하여 평균과 분산을 구하시오.

[13] 어떤 제품의 수명이 평균 9년, 분산이 27인 감마 분포를 따를 때 다음 각 물음에 답하시오.

(1) 이 제품이 4년간 고장 없이 작동할 확률을 구하시오.

(2) 이 제품이 7년간 고장 없이 작동할 확률을 구하시오.

(3) 4년간 고장이 없었을 때 앞으로 3년간 더 고장이 없을 확률을 구하시오.

(4) (1)의 결과와 (3)의 결과를 비교하시오.

[14] 베타(Beta) 분포는 $f(x) = cx^{a-1}(1-x)^{b-1}, 0 \le x \le 1; a,b > 0$의 형태를 갖는 확률밀도함수를 가진다. 여기서 a와 b를 베타 분포의 형상모수라고 한다. 그리고 상수 c는 $c = 1/B(a,b) = \Gamma(a+b)/(\Gamma(a)\Gamma(b))$로 주어진다. 확률변수 X가 형상모수로 $(a,b) = (3,2)$를 갖는 베타 분포를 따를 때, R 프로그램을 이용하여 다음 각 물음에 답하시오.

(1) 주어진 형상모수에 대응하는 상수 $c = \Gamma(a+b)/(\Gamma(a)\Gamma(b))$를 구하시오.

(2) 적분을 이용하여 $\int_0^1 f(x)dx = \int_0^1 cx^{a-1}(1-x)^{b-1}dx = 1$이 되는 c를 구하

시오.

(3) X가 0.5와 0.7 사이에 있을 확률 $P(0.5 \leq X \leq 0.7)$을 구하시오.

(4) [정리 3.15]의 결과를 이용하여 평균과 분산을 구하시오.

(5) 베타 분포의 PDF를 이용하여 평균과 분산을 정의에 따라 구하시오.

(6) R의 내부함수를 이용하여 평균과 분산을 구하시오.

[15] 가우스 적분과 표준정규분포의 확률밀도함수에 관한 다음 물음에 답하시오.

(1) R 프로그램을 이용하여 가우스 적분이 $\int_{-\infty}^{\infty} e^{-x^2}dx = \sqrt{\pi}$ 임을 보이시오.

(2) 함수 $f(x) = ce^{-x^2/2}, -\infty < x < \infty$ 가 확률밀도함수가 되도록 R 프로그램을 이용하여 상수 c를 구하시오.

[16] 확률변수 X가 $X \sim N(3,9)$일 때 R 프로그램을 이용하여 다음 물음에 답하시오.

(1) $P(0 < X < 6) = P(3-3 < X < 3+3)$의 확률을 구하시오.

(2) $P(-3 < X < 9) = P(3-6 < X < 3+6)$의 확률을 구하시오.

(3) $P(-6 < X < 12) = P(3-9 < X < 3+9)$의 확률을 구하시오.

(4) $P(0 < X < 12)$의 확률을 구하시오.

(5) 확률변수 X를 표준화하여 (1)~(4)의 확률을 구하시오.

[17] 어떤 집단의 키가 평균이 170이고 분산이 49인 정규분포를 따른다고 할 때 R 프로그램을 이용하여 다음 각 물음에 답하시오.

(1) 구성원 중 175와 180 사이의 키를 갖는 비를 구하시오.

(2) 키가 165 이하일 확률을 구하시오.

(3) 표준화하여 (1)의 확률을 구하시오.

(4) 표준화하여 (2)의 확률을 구하시오.

(5) $P(|X-170| \leq a) = 0.9544997$을 만족하는 a의 값을 구하시오.

[18] 막대의 길이 X가 정규분포를 따르는 4개의 막대를 일렬로 연결했을 때 전체 길이에 대한 다음 각 물음에 R 프로그램을 이용하여 답하시오.

(1) $X \sim N(15,4)$일 때 4개를 연결한 길이 $Y1$이 50과 70 사이일 확률을 구하시오.

(2) $X \sim N(15,4)$일 때 $Y1$이 65보다 클 확률을 구하시오.

(3) $X \sim N(15,9)$일 때 4개를 연결한 길이 $Y2$가 50과 70 사이일 확률을 구하시오.

(4) $X \sim N(15,9)$일 때 $Y2$가 65보다 클 확률을 구하시오.

[19] (이항분포와 정규분포의 연속성수정) 주사위를 100번 굴렸을 때 홀수 표면이 나온 횟수가 45회 이상 50회 이하일 확률을 다음과 같이 구하시오.

(1) 이항확률분포의 정의에 의해 구하시오.

(2) 이항분포와 R의 내부함수를 사용하여 구하시오.

(3) 이항분포의 정규분포 근사에 의해 구하시오.

(4) 정규분포 근사와 연속성수정에 의해 구하시오.

[20] 다음 주어진 함수가 확률밀도함수(PDF)가 되도록 상수들의 값을 구하시오.

(1) $f_1(x) = c_1 x^2 e^{-2x}$, $x > 0$에서 상수 c_1을 구하시오.

(2) $f_2(x) = c_2 x^3 (1-x)^4$, $0 \leq x \leq 1$에서 R 프로그램으로 c_2를 구하시오.

(3) $f_3(x) = c_3 e^{-x/2} / \sqrt{2x}$, $x > 0$에서 R 프로그램으로 c_3를 구하시오.

[21] 자유도 10인 카이제곱분포에 대해 다음 값들을 구하시오.

(1) 99% 분위수를 구하시오

(2) $P(\chi^2 > a) = 0.05$가 되는 a를 구하시오.

(3) $P(a < \chi^2 < 28.1) = 0.95$가 되는 a를 구하시오.

(4) $P(18 < \chi^2 < a) = 0.05$가 되는 a를 구하시오.

[22] 확률변수 X가 자유도 10인 t-분포를 따를 때 R 프로그램을 이용하여 다음 값들을 구하시오.

(1) 확률 $P(X > 2.76377)$을 구하시오.

(2) 확률 $P(X < -2.76377)$을 구하시오.

(3) 확률 $P(-2.76377 \leq X \leq 2.76377)$을 구하시오.

(4) 확률 $P(X \leq a) = 0.05$가 되는 a를 구하시오.

(5) 확률 $P(X \geq b) = 0.05$가 되는 b를 구하시오.

(6) (4)와 (5)에서 구한 a, b에 대해 확률 $P(a < X < b)$를 구하시오.

CHAPTER 04

표본과 표본분포

04

표본과 표본분포

4.1 모집단과 표본

1장에서도 언급했듯이 **모집단**(population)이란 유용한 정보의 대상이 되는 개체로부터 관측값의 총집합을 의미한다. 모집단에서 관측가능한 수를 모집단의 크기(size)라고 하고 모집단이 클수록 전체집합을 관측하기는 더 어려워진다. **표본**(sample)이란 모집단으로부터 추출된 총집합의 부분집합을 의미한다. 모집단이 아주 크면 표본을 추출하여 모집단의 특성을 추측하는 통계적 추론(statistical inference)에 의존하게 된다.

4.1.1 모수와 통계량

모수(parameter)란 모집단의 특성을 잘 나타내는 중심위치 표시측도, 산포정도 표시측도나 모비율 등을 포함한 수치화된 값을 의미한다. **통계량**(statistics)이란 모수를 추론하기 위해 임의로 추출한 표본의 특성을 잘 나타내는 수치이다. 즉, 통계량은 모집단의 모수를 추정하기 위해 표본에서 계산한 추정량의 값이다. 표본의 평균과 표본의 분산 및 표본의 비율 등은 통계량이다. **표본분포**(sampling distribution)란 통계량의 확률분포를 지칭하며 통계량이 얼마나 모수와 근접하는지를 나타내는 도구이다.

1. 확률표본

확률표본(random sample)은 모수 추론에서 결과의 왜곡을 피하기 위해 모집단을 구성하는 모든 개체가 추출될 가능성이 같게 하여 추출한 표본을 말한다. 또한, 확률표본은 동일한 확률분포로부터 서로 독립적으로 추출한 표본을 의미한다.

정의 4.1 고려 중인 모집단이 확률분포 $f_X(x)$를 따른다고 할 때, 모집단으로부터 추출한 n개의 확률표본 $X_1, X_2, \cdots, X_n$은 모집단과 같은 확률분포 $f_X(x)$로부터 서로 독립적으로 추출한 n개의 확률변수들의 집합을 뜻한다.

[예 4.1] 모평균은 확률표본으로부터 계산되는 표본평균($\overline{X}$)을 이용하여 추론한다.

[예 4.2] 모분산은 확률표본으로부터 계산되는 표본분산(S^2)을 이용하여 추론한다.

정의 4.2 크기가 n인 확률표본 $X_1, X_2, \cdots, X_n$이 주어졌을 때 표본평균 $\overline{X}$와 표본분산 S^2은 다음과 같이 정의한다.

$$\text{표본평균} : \overline{X} = \frac{1}{n}\sum_{k=1}^{n} X_k, \tag{4.1}$$

$$\text{표본분산} : S^2 = \frac{1}{n-1}\sum_{k=1}^{n}(X_k - \overline{X})^2$$

참고 4.1 [예 4.1]과 [예 4.2]와 같은 확률표본의 함수 $\overline{X}$나 S^2을 통계량이라고 한다. 확률표본의 관측값들이 계속 달라지므로 통계량 자체도 확률변수가 되며 이러한 의미에서 통계량의 확률분포를 표본분포라고 한다.

참고 4.2 표본에서 관찰된 $X_1 = x_1,\ X_2 = x_2,\ \cdots,\ X_n = x_n$에 대한 표본평균과 표본분산은 각각 다음과 같다.

$$\overline{x} = \frac{1}{n}\sum_{k=1}^{n} x_k,\ \ s^2 = \frac{1}{n-1}\sum_{k=1}^{n}(x_k - \overline{x})^2$$

정리 4.1 S^2이 크기 n인 확률표본의 분산이면 다음과 같이 달리 쓸 수 있다.

$$S^2 = \frac{1}{n-1}\left[\sum_{k=1}^{n} X_k^2 - \frac{1}{n}\left(\sum_{k=1}^{n} X_k\right)^2\right] \tag{4.2}$$

[증명] 표본분산의 정의에 의해 다음 식을 얻고 증명을 완료한다.

$$\begin{aligned} S^2 &= \frac{1}{n-1}\sum_{k=1}^{n}(X_k - \overline{X})^2 \qquad (4.3) \\ &= \frac{1}{n-1}\sum_{k=1}^{n}(X_k^2 - 2X_k\overline{X} + \overline{X}^2) \end{aligned}$$

$$= \frac{1}{n-1}\left(\sum_{k=1}^{n} X_k^2 - 2\overline{X}\sum_{k=1}^{n} X_k + n\overline{X}^2\right)$$
$$= \frac{1}{n-1}\left[\sum_{k=1}^{n} X_k^2 - \frac{1}{n}\left(\sum_{k=1}^{n} X_k\right)^2\right]$$

예제 4.1 어떤 지역의 편의점에서 특정 음료수 가격이 인근 대형 마트에 비해 20, 30, 40, 50원이 높았을 때 이 확률표본의 표본분산을 구하시오.

풀이 먼저 표본평균은 $\overline{x} = (20+30+40+50)/4 = 35$이므로 구하는 표본분산은

$$s^2 = \frac{1}{3}\sum_{k=1}^{4}(X_k - 35)^2 = [(-15)^2 + (-5)^2 + (5)^2 + (15)^2]/3 = 500/3$$

2. 통계량의 확률분포

[예 4.1]과 [예 4.2]와 비슷하게 표본상관계수나 표본표준편차도 확률표본으로부터 계산하므로 통계량이다. 모수의 값을 추정하는 데 필요하여 확률표본으로부터 통계량을 계산할 때 유의할 점은 다음과 같다.

(1) 표본으로부터 계산한 통계량의 값은 통상 참값과 다르다.

(2) 통계량의 값은 추출된 확률표본에 영향을 받는다.

(3) 다른 표본을 추출하면 통계량의 값들도 달라진다.

> **정의 4.3** 구하려는 모수를 포함하고 있지 않은 n개의 확률표본 $X_1, X_2, \cdots, X_n$의 함수 $G = G(X_1, X_2, \cdots, X_n)$를 **통계량**이라고 하면 통계량 G의 확률분포를 **표본분포**라고 한다.

예제 4.2 같은 크기의 빨간 공 3개와 파란 공 3개가 들어 있는 주머니에서 2개를 꺼낼 때 빨간 공의 수를 X_1으로 하고, 꺼낸 공을 넣은 후 다시 2개를 꺼냈을 때 파란 공의 수를 X_2로 할 때 $\overline{X} = (X_1 + X_2)/2$의 확률분포를 구하시오.

풀이 X_1과 X_2는 서로 독립이고 식 (3.4)에서 $N=6, k=3$이고 $n=2$인 초기하분포를 따르는 모집단에서 추출하는 확률분포로 생각할 수 있다. 한편 모집단의 확률분포는 다음 표로 주어진다.

[표 4.1] 모집단의 확률질량함수 표

x	0	1	2
$f_X(x)$	$\binom{3}{0}\binom{3}{2}/\binom{6}{2}=0.2$	$\binom{3}{1}\binom{3}{1}/\binom{6}{2}=0.6$	$\binom{3}{2}\binom{3}{0}/\binom{6}{2}=0.2$

X_1과 X_2는 서로 독립이므로 결합확률질량함수는 각각의 주변질량함수의 곱으로 계산되고 다음 표와 같다.

[표 4.2] X_1과 X_2의 결합확률질량함수 $f(x_1, x_2)$ 표

x	0	1	2
0	$0.2\times0.2=0.04$	$0.2\times0.6=0.12$	$0.2\times0.2=0.04$
1	$0.6\times0.2=0.12$	$0.6\times0.6=0.36$	$0.6\times0.2=0.12$
2	$0.2\times0.2=0.04$	$0.2\times0.6=0.12$	$0.2\times0.2=0.04$

먼저 $\overline{X}$가 가질 수 있는 값을 생각해 보면 $\Omega_{\overline{X}}=\{0, 0.5, 1, 1.5, 2\}$이고 $P(\overline{X}=0)$의 값은 [표 4.2]로부터 $P(X_1=0)P(X_2=0)=0.04$이다. 같은 방법으로 $P(\overline{X}=0.5)=0.24$이고 $P(\overline{X}=1)=2(0.04)+0.36=0.44$, $P(\overline{X}=1.5)=0.24$, $P(\overline{X}=2)=0.04$이다. 계산한 확률값들을 표로 정리하면 다음과 같다.

[표 4.3] 표본평균 $\overline{X}$의 확률질량함수 표

x	0	0.5	1	1.5	2
$f_{\overline{X}}(x)$	0.04	0.24	0.44	0.24	0.04

4.1.2 표본평균의 분포

확률표본이 달라지면 통계량 값도 달라져 통계량 자체도 확률변수이므로 통계량인 표본평균의 분포도 고려할 수 있다. 따라서 표본평균의 평균과 분산을 포함한 확률분포도 관심을 둘 필요가 있다.

1. 표본평균의 평균과 분산

하나의 표본으로부터 계산된 표본평균의 관찰값은 모평균과 꼭 일치하지는 않지만 표본평균 $\overline{X}$는 확률분포로서 기댓값이 모평균과 일치한다. 표본평균 $\overline{X}$의 분산과 모분산 σ^2과의 관계도 고려 대상이 된다.

정리 4.2a $X_1, X_2, \cdots, X_n$을 평균이 μ이고 분산이 σ^2인 모집단으로부터 얻은 확률표본이라고 하면 $E(\overline{X}) = \mu$이고 $Var(\overline{X}) = \sigma^2/n$이 된다.

[증명] 적분의 합의 공식, 즉 기댓값의 덧셈 성질에 의해 다음 식이 성립한다.

$$E(\overline{X}) = \frac{1}{n}[E(X_1) + \cdots + E(X_n)] = \frac{1}{n}\sum_{k=1}^{n} E(X_k) = \frac{1}{n}(n\mu) = \mu \quad (4.4)$$

다음으로 분산의 덧셈 성질을 이용하여 다음 식을 얻는다.

$$\begin{aligned} Var(\overline{X}) &= Var\left[\frac{1}{n}(X_1 + \cdots + X_n)\right] \qquad (4.5) \\ &= \frac{1}{n^2}[Var(X_1) + \cdots + Var(X_n)] = \frac{1}{n^2}(n\sigma^2) = \frac{\sigma^2}{n} \end{aligned}$$

정리 4.2b **(정규분포의 경우)** 평균이 μ이고 분산이 σ^2인 정규모집단으로부터 추출된 크기 n의 확률표본($X_k \sim N(\mu, \sigma^2), 1 \leq k \leq n$)을 추출했다면 표본평균 $\overline{X} = \frac{1}{n}\sum_{k=1}^{n} X_k$은 $N(\mu, \sigma^2/n)$을 따른다.

[증명] 정규분포의 가법성 정리인 [정리 3.17]과 [정리 4.2a]의 결과에 따라 $\overline{X}$는 $N(\mu, \sigma^2/n)$를 따른다. 또한 [정리 3.18]에 따라 표본평균을 표준화하면 $Z = \frac{\overline{X} - \mu}{\sigma/\sqrt{n}} \sim N(0,1)$이 된다.

참고 4.3 결과적으로 모분산을 아는 경우 모집단의 분포가 정규분포(**정규모집단**)일 때는 표본평균도 정규분포를 따른다고 할 수 있다.

예제 4.3 [예제 2.7]의 두 개의 주사위를 동시에 던지는 실험에서 표면 숫자의 평균 $\overline{X}$에 대한 확률질량함수와 $\overline{X}$의 평균과 분산을 구하시오.

(풀이) [예제 2.7]의 풀이에서 표면 숫자에 대한 표본공간은 벡터 쌍 행렬로 잘 나타나 있다. 이때 $\overline{X}$의 공역은 $\Omega_{\overline{X}} = \{1, 1.5, 2, 2.5, 3, 3.5, 4, 4.5, 5, 5.5, 6\}$이고, 행렬로부터 대응되는 확률은 $\{P(\overline{X} = \overline{x})\} = \{(1,2,3,4,5,6,5,4,3,2,1)/36\}$이 된다. 이를 표로 나타내면 다음과 같다.

[표 4.4] 두 개의 주사위를 던지는 시행에서 표면숫자의 평균의 확률분포

$\overline{X}=\overline{x}$	1	1.5	2	2.5	3	3.5	4	4.5	5	5.5	6
$P(\overline{X}=\overline{x})$	1/36	1/18	1/12	1/9	5/36	1/6	5/36	1/9	1/12	1/18	1/36

위 표로부터 $\overline{X}$의 평균과 분산에 대해 다음 값을 얻는다.

$$E(\overline{X}) = 1\times\frac{1}{36}+1.5\times\frac{1}{18}+2\times\frac{1}{12}+\cdots+6\times\frac{1}{36}=3.5$$
$$Var(\overline{X}) = (1-3.5)^2\frac{1}{36}+(1.5-3.5)^2\frac{1}{18}+\cdots+(6-3.5)^2\frac{1}{36}=1.45833$$

참고 4.4 이 예제에서 표본평균의 기댓값은 $E(\overline{X})=E(X)$이 되고 표본평균의 분산은 $Var(\overline{X})=Var(X)/2$인 관계가 성립한다.

예제 4.4 평균이 $\mu=10$이고 분산이 $\sigma^2=25$인 정규모집단으로부터 추출한 표본의 크기가 $n=10,30,100$일 때 $\overline{X}$의 확률밀도함수 그래프를 R을 이용하여 그리시오.

풀이 $N(10,2.5)$, $N(10,5/6)$ 및 $N(10,0.25)$에 대한 확률밀도함수를 그리기 위한 R 프로그램과 그래프는 다음과 같다.

```
# 4.1 모집단과 표본 - 4.1.2 표본평균과 표본분산의 분포
# 정규모집단에서 추출한 표본평균의 확률밀도함수
> x <- seq(5,15,length=150)
> f1 <- dnorm(x,10,sqrt(0.25)); plot(x,f1,type="l",lwd=2)
> title("표본평균의 정규분포 PDF 3가지")
> f2 <- dnorm(x,10,sqrt(5/6)); grid(9,7); lines(x,f2,lwd=2,col=2)
> f3 <- dnorm(x,10,sqrt(2.5)); lines(x,f3,lwd=2,col=4)
> text(11.5,0.6,expression(N(10,0.25)),cex=0.9)
> text(12,0.3,expression(N(10,5/6)),cex=0.9,col=2)
> text(13.5,0.1,expression(N(10,2.5)),cex=0.9,col=4)
```

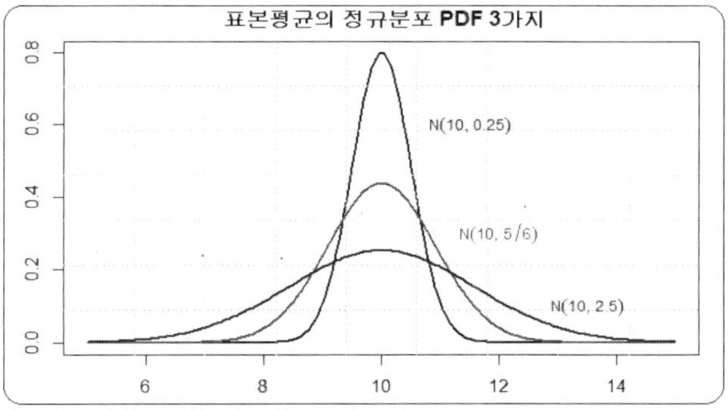

[그림 4.1] 정규모집단에서 표본평균의 확률밀도함수

2. 표본평균에 대한 중심극한정리

모집단의 분포가 알려져 있지 않은 경우에도 표본의 크기가 충분히 크면 표본평균의 분포는 근사적으로 평균이 μ, 분산이 σ^2/n인 정규분포를 따르게 되는 중심극한정리(CLT, central limit theorem)가 성립한다. 실제 문제에서는 모집단의 분포가 알려져 있지 않은 경우가 대부분이므로 확률표본에 대한 중심극한정리는 매우 유용하다. 일반적으로 표본의 크기가 $n \geq 30$이면 정규분포 근사는 적합한 것으로 알려져 있으나 미만일 경우 모집단의 분포에 크게 의존한다. 중심극한정리는 모집단의 분포가 이산형이든 연속형이든 성립하지만 근사의 정확도는 모집단의 크기와 모양에 의존한다.

정리 4.3 확률표본 $X_1, X_2, \cdots, X_n$을 평균이 μ이고 분산이 σ^2인 모집단으로부터 추출했을 때 $S_n = X_1 + \cdots + X_n$에 대하여 확률변량에 대한 다음 식이 성립한다.

$$Z_n = \frac{S_n - E(S_n)}{\sqrt{Var(S_n)}} = \frac{S_n - n\mu}{\sigma\sqrt{n}} \xrightarrow{d} N(0,1), \ \ as\ n \to \infty, \tag{4.6}$$

$$Z = \frac{\overline{X} - \mu}{\sigma/\sqrt{n}} \xrightarrow{d} N(0,1), \ \ as\ n \to \infty,$$

여기서 $Z_n \xrightarrow{d} N(0,1)$은 Z_n의 분포가 표준정규분포로 수렴한다는 의미이다.

[증명] [정리 3.20] Lindeberg-Lévy의 중심극한정리를 참조하기 바란다.

예제 4.5 어떤 대학의 남학생의 평균키가 170(cm)이고 표준편차가 9라고 하고 임의로 64명의 남학생을 선발하여 이들의 키를 조사했을 때 평균키가 172(cm) 이상일 확률을 구하시오.

풀이 표본의 크기 $n = 64$는 [정리 4.3]을 적용하는 데 무리가 없으므로 이 정리로부터 $\overline{X}$의 평균은 근사적으로 170(cm)이고, 표준편차가 $\sigma/\sqrt{n} = 9/\sqrt{64} = 9/8$이므로 $Z = (\overline{X} - 170)/(9/8) \sim N(0,1)$이다. 따라서 구하는 확률은 다음과 같다.

$$P(\overline{X} \geq 172) = P\left(\frac{\overline{X} - 170}{9/8} \geq \frac{172 - 170}{9/8}\right) \approx P(Z \geq 1.77778) \approx 0.03772$$

예제 4.6 R의 {MASS} 패키지가 제공하는 'immer' 데이터셋의 'immer$Y2'를 사용하여 크기가 3인 표본을 500번 추출한 표본에 대해 다음 두 물음에 답하시오.

(1) R을 사용하여 표본평균을 구하고 그 평균들로 히스토그램을 그리고,

(2) 표본평균의 평균과 분산으로 정규분포 근사 pdf와 (1)을 비교하시오.

풀이 문제풀이를 위한 R 프로그램은 다음과 같다.

```
# 4.1 모집단과 표본 - 4.1.2 표본평균과 표본분산의 분포 - 2. 중심극한정리
# [예제 4.6] {MASS} 패키지의 'immer' 데이터 셋 이용
> library(MASS); immer
> barley <- rep(0,100)
> set.seed(5555)
> for(k in 1:500) barley[k] <- mean(sample(immer$Y2,3,rep=T))
> hist(barley, br=c(4:16)*10,prob=T) # [그림 4.2]
> mean(immer$Y2); sd(immer$Y2)/sqrt(3)
> min(immer$Y2); max(immer$Y2)
> x <- seq(min(immer$Y2),max(immer$Y2),length=100)
> min(barley); max(barley)
> f1 <- dnorm(x,mean(barley),sd(barley))
> lines(x,f1,col=4,lwd=2)
> text(112,0.025,expression(pdf:E(bar(X))),col=4)
```

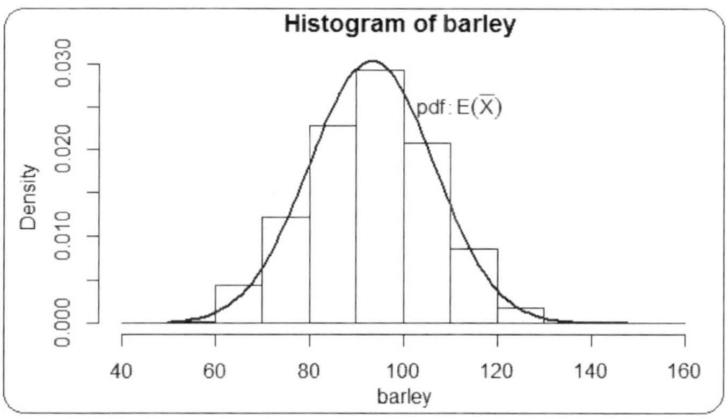

[그림 4.2] 표본평균의 히스토그램과 정규근사 PDF

예제 4.7 모집단이 기하분포를 따를 때 표본크기 $n=(10,20,30,100)$에 대해 표본평균에 대한 중심극한정리가 성립함을 모의실험을 통하여 보이시오.

풀이 [표 3.5]의 기하분포에 대한 R 내부함수 사용형식을 참조하여 모의실험을 위한 R 프로그램은 다음과 같다.

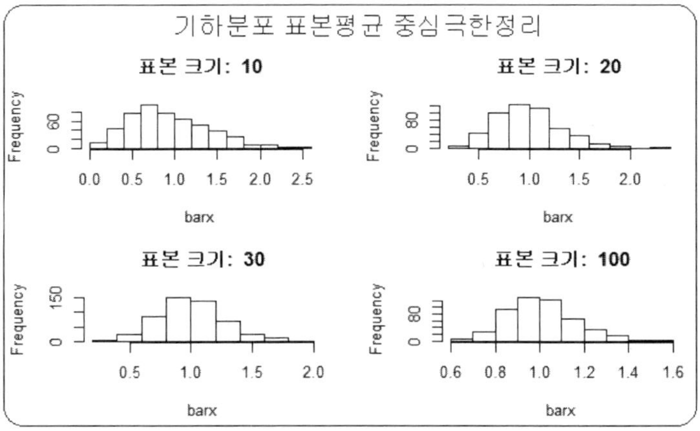

[그림 4.3] 기하분포 표본평균 중심극한정리

```
# 4.1 모집단과 표본 - 4.1.2 표본평균과 표본분산의 분포 - 2. 중심극한정리
# [예제 4.7] 기하분포의 정규분포 근사 모의실험
> set.seed(5555) ; par(oma=c(0,0,2,0)); par(mfrow=c(2,2))
> centGeom <- function(prob) { no <- c(10,20,30,100); barx <- rep(0,500)
         for (k in 1:4) {
                  for (m in 1:500) {barx[m] <- sum(rgeom(no[k], prob))/no[k]}
                  hist(barx,main=paste("표본크기: ",no[k]))                }
         mtext("기하분포 표본평균 중심극한정리",side=3,outer=T,cex=1.3) }
> centGeom(0.5) # [그림 4.3]
```

예제 4.8 모집단이 감마 분포를 따를 때 표본크기 $n = (10, 20, 30, 100)$에 대해 표본평균에 대한 중심극한정리가 성립함을 모의실험을 통하여 보이시오.

풀이 [표 3.7]의 감마 분포에 대한 R 내부함수 사용형식을 참조하여 모의실험을 위한 R 프로그램은 다음과 같다.

```
# 4.1 모집단과 표본 - 4.1.2 표본평균과 표본분산의 분포 - 2. 중심극한정리
# [예제 4.8] 감마 분포의 정규분포 근사 모의실험
> set.seed(5555) ; par(oma=c(0,0,2,0)); par(mfrow=c(2,2))
> centGamma <- function(a,b) {
  no <- c(10,20,30,100); barx <- rep(0,500)
         for (k in 1:4) {
                  for (m in 1:500) {barx[m] <- sum(rgamma(no[k],a,b))/no[k]}
                  hist(barx,main=paste("표본크기: ",no[k]))
                  }
         mtext("감마 분포 표본평균 중심극한정리",side=3,outer=T,cex=1.3)
}
> centGamma(2,1) # [그림 4.4]
```

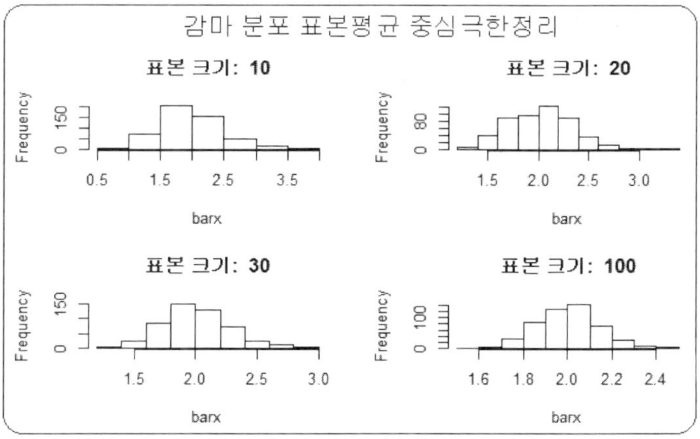

[그림 4.4] 감마 분포 표본평균 중심극한정리

4.2 표본분산과 비율의 분포

4.2.1 표본분산의 분포

확률표본이 달라지면 통계량 값도 달라져 통계량 자체도 확률변수이므로 표본분산과 표본비율의 확률분포에도 관심을 둘 필요가 있다. 모분산 σ^2을 추정하기 위해 사용되는 $(n-1)S^2 = \sum_{k=1}^{n}(X_k - \overline{X})^2$이 어떤 모양을 갖는지 알아보기로 한다.

카이제곱분포는 모분산 σ^2의 추정에 사용되는 표본분산 S^2의 분포를 이해하는 데 유용하다. 그리고 t-분포는 모분산의 추정에 유용하게 사용되며 F-분포는 두 표본간의 분산을 비교하는 데 유용하게 사용된다.

1. 카이제곱분포의 이용

[정리 3.22]에서 서로 독립인 n개의 확률변수 $X_1, X_2, \cdots, X_n$가 $X_k \sim N(\mu, \sigma^2)$로 주어지고, $Z_k = (X_k - \mu)/\sigma$로 두면 $\sum_{k=1}^{n}(X_k - \mu)^2/\sigma^2$은 자유도 n인 카이제곱분포를 따른다는 것을 알아보았다. 더구나 [정리 3.17], [정리 3.18]과 [정리 3.22]에 의해 $(\overline{X} - \mu)^2/(\sigma^2/n) \sim \chi^2(1)$이다. 따라서 카이제곱분포는 모분산 σ^2을 추정하기 위한 표본분산 S^2의 분포를 이해하는 데 유용하다.

정리 4.4 (정규모집단 표본분산의 분포) $X_1, X_2, \cdots, X_n$을 정규모집단$[N(\mu, \sigma^2)]$으로부터 얻은 확률표본이라고 할 때, 표본분산 S^2에 관련된 다음 분포는 자유도 $n-1$인 $\chi^2(n-1)$분포를 따른다.

$$V = \frac{(n-1)S^2}{\sigma^2} = \sum_{k=1}^{n} \frac{(X_k - \overline{X})^2}{\sigma^2} \tag{4.7}$$

[증명] 분산의 정의로부터 다음 식을 얻을 수 있다.

$$\begin{aligned} \sum_{k=1}^{n}(X_k - \mu)^2 &= \sum_{k=1}^{n}[(X_k - \overline{X}) + (\overline{X} - \mu)]^2 \\ &= \sum_{k=1}^{n}(X_k - \overline{X})^2 + \sum_{k=1}^{n}(\overline{X} - \mu)^2 + 2(\overline{X} - \mu)\sum_{k=1}^{n}(X_k - \overline{X}) \\ &= \sum_{k=1}^{n}(X_k - \overline{X})^2 + n(\overline{X} - \mu)^2 \end{aligned} \tag{4.8}$$

위 식의 양변을 σ^2으로 나누고 $(n-1)S^2 = \sum_{k=1}^{n}(X_k - \overline{X})^2$을 이용하면

$$\frac{1}{\sigma^2}\sum_{k=1}^{n}(X_k - \mu)^2 = \frac{(n-1)S^2}{\sigma^2} + \frac{(\overline{X} - \mu)^2}{\sigma^2/n} \tag{4.9}$$

위 식의 좌변은 [정리 3.22]에 의해 자유도 n인 $\chi^2(n)$분포를 따르고 우변의 둘째 항은 [정리 3.18]과 [정리 3.22]에 의해 자유도 1인 $\chi^2(1)$분포를 따르므로 결국 $V = (n-1)S^2/\sigma^2$은 자유도 $n-1$인 $\chi^2(n-1)$분포를 따른다.

참고 4.5 식 (4.8)에서 $\sum_{k=1}^{n}(X_k - \overline{X}) = 0$이고 확률표본 $X_1, X_2, \cdots, X_n$의 n개 중 임의의 $n-1$의 통계량을 알면 나머지 하나의 통계량도 알 수 있으므로 $n-1$개를 자유롭게 선택할 수 있다는 의미에서 $n-1$을 통계량 $\sum_{k=1}^{n}(X_k - \overline{X})^2$의 자유도(df, degree of freedom)로 지칭한다.

예제 4.9 어떤 과일가게에서 파는 과일의 무게는 표준편차가 5(그램)인 정규분포를 따른다고 하고, 가게에서 과일 10개를 임의로 추출했을 때, 표본분산이 16과 20 사이일 확률을 구하시오.

풀이 선택한 10개의 과일의 표본분산을 S^2이라고 하면 다음 식이 성립한다.

$$V = \frac{(n-1)S^2}{\sigma^2} = \frac{(10-1)S^2}{5^2} = (3/5)^2 S^2 \sim \chi^2(9)$$

그러므로 구하는 확률을 계산하면 다음과 같다.

$$P(16 \leq S^2 \leq 20) = P(0.36 \times 16 \leq 0.36S^2 \leq 0.36 \times 20)$$
$$= P(5.76 \leq V \leq 7.2) \approx 0.14737$$

2. t-분포의 이용

표본평균에 대한 중심극한정리는 모평균의 추정에 유용하지만 모분산을 알고 있을 때 가능하다. 그러나 실제로 문제에서는 모분산을 알고 있는 경우는 흔하지 않으며 t-분포(t-distribution)는 모분산의 추정에 유용하게 사용된다.

정리 4.5 Z와 V가 각각 표준정규 확률분포와 자유도 ν인 $\chi^2(\nu)$분포를 따른다면 Z와 V가 서로 독립일 때 $T = Z/\sqrt{V/\nu}$은 자유도 ν인 t-분포를 따르고 pdf는

$$f_T(t) = \frac{\Gamma[(\nu+1)/2]}{\Gamma(\nu/2)\sqrt{\pi\nu}}\left(1+\frac{t^2}{\nu}\right)^{-(\nu+1)/2}, \ -\infty < t < \infty$$

[증명] 증명은 이 교재의 범위를 벗어난다. [정의 3.14]를 참조하기 바란다.

참고 4.6 t-분포의 평균은 $E(T) = 0$이고 $Var(T) = \nu/(\nu-2), (\nu > 2)$이다.

정리 4.6 (분산을 모르는 경우 정규모집단 표본평균의 분포) $X_1, X_2, \cdots, X_n$을 정규모집단으로부터 얻은 확률표본이라고 할 때, 확률변수 $T = (\overline{X}-\mu)/(S/\sqrt{n})$는 자유도 $n-1$인 t-분포를 따른다. 여기서

$$\overline{X} = \frac{1}{n}\sum_{k=1}^{n} X_k, \quad S^2 = \frac{1}{n-1}\sum_{k=1}^{n}(X_k - \overline{X})^2 \tag{4.10}$$

[증명] [정리 4.4]의 식 (4.7)을 이용하기 위하여 T에 관한 다음 식을 얻는다.

$$T = \frac{\overline{X}-\mu}{S/\sqrt{n}} = \frac{\dfrac{\overline{X}-\mu}{1/\sqrt{n}}}{\sqrt{S^2}} = \frac{(\overline{X}-\mu)/\left(\dfrac{\sigma}{\sqrt{n}}\right)}{\sqrt{\dfrac{S^2}{\sigma^2}}} = \frac{(\overline{X}-\mu)/\left(\dfrac{\sigma}{\sqrt{n}}\right)}{\sqrt{\dfrac{(n-1)S^2}{\sigma^2}/(n-1)}} \tag{4.11}$$

위 식의 제일 우변을 주목하면 분자항의 확률변수는 [정리 3.17]과 [정리 3.18]에 의해 $(\overline{X}-\mu)/(\sigma/\sqrt{n}) \sim N(0,1)$이고, [정리 4.4]에 의해 분모항의 확률변수는 $(n-1)S^2/\sigma^2 \sim \chi^2(n-1)$이므로 [정리 4.5]에 의해서 T는 자유도 $n-1$인 t-분포를 따른다.

예제 4.10 정규모집단에서 11개의 표본을 추출했을 때, 아래 그래프를 참조하여 $P(a < T < -1.3722) = 0.05$ 가 되도록 상수 a의 값을 구하시오.

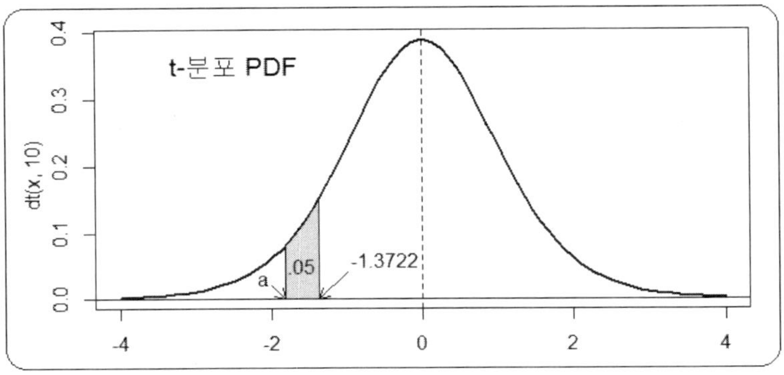

[그림 4.5] $P(a < T < -1.3722) = 0.05$ **가 되는** a

(풀이) 자유도 10인 t-분포에서 $P(T < -1.3722) = 0.1$이므로 $P(T \leq a) = 0.05$를 만족하는 a를 구해야 한다. R을 이용하여 구하는 답은 $a =$qt(0.05,10)=-1.8125이다.

```
# 4.2 표본분산과 비율의 분포 - 4.2.1 표본분산의 분포 - 2. t-분포의 이용
# [예제 4.10] t-분포의 확률밀도함수 그래프
> x <- seq(-4,4,length=80); plot(x, dt(x,10),lwd=2, type="l", col=4)
> pt(-1.3722,10)-pt(-1.8125,10) # qt(0.1,10)= -1.3722, qt(0.05,10)= -1.8125
> abline(h=0); abline(v=0,lty=2); text(-2.5,0.35,"t-분포 PDF",cex=1.3)
> x2 <- seq(from=-1.8125, to=-1.3722, by=0.001); y2 <- dt(x2,10)
> polygon(c(x2,rev(x2)),c(y2,rep(0,length(x2))),col="lightgray")
> lines(c(-1.3722,-1.3722),c(0,dt(-1.3722,10)),col=4,lty=1,lwd=1)
> text(-1.6,0.05,"0.5"); text(-0.5,0.06,"-1.3722")
> arrows(-1,0.04,-1.372,0,length=0.1) # [그림 4.5]
> text(-2.1,0.03,"a"); arrows(-2,0.02,-1.8125,0,length=0.1)
```

3. F-분포의 정의와 이용

F-분포(F-distribution)는 두 표본간의 분산을 비교하는 데 많이 이용되는 분포이다. 확률변수를 F로 하는 F-분포는 두 개의 서로 독립인 χ^2-변수를 각자의 자유도로 나눈 비로 정의되는 분포로 [정의 3.15]에서 주어진 확률밀도함수(pdf)를 가진다. 즉, 두 확률변수 χ_1^2, χ_2^2의 자유도가 각각 ν_1, ν_2이고 서로 독립인 카이제곱분포를 따른다고 할 때, F-분포는 확률변수 $F = (\chi_1^2/\nu_1)/(\chi_2^2/\nu_2)$로 정의된다. 자유도 ν_1, ν_2를 갖는 F-분포의 확률밀도함수는 다음과 같이 주어진다.

$$f_X(x) = \begin{cases} \dfrac{1}{B(\nu_1/2, \nu_2/2)} \left(\dfrac{\nu_1 x}{\nu_1 x + \nu_2} \right)^{\nu_1/2} \left(1 - \dfrac{\nu_1 x}{\nu_1 x + \nu_2} \right)^{\nu_2/2} x^{-1}, & x \geq 0, \\ 0, & x < 0 \end{cases} \quad (4.12)$$

F-분포에서 $\alpha = P(F > f_\alpha)$가 되는 f_α를 F-분포의 임계값이라고 한다. 아래 [그림 4.6]은 F-분포의 임계값을 나타내고 있다.

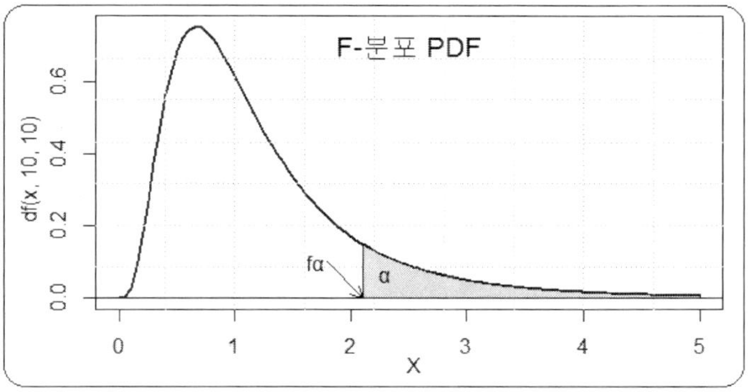

[그림 4.6] F-분포의 PDF와 임계값

정리 4.7 (정규모집단 표본분산 비의 분포) 분산이 각각 σ_1^2과 σ_2^2인 서로 독립인 두 정규모집단으로부터 추출한 크기 n_1, n_2인 확률표본의 분산을 각각 S_1^2과 S_2^2이라고 하면 분산의 비 $F = S_1^2\sigma_2^2/(S_2^2\sigma_1^2)$는 F-분포를 따른다.

$$\frac{S_1^2\sigma_2^2}{S_2^2\sigma_1^2} = \frac{S_1^2/\sigma_1^2}{S_2^2/\sigma_2^2} \sim F(n_1 - 1, n_2 - 1) \quad (4.13)$$

[증명] 확률변수 V_1과 V_2를 각각 $V_1 = (n_1 - 1)S_1^2/\sigma_1^2$과 $V_2 = (n_2 - 1)S_2^2/\sigma_2^2$라고 하면 [정리 4.4]에 의해 V_1과 V_2는 각각 $\chi^2(n_1 - 1)$과 $\chi^2(n_2 - 1)$을 따르며 서로 독립이다. 식 (4.7)과 같은 형태를 유도하기 위해 V_1과 V_2를 각각의 자유도를 나누어 정리하면 F-분포의 정의에 따라 다음 식을 얻는다.

$$\frac{\dfrac{V_1}{(n_1 - 1)}}{\dfrac{V_2}{(n_2 - 1)}} = \frac{\dfrac{(n_1 - 1)S_1^2/\sigma_1^2}{(n_1 - 1)}}{\dfrac{(n_2 - 1)S_2^2/\sigma_2^2}{(n_2 - 1)}} = \frac{S_1^2/\sigma_1^2}{S_2^2/\sigma_2^2} \sim F(n_1 - 1, n_2 - 1) \quad (4.14)$$

예제 4.11 (두 정규모집단의 표본분산의 비율) 모분산이 같다고 알려진 독립인 두 정규모집단으로부터 각각 $n_1 = 11, n_2 = 16$인 두 확률표본을 추출하여 표본분산 S_1^2과 S_2^2을 얻었을 때, 다음 각 물음에 답하시오.

(1) $P(S_1^2/S_2^2 > a) = 0.05$가 되는 a값을 구하고,

(2) 표본분산의 비율이 두 배 이상 차이가 날 확률을 구하시오.

풀이 두 표본의 모분산이 같으므로 $F = (S_1^2/\sigma_1^2)/(S_2^2/\sigma_2^2) = S_1^2/S_2^2$은 자유도가 각각 $\nu_1 = n_1 - 1 = 10$과 $\nu_2 = n_2 - 1 = 15$인 F-분포를 따른다.

(1) 또한 $P(S_1^2/S_2^2 \le a) = 0.95$이므로 R을 이용하여 구하면 a=qf(0.95,10,15)가 되어야 하고 $a \approx 2.54372$이다.

(2) 표본분산의 비율이 2배 이상 차이가 날 확률은 $P(S_1^2/S_2^2 < 0.5) + P(S_1^2/S_2^2 > 2)$이므로 해당하는 R 스크립트는 'pf(0.5,10,15)+1-pf(2,10,15)'이고 구하는 근사적 확률은 $P(S_1^2/S_2^2 < 0.5) + P(S_1^2/S_2^2 > 2) \approx 0.24453$이다.

4.2.2 표본비율의 분포

베르누이 분포 $X \sim B(1,p)$는 시행이 성공 아니면 실패로만 구분되고 이 모집단으로부터 크기가 n인 확률표본을 추출했다면 확률변수 $X = \sum_{k=1}^{n} X_k$는 n번의 독립적인 베르누이 시행에서 성공의 횟수를 나타내고 $X \sim B(n,p)$이 된다. 여기서는 모비율 p의 추정에 주로 사용되는 **표본비율**(sample proportion) $\hat{p} = X/n = (\sum_{k=1}^{n} X_k)/n$의 분포에 대해 알아보기로 한다.

1. 이항분포의 정규분포 근사

[정리 3.19]에서 이미 $X \sim B(n,p)$이면 $X \sim N(np, np(1-p))$로 근사 가능하다는 것을 증명했다. 정규분포의 표준화를 통해 $Z = (X - np)/\sqrt{np(1-p)} \sim N(0,1)$를 알 수 있다. 연속성수정에 의해 $Z = (X \pm 0.5 - np)/\sqrt{np(1-p)} \sim N(0,1)$로 개선된다. 즉, 이항분포 X에 대한 확률 $P(a \le X \le b)$는 연속성수정에 의해 정규분포와 대응하여 $P(a - 0.5 \le X \le b + 0.5)$의 확률로 계산하면 보다 나은 근사값을 얻을 수 있다.

예제 4.12 제품의 불량률이 p=0.2인 생산공장에서 n=25개의 제품을 검사했을 때, 4개 이하의 불량품이 발견될 확률을 다음에 주어진 방식으로 구하시오.

(1) 이항확률분포의 확률질량함수를 직접 계산하여 구하고,

(2) R의 내부함수를 이용하여 구하고,

(3) 이항확률분포의 정규분포 근사를 이용하여 구하고,

(4) 연속성수정을 적용하여 정규분포 근사확률을 구하시오.

풀이

(1) 해당하는 확률질량함수는 다음과 같다.

$$P(X=x)=\binom{25}{x}(0.2)^x(1-0.2)^{25-x},\ x=0,1,2,\ldots,25$$

그러므로 구하는 확률은 $P(X \leq 4)=\sum_{x=0}^{4}\binom{25}{x}(0.2)^x(0.8)^{(25-x)} \approx 0.42067$이다.

(2) 해당 확률을 얻기 위한 R 내부함수 형식은 pbinom(q,size=n,prob=p)이므로 pbinom (4,25,0.2) ≈ 0.42067이다.

(3) $E(X)=np=(25)(0.2)=5$이고, $Var(X)=np(1-p)=25\times 0.2\times 0.8=4$이므로 $P(X \leq 4)\ =P((X-5)/2 \leq (4-5)/2) \approx P(Z<-0.5) \approx 0.30854$이다.

(4) 연속성수정에 의해 $P(X \leq 4.5)=P((X-5)/2 \leq (4.5-5)/2)$을 얻고 이 확률은 $P(Z<-0.25)=\Phi(-0.25) \approx 0.40129$이다.

2. 표본비율의 분포

앞에서 설명한 이항분포의 정규분포 근사과정을 요약하면 다음 정리를 얻을 수 있다.

정리 4.8 $X_1, X_2, \cdots, X_n$을 모수 p(성공률)를 갖는 베르누이 분포 $B(1,p)$를 따르는 모집단으로부터 추출한 확률분포라고 할 때, 성공횟수를 X라고 하고 표본비율을 $\hat{p}=X/n$라고 하면, 다음 식이 성립한다.

$$\frac{X-np}{\sqrt{np(1-p)}}=\frac{\hat{p}-p}{\sqrt{p(1-p)/n}} \xrightarrow{d} N(0,1),\ \ as\ \ n\rightarrow\infty \qquad (4.15)$$

예제 4.13 어떤 대학의 총장선거에서 A후보의 지지율이 50%라고 한다면, 유권자 30명을 랜덤하게 추출하여 A후보의 지지 여부를 조사할 때 지지율이 40% 이하일 확률을 구하시오.

풀이 위 정리에 의해서 표본비율 $\hat{p}$의 기댓값과 분산은 다음과 같다.

$$E(\hat{p})=0.5,\ \ Var(\hat{p})=\frac{0.5\times 0.5}{30}=0.25/30 \approx 0.0083$$

그리고 $np = 30 \times 0.5 = 15 > 10$, $n(1-p) = 30 \times 0.5 = 15 > 10$이며 표본비율 $\hat{p}$는 근사적으로 $N(0.5, 0.00833)$를 따르므로

$$P(\hat{p} \leq 0.40) = P\left(\frac{\hat{p} - p}{\sqrt{p(1-p)/n}} \leq \frac{0.4 - 0.5}{\sqrt{0.00833}}\right) \approx \Phi(-1.09566) \approx 0.13661$$

예제 4.14 주사위를 임의로 50회 던졌을 때, 3 또는 6이 나온 횟수가 15와 20 사이에 있을 확률을 연속성수정을 적용하여 구하시오.

풀이 주사위를 한 번 던졌을 때 3 또는 6이 나올 확률은 1/3이므로 50회 시행에서 3 또는 6이 나오는 횟수를 X라고 하면, $X \sim B(50, 1/3)$이 된다.

$$P(15 \leq X \leq 20) = \sum_{x=15}^{20} \binom{50}{x} (\frac{1}{3})^x (1 - \frac{1}{3})^{50-x} \approx 0.61284$$

대응하는 R 내부함수는 pbinom(20,50,1/3) − pbinom(14,50,1/3)이다. 연속성수정을 적용하여 정규분포로 근사하면 다음 값을 얻는다.

$$P(15 \leq X \leq 20) \simeq P\left(\frac{14.5 - 50/3}{\sqrt{100/9}} < Z < \frac{20.5 - 50/3}{\sqrt{100/9}}\right) \approx 0.61708$$

이 값을 구하기 위한 R의 내부함수를 이용한 R 스크립트는 다음과 같다.

```
# 4장 표본과 표본분포-4.2 표본분산과 비율의 분포-4.2.2 표본비율의 분포
# [예제 4.13] 표본비율의 분포와 정규근사
# hat{p}=0.5, n=30, mu=n*hat{p}=30*0.5=15, var=0.5(1-0.5)/30
> pnorm(0.4,0.5,sqrt(0.5*0.5/30))
> pnorm(-0.1/sqrt(0.5*0.5/30))
# [예제 4.14] 표본비율의 분포와 정규근사
> x <- 15:20; x
> p1 <- sum(choose(50,x)*(1/3)^x*(1-1/3)^(50-x)); p1
> pbinom(20,50,1/3) - pbinom(14,50,1/3)
# 연속성수정에 의한 정규근사
# P((14.5-50/3)/sqrt(100/9)<Z<(20.5-50/3)/sqrt(100/9))
> pnorm(20.5,50/3,sqrt(100/9))-pnorm(14.5,50/3,sqrt(100/9))
# 연속성수정을 하지 않을 경우
> pnorm(20,50/3,sqrt(100/9))-pnorm(14,50/3,sqrt(100/9))
```

연습문제

[1] 모집단이 {1,3,5,7,9}로 구성되어 있고 여기에서 2개의 숫자를 복원추출한다고 할 때 다음 물음에 답하시오.

(1) 모평균 μ와 모분산 σ^2을 구하시오.

(2) 모든 가능한 표본을 나타내고 표본평균을 구하시오.

(3) 표본평균 $\overline{X}$의 분포를 구하시오.

(4) 표본평균 $\overline{X}$의 평균 $E(\overline{X})$과 분산 $Var(\overline{X})$을 구하고, $E(\overline{X})=\mu$이며 $Var(\overline{X})=\sigma^2/2$임을 보이시오.

(5) R 프로그램을 이용하여 (1)부터 (4)까지를 반복하시오.

[2] 어느 회사에서 판매되는 통조림 캔은 내용물의 함량이 150그램이고, 표준편차가 2인 정규분포를 따른다고 한다. 다음 각 물음에 답하시오.

(1) 내용물의 함량이 149그램 이상일 확률을 구하시오.

(2) 이 회사에서 판매되는 통조림 캔을 임의로 9개를 뽑았을 때 평균 함량이 151그램 이상일 확률을 구하시오.

(3) 캔을 임의로 9개를 뽑았을 때 평균 함량이 149와 151그램 사이에 있을 확률을 구하시오.

(4) 캔을 임의로 16개를 뽑았을 때 평균 함량이 149와 151그램 사이에 있을 확률을 구하시오.

(5) R 프로그램을 이용하여 (1)부터 (4)까지를 반복하시오.

[3] 평균이 81이고 분산이 100인 모집단으로부터 다음과 같은 표본을 추출했을 때 다음 물음에 답하시오.

(1) 모집단이 정규분포이고 크기가 25일 때 표본평균 $\overline{X}$의 평균과 표준편차를 구하시오.

(2) 모집단이 정규분포이고 크기가 25일 때 표본평균 $\overline{X}$가 79와 83 사이에 있을 확률을 구하시오.

(3) 모집단이 임의의 분포이고 크기가 64일 때 표본평균 $\overline{X}$가 79와 83 사이에 있을 확률을 구하시오.

(4) 모집단이 임의의 분포이고 크기가 81일 때 표본평균 $\overline{X}$가 79와 83 사이에 있을 확률을 구하시오.

[4] 어떤 집단의 키가 평균이 170, 분산이 49인 정규분포를 따른다고 할 때 R 프로그램을 이용하여 다음 물음에 답하시오.

(1) 구성원 중 175와 180 사이의 키를 갖는 확률을 구하시오.

(2) 키가 165 이하일 확률을 구하시오.

(3) $P(|X-170| \leq a) = 0.9545$을 만족하는 a의 값을 계산하시오.

[5] 어떤 제품 한 개의 무게는 평균 μ그램, 표준편차 9그램인 정규분포를 따른다고 한다. 제품 25개를 임의로 추출하여 무게를 측정했을 때, 다음 물음에 답하시오.

(1) 표본평균 $\overline{X}$와 모평균 μ의 차이가 3그램 이내일 확률을 구하시오.

(2) 표본평균과 모평균의 차이가 3그램 이내일 확률이 90% 이상이 되게 하는 표본의 최소 개수를 구하시오.

(3) 표본평균과 모평균의 차이가 3그램 이내일 확률이 95% 이상이 되게 하는 표본의 최소 개수를 구하시오.

[6] 카이제곱분포 $\chi^2(\nu)$는 자유도 ν에 따라 분포 모양이 달라지는 비대칭 형태의 그래프를 갖는다. 세 가지 자유도 $\nu = 2,3,4$에 대한 확률밀도함수를 R 프로그램을 이용하여 그리고 그래프의 특징을 말하시오.

[7] 확률변수 X가 $X \sim \chi^2(\nu)$일 때 $P(X > x) = \alpha$를 만족하는 x를 자유도가 ν인 제100α백분위수라고 하며 $\chi^2_\alpha(\nu)$로 표시한다. R 프로그램을 이용하여 다음 각 물음에 답하시오.

(1) X의 공역이 $\Omega_X = \{x \mid x \in [0,20]\}$인 범위에서 $\chi^2(6)$의 그래프를 그리시오.

(2) 영역 $\{x \mid x \in [12,20]\}$과 $\chi^2(6)$의 그래프 및 x-축이 이루는 도형 R을 회색으로 나타고 영역 R을 기호 α로 표기하시오.

(3) (2)에서 이루어진 영역 R을 적분하여 면적 α를 구하고 $P(X > 12) = \alpha$가 성립하는 것을 R 내부함수를 이용하여 확인하시오.

[8] 어떤 과일 가게에서 판매하는 귤의 무게는 표준편차가 5그램인 정규분포를 따른다고 한다. 표본분산 S^2에 대한 다음 각 물음에 답하시오.

(1) 귤 16개를 임의로 추출했을 때 S^2이 10과 20 사이일 확률을 구하시오.

(2) 귤 26개를 임의로 추출했을 때 S^2이 10과 20 사이일 확률을 구하시오.

[9] 분산이 $\sigma^2 = 4$인 정규모집단에서 $n = 11$개의 확률표본을 추출했을 때 편차들의 제곱의 합인 $Y = \sum_{k=1}^{11} (X_k - \overline{X})^2$에 대하여 다음 각 물음에 답하시오.

(1) $P(Y < a) = 0.025$가 되는 a를 구하시오.

(2) $P(Y > b) = 0.025$가 되는 b를 구하시오.

(3) $P(Y < c) = 0.05$가 되는 c를 구하시오.

(4) (1)과 (2)에서 구한 a, b에 대해 $P(a \leq Y \leq b)$를 구하시오.

(5) 표본분산 $Y/(n-1) = S^2$이 3과 6 사이일 확률을 구하시오.

(6) R 프로그램을 이용하여 (1)부터 (5)까지를 반복하시오.

[10] 모분산이 같다고 알려진 독립인 두 정규모집단으로부터 각각 $n_1 = 10, n_2 = 15$인 두 확률표본을 추출하여 표본분산 S_1^2과 S_2^2을 얻었을 때, 다음 각 물음에 답하시오.

(1) $P(S_1^2/S_2^2 > a) = 0.01$이 되는 a값을 구하고,

(2) 표본분산의 비율이 1.5배 이상 차이 날 확률을 구하시오.

[11] 평균이 0인 정규모집단으로부터 추출한 크기가 16인 확률표본 $X_1, \cdots, X_{16}$에 대하여 표본평균을 $\overline{X}$, 표본분산을 S^2이라고 할 때 다음 물음에 답하시오.

(1) 확률 $P(2\overline{X} > S)$을 구하시오.

(2) 확률 $P(3\overline{X} > S)$을 구하시오.

[12] 한 개의 동전을 28회 던졌을 때 앞면이 나오는 횟수를 X라고 하고 다음 물음에 답하시오.

(1) 이항확률분포의 확률질량함수를 구하시오.

(2) 앞면이 12회 나올 확률을 구하시오.

(3) 앞면이 10회 이상 15회 미만으로 나올 확률을 구하시오.

(4) (3)의 확률을 이항확률분포의 정규분포 근사를 이용하여 구하시오.

(5) 연속성수정을 적용하여 정규분포 근사 확률을 구하시오.

(6) R 프로그램과 내부함수를 이용하여 (2)부터 (5)까지를 반복하시오.

[13] 정규모집단 $X \sim N(\mu, \sigma^2)$에서 크기 n의 확률표본을 추출해서 구한 표본평균을 $\overline{X}$라고 할 때 R 프로그램을 이용하여 다음 물음에 답하시오.

(1) $\sigma = 5, n = 4$일 때 확률 $P(|\overline{X} - \mu| < 1)$을 구하시오.

(2) $\sigma = 5, n = 16$일 때 확률 $P(|\overline{X} - \mu| < 1)$을 구하시오.

(3) $\sigma = 5, n = 25$일 때 확률 $P(|\overline{X} - \mu| < 1)$을 구하시오.

(4) $\sigma = 5, n = 1, \cdots, 200$에 대하여 확률 $P(|\overline{X} - \mu| < 1)$의 그래프를 그리시오.

[14] 표준정규분포를 따르는 모집단으로부터 크기가 8인 확률표본 $X_1, X_2, \cdots, X_8$을 추출했다고 한다. 다음 물음에 답하시오.

$$T = \frac{X_1 + X_2 + X_3 + X_4}{\sqrt{X_5 + X_6 + X_7 + X_8}}$$

(1) 새로운 확률변수 T가 t-분포를 따름을 보이고 이때의 자유도를 구하시오.

(2) 다음 확률변수 V가 카이제곱분포를 따르기 위한 상수 c를 구하시오.
$V = c[(X_1 + X_2 + X_3 + X_4)^2 + (X_5 + X_6 + X_7 + X_8)^2]$

[15] 평균이 80이고 분산이 114인 임의의 모집단으로부터 크기 n의 확률표본을 추출하였을 때 다음 물음에 답하시오.

(1) 크기 $n = 64$일 때 표본평균 $\overline{X}$이 78.5와 81.5 사이에 있을 확률을 구하시오.

(2) 크기 $n = 100$일 때 표본평균 $\overline{X}$이 78.5와 81.5 사이에 있을 확률을 구하시오.

(3) (1)과 (2)의 결과를 비교하고 산포정도 관점에서 말하시오.

CHAPTER 05

통계적 추정

05

통계적 추정

5.1 통계적 추론

통계적 추론(statistical inference)은 고려중인 모집단으로부터 임의로 추출한 표본(sample)을 기초로 하여 모집단의 분포 모양이나 모수(parameter)에 대해 추정(estimation)하고 이것의 옳고 그름을 **검정**(test)하는 것을 의미한다. 통계적 추론은 모집단의 일부가 되는 표본으로부터 전체 모집단의 특성을 추론해 내는 것을 의미한다. 통계적 추론은 목적에 따라 여러 분야로 분류되지만 기본적인 분야는 모수의 참값으로 추측되는 값을 구하는 추정과 모수에 대한 추정의 옳고 그름을 판단하는 **가설검정**(hypothesis testing)이 있다.

모수에 관한 추정 형태의 분류는 크게 **점추정**(point estimation)과 **구간추정**(interval estimation)으로 나뉜다. 점추정은 모수의 참값이라고 추측되는 하나의 값을 구하는 것이고, 구간추정은 모수의 참값을 포함할 것이라고 추측되는 구간을 구하는 것이다.

○ **고전적 추정 방법**: 모수에 관한 추정 방법의 분류는 확률표본(random sample)으로부터 얻은 정보에 근거를 두고 추정하는 고전적 방법(classical method)과 표본으로부터 제공된 정보와 함께 미지의 모수의 확률분포(probability distribution)에 관한 주관적인 지식을 이용하는 베이지안 방법(Bayesian method)으로 구분된다. 이 장에서는 고전적 추정 방법에 따라 모수를 추정하는 방법을 제시하고 여러 가지 바람직한 **추정량**(estimator)의 특성을 고려하기로 한다.

통계적 추론은 정확한 것이 아니므로 부정확한 정도를 언급해야 하는데 이 정도를 표시할 수 있게 하는 도구가 확률론과 표본분포 등이다. 모집단의 특징을 나타내는 모수와 확률표본의 특징을 나타내는 통계량(statistics) 간에는 중요한 차이점이 존재한다. 추정량이란 모집단의 특성을 나타내는 모수를 추측하기 위하여 임의로 추출한 확률표본들을 근거로 계산되는 표본의 통계량을 의미한다. **추정값**(estimate)이란 확률표본들을 근거로 계산된 추정량의 실제 수치값을 의미한다. 아래의 [표 5.1]은 모수와 추정량 및 추정값의 일반적인 표기 방법을 나타낸다.

[표 5.1] 모수, 추정량, 추정값의 일반적 표기 방법

구분		평균	분산	표준편차	비율	상관계수
모집단(모수 θ)		μ	σ^2	σ	p	ρ
표본	추정량 $\hat{\Theta}$	$\overline{X}$	S^2	S	$\hat{p}$	$\hat{\rho}$
	추정값 $\hat{\theta}$	$\overline{x}$	s^2	s	$\hat{p}$	$\hat{\rho}$

예제 5.1 R의 {UsingR} 패키지가 제공하는 데이터셋 'babies'는 1960년대 초 미국인 1,236명의 신생아와 그의 부모들에 대한 23가지 표본 자료를 제공한다. 이 중 7번째 열(babies$wt)은 신생아의 몸무게(단위: 온스≈28.3495그램)에 대한 정보를 담고 있다. 이 데이터셋에 대하여 R의 내부함수를 이용하여 다음 각 물음에 답하시오.

(1) 추정값인 표본평균 및 중앙값과 표본분산 및 표본표준편차(점추정)

(2) 사분위수와 요약통계[summary() 함수 이용]

(3) 정규모집단을 가정하고 [정리 4.6]을 이용하여 모평균인 μ의 $100(1-\alpha)\%$ 신뢰구간을 구하고(구간추정),

(4) 모평균인 μ의 95% 신뢰구간을 구하고,

(5) R이 제공하는 함수 t.test()의 결과와 (4)의 결과를 비교하시오.

풀이 (1), (2), (4)의 답을 구하는 R 프로그램은 다음과 같다.

```
# 5장 통계적 추정 - 5.1 통계적 추론 - [예제 5.1] 추정값과 요약통계
> library(UsingR) # install.packages("UsingR")
> head(babies); tail(babies)
> barx <- mean(babies$wt); barx # (1) : 평균 = 119.5769
> median(babies$wt) # (1) : 중앙값 = 120
> var(babies$wt); # (1) : 분산 = 332.5682
> sdx <- sd(babies$wt); sdx # (1) : 표준편차 = 18.23645
> quantile(babies$wt) # (2)번 답 : 분위수
> summary(babies$wt) # (2)번 답 : 요약통계
> n1 <- 1235; talp <- qt(1-0.025, n1); talp # (1-alpha/2)의 분위수
> qt(0.025, n1) # qt(0.025, n1)가 -talp임을 확인하기
> pt(talp, n1) - pt(-talp, n1) # 95% 신뢰구간임을 확인하기
> left.mu <- barx  - talp*sdx/sqrt(n1+1); left.mu # (4)번 답 : 118.5592
> right.mu <- barx + talp*sdx/sqrt(n1+1); right.mu # (4)번 답 : 120.5945
> t.test(babies$wt, conf.level = 0.95) # (5)번 답 : 결과가 같음
```

(3) $X_1, X_2, \cdots, X_{1236}$을 정규확률표본이라고 하면 $T = (\overline{X} - \mu)/(S/\sqrt{n})$는 [정리 4.6]에 따라 자유도 $n-1=1235$인 t-분포를 따르므로 $100(1-\alpha)\%$ 신뢰도에 대해 다음 식을 얻을 수 있다.

$$P\left(-t_{\alpha/2} < \frac{\overline{X}-\mu}{S/\sqrt{n}} < t_{\alpha/2}\right) = 1-\alpha,$$

$$P\left(\overline{X} - t_{\alpha/2}\frac{S}{\sqrt{n}} < \mu < \overline{X} + t_{\alpha/2}\frac{S}{\sqrt{n}}\right) = 1-\alpha$$

그러므로 구하는 μ의 $100(1-\alpha)\%$ 신뢰구간은 다음과 같다.

$$\overline{x} - t_{\alpha/2}\frac{s}{\sqrt{n}} < \mu < \overline{x} + t_{\alpha/2}\frac{s}{\sqrt{n}}$$

(4) 따라서 μ의 95% 신뢰구간은 $118.5592 < \mu < 120.5945$가 된다.

(5) R이 제공하는 함수 t.test()의 결과와 (4)의 결과가 같다.

5.2 점추정

점추정이란 표본에서 얻는 정보를 이용하여 미지의 모수의 참값으로 추정되는 하나의 값을 구하는 과정을 의미한다. 모수 θ가 가질 수 있는 모든 값들의 집합을 모수공간(parameter space)이라고 하고, 일반적으로 Θ라고 표기한다. 표본평균(sample mean), 표본분산(sample variance), 표본비율(sample proportion) 등과 같은 모수 θ를 추정하기 위해 사용되는 통계량 $\hat{\Theta}$를 **점추정량**(point estimator) 또는 추정량(estimator)이라고 한다. 모수 θ의 **점추정값**(point estimate)은 통계량 $\hat{\Theta}$의 값 중 하나인 $\hat{\theta}$이다. 미지의 모수 θ에 대한 점추정값은 모수의 참값을 잘 예측하는 통계량 $\hat{\Theta}$의 값 중 하나이나 $\hat{\Theta}$가 확률변수이므로 하나 이상이 될 수도 있다.

[예 5.1] 모평균 μ의 점추정값은 크기 n인 확률표본으로부터 통계량 $\overline{X}$를 계산한 $\overline{x}$가 되고 $X \sim B(n,p)$이면 모비율 p의 점추정값은 $\hat{p} = x/n$이 된다.

정의 5.1 확률표본 $X_1, X_2, \cdots, X_n$으로부터 미지의 모수 θ를 추정하기 위해 이용되는 통계량 $\hat{\Theta}(X_1, \cdots, X_n)$을 θ의 추정량이라고 하고, 표본의 관측값 $X_1 = x_1, \cdots X_n = x_n$에 대한 $\hat{\Theta}$의 계산(측정)된 값 $\hat{\theta}(x_1, \cdots, x_n)$을 θ의 추정값이라고 한다.

[예 5.2] 모평균 μ의 추정량으로 표본평균 $\overline{X}$를 사용한다면 [정의 5.1]에 따른 기호 표기는 $\hat{\mu}(X_1, X_2, \cdots, X_n) = \overline{X}$이고 모분산 σ^2의 추정량으로 표본분산 S^2를 사용한다면 $\hat{\sigma}^2(X_1, X_2, \cdots, X_n) = S^2$이 된다. 이때 모평균 μ에 대한 점추정량의 **표준오차**는 $SE(\overline{X}) = \sigma / \sqrt{n}$로 정의하고, 추정된 표준오차는 $S/\sqrt{n}$로 정의한다.

[예 5.3] 확률표본의 실제 관측값을 추정량에 대입하여 얻은 값 $\hat{\mu}(x_1, \cdots, x_n) = \overline{x}$와 $\hat{\sigma}^2(x_1, \cdots, x_n) = s^2$은 각각 모평균과 모분산의 추정값이 된다.

예제 5.2 R의 {datasets} 패키지가 제공하는 'trees' 데이터셋은 흑 체리(cherry) 나무 31그루에서 나온 목재의 3가지 자료 Girth(둘레, 인치 단위 직경), Height(높이, 피트 단위), Volume(부피, 피트 단위 육면체)을 제공한다. 'trees$Volume'을 사용하여 정의에 따른 계산결과와 R의 해당 내부함수 실행결과를 비교하시오.

(1) 모평균 μ에 대한 점추정량으로 $\overline{X}$를 사용하고 추정값을 비교하고,

(2) 모표준편차 σ에 대한 추정량으로 S를 사용하고 추정값을 비교하시오.

(풀이) 문제를 해결하기 위한 R 프로그램은 다음과 같다.

```
# 5장 통계적 추정 - 5.2 점추정 - [예제 5.2] 추정값 비교
> library(datasets); trees
> n <- length(trees$Volume); n
> mean1 <- sum(trees$Volume)/n; mean1 # 정의에 의한 표본평균의 계산
> mean(trees$Volume) # R 내부함수 mean()을 이용: 30.17097
> var1 <- sum((trees$Volume-mean1)^2)/(n-1); var1 # 표본분산의 계산
> sd1 <- sqrt(var1); sd1 # 정의에 의한 표본표준편차의 계산
> sd(trees$Volume) # R 내부함수 sd()를 이용: 16.43785
```

5.2.1 점추정량의 특성

하나의 모수를 추정하기 위한 점추정량(점추정 통계량)은 여러 가지가 있을 수 있다. 예를 들어 모평균 μ를 추정하기 위한 점추정량으로 표본평균, 표본중앙값, 최빈값 등 여러 가지 추정량을 고려할 수 있다. 추정량은 하나의 변수이므로 추출된 표본에 따라 추정값이 달라질 수 있다. 모수에 대한 좋은 점추정값을 결정하는 데 필요한 세 가지 기준으로 **불편추정치**(unbiased estimate)와 **최소분산추정치**(minimum variance estimate) 및 **일치추정치**(consistent estimate)가 있다. 이 기준들은 점추정값으로 어떤 통계량을 사용할지를 결정하는 데 도움을 준다.

1. 불편추정

추정량의 분포는 모수의 참값을 중심으로 이루어지는 것이 바람직하다. 임의로 추출되는 표본으로부터 계산된 추정값들이 모수의 참값을 중심으로 관측되면서 평균적으로 참값과 같아져야 좋은 추정량이 된다. 그러므로 추정량의 기댓값이 모수의 참값과 일치되는 추정량이 바람직한 것으로 이 특성을 가질 때 추정량을 참값의 **불편추정량**(unbiased estimator)이라고 한다.

> **정의 5.2** (불편추정량의 일반적 정의) $T(X)$를 $g(\theta)$의 추정량이라고 할 때 $E[T(X)]-g(\theta)$를 $T(X)$의 편의(편향, bias)라고 한다. 편의가 0이면, 즉 $E[T(X)]=g(\theta)$이면, $T(X)$가 불편성을 갖는다고 하고 $T(X)$를 $g(\theta)$의 **불편추정량**이라고 한다. 그러나 편의가 0이 아니면, $T(X)$를 $g(\theta)$의 **편의추정량**이라고 한다.

예제 5.3 $N(\mu,\sigma^2)$을 따르는 정규모집단에서 추출한 확률표본 X_1, X_2, X_3에 대하여 두 가지 추정량 $\hat{\mu}_1=(X_1+X_2+X_3)/3$과 $\hat{\mu}_2=(X_1+2X_2+3X_3)/6$이 모평균 μ의 불편추정량임을 보이시오.

풀이

(1) $E(\hat{\theta})=E(\hat{\mu}_1)=\mu=\theta$임을 보여야 하고 $\hat{\mu}_1$의 기댓값은 다음과 같다.

$$E(\hat{\mu}_1)=\frac{1}{3}E(X_1+X_2+X_3)=\frac{1}{3}[E(X_1)+E(X_2)+E(X_3)]=\mu$$

(2) $\hat{\mu}_2$의 기댓값은 다음과 같이 주어진다.

$$E(\hat{\mu}_2)=\frac{1}{6}E(X_1+2X_2+3X_3)=\frac{1}{6}[E(X_1)+2E(X_2)+3E(X_3)]=\mu$$

예제 5.4 $B(1,p)$를 따르는 모집단에서 추출한 확률표본 $X_1, X_2, \cdots, X_n$에 대하여 표본비율 $\hat{p}_n=X/n$이 모비율 p의 불편추정량임을 보이시오.

풀이 $X_k \sim B(1,p)$, $k=1,2,\cdots,n$이므로 $E(X_k)=p$임을 알고 다음 식을 얻는다.

$$E(\hat{p}_n)=E\left(\frac{1}{n}\sum_{k=1}^{n}X_k\right)=\frac{1}{n}\sum_{k=1}^{n}E(X_k)=\frac{1}{n}(np)=p$$

따라서 표본비율 $\hat{p}_n=X/n$이 모비율 p의 불편추정량이다.

예제 5.5 $N(\mu, \sigma^2)$을 따르는 정규모집단에서 추출한 확률표본 $X_1, X_2, \cdots, X_n$에 대하여 표본분산 S^2이 모분산 σ^2의 불편추정량임을 보이시오.

풀이 [정리 4.4]에 의하여 $V=(n-1)S^2/\sigma^2$은 자유도 $n-1$인 $\chi^2(n-1)$분포를 따르므로 [정리 3.21]에 의해 $E(V)=n-1$임을 알고 $E(S^2)$을 구하면

$$E(S^2) = E\left(\frac{\sigma^2 V}{n-1}\right) = \frac{\sigma^2}{n-1}E(V) = \frac{\sigma^2}{n-1}(n-1) = \sigma^2$$

따라서 표본분산 S^2이 모분산 σ^2의 불편추정량이다.

예제 5.6 일반 모집단에서 추출한 $X_1, X_2, \cdots, X_n$에 대하여 표본분산 S^2이 모분산 σ^2의 불편추정량임을 보이시오.

풀이 표본분산 S^2의 정의에 따라 다음 식을 얻는다.

$$\begin{aligned} E[(n-1)S^2] &= E\left[\sum_{k=1}^{n}(X_k-\overline{X})^2\right] = E\left[\sum_{k=1}^{n}[X_k-\mu-(\overline{X}-\mu)]^2\right] \\ &= E\left[\sum_{k=1}^{n}(X_k-\mu)^2 - n(\overline{X}-\mu)^2\right] \\ &= \sum_{k=1}^{n}E(X_k-\mu)^2 - nE(\overline{X}-\mu)^2 \\ &= \sum_{k=1}^{n}\sigma_{X_k}^2 - n\sigma_{\overline{X}}^2 = n\sigma^2 - n(\sigma^2/n) = (n-1)\sigma^2 \end{aligned}$$

따라서 표본분산 S^2이 모분산 σ^2의 불편추정량이다.

2. 최소분산 추정량(유효추정량)

추정량이 불편추정량이라고 해서 가장 바람직하다고 보기는 어렵다. 왜냐하면, 불편추정량이라고 해도 추출된 표본으로부터 산포정도가 매우 크면 추정과정에서 큰 오차가 발생할 수 있기 때문이다. 따라서 불편추정량인가를 검토하는 것과 동시에 산포정도 표시측도인 분산까지 함께 고려해야 더욱 바람직하다고 볼 수 있다. 불편추정량이 아닐 경우, 점추정량을 결정하는 기준으로 **평균제곱오차**(MSE, mean square error)라고 하는 $MSE(\hat{\theta}) = E[(\hat{\theta}-\theta)^2]$를 사용하기도 한다.

정의 5.3 모수 θ의 두 불편추정량 $\hat{\theta}_1$과 $\hat{\theta}_2$에 대해,

(1) $Var(\hat{\theta}_1) < Var(\hat{\theta}_2)$이면 $\hat{\theta}_1$이 $\hat{\theta}_2$보다 더 유효하다고 하고,

(2) $Var(\hat{\theta}_1)/Var(\hat{\theta}_2)$를 불편추정량 $\hat{\theta}_1$에 대한 $\hat{\theta}_2$의 상대효율이라고 하며,

(3) 불편성을 만족하면서 가능한 한 최소의 분산을 갖도록 구성하여 얻은 값을 **최소분산불편추정치**(MVUE, minimum variance unbiased estimate)라고 한다.

예제 5.7 [예제 5.3]의 추정량 $\hat{\mu}_1 = (X_1 + X_2 + X_3)/3$과 $\hat{\mu}_2 = (X_1 + 2X_2 + 3X_3)/6$ 중에서 어느 것이 모평균 μ의 추정에서 더 유효한지 보이시오.

풀이 추정량 $\hat{\mu}_1$과 $\hat{\mu}_2$의 분산을 구하면 다음과 같다.

$$Var(\hat{\mu}_1) = \frac{1}{9}[Var(X_1) + Var(X_2) + Var(X_3)] = \frac{1}{9}(3\sigma^2) = \frac{1}{3}\sigma^2$$
$$Var(\hat{\mu}_2) = \frac{1}{36}[Var(X_1) + 4Var(X_2) + 9Var(X_3)] = \frac{1}{36}(14\sigma^2) = \frac{7}{18}\sigma^2$$

따라서 $\hat{\mu}_1$이 더 유효한 불편추정량이 된다.

3. 일치추정량

표본의 크기가 커질수록 추출되는 표본은 모집단에 점점 가까워진다. 그러므로 당연하게 추정량이 모수와 가까울수록 좋은 추정량일 것이다. 추정량 $\hat{\Theta}(X_1,\cdots,X_n)$이 표본의 크기 n이 커짐에 따라 모수 θ에 수렴하는 성질을 일치성(consistency)이라고 하고, 일치성을 갖는 추정량을 **일치추정량**(consistent estimator)이라고 한다.

정의 5.4 크기가 n인 표본을 이용한 모수 θ의 추정량 $\hat{\Theta}_n = \hat{\Theta}(X_1, X_2, \cdots, X_n)$이 임의의 ϵ에 대해 다음 식을 만족하면 $\hat{\Theta}_n$을 θ의 일치추정량이라고 한다.

$$\lim_{n\to\infty} P(|\hat{\Theta}_n - \theta| < \epsilon) = 1 \text{ 또는 } \lim_{n\to\infty} P(|\hat{\Theta}_n - \theta| \geq \epsilon) = 0$$

정리 5.1 $\hat{\Theta}_n$을 모수 θ의 추정량이라고 할 때 다음 조건을 만족하면 $\hat{\Theta}_n$을 모수 θ의 일치추정량이라고 한다.

$$\lim_{n\to\infty} E(\hat{\Theta}_n) = \theta \quad \text{그리고} \quad \lim_{n\to\infty} Var(\hat{\Theta}_n) = 0$$

[증명] 이 책의 범위를 벗어나므로 증명은 생략한다.

예제 5.8 평균이 μ, 분산이 σ^2인 모집단에서 추출한 확률표본을 $X_1, X_2, \cdots, X_n$이라

고 할 때, 표본평균 $\overline{X}$가 모평균 μ의 일치추정량이고 표본분산 S^2은 모분산 σ^2의 일치추정량임을 보이시오.

(풀이) $E(\overline{X}) = \mu$이고 $Var(\overline{X}) = \sigma^2/n$이므로 다음 식을 얻는다.

$$\lim_{n\to\infty} E(\overline{X}) = \lim_{n\to\infty} \mu = \mu \text{ 이고 } \lim_{n\to\infty} Var(\overline{X}) = \lim_{n\to\infty} \frac{\sigma^2}{n} = 0$$

5.2.2 점추정량의 추정법

모수의 점추정량을 구하는 방법은 여러 가지가 있지만, 그 중 일반적인 것은 적률법(method of moments), 최소제곱법(method of least square), 최대가능도추정법(최대우도추정법, maximum likelihood estimation) 등이다. 이 절에서는 두 가지 방법으로 적률법과 최대가능도추정법을 다루기로 한다.

1. 적률법

적률(moment)은 확률분포에 있어서는 평균과 분포, 왜도와 첨도 등을 일반화시킨 것이다. 표본에 대한 1차 적률 $E(X)$는 모평균에 대한 추정치로 사용되며, 2차 적률은 분산과 관련되고, 3차 적률은 **왜도**(skewness, 분포의 기울어진 정도), 4차 적률은 **첨도**(kurtosis, 분포의 뾰족한 정도)와 관련된다. 적률을 통해 분포의 특징을 알 수 있으므로 적률법은 분포의 특성을 알고자 할 때 사용할 수 있는 자연스러운 추정법이다.

한 개의 모수에 대한 점추정량의 적률법은 표본평균과 모평균을 같다고 놓고 점추정치를 구하는 것이다. 두 개의 모수에 대한 점추정량의 적률법은 표본평균과 모평균 및 표본분산과 모분산을 같다고 놓고 점추정치를 구하는 것이다. 일반화하여 적률추정 방법은 k-차 모적률을 k-차 표본적률과 일치시켜 점추정치를 구하는 방법으로 이해할 수 있다.

정의 5.5 추정되어야 할 모수 θ는 적률의 함수로 나타낼 수 있고 다음과 같은 식으로 표현할 수 있다.

$$\theta = h(\mu_1, \mu_2, \cdots, \mu_k), \tag{5.1}$$

여기서 h는 어떤 알려진 함수이고, $\mu_i = E(X^i), i = 1, \cdots, k$는 존재하는 것으로 알려진 모집단 분포의 **모적률**이다.

정의 5.6 크기가 n인 표본을 이용한 모수 θ의 추정량 $\widehat{\Theta}(X_1, X_2, \cdots, X_n)$이 k차 모적률 $\mu_k = E(X^k)$와 k차 표본적률 $n^{-1}\sum_{i=1}^n X_i^k$에 의해 다음과 같은 통계량으로 추정되면 이를 **적률추정량**이라고 한다.

$$\widehat{\Theta}(X_1, X_2, \cdots, X_n) = h\left(\frac{1}{n}\sum_{i=1}^n X_i, \frac{1}{n}\sum_{i=1}^n X_i^2, \cdots, \frac{1}{n}\sum_{i=1}^n X_i^k\right), \qquad (5.2)$$

여기서 h는 식 (5.1)에 정의된 함수이고, $\mu_m = n^{-1}\sum_{i=1}^n X_i^m$, $1 \leq m \leq k$는 적률법의 조건인 모적률과 표본적률의 일치를 의미한다.

예제 5.9 평균이 μ, 분산이 σ^2인 모집단에서 추출한 확률표본을 $X_1, X_2, \cdots, X_n$이라고 할 때, $\sigma = \sqrt{\mu_2 - \mu_1^2}$에 대한 적률추정량은 다음 식으로 주어지는 것을 보이시오.

$$\widehat{\Theta}(X_1, X_2, \cdots, X_n) = \sqrt{\frac{1}{n}\sum_{i=1}^n X_i^2 - \left(\frac{1}{n}\sum_{i=1}^n X_i\right)^2}$$

풀이 적률법의 조건에 의해 $\mu_m = \frac{1}{n}\sum_{i=1}^n X_i^m$, $m = 1, 2$이므로 명백하다.

예제 5.10 확률표본 $X_1, X_2, \cdots, X_n$을 모집단 $X \sim B(m, p)$에서 추출했다고 할 때 $\theta_1 = mp$와 $\theta_2 = mp(1-p)$의 적률추정량을 구하시오.

풀이 mp와 $mp(1-p)$를 모적률의 함수로 표현하면 다음과 같다.

$$\begin{aligned} mp &= E(X) = \mu_1 \\ mp(1-p) &= Var(X) = \mu_2 - \mu_1^2 \end{aligned}$$

그러므로 두 모수 $\theta_1 = mp$와 $\theta_2 = mp(1-p)$의 적률추정량은 다음과 같다.

$$\hat{\theta}_1 = \frac{1}{n}\sum_{i=1}^n X_i = \overline{X}, \quad \hat{\theta}_2 = \frac{1}{n}\sum_{i=1}^n X_i^2 - (\overline{X})^2$$

2. 최대가능도추정법

최대가능도추정법은 점추정값을 구하는 데 가장 많이 사용되는 방법으로 **최대우도추정법**이라고도 하는데 영국의 유전학자이자 통계학자인 피셔(Ronald Aylmer Fisher)에 의해 고안된 방법이다. 최대우도추정법은 주어진 모수에 대하여 가장 적절한 불편추정량을 도출하는 방법 중 하나이다.

정의 5.7 (1) 모집단이 미지의 모수 θ에 의존하는 확률밀도함수 $f(x;\theta)$를 따르고, 확률표본 $X_1, X_2, \cdots, X_n$으로부터 구성된 관측값 $x_1, x_2, \cdots, x_n$에 대한 다음과 같은 결합확률밀도함수를 θ의 함수로서 우도함수라고 하고,

$$L(\theta; x_1, x_2, \cdots, x_n) = f(x_1, x_2, \cdots, x_n; \theta) \tag{5.3}$$

(2) 이러한 우도함수 $L(\theta)$를 최대로 하는 θ값에 대한 추정치 $\hat{\theta}$를 최대가능도추정값(MLE, maximum likelihood estimate)이라고 한다.

참고 5.1 우도함수가 미분가능이면 이를 최대로 하는 θ는 $\frac{\partial}{\partial\theta}L(\theta) = 0$을 만족한다. 만약 확률표본 $X_1, X_2, \cdots, X_n$이 서로 독립이고 같은 분포를 갖는다면 식 (5.3)은 다음 식으로 다시 쓸 수 있다.

$$L(\theta; x_1, x_2, \cdots, x_n) = f(x_1;\theta) f_\theta(x_2;\theta) \cdots f_\theta(x_n;\theta) = \prod_{k=1}^{n} f(x_k;\theta), \tag{5.4}$$

○ **최대가능도추정법의 특징**: 최대가능도추정법은 관심이 있는 확률변수 또는 모수(확률분포 특성치)에 대해 사전 정보를 필요로 하지 않는 통계적 추정 과정으로 적절하다. 모집단이 어떤 종류의 확률분포를 따르는지 정도는 알고 있으나, 구체적으로 모집단을 나타내는 수치(모수, 확률변수)를 모르는 경우에 주로 사용한다. 합리적인 추정량으로 무엇을 삼을지도 불분명한 상황일 때 최대가능도추정법이 적절한 것으로 알려져 있다.

예제 5.11 $X_1, X_2, \cdots, X_n$을 $X \sim Pois(\theta)$로부터 추출한 확률표본이라고 할 때 θ에 대한 최대가능도추정량을 구하시오.

풀이 $X \sim Pois(\theta)$에 대한 θ의 함수로서 확률밀도함수는 다음과 같다.

$$f(x;\theta) = \begin{cases} \dfrac{e^{-\theta}\theta^x}{x!}, & x = 0, 1, \cdots, \theta > 0, \\ 0, & \text{그 밖에서} \end{cases}$$

따라서 가능도(우도)함수는 다음과 같다.

$$L(\theta) = \frac{e^{-\theta}\theta^{x_1}}{x_1!}\frac{e^{-\theta}\theta^{x_2}}{x_2!}\cdots\frac{e^{-\theta}\theta^{x_n}}{x_n!} = \frac{e^{-n\theta}\theta^{\sum_{k=1}^{n}x_k}}{x_1!x_2!\cdots x_k!}$$

양변에 로그를 취하면 다음 식을 얻는다.

$$l(\theta) = \ln L(\theta) = -n\theta + \ln\theta\sum_{k=1}^{n}x_k - \sum_{k=1}^{n}\ln x_k!$$

양변을 θ에 관해서 미분하여 최댓값을 구하기 위해 다음 식을 얻는다.

$$\frac{\partial}{\partial\theta}l(\theta) = -n + \frac{1}{\theta}\sum_{k=1}^{n} x_k = 0$$

따라서 θ에 대한 최대가능도추정값은 $\hat{\theta} = \overline{x}$이다.

예제 5.12 $X_1, X_2, \cdots, X_n$을 $X \sim \text{Exp}(1/\theta)$로부터 추출한 확률표본이라고 할 때 θ와 $g(\theta) = e^{-\theta}$에 대한 최대가능도추정량을 구하시오.

풀이 $X \sim \text{Exp}(1/\theta)$에 대한 θ의 함수로서 확률밀도함수는 다음과 같다.

$$f(x;\theta) = \begin{cases} \frac{1}{\theta}e^{-x/\theta}, & x > 0, \theta > 0, \\ 0, & \text{그 밖에서} \end{cases}$$

따라서 가능도함수는 다음과 같다.

$$L(\theta) = \frac{1}{\theta}e^{-\frac{x_1}{\theta}}\frac{1}{\theta}e^{-\frac{x_2}{\theta}} \cdots \frac{1}{\theta}e^{-\frac{x_n}{\theta}} = \left(\frac{1}{\theta}\right)^n e^{-\frac{1}{\theta}\sum_{k=1}^{n} x_k}$$

양변에 로그를 취하면 다음 식을 얻는다.

$$l(\theta) = \ln L(\theta) = -n\ln\theta - \frac{1}{\theta}\sum_{k=1}^{n} x_k$$

양변을 θ에 관해서 미분하여 최댓값을 구하기 위해 다음 식을 얻는다.

$$\frac{\partial}{\partial\theta}l(\theta) = -\frac{n}{\theta} + \frac{1}{\theta^2}\sum_{k=1}^{n} x_k = 0$$

따라서 θ와 $g(\theta)$에 대한 최대가능도추정값은 각각 $\hat{\theta} = \overline{x}$와 $g(\hat{\theta}) = e^{-\overline{x}}$이 되고, 특히 $\hat{g}(\theta) = g(\hat{\theta})$이 될 때 이를 최대가능도추정량의 **불변성**이라고 한다.

예제 5.13 $X_1, X_2, \cdots, X_n$을 $X \sim B(1, p)$로부터 추출한 확률표본이라고 할 때 p에 대한 최대가능도추정량을 구하시오.

풀이 [정의 3.1]에 의해 $f(x;p) = p^x(1-p)^{1-x}$이므로 가능도함수는 다음과 같다.

$$L(p) = \prod_{k=1}^{n} p^{x_k}(1-p)^{1-x_k} = p^x(1-p)^{n-x}, \quad \text{여기서 } x = \sum_{k=1}^{n} x_k$$

위 식의 양변에 로그를 취하면 다음 식을 얻는다.

$$\ln L(p) = x\ln(p) + (n-x)\ln(1-p)$$

위 식의 양변을 p에 관해서 편미분하면 다음 식을 얻는다.

$$\frac{\partial}{\partial p} lnL(p) = x/p - (n-x)/(1-p)$$

위 식을 $x/p - (n-x)/(1-p) = 0$로 하여 풀면 $\hat{p} = x/n$를 구할 수 있다.

예제 5.14 $X_1, X_2, \cdots, X_n$을 $X \sim N(\mu, \sigma^2)$로부터 추출한 확률표본이라고 할 때 μ와 σ^2에 대한 최대가능도추정량을 구하시오.

풀이 $X \sim N(\mu, \sigma^2)$에 대한 (μ, σ^2)의 함수로서 확률밀도함수는 다음과 같다.

$$f(x;\mu,\sigma^2) = \frac{1}{\sigma\sqrt{2\pi}} e^{-(x-\mu)/2\sigma^2}$$

따라서 가능도함수는 다음과 같다.

$$L(\mu,\sigma^2) = \prod_{k=1}^{n} f(x_k;\mu,\sigma^2) = \left(\frac{1}{\sigma\sqrt{2\pi}}\right)^n \exp\left[-\sum_{k=1}^{n}(x_k-\mu)^2/2\sigma^2\right]$$

그러므로 로그 가능도함수는 다음과 같다.

$$\ln L(\mu,\sigma^2) = -\frac{n}{2}\ln(2\pi\sigma^2) - \frac{1}{2\sigma^2}\sum_{k=1}^{n}(x_k-\mu)^2$$

위 식을 μ와 σ^2으로 각각 편미분하면 다음과 같다.

$$\frac{\partial}{\partial\mu}\ln L(\mu,\sigma^2) = \frac{1}{\sigma^2}\sum_{k=1}^{n}(x_k-\mu),$$
$$\frac{\partial}{\partial\sigma^2}\ln L(\mu,\sigma^2) = -\frac{n}{2\sigma^2} + \frac{1}{2\sigma^4}\sum_{k=1}^{n}(x_k-\mu)^2$$

위 식에서 $\partial\ln L(\mu,\sigma^2)/\partial\mu = 0$로 하여 풀면 $\hat{\mu} = \overline{x}$이고 $\partial\ln L(\mu,\sigma^2)/\partial\sigma^2 = 0$로 하여 풀면 σ^2에 대한 최대가능도추정값을 다음과 같이 얻을 수 있다.

$$\widehat{\sigma^2} = \frac{1}{n}\sum_{k=1}^{n}(x_k-\hat{\mu})^2 = \frac{1}{n}\sum_{k=1}^{n}(x_k-\overline{x})^2$$

5.3 구간추정

표본의 크기를 크게 한 불편추정량이라고 할지라도 모수와 정확하게 일치되는 추정값을 구하기는 어렵다. 그러므로 점추정으로 하나의 값을 결정하는 대신 모수의 참값이 있으리라 추정되는 구간의 하한값과 상한값을 결정할 수 있다. 모수의 참값을 포함하리라 추정되는 하한값과 상한값으로 이루어진 구간을 **신뢰구간**(confidence interval)이라고 한다. 이와 같이 모수를 추정하기 위하여 참값이 포함되리라 예상되는 구간을 제시하는 것을 **구간추정**(interval estimation)이라고 한다.

신뢰구간이 모수를 포함할 확률(대개 90%, 95%, 99% 등을 사용)을 **신뢰수준**(confidence level) 또는 **신뢰도**(confidence coefficient)라고 한다. 크기가 n인 표본을 이용한 모수 θ의 통계량 $\hat{\Theta}(X_1, X_2, \cdots, X_n)$도 표본이 바뀌면 $\hat{\Theta}$의 값도 바뀌므로 신뢰구간의 양 끝점에 해당하는 통계량 $\hat{\Theta}_L$과 $\hat{\Theta}_U$의 추정값인 $\hat{\theta}_L$과 $\hat{\theta}_U$도 변한다. 통계량 $\hat{\Theta}_L$과 $\hat{\Theta}_U$는 확률변수이므로 $\hat{\Theta}(X_1, X_2, \cdots, X_n)$의 표본분포로부터 임의의 $\alpha, (0 < \alpha < 1)$에 대해 다음 조건을 만족하는 $\hat{\theta}_L$과 $\hat{\theta}_U$를 결정할 수 있다.

$$P(\hat{\theta}_L < \theta < \hat{\theta}_U) = 1 - \alpha$$

정의 5.8 (1) 주어진 확률 $1-\alpha$에 대하여 $P(\hat{\theta}_L < \theta < \hat{\theta}_U) = 1 - \alpha$를 만족하는 구간 $[\hat{\theta}_L, \hat{\theta}_U]$를 모수 θ에 대한 $100(1-\alpha)\%$ 신뢰구간이라고 한다.

(2) 이때 $\hat{\theta}_L$과 $\hat{\theta}_U$를 각각 신뢰구간의 하한(lower limit)과 상한(upper limit)이라고 하고 $1-\alpha$를 신뢰수준이라고 한다.

참고 5.2 통계량 $\hat{\Theta}_L$과 $\hat{\Theta}_U$는 확률변수이므로 $[\hat{\Theta}_L, \hat{\Theta}_U]$는 확률구간이 되고, 표본관측값들 $x_1, x_2, \cdots, x_n$에 의해 신뢰구간 $[\hat{\theta}_L, \hat{\theta}_U]$이 관측되면 모수 θ가 이 관측구간에 포함될 확률이 $1-\alpha$라는 의미가 아니라, 반복적으로 신뢰구간을 구할 때 $100(1-\alpha)\%$에 해당하는 구간들이 모수 θ를 포함한다는 의미이다.

참고 5.3 $[\hat{\Theta}_L, \hat{\Theta}_U]$는 **구간추정량**이라고 하고 $[\hat{\theta}_L, \hat{\theta}_U]$는 **구간추정값**이라고 한다.

5.3.1 모평균의 신뢰구간

구간추정량은 점추정량에 바탕을 두고 있으며 모평균의 신뢰구간을 추정하기 위해서는 모평균 μ의 점추정량인 $\overline{X}$의 분포가 필요하다. $X_1, X_2, \cdots, X_n$을 평균 μ, 분산 σ^2인 모집단으로부터 얻은 확률분포일 때, 모집단이 정규분포이면 [정리 4.2a]에 의해 $E(\overline{X})=\mu$이고 $Var(\overline{X})=\sigma^2/n$이며, 비정규모집단이라고 할지라도 표본의 크기가 충분히 크면 중심극한정리에 의해 $\overline{X}$의 분포는 평균 $\mu_{\overline{X}}=\mu$이고 표준편차가 $\sigma_{\overline{X}}=\sigma/\sqrt{n}$인 근사적 정규분포가 된다.

1. 모분산이 알려진 경우 모평균의 신뢰구간

여기서는 모집단이 정규모집단인 경우와 비정규모집단인 경우라도 표본크기가 충분히 클 때(보통 $n \geqq 30$; **대표본**이라고 함)를 고려하기로 한다. 비정규모집단인 경우 표본크기가 충분히 크면 중심극한정리에 의해 정규분포로 근사할 수 있기 때문이다.

> **정리 5.2** 모분산 σ^2이 알려진 모집단으로부터 추출된 크기 n인 확률표본 관측값의 평균을 $\overline{x}$라고 하면 모평균 μ의 $100(1-\alpha)\%$ 신뢰구간은 다음과 같다.
>
> $$\overline{x}-z_{\alpha/2}\frac{\sigma}{\sqrt{n}}<\mu<\overline{x}+z_{\alpha/2}\frac{\sigma}{\sqrt{n}}, \tag{5.5}$$
>
> 여기서 $z_{\alpha/2}$는 Z분포의 오른쪽 꼬리 면적이 $\alpha/2$인 z값이다.

[증명] [정리 3.18]과 [정리 4.3]에 의해 $Z=(\overline{X}-\mu)/(\sigma/\sqrt{n})$는 표준정규분포를 따르므로 [정의 5.8]에 의해 다음 식을 갖는다.

$$P(-z_{\alpha/2}<Z<z_{\alpha/2})=P\left(-z_{\alpha/2}<\frac{\overline{X}-\mu}{\sigma/\sqrt{n}}<z_{\alpha/2}\right)=1-\alpha$$

위 식을 μ에 관해서 정리하면 다음 식을 얻는다.

$$P\left(\overline{X}-z_{\alpha/2}\frac{\sigma}{\sqrt{n}}<\mu<\overline{X}+z_{\alpha/2}\frac{\sigma}{\sqrt{n}}\right)=1-\alpha \tag{5.6}$$

따라서 분산 σ^2을 알 때, 관측값 평균 $\overline{x}$를 계산하면 모평균 μ의 $100(1-\alpha)\%$ 신뢰구간을 얻을 수 있다. 이때 $z_{\alpha/2}(\sigma/\sqrt{n})$은 오차의 한계라고 한다.

참고 5.4 [그림 5.1]은 확률 $P(-z_{\alpha/2}<Z<z_{\alpha/2})=1-\alpha$의 영역을 보여주고 있다.

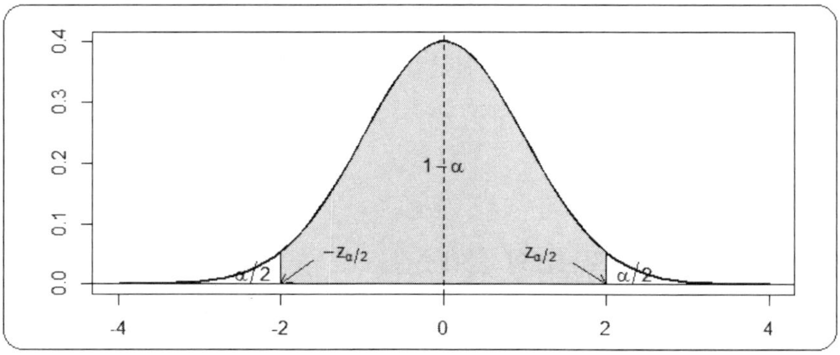

[그림 5.1] 신뢰수준 $100(1-\alpha)\%$일 때 Z분포에서 $\pm\alpha/2$의 위치

```
# 5장 통계적 추정 - 5.3 구간추정 - 5.3.1 모평균의 신뢰구간
# [정리 5.2] - 1. 모분산을 알 때 모평균의 구간추정 - [그림 5.1]
# 근사 표준정규분포 이용
> x <- seq(-4,4,length=80) # [그림 5.1]의 x-축 범위
> fx <- dnorm(x,0,1); plot(x,fx,lwd=2, type="l", col=4)
> x1 <- seq(from=-2, to=2, by=0.001); y1 <- dnorm(x1,0,1)
> polygon(c(x1,rev(x1)),c(y1,rep(0,length(x1))),col="lightgray")
> abline(h=0); abline(v=0,lty=2); text(0,0.2,expression(1-alpha))
> text(-2.35,0.02,expression(alpha/2))
> text(2.35,0.02,expression(alpha/2))
> arrows(-1.6,0.04,-2,0,length=0.1); text(-1.2,0.05,expression(-z[α/2]))
> arrows(1.6,0.035,2,0,length=0.1); text(1.2,0.05,expression(z[α/2]))
```

예제 5.15 모집단이 $N(\mu,64)$의 정규분포를 따르고, 크기가 81인 표본을 추출하여 계산한 평균이 $\overline{x}=100$이었을 때 μ에 대한 95% 신뢰구간을 구하고 R의 패키지 {Teaching Demos}가 제공하는 함수 z.test()를 사용하여 구한 결과와 비교하시오.

풀이 식 (5.6)에 적용하기 위한 $100(1-\alpha)=95$이므로 $\alpha/2=0.025$이 된다. 따라서 $z_{\alpha/2}=1.95996$이므로 신뢰구간의 하한값과 상한값은 다음과 같다.

$$\overline{x}-z_{\alpha/2}\frac{\sigma}{\sqrt{n}}=100-1.95996\times 8/\sqrt{81}\approx 98.25781$$
$$\overline{x}+z_{\alpha/2}\frac{\sigma}{\sqrt{n}}=100+1.95996\times 8/\sqrt{81}\approx 101.7422$$

참고 5.5 R에서 $z_{\alpha/2}$를 구하는 함수는 qnorm(1−0.025)이고 필요한 프로그램은 다음과 같다.

```
# 5장 통계적 추정 - 5.3 구간추정 - 5.3.1 모평균의 신뢰구간
# [예제 5.15] 모분산을 알 때 모평균의 구간추정
> sigma <- 8 # sigma = sqrt(64)
> xbar <- 100 # 표본평균은 100으로 주어짐
> n <- 81 # 표본의 크기는 n = 81로 주어짐
> zalp <- qnorm(1-0.025,0,1); zalp # qnorm(1-0.025)과 동일함
> lowconf <- xbar - zalp*sigma/sqrt(n); lowconf # 하한
> upconf <- xbar + zalp*sigma/sqrt(n); upconf # 상한
> library(TeachingDemos) # install.packages("TeachingDemos")
> z.test(100, 100, 8, n=81, conf.level = 0.95) # 위 결과와 같음
```

예제 5.16 모집단이 $N(\mu,\sigma^2)$의 정규분포를 따를 때, 다음 물음에 답하시오

(1) 표본의 크기 n과 표준편차 σ 및 신뢰수준 $1-\alpha$의 α를 인수로 하여 신뢰구간을 구하는 사용자정의함수를 R 프로그램으로 작성하고,

(2) $n=30$, $\bar{x}=100$, $\sigma=10$이고 $100(1-\alpha)\%$가 90%, 95%일 때 각각의 신뢰구간을 구하시오.

풀이 신뢰구간을 구하는 사용자정의함수 R 프로그램은 다음과 같다.

```
# 5.3절 구간추정 - 5.3.1 모평균의 신뢰구간 - 1. 모분산이 알려져 있는 경우
# 모평균의 구간추정: [예제 5.16] 신뢰구간 구하기 사용자정의함수
> confnorm <- function(n, xmean, sd, alp) {
        errlim <- qnorm(1-alp/2, 0, 1)*sd/sqrt(n)
        lowconf <- xmean - errlim
        upconf <- xmean + errlim
        return(c(lowconf, upconf))
}
> confnorm(30, 100, 10, 0.1) # 96.99692 103.00308 : (2)번의 답
> confnorm(30, 100, 10, 0.05) # 96.42161 103.57839 : (2)번의 답
> confnorm(81, 100, 8, 0.05) # [예제 5.15]의 답 : 98.25781 101.74219
```

예제 5.17 모집단이 $N(\mu,\sigma^2)=N(100,10)$을 따르는 정규분포로부터 $n=30$인 표본을 20번 반복해서 추출할 경우 신뢰수준 95%로 하여 R 프로그램으로 구한 신뢰구간을 그림으로 표시하시오.

풀이 신뢰구간을 모의실험할 R 프로그램과 그림은 다음과 같다.

```
# 5장 통계적 추정 - 5.3 구간추정 - 5.3.1 모평균의 신뢰구간 - 1. 모분산이
# 알려져 있는 경우 모평균의 구간추정 - [그림 5.2] 신뢰구간 시뮬레이션
> source("confnorm.R") # 이미 작성된 사용자정의함수 탑재
> mu <- 100; sd <- 10; n <- 30
> srep <- 20; alp <- 0.05
> set.seed(5555); rnorm.mat <- matrix(rnorm(n*srep,mu,sd), nrow=n)
> xmean <- apply(rnorm.mat, 2, mean); xmean
> intvs <- confnorm(n,xmean,sd,alp) # 사용자정의함수 사용
> conf.intvs <- matrix(intvs, nrow=srep); conf.intvs
> plot(x=range(conf.intvs), y=c(0,srep),type="n", xlab="",ylab="")
> for (k in 1:srep) lines(x=conf.intvs[k,],y=rep(k,2),lwd=2)
> title("신뢰구간 20개 모의실험")
> abline(v=100, lwd=2, lty=2, col=2)
# 신뢰수준 95%의 의미는 위와 같은 신뢰구간을 계속 만들면 그 중 모평균을
# 포함하는 구간의 비율이 95%에 가까워진다는 것임
```

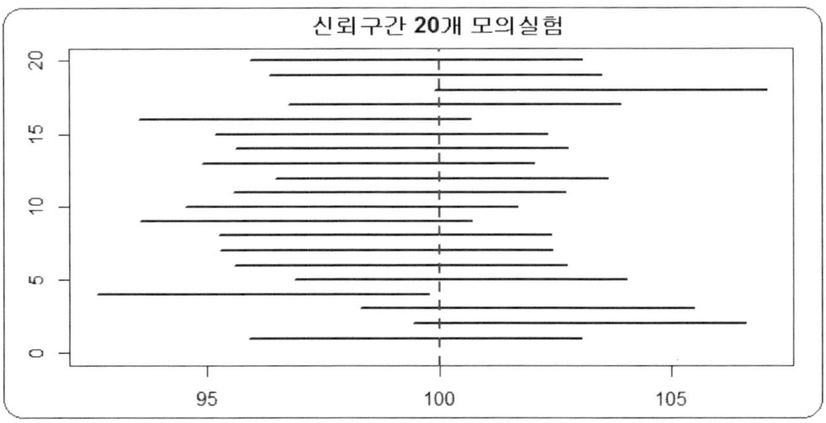

[그림 5.2] 신뢰구간 의미 파악 모의실험

2. 모분산이 알려지지 않은 경우 모평균의 신뢰구간

모분산은 많은 경우 알려져 있지 않으며 차라리 알기를 원하는 모집단의 모수일 수 있다. 여기서는 모분산이 알려져 있지 않은 정규모집단에 대한 모평균의 신뢰구간과 표본크기가 큰 대표본에 대한 모평균의 신뢰구간을 알아보기로 한다.

◎ **정규모집단인 경우**: [정리 4.6]에서 모분산 σ^2을 모르는 경우라도 정규모집단에서 추출한 확률표본일 경우, $T = (\overline{X} - \mu)/(S/\sqrt{n})$는 자유도 $n-1$인 t-분포를 따른다는 것을 알았다. 따라서 모분산 σ^2을 모르는 경우라도 σ를 S로 대체하여 μ에 대한 신뢰구간을 구할 수 있다.

정리 5.3 모분산 σ^2이 알려지지 않은 정규모집단으로부터 얻은 크기 n인 관측값의 평균을 $\overline{x}$라고 하면 모평균 μ의 $100(1-\alpha)\%$ 신뢰구간은 다음과 같다.

$$\overline{x}-t_{\alpha/2}(n-1)\frac{s}{\sqrt{n}}<\mu<\overline{x}+t_{\alpha/2}(n-1)\frac{s}{\sqrt{n}}, \tag{5.7}$$

[증명] [정리 4.6]에 의해 $T=(\overline{X}-\mu)/(S/\sqrt{n})$는 자유도 $n-1$인 t-분포를 따르므로 [정의 5.8]에 의해 다음 식을 가진다.

$$P(-t_{\alpha/2}(n-1)<T<t_{\alpha/2}(n-1))=1-\alpha,$$
$$P\left(-t_{\alpha/2}(n-1)<\frac{\overline{X}-\mu}{S/\sqrt{n}}<t_{\alpha/2}(n-1)\right)=1-\alpha$$

위 식을 μ에 관해서 정리하면 다음 식을 얻을 수 있다.

$$P\left(\overline{X}-t_{\alpha/2}(n-1)\frac{S}{\sqrt{n}}<\mu<\overline{X}+t_{\alpha/2}(n-1)\frac{S}{\sqrt{n}}\right)=1-\alpha \tag{5.8}$$

그러므로 관측값의 평균 $\overline{x}$를 계산하면 모평균 μ의 $100(1-\alpha)\%$ 신뢰구간을 얻을 수 있다. 이때 $t_{\alpha/2}(n-1)(\sigma/\sqrt{n})$은 오차의 한계라고 한다.

참고 5.6 [그림 5.3]은 확률 $P[-t_{\alpha/2}(n-1)<T<t_{\alpha/2}(n-1)]=1-\alpha$의 영역을 보여주고 있다. 여기서 $t_{\alpha/2}$는 t-분포의 오른쪽 면적이 $\alpha/2$가 되는 T의 값이다.

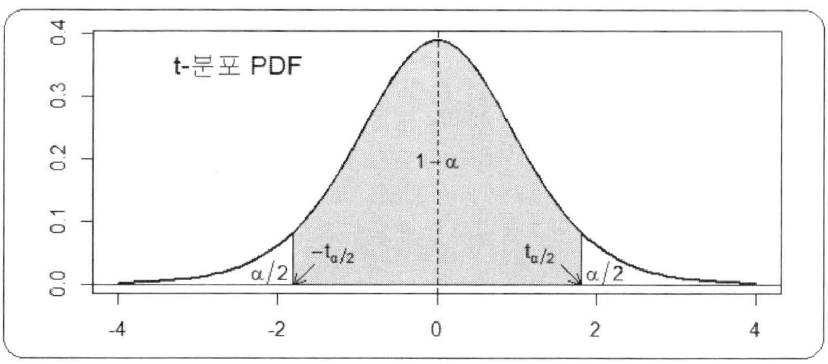

[그림 5.3] 신뢰수준 $1-\alpha$일 때 t-분포에서 $\pm\alpha/2$의 위치

예제 5.18 평균 $\mu=240$, 표준편차 $\sigma=25$인 R의 정규난수[rnorm()] 11개를 생성하여 정수로 반올림한 결과를 얻었을 때, 다음 물음에 답하시오.

(1) 신뢰수준이 90%, 95%, 99%인 세 경우에 대해 모평균 μ의 신뢰구간을 동시에 구하는 t-분포 사용자정의함수를 R 프로그램으로 작성하고,

(2) R이 제공하는 t-검정 함수 t.test()의 결과와 (1)의 결과를 비교하시오.

(풀이) 모평균 μ의 신뢰구간을 동시에 구하는 R 프로그램은 다음과 같다.

```
# 5.3절 구간추정 - 5.3.1 모평균의 구간추정 - 1. 모분산이 알려져 있지 않은
# 경우 모평균의 구간추정: [예제 5.18] t-분포 : 평균의 신뢰구간
> conft <- function(n, xmean, sd, alp) { # n = degree of freedom
        errlim <- qt(1-alp/2, n)*sd/sqrt(n+1)
        lowconf <- xmean - errlim; upconf <- xmean + errlim
        intvs <- matrix(c(lowconf, upconf),nrow=length(alp))
        colnames(intvs) <- c("lower limit","upper limit")
        return(intvs)
}
> set.seed(5555); rnum <- round(rnorm(11,240,25),digits=0)
> xmean <- mean(rnum); sdn <- sd(rnum) # 231.8182, s^2 = 387.1636
> alp <- c(0.1, 0.05, 0.01); conft(length(rnum)-1,xmean,sdn,alp) # (1)
> t.test(rnum, conf.level=0.90) # R이 제공하는 t-분포 검정 내부함수
> t.test(rnum, conf.level=0.95) # 95% 신뢰구간
> t.test(rnum, conf.level=0.99) # 99% 신뢰구간
# (2) 신뢰구간 계산에서 t.test()의 결과와 사용자정의함수의 결과가 일치
```

○ **비정규모집단, 대표본인 경우**: 모집단이 정규분포를 따른다는 것을 알 수도 없고 모분산 σ^2을 모르지라도 표본의 크기가 $n \geq 30$이라면 σ를 s로 대체하여 신뢰구간(이것을 보통 대표본 신뢰구간이라고 함)을 구할 수 있다. 비정규모집단일지라도 표본크기가 충분히 크면 중심극한정리에 의해 정규분포로 근사할 수 있기 때문이다.

정리 5.4 모분산 σ^2이 알려지지 않은 임의의 모집단으로부터 얻은 크기 $n \geq 30$인 관측값의 평균을 $\bar{x}$라고 하면 모평균 μ의 $100(1-\alpha)\%$ 신뢰구간은 다음과 같다.

$$\bar{x} - z_{\alpha/2}\frac{s}{\sqrt{n}} < \mu < \bar{x} + z_{\alpha/2}\frac{s}{\sqrt{n}}, \tag{5.9}$$

[증명] 임의의 모집단인 경우의 중심극한정리인 [정리 4.3]의 식을 다시 쓰면 다음과 같은 식을 얻을 수 있다.

$$\frac{S_n - n\mu}{\sigma\sqrt{n}} = \frac{\overline{X} - \mu}{\sigma/\sqrt{n}} \xrightarrow{d} N(0,1), \ \ as\ n \to \infty \tag{5.10}$$

또한 표본분산 S_n^2은 모분산 σ^2에 대한 일치추정량이므로 σ를 S로 대체하여 다음 식을 얻는다.

$$P\left(\overline{X} - z_{\alpha/2}\frac{S}{\sqrt{n}} < \mu < \overline{X} + z_{\alpha/2}\frac{S}{\sqrt{n}}\right) = 1-\alpha, \ as \ n \to \infty \tag{5.11}$$

따라서 평균 $\overline{x}$를 계산하면 모평균 μ의 $100(1-\alpha)\%$ 신뢰구간을 얻는다.

예제 5.19 [예제 5.2]에서 흑 체리 나무의 평균 입방체 부피(cubic volume) μ에 대한 95% 신뢰구간을 구하시오.

풀이 [예제 5.2]의 결과로부터 표본평균과 표본표준편차는 다음과 같다.

$$\overline{x} = 30.17097, \quad s = 16.43785$$

또한 표본의 크기가 $n = 31$이므로 대표본에 해당하고 [정리 5.4]의 식 (5.9)에 적용하기 위해 필요한 상수는 $\alpha = 0.05$이고 $z_{0.025} = 1.95996$이므로 모평균 μ에 대한 95% 신뢰구간의 하한과 상한은 다음과 같다.

$$\overline{x} - z_{0.025}\frac{s}{\sqrt{n}} = 30.17097 - 1.95996 \times 16.43785/\sqrt{31} \approx 24.38452$$
$$\overline{x} + z_{0.025}\frac{s}{\sqrt{n}} = 30.17097 + 1.95996 \times 16.43785/\sqrt{31} \approx 35.95742$$

5.3.2 모분산과 모비율의 신뢰구간

여기서는 모분산이 알려지지 않은 정규모집단에 대한 모분산의 신뢰구간을 다룬다. 또한 베르누이 분포를 따르는 모집단의 모비율에 대한 신뢰구간을 다룬다.

1. 모분산의 신뢰구간

○ **정규모집단인 경우**: 정규모집단 $N(\mu, \sigma^2)$에 대한 모분산 σ^2의 신뢰구간을 구하기 위해 [정리 4.4]에 따라 자유도 $n-1$인 $\chi^2(n-1)$분포를 갖는 통계량 $V = (n-1)S^2/\sigma^2$을 사용한다.

정리 5.5 모분산 σ^2이 알려지지 않은 정규모집단에서 얻은 크기 n인 관측값의 분산을 s^2이라고 하면 모분산 σ^2의 $100(1-\alpha)\%$ 신뢰구간은 다음과 같다.

$$\frac{(n-1)s^2}{\chi^2_{\alpha/2}(n-1)} \le \sigma^2 \le \frac{(n-1)s^2}{\chi^2_{1-\alpha/2}(n-1)} \tag{5.12}$$

[증명] 정규모집단에서 크기 n인 확률표본을 추출하면 [정리 4.4]에 의해 통계량

$V=(n-1)S^2/\sigma^2$은 자유도 $n-1$인 $\chi^2(n-1)$분포를 따르므로 다음 두 값 $\chi^2_{\alpha/2}(n-1)$과 $\chi^2_{1-\alpha/2}(n-1)$을 얻을 수 있다.

$$P(V \leqq \chi^2_{1-\alpha/2}(n-1)) = \alpha/2, P(V \geqq \chi^2_{\alpha/2}(n-1)) = \alpha/2$$

따라서 확률변수 V가 구간 $[\chi^2_{1-\alpha/2}(n-1), \chi^2_{\alpha/2}(n-1)]$에 포함될 확률은

$$P\left(\chi^2_{1-\alpha/2}(n-1)) \leqq \frac{(n-1)S^2}{\sigma^2} \leqq \chi^2_{\alpha/2}(n-1)\right) = 1-\alpha$$

이고 σ^2에 관하여 재정리하면 다음 식을 얻는다.

$$P\left(\frac{(n-1)S^2}{\chi^2_{\alpha/2}(n-1)} \leqq \sigma^2 \leqq \frac{(n-1)S^2}{\chi^2_{1-\alpha/2}(n-1)}\right) = 1-\alpha$$

그러므로 정규모집단으로부터의 확률표본에 대한 관측값의 분산 s^2을 계산하여 모분산 σ^2의 $100(1-\alpha)\%$ 신뢰구간 식 (5.12)를 구할 수 있다.

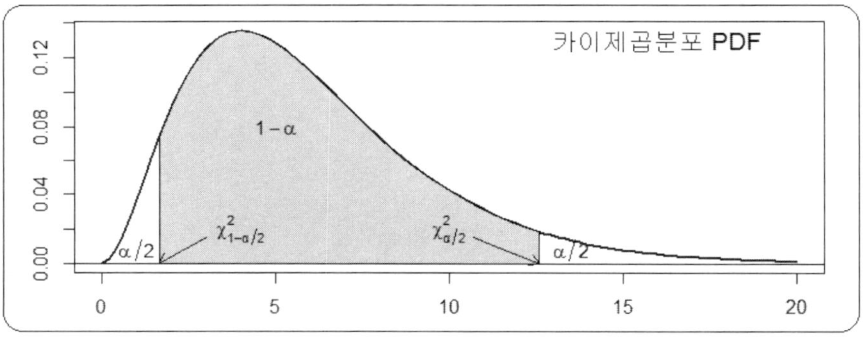

[그림 5.4] 신뢰수준 $1-\alpha$일 때 χ^2-분포에서 $\pm\alpha/2$의 위치

참고 5.7 [그림 5.4]는 확률 $P[\chi^2_{1-\alpha/2}(n-1) \leqq V \leqq \chi^2_{\alpha/2}(n-1)] = 1-\alpha$의 영역을 보여주고 있다. 여기서 $\chi^2_{\alpha/2}(n-1)$과 $\chi^2_{1-\alpha/2}(n-1)$는 각각 자유도 $n-1$인 χ^2-분포의 오른쪽 꼬리 면적과 왼쪽 꼬리 면적이 $\alpha/2$가 되는 V의 값이다.

예제 5.20 [예제 5.18]에서 생성한 정규난수 11개를 사용하여 모분산 σ^2에 대한 90%, 95%, 99% 신뢰구간을 R 프로그램으로 구하시오.

풀이 [정리 5.5]의 결과인 식 (5.12)를 사용하기 위해 먼저 $\bar{x}=231.8182$이므로 $s^2 = (1/11)\sum_{k=1}^{11}(x_k-\bar{x})^2 = 387.1636$이고, 다음으로 $n=11$이고 $\alpha=0.05$일 때, 카이제곱분포로부터 $\chi^2_{0.025}(10) \approx 3.24697$, $\chi^2_{0.975}(10) \approx 20.4832$, 따라서 95% 신뢰구간은

$[(10)(387.1636)/20.4832, (10)(387.1636)/3.24697] \approx [189.0152, 1192.384]$가 된다. 그리고 3개의 신뢰구간을 구하는 R 프로그램은 다음과 같다.

```
# 5장 통계적 추정 - 5.3 구간추정 - 5.3.2 모분산과 모비율의 신뢰구간
# [예제 5.20] 카이제곱: 정규모집단의 모분산을 모르는 경우 모분산 신뢰구간
> confchisq <- function(xn, alp) {
  sdn <- sd(xn); n <- length(xn)-1 # n = degree of freedom
  lowconf <- n*sdn^2/qchisq(1-alp/2, n)
  upconf <- n*sdn^2/qchisq(alp/2, n)
  intvs <- matrix(c(lowconf, upconf),nrow=length(alp))
  colnames(intvs) <- c("lower limit","upper limit")
  return(intvs)
}
> set.seed(5555); rnum <- round(rnorm(11,240,25),digits=0)
> mean(rnum); var(rnum) # 생성된 난수의 평균(231.8182)과 분산(387.1636)
> alpha <- c(0.1, 0.05, 0.01) # 신뢰수준: 차례로 90%, 95%, 99%
> confchisq(rnum,alpha) # 신뢰구간을 동시에 구함
```

두 모분산 비의 신뢰구간: 두 모분산 비 σ_1^2/σ_2^2의 점추정값은 두 표본분산의 비 s_1^2/s_2^2으로 구할 수 있으므로 통계량 S_1^2/S_2^2은 σ_1^2/σ_2^2의 점추정량이 된다. 두 정규모집단의 분산을 각각 σ_1^2과 σ_2^2이라고 하면 σ_1^2/σ_2^2의 신뢰구간은 통계량 $F=(\sigma_2^2 S_1^2)/(\sigma_1^2 S_2^2)$을 이용하여 구할 수 있다.

정리 5.6 두 정규모집단에서 얻은 크기 n_1과 n_2인 관측값의 분산을 각각 s_1^2과 s_2^2이라고 하면 모분산의 비 σ_1^2/σ_2^2의 $100(1-\alpha)\%$ 신뢰구간은 다음과 같다.

$$\frac{s_1^2}{s_2^2}\frac{1}{f_{\alpha/2}(\nu_1,\nu_2)} \le \frac{\sigma_1^2}{\sigma_2^2} \le \frac{s_1^2}{s_2^2} f_{\alpha/2}(\nu_2,\nu_1), \tag{5.13}$$

여기서 $f_{\alpha/2}(\nu_1,\nu_2)$과 $f_{\alpha/2}(\nu_2,\nu_1)$은 각각 자유도가 $\nu_1 = n_1 - 1$과 $\nu_2 = n_2 - 1$인 F-분포에서 오른쪽 꼬리 면적이 $\alpha/2$가 되는 f값이다.

[증명] [정리 4.4]에 의해서 $(n_1-1)S_1^2/\sigma_1^2$과 $(n_2-1)S_2^2/\sigma_2^2$은 각각의 자유도가 $\nu_1 = n_1 - 1$과 $\nu_2 = n_2 - 1$인 χ^2-분포를 따르고 정의에 의해 $F=(\sigma_2^2 S_1^2)/(\sigma_1^2 S_2^2)$는 자유도 ν_1, ν_2인 F-분포를 따르므로 다음 관계가 성립한다.

$$P[f_{1-\alpha/2}(\nu_1,\nu_2) < F < f_{\alpha/2}(\nu_1,\nu_2)] = 1-\alpha, \tag{5.14}$$

여기서 $f_{\alpha/2}(\nu_1,\nu_2)$과 $f_{1-\alpha/2}(\nu_1,\nu_2)$는 각각 자유도 ν_1, ν_2인 F-분포의 오른쪽 면적과 왼쪽 면적이 $\alpha/2$가 되는 F-값들이고 $F=(\sigma_2^2 S_1^2)/(\sigma_1^2 S_2^2)$를 위 식에 대입하고 σ_1^2/σ_2^2에 관해서 다시 정리하면 다음 식을 얻는다.

$$P\left[\frac{S_1^2}{S_2^2}\frac{1}{f_{\alpha/2}(\nu_1,\nu_2)} < \frac{\sigma_1^2}{\sigma_2^2} < \frac{S_1^2}{S_2^2}\frac{1}{f_{1-\alpha/2}(\nu_1,\nu_2)}\right] = 1-\alpha,$$

한편 $f_{1-\alpha/2}(\nu_1,\nu_2)$는 $1/f_{\alpha/2}(\nu_2,\nu_1)$이므로 위 식을 다음과 같이 다시 쓸 수 있다.

$$P\left[\frac{S_1^2}{S_2^2}\frac{1}{f_{\alpha/2}(\nu_1,\nu_2)} < \frac{\sigma_1^2}{\sigma_2^2} < \frac{S_1^2}{S_2^2}f_{\alpha/2}(\nu_2,\nu_1)\right] = 1-\alpha,$$

그러므로 정규모집단으로부터 얻은 관측값의 분산 s_1^2, s_2^2을 계산하여 모분산비 σ_1^2/σ_2^2의 $100(1-\alpha)\%$ 신뢰구간 식 (5.13)을 구할 수 있다.

참고 5.8 [그림 5.5]는 $P[f_{1-\alpha/2}(\nu_1,\nu_2) < F < f_{\alpha/2}(\nu_1,\nu_2)] = 1-\alpha$의 영역을 보여준다.

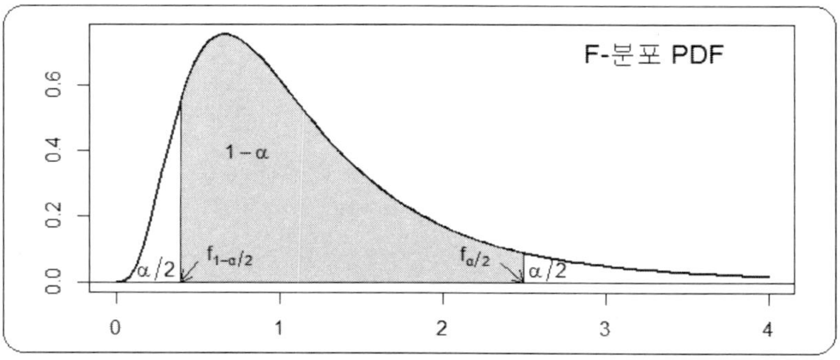

[그림 5.5] 신뢰수준 $1-\alpha$일 때 F-분포에서 $\pm\alpha/2$의 위치

예제 5.21 R의 {MASS} 패키지가 제공하는 'immer' 데이터셋은 5종의 보리를 6개 지역에서 시험 재배한 2년 간 자료이다. 첫째 해(Y1)와 둘째 해(Y2)에 대해 모분산의 비 σ_1^2/σ_2^2의 95% 신뢰구간을 R 프로그램으로 구하시오.

풀이 모분산의 비 σ_1^2/σ_2^2의 신뢰구간을 R 프로그램은 다음과 같다. 참고로 R의 내부함수 attach()는 데이터프레임의 행 또는 열의 명칭을 변수로 사용할 수 있도록 하여 사용자에게 편의를 제공한다.

```
# 5.3절 구간추정 - 5.3.2 모분산과 모비율 신뢰구간 - 1. 모분산비 신뢰구간
# [예제 5.21] F-분포를 이용한 모분산비의 신뢰구간(정규모집단 경우)
> library(MASS); immer
```

```
> attach(immer) # 이후 'immer'의 열 명칭을 변수로 사용할 수 있음
> n1 <- n2 <- length(Y1)-1; n1; alp <- 0.05
> mean(Y1); var(Y1)
> var1 <- sum((Y1-mean(Y1))^2)/n1; var1 # var(Y1)과 같은 값
> mean(Y2); var(Y2)
> var2 <- sum((Y2-mean(Y2))^2)/n2; var2 # var(Y2)와 같은 값
> lowlimit <- (var1/var2)/qf(1-alp/2,n1,n2); lowlimit
> uplimit <- (var1/var2)*qf(1-alp/2,n2,n1); uplimit
> uplimit1 <- (var1/var2)/qf(alp/2,n1,n2); uplimit1
> var.test(Y1,Y2)$conf[1:2] # 함수 var.test()를 사용한 모분산비의 신뢰구간
```

2. 모비율의 신뢰구간

지금까지는 연속형 확률변수에 대한 모집단의 평균과 분산에 대한 구간추정 방법을 알아보았다. 여기서는 이산형 확률변수와 관계되는 모비율에 대한 구간추정 방법을 다루기로 한다. 이산형 자료분석은 범주에 해당하는 수치화하기 어려운 자료를 하나의 사건에 대응시키므로 범주형 자료분석이라고도 한다.

범주형 자료의 예로 제품의 품질 수준을 상, 중, 하로 구분한다든지 아니면 단순히 합격, 불합격으로 구분하는 것 등을 들 수 있다. 관심 있는 모집단의 비율 p를 합격품의 비율로 정의할 수 있고, 임의로 n개의 표본을 추출했다면 합격품의 수는 $X \sim B(n,p)$로 모델링할 수 있다.

정리 5.7 모수가 p인 베르누이 분포 $B(1,p)$로부터 n개의 확률표본 $X_1,\cdots,X_n$을 얻었다면 모비율 p에 대한 $100(1-\alpha)\%$ 근사적 신뢰구간은 다음과 같다.

$$\hat{p} - z_{\alpha/2}\sqrt{\frac{\hat{p}(1-\hat{p})}{n}} < p < \hat{p} + z_{\alpha/2}\sqrt{\frac{\hat{p}(1-\hat{p})}{n}}, \tag{5.15}$$

여기서 추정값 $\hat{p}$는 $\hat{p}=x/n$이므로 이를 위 식에 대체할 수 있고, $n-x \geq 5$이고 $x \geq 5$인 경우에 적용하는 것이 바람직한 것으로 알려져 있다.

[증명] n개의 확률표본 $X_1,\cdots,X_n$을 얻었다면 $X = \sum_{k=1}^{n} X_k \sim B(n,p)$이고 표본의 크기 n이 충분히 크면 중심극한정리로부터 확률변수 $\hat{p}=X/n$는 평균 p와 분산 $p(1-p)/n$인 정규분포로 근사 가능하다. 즉, $\hat{p} \sim N(p, p(1-p)/n)$이고 이를 표준화하면 $Z = (\hat{p}-p)/\sqrt{(p(1-p)/n} \sim N(0,1)$이 되며 n이 충분히 크면 $p \approx \hat{p}$이므로 다음 식을 얻는다.

$$P(-z_{\alpha/2} < Z < z_{\alpha/2}) = P\left(-z_{\alpha/2} < \frac{\hat{p}-p}{\sqrt{\hat{p}(1-\hat{p})/n}} < z_{\alpha/2}\right) = 1-\alpha$$

위식을 p에 관해서 다시 정리하면 다음 식을 얻는다.

$$P\left(\hat{p} - z_{\alpha/2}\sqrt{\frac{\hat{p}(1-\hat{p})}{n}} < p < \hat{p} + z_{\alpha/2}\sqrt{\frac{\hat{p}(1-\hat{p})}{n}}\right) = 1-\alpha,$$

여기서 $z_{\alpha/2}$는 Z-분포의 오른쪽 꼬리 면적이 $\alpha/2$가 되는 표준정규분포의 값이다.

예제 5.22 어떤 대학의 총장선거에서 A후보의 득표율을 예측하기 위해 50명을 임의로 추출해 조사한 결과 25명이 A후보를 지지했을 때 A후보 지지율 p에 대한 95% 신뢰구간을 구하시오.

풀이 식 (5.15)를 이용하기 위해 $\hat{p} = X/n$를 구하면 $\hat{p} = 25/50 = 0.5$이고 $n\hat{p} = 25$이고 $n(1-\hat{p}) = 25$이므로 신뢰구간을 구할 수 있다. 그리고 $\alpha = 0.05$이므로 표준정규분포의 대응값을 구하면 $z_{0.025} \approx 1.960$이고 이들을 식 (5.15)에 대입하면 구하는 신뢰구간은 $[0.5 - 1.96\sqrt{0.25/50},\ 0.5 + 1.96\sqrt{0.25/50}]$=$[0.3614, 0.6386]$이 된다.

예제 5.23 R이 제공하는 내부함수 rbinom()를 이용하여 성공확률 $p = 0.4$로 하는 베르누이 난수 표본을 500개 생성하고 다음 물음에 답하시오.

(1) 신뢰수준을 90%, 95%, 99%로 하여 모비율 p의 신뢰구간을 동시에 구하는 R 프로그램 작성하고,

(2) 난수 표본의 수를 늘리면 (1)의 결과가 R의 내부함수 prop.test()의 결과와 차이가 대체적으로 줄어드는 것을 확인하시오.

풀이 답을 구하는 R 프로그램은 다음과 같다.

```
# 5장 통계적 추정 - 5.3 구간추정 - 5.3.2 모분산과 모비율의 신뢰구간
# - 2. 모비율의 신뢰구간 - [예제 5.23] 모비율의 신뢰구간 구하기
> confprop <- function(xn, sn, alp) {
  pn <- xn/sn; errlim <- qnorm(1-alp/2,0,1)*sqrt(pn*(1-pn)/sn)
  lowconf <- pn - errlim; upconf <- pn + errlim
  intvs <- matrix(c(lowconf, upconf),nrow=length(alp))
  colnames(intvs) <- c("lower limit","upper limit")
  return(intvs)
}
> alpha <- c(0.1, 0.05, 0.01) # 신뢰수준: 차례로 90%, 95%, 99%
> sn <- 500; xn <- sum(rbinom(sn,1,0.4)) # 베르누이 분포 500개 표본
```

```
> confprop(xn,sn,alpha) # (1)번에 대한 답 : 신뢰구간을 동시에 구함
> prop.test(xn,sn,conf.level=0.95) # 95%에서 R이 제공하는 모비율 검정 함수
> prop.test(xn,sn,conf.level=0.99) # 99%에서 R이 제공하는 모비율 검정 함수
# 표본의 수(sn)가 커지면 confprop()와 prop.test()의 결과 차이가 적어짐
> set.seed(1234) # 재현성을 위한 seed 배정
> for (k in seq(500,2500,by=500)) {
  sn <- k; xn <- sum(rbinom(sn,1,0.4))
  diff <- abs(confprop(xn,sn,0.05) - prop.test(xn,sn)$conf.int)
  cat("하한 차이와 상한 차이 = ", diff,"\n")
} # (2)번에 대한 답
```

5.3.3 표본크기의 계산

신뢰구간 추정 시 신뢰도를 높이면 구간의 크기가 늘어나고 구간의 폭을 줄이기 위해서는 표본의 크기를 증가시켜야 한다. 그러나 표본의 수를 늘리는 것은 고비용을 수반하므로 마냥 늘릴 수는 없다. 따라서 표본의 적절한 크기를 어떻게 결정하여 모수들의 추정에 활용할 수 있는지가 관심의 대상이 된다. 일반적으로 먼저 추정해야 할 모수(μ, σ^2, p)를 결정하고, 신뢰수준($1-\alpha$)을 정한 후 추정량과 모수 간의 **허용오차**($z_{\alpha/2}\sigma/\sqrt{n}$, $t_{\alpha/2}\sigma/\sqrt{n}$, $z_{\alpha/2}\sqrt{\hat{p}(1-\hat{p})/n}$ 등)에 따라 표본의 크기를 결정하게 된다.

1. 모평균 추정에 필요한 표본크기

모평균 μ에 대한 신뢰수준 $1-\alpha$의 신뢰구간의 상한과 하한은 다음 세 형태를 취하고 있으며 신뢰구간의 상 · 하한의 **오차항**으로 구간의 크기를 계산할 수 있다.

(1) 모분산 σ^2을 아는 정규모집단인 경우: $\overline{x} \pm z_{\alpha/2}\sigma/\sqrt{n}$

(2) 모분산 σ^2을 모르는 정규모집단인 경우: $\overline{x} \pm t_{\alpha/2}(n-1)s/\sqrt{n}$

(3) 모분산 σ^2을 모르는 대표본인 경우: $\overline{x} \pm z_{\alpha/2}s/\sqrt{n}$

정리 5.8 (1) 모분산 σ^2을 아는 정규모집단이고 신뢰수준이 $1-\alpha$일 때 오차의 한계를 δ로 제한하는 표본의 크기는 다음 식을 이용한다.

$$n \geq (z_{\alpha/2} \times \sigma/\delta)^2 \qquad (5.16)$$

(2) 모분산 σ^2을 모르는 정규모집단이고 신뢰수준이 $1-\alpha$일 때 오차의 한계를 δ로 제한하는 표본의 크기는 다음 식을 이용한다.

$$n \geq \left[t_{\alpha/2}(n-1) \times s/\delta\right]^2 \tag{5.17}$$

(3) 모분산 σ^2을 모르는 대표본이고 신뢰수준이 $1-\alpha$일 때 오차의 한계를 δ로 제한하는 표본의 크기는 다음 식을 이용한다.

$$n \geq (z_{\alpha/2} \times s/\delta)^2 \tag{5.18}$$

[증명] 세 경우의 증명은 같은 방법이므로, 경우 (1)을 증명하고 나머지는 독자들에게 남긴다. 모분산 σ^2을 아는 정규모집단인 경우 오차의 한계는 $z_{\alpha/2}\sigma/\sqrt{n}$이므로 δ의 의미에 따라 다음 식을 얻고 증명을 완료한다.

$$z_{\alpha/2} \times \frac{\sigma}{\sqrt{n}} \leq \delta \Leftrightarrow z_{\alpha/2} \times \frac{\sigma}{\delta} \leq \sqrt{n} \Leftrightarrow \left(z_{\alpha/2} \times \frac{\sigma}{\delta}\right)^2 \leq n$$

예제 5.24 모집단이 $N(\mu, 25)$를 따른다고 할 때, 모평균 μ에 대한 95% 신뢰구간의 추정에서 오차의 한계를 $\delta = 1.5$로 제한할 때 필요한 표본의 크기를 구하시오.

풀이 $z_{0.025} = 1.95996$이고 $\delta = 1.5$이므로 식 (5.16)에 대입하면 $n \geq (z_{\alpha/2} \times \sigma/\delta)^2 = (1.95996 \times 5/1.5)^2 \approx 42.68$이므로 표본의 크기는 $n = 43$이어야 한다.

예제 5.25 사전 조사한 16명 신생아 몸무게의 표준편차는 500그램이고, 신생아 몸무게는 정규분포를 따른다고 한다. 신뢰수준 95%에서 오차의 한계를 100그램으로 제한하는 모평균 μ의 신뢰구간을 추정하고자 할 때 필요한 표본크기를 구하시오.

풀이 $t_{0.025}(15) = 2.13145$이고 $\delta = 100$, $s = 500$그램이므로 식 (5.17)에 대입하면 $n \geq \left[t_{\alpha/2}(n-1) \times s/\delta\right]^2 = (2.13145 \times 500/100)^2 = 113.577$이 된다. 따라서 표본의 크기는 $n = 114$이어야 한다.

참고 5.9 [예제 5.24]와 [예제 5.25]에서 표본크기를 구하는 R 프로그램은 다음과 같다.

```
# 5장 통계적 추정 - 5.3 구간추정 - 5.3.3 표본크기의 계산 - 1.모평균 표본크기
# [예제 5.24]와 [예제 5.25] 모평균 추정을 위한 표본크기
# [예제 5.24] 모평균 추정을 위한 표본크기(정규분포 사용)
> zn <- qnorm(0.975); zn # 95% 신뢰구간의 추정을 위한 것임
> delta <- 1.5; delta # 오차의 한계로 주어진 값
> sigma <- 5 # sigma^2 = 25로 주어짐
> (zn*sigma/delta)^2 # 구하는 표본의 크기
# [예제 6.25] 모평균 추정을 위한 표본크기(T-분포 사용)
```

```
> qt(0.975,15) # 95% 신뢰구간과 사전 표본크기: n=16
> del <- 100 # 오차의 한계로 주어진 값
> sdn <- 500 # 표준편차로 주어진 값
> (qt(0.975,15)*sdn/del)^2 # 구하는 표본의 크기
```

2. 모비율 추정에 필요한 표본크기

모비율의 점추정값 $\hat{p}$를 사전에 알고 있으면 신뢰수준이 $1-\alpha$일 때 추정 오차한계를 δ로 제한하면 $z_{\alpha/2}\sqrt{\hat{p}(1-\hat{p})/n} \leqq \delta$인 조건을 이용한다. 점추정값을 사전에 알지 못하면 일반적으로 $\hat{p}=0.5$를 사용한다.

정리 5.9 베르누이 분포 $B(1,p)$를 따르는 모집단의 모비율 p의 점추정값이 $\hat{p}$이고 신뢰수준이 $1-\alpha$일 때 추정 오차한계를 δ로 제한하는 **표본크기** n은 다음 식을 만족하는 최소의 정수가 된다.

$$n \geqq \hat{p}(1-\hat{p})\left(\frac{z_{\alpha/2}}{\delta}\right)^2 \tag{5.19}$$

[증명] [정리 5.7]에서 모비율 p에 대한 오차한계는 $z_{\alpha/2}\sqrt{\hat{p}(1-\hat{p})/n}$이었으므로 이것을 δ로 제한하는 식은 다음과 같이 주어진다.

$$z_{\alpha/2}\sqrt{\hat{p}(1-\hat{p})/n} \leqq \delta$$

위식의 양변을 제곱하고 정리하면 다음 식을 얻고 증명을 완료한다.

$$(z_{\alpha/2})^2\frac{\hat{p}(1-\hat{p})}{n} \leqq \delta^2 \Leftrightarrow n \geqq \hat{p}(1-\hat{p})\frac{(z_{\alpha/2})^2}{\delta^2} \Leftrightarrow n \geqq \hat{p}(1-\hat{p})\left(\frac{z_{\alpha/2}}{\delta}\right)^2$$

예제 5.26 어떤 시의 가구 중에서 TV를 소유한 500가구를 확률표본으로 추출하여 특정방송을 시청하는지를 조사(예비 표본조사)하고 그 결과 350가구가 시청하는 것으로 나타났을 때 다음 물음에 답하시오.

(1) p의 점추정값이 신뢰수준 95%에서 오차한계를 $\delta=0.02$로 제한하기 위한 표본의 크기를 구하고,

(2) 예비 표본조사 없이 p의 점추정값을 신뢰수준 95%에서 $\delta=0.03$으로 제한하기 위한 표본의 크기를 구하시오.

풀이

(1) 모비율 p의 점추정값은 $\hat{p}=350/500=0.7$이고 $z_{0.025}=1.95996$이므로 표본의 크기는 다음 식으로 주어진다.

$$n \geq (0.7)(1-0.7)(1.95996/0.02)^2 = 2016.758 \Rightarrow n = 2017$$

(2) 이 경우 점추정값을 $\hat{p}=0.5$로 취하므로 위와 같은 방법으로 계산하면 다음 값을 얻는다.

$$n \geq (0.5)(0.5)(1.95996/0.03)^2 \approx 1067.072 \Rightarrow n = 1068$$

위 값들을 구하기 위한 R 프로그램은 다음과 같다.

```
# 5장 통계적 추정 - 5.3 구간추정-5.3.3 표본크기의 계산 - 2.모비율 표본크기
# [예제 5.26] 모비율 추정을 위한 표본크기
# (1) 신뢰수준 95%, 오차한계 delta = 0.02, 예비 표본조사 실시
> zn <- qnorm(0.975); zn # 95% 신뢰구간의 추정을 위한 것임
> del1 <- 0.02; del1 # 오차의 한계로 주어진 값
> p1 <- 350/500 # 예비 표본조사에서 500가구 중 350가구가 특정방송 시청
> p1*(1-p1)*(zn/del1)^2 # 구하는 표본의 크기
# (2) 신뢰수준 95%, 오차한계 delta = 0.03, 예비 표본조사 미실시
> del2 <- 0.03; del2 # 오차의 한계로 주어진 값
> p2 <- 0.5 # 예비 표본조사를 하지 않았으므로
> p2*(1-p2)*(zn/del2)^2 # 구하는 표본의 크기
```

연습문제

[1] R의 {{UsingR} 패키지가 제공하는 데이터셋 'babies'는 1960년대 초 1,236명의 신생아와 그의 부모들에 대한 23가지 표본 자료를 제공한다. 이 중 13번째 열(babies$wt1)은 산모의 임신전 몸무게(단위: 파운드≈453.592그램)에 대한 정보를 담고 있다. 이 데이터셋에 대하여 R의 내부함수를 이용하여 다음 통계량을 구하시오. 알려지지 않은 몸무게는 통계에서 제외하시오.

(1) 추정값인 표본평균 및 중앙값과 표본분산 및 표본표준편차(점추정)

(2) 사분위수와 요약통계[summary() 함수 이용]

(3) 정규모집단을 가정하고 [정리 4.6]을 이용하여 모평균인 μ의 $100(1-\alpha)\%$ 신뢰구간을 구하고(구간추정),

(4) 모평균인 μ의 95% 신뢰구간을 구하고,

(5) 모평균인 μ의 99% 신뢰구간을 구하시오.

[2] 본문 [예제 5.2]에서 활용한 R의 {datasets} 패키지가 제공하는 데이터 'trees'의 Girth(둘레)를 사용하여 정의에 따른 계산결과와 R의 해당 내부함수 실행결과와 비교하시오.

(1) 모평균 μ에 대한 추정량으로 $\overline{X}$를 사용하고 추정값을 비교하고,

(2) 모분산 σ^2에 대한 추정량으로 S^2을 사용하고 추정값을 비교하시오.

[3] 모평균 μ를 갖는 미지의 모집단에서 추출한 확률표본 X_1, X_2, X_3에 대하여, 모평균에 대한 점추정량을 다음과 같이 두었을 때 각 물음에 답하시오.

$$\widehat{\mu_1} = (X_1 + 2X_2 + X_3)/4,$$
$$\widehat{\mu_2} = (2X_1 + 2X_2 + X_3)/5,$$
$$\widehat{\mu_3} = (X_1 + 2X_2 + X_3)/5$$

(1) 각 추정량의 편의를 구하여 불편추정량과 편의추정량을 정하고,

(2) 불편추정량 중에서 유효추정량을 구하시오.

[4] 모평균 μ와 모분산 σ^2을 갖는 모집단에서 추출한 확률표본 X_1, X_2와 양의 실수 a_1, a_2에 대하여, μ에 대한 다음 점추정량을 생각하고 각 물음에 답하시오.

$$\hat{\mu} = a_1X_1 + a_2X_2$$

(1) $\hat{\mu}$가 μ에 대한 불편추정량이 되기 위한 a_1, a_2의 조건을 구하고,

(2) $\hat{\mu}$가 유효추정량이 되기 위한 a_1, a_2를 구하시오.

[5] **모집단으로부터 추출한 크기 n인 다음 각 표본으로부터 모평균 μ를 추정하고 표준오차의 추정치를 구하는 R 프로그램을 작성하시오.**

(1) $n = 50,\ \sum_{k=1}^{n} x_k = 105,\ \sum_{k=1}^{n} x_k^2 = 250$

(2) $n = 80,\ \sum_{k=1}^{n} x_k = 185,\ \sum_{k=1}^{n} x_k^2 = 915$

(3) $n = 80,\ \sum_{k=1}^{n} x_k = 185,\ \sum_{k=1}^{n} (x_k - \bar{x})^2 = 487.1875$

(4) $n = 120,\ \sum_{k=1}^{n} x_k = 225,\ \sum_{k=1}^{n} (x_k - \bar{x})^2 = 42$ 또는 $\sum_{k=1}^{n} x_k^2 = 463.875$

[6] **어느 과일가게에서 판매하는 사과의 평균무게 μ를 알아보기 위해 49개의 사과를 추출하여 무게를 측정했더니 표본평균은 $\bar{x} = 300$ g, 표본표준편차는 $s = 15$ g이었다고 한다. 프로그램을 작성하여 다음 각 물음에 답하고 결과들을 비교하시오.**

(1) 모평균 μ의 90% 신뢰구간을 구하고,

(2) 모평균 μ의 95% 신뢰구간을 구하고,

(3) 모평균 μ의 99% 신뢰구간을 구하시오.

[7] **5장 연습문제 [1]번의 데이터셋 'babies'에서 13번째 열(babies$wt1)인 산모의 임신 전 몸무게 자료를 이용하여 비정규모집단을 가정한 [정리 5.4]를 따라서 다음 각 물음에 답하시오. 알려지지 않은 몸무게는 통계에서 제외하시오.**

(1) 모평균 μ의 95% 신뢰구간을 구하고

(2) 모평균 μ의 99% 신뢰구간을 구하고

(3) 임의의 α, $(0.01 \leqq \alpha \leqq 0.1)$에 대해 $100(1-\alpha)\%$ 신뢰구간을 구하는 사용자 정의함수문을 R 프로그램으로 작성하시오.

[8] **대표본에 대해 신뢰구간을 구하는 위 연습문제 [7]번에서 작성한 사용자정의함수를 사용하여 다음 각 물음에 답하시오. 여기서 n은 표본의 크기, $\bar{x}$는 표본평균, s는 표본표준편차를 나타낸다.**

(1) $n = 50,\ \bar{x} = 85,\ s = 7.5$일 때 모평균 μ의 95% 신뢰구간

(2) $n = 50$, $\overline{x} = 85$, $s = 7.5$일 때 모평균 μ의 99% 신뢰구간

(3) $n = 120$, $\overline{x} = 0.85$, $s = 0.05$일 때 모평균 μ의 95% 신뢰구간

(4) $n = 120$, $\overline{x} = 0.85$, $s = 0.05$일 때 모평균 μ의 99% 신뢰구간

[9] 정규모집단으로부터 추출한 확률표본으로 모평균 μ의 신뢰구간을 추정하는 본문 [예제 5.18]의 사용자정의함수를 사용하여 다음 각물 음에 답하시오. 여기서 n은 표본의 크기, $\overline{x}$는 표본평균, s는 표본표준편차를 나타낸다.

(1) $n = 25$, $\overline{x} = 15.5$, $s = 2.5$일 때 모평균 μ의 95% 신뢰구간

(2) $n = 25$, $\overline{x} = 15.5$, $s = 2.5$일 때 모평균 μ의 99% 신뢰구간

(3) $n = 36$, $\overline{x} = 30$, $s = 6.5$일 때 모평균 μ의 95% 신뢰구간

(4) $n = 36$, $\overline{x} = 30$, $s = 6.5$일 때 모평균 μ의 99% 신뢰구간

[10] 우리나라 16세 남학생의 키는 표준편차가 5 cm인 정규분포를 따른다고 가정한다. 임의로 선정한 학생 50명의 키의 표본평균이 160 cm이었을 때, 다음 각 물음에 답하시오.

(1) 모평균 μ의 95% 신뢰구간을 구하고,

(2) 모평균 μ의 95% 신뢰구간의 오차(한계)를 구하고,

(3) 95% 신뢰수준에서 오차를 1.0 이하로 유지하기 위한 표본의 크기를 구하시오.

(4) 모평균 μ의 99% 신뢰구간에 대해 (1)~(3)을 반복하시오.

[11] 모분산이 알려져 있지 않은 모집단으로부터 대표본을 추출하여 모평균 μ에 대한 95% 신뢰구간이 (83.21, 86.79)일 때 다음 각 물음에 답하시오.

(1) 모평균 μ의 점추정치 $\overline{x}$를 구하고,

(2) 모평균 μ의 추정량의 오차의 한계를 구하고,

(3) 추정량의 표준오차를 구하고,

(4) 모평균 μ에 대한 99% 신뢰구간을 구하시오.

[12] 정규모집단 $N(\mu, \sigma^2)$에서 크기 $n = 11$인 표본을 추출한 결과가 다음과 같을 때 다음 각 물음에 답하시오.

2.89	2.95	3.31	3.01	3.03	3.34	3.09	2.75	2.86	2.91	3.24

(1) 표본평균 $\overline{x}$를 구하고,

(2) 모분산 σ^2의 점추정치를 구하고,

(3) 모분산 σ^2에 대한 95% 신뢰구간을 구하고,

(4) 사용자정의함수를 작성하여 모분산 σ^2에 대한 90%, 95%, 99% 신뢰구간을 구하시오.

[13] 정규모집단 $N(\mu, \sigma^2)$에서 크기 $n = 10$인 표본을 추출한 결과가 다음과 같을 때 다음 각 물음에 답하시오.

20.0	21.5	20.5	19.5	22.5	20.5	23.5	18.0	23.5	17.5

(1) 표본평균 $\overline{x}$를 구하고,

(2) 모분산 σ^2의 점추정치를 구하고,

(3) 모분산 σ^2에 대한 95% 신뢰구간을 구하고,

(4) 위 문제 [12]에서 작성한 사용자정의함수를 이용하여 모분산 σ^2에 대한 90%, 95%, 99% 신뢰구간을 구하시오.

[14] 아래 주어진 표본자료 X_1, X_2를 사용하여 두 모집단의 모분산 비율 σ_1^2/σ_2^2의 신뢰구간을 구하기 위한 다음 각 물음에 답하시오.

X_1	195	196	198	198	199	199	199	199	200	200
	194	195	199	199	200	200	201	202	203	204
X_2	186	193	198	200	201	201	203	204	207	213
	194	197	197	198	199	202	203	204	205	208
	196	197	197	201	201	202	204	205	205	209

(1) 각 자료의 표본평균인 X_1과 X_2의 평균을 구하고,

(2) 각 자료의 표본분산인 $Var(X_1)$과 $Var(X_2)$를 구하고,

(3) 모분산 비율 σ_1^2/σ_2^2에 대한 95% 신뢰구간을 구하고,

(4) R의 함수 var.test()를 이용한 결과와 (3)의 결과를 비교하시오.

[15] 어떤 공정에서 200개의 제품을 임의로 추출하여 검사한 결과 13개가 불량품이었을 때 다음 각 물음에 답하시오.

(1) 불량률에 대한 95% 신뢰수준에서 오차의 한계를 구하고,

(2) 불량률에 대한 95% 신뢰구간을 직접 계산하여 구하고,

(3) 불량률이 7%로 예상될 때 95% 신뢰수준에서 모비율에 대한 신뢰구간의 오차의 한계가 $\delta = 0.02$ 이하가 되기 위한 표본의 크기를 구하고,

(4) 사용자정의함수를 작성하여 불량률에 대한 90%, 95%와 99% 신뢰구간을 구하고, (1)의 결과와 비교하시오.

CHAPTER 06

가설검정

06

가설검정

6.1 가설검정의 개요

통계적 추론(statistical inference)은 모집단의 분포 모양이나 모수에 대해 추정하여 가설을 정하고 이것의 옳고 그름을 판단하는 **가설검정**을 포함한다. 통계적 가설(statistical hypothesis)이란 단일 또는 여러 모집단에 대한 주장 또는 가정을 의미한다. 즉, 통계적 가설은 확률변수와 관련된 주장 또는 확률변수의 확률분포에 관련된 주장을 의미한다. 그리고 통계적 가설검정(hypothesis testing)이란 모집단에서 표본을 추출하여 이것으로부터 얻은 정보를 기반으로 한 가설의 옳고 그름을 판단하는 기법을 말한다.

6.1.1 귀무가설과 대립가설

통계적 가설검정은 지금까지 알려져 있는 사실이 옳다는 가정 하에서 분석가가 입증하고자 하는 새로운 주장에 대한 근거를 표본으로부터 밝혀내고자 하는 통계적 기법이다. **귀무가설**(歸無假說, null hypothesis)은 지금까지 옳은 것으로 알려져 있는 검정하려는 기존의 어떤 사실에 해당한다. **귀무**(歸無)라는 용어는 한자의 의미에서 보듯이 무효로 돌아간다는 의미로 입증하고자 하는 주장이 무효가 된다는 뜻이다. **대립가설**(對立假說, alternative hypothesis)은 자료로부터 얻은 증거에 근거하여 입증하고자 하는 새로운 주장에 해당한다. 일반적으로 입증하고자 하는 주장을 나타내는 대립가설을 먼저 설정하며, 그런 후에 대립가설에 상반되는 귀무가설을 설정한다.

> **정의 6.1** 지금까지 옳은 것으로 알고 있는 기존의 사실을 귀무가설이라고 하고 H_0로 표기하며 표본자료로부터 얻은 증거에 근거하여 입증하고자 하는 새로운 주장을 대립가설이라고 하고 H_1으로 표기한다.

참고 6.1 귀무가설 H_0는 H_1을 무효화하는 것이며 논리적으로 H_1에 상반되는 것으로 볼 수 있다.

[예 6.1] 가설검정을 통해 데이터 분석가는 다음 두 결론 중 하나를 선택한다.

(1) H_0 유지: 표본자료로부터 충분한 증거를 구하지 못했음

(2) H_0 기각: 표본자료로부터 충분한 증거를 구했으므로 H_1을 지지함

[예 6.2] 법정에서 기소된 피고를 대상으로 한 판결은 다음 둘 중 하나이다.

(1) H_0: 유죄로 볼 명백한 증거가 없으므로 혐의를 인정하지 못함(무죄)

(2) H_1: 충분하고 분명한 증거로 인해 피고의 혐의를 인정함(유죄)

예제 6.1 어떤 의약품의 기존 치료율은 $p_0 = 0.3$이고 신약을 개발하여 치료율이 개선되는지를 확인하기 위해 신약을 투여한 25명을 조사한 결과 12명 이상이 치료되었을 때 가설검정을 시행하기 위한 귀무가설과 대립가설을 설정하시오.

풀이 새로운 약품의 치료율이 30%보다 크다고 하는 주장을 대립가설로 먼저 설정하고, 이에 반대되는 주장을 귀무가설로 설정해야 한다. 신약의 치료율을 p라고 하면 귀무가설은 $p \leqq 0.3$일 때이고 대립가설은 $p > 0.3$일 때이므로 다음과 같이 가설을 설정할 수 있다.

$$H_0:\ p = 0.3,\quad H_1:\ p > 0.3$$

예제 6.2 건전지의 수명은 사용되는 제품에 따라 달라지겠지만 어떤 제품인 경우 기존 건전지의 평균수명은 $\mu_0 = 2000$시간이고, 새로운 생산 기술개발에 성공하여 평균수명이 2000시간보다 길어진다고 개발자들이 주장하고 있다. 회사의 제품 시험부서에서 새로운 기술로 생산된 건전지 64개를 무작위로 추출하여 수명 $X_1, X_2, \cdots, X_{64}$를 조사한 후 표본평균 $\overline{X}$을 근거로 하여 개발자들의 주장의 진위 여부를 판단하기로 한다. 이 통계적 가설검정을 시행하기 위한 귀무가설과 대립가설을 설정하시오.

풀이 새로운 기술로 생산한 건전지의 평균수명이 2000시간보다 길다고 하는 주장을 대립가설로 설정하고, 이에 반대되는 주장을 귀무가설로 설정해야 한다. 신기술로 생산한 건전지의 평균수명을 μ라고 하면 귀무가설은 $\mu \leqq 2000$일 때이고 대립가설은 $\mu > 2000$일 때이므로 다음과 같이 가설을 설정한다.

$$H_0:\ \mu = 2000,\quad H_1:\ \mu > 2000$$

◎ **모수에 대한 가설검정:** [예제 6.1]과 [예제 6.2]에서 가설검정을 위한 통계량으로 표본비율과 표본평균을 이용했다. 일반적으로 모수 θ에 대한 가설검정에서 대립가설 H_1의 형태는 크게 다음 세 가지로 구분된다.

$$1)\, H_1:\ \theta > \theta_0,\quad 2)\, H_1:\ \theta < \theta_0,\quad 3)\, H_1:\ \theta \neq \theta_0, \tag{6.1}$$

여기서 θ_0는 모수 θ에 대하여 주어진 특정한 상수를 나타내고 가설검정을 크게 두 가지로 구분하면 **단측검정**과 **양측검정**으로 분류되는데 식 (6.1)의 1)과 2)는 단측검정에 해당되고 3)은 양측검정에 해당된다.

6.1.2 검정통계량과 기각역

[예제 6.1]과 [예제 6.2]에서 귀무가설 H_0와 대립가설 H_1 중에서 어느 가설을 채택할 것인가를 판단하는 기준으로 각각 표본비율과 표본평균을 사용했다. 표본비율은 모비율의 점추정량이고 표본평균 $\overline{X}$는 모평균 μ의 불편추정량이다. 따라서 모비율이나 모평균의 가설검정에서 표본비율이나 표본평균을 사용하는 것은 타당하며 이렇게 사용되는 통계량을 **검정통계량**(test statistic)이라고 한다.

통계적 가설검정의 두 단계는 (1) 검정통계량을 결정하는 것과 (2) 귀무가설과 대립가설 중에서 채택할 때 검정통계량의 관측값을 이용하는 것이다. 귀무가설 H_0가 참일 때 이를 채택하는 것과 거짓일 때 기각하는 것은 옳은 결정으로 볼 수 있다. 귀무가설 H_0를 채택하는 검정통계량의 관측값 영역을 **채택역**(acceptance region)이라고 하고 H_0를 기각하는 검정통계량의 관측값 영역을 **기각역**(rejection region, critical region)이라고 한다.

정의 6.2 (1) 확률표본 $X_1, X_2, \cdots, X_n$에 근거하여 귀무가설 H_0와 대립가설 H_1 중 어느 하나를 채택하는 데 사용되는 통계량을 검정통계량이라고 하고,

(2) 귀무가설 H_0를 채택하는 검정통계량의 관측값 영역을 채택역이라고 하고,

(3) 귀무가설 H_0를 기각하는 검정통계량의 관측값 영역을 기각역이라고 하며,

(4) 채택역과 기각역을 구분하는 경계선의 값을 **임계값**(critical value)이라고 한다.

6.1.3 검정오류와 유의수준

귀무가설 H_0가 참일 때 이를 채택하는 것과 거짓일 때 기각하는 것은 옳은 결정으로 볼 수 있으나 반대로 H_0가 참일 때 이를 기각하는 것과 거짓일 때 채택하는 경우와 같은 오류가 발생할 수 있다. 귀무가설 H_0가 참일 때 잘못 기각하는 경우는 **제1종 오류**

(type I error)라고 하고 H_1이 참인데도 H_0가 참인 것으로 잘못 판정하는 경우 **제2종 오류**(type II error)라고 한다.

제1종 오류를 범할 확률[$P(H_0$ 기각$|H_0$ 참$)$]이 사전에 정해진 확률 이하가 되도록 기각역을 결정하게 된다. 제1종 오류를 범할 확률을 α라고 하고, 검정에서 허용되는 α의 최댓값을 **유의수준**(significant level)이라고 하며, 제2종 오류를 범할 확률 [$P(H_0$ 채택$|H_1$ 참$)$]을 β로 표기한다. 대립가설 H_1이 참일 때 H_0를 기각하는 확률 $1-\beta$를 **검정력**(statistical power)이라고 한다. [표 6.1]은 가설검정에서 결정의 옳고 그름을 판단할 때 발생하는 네 가지 가능한 상황을 나타낸 것이다.

[표 6.1] 가설검정 결과와 오류

현재의 사실 \ 검정결과	H_0가 참이라고 판정 (H_1 기각, H_0 채택)	H_0가 참이 아니라고 판정 (H_1 채택, H_0 기각)
H_0가 참임(H_1이 거짓)	옳은 결정	제1종 오류
H_0가 거짓(H_1이 참)	제2종 오류	옳은 결정

[예 6.3] [예 6.2]와 관련하여 법정에서 기소된 피고를 대상으로 한 판결에서 무죄인 피고인을 판사가 유죄로 잘못 판결하는 것은 제1종 오류이고, 유죄인 피고를 무죄로 잘못 판결하는 경우는 제2종 오류이다.

정의 6.3 (1) 귀무가설 H_0가 참일 때 잘못 기각하는 경우는 제1종 오류,

(2) 대립가설 H_1이 참일 때 잘못 기각하는 경우는 제2종 오류라고 하고,

(3) 제1종 오류를 범할 확률을 α라고 하고, 제2종 오류를 범할 확률을 β라고 하며, 검정에서 허용되는 α의 최댓값을 유의수준이라고 하고,

(4) 대립가설 H_1이 참일 때 H_0를 기각할 확률 $1-\beta$를 검정력이라고 한다.

참고 6.2 유의수준 α는 제1종 오류를 범할 확률로 정의하기도 한다.

예제 6.3 [예제 6.1]에서 제1종 오류를 범할 확률인 유의수준 α를 구하시오.

(풀이) X를 치료된 환자의 수라고 하면, 제1종 오류를 범할 확률은 귀무가설 H_0가 참일 때, 즉 $p=0.3$일 때 귀무가설 $H_0:\{X<12\}$를 기각하는 확률이므로

$$\begin{aligned}\alpha &= P(H_0 \text{ 기각}|H_0 \text{ 참}) = P(X \geq 12|p=0.3)\\ &= 1-\sum_{x=0}^{11} B(x,25,0.3) \approx 0.0443\end{aligned}$$

예제 6.4 [예제 6.2]에서 건전지의 수명은 표준편차가 $\sigma = 400$시간인 정규분포를 따른다고 할 때 다음 물음에 답하시오.

(1) 귀무가설 H_0가 참일 때, 검정통계량 $\overline{X}$의 확률분포를 구하고,

(2) 가설의 유의수준을 $\alpha = 0.05$로 할 때 기각역을 구하고,

(3) 새로운 기술로 생산된 건전지 64개를 무작위로 추출하여 수명을 조사한 결과 표본평균의 관측값이 $\overline{x} = 2100$시간이었을 때 개발자들의 주장이 옳은지 검정하고,

(4) 새로운 기술로 생산된 건전지 64개를 무작위로 추출하여 수명을 조사한 결과 표본평균의 관측값이 $\overline{x} = 2085$시간이었을 때 유의수준을 구하시오.

풀이

(1) 귀무가설 H_0가 참일 때 모평균은 $\mu = 2000$이고 표준편차가 $\sigma = 400$인 $N(2000, 400^2)$을 따르므로 [정리 4.2a]로부터 표본평균 $\overline{X}$는 평균이 $\mu = 2000$이고 표준편차가 $\sigma/\sqrt{n} = 400/\sqrt{64} = 50$인 $\overline{X} \sim N(2000, 50^2)$을 따른다.

(2) 제1종 오류를 범할 확률은 귀무가설 H_0가 참일 때, 즉 모평균이 $\mu = 2000$일 때 귀무가설 H_0를 기각하는 확률이므로 다음 식을 얻는다.

$$\begin{aligned}\alpha = 0.05 &= P(H_0\ \text{기각}|H_0\ \text{참}) = P(\overline{X} > c|\mu = 2000) \\ &= P\left(\frac{\overline{X} - 2000}{400/\sqrt{64}} > \frac{c - 2000}{400/\sqrt{64}}\right) = P\left(Z > \frac{c - 2000}{400/\sqrt{64}}\right)\end{aligned}$$

따라서 상수 c는 $(c - 2000)/(50) = z_{0.05}$를 만족하는 임계값이다.

$$c = 2000 + 1.64485(50) \approx 2082.2425$$

그러므로 유의수준 $\alpha = 0.05$에서 기각역은 $\{\overline{x} > 2082.2425\}$가 된다.

(3) 검정통계량의 관측값 $\overline{x} = 2100$이 기각역 $\{\overline{x} > 2082.2425\}$에 포함되므로 귀무가설 H_0를 기각할 수 있고 새로운 기술로 생산된 건전지의 평균수명이 2000시간보다 길다는 개발자의 주장은 옳다고 할 수 있다.

(4) 귀무가설 H_0가 참일 때 수명은 모평균이 $\mu = 2000$이고 표준편차가 $\sigma = 400$인 $N(2000, 400^2)$을 따르므로 제1종 오류를 범할 확률인 유의수준은 다음과 같다.

$$\begin{aligned}\alpha &= P(H_0\ \text{기각}|H_0\ \text{참}) = P(\overline{X} > 2085|\mu = 2000) \\ &= P\left(\frac{\overline{X} - 2000}{400/\sqrt{64}} > \frac{2085 - 2000}{400/\sqrt{64}}\right) = P\left(Z > \frac{85}{50}\right) \\ &= P(Z > 1.7) = 1 - P(Z \leq 1.7) \approx 0.04457\end{aligned}$$

```
# 6장 가설검정 - 6.1 가설검정의 개요 - 6.1.3 검정오류와 유의수준
# [예제 6.3] 제1종 오류를 범할 확률(alpha, 유의수준) 구하기
```

```
> x1 <- 0:11; x1
> alpha <- 1-sum(dbinom(x1, 25, 0.3)); alpha # 0.0442465
# [예제 6.4] 기각역, 가설검정과 유의수준
> muz <- 2000; sig <- 400; xn <- 64 # 모평균, 모표준편차, 표본크기
> sdn <- sig/sqrt(64); sdn # xbar의 표준편차
> cn <- qnorm(0.95,muz,sdn); cn # (2)번 답 : 임계값
> c1 <- muz + qnorm(0.95)*sdn; c1 # (2)번 답 : 정규분포의 표준화
> alpha <- 1-pnorm(2085,muz,sdn); alpha # (4)번 답 : 유의수준
> alp1 <- 1-pnorm((2085-muz)/sdn); alp1 # (4)번 답 : 정규분포의 표준화
```

검정력 함수(power function): [정의 6.3]에서 대립가설 H_1이 참일 때 귀무가설 H_0를 기각할 확률 $1-\beta$를 검정력이라고 정의했다. 즉, 대립가설이 옳음에도 귀무가설을 기각하지 않는 오류가 제2종 오류인데, 이러한 오류를 범하지 않을 확률 $1-\beta$를 검정력이라고 한다. [예 6.2]와 관련지어 언급하면 검정력은 범죄의 경중에 따라 의미 있는 증거를 확보하여 유죄 판결을 받아내는 검찰의 능력과 비유된다. 모수 θ가 가질 수 있는 모든 값들의 집합을 모수공간 Θ라고 하면, 일반적으로 귀무가설 H_0에 대응하는 모수공간을 Θ_0라고 표기하고 대립가설 H_1에 대응하는 모수공간을 Θ_1으로 표기 한다. 검정력 함수란 대립가설이 복합가설로 주어질 때, 제2종 오류와 관련된 확률을 다양한 모수값 $\theta \in \Theta_1$에 대한 함수 $P(\theta) = 1-\beta(\theta)$로 표현한 것이다. 즉, 검정력 함수는 다음 식으로 주어진다.

$$P(\theta) = P(H_0 \text{ 기각} | H_1 \text{ 참}) = 1 - P(H_0 \text{ 채택} | \theta \in H_1) = 1 - \beta(\theta) \quad (6.2)$$

모수값 $\theta \in \Theta_0$에 대해 $P(\theta) = P(H_0 \text{ 기각} | H_0 \text{ 참})$은 제1종 오류확률이고 제1종 오류확률의 최댓값 $\alpha = P(\theta)$를 **검정크기**(size of test)라고 한다. 대립가설 H_1에 속하는 특정 θ에 대한 검정력 함수의 값을 검정력(power)이라고 한다. 제1종 오류를 범할 확률 α는 특정한 값을 미리 정해서 관리하지만 제2종 오류를 범할 확률 β는 α가 주어지면 대립가설에 따라 자동으로 정해진다.

정의 6.4 (1) 확률표본 $X_1, X_2, \cdots, X_n$에 근거한 검정통계량이 $\hat{\Theta}(X_1, \cdots, X_n)$이고 기각역이 R이라고 하면, $H_0 : \theta \in \Theta_0$ 대 $H_1 : \theta \in \Theta_1$의 검정에서 H_0를 기각할 확률을 θ의 함수로 나타낸 다음 함수를 검정력 함수라고 한다.

$$P(\theta) = P(\hat{\Theta}(X_1, \cdots, X_n) \in R | \theta) \quad (6.3)$$

(2) 모수 θ의 특정값 θ_0에서 함수값 $P(\theta_0)$를 θ_0에서 검정력이라고 한다.

예제 6.5 [예제 6.2]와 [예제 6.4]에서 건전지의 수명이 $X \sim N(\mu, 400^2)$이고 표본크기 $n=64$일 때 기각역 $R=\{\overline{x} > 2082.2425\}$를 사용하여 $P(\mu)$를 구하시오.

풀이 구하고자 하는 검정력 함수는 다음과 같이 주어진다.

$$\begin{aligned} P(\mu) &= P(\overline{X} > 2082.2425|\mu) = P\left(\frac{\overline{X}-\mu}{\sigma/\sqrt{n}} > \frac{2082.2425-\mu}{\sigma/\sqrt{n}}\right) \\ &= P\left(Z > \frac{2082.2425-\mu}{400/\sqrt{64}}\right) = P(Z > 0.02(2082.2425-\mu)) \\ &= 1 - P(Z \leq 0.02(2082.2425-\mu)) \end{aligned}$$

```
# 6장 가설검정 - 6.1 가설검정의 개요  - 6.1.3 검정오류와 유의수준
# [예제 6.5] 검정력 함수 구하기 - [그림 6.1]
> mu <- seq(1950,2200,10); mu
> zmu <- 0.02*(2082.2425-mu); zmu
> pf = 1-pnorm(zmu,0,1); pf
> plot(mu, pf, type="l", xlab=expression(mu), ylab="power function")
> grid(10,8); title("모평균에 대한 검정력 함수")
```

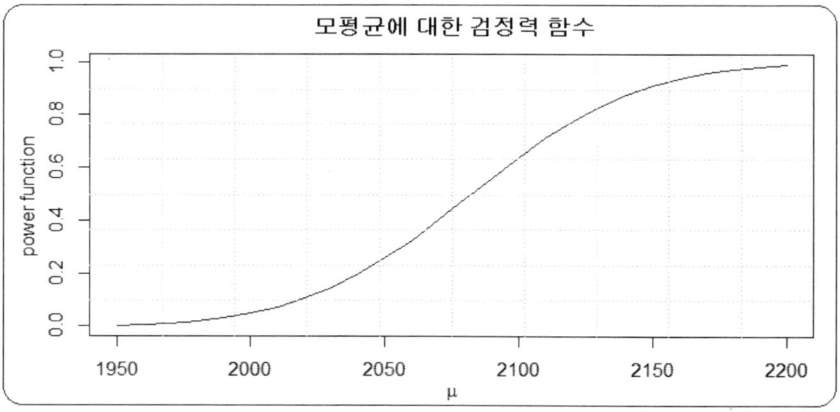

[그림 6.1] 모평균 μ에 대한 검정력 함수 그래프

6.1.4 유의수준과 p-값의 의미

가설검정에서 표본크기 n이 결정되면 제1종 오류확률과 제2종 오류확률을 동시에 줄일 수는 없다([그림 6.2]). 유의수준이란 귀무가설이 사실일 때 귀무가설(H_0)을 기각할 제1종 오류의 최대허용한계 확률(검정에서 허용되는 α의 최댓값)을 의미한다. 검정통계량의 관측값에 따라 귀무가설 H_0의 기각이 가능한 최소한의 **유의수준**을 p-값(p-value) 또는 **유의확률**(significance probability)이라고 한다. 다시 말해서 p-값은 검정통계량의 관측값으로부터 계산된 값이 H_0를 기각하는 최소의 유의수준을 의미한다.

유의확률(p-값)의 범위는 0에서 1까지이고 귀무가설에 반하는 증거를 측정하는 확률로 p-값이 작을수록 귀무가설(H_0)에 반하는 더 강한 증거가 된다. p-값은 유의수준 α에 비교하여 귀무가설(H_0)을 기각해야 하는지 여부를 결정하며 값이 작을수록 대립가설(H_1)을 더 지지하는 검정통계량이 나올 확률을 의미하고 다음 두 경우 중 하나를 갖는다.

(1) p-값이 α보다 작거나 같으면 H_0를 기각

(2) p-값이 α보다 크면 H_0를 기각할 수 없음

제1종 오류와 제2종 오류의 관계: [예제 6.2]와 [예제 6.4]의 대립가설 $H_1 : \mu > 2000$을 만족하는 특정 모평균 값 $\mu_1 = 2150$에 대하여 새로운 대립가설을 $H_1 : \mu = \mu_1$으로 정하면 H_0와 H_1 하에서 검정통계량 $\overline{X}$의 확률밀도함수는 [그림 6.2]와 같다. 그림에서 제1종 오류를 범할 확률인 유의수준 α를 줄여서 기각역을 오른편으로 이동하면 제2종 오류를 범할 확률인 β가 커지게 된다. 반대로 제2종 오류를 범할 확률인 β를 줄여서 기각역을 늘리면 제1종 오류를 범할 확률인 유의수준 α가 커지게 된다.

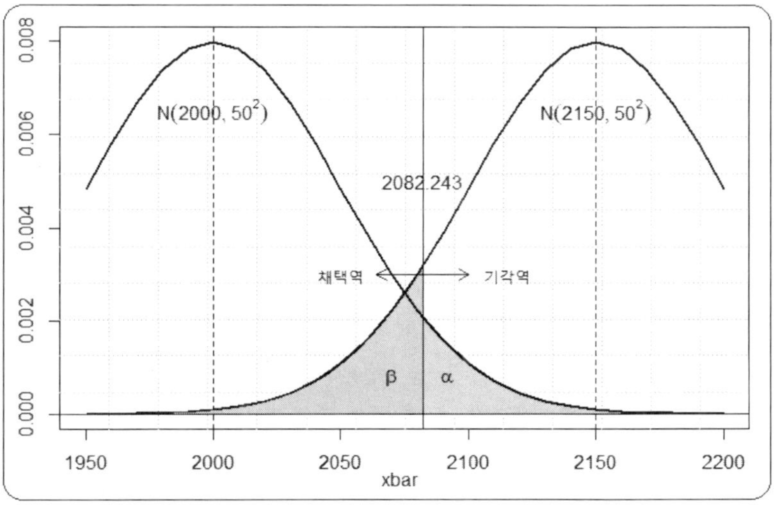

[그림 6.2] 제1종 오류와 제2종 오류 간의 관계

예제 6.6 [예제 6.2]와 [예제 6.4]에서 신기술로 생산된 건전지 64개를 추출하여 구한 표본평균 관측값이 $\overline{x} = 2125$이었을 때, p-값(p-value)을 구하고 유의수준 $\alpha = 0.01$에서 가설을 검정하시오.

풀이 표본평균 관측값이 $\overline{x} = 2125$이므로 p-값은 다음과 같이 주어진다.

$$
\begin{aligned}
p\text{-값} &= P(\overline{X} \geq 2125) = P\left(\frac{\overline{X} - 2000}{400/\sqrt{64}} \geq \frac{2125 - 2000}{400/\sqrt{64}}\right) \\
&= P(Z \geq 2.5) \approx 0.0062
\end{aligned}
$$

p-값 0.0062가 유의수준 $\alpha = 0.01$보다 작으므로 귀무가설 H_0를 기각한다.

```
# 6장 가설검정 - 6.1 가설검정의 개요  - 6.1.4 유의수준과 p-값의 의미
# [예제 6.6] 유의수준에 따른 p-값 구하기
> xbar <- 2125; mu <- 2000 # 표본평균 관측값과 기존의 평균
> n <- 64; sdn <- 400 # 표본의 크기 및 기존의 표준편차
> pv1 <- 1-pnorm(xbar,mu,sdn/sqrt(64)); pv1 # 정규분포를 그대로 이용
> pv2 <- 1-pnorm((xbar-mu)/(sdn/sqrt(64))); pv2 # 정규분포의 표준화
```

6.1.5 표본크기의 결정

[예제 6.5]에서와 같이 표본의 크기가 일정할 때, α와 β 중 어느 한쪽의 오류확률이 감소되면 다른 오류확률은 증가하게 된다. 제1종 오류 및 제2종 오류를 범할 확률을 동시에 감소시키려면 표본의 크기를 증가시키면 가능하다.

5.3절 구간추정에서 신뢰수준을 높이면 구간의 크기가 늘어나고 구간의 폭을 줄이기 위해서는 표본의 크기를 증가시켜야 함을 학습했다. 또한, 주어진 신뢰수준과 오차의 한계를 만족하는 표본의 크기를 결정하는 문제도 다루었다. 여기서는 유의수준이 α로 주어졌을 때, 제2종 오류를 범할 확률 β를 원하는 수준 이하로 하는 가설검정을 시행하기 위해 필요한 표본의 크기를 결정하는 문제를 다루기로 한다.

예제 6.7 [예제 6.4]에서와 같이 건전지의 수명이 $X \sim N(\mu, 400^2)$일 때 유의수준은 $\alpha = 0.05$로 하고 다음 물음에 답하시오.

(1) 표본크기 $n = 144$일 때, 기각역 R을 구하고,

(2) 표본크기 $n = 64$와 $n = 144$일 때 검정력 함수 $P(\mu)$의 그래프를 비교하고,

(3) 유의수준이 $\alpha = 0.05$이고 $\mu = 2100$일 때, 제2종 오류 확률이 $\beta = 0.1$ 이하가 되게 하는 표본의 크기를 구하시오.

풀이

(1) [예제 6.4]에서와 같이 기각역을 구할 때 표본의 크기를 $n = 144$로 놓으면 임계값은 $c_{144} = 2000 + 1.64485(400/\sqrt{144}) = 2054.828$이므로 구하는 기각역은 $R = \{\overline{x} > 2054.828\}$이다.

(2) 표본크기 n을 미지수로 놓으면, 임계값은 $c_n = 2000 + 1.64485(400/\sqrt{n})$이고 $c_{64} = 2082.243$, $c_{144} = 2054.828$이 된다. [예제 6.5]에서와 같이 검정력 함수는 다음과 같다.

$$P(\mu) = P\left(\overline{X} > 2000 + 1.64485\frac{400}{\sqrt{n}}\middle|\mu\right) = 1 - P\left(Z \leq \frac{\sqrt{n}(c_n - \mu)}{400}\right)$$

따라서 검정력 함수 그래프 비교 결과는 [그림 6.3]과 같다.

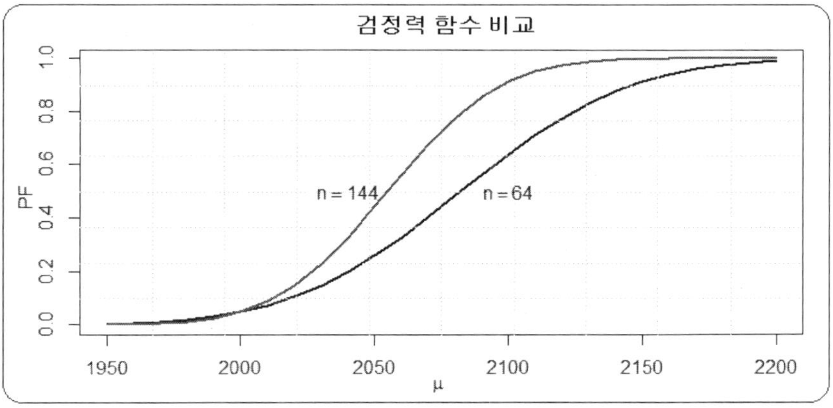

[그림 6.3] 표본크기에 따른 검정력 함수 그래프 비교

(3) 제2종 오류를 범할 확률은 다음과 같이 주어진다.

$$\begin{aligned}\beta &= P(H_0 \text{ 채택}|H_1 \text{ 참}) = P\left(\overline{X} \leq 2000 + 1.64485\frac{400}{\sqrt{n}}|\mu = 2100\right) \\ &= P\left(\frac{\overline{X} - 2100}{400/\sqrt{n}} \leq \frac{2000 - 2100}{400/\sqrt{n}} + 1.64485\right) \\ &= P(Z \leq -\sqrt{n}/4 + 1.64485)\end{aligned}$$

한편 $z_{0.1} \approx 1.28155$이므로 $\beta = 0.1$ 이하가 되게 하려면 다음 식을 만족해야 한다.

$$\begin{aligned}&\frac{2000 - 2100}{400}\sqrt{n} + 1.64485 = \frac{-\sqrt{n}}{4} + 1.64485 \leq -1.28155, \\ &\Rightarrow \quad \sqrt{n} \geq 4 \times (1.64485 + 1.28155) = 11.7056\end{aligned}$$

양변을 제곱하면 $n \geq 137.0211$이므로 구하는 표본크기는 $n = 138$이 된다.

```
# 6장 가설검정 - 6.1 가설검정의 개요  - 6.1.5 표본크기의 결정
# [예제 6.7] 검정력 함수 그래프 비교와 표본의 크기 결정
> mu <- seq(1950,2200,10); mu
> zmu <- (sqrt(64)/400)*(2082.243-mu); pf = 1-pnorm(zmu,0,1); pf
> plot(mu, pf, type="l", xlab=expression(mu), ylab="PF", lwd=2)
> grid(10,8); title("검정력 함수 비교") # [그림 6.3]
```

```
> zmu2 <- (sqrt(144)/400)*(2054.828-mu); pf2 = 1-pnorm(zmu2,0,1); pf2
> points(mu, pf2, type="l", col=2, lwd=2)
> text(2100,0.5,expression(n==64)); text(2040,0.5,expression(n==144))
> (xn <- 4*(qnorm(0.9) + qnorm(0.95))); xn <- xn^2; xn # (3)번 답
```

6.1.6 단측검정과 양측검정

식 (6.1)은 모수 θ에 대한 가설검정에서 검정형태가 크게 세 가지로 구분된다는 것을 나타내고 있으며 1)과 2)는 **단측검정**(one-sided test)으로 분류되고 3)은 **양측검정**(two-sided test)으로 분류된다는 것을 보여주고 있다. 단측검정은 **우측검정**(right-tailed test)과 **좌측검정**(left-tailed test)으로 구분되며 식 (6.1)에서 1)은 우측검정에 해당되고 2)는 좌측검정에 해당한다. 우측검정은 기각역이 우측방향으로, 좌측검정은 기각역이 좌측방향으로, 양측검정은 기각역이 양측으로 형성된다. 결과적으로 세 가지로 분류된 검정형태를 다시 정리하면 다음과 같다.

(1) 우측검정은 모수 θ에 대해 귀무가설과 대립가설이 다음 식으로 주어진다.

$$H_0 : \theta = \theta_0, \quad H_1 : \theta > \theta_0 \tag{6.4}$$

(2) 좌측검정은 모수 θ에 대해 귀무가설과 대립가설이 다음 식으로 주어진다.

$$H_0 : \theta = \theta_0, \quad H_1 : \theta < \theta_0 \tag{6.5}$$

(3) 양측검정은 모수 θ에 관한 귀무가설 H_0와 대립가설 H_1이 다음 식과 같다.

$$H_0 : \theta = \theta_0, \quad H_1 : \theta \neq \theta_0 \tag{6.6}$$

○ **검정의 세 형태에 따른 기각역 구분**: 유의수준 α에서 확률표본 $X_1, X_2, \cdots, X_n$에 근거한 검정통계량 $\hat{\Theta}$의 관측값으로 계산된 추정값이 $\hat{\theta}(x_1, \cdots, x_n)$이고 기각역이 R이라고 하면, **검정형태**별 기각역 R은 다음과 같이 주어진다.

(1) $H_0 : \theta = \theta_0$, $H_1 : \theta > \theta_0$이면 기각역은 $R = \{\hat{\theta}(x_1, \cdots, x_n) > c_1\}$,

(2) $H_0 : \theta = \theta_0$, $H_1 : \theta < \theta_0$이면 기각역은 $R = \{\hat{\theta}(x_1, \cdots, x_n) < c_2\}$,

(3) $H_0 : \theta = \theta_0$, $H_1 : \theta \neq \theta_0$이면 $R = \{\hat{\theta}(x_1, \cdots, x_n) > c_3\} \cup \{\hat{\theta}(x_1, \cdots, x_n) < c_4\}$,

여기서 c_1은 H_0 하에서 우측꼬리확률이 α가 되는 임계값이고, c_2는 좌측꼬리확률이 α가 되는 임계값이며, c_3와 c_4는 우측 및 좌측꼬리확률이 각각 $\alpha/2$가 되는 임계값이다. [그림 6.4]는 유의수준 α에 대해 양측검정일 경우, 우측꼬리 입계값 c_3와 해당 기각역

및 좌측꼬리 임계값 c_4와 해당 기각역을 보여주고 있다. 결론적으로 단측검정에 해당하는지 또는 양측검정에 해당하는지는 귀무가설 H_0가 기각될 경우 내려지는 대립가설의 유형에 따라 결정된다.

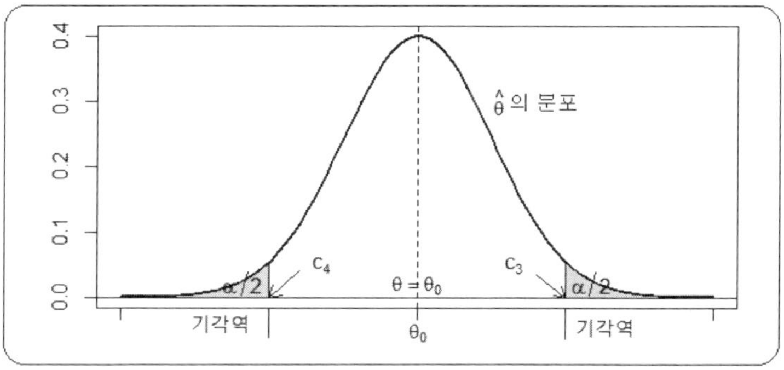

[그림 6.4] 양측검정에 대한 임계값(c_3, c_4)과 기각역

가설검정 절차 요약: 지금까지 논의한 가설검정을 위한 절차를 요약하면 다음과 같다.

(1) 귀무가설 H_0와 대립가설 H_1을 설정: 귀무가설은 지금까지 옳은 것으로 알려져 있는 기존의 어떤 사실에 해당하고 대립가설은 자료로부터 얻은 증거에 근거하여 입증하고자 하는 새로운 주장에 해당

(2) 검정통계량을 결정: 모수의 점추정량에 근거하여 검정통계량을 결정

(3) 유의수준 α를 결정: 일반적으로 사용하는 유의수준은 0.01, 0.05, 0.1임

(4) 판정기준을 결정: 검정통계량의 관측값을 기준으로 귀무가설을 판정하기 위한 p-값과 귀무가설을 기각할 수 있는 기각역을 결정

(5) p-값을 바탕으로 귀무가설의 기각 여부를 판정

6.2 모평균의 검정

구간추정과 가설검정의 관계: 구간추정량은 점추정량에 바탕을 두고 있으며 구간추정은 고려 중인 모수가 속해 있을 구간을 합리적으로 구하는 것이다. 가설검정과 구간추정은 매우 밀접한 관계를 가지고 있으며 모분산 σ^2을 아는 경우 모평균 μ의 구간추정과 가설검정에 사용되는 확률변수는 검정통계량으로 표본평균을 사용할 때 $Z = (\overline{X} - \mu)/(\sigma/\sqrt{n})$이다. 유의수준 α에서 $H_0 : \mu = \mu_0$, $H_1 : \mu \neq \mu_0$를 검정한다는 것은 μ의 $100(1-\alpha)\%$ 신뢰구간에 μ_0가 포함되지 않으면 H_0를 기각한다는 것과 같은

의미가 된다.

(1) 유의수준 α에서 해당가설의 기각역은 다음과 같다.

$$\bar{x} > \mu_0 + z_{\alpha/2}\frac{\sigma}{\sqrt{n}},\ \ \bar{x} < \mu_0 - z_{\alpha/2}\frac{\sigma}{\sqrt{n}} \tag{6.7}$$

(2) 모평균 μ의 $100(1-\alpha)\%$ 신뢰구간은 식 (5.5)와 유사하며 다음과 같다.

$$\bar{x} - z_{\alpha/2}\frac{\sigma}{\sqrt{n}} \leqq \mu_0 \leqq \bar{x} + z_{\alpha/2}\frac{\sigma}{\sqrt{n}} \tag{6.8}$$

따라서 식 (6.8)에서 신뢰구간을 벗어난다는 의미는 식 (6.7)의 기각역에 포함된다는 의미이고 H_0를 기각한다는 것과 같은 의미가 된다. 가설검정과 신뢰구간의 관계는 모평균뿐만 아니라 모분산에도 적용된다. [표 6.2]는 모평균의 가설검정에 사용가능한 분포 모형을 나타내고 있다.

[표 6.2] 모평균의 가설검정을 위한 사용분포 모형

구분	모집단의 종류	표본크기	사용 확률분포	검정통계량
모분산이 알려진 경우	정규모집단	대 · 소표본	표준정규분포	$Z = \dfrac{\overline{X} - \mu_0}{\sigma/\sqrt{n}}$
	비정규모집단	대표본		
모분산이 알려지지 않은 경우	정규모집단	소표본	자유도 $n-1$인 t-분포	$T = \dfrac{\overline{X} - \mu_0}{S/\sqrt{n}}$
	비정규모집단	대표본	표준정규분포	$Z = (\overline{X} - \mu_0)/(S/\sqrt{n})$

○ **모평균의 가설검정을 위한 분포모형**: 표본의 크기가 충분히 큰 대표본인 경우 모집단의 분포형태와 관계없이 중심극한정리에 의해 정규분포로 근사하여 가설검정이 가능하다. 모집단의 모분산이 알려지고 정규모집단일 경우에는 표본의 크기에 관계없이 정규분포 모형을 사용하여 가설검정이 가능하다. 그러나 비용 등 현실적인 문제들로 인하여 표본의 크기를 충분히 크게 하지 못하는 경우가 있으며 모집단의 분포가 정규분포가 아닐 수 있다.

6.2.1 모분산이 알려진 경우 모평균의 검정

지금까지는 가설검정의 기본원리에 대해 다루었고 여기서는 실제 예를 통하여 구체적인 검정 방법을 알아보기로 한다. 우선 모평균이 μ이고 모분산이 σ^2임을 알고 정규모집단이거나 대표본일 경우 μ에 대한 가설을 검정하는 방법을 알아보기로 한다.

정리 6.1 (1) 모분산 σ^2을 아는 경우 귀무가설 $H_0 : \mu = \mu_0$의 기각 여부를 결정하는 데 사용하는 검정통계량은 다음과 같다.

$$Z = \frac{\overline{X} - \mu_0}{\sigma / \sqrt{n}} \sim N(0,1) \tag{6.9}$$

(2) 유의수준 α에서 다음의 대립가설에 대하여 각 기각역은 다음과 같다.

$H_0 : \mu = \mu_0$ 대 $H_1 : \mu > \mu_0$ 일 때, H_0 의 기각역 $R_1 : Z > z_\alpha$, (우측검정),
$H_0 : \mu = \mu_0$ 대 $H_1 : \mu < \mu_0$ 일 때, H_0 의 기각역 $R_2 : Z < -z_\alpha$, (좌측검정),
$H_0 : \mu = \mu_0$ 대 $H_1 : \mu \neq \mu_0$ 일 때, H_0 의 기각역 $R_3 : |Z| > z_{\alpha/2}$, (양측검정)

[증명]

(1) 모분산 σ^2이 알려져 있는 정규모집단 $N(\mu, \sigma^2)$으로부터 크기가 n인 확률표본 $X_1, \cdots, X_n$을 추출하여 다음 가설검정의 기각 여부를 결정하려면,

$$H_0 : \mu = \mu_0 \text{ 대 } H_1 : \mu > \mu_0 , \tag{6.10}$$

검정통계량으로 표본평균 $\overline{X}$를 이용하며 $\overline{X}$의 값이 μ_0보다 클수록 귀무가설 H_0를 기각하고 대립가설 H_1을 채택하는 강한 근거가 된다. 따라서 기각역은 $R = \{\overline{x} > c\}$와 같은 우측검정 형태가 된다. 귀무가설이 참일 때, $\overline{X} \sim N(\mu, \sigma^2/n)$이므로 유의수준 α를 만족하는 임계값 c는 다음 식으로 결정된다.

$$\begin{aligned} \alpha &= P(H_0\text{를 기각}|H_0 \text{ 참}) = P(\overline{X} > c|\mu = \mu_0) \\ &= P\left(\frac{\overline{X} - \mu_0}{\sigma/\sqrt{n}} > \frac{c - \mu_0}{\sigma/\sqrt{n}}\right) = P(Z > z_\alpha) \end{aligned}$$

(2) 따라서 $\sqrt{n}(c - \mu_0)/\sigma = z_\alpha$를 만족하는 임계값은 $c = \mu_0 + z_\alpha \sigma/\sqrt{n}$으로 결정되므로 유의수준 α에서 기각역 R_1은 다음과 같이 주어진다.

$$R_1 : \overline{x} > \mu_0 + z_\alpha \frac{\sigma}{\sqrt{n}}$$

모분산 σ^2이 알려져 있고 $\overline{X}$를 표준화한 검정통계량 $Z = \sqrt{n}(\overline{X} - \mu_0)/\sigma$는 표준정규분포 $N(0,1)$을 따르므로 유의수준 α에서 기각역과 검정통계량의 관측값 z_0에 대한 p-값은 다음과 같이 구할 수 있다.

$$p\text{-값} = P(Z > z_0), \quad \text{여기서 } z_0 = \frac{\overline{x} - \mu_0}{\sigma/\sqrt{n}}$$

좌측검정에 대하여, 같은 방법으로 검정통계량 $\overline{X}$의 값이 μ_0보다 작을수록 대립가설 H_1이 사실이라는 증거가 명백해지고 기각역은 $\overline{x} < c$와 같은 좌측검정 형태가

된다. 우측검정에서와 같은 방법으로 유의수준 α에서 기각역과 검정통계량의 관측값 z_0에 대한 p-값은 다음과 같이 구할 수 있다.

$$R_2 : \overline{x} < \mu_0 - z_\alpha \frac{\sigma}{\sqrt{n}} \Leftrightarrow p\text{-값} = P(Z < z_0),\ \text{여기서}\ z_0 = \frac{\overline{x} - \mu_0}{\sigma/\sqrt{n}}$$

같은 방법으로 모평균 μ에 대한 양측검정에 대해서 유의수준 α에서 기각역과 검정통계량의 관측값 z_0에 대한 p-값을 쉽게 구할 수 있다.

$$R_3 : z = \frac{\overline{x} - \mu_0}{\sigma/\sqrt{n}} < -z_{\alpha/2}\ \text{또는}\ z = \frac{\overline{x} - \mu_0}{\sigma/\sqrt{n}} > z_{\alpha/2}, \quad p\text{-값} = P(|Z| \geq |z_0|)$$

이상의 과정과 같이 표준정규분포 $Z \sim N(0,1)$을 사용하여 모평균 μ에 대한 가설검정을 하는 방법은 Z-**검정법**(z-test)으로 알려져 있다.

예제 6.8 사과의 평균무게는 265(그램)으로 알려져 있고 무게의 표준편차가 30인 정규분포를 따른다고 한다. A 과일가게에서 파는 사과는 평균무게가 265를 넘는다고 주장한다. 임의로 추출한 사과 64개의 무게 $X_1, \cdots, X_{64}$를 달았더니 표본평균 관측값이 $\overline{x} = 275$이었을 때 다음 각 물음에 답하시오.

(1) 귀무가설과 대립가설을 설정하고,

(2) 귀무가설이 참일 때 검정통계량과 확률분포를 구하고,

(3) 유의수준 $\alpha = 0.01$에 대한 기각역을 구하고,

(4) (3)의 기각역을 이용하여 가설을 검정하고,

(5) 실제 무게의 평균이 $\mu = 280$일 때 (3)의 기각역에 대한 검정력을 구하시오.

풀이

(1) 가게 주인의 주장은 평균무게가 $\mu_0 = 265$를 넘는 것이므로 귀무가설과 대립가설은 다음과 같다.

$$H_0 : \mu = 265 \quad \text{대} \quad H_1 : \mu > 265$$

(2) 모분산 σ^2이 알려져 있는 정규모집단에서 모평균 검정을 위한 검정통계량으로 표본평균 $\overline{X}$를 사용할 수 있고 $\overline{X}$는 평균이 $\mu = 265$이고 분산이 $\sigma^2/n = 30^2/64$인 정규분포를 따르므로 $\overline{X} \sim N(265, 3.75^2)$이다. 이 검정통계량 $\overline{X}$를 표준화하면 $Z = (\overline{X} - \mu_0)/(\sigma/\sqrt{n}) = (\overline{X} - 265)/3.75$이고 $Z \sim N(0,1)$이다.

(3) 검정통계량 $\overline{X}$를 사용하면 유의수준 $\alpha = 0.01$에 대하여 우측검정에서 기각역은 다음과 같이 주어진다. 다음 식에서 $z_\alpha = z_{0.01} \approx 2.32635$이고 $n = 64$이다.

$$\overline{x} > \mu_0 + z_\alpha \sigma / \sqrt{n} = 265 + 2.32635 \times 30 / \sqrt{64} = 273.7238$$

(4) $\overline{x} = 275 > 273.7238$이고 기각역에 포함되므로 귀무가설 H_0를 기각한다. 한편, $\overline{x}$를 표준화한 관측값은 $z_0 = (275 - 265)/3.75 = 2.66667 > 2.32635$이므로 역시 기각역에 포함된다. 즉, A 과일가게에서 추출된 표본자료는 유의수준 $\alpha = 0.01$에서, 판매하는 사과의 평균무게가 $\mu = 265$를 넘는다는 주장을 충분히 뒷받침한다고 할 수 있다.

(5) 평균무게가 $\mu = 280$일 때 기각역 $\overline{x} > 273.7238$에 대한 검정력 $P(280)$은

$$\begin{aligned} P(280) &= P(\overline{X} > 273.7238 | \mu = 280) \\ &= P\left(\frac{\overline{X} - 280}{3.75} > \frac{273.7238 - 280}{3.75}\right) \\ &= 1 - P(Z \leqq -1.67365) \approx 0.9529 \end{aligned}$$

```
# 6장 가설검정 - 6.2 모평균의 검정 - 6.2.1 모분산을 알 때 모평균의 검정
# [예제 6.8] 검정통계량 구하기, 유의수준에 따른 기각역 구하기
> (mu0 <- 265); (sdn <- 30/sqrt(64))
> cn <- qnorm(0.99,mu0,sdn); cn # (3)번 답 : 임계값 = 273.7238
> qnorm(0.99) # z_alpha = z_{0.01} = 2.326348
> c1 <- mu0 + qnorm(0.99)*sdn; c1 # (3)번 답 : 정규분포의 표준화
> z0 <- (275 - mu0)/sdn; z0 # z0 = bar{x}를 표준화한 관측값
> (pv <- 1-pnorm(z0,0,1)) # p-value : pv = 0.00383 (<alpha=0.01)
> (cn-280)/sdn # 검정력 P(280)을 구하기 위한 z_alpha값
> p280 <- 1-pnorm((cn-280)/sdn); p280 # (5)번 답
```

6.2.2 모분산이 알려지지 않은 경우 모평균의 검정

앞 소절에서 다룬 Z-검정법은 정규모집단이거나 대표본이고 모분산 σ^2이 알려져 있는 경우에 대한 것이었다. 그러나 현실 상황에서는 모분산을 알고 있는 경우는 많지 않다. [표 6.2]에서 보았듯이 모분산 σ^2이 알려지지 않은 정규모집단인 경우 검정통계량으로 표본표준편차 S를 적용한 $T = \sqrt{n}(\overline{X} - \mu_0)/S$를 사용할 수 있다. 여기서는 모분산이 알려지지 않는 정규모집단에 대한 가설검정을 다루고 비정규모집단에 대한 검정은 다음 절에서 다루기로 한다.

정리 6.2 (1) 모분산 σ^2을 모르는 경우 귀무가설 $H_0 : \mu = \mu_0$의 기각 여부를 결정하는 데 사용하는 검정통계량은 다음과 같다.

$$T = \frac{\overline{X} - \mu_0}{S / \sqrt{n}} \sim t(n-1) \tag{6.11}$$

(2) 유의수준 α에서 다음의 대립가설에 대하여 각 기각역은 다음과 같다.

$$H_0 : \mu = \mu_0 \text{ 대 } H_1 : \mu > \mu_0 \text{ 일 때}, H_0 \text{ 의 기각역 } R_1 : T > t_\alpha(n-1),$$
$$H_0 : \mu = \mu_0 \text{ 대 } H_1 : \mu < \mu_0 \text{ 일 때}, H_0 \text{ 의 기각역 } R_2 : T < -t_\alpha(n-1),$$
$$H_0 : \mu = \mu_0 \text{ 대 } H_1 : \mu \neq \mu_0 \text{ 일 때}, H_0 \text{ 의 기각역 } R_3 : |T| > t_{\alpha/2}(n-1)$$

[증명] 모분산 σ^2이 알려지지 않은 정규모집단 $N(\mu, \sigma^2)$으로부터 크기가 n인 확률표본 $X_1, \cdots, X_n$을 추출하여 다음 가설검정의 기각 여부를 결정하려면,

$$H_0 : \mu = \mu_0 \text{ 대 } H_1 : \mu > \mu_0 \ , \tag{6.12}$$

검정통계량으로 표본평균 $\overline{X}$를 이용하고 [정리 4.6]에 의해 $T = \sqrt{n}(\overline{X} - \mu_0)/S$는 자유도 $n-1$의 t-분포를 따른다. 이와 같이 t-분포를 이용하여 모평균 μ에 대한 가설검정을 하는 방법은 **t-검정법**(t-test)이라고 알려져 있다. 증명의 과정은 [정리 6.1]의 Z-검정법에서 $Z \sim N(0,1)$ 대신 $T = \sqrt{n}(\overline{X} - \mu_0)/S \sim N(0,1)$을 사용하여 같은 절차를 따라 쉽게 완성할 수 있다.

예제 6.9 프로배구 공인구의 평균무게는 $\mu_0 = 265$(그램)인 정규분포를 따르는 것으로 알려져 있다. 특정 외국산 B사 제품은 이것보다 다소 가볍다는 주장이 제기되고 있다. 이 주장의 사실 여부를 확인하기 위하여 B사 제품 9개를 임의로 추출하고 이들의 무게 $X_1, \cdots, X_9$를 측정하여 유의수준 $\alpha = 0.05$에서 가설을 검정하기 위한 다음 물음들에 답하시오.

(1) 귀무가설과 대립가설을 설정하고,

(2) 귀무가설이 참일 때 가설검정을 위한 검정통계량과 확률분포를 구하고,

(3) B사 제품 9개를 임의로 추출하여 무게를 측정한 결과 아래 표를 얻었을 때 검정통계량의 관측값을 계산하고, 기각역을 이용하여 가설을 검정하시오.

261.9	262.5	266.1	263.1	263.3	266.4	263.9	260.5	261.6

(4) p-값을 이용하여 가설을 검정하고,

(5) 유의수준 $\alpha = 0.01$에서 (3)과 (4)를 반복하시오.

풀이

(1) 기존 공인구의 평균무게 $\mu_0 = 265$를 귀무가설로 하고 B사 제품이 다소 가볍다는 주장을 대립가설로 하면 다음과 같은 가설설정을 얻는다.

$$H_0 : \mu = 265 \text{ 대 } H_1 : \mu < 265$$

(2) 모분산 σ^2이 알려져 있지 않으므로 t-분포 검정통계량을 사용한다. 즉,

$$T = \frac{\overline{X} - \mu_0}{S/\sqrt{n}} = \frac{\overline{X} - 265}{S/\sqrt{9}} \sim t(8)$$

(3) 좌측검정이므로 기각역은 $R_2 = \{t < -t_\alpha(n-1)\}$로 주어진다. $\alpha = 0.05$이고 표본크기는 $n = 9$이며 $t_{0.05}(8) \approx 1.85955$이므로 $R_2 = \{t < -1.85955\}$이다. 또 $\overline{x} = 263.2556$이고 $s \approx 1.97365$이므로 검정통계량 관측값은 다음과 같다.

$$t_0 = \frac{263.2556 - 265}{1.97365/\sqrt{9}} \approx -2.6516$$

검정통계량의 관측값이 기각역에 포함되므로 귀무가설 H_0를 기각한다. 즉, 표본자료는 유의수준 $\alpha = 0.05$에서 B사 제품이 다소 가볍다는 주장을 충분히 뒷받침하고 있음을 나타낸다.

(4) p-값 $= P(T < -2.6516) \approx 0.01459 < 0.05 = \alpha$이다. 즉, p-값이 유의수준 α보다 작으므로 귀무가설 H_0를 기각하며 (3)과 같은 결과를 보여준다.

(5) 유의수준은 $\alpha = 0.01$이고 표본의 크기는 $n = 9$이며 $t_{0.01}(8) \approx 2.89646$이므로 $R_2 = \{t < -2.8965\}$이며 (3)에서 검정통계량 관측값이 $t_0 \approx -2.6516$이고 기각역에 포함되지 않으므로 귀무가설 H_0를 기각할 수 없다. 다른 접근 방법으로, p-값 $= P(T < -2.6516) \approx 0.01459 > 0.01 = \alpha$이다. 따라서 p-값이 유의수준 α보다 크므로 귀무가설 H_0를 기각하지 못한다.

```
# 6장 가설검정 - 6.2 모평균의 검정 - 6.2.2 모분산 모를 때 모평균의 검정
# [예제 6.9] 검정통계량 구하기, 유의수준에 따른 기각역 구하기
> set.seed(123); xn <- round(rnorm(9,263,2), digits=1); xn
> mu0 <- 265; qt(0.95,8); qt(0.05,8)
> xbar <- mean(xn); xbar; sd1 <- sd(xn); sd1
> t0 <- (xbar-mu0)/(sd1/sqrt(length(xn))); t0 # (3)번 답
> pvalue <- pt(t0,8); pvalue # (4)번 답
> qt(0.99,8); qt(0.01,8) # (5)번 답
> t.test(x=xn, alternative ="less", mu=mu0, conf.level = 0.95)
# R의 내부함수 t.test()를 사용하여 t-검정을 실행: t0와 p-값이 같음
```

6.2.3 모분산이 알려지지 않은 비정규모집단의 검정

이전 두 절에서는 모집단이 정규분포이거나 모분산 σ^2이 알려진 대표본인 경우에 대하여 가설검정을 다루었다. 여기서는 모분산 σ^2이 알려지지 않은 비정규모집단이면서 대표본인 경우에 대한 가설검정을 다루고자 한다. 표본의 크기 n이 충분히 큰 대표본인

경우 중심극한정리에 의해 검정통계량 $Z=\sqrt{n}(\overline{X}-\mu_0)/S$은 근사적으로 표준정규분포 $N(0,1)$을 따른다.

정리 6.3 (1) 모분산 σ^2을 모르는 경우 귀무가설 $H_0 : \mu=\mu_0$의 기각 여부를 결정하는 데 사용하는 대표본에서 추출한 검정통계량은 다음과 같다.

$$Z=\frac{\overline{X}-\mu_0}{S/\sqrt{n}} \sim N(0,1) \tag{6.13}$$

(2) 유의수준 α에서 다음의 대립가설에 대하여 각 기각역은 다음과 같다

$H_0 : \mu=\mu_0$ 대 $H_1 : \mu > \mu_0$ 일 때, H_0 의 기각역 $R_1 : Z > z_\alpha$ (우측검정),
$H_0 : \mu=\mu_0$ 대 $H_1 : \mu < \mu_0$ 일 때, H_0 의 기각역 $R_2 : Z < -z_\alpha$ (좌측검정),
$H_0 : \mu=\mu_0$ 대 $H_1 : \mu \neq \mu_0$ 일 때, H_0 의 기각역 $R_3 : |Z| > z_{\alpha/2}$ (양측검정)

[증명] 모분산 σ^2이 알려지지 않았으나 대표본인 경우 모분산 σ^2을 표본분산 S^2으로 대체하여도 검정통계량 $Z=\sqrt{n}(\overline{X}-\mu_0)/S$은 근사적으로 표준정규분포 $N(0,1)$을 따른다. 그러므로 모분산 σ^2이 알려지지 않은 비정규모집단으로부터 충분히 큰 확률표본을 얻는다면 [정리 6.1]의 Z-검정법을 적용할 수 있다.

예제 6.10 한국인 30대 성인 남성의 수축기 최고혈압의 평균은 124(mmHg)인 것으로 알려져 있다. 최근 식습관의 변화로 최고혈압이 증가했다는 주장이 제기되고 있다. 이 주장의 사실 여부를 확인하기 위하여 성인 남성 64명을 무작위로 선정하여 수축기 혈압 $X_1, \cdots, X_{64}$를 측정하여 유의수준 $\alpha=0.01$에서 가설을 검정하고자 할 때 다음 각 물음에 답하시오.

(1) 귀무가설 H_0와 대립가설 H_1을 설정하고,

(2) 귀무가설 H_0가 참일 때, 검정통계량과 확률분포를 구하고,

(3) 30대 성인 남성 64명을 임의로 선정하여 수축기로 최고혈압을 측정한 결과 표본평균이 $\overline{x}=128$이고 표본표준편차가 $s=16$으로 나타났을 때 검정통계량의 관측값을 계산하고 p-값을 이용하여 가설을 검정하시오.

풀이

(1) '30대 성인 남성의 수축기 최고혈압이 증가하였다'고 하는 새로운 주장을 대립가설로 하면 귀무가설과 대립가설은 다음과 같다.

$$H_0 : \mu=124 \text{ 대 } H_1 : \mu > 124$$

(2) 모분산 σ^2은 알려져 있지 않으나 표본의 크기 $n=64$가 충분히 크므로 Z-검정법을 사용할 수 있고 검정통계량과 분포는 다음과 같다.

$$Z=\frac{\overline{X}-\mu_0}{S/\sqrt{n}}=\frac{\overline{X}-124}{S/\sqrt{64}}\sim N(0,1)$$

(3) $\overline{x}=128$이고 $s=16$이므로 검정통계량의 관측값은 다음과 같다.

$$z_0=\frac{\overline{x}-\mu_0}{16/\sqrt{64}}=\frac{128-124}{16/\sqrt{64}}=2$$

p-값 $=P(Z\geq z_0)=P(Z\geq 2)\approx 0.0228$이고 유의수준 $\alpha=0.01$보다 크기 때문에 H_0를 기각하지 못한다. 따라서 표본자료는 유의수준 $\alpha=0.01$에서 30대 성인 남성의 혈압이 증가하였다는 주장을 뒷받침하지 못한다.

```
# 6장 가설검정 - 6.2 모평균의 검정 - 6.2.3 모분산 모르는 비정규모집단
# [예제 6.10] 검정통계량 구하기, 유의수준에 따른 기각역, p-값 구하기
> mu0 <- 124; mu0 # 기존 평균
> xbar <- 128; xbar # 표본평균
> sdn <- 16; sdn # 표본분산
> z0 <- (xbar - mu0)/(16/sqrt(64)); z0 # 검정통계량의 관측값
> pvalue <- 1-pnorm(z0,0,1); pvalue # (3)번 답: p-값
```

6.3 모분산과 모비율의 검정

지금까지는 모평균의 가설검정에 대하여 다루었는데, 모집단의 분포 특성으로 중심위치 표시측도인 모평균뿐만 아니라 산포정도의 표시측도인 모분산도 관심의 대상이 된다. 그리고 모평균에 대한 추정 및 검정 방법을 이용하여 표본의 크기가 클 때, 적용할 수 있는 모비율에 대한 검정 방법을 다루기로 한다. 한편, 소표본인 경우 단일 모비율의 검정에서 검정통계량은 이항분포를 따르는 확률변수를 이용하여 p-값에 근거하여 판정한다.

6.3.1 모분산의 검정

앞에서도 언급했듯이 모분산은 모집단의 산포정도를 표시하는 측도이며 모분산의 검정에 관심을 가지는 이유는 생산제품의 품질이나 공정의 측정결과가 규격 내에 들어오는지를 확인하는 중요한 도구이기 때문이다. 모분산의 검정은 귀무가설 $H_0:\sigma^2=\sigma_0^2$에

대하여 대립가설 $H_1 : \sigma^2 > \sigma_0^2$ 또는 $H_1 : \sigma^2 < \sigma_0^2$ 또는 $H_1 : \sigma^2 \neq \sigma_0^2$을 검정하는 것으로 구분된다. 모분산의 구간추정에서 검정통계량으로 카이제곱분포를 사용했듯이 모분산의 검정에서도 마찬가지로 카이제곱분포를 사용한다.

정리 6.4 (1) 모평균 μ와 모분산 σ^2을 모르는 정규모집단의 경우 귀무가설 $H_0 : \sigma^2 = \sigma_0^2$의 기각 여부를 결정하는 데 사용하는 검정통계량은 다음과 같다.

$$V = \frac{(n-1)S^2}{\sigma_0^2} \sim \chi^2(n-1) \tag{6.14}$$

(2) 유의수준 α에서 다음의 대립가설에 대하여 각 기각역은 다음과 같다.

$H_0 : \sigma^2 = \sigma_0^2$ 대 $H_1 : \sigma^2 > \sigma_0^2$일 때, H_0의 기각역 $R_1 : V > \chi_\alpha^2(n-1)$,
$H_0 : \sigma^2 = \sigma_0^2$ 대 $H_1 : \sigma^2 < \sigma_0^2$일 때, H_0의 기각역 $R_2 : V < \chi_{1-\alpha}^2(n-1)$,
$H_0 : \sigma^2 = \sigma_0^2$ 대 $H_1 : \sigma^2 \neq \sigma_0^2$일 때, $R_3 : V > \chi_{\alpha/2}^2(n-1)$ 및 $V < \chi_{1-\alpha/2}^2(n-1)$

[증명] 정규모집단으로부터 크기가 n인 확률표본 $X_1, \cdots, X_n$을 추출하고 모분산σ^2을 모르므로 [정리 4.4]에 따라 표본분산 S^2을 이용하는 것은 타당하다. S^2의 값이 σ_0^2보다 클수록 귀무가설 $H_0 : \sigma^2 = \sigma_0^2$를 기각하고 대립가설 $H_1 : \sigma^2 > \sigma_0^2$을 채택하는 강한 근거가 된다. 따라서 기각역은 $s^2 > c$와 같은 우측검정 형태가 되고 귀무가설이 참일 때, $V = (n-1)S^2/\sigma_0^2 \sim \chi^2(n-1)$이므로 유의수준 α를 만족하는 임계값 c는 다음 식으로 결정된다.

$$\begin{aligned} \alpha &= P(H_0\text{를 기각}|H_0\text{ 참}) = P(S^2 > c|\sigma^2 = \sigma_0^2) \\ &= P\left(\frac{(n-1)S^2}{\sigma_0^2} > \frac{(n-1)c}{\sigma_0^2}\right) = P\left(V > \chi_\alpha^2(n-1)\right) \end{aligned}$$

따라서 $(n-1)c/\sigma_0^2 = \chi_\alpha^2(n-1)$를 만족하는 임계값은 $c = \sigma_0^2\chi_\alpha^2(n-1)/(n-1)$로 결정되므로 유의수준 α에서 기각역 R_1은 다음과 같이 주어진다.

$$R_1 : s^2 > \frac{\sigma_0^2\chi_\alpha^2(n-1)}{n-1}$$

검정통계량으로 $V = (n-1)S^2/\sigma_0^2$을 이용하면 유의수준 α에서 기각역과 검정통계량의 관측값 v_0에 대한 p-값은 다음과 같이 구할 수 있다.

$$p\text{-값} = P(V > v_0), \text{ 여기서 } v_0 = \frac{(n-1)s^2}{\sigma_0^2}$$

좌측검정에 대해서, 같은 방법으로 검정통계량 S^2의 값이 σ_0^2보다 작을수록 대립가설

H_1이 사실이라는 증거가 명백해지고 기각역은 $s^2 < c$와 같은 좌측검정 형태가 된다. 우측검정에서와 같은 방법으로 유의수준 α에서 기각역과 검정통계량의 관측값 v_0에 대한 p-값은 다음과 같이 구할 수 있다.

$$R_2 : s^2 < \frac{\sigma_0^2 \chi_\alpha^2(n-1)}{n-1} \Leftrightarrow p\text{-값} = P(Z < v_0),\ \text{여기서}\ v_0 = \frac{(n-1)s^2}{\sigma_0^2}$$

같은 방법으로 모분산 σ^2에 대한 양측검정에 대해서 유의수준 α에서 기각역과 검정통계량의 관측값 v_0에 대한 p-값을 쉽게 구할 수 있다. 이상의 과정과 같이 χ^2-분포를 사용하여 모평균 μ에 대한 가설검정을 하는 방법은 χ^2-**검정법**(χ^2-test)이라 알려져 있다.

예제 6.11 어느 농공단지에서 생산하는 과일즙 파우치의 용량 권장기준은 표준편차가 2(ml) 이내여야 하고, 과일즙의 용량은 정규분포를 따른다고 한다. 과일즙 파우치 31개를 무작위로 선택하여 용량 $X_1, \cdots, X_{31}$을 측정하고 결과에 근거하여 권장기준에 부합하는지를 유의수준 $\alpha = 0.05$에서 검정하려고 할 때, 다음 각 물음에 답하시오.

(1) 귀무가설과 대립가설을 설정하고,

(2) 귀무가설 H_0가 참일 때, 가설검정을 위한 검정통계량과 확률분포를 구하고,

(3) 과일즙 파우치 31개를 무작위로 선택하여 용량을 조사한 결과 표본분산 $s^2 = 2.25$로 측정되었을 때 검정통계량의 관측값을 계산하고, 기각역을 이용하여 가설을 검정하고,

(4) p-값을 구하여 가설을 검정하시오.

풀이

(1) '파우치의 용량의 표준편차는 권장기준 이내이다.'라는 것을 입증하고자 하는 주장을 대립가설로 설정하면 귀무가설과 대립가설은 다음과 같다.

$$H_0 : \sigma^2 = 4\ \text{대}\ H_1 : \sigma^2 < 4$$

(2) 과일즙 파우치의 용량은 정규분포를 따르므로 χ^2-검정을 사용할 수 있다. 즉, 귀무가설 H_0가 참일 때 검정통계량과 분포는 다음과 같다.

$$V = \frac{(n-1)S^2}{\sigma_0^2} = \frac{30}{4}S^2 = 7.5S^2$$

(3) 표본분산은 $s^2 = 2.25$이므로 검정통계량의 관측값은 $v_0 = 7.5s^2 = 16.875$이다. 기각역은 $R_1 = \{v \leq \chi_{0.05}^2(30)\} = \{v \leq 18.4927\}$이고 기각역에 속하므로 귀무가설 H_0를 기각한다. 따라서 표본자료는 유의수준 $\alpha = 0.05$에서 과일즙 파우치의 용량 표

준편차는 권장기준 이내라는 주장을 뒷받침한다.

(4) p-값 $= P(V \leq v_0) = P(V \leq 16.875) \approx 0.02596 < 0.05 = \alpha$이므로 귀무가설 H_0를 기각하며 (3)의 결과와 일치하는 것을 알 수 있다.

```
# 6장 가설검정 - 6.3 모분산과 모비율의 검정 - 6.3.1 모분산의 검정
# [예제 6.11] 검정통계량 구하기, 유의수준에 따른 기각역, p-값 구하기
> sdsq <- 2.25; sdsq # 표본분산
> sd1 <- sqrt(sdsq); sd1 # 표본표준편차
> xn <- 31; xn # 표본크기
> v0 <- sdsq*(xn-1)/4; v0; qchisq(0.05,30) # (3)번 답
> pvalue <- pchisq(v0,30); pvalue # (4)번 답
```

6.3.2 모비율의 검정

모비율의 가설검정은 제품의 불량률, 정치가의 지지율, 도박사들의 승률 등 많은 분야에서 이용되고 있다. 지금까지는 모평균과 모분산에 대한 검정을 다루었고, 여기서는 이항실험의 성공률이 어떤 특정한 값과 같은지를 검정하는 문제를 다루고자 한다. 모집단의 모비율이 p인 경우 모집단으로부터 추출한 표본의 크기 n이 충분히 큰 경우 모비율의 점추정량 $\hat{p} = (1/n)\sum_{k=1}^{n} X_k$가 근사적으로 정규분포를 따른다는 정리를 이용하여 모비율 p에 대한 가설을 검정할 수 있다.

정리 6.5 (1) 모비율 p에 대한 귀무가설 $H_0 : p = p_0$의 기각 여부를 결정하는 데 사용하는 대표본에서 추출한 검정통계량은 다음과 같다.

$$Z = \frac{\hat{p} - p_0}{\sqrt{p_0(1-p_0)/n}} \sim N(0,1) \tag{6.15}$$

(2) 유의수준 α에서 다음의 대립가설에 대하여 각 기각역은 다음과 같다.

$H_0 : p = p_0$ 대 $H_1 : p > p_0$일 때, H_0의 기각역 $R_1 : Z > z_\alpha$ (우측검정),
$H_0 : p = p_0$ 대 $H_1 : p < p_0$일 때, H_0의 기각역 $R_2 : Z < -z_\alpha$ (좌측검정),
$H_0 : p = p_0$ 대 $H_1 : p \neq p_0$일 때, H_0의 기각역 $R_3 : |Z| > z_{\alpha/2}$ (양측검정)

[증명] 모수가 p인 베르누이 분포를 따르는 모집단으로부터 크기가 n인 확률표본 $X_1, \cdots, X_n$을 추출하여 다음 가설검정의 기각 여부를 결정하려면

$$H_0 : p = p_0 \text{ 대 } H_1 : p > p_0, \tag{6.16}$$

표본비율의 점추정량 $\hat{p} = (1/n)\sum_{k=1}^{n} X_k$을 사용할 수 있다. $\hat{p}$의 값이 p_0보다 클수록

귀무가설 H_0를 기각하고 대립가설 H_1을 채택하는 강한 근거가 된다. 따라서 기각역은 $\hat{p} > c$와 같은 우측검정 형태가 된다. [정리 4.8]에서와 마찬가지로 표본의 크기 n이 충분히 클 경우 검정통계량 $Z = (\hat{p} - p_0)/\sqrt{p_0(1-p_0)/n}$는 H_0 하에서 근사적으로 표준정규분포 $N(0,1)$을 따르므로 유의수준 α를 만족하는 임계값 c는 다음 식으로 결정된다.

$$\begin{aligned}\alpha &= P(H_0\text{를 기각} \mid H_0 \text{ 참}) = P(\hat{p} > c \mid p = p_0) \\ &= P\left(\frac{\hat{p} - p_0}{\sqrt{p_0(1-p_0)/n}} > \frac{c - p_0}{\sqrt{p_0(1-p_0)/n}}\right) \approx P(Z > z_\alpha)\end{aligned}$$

따라서 임계값은 $c = p_0 + z_\alpha\sqrt{p_0(1-p_0)/n}$으로 결정되고 유의수준 α에서 기각역 R_1은 다음과 같이 주어진다.

$$R_1 : \hat{p} > p_0 + z_\alpha\sqrt{p_0(1-p_0)/n}$$

검정통계량으로 $Z = (\hat{p} - p_0)/\sqrt{p_0(1-p_0)/n}$를 이용하면 유의수준 α에서 기각역과 검정통계량의 관측값 z_0에 대한 p-값은 다음과 같이 구할 수 있다.

$$p\text{-값} = P(Z > z_0),\quad \text{여기서}\quad z_0 = \frac{\hat{p} - p_0}{\sqrt{p_0(1-p_0)/n}}$$

같은 방법으로 좌측검정 및 양측검정에 대해 유의수준 α에서 기각역과 검정통계량의 관측값 z_0에 대한 p-값을 쉽게 구할 수 있다.

예제 6.12 기존 자료에 의하면 S사의 특정 사무기기 불량률이 10%로 알려져 있는데 최근 기술개발을 거듭하여 불량률이 10% 미만으로 떨어졌다고 주장하고 있다. 인증기관에서 이를 확인하기 위해 최근에 생산된 제품 81대를 임의로 추출하여 불량 여부를 확인하고, 결과에 따라 S사의 주장이 옳은지 유의수준 $\alpha = 0.05$에서 검정하고자 할 때 다음 물음에 답하시오.

(1) 귀무가설과 대립가설을 설정하고,

(2) 귀무가설 H_0가 참일 때, 가설검정을 위한 검정통계량과 확률분포를 구하고,

(3) 임의로 선택한 사무기기 81대 중 4대가 불량품이었을 때, 검정통계량의 관측값을 계산하고, p-값을 이용하여 가설을 검정하시오.

풀이

(1) '불량률이 10% 미만이다.'라는 것을 입증하고자 하는 주장을 대립가설로 설정하면 귀무가설과 대립가설은 다음과 같다.

$$H_0 : p = 0.1 \text{ 대 } H_1 : p < 0.1$$

(2) $n=81$이 충분히 크므로, 귀무가설 H_0하에서 검정통계량은 다음과 같다.

$$Z=\frac{\hat{p}-p_0}{\sqrt{p_0(1-p_0)/n}}=\frac{\hat{p}-0.1}{\sqrt{0.1(0.9)/81}}\sim N(0,1)$$

(3) $\hat{p}=4/81$이므로 검정통계량의 관측값은 다음과 같다.

$$z_0=\frac{4/81-0.1}{\sqrt{0.1(0.9)/81}}\approx -1.5185$$

따라서 p-값 $=P(Z\leq z_0)=P(Z\leq -1.5185)\approx 0.0644>0.05=\alpha$이다. 즉, p-값이 유의수준 $\alpha=0.05$보다 크므로 귀무가설 H_0를 기각할 수 없다. 그러므로 표본자료는 유의수준 $\alpha=0.05$에서 사무기기의 불량률이 예전보다 낮아졌다는 주장을 충분히 뒷받침하지는 못한다.

```
# 6장 가설검정 - 6.3 모분산과 모비율의 검정 - 6.3.2 모비율의 검정
# [예제 6.12] 검정통계량 구하기, 유의수준에 따른 기각역, p-값 구하기
> p0 <- 0.1; p0 # 기존 불량률
> phat <- 4/81; phat # 표본의 불량률
> z0 <- (phat - p0)/sqrt(p0*(1-p0)/81); z0 # 검정통계량의 관측값
> pvalue <- pnorm(z0,0,1); pvalue # pvalue = 0.06444; (3)번 답
> prop.test(4,81,p=0.1,alt="less",conf.level = 0.95)
# R이 제공하는 모비율 검정함수를 이용한 결과
```

6.4 두 모집단의 비교

6.2절과 6.3절에서는 한 개의 모집단으로부터 확률표본을 추출하여 모집단의 모평균, 모분산 및 모비율의 검정법에 대해 다루었다. 실제적인 상황에서 요구되는 통계적 실험에서는 두개 이상의 모집단에 대한 모수의 비교가 필요한 경우가 종종 발생한다. 두 집단의 모수를 비교분석하는 예로 남성과 여성의 신체 특성을 비교하거나 한 반 학생들을 대상으로 중간고사와 기말고사 성적을 비교하는 것 등이 있다.

독립표본과 대응표본: **독립표본**(dependent sample)은 남성 집단과 여성 집단처럼 서로 다른 두 집단에서 독립적으로 추출한 표본을 의미한다. 반면에 **대응표본**(paired sample)은 동일한 집단에서 실험계획의 조건을 달리하거나 사전과 사후로 구분하여 추출된 두 표본을 의미한다. 대응표본을 이용한 분석에서는 두 모집단의 표본의 크기는 같아야 한다. 대응표본은 '비교하고자 하는 특성'을 기준으로 두 개의 모집단으로 구분

하여 특성을 만족시키는 모집단으로부터 표본을 추출하고 그 표본과 짝이 되는 표본을 다른 모집단에서 추출하여 두 표본을 구성하는 것이다.

6.4.1 독립표본의 모평균 비교

두 모집단의 모평균에 대한 통계적 추론(추정과 검정)을 위해 모평균이 μ_1, 모분산이 σ_1^2인 모집단 1과 모평균이 μ_2, 모분산이 σ_2^2인 모집단 2를 고려한다. 모집단 1에서 크기가 n_1인 확률표본 $X_1, \cdots, X_{n_1}$을 추출하고 모집단 2에서 크기가 n_2인 확률표본 $Y_1, \cdots, Y_{n_2}$를 추출했다고 하자. 일반적으로 두 모집단의 통계적 추론에서는 두 모수간의 차나 비를 이용하는데, 두 모평균의 비교에서는 두 모평균의 차 $\mu_1 - \mu_2$를 이용하며 이때 사용되는 검정통계량은 $\overline{X} - \overline{Y}$가 타당하다.

정의 6.5 (1) 모평균이 μ_1, 모분산이 σ_1^2인 모집단 1로부터 크기가 n_1인 확률표본의 표본평균 $\overline{X}$와 표본분산 S_1^2은 다음과 같다.

$$\text{모집단 1}: \overline{X} = \frac{1}{n_1}\sum_{k=1}^{n_1} X_k, \quad S_1^2 = \frac{1}{n_1 - 1}\sum_{k=1}^{n_1}(X_k - \overline{X})^2 \tag{6.17}$$

(2) 모평균이 μ_2, 모분산이 σ_2^2인 모집단 2로부터 크기가 n_2인 확률표본의 표본평균 $\overline{Y}$와 표본분산 S_2^2은 다음과 같다.

$$\text{모집단 2}: \overline{Y} = \frac{1}{n_2}\sum_{k=1}^{n_2} Y_k, \quad S_2^2 = \frac{1}{n_2 - 1}\sum_{k=1}^{n_2}(Y_k - \overline{Y})^2 \tag{6.18}$$

1. 두 모분산이 알려진 정규모집단 및 대표본인 경우

여기서는 두 모집단의 모분산이 알려져 있는 정규모집단인 경우와 모집단의 정확한 분포는 알려져 있지 않으나 둘 다 대표본인 경우를 다루기로 한다. 대표본인 경우는 중심극한정리에 의해 근사적으로 정규분포를 따른다.

정리 6.6 (1) 두 정규모집단 $N(\mu_1, \sigma_1^2)$과 $N(\mu_2, \sigma_2^2)$의 모분산 σ_1^2과 σ_2^2이 알려져 있거나 모평균과 모분산이 (μ_1, σ_1^2)인 모집단 1과 (μ_2, σ_2^2)인 모집단 2로부터 서로 독립이며 크기가 각각 $n_1, n_2 \geq 30$인 대표본을 추출했을 때, 두모평균의 차 $\mu_1 - \mu_2$의 $100(1-\alpha)$ 신뢰구간의 상한과 하한은 다음과 같다.

$$(\overline{X}-\overline{Y}) \pm z_{\alpha/2}\sqrt{\frac{\sigma_1^2}{n_1}+\frac{\sigma_2^2}{n_2}} \tag{6.19}$$

(2) 모평균의 차 $\delta_0 = \mu_1 - \mu_2$에 대한 귀무가설 H_0의 기각 여부를 결정하는 데 사용하는 검정통계량은 다음과 같다.

$$Z = \frac{\overline{X}-\overline{Y}-\delta_0}{\sqrt{\sigma_1^2/n_1+\sigma_2^2/n_2}} \sim N(0,1) \tag{6.20}$$

(3) 유의수준 α에서 다음의 대립가설에 대하여 각 기각역은 다음과 같다.

$H_0 : \mu_1 - \mu_2 = \delta_0$ 대 $H_1 : \mu_1 - \mu_2 > \delta_0$ 일 때, H_0 기각역 $R_1 : Z > z_\alpha$, (6.21)
$H_0 : \mu_1 - \mu_2 = \delta_0$ 대 $H_1 : \mu_1 - \mu_2 < \delta_0$ 일 때, H_0 기각역 $R_2 : Z < -z_\alpha$,
$H_0 : \mu_1 - \mu_2 = \delta_0$ 대 $H_1 : \mu_1 - \mu_2 \neq \delta_0$ 일 때, H_0 기각역 $R_3 : |Z| > z_{\alpha/2}$

[증명]

(1) 먼저 서로 독립인 두 표본 $X_1, \cdots, X_{n_1}$과 $Y_1, \cdots, Y_{n_2}$가 정규모집단으로부터 구한 확률표본이면 두 표본평균의 차 $\overline{X}-\overline{Y}$는 다음의 정규분포를 따른다.

$$\overline{X}-\overline{Y} \sim N(\mu_1-\mu_2,\ \sigma_1^2/n_1+\sigma_2^2/n_2) \tag{6.22}$$

왜냐하면 [정리 4.2a]에 의해서 $\overline{X}$와 $\overline{Y}$의 분포는 각각 다음과 같다.

$$\overline{X} \sim N(\mu_1,\ \sigma_1^2/n_1), \quad \overline{Y} \sim N(\mu_2,\ \sigma_2^2/n_2)$$

정규분포의 가법성([정리 3.17])에 의해 $\overline{X}-\overline{Y}$의 분포의 평균과 분산은 각각

$$\begin{aligned} E(\overline{X}-\overline{Y}) &= E(\overline{X}) - E(\overline{Y}) = \mu_1 - \mu_2, \\ Var(\overline{X}-\overline{Y}) &= Var(\overline{X}) + Var(\overline{Y}) = \sigma_1^2/n_1 + \sigma_2^2/n_2 \end{aligned}$$

따라서 $\overline{X}-\overline{Y}$를 표준화한 확률변수 Z는 다음과 같다.

$$Z = \frac{\overline{X}-\overline{Y}-(\mu_1-\mu_2)}{\sqrt{\sigma_1^2/n_1+\sigma_2^2/n_2}} \sim N(0,1) \tag{6.23}$$

그러므로 두 모평균의 차 $\mu_1 - \mu_2$에 대한 신뢰구간은 [정리 5.2]에 의해서 다음과 같이 계산된다.

$$1-\alpha = P\left(-z_{\alpha/2} \leqq \frac{\overline{X}-\overline{Y}-(\mu_1-\mu_2)}{\sqrt{\sigma_1^2/n_1+\sigma_2^2/n_2}} \leqq z_{\alpha/2}\right)$$

위 식을 $\mu_1 - \mu_2$에 관해서 정리하면 식 (6.19)를 얻는다.

(2) 모평균의 차 $\mu_1 - \mu_2$에 대한 귀무가설 H_0의 기각 여부를 결정하는 데 사용하는 검

정통계량은 귀무가설이 $H_0 : \mu_1 - \mu_2 = \delta_0$일 때, [정리 6.1]의 (1)에 의해서 식 (6.20)과 같다.

(3) 유의수준 α에서 각 대립가설에 대한 각 기각역은 [정리 6.1]의 (2)에 의해서 식 (6.21)과 같다.

예제 6.13 같은 종류의 제품을 생산하는 A회사와 B회사의 제품수명에 차이가 있는지 분석하고자 한다. A회사 제품수명은 표준편차가 60이며 B회사 제품수명은 표준편차가 70이라고 한다. 유의수준 $\alpha = 0.05$에서 제품수명 간에 차이를 검정하기 위해 A회사 제품 50개와 B회사 제품 80개를 무작위로 추출하였다. 이들 수명의 표본평균은 A회사가 $\overline{X} = 430$이고 B회사가 $\overline{Y} = 400$이었을 때 다음 각 물음에 답하시오.

(1) 제품수명의 모평균의 차 $\mu_1 - \mu_2$의 95% 신뢰구간을 구하고,

(2) 귀무가설과 대립가설을 설정하고,

(3) 귀무가설 H_0가 참일 때, 가설검정을 위한 검정통계량과 확률분포를 구하고,

(4) 유의수준 $\alpha = 0.05$에 대한 기각역을 구하고,

(5) 기각역을 이용하여 가설을 검정하고,

(6) R이 제공하는 패키지 {TeachingDemos}의 내부함수 z.test()를 사용하여 모평균의 차 $\mu_1 - \mu_2$의 95% 신뢰구간과 p-값을 구하시오.

풀이

(1) 표본의 통계량을 정리하면, A회사: $n_1 = 50$, $\overline{x} = 430$, $s_1 = 60$이고 B회사: $n_2 = 80$, $\overline{y} = 400$, $s_2 = 70$이며 $z_{0.025} \approx 1.960$[qnorm(1−0.05/2)]이므로 신뢰구간의 상한과 하한은 다음과 같다.

$$
\begin{aligned}
(\overline{x} - \overline{y}) \pm z_{\alpha/2}\sqrt{\frac{\sigma_1^2}{n_1} + \frac{\sigma_2^2}{n_2}} &= (430 - 400) \pm 1.96\sqrt{\frac{60^2}{50} + \frac{70^2}{80}} \\
&= 30 \pm 22.6251 \quad \Rightarrow \quad (7.3749, 52.6251)
\end{aligned}
$$

(2) A, B회사의 제품 수명 간에 차이가 있는지에 대한 검정이므로 양측검정이 되고 귀무가설과 대립가설은 다음과 같다.

$$H_0 : \mu_1 - \mu_2 = 0 \text{ 대 } H_1 : \mu_1 - \mu_2 \neq 0$$

(3) 두 표본의 크기가 모두 대표본이므로 [정리 6.6]에 의해 모평균의 차 $\mu_1 - \mu_2$에 대한 검정통계량과 확률분포는 다음과 같다.

$$Z = \frac{(\overline{X} - \overline{Y}) - \delta_0}{\sqrt{60^2/50 + 70^2/80}} \sim N(0,1) \tag{6.24}$$

(4) 검정통계량 $\overline{X}-\overline{Y}$를 사용하면 유의수준 $\alpha=0.05$에 대하여 양측검정에서 기각역은 다음과 같이 주어진다.

$$\overline{x}-\overline{y}< -z_{0.025}\sqrt{\frac{60^2}{50}+\frac{70^2}{80}}=-22.6251 \text{ 및 } \overline{x}-\overline{y}>22.6251$$

만약 식 (6.24)의 Z를 검정통계량으로 사용한다면 기각역은 $|z|>1.96$이다.

(5) 검정통계량의 관측값을 계산하면 $\overline{x}-\overline{y}=430-400=30>22.6251$이므로 귀무가설 H_0를 기각한다. 한편, 식 (6.24)를 사용하여 $\overline{x}-\overline{y}$를 표준화하면 관측값은 $|z_0|=|30/11.5434|=2.5989>1.96$이므로 귀무가설 H_0를 기각한다.

(6) 결과를 구하기 위한 R 프로그램은 다음과 같다.

```
# 6장 가설검정 - 6.4 두 모집단의 비교 - 6.4.1 독립표본의 모평균 비교
# [예제 6.13] 두 모분산이 알려진 정규모집단 또는 모집단이 큰 경우
> n1 <- 50; xbar <- 430; sd1 <- 60
> n2 <- 80; ybar <- 400; sd2 <- 70
> qnorm(0.025); qnorm(1-0.05/2) # 근사값으로 1.960을 선택
> errlim <- 1.96*sqrt((sd1^2)/n1+(sd2^2)/n2); errlim
> uplimit <- (xbar - ybar) + errlim; uplimit # (1)번 답
> lowlimit <- (xbar - ybar) - errlim; lowlimit # (1), (4)번 답
> z0 <- abs((xbar - ybar)/sqrt((sd1^2)/n1+(sd2^2)/n2)); z0 # (5)번 답
> pvalue <- 2*(1-pnorm(z0,0,1)); pvalue # 양측검정이므로
> library(TeachingDemos) # install.packages("TeachingDemos")
> (psd <- sqrt((sd1^2)/n1+(sd2^2)/n2)) # 대체 표준편차: 11.5434
> z.test(30, 0, psd, alt="two.sided", conf.level = 0.95)
```

2. 두 모분산이 알려지지 않은 비정규모집단인 경우

이 소절에서는 두 모집단이 정규분포가 아니지만 추출한 표본들은 서로 독립인 두 모평균의 차 $\mu_1-\mu_2$에 대한 추론(신뢰구간과 가설검정)을 다루기로 한다. 현실 자료의 분석에서는 사실상 모집단의 분포와 모분산을 모르는 경우가 대부분이므로 논의의 가치가 있다. 전제가 되어야 할 또 다른 하나는 두 모집단으로부터 추출한 표본의 크기가 모두 대표본으로 중심극한정리를 적용할 수 있어야 한다는 것이다.

정리 6.7 분산이 알려지지 않은 두 모집단으로부터 추출한 서로 독립인 확률표본의 크기 n_1과 n_2가 둘 다 대표본으로 $X_1,\cdots,X_{n_1}$과 $Y_1,\cdots,Y_{n_2}$일 경우,

(1) 두 모평균의 차 $\mu_1-\mu_2$에 대한 $100(1-\alpha)\%$ 신뢰구간의 상한과 하한은 다음과 같이 주어진다.

$$(\overline{X}-\overline{Y}) \pm z_{\alpha/2}\sqrt{\frac{S_1^2}{n_1}+\frac{S_2^2}{n_2}} \tag{6.25}$$

(2) 모평균의 차 $\delta_0 = \mu_1 - \mu_2$에 대한 귀무가설 H_0의 기각 여부를 결정하는 데 사용하는 검정통계량은 다음과 같다.

$$Z = \frac{\overline{X}-\overline{Y}-\delta_0}{\sqrt{S_1^2/n_1 + S_2^2/n_2}} \sim N(0,1) \tag{6.26}$$

(3) 유의수준 α에서 다음의 대립가설에 대하여 각 기각역은 다음과 같다.

$$H_0 : \mu_1 - \mu_2 = \delta_0 \text{ 대 } H_1 : \mu_1 - \mu_2 > \delta_0 \text{ 일 때, } H_0 \text{ 기각역 } R_1 : Z > z_\alpha, \tag{6.27}$$
$$H_0 : \mu_1 - \mu_2 = \delta_0 \text{ 대 } H_1 : \mu_1 - \mu_2 < \delta_0 \text{ 일 때, } H_0 \text{ 기각역 } R_2 : Z < -z_\alpha,$$
$$H_0 : \mu_1 - \mu_2 = \delta_0 \text{ 대 } H_1 : \mu_1 - \mu_2 \neq \delta_0 \text{ 일 때, } H_0 \text{ 기각역 } R_3 : |Z| > z_{\alpha/2}$$

[증명]

(1) 두 확률표본의 크기 n_1과 n_2가 대표본인 경우 중심극한정리에 의해 표본평균은 각각 $\overline{X} \sim N(\mu_1, \sigma_1^2)$이고 $\overline{Y} \sim N(\mu_2, \sigma_2^2)$이므로 [정리 3.17]의 가법성에 의해서 $\overline{X}-\overline{Y}$는 근사적으로 정규분포를 따르고 표준화하면 다음과 같다.

$$Z = \frac{\overline{X}-\overline{Y}-(\mu_1-\mu_2)}{\sqrt{S_1^2/n_1 + S_2^2/n_2}} \sim N(0,1) \tag{6.28}$$

그러므로 두 모평균의 차 $\mu_1 - \mu_2$에 대한 신뢰구간은 [정리 5.2]에 의해서 다음과 같이 계산된다.

$$1-\alpha = P\left(-z_{\alpha/2} \leq \frac{\overline{X}-\overline{Y}-(\mu_1-\mu_2)}{\sqrt{S_1^2/n_1 + S_2^2/n_2}} \leq z_{\alpha/2}\right) \tag{6.29}$$

위 식 (6.29)를 $\mu_1 - \mu_2$에 관해서 정리하면 식 (6.25)를 얻는다.

(2) 모평균의 차 $\mu_1 - \mu_2$에 대한 귀무가설 H_0의 기각 여부를 결정하는 데 사용하는 검정통계량은 귀무가설이 $H_0 : \mu_1 - \mu_2 = \delta_0$일 때, [정리 6.6]의 (2)항에서 σ_1^2과 σ_2^2을 각각 S_1^2과 S_2^2로 대체하면 식 (6.26)과 같다.

(3) [정리 6.6]의 (3)과 같은 맥락이다.

예제 6.14 이 예제에서 사용하는 원시자료는 R의 {ggplot2} 패키지가 제공하는 'Chick Weight' 데이터셋이다. 이 자료는 578행 4열로 구성되어 있고 병아리 성장에 대한 사료의 효과를 측정한 것으로 제1열(Weight)은 그램 단위의 병아리 몸무게, 제2열(Time)은 몸무게를 측정한 시점의 생존일수, 제3열(Chick)은 병아리의 성장 정도를 표시하는 수준, 제4열(Diet)은 사료의 종류를 나타낸다. 편의를 위해 사료의 종류 4가지 중 1번 사료와 2번 사료에 관한 자료를 사용하며 성장일수는 11일 이상인 것만 추출하여 사용하는 것으로 한다. '사료가 병아리의 몸무게를 증진시키는 데 차이가 없다'고 하는 주장에 대해 이 자료를 이용하여 다음 물음에 답하시오.

(1) 병아리 몸무게의 모평균의 차 $\mu_2 - \mu_1$의 99% 신뢰구간을 구하고,

(2) 귀무가설과 대립가설을 설정하고,

(3) 귀무가설 H_0가 참일 때, 가설검정을 위한 검정통계량과 확률분포를 구하고,

(4) 유의수준 $\alpha = 0.01$에 대한 기각역을 구하고,

(5) 기각역을 이용하여 가설을 검정하고,

(6) p-값을 이용하여 가설을 검정하하고,

(7) R이 제공하는 패키지 {BSDA}의 함수 z.test()를 적절히 사용하여 모평균의 차 $\mu_2 - \mu_1$의 99% 신뢰구간, 표준화한 검정통계량의 관측값 z_0, p-값을 구하시오.

(풀이)

(1) 표본의 통계량은 1번 사료 : $n_1 = 104$, $\overline{x} \approx 146.01$, $s_1 \approx 52.139$이고 2번 사료 : $n_2 = 60$, $\overline{y} \approx 174.317$, $s_2 = 64.862$이며 $z_{0.005} \approx 2.5758$이므로 신뢰구간의 상한과 하한은 다음과 같다.

$$(\overline{y} - \overline{x}) \pm z_{\alpha/2}\sqrt{\frac{s_2^2}{n_2} + \frac{s_1^2}{n_1}} \approx (174.317 - 146.01) \pm 2.5758 \times 9.8111$$
$$\approx 28.307 \pm 25.2714 \quad \Rightarrow \quad (3.0356, 53.5784)$$

(2) 병아리 몸무게 증진에서 사료 간의 차이가 있는지에 대한 검정이므로 양측검정이 되고 귀무가설과 대립가설은 다음과 같다.

$$H_0 : \mu_2 - \mu_1 = 0 \text{ 대 } H_1 : \mu_2 - \mu_1 \neq 0$$

(3) 두 표본의 크기가 모두 대표본이므로 [정리 6.6]에 의해 모평균의 차 $\mu_2 - \mu_1$에 대한 검정통계량과 확률분포는 다음과 같다.

$$Z = \frac{(\overline{Y} - \overline{X}) - \delta_0}{\sqrt{64.862^2/60 + 52.139^2/104}} \sim N(0,1) \qquad (6.30)$$

(4) 검정통계량 $\overline{Y} - \overline{X}$를 사용하면 유의수준 $\alpha = 0.01$에 대하여 양측검정에서 기각역은 다음과 같이 주어진다.

$$\overline{y} - \overline{x} < -z_{0.005}\sqrt{\frac{64.862^2}{60} + \frac{52.139^2}{104}} \approx -25.2714 \text{ 또는 } \overline{y} - \overline{x} > 25.2714$$

만약 식 (6.30)의 Z를 검정통계량으로 사용한다면 기각역은 $|z| > 2.5758$이다.

(5) 검정통계량의 관측값을 계산하면 $\overline{y} - \overline{x} = 174.317 - 146.01 = 28.307$이므로 귀무가설 H_0를 기각한다. 한편, 식 (6.30)을 사용하여 $\overline{y} - \overline{x}$를 표준화하면 관측값은 $|z_0| = |28.307/9.8111| \approx 2.8852 > 2.5758$이므로 H_0를 기각한다.

(6) p-값은 $2P(Z > z_0) = 2P(Z > 2.8852) \approx 0.0039 < 0.01$이므로 H_0를 기각한다.

(7) 패키지 {BSDA}의 함수 z.test()의 사용 형식은 아래 프로그램과 같고 신뢰구간, 검정통계량의 관측값 z_0 및 p-값에 대해 같은 결과를 얻는다.

```
# 6장 가설검정 - 6.4 두 모집단의 비교 - 6.4.1 독립표본의 모평균 비교
# [예제 6.14] 두 모분산이 알려지지 않은 비정규모집단인 경우
> library(datasets) # install.packages("datasets")
> head(ChickWeight); dim(ChickWeight)
> (data1 <- subset(subset(ChickWeight, Time>10), Diet==1))
# subset()은 ChickWeight에서 Time이 10보다 크고 사료종류가 1인 것을 추출
> (data2 <- subset(subset(ChickWeight, Time>10), Diet==2))
> n1 <- nrow(data1); n1
> xbar <- round(mean(data1[,1]), digits=3); xbar
> sd1 <- round(sd(data1[,1]), digits=3); sd1
> n2 <- nrow(data2); n2
> ybar <- round(mean(data2[,1]), digits=3); ybar
> sd2 <- round(sd(data2[,1]), digits=3); sd2
> qnorm(0.005); qnorm(1-0.01/2) # 근사값으로 2.5758을 선택
> (ybar-xbar); errlim <- 2.5758*sqrt((sd1^2)/n1+(sd2^2)/n2); errlim
> uplimit <- (ybar - xbar) + errlim; uplimit # (1)번 답
> lowlimit <- (ybar - xbar) - errlim; lowlimit # (1), (4)번 답
> z0 <- abs((ybar - xbar)/sqrt((sd1^2)/n1+(sd2^2)/n2)); z0 # (5)번 답
> pvalue <- 2*(1-pnorm(z0,0,1)); pvalue # 양측검정이므로
> library(BSDA) # install.packages("BSDA")
> z.test(data2[,1], data1[,1], alt="t",0,sigma.x=sd2, sigma.y = sd1,
     conf.level = 0.99)
```

6.4.2 독립표본의 소표본에 의한 모평균 비교

6.4.1절에서는 모평균 $\mu_1 - \mu_2$를 추론할 때, 독립표본으로 두 모집단이 정규분포이거나 대표본인 경우를 다루었다. 이 절에서는 $\mu_1 - \mu_2$를 추론할 때, 다음과 같은 두 가지 가정을 전제로 한다.

(1) 두 모분산 σ_1^2과 σ_2^2은 모르지만 두 모집단의 분포가 정규분포를 따름

(2) 각 모집단으로부터 추출한 표본의 크기가 적어도 하나는 30 미만인 **소표본**이며 두

표본은 서로 독립임

위 두 가정을 전제하고 두 가지 경우를 다루기로 하는데, 첫째는 모분산이 같은 경우이고 둘째는 모분산이 서로 다른 경우이다.

1. 두 모분산을 모르지만 서로 같은 경우

두 모집단의 분포가 $N(\mu_1, \sigma_1^2)$과 $N(\mu_2, \sigma_2^2)$를 따른다고 하고 추출한 표본의 크기가 적어도 하나는 30 미만이고 서로 독립임을 가정한다. 두 모분산 σ_1^2과 σ_2^2은 모르지만, 서로 같다($\sigma_1 = \sigma_2 = \sigma$)고 하자. 모분산이 같은 두 표본 $X_1, \cdots, X_{n_1}$과 $Y_1, \cdots, Y_{n_2}$가 정규모집단으로부터 구한 확률표본이면 두 표본평균은 [정리 4.2a]에 따라 각각 다음 정규분포를 따른다.

$$\overline{X} \sim N(\mu_1,\ \sigma^2/n_1), \quad \overline{Y} \sim N(\mu_2,\ \sigma^2/n_2)$$

두 표본평균의 차 $\overline{X} - \overline{Y}$는 [정리 3.17]에 의해서 다음 정규분포를 따른다.

$$\overline{X} - \overline{Y} \sim N(\mu_1 - \mu_2,\ \sigma^2(1/n_1 + 1/n_2)) \tag{6.31}$$

따라서 $\overline{X} - \overline{Y}$를 표준화한 확률변수 Z는 다음과 같다.

$$Z = \frac{\overline{X} - \overline{Y} - (\mu_1 - \mu_2)}{\sigma\sqrt{1/n_1 + 1/n_2}} \sim N(0,1) \tag{6.32}$$

정의 6.6 모집단 1과 2로부터 크기가 각각 n_1, n_2개로 추출한 확률표본을 $X_1, \cdots, X_{n_1}$과 $Y_1, \cdots, Y_{n_2}$라고 하고 표본분산을 S_1^2과 S_2^2이라고 할 때, 두 모집단의 모분산이 같은 경우 **합동표본분산**(pooled variation)은 다음과 같이 정의한다.

$$S_p^2 = \frac{\sum_{k=1}^{n_1}(X_k - \overline{X})^2 + \sum_{k=1}^{n_2}(Y_k - \overline{Y})^2}{n_1 + n_2 - 2} = \frac{(n_1 - 1)S_1^2 + (n_2 - 1)S_2^2}{n_1 + n_2 - 2} \tag{6.33}$$

정리 6.8 두 정규모집단 $N(\mu_1, \sigma^2)$과 $N(\mu_2, \sigma^2)$으로부터 추출한 서로 독립인 확률표본의 크기가 적어도 하나는 소표본인 n_1, n_2이고 두 모분산은 모르지만 서로 같은 경우,

(1) 두 모평균의 차 $\mu_1 - \mu_2$에 대한 $100(1-\alpha)\%$ 신뢰구간의 상한과 하한은 다음과 같이 주어진다. 다음 식에서 S_p는 식 (6.33)에 정의되어 있다.

$$(\overline{X}-\overline{Y}) \pm t_{\alpha/2}(n_1+n_2-2)S_p\sqrt{\frac{1}{n_1}+\frac{1}{n_2}} \tag{6.34}$$

(2) 모평균의 차 $\delta_0 = \mu_1 - \mu_2$에 대한 귀무가설 H_0의 기각 여부를 결정하는 데 사용하는 검정통계량은 다음과 같다.

$$T = \frac{\overline{X}-\overline{Y}-\delta_0}{S_p\sqrt{1/n_1+1/n_2}} \sim t(n_1+n_2-2) \tag{6.35}$$

(3) 유의수준 α에서 다음의 대립가설에 대하여 각 기각역은 다음과 같다.

$H_0 : \mu_1 - \mu_2 = \delta_0$ 대 $H_1 : \mu_1 - \mu_2 > \delta_0$ 일 때, H_0의 $R_1 : T > t_\alpha(n_1+n_2-2)$,
$H_0 : \mu_1 - \mu_2 = \delta_0$ 대 $H_1 : \mu_1 - \mu_2 < \delta_0$ 일 때, H_0의 $R_2 : T < -t_\alpha(n_1+n_2-2)$,
$H_0 : \mu_1 - \mu_2 = \delta_0$ 대 $H_1 : \mu_1 - \mu_2 \neq \delta_0$ 일 때, H_0의 $R_3 : |T| > t_{\alpha/2}(n_1+n_2-2)$

[증명] (2) 정규모집단에서 추출한 확률표본으로부터 구한 다음 두 확률변수 V_1과 V_2는 서로 독립이고 [정리 4.4]에 의해서 다음 분포를 따른다.

$$V_1 = \frac{(n_1-1)S_1^2}{\sigma^2} \sim \chi^2(n_1-1), \quad V_2 = \frac{(n_2-1)S_2^2}{\sigma^2} \sim \chi^2(n_2-1)$$

또한, χ^2-분포의 가법성에 의해 다음 식이 성립한다.

$$V = V_1 + V_2 = \frac{(n_1+n_2-2)S_p^2}{\sigma^2} \sim \chi^2(n_1+n_2-2) \tag{6.36}$$

그러므로 [정의 3.14] 또는 [정리 4.5]에 의해서 식 (6.32)의 확률변수 Z와 식 (6.36)의 확률변수 V는 다음과 같은 t-분포를 형성한다.

$$T = \frac{Z}{\sqrt{V/(n_1+n_2-2)}} = \frac{\overline{X}-\overline{Y}-(\mu_1-\mu_2)}{S_p\sqrt{1/n_1+1/n_2}} \sim t(n_1+n_2-2) \tag{6.37}$$

따라서 두 모평균의 차 $\mu_1 - \mu_2$에 대한 신뢰구간은 [정리 5.3]에 의해서 다음과 같이 계산된다.

$$1-\alpha = P\left(-t_{\alpha/2}(n_1+n_2-2) \leq \frac{\overline{X}-\overline{Y}-(\mu_1-\mu_2)}{S_p\sqrt{1/n_1+1/n_2}} \leq t_{\alpha/2}(n_1+n_2-2)\right)$$

위식을 $\mu_1 - \mu_2$에 관해서 정리하면 식 (6.34)를 얻고 (1)을 증명한다.

(3) [정리 6.6]의 (3) 및 [정리 6.7]의 (3)과 같은 맥락이다.

예제 6.15 두 음료회사 X와 Y는 용량 245(ml)인 청량음료를 판매하고 있다. 품질관리

당국에서 두 회사 음료수의 평균용량의 차이가 있는지 알아보려고 한다. X회사 음료수 15병과 Y회사 음료수 20병을 무작위로 추출하여 용량을 측정한 결과 평균은 각각 $\bar{x}=248$과 $\bar{y}=244$이었고 표준편차는 $s_x=5$, $s_y=9$이었다. 두 회사 음료수의 용량은 정규분포를 따르며 모분산은 같다고 하였을 때, 다음 각 물음에 답하시오.

(1) 음료수 용량의 모평균의 차 $\mu_x-\mu_y$의 95% 신뢰구간을 구하고,

(2) 귀무가설 H_0가 참일 때, 가설검정을 위한 검정통계량과 확률분포를 구하고,

(3) 유의수준 $\alpha=0.05$에 대한 기각역을 구하고,

(4) p-값을 이용하여 가설을 검정하시오.

(풀이)

(1) 표본의 통계량은 X회사일 경우 $n_x=15$, $\bar{x}=248$, $s_x=5$이고, Y회사일 경우 $n_y=20$, $\bar{y}=244$, $s_y=9$이며, 두 모분산 σ^2의 추정량으로 합동분산 S_p^2을 계산하면 다음과 같다.

$$S_p^2=\frac{(n_x-1)s_x^2+(n_y-1)s_y^2}{n_x+n_y-2}=\frac{(15-1)5^2+(20-1)9^2}{15+20-2}=57.2424$$

그리고 t-분포로부터 $t_{0.025}(33)\approx 2.0345$이므로 모평균의 차 $\mu_x-\mu_y$의 95% 신뢰구간의 상한과 하한은 다음과 같다.

$$\begin{aligned}&(\bar{x}-\bar{y})\pm t_{\alpha/2}(n_x+n_y-2)s_p\sqrt{1/n_x+1/n_y}\\&(248-244)\pm 2.0345\sqrt{57.2424}\sqrt{1/15+1/20}\\&\approx 4\pm 5.2576 \quad\Rightarrow\quad (-1.2576,\ 9.2576)\end{aligned}$$

(2) [정리 6.8]에 의해 $\mu_x-\mu_y$에 대한 귀무가설 $H_0(\mu_x-\mu_y=\delta_0)$의 기각 여부를 결정하는 데 사용하는 검정통계량과 확률분포는 다음과 같다.

$$T=\frac{\overline{X}-\overline{Y}-\delta_0}{S_p\sqrt{1/15+1/20}}\sim t(33)$$

(3) 양측검정이므로 $\mu_x-\mu_y$에 대한 귀무가설 $H_0(\mu_x-\mu_y=\delta_0)$의 기각 여부를 결정하는 기각역은 $R_3=\{|t|>t_{0.025}(33)=2.0345\}$이다. 한편, $\bar{x}=248$, $\bar{y}=244$, $s_p=7.5659$이므로 t_0는 다음과 같다.

$$t_0=\frac{248-244}{s_p\sqrt{1/15+1/20}}=\frac{248-244}{7.5659\times 0.3416}\approx 1.5478$$

그러므로 $t_0\approx 1.5478<2.0345$이므로 귀무가설 H_0를 기각하지 않는다.

(4) p-값 $=2P(T>1.5478)\approx 0.1312>0.05$이므로 귀무가설 H_0를 기각하지 않는다. 따라서 유의수준 $\alpha=0.05$에서 두 회사의 음료수 용량이 다르다고 하기에는 증거가

불충분하다.

```
# 6장 가설검정 - 6.4 두 모집단의 비교 - 6.4.2 독립 소표본의 모평균 비교
# [예제 6.15] 두 모분산을 모르지만 서로 같은 경우
> nx <- 15; xbar <- 248; sdx <- 5
> ny <- 20; ybar <- 244; sdy <- 9
> sdp2 <- ((nx-1)*sdx^2 + (ny-1)*sdy^2)/(nx+ny-2); sdp2
> qt(0.025,33); qt(1-0.05/2,33) # 근사값으로 2.0345를 선택, (3)번 관련
# 기각역 R3={|t|>qt(1-0.05/2,33)}={|t|>2.0345}: (3)번 답
> errlim <- 2.0345*sqrt(sdp2*(1/nx + 1/ny)); errlim
> uplimit <- (xbar - ybar) + errlim; uplimit # (1)번 답
> lowlimit <- (xbar - ybar) - errlim; lowlimit # (1)번 답
> t0 <- abs((xbar - ybar)/sqrt(sdp2*(1/nx + 1/ny))); t0 # (3)번 관련
# t0=1.547845 < 2.0345=qt(0.975,33)이므로 귀무가설 H0를 기각하지 않음
> pvalue <- 2*(1-pt(t0,33)); pvalue # 양측검정이므로
# p-값=0.1311973 > 0.05이므로 귀무가설 H0를 기각하지 않음
```

2. 두 모분산을 모르고 서로 다른 경우

두 모집단의 분포가 $N(\mu_1, \sigma_1^2)$과 $N(\mu_2, \sigma_2^2)$를 따른다고 하고 추출한 표본의 크기가 적어도 하나는 30 미만임을 가정하고, 두 모분산 σ_1^2과 σ_2^2은 모르고 서로 다르다($\sigma_1 \neq \sigma_2$)고 가정한다.

정리 6.9 (Welch-Satterthwaite equation) 서로 독립인 두 확률표본 $X_1, X_2, \cdots, X_{n_1}$과 $Y_1, Y_2, \cdots, Y_{n_2}$가 각각 정규모집단 $N(\mu_1, \sigma_1^2)$과 $N(\mu_2, \sigma_2^2)$으로부터 구한 확률표본이라고 하면 확률변수 $[\overline{X} - \overline{Y} - (\mu_1 - \mu_2)] / \sqrt{S_1^2/n_1 + S_2^2/n_2}$는 근사적으로 자유도 d인 t-분포를 따른다.

$$T = \frac{\overline{X} - \overline{Y} - (\mu_1 - \mu_2)}{\sqrt{S_1^2/n_1 + S_2^2/n_2}} \sim t(d), \quad d = \frac{(S_1^2/n_1 + S_2^2/n_2)^2}{\dfrac{(S_1^2/n_1)^2}{n_1 - 1} + \dfrac{(S_2^2/n_2)^2}{n_2 - 1}} \tag{6.38}$$

[증명] 증명은 이 교재의 범위를 벗어나므로 생략한다.

정리 6.10 두 정규모집단 $N(\mu_1, \sigma_1^2)$과 $N(\mu_2, \sigma_2^2)$으로부터 추출한 서로 독립인 확률표본의 크기가 적어도 하나가 소표본인 n_1, n_2이고 두 모분산은 모르며 서로 다른 경우,

(1) 두 모평균의 차 $\mu_1-\mu_2$에 대한 $100(1-\alpha)\%$ 신뢰구간의 상한과 하한은 다음 식과 같이 주어진다. 식에서 자유도 d는 식 (6.38)에 정의되어 있다.

$$(\overline{X}-\overline{Y}) \pm t_{\alpha/2}(d)\sqrt{\frac{S_1^2}{n_1}+\frac{S_2^2}{n_2}} \tag{6.39}$$

(2) 모평균의 차 $\delta_0=\mu_1-\mu_2$에 대한 귀무가설 H_0의 기각 여부를 결정하는 데 사용하는 검정통계량은 다음과 같다.

$$T=\frac{\overline{X}-\overline{Y}-\delta_0}{\sqrt{S_1^2/n_1+S_2^2/n_2}} \sim t(d) \tag{6.40}$$

(3) 유의수준 α에서 다음의 대립가설에 대하여 각 기각역은 다음과 같다.

$H_0:\mu_1-\mu_2=\delta_0$ 대 $H_1:\mu_1-\mu_2>\delta_0$ 일 때, H_0의 기각역 $R_1: T>t_\alpha(d)$,
$H_0:\mu_1-\mu_2=\delta_0$ 대 $H_1:\mu_1-\mu_2<\delta_0$ 일 때, H_0의 기각역 $R_2: T<-t_\alpha(d)$,
$H_0:\mu_1-\mu_2=\delta_0$ 대 $H_1:\mu_1-\mu_2\neq\delta_0$ 일 때, H_0의 기각역 $R_3: |T|>t_{\alpha/2}(d)$

[증명] (2) 모분산 σ_1^2과 σ_2^2은 모르는 서로 다른 정규모집단 $N(\mu_1,\sigma_1^2)$과 $N(\mu_2,\sigma_2^2)$으로부터 추출한 확률표본의 표본평균을 각각 $\overline{X}$와 $\overline{Y}$라고 하면, [정리 6.9]에 의해서 확률변수 $[\overline{X}-\overline{Y}-(\mu_1-\mu_2)]/\sqrt{S_1^2/n_1+S_2^2/n_2}$는 근사적으로 자유도 d인 t-분포를 따르므로 모평균의 차 $\delta_0=\mu_1-\mu_2$에 대한 귀무가설 H_0의 기각 여부를 결정하는 데 사용하는 검정통계량은 다음과 같다.

$$T=\frac{\overline{X}-\overline{Y}-\delta_0}{\sqrt{S_1^2/n_1+S_2^2/n_2}} \sim t(d)$$

따라서 두 모평균의 차 $\mu_1-\mu_2$에 대한 신뢰구간은 [정리 5.3]에 의해서 다음과 같이 계산된다.

$$1-\alpha=P\left(-t_{\alpha/2}(d) \leq \frac{\overline{X}-\overline{Y}-(\mu_1-\mu_2)}{\sqrt{S_1^2/n_1+S_2^2/n_2}} \leq t_{\alpha/2}(d)\right)$$

위식을 $\mu_1-\mu_2$에 관해서 정리하면 식 (6.39)를 얻고 (1)을 증명한다.

(3) [정리 6.6]의 (3) 및 [정리 6.8]의 (3)과 같은 맥락이다.

예제 6.16 도농 간 여고생의 키를 비교하기 위해 도시지역 여고생(1그룹) 21명과 농촌지역 여고생(2그룹) 16명을 대상으로 신장을 측정한 결과 다음과 같은 결과를 얻었다. 두 정규모집단의 모분산은 모르며 서로 다르다고 가정한다.

$n_1 = 21,\ \bar{x} = 163.4(cm),\ s_1 = 2.91,$
$n_2 = 16,\ \bar{y} = 158.7(cm),\ s_2 = 3.53$

'도시지역 여학생의 신장이 더 크다'라고 할 수 있는지 유의수준 $\alpha = 0.01$에서 검정하고자 할 때, 다음 각 물음에 답하시오.

(1) 평균 신장의 모평균의 차 $\mu_1 - \mu_2$의 99% 신뢰구간을 구하고,

(2) 귀무가설과 대립가설을 설정하고,

(3) 귀무가설 H_0가 참일 때 가설검정을 위한 검정통계량과 확률분포를 구하고,

(4) 유의수준 $\alpha = 0.01$에 대한 기각역을 구하고,

(5) p-값을 이용하여 가설을 검정하시오.

풀이

(1) 주어진 표본통계량으로부터 t-분포의 자유도 d는 다음과 같다.

$$d = \frac{(S_1^2/n_1 + S_2^2/n_2)^2}{\dfrac{(S_1^2/n_1)^2}{n_1 - 1} + \dfrac{(S_2^2/n_2)^2}{n_2 - 1}} = \frac{(2.91^2/21 + 3.53^2/16)^2}{\dfrac{(2.91^2/21)^2}{21-1} + \dfrac{(3.53^2/16)^2}{16-1}} \approx 28.77 \quad (6.41)$$

모평균의 차 $\mu_1 - \mu_2$에 대한 99% 신뢰구간의 상한과 하한은 다음과 같다.

$$(\bar{x} - \bar{y}) \pm t_{\alpha/2}(d)\sqrt{\frac{S_1^2}{n_1} + \frac{S_2^2}{n_2}} = (163.4 - 158.7) \pm 2.758\sqrt{\frac{2.91^2}{21} + \frac{3.53^2}{16}}$$
$$\approx 4.7 \pm 2.9986 \quad \Rightarrow \quad (1.7014,\ 7.6986)$$

(2) '도시지역 여학생의 신장이 더 크다'라고 할 수 있는지의 검정이므로 우측검정이고 귀무가설과 대립가설은 다음과 같다.

$H_0 : \mu_1 = \mu_2$ 대 $H_1 : \mu_1 > \mu_2$

(3) 모집단의 두 모분산을 모르므로 [정리 6.9]에 의해 검정통계량과 확률분포는 식 (6.38)과 식 (6.41)에 의해 다음과 같이 주어진다.

$$T = \frac{\overline{X} - \overline{Y}}{\sqrt{S_1^2/21 + S_2^2/16}} \sim t(d) \approx t(28.77)$$

(4) 우측검정이므로 기각역은 $R_1 = \{t > t_{0.01}(28.77)\} = \{t > 2.463\}$이다. 한편, 주어진 표본통계량으로부터 검정통계량의 관측값 t_0는 다음과 같다.

$$t_0 = \frac{\overline{X} - \overline{Y}}{\sqrt{S_1^2/21 + S_2^2/16}} = \frac{163.4 - 158.7}{\sqrt{2.91^2/21 + 3.53^2/16}} \approx 4.323$$

따라서 $t_0 \approx 4.323 > t_{0.01}(28.77) \approx 2.463$이고 귀무가설 H_0를 기각한다.

(5) p-값 $= P(T > 2.885) \approx 0.0001 < 0.01$ 이므로 귀무가설 H_0를 기각한다. 즉, 신장 측정결과는 유의수준 $\alpha = 0.01$ 에서 '도시지역 여학생의 신장이 더 크다'라고 할 수 있는 충분한 증거를 제공한다.

```
# 6.4절 두 모집단의 비교 - 6.4.2 독립표본의 소표본에 의한 모평균 비교
# [예제 6.16] 두 모분산을 모르고 서로 다른 경우
> n1 <- 21; xbar <- 163.4; sd1 <- 2.91
> n2 <- 16; ybar <- 158.7; sd2 <- 3.53
> dn <- (sd1^2/n1 + sd2^2/n2)^2; dn
> dn <- dn/((sd1^2/n1)^2/(n1-1) + (sd2^2/n2)^2/(n2-1))
> dn <- round(dn, digits=3); dn
> qt(0.005, dn); qt(1-0.01/2, dn) # 근사값으로 2.758을 선택
> errlim <- 2.758*sqrt((sd1^2)/n1+(sd2^2)/n2); errlim
> cIntval <- (xbar - ybar) + c(-1, 1)*errlim; cIntval # (1)번 답
> qt(0.01, dn); qt(1-0.01, dn) # 근사값으로 2.463을 선택
# 기각역 R_1 = {T >= t_0.01(dn) = t_0.01(28.77) = 2.463} # (4)번 답
> t0 <- (xbar - ybar)/sqrt((sd1^2)/n1+(sd2^2)/n2); t0 # (4)번 답
> pvalue <- round(1-pt(t0,dn), digits=4); pvalue # (5)번 답
```

6.4.3 대응표본에 의한 모평균 비교

6.4절에서 지금까지는 모평균의 차에 대한 추론으로 두 모집단에서 독립적으로 추출한 표본자료인 독립표본을 근거로 추정과 검정을 다루었다. 대응표본에 대한 의미는 6.4절의 서두에서 언급했지만 다시 한 번 요약하면, 대응표본은 동일한 모집단으로부터 추출된 한 표본의 관측값에 대해 대응하는 두 번째 표본의 관측값이 있는 경우이다.

이 소절에서는 서로 독립이 아니지만 표본의 크기가 같은 대응표본을 이용한 모평균의 추론을 다루기로 한다. 대응표본의 간단한 예는 아래 [예 6.4]에 있고, 대응표본을 이용한 모평균 비교를 위한 확률표본들의 자료 형태는 [표 6.3]에 정리되어 있다.

[표 6.3] 대응표본에 의한 모평균 비교를 위한 자료 형태

대응표본	확률표본	표본평균	표본분산
표본 1	$X_1,\ X_2,\ \cdots,\ X_n$	$\overline{X}$	S_1^2
표본 2	$Y_1,\ Y_2,\ \cdots,\ Y_n$	$\overline{Y}$	S_2^2
표본의 차 $(D_k = X_k - Y_k)$	$D_1,\ D_2,\ \cdots,\ D_n$	$\overline{D} = \frac{1}{n}\sum_{k=1}^{n} D_k$	$S_D^2 = \frac{1}{n-1}\sum_{k=1}^{n}(D_k - \overline{D})^2$

[예 6.4] (1) 동일인 집단을 대상으로 특정 치료약의 복용 전후 측정결과 표본

(2) 한 종류의 동물 집단을 짝을 이루는 두 개의 그룹으로 나누고 A실험과 B실험을 한 결과를 비교하기 위한 두 표본

대응표본에 대한 가정과 특성: [표 6.3]에서 X_k와 Y_k는 서로 독립은 아니나 각 쌍 $(X_k, Y_k), k=1,\cdots,n$은 서로 독립이고 모집단은 정규분포를 따른다. X_k와 Y_k가 정규분포를 따르므로 서로 독립은 아닐지라도 이들의 차 D_k도 정규분포를 따르며 $\sigma_D^2 = Var(D_k)$일 때, $D_k = X_k - Y_k \sim N(\mu_1 - \mu_2, \sigma_D^2)$가 된다. 대응표본이라도 대표본인 경우에는 Z-검정을 사용한다.

정리 6.11 확률표본 $D_1, D_2, \cdots, D_n$이 정규모집단으로부터 추출한 표본이라면 확률변수 $T = (\overline{D} - (\mu_1 - \mu_2))/(S_D/\sqrt{n})$는 자유도 $n-1$인 t-분포를 따른다. 즉,

$$T = \frac{\overline{D} - (\mu_1 - \mu_2)}{S_D/\sqrt{n}} \sim t(n-1),\ \overline{D} = \frac{1}{n}\sum_{k=1}^{n} D_k,\ S_D^2 = \frac{1}{n-1}\sum_{k=1}^{2}(D_k^2 - \overline{D})^2 \quad (6.42)$$

[증명] 관측값의 차 $D_1, D_2, \cdots, D_n$이 정규모집단으로부터 추출한 두 표본값들의 차이이고 대응하는 두 모평균이 각각 μ_1과 μ_2라면 D_k의 기댓값과 분산은

$$\begin{aligned} E(D_k) &= E(X_k - Y_k) = E(X_k) - E(Y_k) = \mu_1 - \mu_2, \\ Var(D_k) &= Var(X_k - Y_k) = Var(X_k) + Var(Y_k) - 2Cov(X_k, Y_k). \end{aligned}$$

차의 분산을 $Var(D_k) = \sigma_D^2$이라고 하면 $D_k \sim N(\mu_1 - \mu_2, \sigma_D^2)$이므로 $D_1, D_2, \cdots, D_n$을 정규모집단 $N(\mu_1 - \mu_2, \sigma_D^2)$으로부터 추출한 크기 n의 확률표본이라고 볼 수 있다. 그러므로 [정리 4.6]에 의해 $T = (\overline{D} - (\mu_1 - \mu_2))/(S_D/\sqrt{n})$은 자유도 $n-1$인 t-분포를 따르고 식 (6.42)를 얻는다.

정리 6.12 확률표본 $D_k = X_k - Y_k, (k=1,\cdots,n)$가 정규모집단 $N(\mu_1 - \mu_2, \sigma_D^2)$으로부터 추출한 표본이라면,

(1) 두 모평균의 차 $\mu_1 - \mu_2$에 대한 $100(1-\alpha)\%$ 신뢰구간의 상한과 하한은 다음과 같이 주어진다.

$$\overline{D} \pm t_{\alpha/2}(n-1)\frac{S_D}{\sqrt{n}},\ \overline{D} = \frac{1}{n}\sum_{k=1}^{n} D_k,\ S_D^2 = \frac{1}{n-1}\left(\sum_{k=1}^{n} D_k^2 - n\overline{D}^2\right) \quad (6.43)$$

(2) 모평균의 차 $\delta_0 = \mu_1 - \mu_2$에 대한 귀무가설 H_0의 기각 여부를 결정하는 데 사

용하는 검정통계량은 다음과 같다.

$$T = \frac{\overline{D} - \delta_0}{S_D / \sqrt{n}} \sim t(n-1) \tag{6.44}$$

(3) 유의수준 α에서 다음의 대립가설에 대하여 각 기각역은 다음과 같다.

$H_0 : \mu_1 - \mu_2 = \delta_0$ 대 $H_1 : \mu_1 - \mu_2 > \delta_0$ 일 때, H_0의 기각역 $R_1 : T > t_\alpha(n-1)$,
$H_0 : \mu_1 - \mu_2 = \delta_0$ 대 $H_1 : \mu_1 - \mu_2 < \delta_0$ 일 때, H_0의 기각역 $R_2 : T < -t_\alpha(n-1)$,
$H_0 : \mu_1 - \mu_2 = \delta_0$ 대 $H_1 : \mu_1 - \mu_2 \neq \delta_0$ 일 때, H_0의 기각역 $R_3 : |T| > t_{\alpha/2}(n-1)$

[증명] (2) 정규모집단 $N(\mu_1 - \mu_2, \sigma_D^2)$으로부터 추출한 확률표본 $D_1, D_2, \cdots, D_n$으로 구성된 확률변수 $T = (\overline{D} - (\mu_1 - \mu_2))/(S_D/\sqrt{n})$은 [정리 6.11]에 의해 자유도 $n-1$인 t-분포를 따르므로 모평균의 차 $\delta_0 = \mu_1 - \mu_2$에 대한 귀무가설 H_0의 기각 여부를 결정하는 데 사용하는 검정통계량과 확률분포는 식 (6.44)인 다음과 같다.

$$T = \frac{\overline{D} - \delta_0}{S_D / \sqrt{n}} \sim t(n-1)$$

따라서 두 모평균의 차 $\mu_1 - \mu_2$에 대한 신뢰구간은 [정리 5.3]에 의해서 다음과 같이 계산된다.

$$1 - \alpha = P\left(-t_{\alpha/2}(n-1) \leqq \frac{\overline{D} - (\mu_1 - \mu_2)}{S_D / \sqrt{n}} \leqq t_{\alpha/2}(n-1)\right)$$

위식을 $\mu_1 - \mu_2$에 관해서 정리하면 식 (6.43)을 얻고 (1)을 증명한다.

(3) [정리 6.8]의 (3) 및 [정리 6.10]의 (3)과 같은 맥락이다.

예제 6.17 R의 {MASS} 패키지가 제공하는 'immer' 데이터셋은 5종의 보리를 6개 지역에서 시험 재배한 2년 간 자료로 30행 4열의 데이터프레임 형태이다. 25행까지는 5종을 5개 지역에서 재배한 두 해의 산출량을 나타낸다. 첫해 산출량(Y1)을 $X_1, \cdots, X_{25}$라 두고, 이듬해 산출량(Y2)을 $Y_1, \cdots, Y_{25}$라 두어 두 해의 산출량의 차에 대한 확률표본 $D_1, D_2, \cdots, D_{25}$에 대해 다음 물음에 답하시오. 모집단은 정규분포를 가정한다.

(1) 수확량의 모평균의 차 $\mu_1 - \mu_2$의 99% 신뢰구간을 구하고,

(2) 모평균의 차에 대한 가설검정을 위한 귀무가설과 대립가설을 설정하고,

(3) 귀무가설 H_0가 참일 때 가설검정을 위한 검정통계량과 확률분포를 구하고,

(4) 유의수준 $\alpha = 0.01$에 대한 기각역을 구하고,

(5) p-값을 이용하여 가설을 검정하고,

(6) R이 제공하는 검정함수 t.test()의 결과와 비교하시오.

풀이

(1) [정리 6.11]에 의해 $\mu_1 - \mu_2$에 대한 99% 신뢰구간의 상 · 하한은

$$\overline{D} \pm t_{\alpha/2}(n-1)S_D/\sqrt{n} = 16.976 \pm 15.99385 \Rightarrow (0.98215,\ 32.96985)$$

(2) 모평균의 차에 대한 귀무가설과 대립가설은 $H_0 : \mu_1 = \mu_2,\ H_1 : \mu_1 \neq \mu_2$이다.

(3) 대응비교에 해당하므로 $D_k = X_k - Y_k,\ (k = 1, \cdots, 25)$라고 하면 검정통계량과 확률분포는 $T = \overline{D}/(S_D/\sqrt{25}) \sim t(24)$이다.

(4) 양측검정이므로 기각역은 $R_3 = \{|t| > t_{0.01/2}(25-1)\} = \{|t| > 2.7969\}$이다.

(5) $t_0 \approx 2.9687$이므로 p-값 $= P(T > 2.9687) \approx 0.00668 < 0.01$이고, 따라서 귀무가설 H_0를 기각한다. 즉, 재배결과는 유의수준 $\alpha = 0.01$에서 두 해의 보리 시험재배 산출량이 다르다는 충분한 증거를 제공한다.

(6) R의 함수 t.test()를 포함한 [예제 6.17]을 위한 프로그램은 다음과 같다.

```
# 6장 가설검정 - 6.4 두 모집단의 비교 - 6.4.3 대응표본에 의한 모평균 비교
# [예제 6.17] 대응표본에 대한 두 모평균의 비교와 양측검정
> library(MASS); head(immer); dim(immer)
> dk <- immer$Y1[1:25] - immer$Y2[1:25]; dk
> dbar <- mean(dk); dbar
> sdn <- sd(dk); sdn
> qt(0.01/2, 24); qt(1-0.01/2, 24) # 근사값은 2.79694임
> errlim <- qt(1-0.01/2, 24)*sdn/sqrt(25); errlim
> cIntval <- dbar + c(-1, 1)*errlim; cIntval # (1)번 답
# 기각역 R_3 = {T >= t_0.005 (24) = 2.7969} 및 R_3 = {T <= -2.7969}
> t0 <- abs(dbar)/(sdn/sqrt(25)); t0 # (4)번 답
# t0 = 2.968694 > qt(1-0.01/2, 24)로 기각역 내이므로 귀무가설을 기각함
> pvalue <- 2*(1-pt(t0,24)); pvalue # (5)번 답: 0.006684
> t.test(immer$Y1[1:25], immer$Y2[1:25], paired=T, conf.level = 0.99)
# 참고로 immer 데이터셋 30행 전체에 대하여 t-검정을 실행하면
> t.test(immer$Y1, immer$Y2, paired=T, conf.level = 0.99)
```

6.4.4 모분산과 모비율의 비교

모집단의 특성을 파악할 때 가장 기본적인 것은 중심위치 표시측도인 모평균과 모평균을 중심으로 자료값들이 퍼져 있는 정도를 나타내는 산포정도 표시측도인 모분산이다.

지금까지는 두 모집단의 중심위치 표시측도를 비교하는 모평균의 차에 대한 추론 방법을 다루었다. 이 소절에서는 두 모집단이 정규분포를 따를 경우 또는 둘 다 대표본일 경우 두 모분산의 비에 대한 추론(추정과 검정) 방법을 먼저 다룬다. 모집단의 또 다른 기본적인 모수로 모비율을 들 수 있고 두 모비율의 비교에서는 두 모평균의 비교와 같은 방법으로 모비율의 차를 이용한다. 이 소절의 후반부에서는 두 표본비율의 차를 이용하여 두 모비율에 대한 통계적 추론 방법을 다루기로 한다.

1. 두 모분산의 비교

두 모집단의 분산을 비교하기 위해 F-분포의 정의와 수학적 편의성을 이용하여 두 모분산의 차 $\sigma_1^2 - \sigma_2^2$ 대신 모분산의 비 σ_1^2/σ_2^2를 사용한다. F-분포의 정의에 의해 확률변수 χ_1^2, χ_2^2의 자유도가 각각 ν_1, ν_2이고 서로 독립인 χ^2-분포를 따른다고 하면 확률변수 $F = (\chi_1^2/\nu_1)/(\chi_2^2/\nu_2)$는 F-분포를 따른다.

정리 6.13 확률표본 $X_1, \cdots X_{n_1}$과 $Y_1, \cdots Y_{n_2}$를 각각 정규모집단 $N(\mu_1, \sigma_1^2)$, $N(\mu_2, \sigma_2^2)$으로부터 독립적으로 추출했을 때, $F = \sigma_2^2 S_1^2/\sigma_1^2 S_2^2$은 자유도 (n_1-1, n_2-1)인 F-분포를 따른다. 즉, 다음 식이 성립한다.

$$F = \frac{\sigma_2^2}{\sigma_1^2}\frac{S_1^2}{S_2^2} \sim F(n_1-1, n_2-1) \tag{6.45}$$

[증명] $X_k \sim N(\mu_1, \sigma_1^2)$이고 $Y_k \sim N(\mu_2, \sigma_2^2)$이므로 [정리 4.4]에 의해서 새로운 확률변수들 $V_1 = (n_1-1)S_1^2/\sigma_1^2$과 $V_2 = (n_2-1)S_2^2/\sigma_2^2$에 대해 다음 식이 성립한다.

$$\frac{(n_1-1)S_1^2}{\sigma_1^2} \sim \chi^2(n_1-1), \quad \frac{(n_2-1)S_2^2}{\sigma_2^2} \sim \chi^2(n_2-1)$$

따라서 F-분포의 정의에 의해 $F = [V_1/(n_1-1)]/[V_2/(n_2-1)] = \sigma_2^2 S_1^2/\sigma_1^2 S_2^2$은 자유도 (n_1-1, n_2-1)인 F-분포를 따르고 식 (6.45)가 성립한다.

정리 6.14 두 정규모집단 $N(\mu_1, \sigma_1^2)$과 $N(\mu_2, \sigma_2^2)$으로부터 추출한 크기가 n_1, n_2인 서로 독립인 두 확률표본 $X_1, \cdots X_{n_1}$과 $Y_1, \cdots Y_{n_2}$에 대하여,

(1) 모분산의 비 σ_1^2/σ_2^2에 대한 $100(1-\alpha)\%$ 신뢰구간은 다음과 같이 주어진다.

$$\frac{s_1^2}{s_2^2}\frac{1}{f_{\alpha/2}(n_1-1,n_2-1)} \leq \frac{\sigma_1^2}{\sigma_2^2} \leq \frac{s_1^2}{s_2^2} f_{\alpha/2}(n_2-1,n_1-1), \tag{6.46}$$

여기서 $f_{\alpha/2}(\nu_1,\nu_2)$과 $f_{\alpha/2}(\nu_2,\nu_1)$은 각각 자유도가 $\nu_1 = n_1 - 1$과 $\nu_2 = n_2 - 1$인 F-분포에서 오른쪽 꼬리 면적이 $\alpha/2$가 되는 F-값이다.

(2) 모분산의 비 σ_1^2/σ_2^2에 대한 가설검정을 위한 검정통계량은 다음과 같다.

$$F = S_1^2/S_2^2 \sim F(n_1-1,n_2-1) \tag{6.47}$$

(3) 유의수준 α에서 다음의 대립가설에 대하여 각 기각역은 다음과 같다.

$H_0 : \sigma_1^2 = \sigma_2^2$ 대 $H_1 : \sigma_1^2 > \sigma_2^2$ 일 때, H_0의 $R_1 : F > f_\alpha(n_1-1,n_2-1)$,
$H_0 : \sigma_1^2 = \sigma_2^2$ 대 $H_1 : \sigma_1^2 < \sigma_2^2$ 일 때, H_0의 $R_2 : F < f_{1-\alpha}(n_1-1,n_2-1)$,
$H_0 : \sigma_1^2 = \sigma_2^2$ 대 $H_1 : \sigma_1^2 \neq \sigma_2^2$ 일 때, H_0의 $R_3 : \begin{cases} F > f_{\alpha/2}(n_1-1,n_2-1), \\ F < f_{1-\alpha/2}(n_1-1,n_2-1) \end{cases}$

[증명] (1) [정리 5.6]에서 이미 증명하였고 식 (5.13)과 식 (6.46)은 동일하다.

(2) [정리 6.13]의 식 (6.45)에서 귀무가설 H_0가 참일 때를 가정하면 $\sigma_1^2 = \sigma_2^2$이므로 식 (6.47)이 성립함을 쉽게 확인할 수 있다. 이와 같이 F-분포 검정통계량을 사용하는 검정을 F-검정(F-test)이라고 한다.

(3) [정리 6.4]의 (2)와 같은 맥락이다.

예제 6.18 [예제 6.17]의 데이터셋을 이용하여 첫해 산출량(Y1)을 $X_1,\cdots,X_{25}$라 두고, 이듬해 산출량(Y2)을 $Y_1,\cdots,Y_{25}$로 두어 두 모집단의 모분산을 추론하고자 할 때, R 프로그램을 이용하여 다음 각 물음에 답하시오.

(1) 모분산의 비 σ_1^2/σ_2^2의 99% 신뢰구간을 구하고,

(2) 모분산의 비에 대한 가설검정을 위한 귀무가설과 대립가설을 설정하고,

(3) 귀무가설 H_0가 참일 때 가설검정을 위한 검정통계량과 확률분포를 구하고,

(4) 유의수준 $\alpha = 0.01$에 대한 기각역을 구하고,

(5) p-값을 이용하여 가설을 검정하시오.

풀이

(1) 주어진 관측값으로부터 $n_1 = n_2 = 25$, $s_1^2 \approx 865.1879$, $s_2^2 \approx 618.1659$이므로 $s_1^2/s_2^2 \approx 1.3996$, $s_2^2/s_1^2 \approx 0.7145$이고 $f_{\alpha/2}(n_1-1,n_2-1) = f_{0.01/2}(24,24) \approx 2.9667$이다. 따라서 모분산의 비 σ_1^2/σ_2^2에 대한 99% 신뢰구간은 다음과 같다.

$$(1.3996/2.9667,\ 1.3996 \times 2.9667) \approx (0.4718, 4.1523)$$

(2) 모분산의 비에 대한 귀무가설과 대립가설은 $H_0 : \sigma_1^2 = \sigma_2^2$ 대 $H_1 : \sigma_1^2 \neq \sigma_2^2$

(3) 가설검정을 위한 검정통계량과 확률분포는 $F = S_1^2/S_2^2 \sim F(24,24)$이다.

(4) 양측검정이므로 기각역은 $R_3 = \{F > 2.9667\}$ 또는 $R_3 = \{F < 0.3371\}$이다.

(5) 한편 $s_1^2/s_2^2 \approx 1.3996$이므로 p-값 $= 2P(F > 1.3996) \approx 0.4162 > 0.01$이고, 따라서 귀무가설 $H_0 : \sigma_1^2 = \sigma_2^2$를 기각하지 못한다.

```
# 6.4절 두 모집단의 비교 - 6.4.4 모분산과 모비율 비교 - 1. 두 모분산 비교
# [예제 6.18] 독립표본에 대한 두 모분산의 비교와 양측검정
> library(MASS); head(immer); dim(immer)
> n1 <- 25-1; var1 <- var(immer$Y1[1:25]); var1
> n2 <- 25-1; var2 <- var(immer$Y2[1:25]); var2
> (ratio <- var1/var2) # F0 = 1.3996
> qf(0.01/2, n1, n2) # (4)번 답: 근사값은 0.3371; 기각역3 = {F<0.3371}
> qf(1-0.01/2, n1, n2) # (4)번 답: 근사값은 2.9667; 기각역3 = {F>2.9667}
> ratio*c(qf(0.01/2, n1, n2), qf(1-0.01/2, n1, n2)) # (1)번 답: 신뢰구간
> pvalue <- 2*(1-pf(ratio, n1, n2)); pvalue # (5)번 답: 0.4162
> var.test(immer$Y1[1:25], immer$Y2[1:25], alt="t", conf.level = 0.99)
> (ratio2 <- var2/var1) # F0 = 0.7145
> ratio2*c(qf(0.01/2, n1, n2), qf(1-0.01/2, n1, n2)) # 신뢰구간
> pvalue2 <- 2*(pf(ratio2, n1, n2)); pvalue2 # (5)번 답: 0.4162
> var.test(immer$Y2[1:25], immer$Y1[1:25], alt="t", conf.level = 0.99)
```

2. 두 모비율의 비교

여기서는 두 모집단의 모비율을 비교하는 추론 방법, 즉 이산형 확률변수와 관계되는 모비율의 차에 대한 구간추정과 가설검정 방법을 다룬다. 두 모비율의 비교가 필요한 경우는 실업률의 비교, 제품의 불량률의 비교 등 어떤 특성에 대한 두 모집단의 비율을 비교하고자 할 때이다. [정리 5.7]에서는 베르누이 분포 $B(1,p)$를 따르는 모집단으로부터 추출한 n개의 확률표본에 의한 비율 추정값 $\hat{p} = x/n$으로 모비율의 신뢰구간을 추정했다.

정리 6.15 모비율이 p_1과 p_2인 모집단 1과 모집단 2로부터 크기가 n_1과 n_2인 대표본을 추출하여 어떤 특성을 갖는 의미로서 성공의 개수를 각각 X와 Y로 두고 표본비율을 $\hat{p}_1 = X/n_1$과 $\hat{p}_2 = Y/n_2$로 두면 $\hat{p}_1 - \hat{p}_2$를 표준화한 다음과 같은 확률변수 Z는 근사적으로 표준정규분포를 따른다.

$$Z = \frac{(\hat{p}_1 - \hat{p}_2) - (p_1 - p_2)}{\sqrt{p_1(1-p_1)/n_1 + p_2(1-p_2)/n_2}} \sim N(0,1) \quad (6.48)$$

[증명] 모집단 1로부터 추출한 n_1개의 확률변수를 $X_1, \cdots, X_{n_1}$이라고 하고 모집단 2로부터 추출한 n_2개의 확률변수를 $Y_1, \cdots, Y_{n_2}$이라고 하면 베르누이 시행의 정의로부터 $X = \sum_{k=1}^{n_1} X_k \sim B(n_1, p_1)$이고 $Y = \sum_{k=1}^{n_2} Y_k \sim B(n_2, p_2)$이다. 따라서 [정리 3.19]에 의해 다음 식이 성립한다.

$$X \sim N(n_1p_1, n_1p_1(1-p_1)), \quad Y \sim N(n_2p_2, n_2p_2(1-p_2)).$$

즉, 확률변수 X와 Y는 n_1과 n_2가 충분히 클 때 정규분포로 근사 가능함을 의미하고 표본비율 $\hat{p}_1 = X/n_1$과 $\hat{p}_2 = Y/n_2$에 대해 다음 식이 성립한다.

$$\hat{p}_1 = \frac{1}{n_1}\sum_{k=1}^{n_1} X_k \sim N\left(p_1, \frac{p_1(1-p_1)}{n_1}\right), \quad \hat{p}_2 = \frac{1}{n_2}\sum_{k=1}^{n_2} Y_k \sim N\left(p_2, \frac{p_2(1-p_2)}{n_2}\right)$$

한편, $\hat{p}_1 - \hat{p}_2$의 기댓값과 분산은 다음과 같이 주어진다.

$$\begin{aligned} E(\hat{p}_1 - \hat{p}_2) &= E(\hat{p}_1) - E(\hat{p}_2) = p_1 - p_2, \\ Var(\hat{p}_1 - \hat{p}_2) &= Var(\hat{p}_1) + Var(\hat{p}_2) = p_1(1-p_1)/n_1 + p_2(1-p_2)/n_2 \end{aligned}$$

따라서 정규분포의 가법성인 [정리 3.17]과 정규분포의 표준화 특성인 [정리 3.18]에 의해 식 (6.48)이 성립한다.

정리 6.16 모비율이 p_1과 p_2인 모집단 1과 모집단 2로부터 크기가 n_1과 n_2인 대표본을 추출하여 어떤 특성을 갖는 의미로서 성공의 개수를 각각 X와 Y로 두고 표본비율을 $\hat{p}_1 = X/n_1$과 $\hat{p}_2 = Y/n_2$로 두면,

(1) 두 모집단의 모비율의 차 $p_1 - p_2$에 대한 $100(1-\alpha)\%$ 근사적 신뢰구간의 상한과 하한은 다음과 같다.

$$(\hat{p}_1 - \hat{p}_2) \pm z_{\alpha/2}\sqrt{\hat{p}_1(1-\hat{p}_1)/n_1 + \hat{p}_2(1-\hat{p}_2)/n_2} \quad (6.49)$$

(2) 모비율의 차 $p_1 - p_2$에 대한 가설검정을 위한 검정통계량은 다음과 같다.

$$Z = \frac{\hat{p}_1 - \hat{p}_2}{\sqrt{\hat{p}(1-\hat{p})(1/n_1 + 1/n_2)}} \sim N(0,1), \quad (6.50)$$

여기서 $\hat{p} = (X+Y)/(n_1+n_2)$는 공통비율 p의 합동추정량이다.

(3) 유의수준 α에서 다음의 대립가설에 대하여 각 기각역은 다음과 같다.

$$H_0: p_1 = p_2 \text{ 대 } H_1: p_1 > p_2 \text{ 일 때, } H_0\text{의 기각역 } R_1: Z > z_\alpha, \quad (6.51)$$
$$H_0: p_1 = p_2 \text{ 대 } H_1: p_1 < p_2 \text{ 일 때, } H_0\text{의 기각역 } R_2: Z < -z_\alpha,$$
$$H_0: p_1 = p_2 \text{ 대 } H_1: p_1 \neq p_2 \text{ 일 때, } H_0\text{의 기각역 } R_3: |Z| > z_{\alpha/2}$$

[증명]

(1) $\hat{p}_1 - \hat{p}_2$의 평균은 $p_1 - p_2$이고 분산은 $p_1(1-p_1)/n_1 + p_2(1-p_2)/n_2$이므로 표준화한 확률변수 Z는 [정리 6.15]에 의해 근사적 표준정규분포를 따르고 n_1과 n_2가 충분히 크면 $p_1 \approx \hat{p}_1$이고 $p_2 \approx \hat{p}_2$이므로 다음 식을 얻는다.

$$P(-z_{\alpha/2} < Z < z_{\alpha/2}) = P\left(-z_{\alpha/2} < \frac{(\hat{p}_1 - \hat{p}_2) - (p_1 - p_2)}{\sqrt{\hat{p}_1(1-\hat{p}_1)/n_1 + \hat{p}_2(1-\hat{p}_2)/n_2}} < z_{\alpha/2}\right) = 1 - \alpha$$

위 식에서 $s_{12} = \sqrt{\hat{p}_1(1-\hat{p}_1)/n_1 + \hat{p}_2(1-\hat{p}_2)/n_2}$라 두고 $p_1 - p_2$에 관해서 재정리하면 다음 식을 얻는다.

$$P\left((\hat{p}_1 - \hat{p}_2) - s_{12} z_{\alpha/2} < p_1 - p_2 < (\hat{p}_1 - \hat{p}_2) + s_{12} z_{\alpha/2}\right) = 1 - \alpha$$

따라서 모비율의 차 $p_1 - p_2$에 대한 $100(1-\alpha)\%$ 신뢰구간의 상한과 하한은 식 (6.49)와 같이 주어진다.

(2) 두 모비율에 대한 귀무가설 $H_0: p_1 = p_2$이 참이라고 하고 두 모집단의 공통모비율을 $p(= p_1 = p_2)$라고 하면 $\hat{p}_1 - \hat{p}_2$의 기댓값과 분산은 다음과 같다.

$$E(\hat{p}_1 - \hat{p}_2) = 0,\ Var(\hat{p}_1 - \hat{p}_2) = p(1-p)(1/n_1 + 1/n_2)$$

따라서 $\hat{p}_1 - \hat{p}_2$을 표준화한 확률변수는 다음의 근사 표준정규분포를 따른다.

$$Z = \frac{\hat{p}_1 - \hat{p}_2}{\sqrt{p(1-p)(1/n_1 + 1/n_2)}} \sim N(0,1)$$

모비율에 대한 합동추정량은 $\hat{p} = (X+Y)/(n_1+n_2) = (n_1\hat{p}_1 + n_2\hat{p}_2)/(n_1+n_2)$이고 n_1과 n_2가 충분히 크면 $p_1 \approx \hat{p}_1$, $p_2 \approx \hat{p}_2$이고 $\hat{p} \approx p$이므로 식 (6.50)을 얻는다.

(3) [정리 6.1]의 (2) 및 [정리 6.3]의 (2)와 같은 맥락이다.

예제 6.19 특정 정당의 대선후보에 대한 두 도시 A와 B의 지지율을 비교하기 위해 A시의 유권자 150명과 B시의 유권자 200명을 연령대별 적절한 비율로 무작위로 선발하여 조사한 결과 A시는 150명 중 75명 B시는 200명 중 90명이 지지하는 것으로 나타났을 때 다음 물음에 답하시오.

(1) 모비율의 차 $p_1 - p_2$에 대한 95% 신뢰구간을 구하고,

(2) 모비율의 차에 대한 가설검정을 위한 귀무가설과 대립가설을 설정하고,

(3) 귀무가설 H_0가 참일 때 가설검정을 위한 검정통계량과 확률분포를 구하고,

(4) 유의수준 $\alpha = 0.05$에 대한 기각역 구하고 가설을 검정하시오.

풀이

(1) [정리 6.16]의 (1)항의 식 (6.49)를 계산하기 위해 표본비율 $\hat{p}_1$과 $\hat{p}_2$를 구하면 $\hat{p}_1 = 75/150 = 0.5$, $\hat{p}_2 = 90/200 = 0.45$이고 $z_{\alpha/2} = z_{0.025} \approx 1.960$이므로 모비율의 차 $p_1 - p_2$에 대한 $100(1-0.05)\%$ 신뢰구간은 다음과 같다.

$$\begin{aligned}&(0.5-0.45) \pm 1.96\sqrt{0.5(1-0.5)/150 + 0.45(1-0.45)/200} \\ &\approx 0.05 \pm 1.96 \times 0.05389 \approx 0.05 \pm 0.1056 \Rightarrow (-0.0556, 0.1556)\end{aligned}$$

(2) 모비율의 차에 대한 귀무가설과 대립가설은 $H_0 : p_1 = p_2$ 대 $H_1 : p_1 \neq p_2$이다.

(3) 귀무가설 H_0가 참일 때, 공통비율의 추정량과 검정통계량은 다음과 같다.

$$\begin{aligned}&\hat{p} = (75+90)/(150+200) \approx 0.47143, \\ &Z = \frac{\hat{p}_1 - \hat{p}_2}{\sqrt{\hat{p}(1-\hat{p})\left(\frac{1}{150} + \frac{1}{200}\right)}} \sim N(0,1)\end{aligned} \tag{6.52}$$

(4) $z_{0.025} \approx 1.96$이므로 기각역은 $R_3 = \{Z \leqq -1.96\}$ 또는 $R_3 = \{Z \geqq 1.96\}$이다. 한편, 식 (6.52)로부터 $\hat{p} \approx 0.47143$이므로 검정통계량의 관측값은 다음과 같다.

$$z_0 = \frac{\hat{p}_1 - \hat{p}_2}{\sqrt{\hat{p}(1-\hat{p})\left(\frac{1}{150} + \frac{1}{200}\right)}} \approx \frac{0.5-0.45}{0.05392} \approx 0.9273$$

따라서 z_0는 기각역에 포함되지 않으므로 귀무가설 H_0를 기각할 수 없다.

```
# 6.4절 두 모집단의 비교 - 6.4.4 모분산과 모비율 비교 - 2. 두 모비율 비교
# [예제 6.19] 두 모비율의 차에 대한 추론(구간추정과 가설검정)
> n1 <- 150; ph1 <- 75/150; ph1
> n2 <- 200; ph2 <- 90/200; ph2
> qnorm(0.05/2); qnorm(1-0.05/2) # 근사값으로 1.96을 선택
> errlim <- 1.96*sqrt(ph1*(1-ph1)/n1 + ph2*(1-ph2)/n2); errlim
> cIntval <- (ph1 - ph2) + c(-1, 1)*errlim; cIntval # (1)번 답
> phc <- (150*ph1 + 200*ph2)/(150+200); phc
# 검정통계량 Z=(ph1-ph2)/sqrt(phc*(1-phc)*(1/n1 + 1/n2))
# 기각역 R_3 = {Z >= z_0.025 = 1.96} 또는 R_3 = {Z <= -1.96}
> z0 <- (ph1 - ph2)/sqrt(phc*(1-phc)*(1/150 + 1/200)); z0
> (pvalue <- 2*(1-pnorm(z0))) # pvalue = 0.35375
# 위 결과와 R의 함수 prop.test()의 결과는 다소 차이가 있음
```

```
> prop <- c(ph1, ph2) # proportion of events
> n <- c(150, 200) # number of trials
> x <- prop*n; x  # number of events
> prop.test(x = x, n = n, alternative = "two.sided", conf.level = 0.95)
# confidence level (= 1- significance level 'alpha')
```

연습문제

[1] 어떤 회사에서 생산되는 제품의 수명 X는 평균이 1200시간이고 표준편차가 150인 정규분포를 따르는 것으로 알려져 있다. 최근 이 회사의 개발부서에서 새로운 공정을 개발하여 적용하면 평균수명이 1200시간보다 길어진다고 주장하고 있다. 새로운 공정에 의해 생산된 제품 50개를 임의로 추출하여 이들의 수명 $X_1, X_2, \cdots, X_{50}$을 조사한 후 표본평균 $\overline{X}$의 관측값에 근거하여 가설을 검정하기 위한 다음 각 물음에 답하시오.

(1) 가설검정을 위한 귀무가설 H_0와 대립가설 H_1을 설정하고,

(2) 귀무가설 H_0가 참일 때, 검정통계량 $\overline{X}$의 확률분포를 구하고,

(3) 가설의 유의수준을 $\alpha = 0.05$로 할 때 기각역을 구하고,

(4) 새로운 공정으로 생산된 제품 50개를 임의로 추출하여 조사한 표본평균의 관측값은 $\overline{x} = 1240$시간이었을 때, 개발부서의 주장이 참인지 검정하고,

(5) 실제로 $\mu = 1250$일 때 유의수준 $\alpha = 0.05$에서 제2종 오류를 범할 확률이 $\beta = 0.1$ 이하가 되기 위한 표본의 크기를 구하시오.

[2] 위 연습문제 [1]을 다시 적용하여 다음 각 물음에 답하시오.

(1) 새로운 공정으로 생산된 제품의 수명이 $X \sim N(\mu, 150^2)$일 때 표본크기 $n = 50$이고 기각역 $R = \{\overline{x} > 1234.893\}$을 사용하여 검정력 함수 $P(\mu)$를 구하고,

(2) 새로운 공정기술로 생산된 제품 50개를 임의로 추출하여 수명을 조사한 결과 표본평균의 관측값이 $\overline{x} = 1235$시간이었을 때 유의수준을 구하고,

(3) 새로운 공정기술로 생산된 제품 50개를 임의로 추출하여 수명을 조사한 결과 표본평균의 관측값이 $\overline{x} = 1250$시간이었을 때, p-값을 구하여 유의수준 $\alpha = 0.01$에서 검정하고,

(4) 위 연습문제 [1]의 (2), (5)와 연습문제 [2]의 (2), (3)의 답을 구하는 R 프로그램을 작성하시오.

[3] 고등학교 1학년(16세) 남학생의 키는 평균 $\mu = 160$ cm, 분산 $\sigma^2 = 50$ cm인 정규분포를 따른다고 한다. 어떤 대도시의 16세 남학생의 평균키는 160 cm를 넘는다고 주장한다. 이 도시에서 임의로 추출한 16세 남학생 50명의 신장 $X_1, \cdots, X_{50}$를 측정했더니 관측값이 $\overline{x} = 163$ cm이었을 때, 다음 각 물음에 답하시오.

(1) 귀무가설과 대립가설을 설정하고,

(2) 귀무가설이 참일 때 검정통계량과 확률분포를 구하고,

(3) 유의수준 $\alpha=0.01$에 대한 기각역을 구하고,

(4) (3)의 기각역을 이용하여 가설을 검정하고,

(5) 검정통계량의 표준화한 관측값과 p-값을 구하여 가설을 검정하고,

(6) R의 패키지 {TeachingDemos}가 제공하는 내부함수 z.test()를 이용하여 얻은 결과와 (5)의 결과를 비교하고,

(7) 실제 키의 평균이 $\mu=165$ cm일 때 (3)의 기각역에 대한 검정력을 구하시오.

[4] 모평균이 $\mu=3.15$인 정규모집단 $N(\mu,\sigma^2)$에서 크기 $n=11$인 표본을 추출하여 무게를 측정한 결과가 다음과 같을 때 평균무게가 줄었는지 유의수준 $\alpha=0.01$에서 가설을 검정하기 위한 다음 각 물음에 답하시오.

2.89	2.95	3.31	3.01	3.03	3.34	3.09	2.75	2.86	2.91	3.24

(1) 귀무가설과 대립가설을 설정하고,

(2) 귀무가설이 참일 때 가설검정을 위한 검정통계량과 확률분포를 구하고,

(3) 측정결과를 이용하여 검정통계량의 관측값을 계산하고,

(4) 기각역을 이용하여 가설을 검정하고,

(5) p-값을 이용하여 가설을 검정하고,

(6) R의 내부함수 t.test()를 사용하여 (3), (4)의 결과를 비교하고,

(7) 유의수준 $\alpha=0.05$에서 (3), (4)를 반복하시오.

[5] "운동과 식이요법으로 두 달 동안 10 Kg 이상 체중을 감량할 수 있다."는 주장이 있다. 64명을 대상으로 체중 감소량을 조사했더니 평균 11 Kg 표준편차가 5 Kg이었다고 한다. 조사 자료에 근거하여 주장이 옳은지 유의수준 5 %에서 검정하고자 할 때 다음 각 물음에 답하시오.

(1) 귀무가설과 대립가설을 설정하고,

(2) 귀무가설이 참일 때 검정통계량과 확률분포를 구하고,

(3) 검정통계량의 관측값을 계산하고,

(4) 기각역을 이용하여 가설을 검정하고,

(5) p-값을 이용하여 가설을 검정하시오.

[6] 제품의 주요 성능치가 정규분포를 따르는 공정에서 제품 성능치에 대한 분산을 추정하기 위해 10개의 제품을 임의로 추출한 결과 다음과 같은 자료를 얻었을 때,

'모분산이 2와 다르다'는 주장을 검정하고자 하는 다음 절차에 답하시오.

21.5	20.0	20.5	19.5	22.5	20.5	23.5	18.0	23.5	17.5

(1) 주장을 검정하기 위한 귀무가설과 대립가설을 설정하고,

(2) 귀무가설이 참일 때 검정통계량과 확률분포를 구하고,

(3) 검정통계량의 관측값을 계산하고,

(4) 유의수준 $\alpha=0.05$에 대한 기각역을 이용하여 가설을 검정하고,

(5) p-값을 이용하여 가설을 검정하고,

(6) R 프로그램을 이용하여 (3), (4), (5)의 결과를 구하시오.

[7] **어떤 공정에서 제품의 불량률은 0.1로 알려져 있다. 이 공정에서 생산된 20개의 제품을 임의로 추출하여 검사한 결과 4개의 불량품이 발견되었다. 이 결과에 근거하여 '제품의 불량률이 0.1보다 크다'고 할 수 있는지 유의수준 $\alpha=0.1$에서 검정하고자 할 때 다음 각 물음에 답하시오.**

(1) 귀무가설과 대립가설을 설정하고,

(2) 귀무가설이 참일 때 검정통계량과 확률분포를 구하고,

(3) p-값을 이용하여 가설을 검정하고,

(4) R 프로그램을 작성하여 (3)의 답을 구하고 R이 제공하는 binom.test()의 실행 결과를 비교하시오.

[8] **봉지에 넣은 동일 제품의 한과를 생산하는 두 공장 A와 B가 있다. 두 공장이 생산하는 한과의 평균무게에 대한 추론을 위해 A공장에서 나온 한과 50봉지, B공장에서 나온 한과 60봉지의 무게를 조사한 결과 평균이 각각 330 g과 300 g이고 표준편차가 65 g과 50 g이었다. A와 B 한과의 모평균을 각각 μ_1과 μ_2라고 할 때 다음 각 물음에 답하시오.**

(1) 모평균의 차 $\mu_1-\mu_2$의 95% 신뢰구간을 구하고,

(2) 평균무게 추론을 위한 귀무가설과 대립가설을 설정하고,

(3) 귀무가설 H_0가 참일 때, 가설검정을 위한 검정통계량과 확률분포를 구하고,

(4) 유의수준 $\alpha=0.01$에 대한 기각역을 구하고,

(5) 검정통계량의 관측값을 구하여 가설을 검정하고,

(6) 유의수준 $\alpha=0.01$에 대한 p-값을 구하여 가설을 검정하고,

(7) R이 제공하는 패키지 {TeachingDemos}가 제공하는 함수 z.test() 적절하게 사

용하여 구한 결과와 (1), (5), (6)의 결과와 비교하시오.

[9] R의 {MASS} 패키지가 제공하는 'immer' 데이터셋은 5종의 보리를 6개 지역에서 시험 재배한 2년(Y1, Y2) 간 자료로 30행 4열의 데이터프레임이다. '두 해 보리 평균수확량은 차이가 없다'는 주장을 검정하기 위해 R 프로그램을 작성하여 다음 물음에 답하시오.

(1) 모평균의 차 $\mu_1 - \mu_2$의 99% 신뢰구간을 구하고,

(2) 평균무게 추론을 위한 귀무가설과 대립가설을 설정하고,

(3) 귀무가설 H_0가 참일 때, 가설검정을 위한 검정통계량과 확률분포를 구하고,

(4) 유의수준 $\alpha = 0.01$에 대한 기각역을 구하고,

(5) 검정통계량의 관측값을 구하여 가설을 검정하고,

(6) 유의수준 $\alpha = 0.01$에 대한 p-값을 구하여 가설을 검정하고,

(8) R이 제공하는 패키지 {TeachingDemos}가 제공하는 함수 z.test()를 적절하게 사용하여 구한 결과와 (1), (5), (6)의 결과와 비교하고,

(9) R이 제공하는 패키지 {BSDA}가 제공하는 함수 z.test()를 적절하게 사용하여 구한 결과와 (8)의 결과와 비교하시오.

[10] 다음 자료는 어떤 제과회사의 두 생산라인 X1과 X2에서 생산되는 과자의 무게를 나타낸다. 두 라인에서 생산된 과자의 평균용량이 차이가 있는지 알아보려고 한다. 과자의 용량은 정규분포를 따르며 분산은 같다고 할 때 다음 각 물음에 답하시오.

<table>
<tr><td rowspan="2">X_1</td><td>197</td><td>195</td><td>193</td><td>198</td><td>192</td><td>199</td><td>199</td><td>209</td><td>203</td><td>194</td></tr>
<tr><td>200</td><td>208</td><td>191</td><td>197</td><td>201</td><td>194</td><td>196</td><td>203</td><td>204</td><td>197</td></tr>
<tr><td rowspan="4">X_2</td><td>205</td><td>201</td><td>202</td><td>207</td><td>204</td><td>204</td><td>206</td><td>193</td><td>191</td><td>200</td></tr>
<tr><td>203</td><td>203</td><td>205</td><td>203</td><td>201</td><td>200</td><td>202</td><td>202</td><td>201</td><td>203</td></tr>
<tr><td>201</td><td>204</td><td>201</td><td>189</td><td>206</td><td>203</td><td>199</td><td>205</td><td>202</td><td>194</td></tr>
<tr><td>204</td><td>195</td><td>205</td><td>203</td><td>203</td><td></td><td></td><td></td><td></td><td></td></tr>
</table>

(1) 과자 용량의 모평균의 차에 대한 95% 신뢰구간을 구하고

(2) 가설검정을 위한 귀무가설과 대립가설을 설정하고,

(3) 귀무가설 H_0가 참일 때, 가설검정을 위한 검정통계량과 확률분포를 구하고,

(4) 유의수준 $\alpha = 0.05$에 대한 기각역을 구하고,

(5) 검정통계량의 관측값을 구하여 가설을 검정하고,

(6) 유의수준 $\alpha = 0.05$에 대한 p-값을 구하여 가설을 검정하고,

(7) R이 제공하는 함수 t.test()를 사용하여 위 결과들을 확인하시오.

[11] 다음 자료는 어떤 제과회사의 두 생산라인 X1과 X2에서 생산되는 과자의 무게를 나타낸다. 두 라인에서 생산된 과자의 평균용량이 차이가 있는지 알아보려고 한다. 과자의 용량은 정규분포를 따르며 분산은 다르다고 할 때 다음 각 물음에 답하시오.

X_1	195	196	198	198	199	199	199	199	200	200
	194	195	199	199	200	200	201	202	203	204
X_2	186	193	198	200	201	201	203	204	207	213
	194	197	197	198	199	202	203	204	205	208
	196	197	197	201	201	202	204	205	205	209

(1) 과자 용량의 모평균의 차에 대한 95% 신뢰구간을 구하고,

(2) 가설검정을 위한 귀무가설과 대립가설을 설정하고,

(3) 귀무가설 H_0가 참일 때, 가설검정을 위한 검정통계량과 확률분포를 구하고,

(4) 유의수준 $\alpha = 0.05$에 대한 기각역을 구하고,

(5) 검정통계량의 관측값을 구하여 가설을 검정하고,

(6) 유의수준 $\alpha = 0.05$에 대한 p-값을 구하여 가설을 검정하고,

(7) R이 제공하는 함수 t.test()를 사용하여 위 결과들을 확인하시오.

[12] 다음 표는 어떤 제약회사의 다이어트 약 복용 전(X1)과 복용 후(X2)에 실시한 체중 측정 결과를 나타낸다. 체중은 근사적으로 정규분포를 따른다고 가정하고 '다이어트 약이 체중감량에 효과가 있다'는 주장을 검정하기 위한 다음 물음에 답하시오.

	1	2	3	4	5	6	7	8	9	10	11	12	13	14	15
X_1	59	54	62	60	60	66	51	66	55	54	55	58	67	56	56
X_2	58	55	60	52	54	54	51	54	57	51	60	52	58	55	54
D_k	1	-1	2	8	6	12	0	12	-2	3	-5	6	9	1	2

(1) 모평균의 차에 대한 99% 신뢰구간을 구하고,

(2) 가설검정을 위한 귀무가설과 대립가설을 설정하고,

(3) 귀무가설 H_0가 참일 때, 가설검정을 위한 검정통계량과 확률분포를 구하고,

(4) 유의수준 $\alpha = 0.01$에 대한 기각역을 구하고,

(5) 검정통계량의 관측값을 구하여 가설을 검정하고,

(6) 유의수준 $\alpha = 0.01$에 대한 p-값을 구하여 가설을 검정하고,

(7) R이 제공하는 함수 t.test()를 사용하여 위 결과들을 확인하시오.

[13] 위 연습문제 [11]의 자료에 대하여 두 모집단의 분산에 대한 추론을 하고자 할 때 R 프로그램을 이용하여 다음 각 물음에 답하시오.

(1) 과자 용량의 모분산의 비에 대한 95% 신뢰구간을 구하고,

(2) 가설검정을 위한 귀무가설과 대립가설을 설정하고,

(3) 귀무가설 H_0가 참일 때, 가설검정을 위한 검정통계량과 확률분포를 구하고,

(4) 유의수준 $\alpha=0.05$에 대한 기각역을 구하고,

(5) 검정통계량의 관측값을 구하여 가설을 검정하고,

(6) 유의수준 $\alpha=0.05$에 대한 p-값을 구하여 가설을 검정하고,

(7) R이 제공하는 함수 var.test()를 사용하여 위 결과들을 확인하시오.

[14] 어떤 기호식품의 선호도에 대하여 성인 남녀 간에 차이가 있는지 알아보기 위해 설문조사를 실시하였다. 여성 응답자 150명 중 96명이 선호하였고(선호 비율 p_1), 남성 응답자 200명 중 104명이 선호하였다(선호 비율 p_2). 이 기호 식품에 대한 남성과 여성 간에 선호도 차이가 있는지 검정하고자 할 때 다음 물음에 답하시오.

(1) 선호비율의 차 p_1-p_2에 대한 95% 신뢰구간을 구하고,

(2) 가설검정을 위한 귀무가설 H_0와 대립가설 H_1을 설정하고,

(3) 귀무가설 H_0가 참일 때, 가설검정을 위한 검정통계량과 확률분포를 구하고,

(4) 유의수준 $\alpha=0.05$에 대한 기각역을 구하고,

(5) 검정통계량의 관측값을 구하여 가설을 검정하고,

(6) 유의수준 $\alpha=0.05$에 대한 p-값을 구하여 가설을 검정하고,

(7) R이 제공하는 함수 prop.test()를 사용하여 위 결과들을 확인하시오.

CHAPTER 07

범주형 자료분석

07

범주형 자료분석

7.1 범주형 자료

변수가 취할 수 있는 값이나 관측값들이 몇 개의 범주로 주어지는 경우에 그 변수를 **범주형**(category) 변수라고 한다. 범주형 자료란 범주형 변수의 값들(도수)로 자료가 주어지는 것을 말한다. 자료집합이 범주의 도수로 구성될 수 있도록 관측값들이 범주에 따라 분류되고 범주별 도수를 정리한 표를 분할표라고 한다. 범주형 자료에는 성별, 혈액형, 종교, 직업 등과 같은 것이 있으며 연속적인 구간의 값을 취하는 자료를 몇 개의 구간으로 나누어 범주형으로 표현하는 경우도 있다. 학생들의 시험성적을 구간으로 나누어 A,B,C,D,F 등으로 분류하거나 사람의 나이에 따라 청년층, 장년층, 노년층 등으로 분류하는 것이 그 예라고 할 수 있다.

○ **변수와 자료의 유형:** 변수와 자료를 구분하기도 하지만 때로는 혼용하여 사용하기도 하는데 여기서는 굳이 구별하지 않기로 한다. 통계기법에서 변수의 종류를 두 가지로 구분한다면 속성을 수치화할 수 있느냐 여부에 따라 양적(quantitative) 변수와 질적(qualitative) 변수로 구분할 수 있다. 양적 변수를 **수치**(numeric)**형** 또는 **측정**(metric)**형** 변수라고 하고 질적 변수를 범주(categorical)형 또는 **분류**(classified)**형** 변수라고 한다. 아래 범주형 자료는 질적 변수에 해당하며 이산형과 계량형 자료는 양적 변수로 볼 수 있다.

(1) **범주형 자료**(categorical data): 범주의 개수는 유한하며 범주형 자료는 논리적인 순서가 없을 수도 있으며 정확하게 수치화할 수 없는 자료이다. 그 중 순서가 있는 분류는 **순서**(ordinal)**형** 자료, 단지 분류만 하는 경우 **명목**(nominal)**형** 자료라고 함

(2) **이산형 자료**(discrete data): 취할 수 있는 수의 값이 셀 수 있는 숫자로 이산형(계수형) 변수는 항상 숫자임

(3) **계량형 자료**: 취할 수 있는 수의 값이 무한하며 **연속형** 자료(continuous data)로 날짜, 날짜/시간 등이 이에 해당함

○ 범주형 자료분석의 분류: 범주형 자료분석에서는 주로 카이제곱검정 방법을 사용하는데 이것은 관찰된 빈도가 기대되는 빈도와 의미 있게 다른지의 여부를 검증하기 위해 사용되는 검증 방법이다. 자료가 빈도로 주어졌을 때, 특히 명목척도 자료의 분석에 이용된다. 범주형 자료분석은 크게 적합도검정(goodness of fit test), 독립성검정(test of independence), 동질성검정(test of homogeneity)의 3가지로 분류할 수 있고 각각을 간단히 설명하면 다음과 같다.

(1) **적합도검정**: 몇 개의 범주로 분류된 한 개의 요인을 대상으로 관측값들이 어떤 확률분포를 따르고 있는지를 검정

(2) **독립성검정**: 서로 다른 요인으로 분할된 두 개의 요인을 대상으로 요인들이 서로 연관이 있는지 여부를 검정

(3) **동질성검정**: 두 개의 요인을 대상으로 관측값들이 정해진 범주 내에서 서로 비슷하게 나타나고 있는지를 검정하거나 각 부모집단(subpopulation)에서 독립적으로 뽑은 표본들의 분포가 서로 동질의 것인가를 검정

7.2 적합도검정

적합도검정(goodness of fit test)은 관측이나 실험을 통해 얻은 표본의 분포가 추정하는 특정 분포와 일치하는지를 검정하는 방법으로 범주형 자료의 관측도수(observed frequency)와 기대도수(expected frequency)의 차이를 근거로 검정을 실행한다. 카이제곱 적합도검정을 적용하기 위한 기본적인 가정은 대표본으로 기대도수가 적어도 5 이상이어야 하며, 각 자료는 서로 독립이어야 한다는 점이다. 적합도검정에서는 피어슨 카이제곱검정(Pearson χ^2-test)을 사용하며 한 개의 요인을 대상으로 크기가 n인 표본을 k개의 범주로 분류할 때, 적합도검정을 위한 귀무가설 H_0와 대립가설 H_1은 다음과 같다.

$$H_0 : \text{관측값들이 특정 분포를 따름},\ H_1 : \text{따르지 않음}$$

크기가 n인 표본을 k개의 범주로 분류할 때, 범주 $i\,(1 \le i \le k)$의 기대도수를 E_i라고 하고, 관측도수를 O_i라고 하면, 피어슨의 카이제곱 검정통계량은 다음과 같이 주어진다.

$$\chi^2 = \sum_{i=0}^{k} \frac{(O_i - E_i)^2}{E_i} \sim \chi^2(k-1)$$

정리 7.1 한 요인을 대상으로 크기가 n인 표본을 k개의 범주로 분류할 때, 범주 $i\,(1 \leq i \leq k)$의 발생비율을 p_{i0}라고 하고, 범주 i에 대응되는 모집단의 비율을 p_i라고 하자.

(1) 추정하는 특정 분포의 적합도검정을 위한 귀무가설 H_0와 대립가설 H_1은 다음과 같다.

$$H_0 : p_i = p_{i0},\ (i = 1, \cdots, k) \text{ 대 } H_1 : p_j \neq p_{j0},\ \text{for some } j$$

(2) 귀무가설 H_0를 검정하기 위한 검정통계량은 다음과 같다.

$$\chi^2 = \sum_{i=0}^{k} \frac{(O_i - E_i)^2}{E_i} = \sum_{i=0}^{k} \frac{(O_i - np_{i0})^2}{np_{i0}} \sim \chi^2(k-1) \qquad (7.1)$$

(3) 유의수준 α에 대한 기각역은 다음과 같다.

$$R : \chi^2 \geq \chi^2_\alpha(k-1)$$

[증명] [정리 6.4]의 증명과 유사하므로 생략한다.

● **관측도수와 기대도수**: 관측도수와 기대도수의 차이를 검정하는 도구로 피어슨이 개발한 식 (7.1)의 검정통계량이 사용되는데 표본크기(n)가 충분히 클 때 자유도가 $(k-1)$인 카이제곱분포를 따른다고 알려져 있다. 귀무가설 H_0 하에서 범주 $i\,(1 \leq i \leq k)$의 발생비율을 p_{i0}라고 하면 기대도수는 $E_i = np_{i0}$로 계산되므로 대응되는 관측도수 O_i를 고려하여 표로 정리하면 다음과 같다.

[표 7.1] 범주별 관측도수와 기대도수 표

범주(i)	1	2	$\cdots$	k	합계
관측도수(O_i)	O_1	O_2	$\cdots$	O_k	$n = \sum O_i$
H_0하에서 기대도수(E_i)	$E_1 = np_{10}$	$E_2 = np_{20}$	$\cdots$	$E_k = np_{k0}$	$n = \sum np_{i0}$

예제 7.1 멘델의 유전법칙에서 독립법칙은 대립형질 중 두 쌍의 대립형질이 유전되는 경우, 각각의 형질은 서로에게 영향을 미치지 않고 독립적으로 발현한다고 알려져 있다. 다음 표는 독립법칙에 의한 이론적 비율과 기대도수 및 완두콩 교배 실험을 통한 관측

도수를 나타내고 있다. R 프로그램을 이용하여 다음 각 물음에 답하시오.

[표 7.2] 완두콩 관측도수와 기대도수 표

범주(i)	1) R&Y	2) R&G	3) W&Y	4) W&G	합계	약어	R: 둥금 W: 주름 Y: 노랑 G: 녹색
관측도수(O_i)	204	73	62	21	360		
이론적 비율(p_i)	9	3	3	1	16		
기대도수(E_i)	202.5	67.5	67.5	22.5	360		

(1) 귀무가설 H_0를 검정하기 위한 검정통계량 값을 구하고,

(2) 유의수준 $\alpha = 0.05$에 대한 각 기각역을 구하고,

(3) 검정통계량 값에 대한 p-값을 구하고,

(4) 기각역과 p-값을 이용하여 가설을 검정하고,

(5) R의 검정함수 chisq.test()와 결과를 비교하시오.

(풀이) 가설검정을 위한 검정통계량 값 계산과 기각역 및 p-값을 구하기 위한 R 프로그램 실행 결과와 R의 검정함수 비교 결과는 다음과 같다.

```
# 7장 범주형 자료분석 - 7.2 적합도검정 - 관측도수와 기대도수
# [예제 7.1] 관측도수와 기대도수를 이용한 적합도검정
> ov <- c(204, 73, 62, 21); ov # 관측도수
> ev <- sum(ov)*c(9, 3, 3, 1)/16; ev # 귀무가설 하에서 기대도수
> chisqz <- sum((ov - ev)^2/ev); chisqz # (1) 검정통계량 값: 1.0074
> chialp <- qchisq(1-0.05,3); chialp # (2) 기각역 { >= 7.8147} - [그림 7.1]
# (4) 검정통계량 값이 기각역에 들지 못하므로 귀무가설을 기각하지 못함
> pvalue <- 1-pchisq(chisqz, 3); pvalue # (3) p-값: 0.7994596
# (4) p-값(0.7994596)이 유의수준(0.05)보다 크므로 귀무가설을 기각하지 못함
> chisq.test(ov, p=c(9, 3, 3, 1)/16) # (5) 검정통계량 값과 p-값이 동일함
```

(1) 검정통계량 값은 $\chi^2 = \Sigma_{i=1}^{4}(O_i - E_i)^2/E_i =$ chisqz $\approx$ 1.0074

(2) 유의수준 $\alpha = 0.05$에서 기각역 $R = \{\chi^2 \geq 7.8147\}$: [그림 7.1] 참조

(3) 검정통계량 값 chisqz에 대한 p-값 $1 - P(\chi^2 \leq \chi^2_{0.05}(3)) \approx 0.7995$

(4) chisqz $\approx 1.0074 < 7.8147$, 즉 검정통계량이 기각역에 들지 못하므로 귀무가설을 기각하지 못한다. 또한, p-값 $\approx 0.7995 > 0.05 = \alpha$; 즉, p-값이 유의수준보다 크므로 귀무가설을 채택한다(기각하지 못한다).

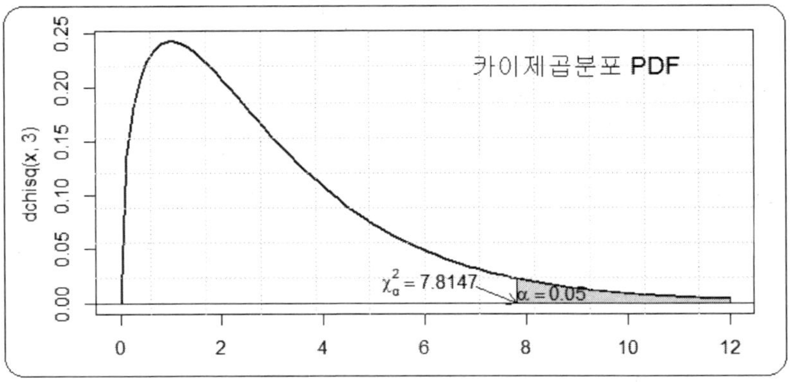

[그림 7.1] 카이제곱($\chi^2(3)$)분포와 유의수준($\alpha = 0.05$)에서 기각역

```
# 7장 범주형 자료분석 - 7.2 적합도검정 - [예제 7.1] 관측도수와 기대도수
# [그림 7.1]을 그리기 위한 R-프로그램
> x <- seq(0,12,length=90)
> plot(x, dchisq(x,3), lwd=2, type="l", col=4)
> grid(12,8); text(9,0.22,"카이제곱분포 PDF", cex=1.3)
> x1 <- seq(from=7.8147, to=12, by=0.001); y1 <- dchisq(x1,3)
> polygon(c(x1,rev(x1)),c(y1,rep(0,length(x1))),col="lightgray")
> abline(h=0); text(8.5,0.01,expression(alpha==0.05))
> arrows(7,0.015,7.8147,0,length=0.1)
> text(6.1,0.02,expression(chi[α]^2==7.8147))
```

예제 7.2 주사위를 90번 던져서 표면 숫자의 관측도수가 다음 표와 같을 때 이 주사위가 공정한지 유의수준 $\alpha = 0.05$에서 검정하시오.

표면숫자(i)	1	2	3	4	5	6	합계
관측도수(O_i)	10	17	23	19	14	7	90

풀이 귀무가설을 $H_0 : p_i = p_{i0}, i = 1,2,\cdots,6$로 설정하면 기대도수는 $E_i = np_i = 90/6 = 15,\ i = 1,2,\cdots,6$을 얻는다.

범주(i)	1	2	3	4	5	6	합계
관측도수(O_i)	10	17	23	19	14	7	90
기대도수(E_i)	15	15	15	15	15	15	90
검정통계량	1.6667	0.2667	4.2666	1.0667	0.0667	4.2666	11.6

자유도는 $5 = (6-1)$이므로 유의수준 $\alpha = 0.05$에서 기각역은 $R = \{\chi^2 > \chi^2_{0.05}(5)\} =$

$\{\chi^2 > 11.0705\}$이며 검정통계량 값은 $\chi_0^2 = 11.6$이므로 기각역에 포함된다. 따라서 귀무가설을 기각한다. 주사위가 공정하지 않다는 증거가 된다.

```
# 7장 범주형 자료분석 - 7.2 적합도검정 - [예제 7.2] 주사위의 공정성
> ov <- c(10,17,23,19,14,7); sum(ov) # 관측도수
> pb <- rep(1/6,6); pb # 이론적 비율
> ev <- sum(ov)*pb; ev # 귀무가설 하에서 기대도수
> chisqz <- sum((ov - ev)^2/ev); chisqz # 검정통계량 값: 11.6
> chialp <- qchisq(1-0.05,5); chialp # 기각역 { >= 11.0705}
# 검정통계량 값이 기각역에 들어가므로 귀무가설을 기각함
> pvalue <- 1-pchisq(chisqz, 5); pvalue # (3) p-값: 0.0407
# p-값(0.0407)이 유의수준(0.05)보다 작으므로 귀무가설을 기각함
> chisq.test(ov, p=pb) # 검정통계량 값과 p-값이 동일함
```

예제 7.3 어떤 소매점에서 시간당 방문객 수의 분포가 평균 3명인 포아송 분포를 따르는지 알고자 한다. 최근 60시간 동안 방문객 수를 집계한 결과 다음과 같은 시간당 방문객 수를 얻었을 때, 방문객의 수가 포아송 분포를 따르는지 유의수준 $\alpha = 0.05$에서 검정하시오.

1 3 3 6 5	6 0 2 3 3	5 5 2 4 5	3 5 1 1 1	4 4 7 0 4	3 2 3 6 6
4 5 1 3 1	2 3 1 2 2	4 4 2 1 3	5 4 4 0 3	5 2 2 1 3	2 3 2 2 2

풀이 시간당 방문객 수를 X라고 하면 귀무가설은 $H_0 : X \sim Pois(3)$으로 설정하고 포아송 분포로부터 기대도수 $E_x = np(x) = 60 \times \exp(-3)3^x/x!$을 얻는다. 그러므로 검정통계량은 다음 표와 같이 구할 수 있다. 카이제곱분포에서 오차를 줄이기 위해 기대도수가 5보다 작은 방문객수는 인접한 범주와 합산하기로 한다. 범주 0은 범주 1과 합산하고 범주 7은 범주 6과 합산한다.

<table>
<tr><th>범주(x)</th><td>0</td><td>1</td><td>2</td><td>3</td><td>4</td><td>5</td><td>6</td><td>7</td><td>합계</td></tr>
<tr><th rowspan="2">관측도수(O_i)</th><td>3</td><td>9</td><td>13</td><td>13</td><td>9</td><td>8</td><td>4</td><td>1</td><td>60</td></tr>
<tr><td colspan="2">12</td><td>13</td><td>13</td><td>9</td><td>8</td><td colspan="2">5</td><td>300</td></tr>
<tr><th>기대도수(E_i)</th><td colspan="2">11.9489</td><td>13.4425</td><td>13.4425</td><td>10.082</td><td>6.049</td><td colspan="2">5.0351</td><td>60</td></tr>
<tr><th>검정통계량</th><td colspan="2">0.0002</td><td>0.0146</td><td>0.0146</td><td>0.1161</td><td>0.6292</td><td colspan="2">0.0002</td><td>0.7749</td></tr>
</table>

범주가 8개에서 6개로 줄었으므로 카이제곱분포의 자유도는 5가 되어 귀무가설의 기각역은 $R = \{\chi^2 \geq \chi_{0.05}^2(5)\} = \{\chi^2 \geq 11.0705\}$이 되고 검정통계량은 $\chi_0^2 = 0.7749$가 된다. 따라서 검정통계량이 기각역에 포함되지 않아 귀무가설을 채택한다. 즉, 방문객 수는 $\lambda = 3$(시간당 평균 3명)인 포아송 분포에 잘 적합된다.

```
# 7장 범주형 자료분석 - 7.2 적합도검정  - 관측도수와 기대도수
# [예제 7.3] 포아송 분포의 적합성 검정; c(3,9,13,13,9,8,4,1,0,0)
> (cv <- c(0,0,0,rep(1,9),rep(2,13),rep(3,13),rep(4,9),rep(5,8),rep(6,4),7))
> set.seed(1234); cv <- sample(cv,size=60); cv; cv <- table(cv); cv
> xv <- as.numeric(cv); xv
> nc <- as.numeric(names(cv)); nc
> pb <- dpois(nc,3); sum(pb); pb
> pb <- c(pb[1]+pb[2],pb[3:6],1-sum(pb[1:6])); sum(pb); pb
> ov <- c(xv[1]+xv[2],xv[3:6],sum(xv[7:8])); ov # 관측도수
> ev <- 60*pb; ev # 기대도수 = 60*exp(-3)*3^x/x!
> chisqz <- sum((ov - ev)^2/ev); chisqz # 검정통계량 값
> chialp <- qchisq(1-0.05,5); chialp # 기각역
> pvalue1 <- 1-pchisq(chisqz, 5); pvalue1 # p-값
> chisq.test(ov, p=pb) # 검정통계량 값과 p-값이 동일함
```

7.3 교차분석

교차분석(cross tabulation)은 서로 다른 두 범주형 변수 간의 연관관계(association)를 분석하는 방법으로 두 변수의 각 범주에 속하는 도수를 교차분할표로 정리하여 분석한다는 의미이다. 크게 동질성검정과 독립성검정으로 구분한다. 두 개의 범주형 변수는 **이원 분할표**(two-way contingency table) 또는 교차표(cross table) 형태로 정리되므로 분할표 분석이라고도 하며 카이제곱검정을 사용한다. 분할표는 각 범주형(분류형) 변수에 대한 도수(빈도)를 행과 열로 결합해 놓은 형태이다. 일반적으로 행에는 독립변수에 해당하는 변수를 열에는 종속변수에 해당하는 변수를 위치시킨다.

7.3.1 $r \times c$ 분할표

변수들이 범주형으로 주어진 경우, r개의 모집단으로부터 추출한 확률표본을 c개의 집단으로 분류하면 2차원 행렬로 나타낼 수 있고 이렇게 정리된 표를 $r \times c$ 분할표 또는 교차표라고 한다. 일반적으로 영향을 줄 수 있는 변수(원인) X를 행으로 영향을 받는 변수(결과) Y를 열로 배치하여 분할표를 작성한다.

독립변수 X가 종속변수 Y에 영향을 미치지 않는다는 의미는 두 변수가 서로 독립이라는 의미이고, 분할표에서 셀 (i,j)의 결합확률을 $p_{ij} \equiv P(X=i, Y=j)$라고 정의하면 $p_{ij} = p_{iS} \times p_{Sj}$로 나타낼 수 있다는 의미이다. 확률 p_{iS}와 p_{Sj}를 분할표의 도수 기호로 다시 표시하면 다음과 같다.

[표 7.3] $r \times c$ 분할표

$X \backslash Y$	1	2	j	c	합계
1	n_{11}	n_{12}	n_{1j}	n_{1c}	$n_{1S} = \sum_{j=1}^{c} n_{1j}$
2	n_{21}	n_{22}	n_{2j}	n_{2c}	$n_{2S} = \sum_{j=1}^{c} n_{2j}$
i	n_{i1}	n_{i2}	n_{ij}	n_{ic}	$n_{iS} = \sum_{j=1}^{c} n_{ij}$
r	n_{r1}	n_{r2}	n_{rj}	n_{rc}	$n_{rS} = \sum_{j=1}^{c} n_{rj}$
합계	$n_{S1} = \sum_{i=1}^{r} n_{i1}$	$n_{S2} = \sum_{i=1}^{r} n_{i2}$	n_{Sj}	$n_{S2} = \sum_{i=1}^{r} n_{i2}$	$n = \sum_{i}^{r} \sum_{j=1}^{c} n_{ij}$

$$p_{ij} \equiv P(X=i, Y=j) = \frac{n_{ij}}{n},\ p_{iS} = \frac{n_{iS}}{n},\ p_{Sj} = \frac{n_{Sj}}{n} \tag{7.2}$$

분할표의 i번째 행과 j번째 열에 있는 셀의 기대도수는 다음과 같다.

$$E_{ij} = \frac{(i\text{번째 행의 합}) \times (j\text{번째 열의 합})}{\text{분할표의 총합}} = \frac{n_{iS} \times n_{Sj}}{n} \tag{7.3}$$

셀 (i,j)에 대응하는 관측도수를 O_{ij}라고 하면 가설을 검정하기 위한 검정통계량 χ^2은 다음 공식으로 계산한다.

$$\chi^2 = \sum_{i=1}^{r} \sum_{j=1}^{c} \frac{(O_{ij} - E_{ij})^2}{E_{ij}} \sim \chi^2((r-1)(c-1)) \tag{7.4}$$

위 검정통계량은 귀무가설 H_0하에서 자유도가 $df = (r-1)(c-1)$인 카이제곱분포를 따른다. 따라서 계산된 검정통계량 값 χ^2이 유의수준 α에 대한 임계값 $\chi_\alpha(df)$보다 크면 귀무가설을 기각한다.

7.3.2 동질성검정

동질성검정은 어떤 모집단의 표본이 그 모집단을 대표하고 있는지를 검증하는 데 사용한다. '변인의 분포가 이항분포나 정규분포와 동일하다'라는 가설을 설정한다. 분할표에서 행들의 합계가 같거나 열들의 합계가 같을 경우 동질성검정을 적용할 수 있다. 식 (7.2)에서 결합확률을 $p_{ij} \equiv P(X=i, Y=j)$라고 하면 동질성검정을 위한 귀무가설 H_0와 대립가설 H_1은 각각 다음과 같이 설정할 수 있다.

$$\begin{aligned} &H_0 : p_{1j} = p_{2j} = \cdots = p_{rj},\ \ j = 1, \cdots, c \\ &H_1 : \text{not}[(p_{1j} = p_{2j} = \cdots = p_{rj},\ \ j = 1, \cdots, c)] \end{aligned} \tag{7.5}$$

식 (7.5)에서 귀무가설 H_0는 "모든 열은 각 열끼리 확률이 같음"을 의미하고 대립가설

H_1은 "적어도 한 열은 확률이 다른 열과 같지는 않음"을 의미한다. 식 (7.2)에서 X와 Y의 주변확률분포를 각각 $p_{iS} \equiv P(X=i)$, $p_{Sj} \equiv P(Y=j)$라고 하면 동질성검정을 위한 귀무가설 H_0와 대립가설 H_1은 각각 다음과 같이 설정할 수 있다.

$$\text{귀무가설 } H_0 : (p_{ij} = p_{Sj},\ j = 1, \cdots, c), i = 1, \cdots, r \quad (7.6)$$
$$\text{대립가설 } H_1 : \text{not}[(p_{ij} = p_{Sj},\ j = 1, \cdots, c), i = 1, \cdots, r]$$

식 (7.6)에서 귀무가설 H_0는 "Y의 분포가 X와 상관없이 동일함"을 의미하고 대립가설 H_1은 "Y의 분포는 X에 따라 다름"을 의미한다.

정리 7.2 분할표에서 동질성검정을 위한 가설이 식 (7.5) 또는 (7.6)으로 설정되었다면,

(1) 귀무가설 H_0를 검정하기 위한 검정통계량은 다음과 같다.

$$\chi^2 = \sum_{i=1}^{r}\sum_{j=1}^{c} \frac{(O_{ij} - E_{ij})^2}{E_{ij}} = \sum_{i=1}^{r}\sum_{j=1}^{c} \frac{(n_{ij} - n_{iS}(n_{Sj}/n))^2}{n_{iS}(n_{Sj}/n)} \quad (7.7)$$

(2) 유의수준 α에 대한 기각역은 다음과 같다.

$$\chi^2 > \chi^2_{\alpha}((r-1)(c-1)) \quad (7.8)$$

[증명] 만약 귀무가설이 참이라면 모든 (i,j)에 대해 $E_{ij} \equiv E(n_{ij}|H_0) = n_{iS} \times p_{Sj}$이므로 7.2절의 카이제곱통계량을 X의 범주 i에 적용하면 다음 식을 얻는다.

$$\sum_{j=1}^{c} \frac{(O_{ij} - E_{ij})^2}{E_{ij}} = \sum_{j=1}^{c} \frac{(n_{ij} - n_{iS}p_{Sj})^2}{n_{iS}p_{Sj}} \sim \chi^2(c-1) \quad (7.9)$$

식 (7.9)를 다시 X의 서로 독립인 모든 범주에 적용하여 다음 식을 얻는다.

$$\sum_{i=1}^{r}\sum_{j=1}^{c} \frac{(O_{ij} - E_{ij})^2}{E_{ij}} = \sum_{i=1}^{r}\sum_{j=1}^{c} \frac{(n_{ij} - n_{iS}p_{Sj})^2}{n_{iS}p_{Sj}} \sim \chi^2(r(c-1)) \quad (7.10)$$

식 (7.10)에서 확률 p_{Sj}는 모르는 항이므로 $\hat{p}_{Sj} = n_{Sj}/n$으로 추정하여 대입하면 식 (7.7)과 같은 검정통계량을 얻는다. 이때 추정된 모수의 개수만큼 자유도를 잃게 되므로 자유도는 $r(c-1) - (c-1) = (r-1)(c-1)$이 된다. 따라서 기각역은 식 (7.8)이 되고 최종적으로 검정통계량은 다음과 같다.

$$\chi^2 = \sum_{i=1}^{r}\sum_{j=1}^{c} \frac{(O_{ij} - E_{ij})^2}{E_{ij}} = \sum_{i=1}^{r}\sum_{j=1}^{c} \frac{(n_{ij} - n_{iS}(n_{Sj}/n))^2}{n_{iS}(n_{Sj}/n)} \sim \chi^2((r-1)(c-1)) \quad (7.11)$$

예제 7.4 R 패키지 {MASS}의 데이터셋 'immer'는 6개 지역별 5개 품종에 대한 2개년도 보리 산출량 자료를 제공한다. R 프로그램을 작성하여 다음 각 물음에 답하시오.

(1) 지역별, 품종별 2개년도 산출량을 합하고 지역을 행으로, 품종을 열로 하고 관측도수를 포함하는 분할표를 작성하시오.

(2) 동질성검정을 위해 산출량에 대한 지역별 품종별 기대도수를 구하시오.

(3) 분할표를 이용하여 "보리 품종별 산출량이 지역에 상관없이 동일하다"라는 귀무가설 H_0를 유의수준 $\alpha = 0.05$에서 검정하시오.

풀이 (1) 지역별, 품종별 2개년도 산출량을 합한 분할표는 다음과 같다.

[표 7.4] 보리 품종에 대한 지역별 산출량 관측도수(O_{ij})

지역 \ 품종	M	S	V	T	P	합계
UF	161.7	187.7	200.1	196.9	182.5	928.9
W	247.0	257.5	262.9	339.2	253.8	1,360.4
M	185.4	182.4	194.9	271.2	219.2	1,053.1
C	218.7	183.3	220.2	266.3	200.5	1,089
GR	165.3	138.9	165.8	151.2	184.4	805.6
D	154.6	143.8	146.3	193.6	190.1	828.4
합계	1,132.7	1,093.6	1,190.2	1,418.4	1,230.5	6,065.4

(2) 동질성검정을 위한 지역별 산출량 품종별 기대도수는 다음과 같다

[표 7.5] 보리 산출량 품종별 지역별 기대도수(E_{ij})

지역 \ 품종	M	S	V	T	P	합계
UF	173.47	167.48	182.28	217.22	188.45	928.9
W	254.05	245.28	266.95	318.13	275.99	1,360.4
M	196.66	189.88	206.65	246.27	213.64	1,053.1
C	203.37	196.35	213.69	254.66	220.93	1,089
GR	150.45	145.25	158.08	188.39	163.43	805.6
D	154.70	149.36	162.55	193.73	168.06	828.4
기대도수합계	1,132.7	1,093.6	1,190.2	1,418.4	1,230.5	6,065.4

(3) 귀무가설 H_0 하에서 검정통계량 값을 계산하기 위한 표는 다음과 같다.

[표 7.6] 검정통계량: $\Sigma(O-E)^2/E = \Sigma(n(i,j)-E)^2/E$

지역 \ 품종	M	S	V	T	P	합계
UF	0.7986	2.4412	1.7421	1.9008	0.1879	7.0706
W	0.1956	0.6088	0.0614	1.3955	1.7841	4.0454
M	0.6447	0.2947	0.6681	2.5237	0.1447	4.2759
C	1.1556	0.8673	0.1983	0.5320	1.8892	4.6424
GR	1.4678	0.2776	0.3770	7.3417	2.6907	12.1548
D	0.0001	0.2070	1.6264	0.0001	2.8904	4.724
합계	4.2624	4.6966	4.6733	13.6938	9.587	36.9131

결국 검정통계량 값은 $\chi^2 \approx 36.9131$, 기각역은 $R=\{\chi^2 \geq \chi^2_{0.05}(5\times4)\}$에서 $\chi^2_{0.05}(5\times4)$ ≈ 31.4104이므로 검정통계량 값이 기각역에 속한다. 따라서 유의수준 $\alpha=0.05$에서 귀무가설을 기각한다. 즉, 보리 품종별 산출량이 지역에 따라 다르다는 충분한 증거가 있다.

```
# 7장 범주형 자료분석 - 7.3 교차분석 - 7.3.1 r×c 분할표
# [예제 7.4] R 패키지 {MASS}의 'immer' 데이터의 동질성검정
> library(MASS); immer
> yr1 <- matrix(immer$Y1, nrow=6, byrow=T); yr1
> colnames(yr1) <- c("M","S","V","T","P"); yr1
> rownames(yr1) <- c("UF","W","M","C","GR","D"); yr1
> yr2 <- matrix(immer$Y2, nrow=6, byrow=T); yr2
> colnames(yr2) <- c("M","S","V","T","P"); yr2
> rownames(yr2) <- c("UF","W","M","C","GR","D"); yr2
> yrs <- yr1 + yr2; yrs # 2년치를 합함
> nis <- apply(yrs,1,sum); nis # 행별 합을 구함
> nsj <- apply(yrs,2,sum); nsj # 열별 합을 구함
> tn <- sum(yrs); tn # 총합을 구함 = 열별 합의 합 = 행별 합의 합
> Oij <- yrs; Oij # 관측치
> Eij <- nis%*%t(nsj)/tn; Eij # 보리 품종별 기대도수(E_ij)
> Eij <- round(Eij, digits=2); Eij
> chisqz1 <- Oij-Eij; chisqz1 # O_ij - E_ij
> chisqz2 <- chisqz1^2/Eij; chisqz2 # (O_ij - E_ij)^2/E_ij
> chisqz3 <- round(chisqz2, digits=4); chisqz3 # 반올림
# 위 결과가 분할표의 셀별 검정통계량 값임
> chisqz <- apply(chisqz3,2,sum); chisqz # 열별 검정통계량
> sum(chisqz) # 최종 검정통계량 값 = 36.9131
> qchisq(1-0.05,5*4) # 기각역 임계값 = 31.410
> (pv <- 1-pchisq(sum(chisqz), 20)) # p-값: 0.011986
> chisq.test(Oij) # R의 카이제곱 검정함수 실행: p-값 동일함
```

7.3.3 독립성검정

변인이 두 개 이상일 때 사용되며, 기대빈도는 '두 변인이 서로 상관이 없고 독립적'이라고 기대하는 것을 의미하며 관찰빈도와의 차이를 통해 기대빈도의 진위 여부를 밝힌다. 분할표를 분석할 때 가장 많이 사용하는 검정 방법은 카이제곱검정으로 두 변수 X와 Y의 독립성검정도 이 방법을 이용한다. 기대도수가 5 이하인 셀이 전체 셀의 20%가 넘으면 **피셔**(Fisher)의 **정확검정**(exact test)이 권장된다. 두 변수 X와 Y의 결합확률분포를 $p_{ij} \equiv P(X=i, Y=j)$라고 하고, X와 Y의 주변확률분포를 각각 $p_{iS} \equiv P(X=i)$, $p_{Sj} \equiv P(Y=j)$라고 하면, 독립성검정을 위한 귀무가설 H_0와 대립가설 H_1은 각각 다음과 같이 설정한다.

$$\begin{aligned} H_0 &: p_{ij} = p_{iS} \times p_{Sj},\ i=1,2,\cdots,r,\ j=1,2,\cdots,c, \\ \text{대 } H_1 &: p_{ij} \neq p_{iS} \times p_{Sj},\ \text{적어도 한 열과 행에 대해서} \end{aligned} \tag{7.12}$$

식 (7.12)에서 귀무가설 H_0는 "X와 Y는 서로 독립임"을 의미하고, 대립가설 H_1은 "X와 Y는 서로 독립이 아님"을 의미한다.

정리 7.3 분할표에서 독립성검정을 위한 가설이 식 (7.12)로 설정되었다면,

(1) 귀무가설 H_0를 검정하기 위한 검정통계량은 다음과 같다.

$$\chi^2 = \sum_{i=1}^{r}\sum_{j=1}^{c} \frac{(n_{ij} - n_{iS}(n_{Sj}/n))^2}{n_{iS}(n_{Sj}/n)} \sim \chi^2((r-1)(c-1)) \tag{7.13}$$

(2) 유의수준 α에 대한 기각역은 다음과 같다.

$$\chi^2 > \chi^2_{\alpha}((r-1)(c-1)) \tag{7.14}$$

[증명] 만약 귀무가설이 참이라면 모든 (i,j)에 대해 $p_{ij} = p_{iS} \times p_{Sj}$이므로 기대도수는 $E_{ij} \equiv E(n_{ij}|H_0) = n \times p_{iS} \times p_{Sj}$가 된다. 나머지 증명 과정은 [정리 7.2]와 동일하므로 생략한다.

예제 7.5 R 패키지 {MASS}의 데이터셋 'survey'는 호주 아들레이드 대학생 237명에 대한 다양한 신체관련 및 취향에 대한 설문조사 자료를 제공한다. 이 자료를 이용하여 R 프로그램을 이용하여 다음 물음에 답하시오.

(1) 운동습관(Exer)을 행으로 하고 흡연습관(Smoke)을 열로 구성하는 분할표를 작성하시오.

(2) 귀무가설 H_0 : "운동습관과 흡연습관이 서로 독립"인지 검정하기 위한 검정통계량과

유의수준 $\alpha = 0.05$에 대한 기각역을 구하시오.

(3) 기대도수가 5 이하인 셀이 최소화되도록 행을 합병하고 (1)과 (2)의 과정을 반복하시오.

풀이

(1) 구하는 분할표는 다음과 같다(도수가 5 이하인 셀이 41.667%).

[표 7.7] 운동습관과 흡연습관에 대한 분할표

운동 \ 흡연	Heavy	Never	Occas	Regul	합계
Freq	7	87	12	9	115
None	1	18	3	1	23
Some	3	84	4	7	98
합계	11	189	19	17	236

[표 7.7]을 기반으로 귀무가설 하에서 기대도수는 $\hat{E}_{ij} = n_{iS} n_{Sj} / n$으로 추정되므로 기대도수표는 다음과 같다.

[표 7.8] 기대도수에 대한 분할표

운동 \ 흡연	Heavy	Never	Occas	Regul	합계
Freq	5.360168	92.09746	9.258475	8.283897	115
None	1.072035	18.41949	1.851695	1.656780	23
Some	4.567797	78.48305	7.889830	7.059323	98
합계	11	189	19	17	236

(2) 귀무가설을 검정하기 위한 검정통계량표는 다음과 같다.

[표 7.9] 검정통계량에 대한 분할표

운동 \ 흡연	Heavy	Never	Occas	Regul	합계
Freq	0.50167	0.28214	0.81179	0.06190	1.6575
None	0.00484	0.00955	0.71211	0.26036	0.98686
Some	0.53811	0.38781	1.91776	0.00050	2.84418
합계	1.04462	0.6795	3.44166	0.32276	5.48854

결국, 검정통계량 값은 $\chi^2 \approx 5.4885$이고 자유도는 $(3-1)(4-1)=6$이므로 기각역은 $R = \{\chi^2 \geq \chi^2_{0.05}(6)\}$에서 $\chi^2_{0.05}(6) \approx 12.59159$이다. 검정통계량이 기각역에 속하지 않으므로 귀무가설을 채택한다. 즉, 흡연습관과 운동습관이 독립이 아니라는

충분한 증거가 없다.

(3) [표 7.7]에서 'None'행과 'Some'행을 합병하여 다시 분할표를 작성한다.

[표 7.10] 운동습관과 흡연습관에 대한 분할표 2

운동 \ 흡연	Heavy	Never	Occas	Regul	합계
Freq	7	87	12	9	115
None+Some	4	102	7	8	121
합계	11	189	19	17	236

(1)과 같은 방법으로 계산한 기대도수표는 다음과 같다.

[표 7.11] 기대도수에 대한 분할표 2

운동 \ 흡연	Heavy	Never	Occas	Regul	합계
Freq	5.360169	92.09746	9.258475	8.283897	115
None+Some	5.639832	96.90254	9.741525	8.716103	121
합계	11	189	19	17	236

따라서 [표 7.10]과 [표 7.11]을 이용하여 검정통계량을 쉽게 구할 수 있다. 귀무가설을 검정하기 위한 검정통계량표는 다음과 같이 계산된다.

[표 7.12] 검정통계량에 대한 분할표 2

운동 \ 흡연	Heavy	Never	Occas	Regul	합계
Freq	0.501672	0.282137	0.811793	0.061903	1.657505
None+Some	0.476795	0.268147	0.771539	0.0588338	1.575315
합계	0.978467	0.550284	1.583332	0.120737	3.23282

결국, 검정통계량 값은 $\chi^2 \approx 3.23282$이고 자유도는 $(2-1)(4-1)=3$이므로 기각역은 $R=\{\chi^2 \geq \chi^2_{0.05}(3)\}$에서 $\chi^2_{0.05}(3) \approx 7.81473$이다. 검정통계량이 기각역에 속하지 않으므로 귀무가설을 채택한다.

```
# 7장 범주형 자료분석 - 7.3 교차분석 - 7.3.3 독립성검정
# [예제 7.5] - H_0 : 흡연습관과 운동형태가 서로 독립인지 검정
> library(MASS); head(survey)
> nij <- table(survey$Exer,survey$Smoke); nij
> anis <- apply(nij,1,sum); anis # 행별 합을 구함
> ansj <- apply(nij,2,sum); ansj # 열별 합을 구함
> ansj <- t(ansj); ansj
```

```
> Eij <- anis%*%ansj; Eij
> Eij <- Eij/sum(nij); Eij # 기대도수 분할표 1
> chisqz <- (nij-Eij)^2/Eij; chisqz # 검정통계량 분할표 1
> chisqza <- sum(chisqz); chisqza # 검정통계량 = 12.59159
> chialp <- qchisq(1-0.05,6); chialp # 기각역: {>=12.59159}
> pvalue <- 1-pchisq(chisqza, 6); pvalue # (3) p-값 = 0.4828422
> chisq.test(nij) # p-값이 동일함
# 'None'행과 'Some'행을 합병하여 다시 분할표를 작성
> cnij <- rbind(nij["Freq",], nij["None",]+nij["Some",]); cnij
> rownames(cnij) <- c("Freq","None+Some"); cnij
> cnis <- apply(cnij,1,sum); cnis # 행별 합을 구함
> cnsj <- apply(cnij,2,sum); cnsj # 열별 합을 구함
> cnsj <- t(cnsj); cnsj
> Eij1 <- cnis%*%cnsj; (Eij1 <- Eij1/sum(cnij)) # 기대도수 분할표 2
> chisqz1 <- (cnij-Eij1)^2/Eij1; chisqz1 # 검정통계량 분할표 2
> chisqzb <- sum(chisqz1); chisqzb # 검정통계량 = 3.232818
> chialp <- qchisq(1-0.05,3); chialp # 기각역: {>=7.814728}
> pvalue <- 1-pchisq(chisqzb, 3); pvalue # (3) p-값 = 0.3571031
> chisq.test(cnij) # p-값이 동일함
# 검정통계량이 기각역에 속하지 않으므로 귀무가설을 채택한다.
# 흡연습관과 운동습관이 독립이 아니라는 충분한 증거가 없다.
```

예제 7.6 다음 표는 어느 병원의 안과와 이비인후과의 진료 통계이다. 진찰을 받은 환자의 나이대와 얼굴부위를 구분하여 작성한 분할표를 이용하여 나이대와 진찰받은 얼굴부위가 서로 독립인지 유의수준 $\alpha = 0.05$에서 검정하시오.

진료과목(부위)와 나이대	청년	장년	중년	노년	합계
안과(눈)	385	488	284	61	1,218
이비인후과(귀)	217	278	165	30	690
이비인후과(코)	695	730	384	68	1,877
이비인후과(인후)	310	350	175	35	870
합계	1,607	1,846	1,008	194	4,655

풀이 먼저 위 표를 이용하여 귀무가설 H_0 : "나이대와 진찰받은 얼굴부위가 서로 독립임" 하에서 기대도수($\hat{E}_{ij}$) 표를 구한다.

진료과목(부위)와 나이대	청년	장년	중년	노년	합계
안과(눈)	420.4782	483.0135	263.7474	50.76090	1,218
이비인후과(귀)	238.2019	273.6284	149.4135	28.75620	690
이비인후과(코)	647.9783	744.3484	406.4482	78.22510	1,877
이비인후과(인후)	300.3416	345.0097	188.3909	36.25780	870
합계	1,607	1,846	1,008	194	4,655

다음 위 두 표를 이용하여 검정통계량($(O_{ij}-\hat{E}_{ij})^2/\hat{E}_{ij}$) 표를 구한다.

진료과목(부위)와 나이대	청년	장년	중년	노년	합계
안과(눈)	2.99350	0.05148	1.55516	2.06535	6.66549
이비인후과(귀)	1.88715	0.06984	1.62594	0.05380	3.63673
이비인후과(코)	3.41222	0.27659	1.23981	1.33657	6.26519
이비인후과(인후)	0.31060	0.07218	0.95184	0.04363	1.37825
합계	8.60347	0.47009	5.37275	3.49935	17.94566

위 표로부터 검정통계량 값은 $\chi^2 \approx 17.94566$이고 자유도는 $(4-1)(4-1)=9$이므로 유의수준 $\alpha=0.05$에서 기각역은 $R=\{\chi^2 \geq \chi^2_{0.05}(9)\}$에서 $\chi^2_{0.05}(9) \approx 16.91898$이다. 검정통계량이 기각역에 속하므로 귀무가설을 기각한다. 즉, 진찰을 받은 환자의 나이대와 얼굴부위가 독립이 아니라는 충분한 증거가 된다. 더구나 p-값은 $1-P(\chi^2 \leq \chi^2_{0.05}(9)) \approx 0.0358$이고 $\alpha=0.05$이므로 귀무가설을 기각한다. 따라서 p-값을 이용하여 검정한 결과와 기각역을 이용한 결과는 동일하다.

```
# 7장 범주형 자료분석 - 7.3 교차분석 - 7.3.3 독립성검정
# [예제 7.6] - H_0 : 나이대와 진찰부위가 서로 독립인지 검정
> eyes <- c(385,488,284,61); eyes
> ears <- c(217,278,165,30); ears
> nose <- c(695,730,384,68); nose
> throat <- c(310,350,175,35); throat
> face <- rbind(eyes, ears, nose, throat); face; sum(face)
> colnames(face) <- c("Youth", "Prime", "Middle", "Old"); face
> Nis <- apply(face,1,sum); Nis # 행별 합을 구함
> Nsj <- apply(face,2,sum); Nsj # 열별 합을 구함
> Nsj <- t(Nsj); Nsj
> Eij <- Nis%*%Nsj; (Eij <- Eij/sum(face)) # 기대도수표
> chisqz <- (face-Eij)^2/Eij; chisqz # 검정통계량표
> chisqz1 <- sum(chisqz); chisqz1# 검정통계량 = 17.94566
> (chialp <- qchisq(1-0.05,(4-1)*(4-1))) # 기각역: {>=16.91898}
> pvalue <- 1-pchisq(chisqz1, 9); pvalue # (3) p-값 = 0.03580925
> chisq.test(face) # p-값이 동일함
```

연습문제

[1] 주사위를 150회 던져서 나오는 표면 숫자의 관측도수가 다음 표와 같을 때 주사위의 공정성 여부 검정을 위한 다음 물음에 답하시오.

범주(i)	1	2	3	4	5	6	계
관측도수(O_i)	22	39	28	23	25	13	150

(1) 주사위의 공정성을 검정하기 위한 가설을 설정하고,

(2) 귀무가설 H_0를 검정하기 위한 검정통계량 값을 구하고,

(3) 유의수준 $\alpha = 0.01$에서 대립가설에 대한 각 기각역을 구하고,

(4) 검정통계량 값에 대한 p-값을 구하고,

(5) 기각역과 p-값을 이용하여 가설을 검정하고,

(6) R의 검정함수 chisq.test()와 결과를 비교하시오.

[2] 아래 표는 한국관광공사가 제공한 2015년 외국인 방한 목적 대비 중국인 방한 목적에 대한 자료이다. "중국인 방한 목적이 다른 외국인 방한 목적과 같은 비율이다"라는 가설을 검정하기 위한 다음 물음에 답하시오.

방한 목적	레저	사업	쇼핑	지인방문	교육	건강	종교	계
외국인(%)	56.6	18.7	10.2	9.1	3.6	1.1	0.7	100
중국인(%)	67.5	7.9	14.0	6.1	3.0	1.0	0.5	100

(1) 가설을 검정하기 위한 관측도수와 기대도수를 결정하고,

(2) 방한 목적(범주)별 검정통계량과 검정통계량 값을 구하고,

(3) 유의수준 $\alpha = 0.05$에서 기각역을 구하고,

(4) 검정통계량 값에 대한 p-값을 구하고,

(5) 기각역과 p-값을 이용하여 가설을 검정하고,

(6) R의 검정함수 chisq.test()와 결과를 비교하시오.

[3] 다음 표는 어떤 학과 신입생 100명의 혈액형과 한국인의 혈액형 평균비율에 대한 자료이다. 이 학과 신입생 혈액형 비율이 한국인 평균비율과 같은지 유의수준 $\alpha =$ 0.05에서 검정하시오.

혈액형	O형	A형	B형	AB형	계
한국인 평균비율(%)	27.8	34.5	27.0	10.7	100
신입생(%)	32	45	18	5	100

[4] 다음 표는 한국관광공사가 제공한 2015년 방한 외국인이 전체가 구매한 품목과 일본인이 구매한 품목에 대한 비율이다. "일본인이 구매한 품목과 다른 외국인이 구매한 품목이 같은 비율이다"라는 가설을 유의수준 $\alpha = 0.01$에서 검정하시오.

품목	화장품	의류	식료품	신발류	한약재	피혁	김치	보석	담배	공예품	계
일본	42.9	33.4	67.3	8.3	4.6	5.5	6.8	4.4	6.1	5.1	184.4
전체	61.4	41.4	38.0	14.6	11.6	10.1	7.8	7.5	6.8	5.6	204.8

[5] 주어진 엑셀 파일 "ForeignItem.csv"는 한국관광공사가 제공한 2015년 방한 외국인이 전체가 구매한 국가별 선택 품목(중복 허용)에 대한 비율이다. 서양(미국, 캐나다, 영국, 독일, 프랑스, 러시아)인의 구매품목에 대한 동질성을 검정하고자 한다. R 프로그램을 작성하여 다음 물음에 답하시오.

(1) 파일을 읽고 국가를 행으로 구매품목을 열로 하는 분할표를 작성하고,

(2) 동질성검정을 위해 국가별 구매품 기대도수를 구하고,

(3) 분할표를 이용하여 "서양인들의 구매품목이 국가에 상관없이 동일하다"라는 귀무가설 H_0를 유의수준 $\alpha = 0.05$에서 검정하시오.

[6] 연습문제 [5]에 주어진 파일을 사용하여 러시아를 오스트레일리아로 대체하고 같은 방법으로 유의수준 $\alpha = 0.05$에서 검정하시오.

[7] 연습문제 [5]에 주어진 파일을 사용하여 동남아 5개국(홍콩, 싱가포르, 대만, 태국, 말레이시아)의 방한 외국인 구매품목에 대한 동질성을 검정을 연습문제 [5]와 같은 방법으로 유의수준 $\alpha = 0.01$에서 검정하시오.

[8] 다음 표는 2017학년도 교육부 진로체험 인증기관 권역별 선정현황에 대한 분할표이다. R 프로그램을 이용하여 권역과 체험 인증기관이 서로 독립인지 여부를 검증하는 다음 물음에 답하시오.

권역	중앙부처	지자체/단체	공공기관/학교	기업/학원	개인사업	계
수도권	14	7	15	10	14	60
충청권	5	8	7	4	10	34
호남권	6	6	5	7	16	40
대경권	7	14	9	6	12	48
부경권	4	13	8	11	18	54
계	36	48	44	38	70	236

(1) 기대도수에 대한 분할표를 작성하고,

(2) 검정통계량에 대한 분할표를 작성하여 검정통계량을 구하고,

(3) 유의수준 $\alpha = 0.05$에 대한 각 기각역을 구하고,

(4) 검정통계량 값에 대한 p-값을 구하고,

(5) 기각역과 p-값을 이용하여 가설을 검정하고,

(6) R의 검정함수 chisq.test()와 결과를 비교하시오.

[9] 아래 표는 청소년 그룹에 따른 선호하는 가치에 대한 분할표이다. R 프로그램을 이용하여 청소년 그룹과 선호하는 가치관이 서로 독립인지 여부를 검증하는 다음 물음에 답하시오.

구분		돈	명예	권력	인기	봉사	기타	계
초등	남	67	45	15	13	12	11	163
	여	48	33	13	18	17	10	139
중등	남	256	99	33	32	23	34	477
	여	244	84	34	32	27	39	460
고등	남	287	93	37	27	25	48	517
	여	244	74	26	21	22	41	428
계		1,146	428	158	143	126	183	2,184

(1) 기대도수에 대한 분할표를 작성하고,

(2) 검정통계량에 대한 분할표를 작성하여 검정통계량을 구하고,

(3) 유의수준 $\alpha = 0.05$에 대한 각 기각역을 구하고,

(4) 검정통계량 값에 대한 p-값을 구하고,

(5) 기각역과 p-값을 이용하여 가설을 검정하고,

(6) R의 검정함수 chisq.test()와 결과를 비교하시오.

(7) 초등학생 자료를 제외하고 위 (1)항부터 (6)항을 반복하시오.

CHAPTER 08

비모수 통계

08

비모수 통계

8.1 비모수적 방법

데이터 값과 실험 조건들 사이의 관계를 규명할 때 보통 통계적 모형에 의존한다. 이러한 통계적 모형은 크게 선형모형과 비선형모형으로 나눌 수 있고, 선형모형은 7장에서 주로 다루었다. 비선형모형으로 가설검정 절차들을 수행하는 비선형 통계 방법은 역할을 규정하는 것이 논쟁거리이기는 하다. 그러나 비선형 통계 방법으로 현실의 다양한 상황에 대처할 수 있는 또 다른 도구를 가진 셈이 된다. 비선형 방법은 모수적(parametric) 방법과 비모수적(non-parametric) 방법으로 구분한다.

지금까지 다룬 통계적 가설검정 절차들은 대체로 모집단이 정규분포를 따른다는 가정하에서 확률표본들이 정규모집단으로부터 추출되었다고 가정했다. 추론의 대부분은 표본의 크기가 클 때에는 중심극한정리에 의해 여전히 정규성의 가정을 유지할 수 있었다. 그러나 현실에서는 정규성의 가정을 만족하지 못하는 경우가 종종 발생한다. **모수적** 방법은 모집단의 확률분포에 대한 사전지식이 있는 경우, 즉 모집단의 분포가 정규분포, 포아송 분포 등 모수를 갖는 함수형태의 분포로 특정하는 것을 가정하고 접근하는 통계적 방법이다. 이와는 달리 모집단의 분포에 대한 사전지식이 연속분포라는 것 이외에는 없는 경우에 접근하는 통계적 방법을 **비모수적** 방법이라고 한다.

모수적 방법과 비모수적 방법이 동일한 자료에 대해 적용가능하다면 모수적 방법을 사용하는 것이 더 효율적이다. 모수적 모형은 몇 개의 모형 모수들에 의해 모형이 잘 설명되기 때문에 그렇게 불리는 것이며 선형회귀의 경우 모수는 절편과 기울기로써 회귀직선 전체를 나타낼 수 있다. 앞에서 다룬 모수적 검정 방법에서 모평균과 표본평균과의 차이 및 표본평균간의 차이는 Z-검정법과 t-검정법을 사용했고 모분산과 표본분산과의 차이 및 표본분산간의 차이는 F-검정법과 카이제곱검정법을 주로 사용했다.

모수적 모형과 비모수적 모형의 장단점 비교: 모수적 모형은 비모수적 모형에 비해 여러 가지 장점을 가지고 있다. 모수적 모형은 해석이 용이하며 적합된 모형은 일반적인 이론을 개발하는 데 사용할 수 있지만 비모수적 회귀모형은 이런 일이 항상 가능하지는 않다. 분산분석을 이용하여 적합된 모수적 모형이 자료를 얼마나 잘 설명하는지 쉽게 알 수 있지만, 비모수적 모형의 경우 그런 용도의 통계량이 딱히 없다.

모수적 모형은 자료집합이 작은 경우 혹은 낮은 신호 대 잡음비를 보이는 자료에도 잘 적용된다. 모수적 모형의 단점은 여러 변수들 간의 함수 형태를 미리 가정해야 한다는 점이고, 비모수적 모형의 장점은 변수들 사이의 관계를 특정 형태의 모형식에 매이지 않고 유연하게 모형화할 수 있게 해준다는 점이다.

비모수검정: 비모수적 검정법은 모집단의 분포에 따르는 모수에 대한 가정을 전제로 하지 않고 모집단의 형태에 관계없이 주어진 데이터에서 직접 확률을 계산하여 통계학적 검정을 하는 분석법이다. **비모수검정법**은 **분포무관**(distribution-free) 검정법 혹은 비모수적 검정법이라고도 한다.

많은 가설검정에서 모집단이 평균 μ와 분산 σ^2의 모수를 갖는 정규분포를 따르는 것으로 가정하나 비모수검정에서는 이러한 가정을 하지 않기 때문에 데이터가 비정규적이거나 변환의 영향을 받지 않을 때도 유용하다. 아래 표는 이 장에서 다룰 비모수검정 방법에 대한 요약 내용이다.

[표 8.1] 비모수검정과 모수검정 비교표

비교대상 집단수	관계	비모수적 방법	모수적 방법
단일 표본 분석	관계없음	부호검정	t-검정
		콜모고로프-스미르노프 검정	
2개 표본 분석	독립관계	윌콕슨 순위합검정	t-검정
	대응관계	윌콕슨 부호순위검정	쌍체 t-검정
3개 이상 표본 분석	독립관계	크루스칼-왈리스 검정	ANOVA 검정
	대응관계	프리드먼 검정	

비모수적 방법의 장점

(1) 자료가 정규분포가 아니거나 정규분포로 변환되지 못할 때에도 적용 가능함

(2) 가정을 만족시키지 못한 상태에서 그대로 모수 통계분석을 함으로써 발생할 수 있는 오류를 줄일 수 있음

(3) 변인의 척도가 순서척도와 같은 질적 척도로 측정된 자료도 적용 가능함

(4) 비교적 신속하고 쉽게 통계량을 구할 수 있으며 결과에 대한 해석 및 이해 또한 용이함

(5) 많은 표본을 추출하기 어려운 경우에 사용하기 적합함

8.2 부호검정

6.2절 단일 모평균의 검정에서 모분산을 알든 모르든 정규모집단이거나 대표본인 경우에 대해 다루었다. 그러나 표본의 크기 n이 소표본($n < 30$)고 모집단이 정규분포에서 벗어나며 분포를 모르는 경우 비모수검정법을 사용해야 한다. 이 절에서 다루는 **부호검정**(sign-test)은 단일 표본 t-검정의 대안으로 **위치모수**(location parameter)에 대한 비모수적 검정 중에서 간단한 검정 방법이다. 부호검정은 확률변수들이 연속적인 값을 가지며 대칭 형태를 가질 것으로 예상되는 모집단으로부터 추출한 표본에 대해 적용된다.

부호검정은 모집단의 중앙값에 대한 가설을 검정하는 기법으로 검정의 위치모수로서 평균은 중앙값으로 대체된다. 모집단의 중앙값을 θ로 표기한다면 표본중앙값과 비슷하게 다음과 같이 정의된다.

$$P(X > \theta) = P(X < \theta) = 0.5 \qquad (8.1)$$

모집단의 중앙값 θ에 대해 검정하고자 하는 중앙값을 θ_0라고 한다면 귀무가설은 $H_0 : \theta = \theta_0$이다. 귀무가설 H_0에 대해 대립가설 H_1을 검정하기 위해서, θ_0보다 큰 관측값은 +부호로 교체하고, θ_0보다 작은 관측값은 −부호로 교체하며 표본에 θ_0와 같은 관측값은 제외시키고 표본의 크기를 그만큼 줄인다. 귀무가설 $H_0 : \theta = \theta_0$가 참이라면, 중앙값 θ_0를 중심으로 +부호와 −부호가 반반으로 나뉘고, +부호의 개수 X는 $p = 1/2$인 이항분포를 따르므로, 이항확률분포를 이용하여 귀무가설의 채택 여부를 결정할 수 있다.

정리 8.1 모집단의 중앙값 θ에 대해 검정하고자 하는 중앙값을 θ_0라고 하면,

(1) θ_0보다 큰 관측값의 수를 X라고 하면 귀무가설 $H_0 : \theta = \theta_0$의 기각 여부를 결정하는 검정통계량은 $X = x$이고 $X \sim B(n, 0.5)$이다.

(2) 유의수준 α에서 귀무가설 H_0의 기각 여부는 다음과 같다.

1) $H_1 : \theta > \theta_0$일 때, $p = P(X \geq x | p = 0.5) \leq \alpha$이면 H_0 기각
2) $H_1 : \theta < \theta_0$일 때, $p = P(X \leq x | p = 0.5) \leq \alpha$이면 H_0 기각
3) $H_1 : \theta \neq \theta_0$일 때, $x < 1/2$이고, $p = 2P(X \leq x | p = 0.5) \leq \alpha$이면 H_0 기각
4) $H_1 : \theta \neq \theta_0$일 때, $x \geq 1/2$이고, $p = 2P(X \geq x | p = 0.5) \leq \alpha$이면 H_0 기각

예제 8.1 R 패키지 {ISwR}의 데이터셋 'thuesen'은 제1유형 당뇨병 환자의 심실 수축 속도(short.velocity)와 혈당(blood.glucose) 관련 자료를 제공한다. 데이터셋에서 **결측치**(NA)가 있는 행은 제외하기로 한다. 심실 수축 속도의 단위는 %/s(초당 circumferential 속도)이다. 정상인의 심박수는 분당 60~71회(초당 0.9~1.18회)라고 한다. R 프로그램을 이용하여 주어진 자료에 대하여 귀무가설 $H_0 : \theta = 1.18$과 대립가설 $H_1 : \theta > 1.18$을 유의수준 $\alpha = 0.01$로 검정하시오.

풀이 가설 검정을 위한 R 프로그램은 다음과 같다. 실행 결과에서 $n = 22$이고 속도가 1.18을 넘는($\theta > 1.18$) 수가 17개 표본이므로 p-값은 다음과 같다.

$$\begin{aligned} p = P(X \geqq 17 | p = 0.5) &= \sum_{k=17}^{22} \frac{22!}{k!(22-k)!}\left(\frac{1}{2}\right)^k \left(\frac{1}{2}\right)^{22-k} \\ &\approx 0.0062785 + 0.0017440 + 0.0003672 + (550.7 + 52.45 + 2.4)e-7 \\ &\approx 0.00845 \end{aligned}$$

귀무가설이 참(수축 속도가 1.18을 넘는 환자의 비율이 $p = 0.5$)이라고 할 때, 22명의 환자 중 17명의 수축 속도가 1.18보다 클 확률이 0.00845이고, 유의수준 $\alpha = 0.01$보다 작으므로 귀무가설을 기각할 수 있다. 즉, 수축 속도가 정상인의 표준치보다 높다는 증거가 된다.

```
# 8장 비모수 통계 - 8.2 부호검정: [예제 8.1] 단일 표본
> install.packages("ISwR") # 심실 수축 속도와 혈당 관련 자료 설치
> library(ISwR) # 심실 수축 속도와 혈당 관련 자료 로딩
> install.packages("BSDA")
> library(BSDA) # SIGN.test()를 사용하기 위함
> thuesen # 당뇨병 환자의 심실 단축 속도와 혈당 관련 자료
# 데이터셋 중에 결측치(NA)가 있어 이것을 제외하기로 함
# 심실 수축속도의 단위는 %/s(초당 circumferential 속도)임
> complete.cases(thuesen) # 결측치(NA)가 있는 행을 조사
> thuesen1 <- thuesen[complete.cases(thuesen),]; thuesen1
# 위 실행은 결측치(NA)가 들어 있는 행을 제외하기 위함임
> vel <- thuesen1$short.velocity; vel; ; median(vel)
> th0 <- 1.18 # (60~71회)/60초 => 0.9~1.18회/초
> dif <- vel - th0; dif # th0 = 정상인의 표준 심박수
> np <- sum(dif > 0); np # th0보다 큰 자료값의 개수 파악
> nz <- sum(dif != 0); nz
> pv <- 1-pbinom(np-1,nz,0.5); pv # p-값 = 0.00845
> binom.test(np,nz,alt="greater") # 이항 검정 함수: alpha = 0.01
> SIGN.test(vel, md=th0, alt="greater")
# 직접 계산한 pv (p-값)과 binom.test() 함수의 실행 결과가 동일함
# (p-값 < 유의수준)이므로 귀무가설을 기각한다.
```

예제 8.2 두 종류의 붓꽃(iris) A와 B에 대한 꽃받침의 길이를 비교해 보려고 한다. 다음 표는 두 종류 모두 각각 15개의 꽃받침을 임의로 추출하여 길이를 cm 단위로 잰 것이다. 유의수준 $\alpha = 0.01$을 사용하여 꽃받침의 길이에 대한 가설을 검정하시오.

A종	6.3	7.6	7.2	6.5	5.6	6.1	6.4	7.2	7.4	6.1	6.4	6.9	6.7	6.9	6.5
B종	6.4	6.3	6.6	5.0	6.0	6.1	5.6	5.9	5.5	5.8	5.4	6.1	5.7	5.1	5.7

풀이

(1) 귀무가설 $H_0 : \theta_A - \theta_B = 0$에 대한 대립가설 $H_1 : \theta_A - \theta_B > 0$, 여기서 θ_A와 θ_B의 차이는 붓꽃 A종과 B종의 꽃받침 길이 차이의 중앙값을 의미한다.

(2) 확률변수 X를 +부호의 숫자라고 할 때, $P(X \geqq x|p = 0.5) \leqq \alpha$이면 귀무가설을 기각한다.

(3) 검정통계량의 계산: 차이가 양이면 +부호, 음이면 −부호로 교체하고, 차이가 0일 때 자료를 제외하면 다음과 같다.

부호	−	+	+	+	−	0	+	+	+	+	+	+	+	+	+

따라서 $n = 14$이고 $x = 12$이다. 이항분포로부터 다음 값을 갖는다.

$$\begin{aligned} P(X \geqq 12\,|p = 0.5) &= \sum_{x=12}^{14} \frac{14!}{x!(14-x)!}\left(\frac{1}{2}\right)^{14} \\ &= (14 \times 13)/2 \times \left(\frac{1}{2}\right)^{14} + 14 \times \left(\frac{1}{2}\right)^{14} + \left(\frac{1}{2}\right)^{14} \\ &\approx 0.00647 \end{aligned}$$

결국, $P(X \geqq 12|p = 0.5) \approx 0.00647 < 0.01 = \alpha$이므로 귀무가설을 기각한다. 즉, A종이 B종보다 꽃받침의 길이가 길다는 충분한 증거가 된다.

```
# 8장 비모수 통계 - 8.2 부호검정: [예제 8.2] 차이 검정
> lhead(iris); iris3
> av <- c(6.3, 7.6, 7.2, 6.5, 5.6, 6.1, 6.4, 7.2, 7.4, 6.1, 6.4, 6.9,
       6.7, 6.9, 6.5); av
> bv <- c(6.4, 6.3, 6.6, 5.0, 6.0, 6.1, 5.6, 5.9, 5.5, 5.8, 5.4, 6.1,
       5.7, 5.1, 5.7); bv
> difab <- av - bv; difab
> (np <- sum(difab > 0)); (nz <- sum(difab != 0))
> pv <- 1-pbinom(np-1,nz,0.5); pv
> binom.test(np,nz,alt="greater")
> library(BSDA) # SIGN.test()를 사용하기 위함
> SIGN.test(av-bv, md=0, alt="greater")
```

```
# 직접 계산한 pv (p-값)과 binom.test() 함수의 실행 결과가 동일하다.
# (p-값 < 유의수준)이므로 귀무가설을 기각한다.
# 즉, A종이 B종보다 꽃받침의 길이가 길다는 충분한 증거가 된다.
```

8.3 순위합검정

이 절에서는 명백하게 정규분포를 따르지 않고 어떤 분포인지 모르는 서로 독립인 두 연속분포의 평균의 동일성을 검정하는 것을 다루기로 한다. 서로 독립인 두 정규모집단의 모평균이 서로 같은지 차이가 있는지를 검정할 경우, 모수적인 방법으로 t-검정을 사용할 수 있다. 그러나 분포를 모르는 경우, 두 모집단의 중심위치가 서로 같은지 차이가 있는지를 검정하기 위한 비모수적 방법인 **윌콕슨 순위합검정**(Wilcoxon rank sum test)에 대해 살펴본다.

윌콕슨 순위합검정을 만-위트니 검정(Mann-Whitney test), 윌콕슨 2표본 검정(Wilcoxon two sample test) 또는 U-검정이라고도 한다. 두 모집단 분포의 중앙값 차이에 대한 검정을 위해 귀무가설을 $H_0 : \theta_1 = \theta_2$라 두자. 먼저 각 모집단으로부터 추출한 확률표본으로부터 작은 표본의 수를 n_1, 큰 표본의 수를 n_2라 두면 전체 표본의 수는 $n = n_1 + n_2$이 된다. 전체표본을 섞어 크기순으로 정리된 관측값에 작은 값부터 순위 $1, 2, \cdots, n$을 부여하는데 동일한 관측값이 있는 경우, 이들의 평균 순위를 부여한다. 예를 들어, 5번째와 6번째 관측값이 같으면 두 관측값에 해당하는 순위는 $(5+6)/2 = 5.5$를 부여하고, 9번째, 10번째, 11번째 관측값이 같으면 $(9+10+11)/3 = 10$의 순위를 부여한다. 첫 번째 표본들의 대응된 **순위합**을 W_1이라고 하고, 두 번째 표본들의 대응된 순위합을 W_2라고 하면, 두 표본의 순위합이 차이가 나는 경우 그 차이에 대한 귀무가설의 기각 여부를 결정하기 위해 표본들의 크기와 순위합을 이용하여 검정통계량을 정의한다.

정리 8.2 두 모집단의 중앙값 θ_1과 θ_2에 대해 그 차이를 검정하고자 할 때,

(1) 두 표본의 크기를 각각 n_1과 $n_2, (\leq n_1)$라고 하고 순위합을 W_1과 W_2라고 하면 귀무가설 $H_0 : \theta_1 = \theta_2$의 기각 여부를 결정하는 검정통계량 U_1과 U_2는 다음 식과 같고 $U \equiv \min(U_1, U_2)$로 정의된다.

$$U_1 = W_1 - \frac{n_1(n_1+1)}{2} \qquad (8.2)$$
$$U_2 = W_2 - \frac{n_2(n_2+1)}{2}$$

(2) 유의수준 α에서 귀무가설 H_0의 기각 여부는 다음과 같다.

1) $H_1: \theta_1 > \theta_2$일 때, $p = P(U \leqq u_2 | n_1, n_2) \leqq \alpha$이면 H_0 기각
2) $H_1: \theta_1 < \theta_2$일 때, $p = P(U \leqq u_1 | n_1, n_2) \leqq \alpha$이면 H_0 기각
3) $H_1: \theta_1 \neq \theta_2$일 때, $p = 2P(U \leqq \min(u_1, u_2) | n_1, n_2) \leqq \alpha$이면 H_0 기각

참고 8.1

(1) 혼합된 두 표본의 개수를 $n = n_1 + n_2$라고 하면, 전체 순위합은 다음과 같이 주어진다.

$$W_1 + W_2 = \frac{n(n+1)}{2} = \frac{(n_1+n_2)(n_1+n_2+1)}{2} \tag{8.3}$$

식 (8.2)와 식 (8.3)에 의해 값이 일정하고 대칭적인 다음 식을 얻는다.

$$U_1 + U_2 = \frac{n(n+1)}{2} - \frac{n_1(n_1+1)}{2} - \frac{n_2(n_2+1)}{2} = n_1 n_2$$

(2) 두 표본이 크기가 충분히 크고 동일한 모집단으로부터 추출되었다는 가정 하에서는 U는 정규분포로 근사하여 다음과 같은 평균과 분산을 갖는다.

$$\mu_U = \mu_{U_1} = \frac{n_1 n_2}{2}, \quad \sigma_U^2 = \sigma_{U_1}^2 = \frac{n_1 n_2 (n_1 + n_2 + 1)}{12}$$

따라서 두 표본이 동일한 모집단으로부터 추출되었다는 귀무가설의 검정은 표준정규분포 검정통계량 $Z = (U - \mu_U)/\sigma_U$을 이용할 수 있다.

◯ R에서 윌콕슨 순위합분포 관련 내부함수: R의 {stats} 패키지는 윌콕슨 순위합 통계량의 분포에 대해 밀도함수, 누적분포함수, 분위함수 및 난수생성함수를 제공한다. R에서 확률분포의 약칭([표 3.3])을 '~'로 대응한다면, d~(): 밀도함수, p~(): 누적분포함수, q~(): 분위함수, r~(): 난수생성함수 등을 의미한다. 예를 들어, 정규분포의 약칭을 norm이라고 하면 dnorm()은 정규밀도함수, pnorm()은 누적분포함수 등을 나타내는 것을 의미한다. 아래 표는 윌콕슨 **순위합분포**(Wilcoxon rank rum distribution)에 대해 R이 제공하는 내부함수들을 요약하고 있다.

[표 8.2] 윌콕슨 순위합분포 관련 R제공 함수의 형식과 실행 내용

R제공 함수 형식	인수 설명	실행 내용
dwilcox(x, m, n, log=~)	x,q: 분위수 $m \Leftarrow n_1, n \Leftarrow n_2$: 표본의 크기 r: 누적확률	$X \sim U(m,n)$의 $P(X = x)$ 값을 반환
pwilcox(q, m, n, ~)		$X \sim U(m,n)$의 $P(X \leqq q)$ 값을 반환
qwilcox(r, m, n, ~)		$X \sim U(m,n)$의 r에 대응 분위수를 반환
rwilcox(k, m, n)		$X \sim U(m,n)$에 따르는 k개의 난수 생성

예제 8.3 R의 패키지 {stats}가 제공하는 함수 pwilcox()를 사용하여, (1) 윌콕슨 순위합검정통계량의 확률밀도함수를 그래프로 그리고, (2) 검정통계량의 누적분포표를 나타내는 R 프로그램을 작성하시오.

풀이 확률밀도함수 그래프와 누적분포표를 작성하는 프로그램은 다음과 같다.

```
# 8장 비모수 통계 - 8.3 순위합검정: [예제 8.3] 순위합분포
> xv <- 0:70; f1 <- dwilcox(xv, 2, 9) # [그림 8.1]
> plot(xv,f1,type="l",main="윌콕슨 순위합분포",lwd=2,xlab="U",ylab="P(u)")
> f2 <- dwilcox(xv, 4, 9); lines(xv, f2, type="l", lwd=2, col=2); grid()
> f3 <- dwilcox(xv, 6, 9); lines(xv, f3, type="l", lwd=2, col=3)
> f4 <- dwilcox(xv, 8, 9); lines(xv, f4, type="l", lwd=2, col=4)
> text(15,0.08,"U(2,9)",cex=1.0); text(22,0.063,"U(4,9)",cex=1.0,col=2)
> text(33,0.05,"U(6,9)",cex=1.0,col=3); text(44,0.04,"U(8,9)",cex=1.0,col=4)
# Wilcoxon 순위합검정통계량의 누적분포표를 작성하기 위함
> for (n in 3:11) {
      cat("n = n2 =",n,"일 때\n"); nu <- floor(n^2/2)+1
      pv <- array(NA, dim=c(nu,n))
      colnames(pv) <- paste0("m=",1:n)
      rownames(pv) <- paste0("u=",0:(nu-1))
      for (m in 1:n) {pv[,m] <- pwilcox(0:(nu-1), m, n)}
      print(round(pv,4))
  }
```

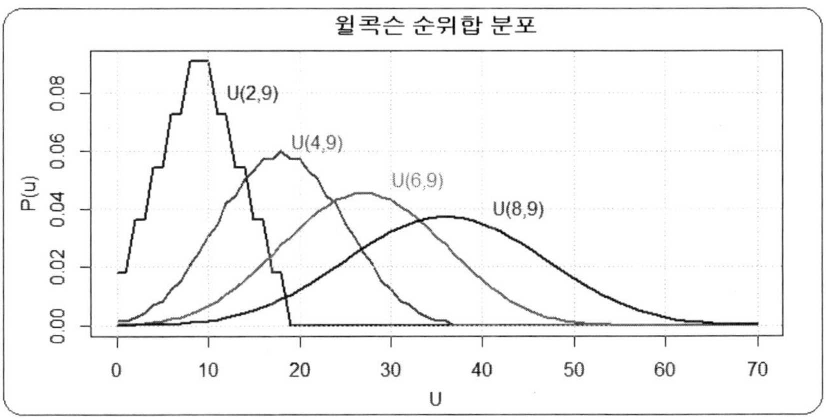

[그림 8.1] 윌콕슨 순위합검정통계량 확률밀도함수 그래프

예제 8.4 같은 목적을 가진 두 종류의 제품에서 특정 성분의 함유량이 다음과 같이 측정되었다. 두 제품의 특정 성분 함유량의 중앙값이 같다는 귀무가설 $H_0 : \theta_1 = \theta_2$에 대해 서로 다르다는 대립가설 $H_1 : \theta_1 \neq \theta_2$을 유의수준 $\alpha = 0.05$로 검정하시오.

제품1의 함유량	3.1	4.2	4.0	2.5	6.2	5.3	2.3
제품2의 함유량	4.2	5.3	3.7	4.7	6.0	3.4	5.8

(풀이)

(1) 귀무가설 $H_0 : \theta_1 = \theta_2$에 대한 대립가설 $H_1 : \theta_1 \neq \theta_2$, 여기서 θ_1과 θ_2의 차이는 제품1과 제품2의 특정 성분 함유량 차이의 중앙값을 의미한다.

(2) 식 (8.2)에 정의된 확률변수 U_1과 U_2의 검정통계량을 구하기 위해 먼저 두 종류를 함께 섞어서 크기순으로 배열하고 순위를 부여하면 다음과 같다.

혼합 순서								
	원 자료	2.3	2.5	3.1	3.4	3.7	4.0	4.2
	순위	1	2	3	4	5	6	7.5
	원 자료	4.2	4.7	5.3	5.3	5.8	6.0	6.2
	순위	7.5	9	10.5	10.5	12	13	14

제품1의 순위	1	2	3	6	7.5	10.5	14	44
제품2의 순위	4	5	7.5	9	10.5	12	13	61

위 표로부터 W_1과 W_2의 관측값을 구하면 다음과 같다.

$$\text{제품1} : W_1 = 1+2+3+6+7.5+10.5+14 = 44$$
$$\text{제품2} : W_2 = 4+5+7.5+9+10.5+12+13 = 61$$

따라서 U_1와 U_2는 다음과 같이 계산된다.

$$U_1 = 44 - \frac{7\times 8}{2} = 16,\quad U_2 = 61 - \frac{7\times 8}{2} = 33$$

정의로부터 $U = \min(U_1, U_2)$이므로 $U = 16$이 된다. 그러므로 p-값은 다음과 같이 계산된다.

$$\text{p-값} = 2 * pwilcox(16, 7, 7) \approx 0.3176$$

결국 p-값 > 0.05이므로 귀무가설을 기각할 수 없다. 즉, 두 제품에서 특정 성분 함유량의 중앙값이 통계적으로 차이가 없다.

```
# 8장 비모수 통계 - 8.3 순위합검정: [예제 8.4] 중앙값 차이 검정
> dat1 <- c(3.1, 4.2, 4.0, 2.5, 6.2, 5.3, 2.3); dat1
> dat2 <- c(4.2, 5.3, 3.7, 4.7, 6.0, 3.4, 5.8); dat2
> (n1 <- length(dat1)); (n2 <- length(dat2))
> t.test(dat1, dat2) # 정규분포를 가정하고 검정함 => 귀무가설 채택
> wilcox.test(dat1, dat2) # R의 함수를 이용한 비모수검정 => 귀무가설 채택
```

```
# 같은 순위(ties)가 있는 경우 정확한 p-값을 얻을 수 없음
> uv <- min(44-7*(7+1)/2, (61-7*(7+1)/2)); uv
> pv <- 2*pwilcox(uv,n1,n2); pv
> (pv1 <- pwilcox(uv,n1,n2) + 1-pwilcox(uv,n1,n2))
> library(exactRankTests) # install.packages("exactRankTests")
> wilcox.exact(dat1, dat2)
```

8.4 부호순위검정

8.2절에서 다룬 바와 같이 부호검정은 단일표본인 경우 관측값들 간의 차이에 대한 + 부호와 −부호와 θ_0만을 이용했으며, 차이들의 크기는 고려하지 않았다. 부호와 크기를 모두 활용한 검정이 윌콕슨(Frank Wilcoxon)에 의해 제안되었고 두 모집단이 독립이 아니라 대응관계에 있는 경우, 두 모집단의 중앙값의 차이($\theta_1 - \theta_2$)에 대한 비모수적 검정 방법이다. 윌콕슨 **부호순위검정**(Wilcoxon signed rank test) 방법은 [표 8.1]에 나타나 있는 바와 같이 대응관계에 있는 2개 표본에 대한 모수적 방법인 쌍체(paired) t-검정과 대응되는 비모수적 방법이다. 부호순위검정은 평균이 0인지 검정하는 t-검정과는 달리 자료의 순서를 사용하여 중앙값이 0인지를 검정한다.

○ 부호와 순위를 부여하는 방법: 대응되는 두 모집단으로부터 자료 쌍 n개를 임의로 추출하여 각 쌍의 차이에 절댓값을 취하고 크기순으로 나열한다. 차이가 0일 경우를 제외하고 차의 절댓값이 가장 작은 것을 순위 1로 하여 크기순으로 순위를 부여한다. 순위를 부여할 때, 원래 값이 같으면 순위의 평균을 해당순위로 부여한다. 원래 값의 차이가 +부호를 가지는 쌍의 순위합을 W_+로, −부호를 가지는 쌍의 순위합을 W_-로 놓으며 확률변수 W는 $W = \min(W_+, W_-)$로 정의한다. 귀무가설 $H_0 : \theta_1 - \theta_2 = 0$에 대하여 대립가설의 기각 여부를 검정한다.

○ R에서 윌콕슨 부호순위 분포 관련 내부함수: R의 {stats} 패키지는 윌콕슨 순위합 통계량의 분포에 대해 밀도함수, 누적분포함수, 분위함수 및 난수생성함수를 제공한다. 다음 [표 8.3]은 윌콕슨 부호순위(Wilcoxon signed rank) 분포에 대해 R이 제공하는 내부함수들을 요약하고 있다.

[표 8.3] 윌콕슨 부호순위 분포 관련 R제공 함수의 형식과 실행 내용

R제공 함수 형식	인수 설명	실행 내용
dsignrank(x, n, log=~)	x,q: 분위수 n: 표본 쌍의 크기 r: 누적확률	$X \sim W(n)$의 $P(X=x)$ 값을 반환
psignrank(q, n, ~)		$X \sim W(n)$의 $P(X \le q)$ 값을 반환
qsignrank(r, n, ~)		$X \sim W(n)$의 r에 대응 분위수를 반환
rsignrank(k, n)		$X \sim W(n)$에 따르는 k개의 난수 생성

예제 8.5 R의 패키지 {stats}가 제공하는 함수 psignrank()를 사용하여 윌콕슨 부호순위검정통계량의 확률밀도함수를 그래프로 그리고 누적분포표를 구하는 R 프로그램을 작성하시오.

풀이 확률밀도함수 그래프와 누적분포표를 작성하는 프로그램은 다음과 같다.

```
# 8장 비모수 통계 - 8.4 부호순위검정: [예제 8.5] 부호순위 분포
> windows(7.5,5); par(mfrow=c(2,2))
> opar <- par(mfrow=c(2,2), oma=c(0,0,1.1,0), mar=c(4.1,4.1,2.1,1.1))
> for(n in c(4, 6, 9,12)) {
  x <- seq(0, n*(n+1)/2); y <- dsignrank(x, n = n); ym = max(y)
  plot(x, y, type = "h", lwd=2, col=3, ylab="p(x)", ylim=c(0,ym),
       main = paste0("dsignrank(x, n = ", n, ")"))
}
> par(opar); par(mfrow=c(1,1));
> dev.off() # windows()를 닫음
> nv <- 5:60; nn <- length(nv)
> alp <- c(0.005, 0.01, 0.05, 0.95, 0.99, 0.995); na <- length(alp)
> cv <- array(NA, dim=c(nn, na))
> colnames(cv) <- alp; rownames(cv) <- paste0("n=", nv)
> for (k in 1:na) cv[,k] <- qsignrank(alp[k],nv)
> print(cv) # 부호순위 누적분포표를 작성함
```

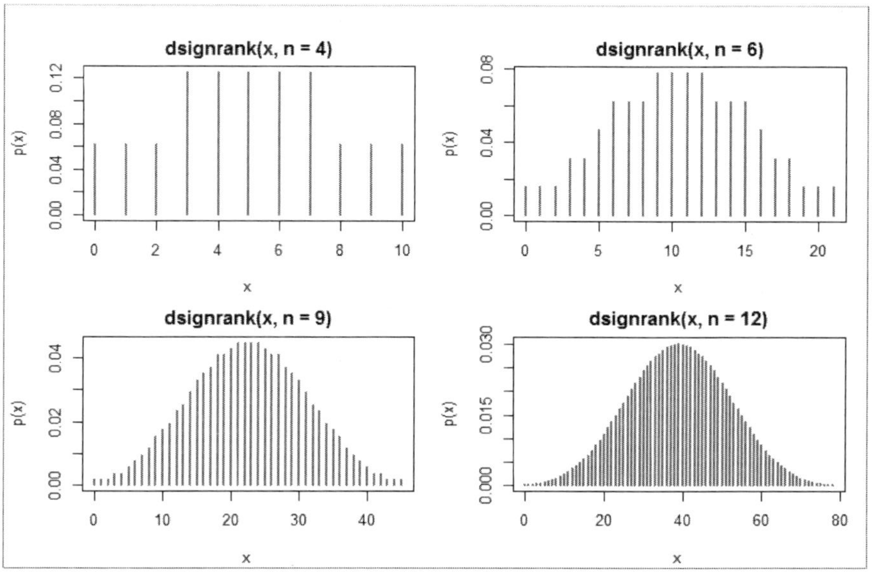

[그림 8.2] 윌콕슨 부호순위검정통계량 확률밀도함수 그래프

> **정리 8.3** 대응되는 두 모집단의 중앙값 θ_1과 θ_2에 대해 그 차이를 검정할 때,
>
> (1) 표본 쌍의 크기를 n이라고 하고 부호순위합을 W_+와 W_-라고 하면 귀무가설 $H_0 : d \equiv \theta_1 - \theta_2 = 0$의 기각 여부를 결정하는 검정통계량은 다음과 같다.
>
> $$W_+,\ W_-,\ W = \min(W_+, W_-) \tag{8.4}$$
>
> (2) 유의수준 α에서 귀무가설 H_0의 기각 여부는 다음과 같다.
>
> $$\begin{aligned} &1)\ H_1 : d > 0 \text{일 때},\ W_- \leqq w_{n,\alpha} \text{이면 } H_0 \text{ 기각} \\ &2)\ H_1 : d < 0 \text{일 때},\ W_+ \leqq w_{n,\alpha} \text{이면 } H_0 \text{ 기각} \\ &3)\ H_1 : d \neq 0 \text{일 때},\ W \leqq w_{n,\alpha/2} \text{이면 } H_0 \text{ 기각} \end{aligned} \tag{8.5}$$

참고 8.2

(1) 식 (8.4)에서 W_+는 원래 관측값의 차이가 $+$부호를 가지는 쌍의 순위합을, W_-는 그 차이가 $-$부호를 가지는 쌍의 순위합을 나타낸다.

(2) 식 (8.5)에서 $w_{n,\alpha}$는 윌콕슨 부호순위검정통계량의 분위수를 나타낸다.

(3) 표본쌍의 수 n이 충분히 크면 표준정규분포 $Z = (W - \mu_W)/\sigma_W$로 근사할 수 있고 평균과 분산은 다음과 같이 주어진다.

$$\mu_W = \frac{n(n+1)}{4},\quad \sigma_W^2 = \frac{n(n+1)(2n+1)}{24}$$

예제 8.6 어떤 과목의 기말시험에서 미리 예상문제를 제공한 결과, 다음 표와 같은 성적 결과를 얻었다. 이를 근거로 예상문제 제공이 시험 점수를 높이는 효과가 있는지 유의수준 $\alpha = 0.05$에서 검정하시오.

표본	1	2	3	4	5	6	7	8	9	10
예상문제 제공	70	78	83	73	57	83	74	90	68	72
제공하지 않음	64	68	87	63	54	87	72	94	60	63

풀이 귀무가설 $H_0 : \theta_1 - \theta_2 = 0$에 대해 대립가설을 $H_1 : \theta_1 - \theta_2 > 0$로 설정하고 차에 대한 절댓값의 순위를 아래 표와 같이 작성한다.

표본	1	2	3	4	5	6	7	8	9	10	합
차이($\theta_1 - \theta_2$)	6	10	-4	10	3	-4	2	-4	8	9	36
절대 순위	6	9.5	4	9.5	2	4	1	4	7	8	55

위 표로부터 $W_- = 3 \times 4 = 12$, $W_+ = 43$이므로 $W = \min(W_+, W_-) = 12$이다. 한편, [예제 8.5]에서 도출한 누적분포표로부터 단측검정, $n = 10$, 유의수준 $\alpha = 0.05$에서 임계값이 11[=qsignrank(0.05, n)]이므로 기각역은 $R = \{W_- \leq 11\}$로 주어진다. 그러나 $W_- = 12$는 기각역에 속하지 않으므로 귀무가설을 채택하게 되어 예상문제를 제공하는 것이 성적향상에 효과가 있다고 할 수 없다.

```
# 8장 비모수 통계 - 8.4 부호순위검정: [예제 8.6] 차이 검정
> sc1 <- c(70, 78, 83, 73, 57, 83, 74, 90, 68, 72); sc1
> sc2 <- c(64, 68, 87, 63, 54, 87, 72, 94, 60, 63); sc2
> dif <- sc1 - sc2; dif; shapiro.test(dif)
> dif1 <- dif[dif !=0]; dif1; n <- length(dif1)
> (rv <- rank(abs(dif1))); sum(rv); qsignrank(0.05, n)
> (wp <- sum(rv[dif>0])); (wm <- sum(rv[dif<0]))
> pv <- psignrank(min(wm,wp),n,lower.tail = T); pv
> pr <- round(pv, digits=4); pr
> shapiro.test(dif) # p-값이 0.056>0.05이므로 정규가정 가능
> wilcox.test(sc1, sc2, paired=T, alt="g")
> wilcox.exact(sc1, sc2, paired=T, alt="g")
# 여기서부터 윌콕슨 부호순위검정 기각역을 표시하기 위함
> xmax <- n*(n+1)/2; xv <- 0:xmax
> pfx <- dsignrank(xv, n); pfx
> xdv <- (0:(10*xmax))/10; xdv
> (mu <- theta <- n*(n+1)/4); (sig <- sqrt(n*(n+1)*(2*n+1)/24))
> (ymax <- max(pfx)*1.05); (ymin <- -0.1*max(pfx)) # [그림 8.3]
```

```
> plot(xv, pfx, type="n", ylab="p(x)", ylim=c(ymin, ymax),
main=paste0("윌콕슨 부호순위검정 (n=", n, ")"))
> lines(xdv, dnorm(xdv, mu, sig), col=4) # 정규분포 근사
> abline(h=0); lines(xv, pfx, type="h", lwd=2, col=3)
> x1 <- seq(from=wp, to=xmax, by=0.01); y1 <- dnorm(x1,mu,sig)
> polygon(c(x1,rev(x1)),c(y1,rep(0,length(x1))),col="lightgray")
> text(wp+5,0.003, paste0("p=",pr))
> text(wp, dsignrank(wp, n), labels=wp, col=2, pos=3)
> abline(v=theta, lty=2); text(theta, ymin/2, labels=theta, col=4)
```

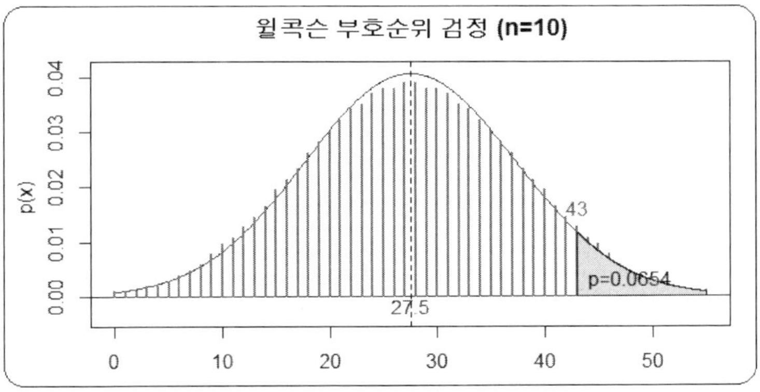

[그림 8.3] 윌콕슨 부호순위 방법의 우측검정 기각역

8.5 크루스칼-왈리스 검정

9.4절에서 다룰 분산분석법은 여러 개의 모집단에 대한 모평균의 동일성을 검정하기 위한 모수적 검정 방법이다. 그러나 F-검정이 정확성을 가지기 위해서는 정규성 가정이 만족되어야 한다. 이 소절에서는 비모수적인 분산분석에 대해 다루기로 한다. **크루스칼-왈리스**(Kruskal-Wallis) 검정은 [표 8.1]에 나타나 있듯이 일원배치 분산분석(one-way ANOVA)에 대응하는 비모수검정법으로 세 개 이상의 모집단을 비교하는 데 사용된다. 모집단 i로부터 추출한 관측값들의 수(표본의 크기)를 $n_i, (i=1,2,\cdots,k)$라고 하고, 혼합된 전체 표본의 크기를 $n=n_1+n_2+\cdots+n_k$라고 하자. 혼합된 전체 관측값들을 작은 것부터 크기순으로 나열하여 순위 $1,2,\cdots,n$을 부여한다. 동일한 관측값에 대해서는 이전과 같이 평균 순위를 부여한다. 각 모집단 i에 대응하는 순위합의 확률변수를 R_i라고 하면, 크루스칼-왈리스 검정은 다음의 정리와 같이 요약할 수 있다.

정리 8.4 분포가 알려지지 않은 모집단으로부터 독립적인 $k, (\geq 3)$개 표본의 중앙값들을 $\theta_1, \theta_2, \cdots, \theta_k$라고 하고 혼합표본의 전체 크기를 n이라고 하면,

(1) 중앙값들의 동일성검정을 위한 귀무가설과 대립가설은 다음과 같다.

$H_0 : \theta_1 = \theta_2 = \cdots = \theta_k$ 대 H_1 : '적어도 하나의 θ_i는 다름'

(2) 귀무가설 H_0의 기각 여부를 결정하는 검정통계량은 다음과 같다.

$$H = \frac{12}{n(n+1)} \sum_{i=1}^{k} \frac{R_i^2}{n_i} - 3(n+1) \sim \chi^2(k-1) \tag{8.6}$$

(3) 유의수준 α에서 H_0의 기각역은 다음과 같다.

기각역 $R: H \geq \chi^2_\alpha(k-1)$

예제 8.7 R 패키지 {datasets}의 데이터셋 'ChickWeight'는 병아리 성장촉진을 위한 네 가지 다른 단백질 함유 사료의 효과에 대한 경과일수(Time)별 몸무게 증가 결과이다. 데이터에서 21일차 병아리 몸무게를 처리 방법별로 추출하여 효과가 동일한지 유의수준 $\alpha = 0.05$에서 크루스칼-왈리스법으로 검정하시오.

풀이 R 프로그램을 이용하여 경과일수 21차에서 처리 방법별로 몸무게를 획득한 자료와 통합 자료에서 순위를 구한 표는 각각 다음과 같다.

구분	처리 방법별 병아리 몸무게									
처리 방법1	205	215	202	157	223	157	305	98	124	175
	205	96	266	142	157	117				
처리 방법2	331	167	175	74	265	251	192	233	309	150
처리 방법3	256	305	147	341	373	220	178	290	272	321
처리 방법4	204	281	200	196	238	205	322	237	264	

구분	통합 순위										합계
처리 방법1	22	24	19	10	26	10	38.5	3	5	13.5	171
	22	2	34	6	10	4	0	0	0	0	78
처리 방법2	43	12	13.5	1	33	30	16	27	40	8	223.5
처리 방법3	31	38.5	7	44	45	25	15	37	35	41	318.5
처리 방법4	20	36	18	17	29	22	42	28	32	0	244

검정통계량 값을 구하면 다음과 같다.

$$H = \frac{12}{45(45+1)}\left(\frac{249^2}{16} + \frac{223.5^2}{10} + \frac{318.5^2}{10} + \frac{244^2}{9}\right) - 3(45+1) = 10.57753$$

기각역 임계치가 $\chi^2_{0.05}(3) \approx 7.8147$이므로 검정통계량 값이 기각역 내에 있다. 따라서 귀무가설을 기각한다. 즉, 사료 처리 방법에 따라 성장촉진 효과가 다르다는 증거가 있다.

```
# 8장 비모수 통계 - 8.5 크루스칼-왈리스 검정: [예제 8.7] 사중표본
> Chick <- subset(ChickWeight, Time==21); Chick
> kruskal.test(Chick$weight, Chick$Diet)
> n <- length(Chick$weight); rv <- rank(Chick$weight); rv
> rs <- tapply(rv, Chick$Diet, sum); rs
> rn <- tapply(rv, Chick$Diet, length); rn
> hv <- 12/n/(n+1)*sum(rs^2/rn) - 3*(n+1); hv # 검정통계량 값 = 10.57753
> pv <- pchisq(hv, 3, lower.tail = F); pv # 0.0142 : 귀무가설 기각함
> chialp <- qchisq(1-0.05,3); chialp # 기각역: R = {H > 7.8147}
# 동일한 관측값이 있을 경우 검정통계량(pv)이 kruskal.test()와 다를 수 있음
> anova(lm(Chick1~Chick$Diet))
# 카이제곱통계량 확률분포 그래프와 기각역 표시 - [그림 8.4]
> x <- seq(0,15,length=150)
> plot(x, dchisq(x,3), lwd=2, type="l", col=4)
> grid(); text(12,0.22,"카이제곱분포 PDF", cex=1.3)
> x1 <- seq(from=chialp, to=15, by=0.01); y1 <- dchisq(x1,3)
> polygon(c(x1,rev(x1)),c(y1,rep(0,length(x1))),col="lightblue")
> abline(h=0); text(9,0.01,expression(alpha==0.05))
> arrows(7,0.02,chialp,0,length=0.1)
> abline(v=qchisq(0.5, kt$para), lty=2, lwd=2, col=3)
> text(6,0.025,expression(chi[α]^2==7.8147))
> arrows(hv,0,hv,0.04,length=0.1, col=2)
> text(hv,0.05,expression(chi[0]^2==10.5775), col=2)
```

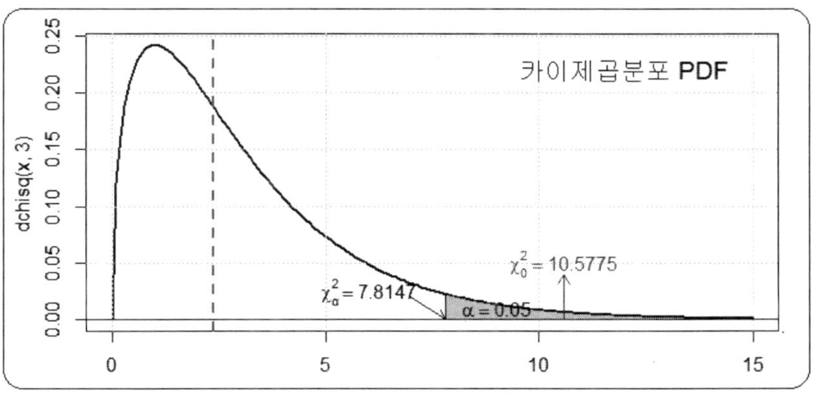

[그림 8.4] 크루스칼-윌리스 검정에서 카이제곱통계량과 기각역

예제 8.8 네 개의 회사에서 제조한 어떤 가전제품의 수명이 다음과 같이 조사되었다. 가전제품 수명분포가 동일한지 유의수준 $\alpha = 0.05$에서 크루스칼-왈리스 방법으로 검정하시오.

A 회사	11.9	9.9	25	12.7	12.8
B 회사	10.1	8.4	8.8	5.8	4.4
C 회사	12.6	12	9.8	24	3.2
D 회사	7.8	10.5	5.1	6.1	5.2

풀이 통합자료 순위표와 검정통계량을 구하면 각각 다음과 같다.

구분	통합자료 순위					합계	평균
A 회사	14	11	20	17	18	80	16
B 회사	12	8	9	5	2	36	7.2
C 회사	16	15	10	19	1	61	12.2
D 회사	7	13	3	6	4	33	6.6

$$\text{검정통계량} : H = \frac{12}{20(20+1)}\left(\frac{80^2}{5} + \frac{36^2}{5} + \frac{61^2}{5} + \frac{33^2}{5}\right) - 3(20+1) \approx 8.46286$$

기각역 임계값이 $\chi^2_{0.05}(3) \approx 7.8147$이고 검정통계량 값이 기각역 내에 있으므로 귀무가설을 기각한다. 더구나 검정통계량 값이 $H = 8.46286$이고 자유도가 $df = 3$이므로 R 스크립트를 이용하여 p-값$=$1-qchisq$(H,3) \approx 0.03735(< 0.05)$를 얻는다.

```
# 8장 비모수 통계 - 8.5 크루스칼-왈리스 검정: [예제 8.8]
> A <- c(11.9, 9.9, 25, 12.7, 12.8); A
> B <- c(10.1, 8.4, 8.8, 5.8, 4.4); B
> C <- c(12.6, 12.0, 9.8, 24, 3.2); C
> D <- c(7.8, 10.5, 5.1, 6.1, 5.2); D
> kruskal.test(list(A,B,C,D)) # 제1방법: p-값 = 0.03735
> xv <- c(A, B, C, D); xv
> gv <- rep(1:4, rep(5,4)); gv
# gv <- factor(rep(1:4, rep(5,4)), labels = c("A","B","C","D")); gv
> kt <- kruskal.test(xv, gv); kt # 제2방법: p-값 = 0.03735
(nv <- length(xv)); (rv <- rank(xv))
> rsum <- tapply(rv, gv, sum); rsum
> rmean <- tapply(rv, gv, mean); rmean
> rn <- tapply(rv, gv, length); rn
> (hv <- 12/nv/(nv+1)*sum(rsum^2/rn) - 3*(nv+1)) # 검정통계량 = 8.46286
# hv <- 12/nv/(nv+1)*sum(rn*rmean^2) - 3*(nv+1); hv
```

```
> chialp <- qchisq(1-0.05,3); chialp # 기각역: R = {H > 7.8147}
> (pv <- pchisq(hv, kt$para, lower.tail = F)) # 제3방법: p-값=0.03735
# pv <- 1 - pchisq(hv, kt$para) # kt$para = 3, 위 p-값과 동일함
# 제4방법을 위한 자료 대입
> xv <- as.vector(t(cbind(A,B,C,D))); xv
> yv <- rep(1:4, 5); yv
> kt <- kruskal.test(xv ~ yv); kt # 제4방법: p-값 = 0.03735
```

8.6 프리드먼 검정

프리드먼 검정(Friedman test)은 여러 번의 시도를 통해 치료법의 차이를 찾고자 개발한 비모수적 검정 방법이다. 비모수검정법은 표본이 알려진 특정분포에서 획득한다고 가정하지 않는다는 것은 이미 알고 있다. 프리드먼 검정은 모분산을 모를 때 모수적 방법인 이원배치 분산분석(two-way ANOVA)에 대응하는 비모수검정법이나 두 요인(A, B) 간에 **교호작용**(Interaction)이 없는 경우에 사용된다.

교호작용은 한 요인의 효과가 다른 요인의 수준에 의존하는 경우를 의미하는 것으로 하나의 범주형 요인과 계량형 반응 사이의 관계가 두 번째 범주형 요인의 값에 따라 어떻게 달라지는지 표시하려면 교호작용도를 사용한다. 관심의 대상인 모수요인을 A라고 하고 실험의 환경차이를 나타내는 변량요인을 B라고 하자. 요인 A의 수준 수를 k, 요인 B의 수준 수를 r이라고 하면, 요인 B의 각 수준 내에서 관측값을 크기순으로 나열하여 순위를 부여하고 수준별 순위합을 구한다. 이때 동일한 관측값에 대해서는 평균순위를 부여한다. 이러한 관점에서 프리드먼 검정을 프리드먼 순위합검정이라고도 한다.

정리 8.5 요인 A의 i번째 수준에서 순위합을 R_i라고 하고, 요인 A의 수준에 따라 구별되는 $k, (\geq 3)$개의 모집단이 있을 때,

(1) 중앙값들의 동일성 검정을 위한 귀무가설과 대립가설은 다음과 같다.

$H_0 : \theta_1 = \theta_2 = \cdots = \theta_k$ 대 H_1 : '적어도 하나의 θ_i는 다름'

(2) 귀무가설 H_0의 기각 여부를 결정하는 검정통계량은 다음과 같다.

$$F = \frac{12}{k(k+1)r} \sum_{i=1}^{k} R_i^2 - 3r(k+1) \sim \chi^2(k-1) \qquad (8.7)$$

(3) 유의수준 α에서 H_0의 기각역은 다음과 같다.

기각역 $R : H \geq \chi^2_\alpha(k-1)$

참고 8.3 귀무가설 하에서 검정통계량 F는 $k \geq 4$인 경우에 근사적으로 자유도 $(k-1)$인 카이제곱분포를 따른다고 알려져 있다.

예제 8.9 어떤 학과의 종합설계 과목에서 네 팀($k=4$)의 설계시작품 평가점수에 차이가 있는지 알아보기 위해 5명의 전문평가단($r=5$)을 구성하여 60점 만점으로 평가를 실시한 결과는 다음 표와 같다. 유의수준 $\alpha=0.05$에서 네 팀의 평가점수에 차이가 있는지 검정하시오.

구분	평가자1	평가자2	평가자3	평가자4	평가자5
Team 1	42	36	47	45	53
Team 2	52	32	51	56	56
Team 3	40	24	48	44	42
Team 4	36	25	44	40	46

풀이 수준별 순위표를 구하면 다음과 같다.

구분	평가자1	평가자2	평가자3	평가자4	평가자5	합계
Team 1	3	4	2	3	3	15
Team 2	4	3	4	4	4	19
Team 3	2	1	3	2	1	9
Team 4	1	2	1	1	2	7

식 (8.7)에 따른 검정통계량 값은 다음과 같이 계산된다.

$$F=\frac{12}{4(4+1)5}(15^2+19^2+9^2+7^2)-3\times 5(4+1)=10.92$$

한편, 기각역 임계값은 $\chi^2_{0.05}(3)\approx 7.8147$이고 검정통계량 값이 기각역 내에 있으므로 귀무가설을 기각한다. 즉, 네 팀의 평가점수에 차이가 있다는 충분한 증거가 된다. 위 절차에 따른 계산을 위한 R 프로그램은 다음과 같다.

```
# 8장 비모수 통계 - 8.6 프리드먼 검정 : [예제 8.9]
# 먼저 평가자별로 채점 점수를 차례로 입력하여 행렬을 구성한다.
> scores <- matrix(c(42,52,40, 36,  36,32,24,25, # 평가자 1과 2의 결과
47, 51, 48, 44,  45,56,44,40, # 평가자 3과 4의 결과
53, 56, 42, 46), nrow = 5, byrow = T,
    dimnames = list(1:5, c("Team1","Team2","Team3","Team4"))); scores
> rn <- dim(scores)[1]; rn # blocks(평가자)의 수
> kn <- dim(scores)[2]; kn # groups(팀)의 수
> (crank <- apply(scores, 1, rank))
```

```
> (rsum <- apply(crank, 1, sum))
> (fv <- 12/kn/(kn+1)/rn*(sum(rsum^2)) - 3*rn*(kn+1)) # F=10.92
# fv <- 12/kn/(kn+1)/rn*(15^2+19^2+9^2+7^2) - 3*rn*(kn+1); fv
> qchisq(1-0.05,3) # 기각역 R={F>7.8147} => 기각역에 포함됨
> (pv <- pchisq(fv, (kn-1), lower.tail = F)) # p-값: 0.01217
> friedman.test(scores)
# R이 제공하는 프리드먼 검정(friedman.test) 실행결과도 위 계산과 동일함
```

8.7 콜모고로프-스미르노프 검정

콜모고로프-스미르노프 검정(Kolmogorov-Smirnov; KS, K-S test)은 단일표본분포와 참조하는 분포와의 동일성을 확인하기 위한 비모수검정 방법이다. 참조분포는 특히 정규분포가 많이 이용된다. 두 표본분포의 동일성을 확인하기 위한 검정은 스미르노프 검정(Smirnov test)이라고도 한다. 콜모고로프-스미르노프 검정통계량은 참조분포의 누적분포와 단일표본의 경험적 누적분포와의 차이의 최댓값을 계량적으로 표시하고 스미르노프 검정통계량은 두 표본분포들의 누적분포의 차의 최댓값을 나타낸다.

콜모고로프-스미르노프 검정은 표본의 크기가 작을 때 χ^2-검정의 적합도검정(goodness of fit test)보다 더 효과적이지만 콜모고로프-스미르노프 검정은 연속분포에서만 사용이 가능하다는 단점이 있다. 스미르노프 두 표본 검정은 두 모집단의 확률표본으로부터 계산된 경험적 누적분포함수들의 차이의 최댓값을 이용하여 두 개의 서로 독립인 표본들이 동일한 연속분포에서 나왔는지를 검정하는 데 사용된다.

정의 8.1 크기가 n인 확률표본 $X_i, (i=1,\cdots,n)$에 대한 **경험적 누적분포함수**(ecdf; empirical cumulative distribution function)는 다음과 같이 정의한다.

$$F_n(x) = \frac{1}{n}\sum_{k=1}^{n} I_{(-\infty,x]}(X_k),\ where\ I_{(-\infty,x]}(X_k) = \begin{cases} 1, & X_k \le x, \\ 0, & X_k > x \end{cases} \tag{8.8}$$

정의 8.2 콜모고로프 확률분포는 다음과 같이 정의한다.

$$F(x) = \frac{\sqrt{2\pi}}{x}\sum_{k=1}^{\infty} e^{-(2k-1)^2\pi^2/(8x^2)} \tag{8.9}$$

정리 8.6 경험적 누적분포함수가 식 (8.8)의 $F_n(x)$로 주어졌을 때,

(1) 모집단의 분포함수 $F(x)$가 어떤 특정함수 $F_0(x)$와 같은지 검정하기 위한 귀무가설은 다음과 같다.

$$H_0 : F(x) = F_0(x), \text{ for } all\ x \in R$$

(2) 귀무가설 H_0의 기각 여부를 결정하는 검정통계량은 다음과 같다.

$$D = \sup_x |F_n(x) - F_0(x)|$$

(3) 귀무가설 H_0에 대하여 유의수준 α에서 H_0의 기각 여부는 다음과 같다.

1) H_1 : for $some\ x$, $F(x) > F_0(x)$일 때, $p = P(D \geq d(n,\alpha)) \leq \alpha$이면 H_0 기각
2) H_1 : for $some\ x$, $F(x) < F_0(x)$일 때, $p = P(D < d(n,\alpha)) \leq \alpha$이면 H_0 기각
3) H_1 : for $some\ x$, $F(x) \neq F_0(x)$일 때, $p = 2P(D < d(n,\alpha)) \leq \alpha$이면 H_0 기각

여기서 $d(n,\alpha)$는 콜모고로프 통계량 분포에서 $p = P(D \geq d(n,\alpha)) = \alpha$를 만족하는 값이다.

예제 8.10 R 프로그램으로 표준정규난수 80개를 생성하여 xv라고 하고 표준균일(uniform)분포 난수 70개를 생성하여 yv라고 할 때,

(1) xv와 yv가 동일한 연속분포에서 추출한 것이라고 볼 수 있는지 유의수준 $\alpha = 0.05$에서 콜모고로프-스미르노프(KS) 검정으로 판정하시오.

(2) xv가 정규분포를 따르는지 유의수준 $\alpha = 0.05$에서 KS법으로 검정하시오.

(3) yv가 균일분포를 따르는지 유의수준 $\alpha = 0.05$에서 KS법으로 검정하시오.

(4) xv의 경험적 누적분포함수와 표준정규분포 CDF를 비교하고 yv의 경험적 누적분포함수와 표준균일분포 CDF를 비교하시오.

풀이

(1) KS 검정결과 p-값이 2.43e-07이므로 xv와 yv가 동일한 연속분포로부터 추출된 것으로 볼 수 없다.

(2) KS 검정결과 p-값이 0.5593이므로 xv가 정규분포를 따른다.

(3) KS 검정결과 p-값이 0.8347이므로 yv가 균일분포를 따른다.

(4) 누적분포함수들의 그래프 비교를 위한 그림과 R 프로그램은 다음과 같다.

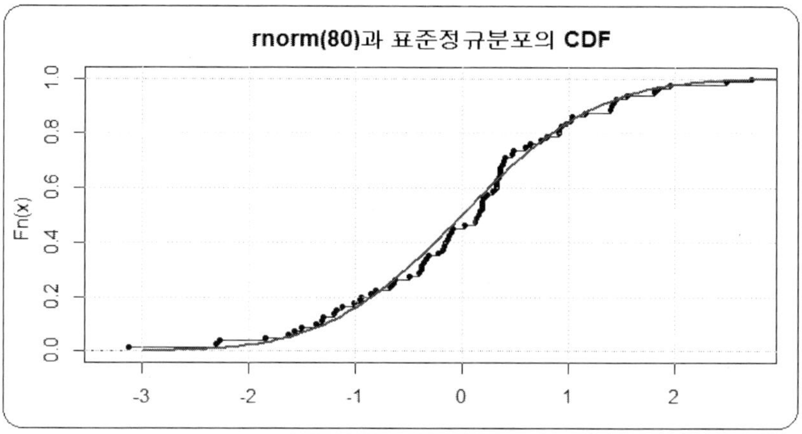

[그림 8.5] rnorm(80)의 ECDF와 표준정규분포의 CDF 비교

```
# 8장 비모수 통계 - 8.7 콜모고로프-스미르노프 검정: [예제 8.10]
> set.seed(111) # 재현성을 위한 시드 배정
> xv <- rnorm(80); yv <- runif(70)
> ks.test(xv, yv) # (1) xv와 yv가 동일한 모집단으로부터 추출된 것인지 검정:
# KS 검정결과 p-값이 2.43e-07이므로 xv와 yv가 동일한 연속분포로부터 추출된
# 것으로 볼 수 없음
> ks.test(xv, "pnorm") # (2) xv가 정규분포를 따르는지를 검정함
> shapiro.test(xv); shapiro.test(yv) # 또 다른 정규성 검정함수
> ks.test(yv, "punif", 0, 1) # (3) yv가 균일분포를 따르는지를 검정
> plot(ecdf(xv), xlim=range(rnorm(80, -1), xv), pch=20,
    main="rnorm(80)과 표준정규분포의 CDF") # (4) ecdf
> x1 <- seq(-3,3, length=100); grid()
> lines(x1, pnorm(x1,0,1), lty=2, lwd=2, col=2) # 표준정규분포 CDF
> plot(ecdf(yv), xlim=range(runif(70,-0.1), yv), pch=20,
    main="runif(70)과 표준균일분포의 CDF") # (4) ecdf
> x2 <- seq(0,1, length=50); grid()
> lines(x2, punif(x2,0,1), lty=2, lwd=2, col=2) # 표준균일분포 CDF
```

예제 8.11 R의 패키지 {MASS}의 데이터셋 'anorexia'는 세 그룹으로 나누어 신경성 식욕부진증 환자에 대한 치료 방법(Cont, CBT, FT)을 달리하고 치료 전, 후 체중(단위 lbs) 자료를 제공한다.

(1) 치료 방법으로 CBT를 택한 그룹의 치료 후 관측값들로 정규분포와의 동질성을 각각 검정하고,

(2) 치료 방법으로 FT를 택한 그룹의 치료 후 관측값들로 정규분포와의 동질성을 각각 검정하고,

(3) 두 관측값들 사이의 동질성을 콜모고로프-스미르노프 방법으로 검정하시오.

(풀이) 콜모고로프-스미르노프 검정을 위한 R 프로그램은 다음과 같다.

```
# 8장 비모수 통계 - 8.7 콜모고로프-스미르노프 검정: [예제 8.11]
> library(MASS); anorexia # 신경성 식욕부진증 데이터셋
> dat1 <- anorexia$Postwt[27:55]; sort(dat1)
> ks.test(dat1, "pnorm", mean(dat1), sd(dat1)) # (1)번 - KS 검정
> shapiro.test(dat1) # (1)번  - 사피로 정규성검정
> dat2 <- anorexia$Postwt[56:72]; dat2
> ks.test(dat2, "pnorm", mean(dat2), sd(dat2)) # (2)번 - KS 검정
> shapiro.test(dat2) # (2)번 - 사피로 정규성검정
> ks.test(dat1, dat2) # (3)번 - KS 검정
> plot(ecdf(dat1)); x1 <- seq(min(dat1)-2,max(dat1), length=100)
> lines(x1, pnorm(x1,  mean(dat1), sd(dat1)), lwd=2, col=4)
> lines(ecdf(dat2), col=2); shapiro.test(dat2)
```

연습문제

[1] 어떤 교과목의 수강 만족도를 1점부터 10점까지 측도로 수강생 22명으로부터 다음과 같은 결과를 얻었다. R 프로그램을 이용하여 다음 각 물음에 답하시오.

6	9	8	9	3	10	9	8	8	10	10
9	8	8	9	5	8	10	8	9	7	1

(1) 만족도 목표치를 7점 이상으로 하고 이를 달성했는지 유의수준 $\alpha=0.05$에서 부호검정을 이용하여 p-값을 구하고,

(2) R의 이항검정함수 binom.test()를 이용하여 위 결과와 같은지 확인하고,

(3) R의 패키지 {BSDA}가 제공하는 부호검정 함수 SIGN.test()를 이용하여 위 결과와 같은지 확인하고,

(4) p-값을 이용하여 가설을 검정하시오.

[2] 위 문제 [1]의 자료와 R 프로그램을 이용하여 만족도 점수 분포는 정규분포를 따르는지 확인하고 아닐지라도 T-검정을 위한 다음 각 물음에 답하시오.

(1) 만족도 목표치를 7점에 대한 귀무가설과 대립가설을 설정하고,

(2) T-검정을 위한 검정통계량 관측치를 구하고,

(3) 유의수준 $\alpha=0.05$에서 기각역을 구하고,

(4) 기각역을 이용하여 가설을 검정하고,

(5) 문제 [1]의 검정 결과와 다른 이유를 설명하시오.

[3] R 패키지 {ISwR}의 데이터셋 'thuesen'은 제1유형 당뇨병 환자의 심실 수축 속도(short.velocity)와 혈당치(blood.glucose) 관련 자료를 제공한다. 자료에서 혈당치의 단위는 mmol/L이고 1(mmol/L)은 약 18.0180이며 결측치(NA)가 있는 행은 제외하기로 한다. 정상인의 혈당치는 6.11~6.66(mmol/L)이라고 할 때, R 프로그램을 이용하여 6.716(mmol/L)이 정상인 혈당치 범위에 있는지 검정하는 다음 각 물음에 답하시오.

(1) 가설을 검정하기 위한 귀무가설과 대립가설을 설정하고,

(2) 부호검정을 이용하여 p-값을 구하고,

(3) R의 이항검정함수 binom.test()를 이용하여 위 결과와 같은지 확인하고,

(4) R의 패키지 {BSDA}가 제공하는 부호검정함수 SIGN.test()를 이용하여 위 결과와 같은지 확인하고,

(5) 유의수준 $\alpha = 0.01$에서 p-값을 이용하여 가설을 검정하시오.

[4] 연습문제 [1]에서 3학년 14명의 만족도와 4학년 9명의 만족도가 다음 표와 같이 나왔을 때 3학년과 4학년 학생의 만족도 간에 차이가 있는지 검정하기 위한 다음 각 물음에 답하시오.

3학년	1	3	5	6	7	8	8	8	8	9	9	9	10	
4학년	8	8	8	9	9	9	10	10	10					

(1) 순위합검정을 위한 귀무가설과 대립가설을 설정하고,

(2) 순위합검정을 위한 U_1과 U_2의 검정통계량을 구하고,

(3) 기각역을 구하여 유의수준 $\alpha = 0.05$에 대해 가설을 검정하고,

(4) U_1과 U_2의 표준정규 검정통계량에 대한 p-값을 구하고,

(5) 윌콕슨 분포에 의한 p-값을 구하고,

(6) R의 함수 t.test에 의한 p-값을 구하고,

(7) R의 함수 wilcox.test()를 이용하여 p-값을 구하고,

(8) R의 패키지 {exactRankTests}의 함수 wilcox.exact()로 p-값을 구하시오.

[5] 다음 표는 어떤 제약회사의 다이어트 약 복용 전(X1)과 후(X2) 체중 측정 결과를 나타낸다. '다이어트 전과 후에 체중 변화가 없다'는 사용자들의 주장을 검정하기 위한 다음 물음에 답하시오.

	1	2	3	4	5	6	7	8	9	10	11	12	13	14	15
X_1	59	54	62	60	60	66	51	66	55	54	55	58	67	56	56
X_2	58	55	60	52	54	54	51	54	57	51	60	52	58	55	54

(1) 순위합검정을 위한 U_1과 U_2의 검정통계량을 구하고,

(2) 기각역을 구하여 유의수준 $\alpha = 0.05$에 대해 가설을 검정하고,

(3) U_1과 U_2의 표준정규 검정통계량에 대한 p-값을 구하고,

(4) 윌콕슨 분포에 의한 p-값을 구하고,

(5) R의 함수 t.test에 의한 p-값을 구하고,

(6) R의 함수 wilcox.test()를 이용하여 p-값을 구하고,

(7) R의 함수 wilcox.exact()로 p-값을 구하시오.

[6] **다음 표는 어떤 제약회사의 다이어트 약 복용 전(X1)과 후(X2)의 체중 측정 결과를 나타낸다. 체중은 근사적으로 정규분포를 따른다고 가정하고 '다이어트 약이 체중 감량에 효과가 있다'라는 주장에 대한 검정을 위한 다음 물음에 답하시오.**

	1	2	3	4	5	6	7	8	9	10	11	12	13	14	15
X_1	59	54	62	60	60	66	51	66	55	54	55	58	67	56	56
X_2	58	55	60	52	54	54	51	54	57	51	60	52	58	55	54

(1) 부호순위검정을 위한 귀무가설과 대립가설을 설정하고,

(2) 차이에 대한 절댓값의 순위표를 작성하고,

(3) 귀무가설의 기각 여부를 결정하는 검정통계량을 구하고,

(4) 유의수준 $\alpha=0.05$에서 기각역을 구하고,

(5) 차이에 대한 정규성을 검정하고,

(6) 정규성을 가정할 수 있다면 표준정규분포로 가설을 검정하고

(7) R이 제공하는 signrank() 분포를 이용하여 p-값을 구하고

(8) R의 함수 wilcox.test()를 이용하여 p-값을 구하고,

(9) R의 함수 wilcox.exact()로 p-값을 구하시오.

[7] **다음 자료는 재충전이 가능한 무선청소기가 한 번 충전으로 작동하는 시간이다.**

작동시간(시 단위)	0.7	1.25	0.8	0.65	1.05	0.8	1.0	0.75	1.2	0.7	0.9

(1) 부호순위검정을 사용하여 완전 충전 후 작동시간의 중앙값이 1시간인지 유의수준 $\alpha=0.05$에서 R의 내부함수로 기각역을 구하여 검정하고,

(2) R 프로그램을 이용하여 p-값을 구하시오.

[8] **R 패키지 {datasets}의 데이터셋 'ChickWeight'는 병아리 성장촉진을 위한 네 가지 다른 단백질 함유사료의 효과에 대한 경과일수(Time)별 몸무게 증가 결과이다. 데이터에서 16일차 병아리 몸무게를 처리방법별로 추출하여 효과가 동일한지 크루스칼-왈리스 검정을 하고자 할 때 다음 각 물음에 답하시오.**

(1) 크루스칼-왈리스 방법의 검정통계량을 구하고,

(2) 기각역과 p-값을 구하고,

(3) 기각역과 p-값을 이용하여 가설을 검정하고,

(4) R이 제공하는 검정 함수 kruskal.test()의 결과와 같은지 보이시오.

[9] R의 패키지 {datasets}는 1973년 5월부터 9월까지 뉴욕시 월별-일별 공기질 측정 자료 집합 airquality를 제공한다. 결측치(NA)가 있는 행을 제외하고 6, 7, 8월의 오존 농도가 동일한지 R 프로그램을 작성하여 유의수준 $\alpha=0.01$에서 크루스칼-왈리스 방법으로 검정하는 다음 물음에 답하시오.

(1) 크루스칼-왈리스 방법의 검정통계량을 구하고,

(2) 기각역과 p-값을 구하고,

(3) 기각역과 p-값을 이용하여 가설을 검정하고,

(4) R이 제공하는 검정 함수 kruskal.test()의 결과와 같은지 보이고,

(5) 7, 8, 9월의 오존 농도가 동일한지 kruskal.test()를 이용하여 검정하시오.

[10] 어떤 학과의 종합설계 과목에서 네 팀($k=4$)의 설계시작품 평가점수에 차이가 있는지 알아보기 위해 5명의 전문평가단($r=5$)을 구성하여 60점 만점으로 평가를 실시한 결과는 다음 표와 같다. 유의수준 $\alpha=0.05$에서 네 팀의 평가점수에 차이가 있는지 검정하는 다음 물음에 답하시오

구분	평가자1	평가자2	평가자3	평가자4	평가자5
Team 1	42	46	47	45	53
Team 2	52	42	51	56	56
Team 3	40	34	48	44	42
Team 4	36	35	44	40	46

(1) 높은 점수를 앞선 순위로 하는 순위표를 작성하여 프리드만 검정 방법의 검정통계량을 구하고,

(2) 기각역과 p-값을 구하고,

(3) 기각역과 p-값을 이용하여 가설을 검정하고,

(4) R이 제공하는 검정 함수 friedman.test()의 결과와 같은지 보이시오.

[11] 한 회사에서 부서별 업무평정에 차이가 있는지 알아보기 위해 평가 전문가 6명을 모시고 100점 만점으로 평가를 실시했다. 5개 부서의 업무평정에 차이가 있다고 할 수 있는지 낮은 점수를 앞선 순위로 하는 순위표로 프리드만 검정법을 적용하여 유의수준 $\alpha = 0.01$에서 검정하시오.

	전문가1	전문가2	전문가3	전문가4	전문가5	전문가6
부서A	86	90	85	72	78	86
부서B	87	91	82	91	94	90
부서C	85	75	80	73	85	85
부서D	65	50	76	74	75	75
부서E	88	89	75	90	65	80

[12] 주어진 엑셀 파일 "ForeignItem.csv"는 한국관광공사가 제공한 2015년 방한 외국인전체가 구매한 국가별 선택 품목에 대한 비율이다. R이 제공하는 사피로 검정 함수 shapiro.test() 또는 콜모고로프-스미르노프 검정 함수 ks.test()를 이용하여 다음 물음에 답하시오.

(1) 두 구매 품목이 동일한 분포를 따르는 쌍을 고르고,

(2) 두 구매 품목이 유의수준 $\alpha = 0.05$에서 서로 다른 분포를 따르는 쌍을 고르고,

(3) 구매 품목이 정규분포를 따르는 품목을 두 가지 이상 고르고,

(4) 구매 품목이 정규분포를 따르지 않는 품목을 두 가지 이상 고르시오.

CHAPTER 09

회귀분석

09

회귀분석

9.1 회귀분석과 회귀모형

회귀분석(regression analysis)은 관찰된 연속형 변수들에 대해 두 변수 사이의 모형을 구한 후 적합도를 측정하는 분석 방법이다. 회귀란 앞으로 발생할 일들이 지난 과거의 평균값으로 돌아가려는 특성을 말한다. 어떤 결과값을 기준으로 다른 결과값을 예측하는 방법을 회귀분석이라고 한다. 회귀분석은 하나 이상의 **독립변수**(설명변수, 예측변수)들이 또 다른 **종속변수**(반응변수, 응답변수, 결과변수)에 미치는 영향에 대해 추론할 수 있는 통계기법이다. 회귀분석은 시간에 따라 변화하는 데이터나 어떤 영향, 가설적 실험, 인과관계의 모델링 등의 통계적 예측에 이용될 수 있다. 적절한 분석 방법의 선택이었는지 또한 정확한 정보 분석인지 판단하는 것은 연구자에게 달려 있다.

[예 9.1] 설명(독립)변수와 반응(종속)변수의 예

(1) 부모의 지능지수(IQ)에 대한 자녀의 지능지수

(2) 판촉행사 횟수에 대한 상품판매량

(3) 엔진용량에 따른 자동차의 연비

9.1.1 회귀분석의 종류

회귀분석은 독립변수(설명변수)의 수에 따라 단순회귀와 다중회귀로 분류하며 독립변수와 종속변수(반응변수)의 선형관계에 따라 선형회귀와 비선형회귀로 구분한다.

(1) **단순회귀**(simple regression) 분석은 하나의 독립변수와 하나의 종속변수 사이의 관계를 분석할 경우를 의미함

(2) **다중회귀**(multiple regression)분석은 여러 독립변수와 하나의 종속변수 사이의 관계를 규명하고자 할 경우를 의미함

(3) **선형회귀**(linear regression)분석은 한 개 이상의 독립변수 X와 종속변수 Y와의 선형 상관관계를 모델링하는 회귀분석 기법

선형회귀는 다시 한 개의 설명변수에 기반 한 단순선형회귀와 둘 이상의 설명변수에 기반한 다중선형회귀로 구분한다. **비선형회귀**(nonlinear regression)분석은 종속변수와 독립변수 세트 간의 비선형 관계(로지스틱, 다항식, 와이블 등) 모형을 탐색하는 방법이다. [표 9.1]은 회귀분석의 종류와 수학적 모형을 나타낸다.

[표 9.1] 회귀분석의 종류

종류	모형	모형 특성
단순회귀	$Y = a + bX + \epsilon$	설명변수 1개, 반응변수와 직선관계
다중회귀	$Y = b_0 + b_1 X_1 + \cdots + b_m X_m + \epsilon$	설명변수 m개, 반응변수와 관계가 선형
다항회귀	$Y = b_0 + b_1 X_1 + b_2 X_2 + b_{11} X_1^2 + b_{22} X_2^2 + b_{12} X_1 X_2 + \epsilon$	설명변수 m=2이고, 반응변수와의 관계가 1차 함수 이상; m=1이면 2차 함수 이상
비선형회귀	$Y = g(b_0 + b_1 X_1 + \cdots + b_m X_m) + \epsilon$	$Y = g(X)$꼴이고 비선형임[예:$g(t) = e^t$]

1. 단순선형회귀모형

단순회귀분석에서 종속변수가 설명변수의 직선관계로 설명됨을 가정한다. 회귀모형 중에서 가장 간단한 모형으로 한 개의 독립변수와 한 개의 종속변수로 이루어져 있고 다음과 같이 표현된다.

$$Y = a + bX + \epsilon, \tag{9.1}$$

여기서 a는 Y-**절편**(intercept)이고, b는 **기울기**(slope), $\epsilon \sim N(0, \sigma^2)$는 모형오차, a와 b는 **회귀계수**(regression coefficient)라고 한다. 식 (9.1)에서 Y를 종속(반응)변수라고 하고 X를 독립(설명)변수라고 한다.

2. 다중회귀모형

다중회귀모형은 두 개 이상의 독립변수를 사용하여 종속변수의 변화를 설명한다. 종속변수 Y에 영향을 미치는 둘 이상의 독립변수가 있을 때, **다중회귀모형**은 다음과 같은 식으로 표현되는 통계적 모형을 의미한다.

$$Y = b_0 + b_1 X_1 + b_2 X_2 + \cdots + b_m X_m + \epsilon, \tag{9.2}$$

여기서 Y는 종속변수, $X_1, X_2, \cdots, X_m$는 독립변수, b_0는 Y-절편, $b_k, k=1,2,\cdots,m$는 $X_1, X_2, \cdots, X_m$와 관련된 기울기, ϵ은 **오차항**이다. 다항회귀(polynomial regression)모형은 다중선형회귀의 특수한 형태로 종속변수 Y가 다음과 같이 차수 m을 갖는 X_1의 다항함수로 모형화된다.

$$Y = b_0 + b_1 X_1 + b_2 X_1^2 + \cdots + b_m X_1^m + \epsilon \tag{9.3}$$

9.1.2 최적 회귀모형의 선택

1. 적절한 모형인지 확인을 위한 검토사항

(1) F-통계량을 확인: 정해진 유의수준 하에서 F-통계량의 p-값이 유의수준보다 작으면 추정된 회귀식은 통계적으로 유의미하다고 봄

(2) t-통계량을 확인: 해당 계수의 t-통계량과 p-값 또는 이들의 신뢰구간을 확인하여 회귀계수들이 유의미한가를 판단함

(3) 결정계수를 확인: 결정계수는 0에서 1까지 값을 가지며 높은 값을 가질수록 추정된 회귀식의 설명력이 높음

(4) 시각화 결과 확인: 모형이 데이터를 잘 적합하고 있는지 확인하기 위해 다양한 시각화 그림을 통하여 회귀진단을 실행함

적절한 회귀모형을 결정하기 전에 데이터가 아래 모형을 위한 가정을 만족하는지 검토해야 한다.

(1) **선형성**: 독립변수의 변화에 따라 종속변수도 일정크기로 변화하는지 여부

(2) **독립성**: 잔차와 독립변수의 값이 관련돼 있지 않음을 확인

(3) **등분산성**: 독립변수의 모든 값에 대해 오차들의 분산이 일정한지 여부

(4) **비상관성**: 관측치들의 잔차들끼리 상관이 없어야 함

(5) **정상성**: 잔차항이 정규분포를 이루어야 함

2. 결정계수

결정계수(coefficient of determination)는 추정한 선형모형이 주어진 자료에 적합한 정도를 재는 척도이다. 종속변수의 총변동량 중에서 적용모형으로 설명가능한 부분의 비율을 가리킨다. 결정계수는 0과 1 사이의 값을 가지며 1에 가까울수록 신뢰할 수 있다. 종속변인과 독립변인의 상관관계가 높을수록 1에 가까워진다. 결정계수가 0.5가 나오면

애매해지므로 결정계수만으로는 판단하기 어렵다. 결정계수 외에도 회귀식을 가설로 검증하는 방법을 사용할 수 있다.

3. 설명변수의 선택

독립변수가 2개 이상인 다중회귀모형에서는 기여도가 낮은 독립변수들이 포함될 수 있다. 모형간편화의 원칙은 가능한 한 적은 수의 독립변수로서 이해하기 좋고 사용하기에 좋은 간편한 모형을 선호하는 것이 원칙이다. 모형 간편화를 이루기 위한 변수 선택 방법에는 다음의 4가지 방법이 있다.

(1) **모든 가능한 회귀**(all possible regression): 모든 가능한 변수들의 조합을 회귀분석해 보는 것으로 m개의 설명변수가 있으면 이 중에서 하나만을 포함하는 모형에서부터 m개 모두를 포함하는 모형까지 고려하는 방법

(2) **후진제거법**(backward elimination): 일단 모든 설명변수들을 선택한 후, 조건에 맞지 않는 변수들을 차례로 제거하는 방법

(3) **전진선택법**(forward selection): 단계적 선택법과 같은 방법으로 선택하지만, 유의한(중요한) 것으로 선택된 변수들은 계속 모형에 포함됨

(4) **단계적 선택법**(stepwise regression): 전진선택법에 의해 유의한 변수들을 추가하면서 새롭게 추가된 변수가 중요도가 약하면 이것은 제거하는 방식으로 추가와 제거가 단계적으로 이루어짐

9.2 단순선형회귀

지금까지는 한 모집단에 대해 모수를 추론하거나 두 모집단의 모수들을 비교하는 추론 방법을 다루었다. 실제 자료에서는 두 개 이상의 변수에 대해 관측값들을 얻고 변수들에 대한 상호 관련성의 유무와 관련성 정도에 관심을 둘 수 있다. 특별히 관심 있는 변수값을 다른 변수값으로 예측가능한지 여부도 중요하다. 이 절에서는 두 변수간의 직선관계를 설명하는 **단순선형회귀**모형에서 추정과 검정 및 예측에 대해 다루기로 한다.

9.2.1 단순선형회귀모형

독립(설명)변수 X와 종속(반응)변수 Y에 대해 크기 n의 확률표본 순서쌍들의 집합을 $\{(x_k, y_k), k=1,\cdots,n\}$로 표시한다. 단순선형회귀모형은 X와 Y의 관계를 규명하거나

X로부터 Y를 예측하는 데 확률표본 집합 $\{(x_k,y_k), k=1,\cdots,n\}$의 선형관계식을 이용하는 것이다. 독립변수가 x_k일 때 종속변수 y_k는 $y_k|x_k \sim N(a+bx_k,\sigma^2)$의 관계를 따르며 실제 관측값으로 직선상의 점 $a+bx_k$와 오차 $\epsilon_k \sim N(0,\sigma^2)$로 결정된다.

정의 9.1 **단순선형회귀모형**이란 확률변수 Y가 독립변수 X와 랜덤성분을 갖는 확률변수 ϵ_k에 의해 다음의 선형관계로 표현되는 통계적 모형이다.

$$y_k = a + bx_k + \epsilon_k,\ k=1,2,\cdots,n, \tag{9.4}$$

여기서,

(1) a와 b는 회귀계수라고 하며, a는 Y-절편, b는 기울기라고 한다.

(2) 오차 ϵ_k들은 서로 독립이고 $\epsilon_k \sim N(0,\sigma^2)$인 확률변수이다.

(3) y_k는 독립변수 x_k를 고정했을 때 종속변수의 값이다.

예제 9.1 R의 패키지 {datasets}는 30대 미국 여성 15명에 대한 키(height[in])와 몸무게(weight[lbs])에 관한 자료집합 'women'을 제공하며 R의 패키지 {stats}는 선형회귀분석모형을 적합하는 내부함수 lm()를 제공한다. 주어진 자료집합과 내부함수 및 R 프로그램을 이용하여 다음 각 물음에 답하시오.

(1) 함수 lm()을 이용하여 선형회귀분석을 실행하고,

(2) 함수 summary()를 이용하여 회귀분석결과의 요약 통계를 확인하고,

(3) 자료집합의 산점도와 회귀직선을 그래프로 그리고,

(4) 함수 lm()을 실행한 결과로 키에 대한 잔차(residuals)도를 그리시오.

풀이 위 각 물음에 답하기 위한 R 프로그램은 다음과 같다.

```
# 9장 회귀분석 - 9.2 단순선형회귀 - 9.2.1. 단순선형회귀모형
# [예제 9.1] R 패키지 {datasets}의 자료집합 'women'을 이용한 선형회귀
> fit <- lm(weight~height,data=women); fit # (1)의 답
> summary(fit) # (2)의 답
> plot(weight~height,data=women); abline(fit,col="red") # (3)의 답
> title("키에 대한 몸무게 적합도") # [그림 9.1] Y = 3.45X - 87.5167
> res <- residuals(fit); res # (4) 잔차도를 그리기 위한 잔차항 반환
> plot(women$height, res, xlab="height", ylab="residuals", main="잔차도")
# 위 잔차항의 그래프가 키의 2차함수로 다시 적합가능함을 확인할 수 있음
# [참고] R의 lm()이 제공하는 잔차도 및 정규확률도 그래프
> par(mfrow=c(2,2)); plot(fit); par(mfrow=c(1,1))
```

```
# (3)에 대한 다른 접근법(그림 생략)
> qqplot(women$height, women$weight, main="키에 대한 몸무게 산점도")
> abline(-87.5167, 3.45,col="blue") # 회귀직선
```

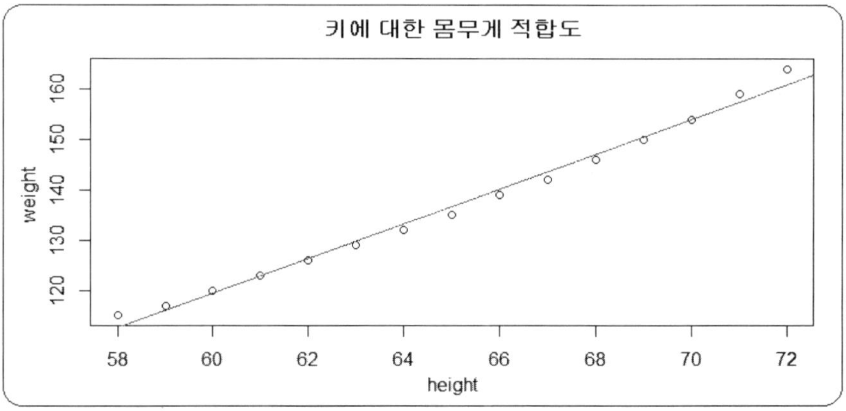

[그림 9.1] 자료집합의 산점도와 회귀직선 그래프

◎ **적합회귀직선**: 회귀분석에서 중요한 것은 회귀계수라고 불리는 a와 b를 추정하는 것이다. 회귀계수의 추정량을 $\hat{a}$와 $\hat{b}$로 두면 **추정회귀직선**(estimated regression line) 또는 **적합회귀직선**(fitted regression line)과 예측값(적합값) $\hat{y}_k$는 다음과 같이 주어진다.

$$\hat{y} = \hat{a} + \hat{b}x,\ \hat{y_k} = \hat{a} + \hat{b}x_k,\ k = 1, 2, \cdots, n \tag{9.5}$$

식 (9.5)에 대응하는 **모회귀직선**(population regression line) 또는 **참회귀직선**은 식 (9.1)로부터 $y = E[Y|X=x] = a + bx$이다. [그림 9.1]에 나타나 있는 직선은 식 (9.5)의 적합회귀직선에 해당하고 $\hat{b} = 3.45$로, $\hat{a} \approx -87.5167$로 결정되어 있다. [그림 9.2]는 모회귀직선 $y = E[Y|X=x]$와 오차 $\epsilon_k \sim N(0, \sigma^2)$를 포함한 관측값 y_k 사이의 관계를 보여주고 있다.

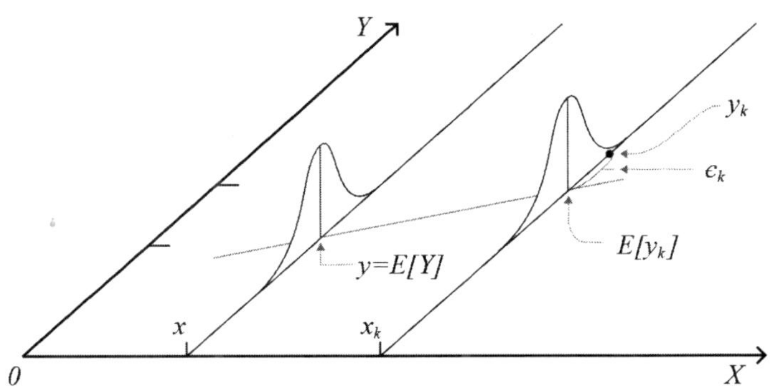

[그림 9.2] 모회귀직선과 관측값 사이의 관계

9.2.2 최소제곱법과 적합모형

여기서는 회귀직선을 추정하여 자료에 적합시키는 방법을 다루기로 한다. 적합시키는 것이란 미지의 회귀계수(모수) a와 b(결과적으로 모회귀직선)의 추정량 $\hat{a}$와 $\hat{b}$를 구하는 것과 같은 의미가 된다. 적합 직선으로부터 예측치를 구할 수 있고, 선형관계의 강도와 적합모형의 적절성 등에 관한 정보도 얻을 수 있다.

두 확률변수 X와 Y의 확률표본 집합 $\{(x_k, y_k), k=1,\cdots,n\}$을 이용하여 회귀모수 a와 b를 추정한 후 이들을 이용하여 회귀직선을 추정한다. 최소제곱법을 알아보기 전에 잔차의 개념을 알아보기로 한다.

정의 9.2 확률표본 순서쌍들의 집합 $\{(x_k, y_k), 1 \le k \le n\}$과 $\hat{y}_k = \hat{a} + \hat{b}x_k$로 적합모형이 주어졌을 때 **잔차**(residual) e_k는 다음과 같이 정의한다.

$$e_k = y_k - \hat{y}_k,\ k=1,2,\cdots,n, \tag{9.6}$$

여기서 잔차 e_k는 모형오차 ϵ_k와 구분되며 잔차는 관측될 수 있으나 모형오차는 관측될 수 없는 값이다.

○ **잔차와 오차의 차이**: 잔차가 크면 모형의 적합성은 떨어지고 작으면 적합성은 좋아진다. 식 (9.6)에 의해 다음 관계식을 얻을 수 있다.

$$y_k = \hat{y}_k + e_k = \hat{a} + \hat{b}x_k + e_k,\ k=1,2,\cdots,n \tag{9.7}$$

식 (9.7)과 식 (9.4)를 비교하면 다음 식을 얻을 수 있다.

$$e_k - \epsilon_k = (a + bx_k) - (\hat{a} + \hat{b}x_k) \tag{9.8}$$

식 (9.8)로부터 잔차와 오차의 차는 $X = x_k$에서 모회귀직선 $y = a + bx$와 적합회귀직선 $\hat{y} = \hat{a} + \hat{b}x$와의 거리를 나타냄을 알 수 있다([그림 9.3]).

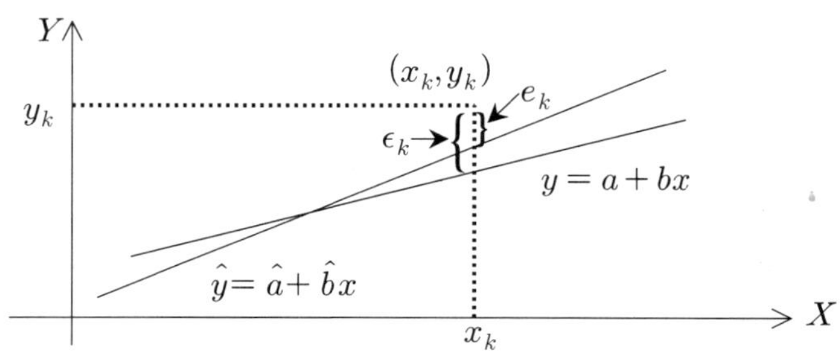

[그림 9.3] 잔차 e_k와 오차 ϵ_k의 차이

최소제곱법: 회귀계수 a와 b의 추정량 $\hat{a}$와 $\hat{b}$은 잔차제곱합을 최소화시켜 구한다. **잔차제곱합**(residual sum of squares)은 **오차제곱합**(error sum of squares)이라고도 하며 $SSE \equiv \sum_{k=1}^{n} e_k^2 = \sum_{k=1}^{n} (y_k - \hat{y_k})^2$로 나타낸다. 잔차제곱합을 최소화시켜 모수(회귀계수) a와 b를 추정하는 방법을 **최소제곱법**(least squares method) 또는 **최소자승법**이라고 한다.

정리 9.1 단순선형회귀모형에서 회귀계수(모수) 추정량

회귀계수 추정량 $\hat{a}$와 $\hat{b}$는 잔차제곱합 $SSE = \sum_{k=1}^{n} e_k^2 = \sum_{k=1}^{n} (y_k - \hat{a} - \hat{b} x_k)^2$을 최소화시키는 값으로 다음과 같이 주어진다.

$$\hat{b} = \frac{S_{XY}}{S_{XX}}, \ \hat{a} = \overline{Y} - \hat{b}\,\overline{X}, \tag{9.9}$$

여기서 $\overline{X}$, $\overline{Y}$와 S_{XX} 및 S_{XY}는 다음과 같이 주어진다.

$$S_{XX} = \sum_{k=1}^{n} (x_k - \overline{X})^2 = \sum_{k=1}^{n} x_k^2 - n(\overline{X})^2, \tag{9.10}$$

$$S_{XY} = \sum_{k=1}^{n} (x_k - \overline{X})(y_k - \overline{Y}) = \sum_{k=1}^{n} x_k y_k - n\,\overline{X}\,\overline{Y},$$

$$\text{여기서 } \overline{X} = \frac{1}{n}\sum_{k=1}^{n} x_k \quad \overline{Y} = \frac{1}{n}\sum_{k=1}^{n} y_k$$

[증명] 모수 a와 b에 대응해 오차항의 제곱의 합을 다음 식으로 두고

$$R(\hat{a}, \hat{b}) = SSE = \sum_{k=1}^{n} e_k^2 = \sum_{k=1}^{n} (y_k - \hat{a} - \hat{b} x_k)^2,$$

$R(\hat{a}, \hat{b})$가 최소가 될 때 $\partial R(\hat{a}, \hat{b})/\partial \hat{a} = \partial R(\hat{a}, \hat{b})/\partial \hat{b} = 0$이므로 다음 식을 얻는다.

$$\frac{\partial R}{\partial \hat{a}} = -2\sum_{k=1}^{n} (y_k - \hat{a} - \hat{b} x_k) = 0, \tag{9.11}$$

$$\frac{\partial R}{\partial \hat{b}} = -2\sum_{k=1}^{n} x_k (y_k - \hat{a} - \hat{b} x_k) = 0.$$

위 식을 행렬형(matrix form)으로 다시 쓰면 다음과 같다.

$$\begin{pmatrix} n & n\overline{X} \\ n\overline{X} & \sum_{k=1}^{n} x_k^2 \end{pmatrix} \begin{pmatrix} \hat{a} \\ \hat{b} \end{pmatrix} = \begin{pmatrix} n\overline{Y} \\ \sum_{k=1}^{n} x_k y_k \end{pmatrix} \tag{9.12}$$

식 (9.11) 또는 (9.12)의 연립방정식의 해를 구하면 다음과 같다.

$$\hat{a} = \overline{Y} - \hat{b}\overline{X}, \ \hat{b}\left[\sum_{k=1}^{n} x_k^2 - n(\overline{X})^2\right] = \sum_{k=1}^{n} x_k y_k - n\overline{X}\,\overline{Y} \tag{9.13}$$

식 (9.13)에 식 (9.10)의 S_{XX}와 S_{XY}를 대입하면 식 (9.9)를 얻는다.

예제 9.2 [예제 9.1]에 주어진 데이터셋에서 {(height, weight)}={(x_k, y_k)}를 이용하여 R 프로그램으로 추정(적합)회귀직선을 구하시오.

풀이 추정회귀직선을 구하기 위한 R 프로그램은 다음과 같다.

```
# 9장 회귀분석 - 9.2 단순선형회귀 - 9.2.2 최소제곱법과 적합모형
# [예제 9.2] R 패키지 {datasets}의 'women'을 이용한 추정회귀직선 구하기
> head(women); attach(women)
> n <- length(height); n
> sxx <- sum(height^2) - n*(mean(height))^2; sxx
> syy <- sum(weight^2) - n*(mean(weight))^2; syy
> sxy <- sum(height*weight) - n*mean(height)*mean(weight); sxy
> hb <- sxy/sxx; hb # 기울기 = 3.45
> ha <- mean(weight)- hb*mean(height); ha # Y-절편 = -87.51667
# 참고로 R이 제공하는 선형회귀 함수 lm()에 의한 실행
> fit <- lm(weight~height) # lm()에서 lm은 linear model의 약칭
> summary(fit) # 기술기 Y-절편의 같은 결과를 얻음
> confint(fit, level=0.95) # 신뢰구간 출력, "level= "은 변경 가능함
> plot(height, weight, xlab="height", ylab="weight", main="키 직선 적합도")
> abline(fit, col="red") # 키에 대한 몸무게의 적합 직선
> res <- residuals(fit) # 적합된 모형의 잔차를 반환함
> plot(height, res, xlab="height", ylab="residual", main="키 잔차도")
> qqnorm(res, main="잔차 정규확률도")
> plot(fit) # (1) 잔차와 그 적합 그래프, (2) 잔차 정규확률도
# (3) 적합값에 대한 표준화잔차의 제곱근, (3) 잔차 vs 레버리지
```

◎ **잔차제곱합과 평균제곱오차:** 잔차의 정의에 의해 잔차제곱합은 다음과 같은 식으로 다시 쓸 수 있다.

$$SSE = \sum_{k=1}^{n}(y_k - \hat{y_k})^2 = \sum_{k=1}^{n}(y_k - \hat{a} - \hat{b}x_k)^2, \tag{9.14a}$$

$$= \sum_{k=1}^{n}[(y_k - \overline{Y}) - \hat{b}(x_k - \overline{X})]^2 = S_{YY} - 2\hat{b}S_{XY} + \hat{b}^2 S_{XX}$$

$$= S_{YY} - \hat{b}S_{XY} = S_{YY} - \frac{S_{XY}^2}{S_{XX}}, \ with\ S_{YY} = \sum_{k=1}^{n}(y_k - \overline{Y})^2$$

위 식을 주어진 관측값으로부터 편리하게 계산할 수 있도록 변경하면 다음과 같은 식을 얻을 수 있다.

$$\begin{aligned} SSE &= S_{YY} - \hat{b} S_{XY} = \sum_{k=1}^{n} (y_k - \overline{Y})^2 - \hat{b}\left(\sum_{k=1}^{n} x_k y_k - n\overline{X}\,\overline{Y}\right) \\ &= \sum_{k=1}^{n} y_k^2 - \hat{b} \sum_{k=1}^{n} x_k y_k - (\overline{Y} - \hat{b}\overline{X}) n \overline{Y} \\ &= \sum_{k=1}^{n} y_k^2 - \hat{a} \sum_{k=1}^{n} y_k - \hat{b} \sum_{k=1}^{n} x_k y_k \end{aligned} \tag{9.14b}$$

단순회귀모형 $Y = a + bX + \epsilon$에서 오차항은 $\epsilon \sim N(0, \sigma^2)$임을 가정하였다. 오차항의 분산 σ^2 또한 모수이기 때문에 추정값(량)으로 잔차제곱합 SSE를 $n-2$로 나눈 값인 다음의 평균제곱오차(MSE, mean squared error)를 사용한다.

$$s^2 = MSE = \frac{SSE}{n-2} = \frac{1}{n-2} \sum_{k=1}^{n} e_k^2 = \frac{1}{n-2} \sum_{k=1}^{n} (y_k - \widehat{y_k})^2 \tag{9.15}$$

예제 9.3 [예제 9.2]에서 계산한 값들을 이용하여 잔차제곱합 SSE와 평균제곱오차 MSE를 구하고 오차항의 표준편차의 추정값을 구하시오.

풀이 [예제 9.2]로부터 $S_{XX} = 280$, $S_{YY} = 3362.933$이고 $S_{XY} = 966$이므로 SSE는 다음과 같이 주어진다.

$$SSE = S_{YY} - S_{XY}^2 / S_{XX} = 3362.933 - 966^2/280 = 30.233$$

평균제곱오차 MSE와 오차항의 표준편차 추정값 s는 다음과 같다.

$$\begin{aligned} MSE &= s^2 = SSE/(15-2) = 30.233/13 \approx 2.3256 \\ &\Rightarrow s \approx 1.525 \end{aligned}$$

```
# 9장 회귀분석 - 9.2 단순선형회귀 - 9.2.2 최소제곱법과 적합모형
# [예제 9.3] 'women' 데이터셋을 이용한 회귀직선에 대한 추론
> head(women); attach(women)
> n <- length(height); n
> sxx <- sum(height^2) - n*(mean(height))^2; sxx
> syy <- sum(weight^2) - n*(mean(weight))^2; syy
> sxy <- sum(height*weight) - n*mean(height)*mean(weight); sxy
> sse <- syy - sxy^2/sxx; sse # s <- sqrt(sse/(n-2))
> mse <- sse/(n-2);mse # 2.3256 : 평균제곱오차
> sqrt(mse) # sqrt(sse/(n-2))=1.525 : 평균제곱오차의 표준편차
```

9.2.3 모수에 대한 추정과 검정

지금까지는 독립변수 X와 종속변수 Y 사이의 선형관계를 추정하는 것을 다루었고 잔차와 오차의 특성 등을 다루었다. 또한, 단순선형회귀모형의 적절성을 판단하기 위해 평균제곱오차를 다루었다. 단순선형회귀모형 $y_k = a + bx_k + \epsilon_k$에서 오차는 $\epsilon_k \sim N(0, \sigma^2)$이고 $\epsilon_1, \cdots, \epsilon_n$이 서로 독립이라고 가정할 때, 추정회귀직선 $\hat{y} = \hat{a} + \hat{b}x$는 잔차제곱합이 최소가 되는 모수 추정량을 선택하여 얻은 것이다. 여기서는 단순선형귀모형의 추정량들에 대한 추론에 관해 다루기로 한다.

1. 추정량의 평균과 분산

추정량 $\hat{b}$는 모수 b의 불편추정량이고 $\hat{a}$은 모수 a의 불편추정량이다. 이 결과는 기울기와 절편에 대한 가설검정이나 구간추정에 필요하다.

정리 9.2 추정량 $\hat{b}$와 $\hat{a}$의 평균과 분산은 다음과 같이 주어진다.

(1) $$E(\hat{b}) = b, \quad Var(\hat{b}) = \sigma^2 / S_{XX}, \quad S_{XX} = \sum_{k=1}^{n} (x_k - \overline{X})^2 \tag{9.16a}$$

(2) $$E(\hat{a}) = a, \quad Var(\hat{a}) = \left(\sigma^2 \sum_{k=1}^{n} x_k^2\right) / (nS_{XX}) = \sigma^2 \left(\frac{1}{n} + \frac{\overline{X}^2}{S_{XX}}\right) \tag{9.16b}$$

[증명] (1) 식 (9.9)와 (9.10)에서의 $\hat{b}$를 정리하면 다음 식을 얻는다.

$$\hat{b} = \frac{\sum_{k=1}^{n} (x_k - \overline{X})(y_k - \overline{Y})}{\sum_{k=1}^{n} (x_k - \overline{X})^2} = \frac{\sum_{k=1}^{n} (x_k - \overline{X}) y_k}{S_{XX}} = \sum_{k=1}^{n} c_k y_k,$$

여기서 $c_k = (x_k - \overline{X}) / S_{XX}, k = 1, \cdots, n$이고 양변에 평균을 취하면 다음 식을 얻는다.

$$\begin{aligned} E(\hat{b}) &= \sum_{k=1}^{n} c_k E(y_k) = \sum_{k=1}^{n} c_k (a + bx_k) \\ &= a \sum_{k=1}^{n} (x_k - \overline{X}) / S_{XX} + b \sum_{k=1}^{n} (x_k - \overline{X}) x_k / S_{XX} \\ &= a(0) + b\left(\sum_{k=1}^{n} x_k^2 - n\overline{X}^2\right) / S_{XX} = b \end{aligned}$$

또한, [정리 2.10]과 [정리 2.11] 분산의 합의 법칙에 의해 다음 식을 얻는다.

$$\sigma_{\hat{b}}^2 = Var(\hat{b}) = Var\left(\sum_{k=1}^{n} c_k y_k\right) = \sum_{k=1}^{n} c_k^2 Var(y_k) \tag{9.17}$$

$$= \sigma^2 \sum_{k=1}^{n} c_k^2 = \sigma^2 \sum_{k=1}^{n} (x_k - \overline{X})^2 / S_{XX}^2 = \sigma^2 / S_{XX}$$

(2) 같은 방법으로 확률변수 $\hat{a}$의 평균은 다음과 같이 주어진다.

$$E(\hat{a}) = E(\overline{Y}) - E(\hat{b}\overline{X}) = \frac{1}{n}\sum_{k=1}^{n} E(y_k) - E(\hat{b})E(\overline{X})$$

$$= a + b\frac{1}{n}\sum_{k=1}^{n} E(x_k) - bE(\overline{X}) = a$$

한편 식 (9.17)과 같은 방법으로 (9.16b)의 $Var(\hat{a})$을 쉽게 구할 수 있다.

2. 기울기 b에 대한 추론

기울기 모수 b에 대한 추론은 그 추정량인 $\hat{b}$를 근간으로 이루어진다. 회귀분석 문제에서 $b=0$이면 종속변수의 기댓값 $E(Y)=a$이 되고 선형적 연관성 관련 정보를 얻지 못하므로 $b=0$의 여부는 관심의 대상이 된다. 오차항은 $\epsilon_k \sim N(0, \sigma^2)$이면 [정의 9.1]에 의해 $y_k|x_k \sim N(a+bx_k, \sigma^2)$이다. 한편, [정리 9.2]에 의해 추정량 $\hat{b}$의 평균은 b, 분산은 σ^2/S_{XX}이 된다. 오차항의 분산 σ^2이 알려져 있으면 $\hat{b} \sim N(b, \sigma_{\hat{b}}^2) = N(b, \sigma^2/S_{XX})$이 된다. 따라서 σ^2이 알려져 있으면 b의 추론은 정규분포를 사용한다. 그러나 실제로 오차의 분산 σ^2이 알려지는 경우는 거의 없으므로 추정값으로 평균제곱오차인 식 (9.15)를 사용해야 한다.

정의 9.3 기울기 b의 추정량 $\hat{b}$의 **표준오차**(SE, standard error)는 다음과 같이 $\hat{b}$의 분산의 표준편차로 정의된다.

$$SE(\hat{b}) = \begin{cases} \sigma/\sqrt{S_{XX}}, & \sigma^2\text{이 알려져 있을 때,} \\ s/\sqrt{S_{XX}}, & \sigma^2\text{이 알려져 있지 않을 때,} \end{cases}$$

여기서 $s = \sqrt{SSE/(n-2)}$로 식 (9.15)에 나타나 있다.

정리 9.3 기울기 b에 대한 추론(σ^2이 알려져 있지 않을 경우)

(1) 모수 b에 대한 $100(1-\alpha)\%$ 신뢰구간의 상한과 하한은 다음과 같다.

$$\hat{b} \pm t_{\alpha/2}(n-2)s/\sqrt{S_{XX}} \tag{9.18}$$

(2) 모기울기 b에 대한 귀무가설 $H_0 : b = b_0$의 기각 여부를 결정하는 데 사용하는

검정통계량은 다음과 같다.

$$T = \frac{\hat{b} - b_0}{\sqrt{MSE/S_{XX}}} = \frac{\hat{b} - b_0}{s/\sqrt{S_{XX}}} \sim t(n-2) \tag{9.19}$$

(3) 유의수준 α에서 다음의 대립가설에 대하여 각 기각역은 다음과 같다.

$H_0 : b = b_0$ 대 $H_1 : b > b_0$ 일 때, H_0의 기각역 $R_1 : T > t_\alpha(n-2)$,
$H_0 : b = b_0$ 대 $H_1 : b < b_0$ 일 때, H_0의 기각역 $R_2 : T < -t_\alpha(n-2)$,
$H_0 : b = b_0$ 대 $H_1 : b \neq b_0$ 일 때, H_0의 기각역 $R_3 : |T| > t_{\alpha/2}(n-2)$

[증명] (2) 추정량 $\hat{b}$의 평균은 b이고 분산은 σ^2/S_{XX}이므로 $(\hat{b}-b)/(\sigma/\sqrt{S_{XX}})$는 표준정규분포를 따른다. 또한, 정규성의 가정 하에서 [정리 4.4]의 결과와 유사한 방법으로 $(n-2)s^2/\sigma^2$은 $n-2$의 자유도를 갖는 카이제곱분포를 따른다는 것을 알 수 있다. 따라서 [정리 4.6]과 같은 방법으로 다음 식이 성립한다.

$$T = \frac{(\hat{b} - b_0)/(\sigma/\sqrt{S_{XX}})}{s/\sigma} = \frac{\hat{b} - b_0}{s/\sqrt{S_{XX}}} \sim t(n-2)$$

그러므로 모기울기 b에 대한 검정통계량은 식 (9.19)와 같다.

(1) 식 (9.19)에 의해 $(\hat{b}-b_0)/(s/\sqrt{S_{XX}}) \sim t(n-2)$이므로 [정리 5.3]과 같은 방법으로 하여 식 (9.18)과 같은 신뢰구간의 상한과 하한을 얻는다.

(3) [정리 6.2]의 (2) 및 [정리 6.8]의 (3)과 같은 맥락이다.

예제 9.4 [예제 9.1]에서 활용한 키와 몸무게를 나타낸 데이터셋 {(height, weight)} = $\{(x_k, y_k)\}$를 이용하여 R 프로그램으로 키와 몸무게에 대한 유의수준 1%에서 선형관계(선형적 연관성)의 여부를 판단하는 다음 각 물음에 답하시오.

(1) 귀무가설과 대립가설을 설정하고,

(2) 귀무가설이 참일 때 검정통계량을 구하고,

(3) 유의수준 $\alpha = 0.01$에 대한 기각역을 구하고,

(4) (3)의 기각역을 이용한 가설을 검정하고,

(5) 모수 b에 대한 $100(1-\alpha)\%$ 신뢰구간을 구하시오.

풀이 키(height)와 몸무게(weight)에 대한 선형관계의 여부($b \neq 0$)를 검정하는 문제이므로 양측검정이 된다.

(1) 가설검정에서 귀무가설과 대립가설은 다음과 같이 주어진다.

$H_0 : b = 0$ 대 $H_1 : b \neq 0$

(2) 모기울기 b에 대한 귀무가설 $H_0 : b = 0$의 기각여부를 결정하는 데 사용하는 검정통계량은 다음과 같다.

$$T = \frac{\hat{b} - 0}{\sqrt{MSE/S_{XX}}} = \frac{\hat{b} - 0}{s/\sqrt{S_{XX}}} \sim t(n-2)$$

(3) 유의수준 $\alpha = 0.01$에 대한 기각역은 자유도가 $n - 2 = 13$인 t-분포를 이용하여 [정리 9.3]의 (3)에 따라 $R_3 = \{|t| > t_{0.01/2}(13)\} = \{|t| > 3.0123\}$을 얻는다.

(4) 검정통계량 값은 $t_0 = (\hat{b} - b_0)/\sqrt{MSE/S_{XX}} \approx 3.45/\sqrt{2.32564/280} \approx 37.8553$이므로 기각역에 포함되고 유의수준 $\alpha = 0.01$에서 귀무가설 $H_0 : b = 0$를 기각한다. 즉, 키와 몸무게 사이에는 선형관계가 있다고 주장할 수 있다.

(5) [정리 9.3]의 (1)에 따라 99% 신뢰구간의 상·하한은 3.45 ± 0.2745이므로 신뢰구간은 $(3.1755, 3.7245)$로 계산된다.

```
# 9장 회귀분석 - 9.2 단순선형회귀 - 9.2.3 모수에 대한 추정과 검정
# [예제 9.4] 'women' 데이터셋을 이용한 회귀직선에 대한 추론
> head(women); attach(women)
> n <- length(height); n
> sxx <- sum(height^2) - n*(mean(height))^2; sxx
> syy <- sum(weight^2) - n*(mean(weight))^2; syy
> sxy <- sum(height*weight) - n*mean(height)*mean(weight); sxy
> sse <- syy - sxy^2/sxx; sse # s <- sqrt(sse/(n-2))
> (mse <-sse/(n-2)); (s <- sqrt(mse)) # 평균제곱오차와 그 표준편차
> qt(1-0.01/2,n-2) # (3)번: 기각역: R3 ={|t|>3.012276=t_alpha(n-2)}
> hb <- sxy/sxx; hb # 기울기: 3.45
> t0 <- hb/sqrt(mse/sxx); t0 # (4)번: 검정통계량 값 = 37.85531
> errlim <- qt(1-0.01/2, 13)*sqrt(mse)/sqrt(sxx); errlim
> cIntval <- hb + c(-1, 1)*errlim; cIntval # (5)번 답
> confint(lm(weight~height), level=0.99) # (5)번 답과 동일
```

3. 절편 a에 대한 추론

절편 모수 a에 대한 추론은 그 추정량인 $\hat{a}$을 근간으로 이루어진다. 따라서 확률변수 $\hat{a}$의 분포를 알아야 할 필요가 있다. 오차항은 $\epsilon_k \sim N(0, \sigma^2)$이면 [정의 9.1]에 의해 $y_k | x_k \sim N(a + bx_k, \sigma^2)$이다. [정리 9.2]에 의해 추정량 $\hat{a}$의 평균은 a, 분산은 $\sigma^2(\sum_{k=1}^{n} x_k^2)/(nS_{XX})$이 된다. 식 $\sigma^2(\sum_{k=1}^{n} x_k^2)/(nS_{XX}) = \sigma^2\left(1/n + \overline{X}^2/S_{XX}\right)$가 성립하는 것은 쉽게 보일 수 있다.

정의 9.4 절편 a의 추정량 $\hat{a}$의 표준오차 $SE(\hat{a})$는 다음과 같이 $\hat{a}$의 분산의 표준편차로 정의된다.

$$SE(\hat{a}) = \begin{cases} \sigma\left(1/n + \overline{X}^2/S_{XX}\right), & \sigma^2\text{이 알려져 있을 때,} \\ s\left(1/n + \overline{X}^2/S_{XX}\right), & \sigma^2\text{이 알려져 있지 않을 때,} \end{cases}$$

여기서 $s = \sqrt{SSE/(n-2)} = \sqrt{MSE}$로 식 (9.15)에 주어져 있다.

정리 9.4 Y-절편 a에 대한 추론(σ^2이 알려져 있지 않을 경우)

(1) 모수 a에 대한 $100(1-\alpha)\%$ 신뢰구간의 상한과 하한은 다음과 같다.

$$\hat{a} \pm t_{\alpha/2}(n-2) \cdot s\sqrt{1/n + \overline{X}^2/S_{XX}} \tag{9.20}$$

(2) 절편 a에 대한 귀무가설 $H_0 : a = a_0$의 기각 여부를 결정하는 데 사용하는 검정통계량은 다음과 같다.

$$T = \frac{\hat{a} - a_0}{s\sqrt{1/n + \overline{X}^2/S_{XX}}} \sim t(n-2) \tag{9.21}$$

(3) 유의수준 α에서 다음의 대립가설에 대하여 각 기각역은 다음과 같다.

$H_1 : a > a_0$ 일 때, H_0의 기각역 $R_1 : T > t_\alpha(n-2)$,
$H_1 : a < a_0$ 일 때, H_0의 기각역 $R_2 : T < -t_\alpha(n-2)$,
$H_1 : a \neq a_0$ 일 때, H_0의 기각역 $R_3 : |T| > t_{\alpha/2}(n-2)$

[증명] [정리 9.3]의 증명과 유사한 절차와 방법을 따르므로 생략한다.

예제 9.5 [예제 9.4]의 데이터를 이용하여 모수 a에 대해 추론하는 다음 각 물음에 답하시오.

(1) 절편 a가 0인지 여부를 검정하기 위한 귀무가설과 대립가설을 설정하고,

(2) 귀무가설이 참일 때 검정통계량을 구하고,

(3) 유의수준 $\alpha = 0.05$에 대한 기각역을 구하고,

(4) (3)의 기각역을 이용한 가설을 검정하고,

(5) 모수 a에 대한 95% 신뢰구간을 구하시오

풀이 키와 몸무게에 대한 $a \neq 0$의 여부를 검정하는 문제로 양측검정이다.

(1) 가설검정을 위한 귀무가설과 대립가설은 다음과 같다.

$H_0 : a = 0$ 대 $H_1 : a \neq 0$.

(2) 귀무가설 $H_0 : a = 0$의 기각 여부를 결정하는 데 사용하는 검정통계량은 다음 식으로 주어진다.

$$T = \frac{\hat{a} - 0}{s\sqrt{1/n + \overline{X}^2 / S_{XX}}} \sim t(n-2).$$

(3) 유의수준 $\alpha = 0.05$에 대한 기각역은 자유도가 $n - 2 = 13$인 t-분포를 이용하여 [정리 9.4]의 (3)에 따라 $R_3 = \{|t| > t_{0.05/2}(13)\} = \{|t| > 2.1604\}$을 얻는다.

(4) 검정통계량 값은 $t_0 = \hat{a} / \sqrt{MSE(1/n + \overline{X}^2 / S_{XX})} \approx -14.741$이므로 기각역에 포함되고 유의수준 5%에서 귀무가설 $H_0 : a = 0$를 기각한다.

(5) [정리 9.4]의 (1)에 따라 95% 신뢰구간의 상·하한은 -87.5166 ± 12.826이므로 신뢰구간은 $(-100.343, -74.691)$로 계산되고 95% 신뢰구간에 0이 포함되지 않으므로 $H_0 : a = 0$를 기각한다.

```
# 9장 회귀분석 - 9.2 단순선형회귀 - 9.2.3 모수에 대한 추정과 검정
# [예제 9.5]: [예제 9.4]의 데이터를 이용하여 모수 a에 대한 추론
> attach(women)
> (n <- length(height)) # n = 15
> sxx; syy; sxy; sse # [예제 9.4]의 R 프로그램 참조
> fit5 <- lm(weight~height, data=women); fit5
> mse <- sse/(n-2);mse; qt(1-0.01/2,13)
> ha <- mean(weight)- hb*mean(height); ha # Y-절편 = -87.51667
> tmp <- sqrt(mse*(1/n + mean(height)^2/sxx))
> t0 <- ha/tmp; t0  # 검정통계량 값 = -14.74103
> errlim1 <- qt(1-0.05/2, 13)*tmp; errlim1
> cIntv <- ha + c(-1, 1)*errlim1; cIntv # (5)번 답
> confint(fit5, level=0.95) # (5)번 답과 동일
```

4. 평균반응에 대한 추론

두 변수 X와 Y의 선형관계가 의미가 있다고 검정된 경우, 독립변수의 어떤 특정한 값 $X = x_0$에 대응되는 종속변수 Y의 기댓값 $y = E(Y|X = x_0)$을 예측할 필요가 있다. 이 때 $X = x_0$에 대응되는 **평균반응** $y = a + bx_0$에 대한 추론은 $\hat{y} = \hat{a} + \hat{b}x_0$에 근거하여 이루어진다. 우선 $\hat{y} = \hat{a} + \hat{b}x_0$의 표본분포를 알아야 할 필요가 있다.

정의 9.5 평균반응 $y=a+bx_0$의 추정량 $\hat{y}=\hat{a}+\hat{b}x_0$의 표준오차는 다음과 같이 $\hat{y}=\hat{a}+\hat{b}x_0$의 분산의 표준편차로 정의한다.

$$SE=\sqrt{MSE\left(\frac{1}{n}+\frac{(x_0-\overline{X})^2}{S_{XX}}\right)}$$

정리 9.5 평균반응 $y=a+bx_0$에 대한 추론(σ^2이 알려져 있지 않을 경우)

(1) 평균반응 $y=a+bx$에 대한 $100(1-\alpha)\%$ 신뢰구간은 다음과 같다.

$$(\hat{a}+\hat{b}x_0)\pm t_{\alpha/2}(n-2)\cdot s\sqrt{1/n+(x_0-\overline{X})^2/S_{XX}} \tag{9.22}$$

(2) 평균반응 $y=a+bx$에 대한 귀무가설 $H_0: a+bx=\mu_0$의 기각 여부를 결정하는 데 사용하는 검정통계량은 다음과 같다.

$$T=\frac{\hat{a}+\hat{b}x_0-\mu_0}{s\sqrt{1/n+(x_0-\overline{X})^2/S_{XX}}}\sim t(n-2) \tag{9.23}$$

[증명] [정리 9.3]의 증명과 유사한 절차와 방법을 따르므로 생략한다.

예제 9.6 [예제 9.1~5]의 키와 몸무게를 나타내는 데이터로부터 키가 70[in]일 때 평균몸무게의 95% 신뢰구간을 R 프로그램을 이용하여 구하시오.

(풀이) 추정량은 $\hat{y}=\hat{a}+\hat{b}x_0\approx-87.5167+3.45\times70\approx153.9833$[lbs]$\approx69.847$[Kg]이고 $t_{0.025}(13)\approx2.1604$이므로 95% 신뢰구간은 다음과 같다.

$$\begin{aligned}&(\hat{a}+\hat{b}x_0)\pm t_{\alpha/2}(15-2)\sqrt{MSE(1/n+(70-\overline{X})^2/S_{XX})}\\&\approx153.9833\pm2.1604\times0.60224\approx153.9833\pm1.3011\\&\Rightarrow(152.6822,155.2844)[lbs]\end{aligned}$$

```
# 9장 회귀분석 - 9.2 단순선형회귀 - 9.2.3 모수에 대한 추정과 검정
# [예제 9.6] 키가 70[in]일 때 평균몸무게의 95% 신뢰구간 구하기
> hy <- ha + hb*70; hy # 70[in] = 70*2.54 = 177.8[cm]
# hy = 153.9833[lbs] = 153.9833*0.4536 = 69.847[Kg]
> tmp1 <- sqrt(mse*(1/n + (70-mean(height))^2/sxx)); tmp1
> errlim2 <- qt(1-0.05/2, 13)*tmp1; errlim2
> cIntv1 <- hy + c(-1, 1)*errlim2; cIntv1
```

9.2.4 선형관계의 적합정도

지금까지는 단순선형회귀모형의 최소제곱법과 선형회귀모형의 모수에 대한 추론을 다루었다. 통계자료분석에 사용되는 모형은 독립변수와 종속변수 간의 관계를 간단한 함수로 표현하여 근사적으로 예측값을 구하려는 접근 방법이다. 자료를 어떤 모형으로 표현할 때, 그 모형이 얼마나 적합한지를 표시하는 측도가 필요하다. 여기서는 선형모형의 적합정도를 나타내는 측도를 다루기로 한다. 식 (9.7)로부터 독립변수 x_k에서의 관측값 y_k에 대응되는 예측값 $\hat{y}_k$와 잔차 e_k에 대한 관계식은 다음과 같이 다시 쓸 수 있다.

$$y_k = \hat{y_k} + e_k \equiv (\hat{a} + \hat{b}x_k) + (y_k - \hat{a} - \hat{b}x_k),\ k = 1, 2, \cdots, n \qquad (9.24)$$

위 식에서 $(\hat{a} + \hat{b}x_k)$는 y_k가 선형관계로 표현되는 부분이고 나머지는 잔차로서 y_k가 선형관계로 표현되지 않는 부분이 된다. 잔차 $e_k, k = 1, \cdots, n$가 모두 0이 된다면 종속변수 Y는 독립변수 X로 표현되는 선형관계로 잘 설명되고 이 값들이 0과 차이가 클수록 선형관계가 약하다고 설명할 수 있다.

잔차들의 제곱의 크기를 나타내는 잔차제곱합(SSE)은 식 (9.14)에 나타나 있으며 다음 식을 잘 음미하면, 자료의 전체적인 경향이 선형관계에서 벗어난 정도를 나타낸다고 볼 수 있다.

$$SSE = \sum_{k=1}^{n} e_k^2 = \sum_{k=1}^{n} (y_k - \hat{y}_k)^2 = \sum_{k=1}^{n} (y_k - \hat{a} - \hat{b}x_k)^2 = S_{YY} - \frac{S_{XY}^2}{S_{XX}}, \qquad (9.25)$$

여기서 S_{XX}와 S_{XY}는 식 (9.10)에 정의되어 있고 S_{YY}는 자료의 Y값들이 나타내는 총변동의 크기로 볼 수 있다.

> **정의 9.6** 자료의 Y값들이 나타내는 변동의 크기를 종속변수 Y의 **총제곱합**(total sum of squares)이라고 하고 다음 식으로 정의하며 SST로 표기한다.
>
> $$SST \equiv S_{YY} = \sum_{k=1}^{n} (y_k - \overline{Y})^2 = \sum_{k=1}^{n} y_k^2 - \frac{1}{n}\left(\sum_{k=1}^{n} y_k\right)^2 \qquad (9.26)$$

식 (9.25)와 식 (9.26)으로부터 총변동량에 대한 다음 식을 얻을 수 있다.

$$SST = \left(S_{YY} - \frac{S_{XY}^2}{S_{XX}}\right) + \frac{S_{XY}^2}{S_{XX}} = SSE + \frac{S_{XY}^2}{S_{XX}}, \qquad (9.27)$$

식 (9.25)에 의해 식 (9.27)에서 SSE는 선형관계를 벗어난 정도를 나타내므로 S_{XY}^2 / S_{XX}는 총변동량 중에서 선형관계 적합정도를 설명하는 부분으로 해석할 수 있다.

정의 9.7 총제곱합(SST) 중에서 선형관계 적합정도를 나타내는 부분을 **회귀제곱합**(regression sum of squares)이라고 하고 다음과 같이 SSR로 표기한다.

$$SSR \equiv \sum_{k=1}^{n} (\widehat{y_k} - \overline{Y})^2 = \frac{S_{XY}^2}{S_{XX}} \tag{9.28}$$

정리 9.6 관측한 표본 집합 (y_k, x_k), $k = 1, 2, \cdots, n$로 구성된 단순선형회귀모형 $y_k = a + bx_k + \epsilon_k$이 주어지면 총제곱합($SST$)은 다음과 같이 분해가능하다.

$$SST \equiv \sum_{k=1}^{n} (y_k - \overline{Y})^2 = \sum_{k=1}^{n} (\widehat{y_k} - \overline{Y})^2 + \sum_{k=1}^{n} (y_k - \widehat{y_k})^2 = SSR + SSE$$

[증명] 총제곱합(SST), SSE 및 SSR의 정의로부터 다음 식을 얻을 수 있다.

$$\begin{aligned} SST &= \sum_{k=1}^{n} (y_k - \overline{Y})^2 = \sum_{k=1}^{n} (y_k - \widehat{y_k} + \widehat{y_k} - \overline{Y})^2 = \sum_{k=1}^{n} [e_k + (\widehat{y_k} - \overline{Y})]^2 \\ &= \sum_{k=1}^{n} (\widehat{y_k} - \overline{Y})^2 + \sum_{k=1}^{n} e_k^2 + 2\sum_{k=1}^{n} e_k (\widehat{y_k} - \overline{Y}) \end{aligned}$$

[정의 9.6]의 식 (9.26)과 [정의 9.7]의 식 (9.28)을 위 식에 대입하면 다음 식을 얻을 수 있다.

$$SST = SSR + SSE + 2\sum_{k=1}^{n} e_k (\widehat{y_k} - \overline{Y})$$

식 (9.11)로부터 $\sum e_k = \sum e_k x_k = 0$이고 $\widehat{y_k} = \hat{a} + \hat{b} x_k$를 위 식에 대입하면 결과적으로 다음 식을 얻는다.

$$\begin{aligned} SST &= SSR + SSE + 2(\hat{a} - \hat{Y}) \sum_{k=1}^{n} e_k + 2\hat{b} \sum_{k=1}^{n} e_k x_k \\ &= SSR + SSE \end{aligned}$$

[정리 9.6]의 결론인 $SST = SSR + SSE$ 관계로부터 총변동량은 선형관계 변동량과 선형관계를 벗어난 양의 합으로 표시할 수 있음을 알 수 있다. [정리 9.6]과 식 (9.14)로부터 식 (9.28)의 우측 등호가 성립하는 타당성을 갖는다. 먼저 식 (9.14)로부터 다음 식을 갖는다.

$$\begin{aligned} SSE &= \sum_{k=1}^{n} [(y_k - \overline{Y}) - \hat{b}(x_k - \overline{X})]^2 = S_{YY} - 2\hat{b} S_{XY} + \hat{b}^2 S_{XX} \\ &= SST - S_{XY}^2 / S_{XX} \end{aligned}$$

다음으로 [정리 9.6]으로부터 다음 식을 얻을 수 있다.

$$SSE = SST - S_{XY}^2 / S_{XX} = SSE + SSR - S_{XY}^2 / S_{XX}$$

위 식으로부터 식 (9.28)의 우측 등호가 성립함을 알 수 있다.

◎ **결정계수(Coefficient of determination)와 상관계수**: [정리 9.6]으로부터 Y의 총변동량 SST 중에서 SSE가 작고 $SSR \equiv S_{XY}^2 / S_{XX}$이 클수록 선형관계 적합정도가 강하다고 볼 수 있다. 따라서 선형모형이 어느 정도 적합한지를 표시하는 측도로서 Y의 총변동량 $SST = SSE + SSR$에 대한 선형관계 변동 부분인 SSR의 비율을 선형관계 적합정도 표시측도로 고려할 수 있다.

정의 9.8 Y의 총변동량 SST에 대한 선형관계 변동 부분인 $SSR = S_{XY}^2 / S_{XX}$의 비율을 **결정계수**라고 하고 다음과 같은 식으로 정의하며 R^2으로 표기한다.

$$R^2 \equiv \frac{SSR}{SST} = \frac{S_{XY}^2}{S_{XX}S_{YY}} = 1 - \frac{SSE}{SST} \tag{9.29}$$

식 (9.29)로부터 R^2은 $0 \leq R^2 \leq 1$을 만족하며 1에 가까울수록 선형회귀모형이 관측결과를 잘 설명하는 것으로 볼 수 있고 R^2이 0에 가까울수록 관측 결과를 설명하는 데 도움이 되지 않는다는 것을 알 수 있다. [정의 2.25]의 식 (2.22)로 정의된 표본상관계수는 식 (9.29)의 결정계수 R^2과 다음과 같은 관계를 갖는다.

$$Cor(X, Y)^2 = \frac{Cov(X, Y)^2}{Var(X)\,Var(Y)} = \frac{S_{XY}^2}{S_{XX}S_{YY}} = R^2 \tag{9.30}$$

예제 9.7 [예제 9.3]의 자료를 이용하여 결정계수 R^2을 구하시오.

풀이 [예제 9.3]의 [풀이]에서 $S_{XY}^2 = 966^2 = 933156$, $S_{XX} = 280$, $S_{YY} = 3362.933$이므로 $R^2 = S_{XY}^2 / (S_{XX}S_{YY}) = 933156/(280 \times 3362.933) \approx 0.9910$이다. 참고로 R에서 'attach(women); summary(lm(weight~height))'을 수행하고 결정계수의 계산 결과가 같다는 것을 다음 프로그램으로 확인할 수 있다.

```
# 9장 회귀분석 - 9.2 단순선형회귀 - 9.2.4 선형관계의 적합정도
# [예제 9.7] 'women'을 이용한 선형회귀직선에 대한 결정계수
> head(women)
```

```
> attach(women)
> n <- length(height); n
> sxx <- sum(height^2) - n*(mean(height))^2; sxx
> syy <- sum(weight^2) - n*(mean(weight))^2; syy
> sxy <- sum(height*weight) - n*mean(height)*mean(weight); sxy
> Rsq <- sxy^2/(sxx*syy); Rsq
> summary(lm(weight~height)) # 위 Rsq는 'Multiple R-squared:'와 동일
> opar <- par(mfrow=c(2,2), oma=c(0,0,1.1,0), mar=c(4.1,4.1,2.1,1.1))
> plot(lm(weight~height)) # [그림 9.4] 참조
# [그림 9.4]의 위쪽 두 그림으로부터 선형회귀가 부적절함을 알 수 있음
# 아래 회귀분석은 9.3 다중선형회귀에서 다룰 2차 다항회귀식 적합임
> summary(lm2<-lm(weight~height+I(height^2))) # 결정계수 크게 개선됨
# I(수학식) 함수는 파라미터가 수학식이라는 것을 R에게 알려줌
> plot(lm2) # 2차 다항회귀(9.3절 참조)가 적절함을 알 수 있음
> par(opar)
```

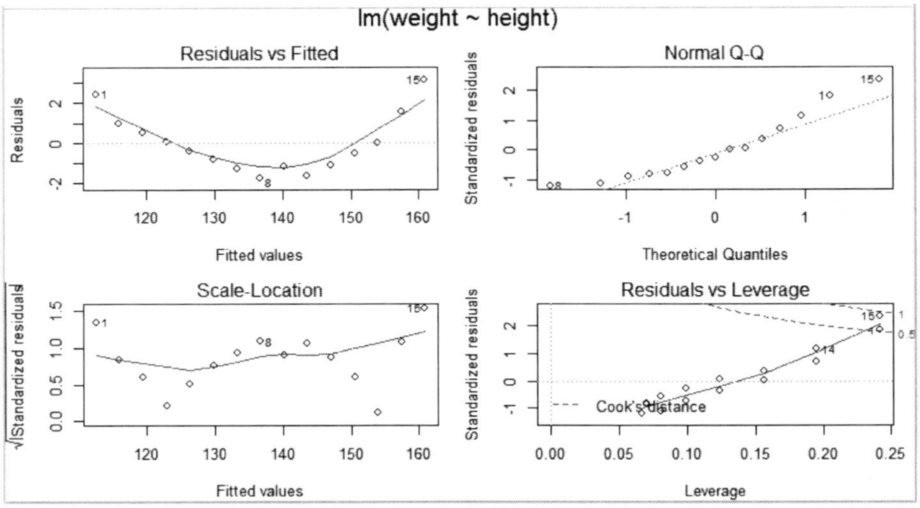

[그림 9.4] 키에 대한 몸무게의 단순선형회귀 결과 적합정도 표시 그래프

9.3 다중선형회귀

9.2절에서는 하나의 독립변수 X와 종속변수 Y가 선형으로 관련되었을 때의 회귀모형에 대해 알아보았다. 그러나 현실에서는 종속변수 Y에 영향을 미치는 독립변수가 두 개 이상인 경우가 많으며 적절한 독립변수 여러 개를 선택하여 종속변수 Y를 설명할 때 더 좋은 예측 결과를 얻을 수 있다. 이처럼 종속변수 Y의 변화를 예측하기 위하여

두 개 이상의 독립변수를 사용하는 선형회귀모형을 **다중선형회귀모형**(Multiple Linear Regression Model)이라고 하며, 선형이라는 말을 빼고 간단히 다중회귀모형이라고도 한다. 예를 들어, 미세먼지의 원인으로는 황사뿐만 아니라 자동차 배기가스 및 공장배출가스를 들 수 있으며 그 외에도 생물학적 연소 등이 있다.

9.3.1 다중선형회귀모형

다중선형회귀모형은 두 개 이상의 독립변수를 사용하여 종속변수의 변화를 설명한다. 종속변수 Y에 영향을 미치는 둘 이상의 독립변수가 있을 때, 다중회귀모형은 다음과 같은 식으로 표현되는 통계적 모형을 의미한다.

$$y_k = b_0 + b_1 x_{1k} + b_2 x_{2k} + \cdots + b_m x_{mk} + \epsilon_k,\ k = 1, 2, \cdots, n, \tag{9.31}$$

여기서 y_k는 종속변수, $x_{ik}, i = 1, \cdots, m$는 i번째 독립변수, b_i는 x_{ik}에 관련된 기울기, b_0는 절편, ϵ_k는 오차항으로 $\epsilon_k \sim iid\ N(0, \sigma^2)$이다. 여기서 iid는 독립이고 동일한 분포(iid, independently identically distributed)를 의미한다. 다중회귀모형에서 회귀계수 b_i를 **편회귀계수**(partial regression coefficient)라고 하기도 한다.

예제 9.8 R이 제공하는 균일분포 난수생성 함수를 사용하여 난수 10개씩을 갖는 3개의 독립변수 u, v, w를 생성하고 정규분포를 따르는 오차항을 가미하여 종속변수 Y를 선형으로 구성하고 R의 선형회귀분석 함수 lm()을 이용하여 다중회귀분석을 실행하시오.

풀이 예제를 풀기 위한 R 프로그램은 다음과 같고 적절하게 생성된 3개의 독립변수 u, v, w에 적합되는 회귀식은 다음과 같이 추정된다.

$$y = 4.155 + 1.180u + 1.967v - 2.979w$$

```
# 9장 회귀분석 - 9.3 다중선형회귀 - 9.3.1 다중선형회귀모형
# [예제 9.8] 균일분포 난수생성함수를 사용한 다중선형회귀분석
> set.seed(1234) # 재현성을 위한 시드 배정
> u <- runif(10,0,10) # 구간 [0,10] 사이에서 균일분포 난수 10개 생성
> v <- runif(10,0,20) # 구간 [0,20] 사이에서 균일분포 난수 10개 생성
> w <- runif(10,0,30) # 아래 rnorm()은 정규난수를 생성함
> y <- 5 + u + 2*v - 3*w + rnorm(10,0.1); y
> m3 <- lm(y~u+v+w); summary(m3)
# 결정계수(Multiple R-squared): 0.9994, 수정된 결정계수: 0.9991
# F-통계량(statistic): 3349 on 3 and 6 DF, p-값(value): 4.651e-10
# p-값이 유의수준 5% 하에서 추정된 회귀모형이 통계적으로 매우 유의함
# 결정계수와 수정결정계수 모두 1에 가까우므로 회귀식이 데이터를 잘 설명함
# 회귀계수 u, v, w의 p-값들도 작으므로 이들 추정치도 통계적으로 유의함
```

9.3.2 다항회귀

일반적인 다중선형회귀모형이 식 (9.31)과 같이 주어진다면, **다항회귀모형**은 독립변수 $x_{ik,}\ i=1,\cdots,m$들 대신에 $x_{ik}=x_k^i, i=1,\cdots,m$로 대치되어 종속변수와 독립변수와의 관계가 다음과 같이 표시된다.

$$y_k = b_0 + b_1 x_k + b_2 x_k^2 + \cdots + b_m x_k^m + \epsilon_k,\ k=1,2,\cdots,n, \qquad (9.32)$$

여기서 y_k는 종속변수이고 다항회귀모형은 독립변수 x_k의 다항식으로 표현되며 b_i는 x_k^i의 계수, b_0는 절편, ϵ_k는 오차항으로 $\epsilon_k \sim iid\, N(0,\sigma^2)$가 된다. 분석하고자 하는 데이터의 분포가 2차 곡선 형태이면 2차 다항식, 3차 곡선 형태이면 3차 다항식으로 적합하는 것이 바람직할 것이다. 그러므로 다항회귀모형은 회귀모형을 다차원 다항식으로 두고 회귀분석을 수행하는 것으로 볼 수 있으며 다중회귀모형의 일종이다. 다항회귀모형의 문제점은 x_k와 x_k^i들의 상관계수가 매우 높다는 점이다. 다항회귀분석에서 주의할 점은 1차항이 유의하지 않다고 1차항을 제외하고 2차항 이상 고차항만을 모형에 포함시키는 것은 부적절할 수가 있다.

예제 9.9 R의 패키지 {datasets}이 제공하는 데이터셋 cars는 1920년대 기록된 데이터로 dist와 speed의 두 변수로 구성되어 있다. 급제동 이후 차의 속도(speed)에 따라 차가 멈출 때까지 진행한 거리(dist)를 보여준다. 이 데이터셋 cars를 이용하여 dist가 speed의 변화에 따라 어떻게 변하는지 다항회귀모형을 이용하여 적합하고 분석해 보시오.

풀이 예제를 풀기 위한 R 프로그램은 다음과 같고 적절하게 적합된 2차 다항회귀모형은 다음과 같이 주어진다.

$$dist = 2.47014 + 0.91329 speed + 0.09996 speed^2$$

```
# 9장 회귀분석 - 9.3 다중선형회귀 - 9.3.2 다항회귀모형
# [예제 9.9] R 패키지 {datasets}의 데이터셋 cars를 이용한 다항회귀분석
> data(cars); head(cars)
> attach(cars)
> plot(speed, dist)
> mf1 <- lm(dist ~ speed); summary(mf1); abline(mf1, col=2)
# I(수학식) 함수는 파라미터가 수학식이라는 것을 R에게 알려줌
> mf2 <- lm(dist ~ speed + I(speed^2)); summary(mf2)
> with(cars, cor(speed, speed^2)) # [1] 0.9794765
# 둘(speed와 speed^2)의 상관관계가 매우 높음
> mf2d <- lm(dist ~ I(speed^2)); summary(mf2d) # 1차항을 제외함
```

예제 9.10 적절한 코사인 함수와 정규난수 오차항을 이용하여 곡선을 생성하고 차례대로 선형회귀모형, 2차 다항회귀모형 및 3차 다항회귀모형을 구하는 R 프로그램을 작성하시오.

풀이 예제를 풀기 위한 R 프로그램은 다음과 같다. 코사인 함수와 정규난수 오차항을 이용한 곡선은 R의 난수생성함수 runif()와 rnorm()을 이용하고 다음 식과 같이 두기로 한다.

$$y = \cos(1.7\pi \times x) + rnorm(20) \times 0.1, \ \ where \ \ x = runif(20)$$

```
# 9장 회귀분석 - 9.3 다중선형회귀 - 9.3.2 다항회귀모형
# [예제 9.10] 코사인 함수를 이용한 다항회귀모형의 적합과 분석
> set.seed(1234) # 재현성을 위한 시드 배정
> x <- runif(20) # x <- x[order(x)]; x
> y <- cos(1.7*pi*x) + rnorm(20)*0.1
> df <- data.frame(x, y); df # 데이터프레임 자료형으로 변환
> mf1 <- lm(y ~ x, data=df); summary(mf1); plot(mf1)
> plot(df, xlim=c(0,1)); abline(mf1, col="red")
> mf2 <- lm(y ~ x + I(x^2), data=df); summary(mf2); plot(mf2)
# I(수학식) 함수는 파라미터가 수학식이라는 것을 R에게 알려줌
> plot(df, xlim=c(0,1)); xp <- seq(0, 1, length=500)
> lines(xp, predict(mf2, data.frame(x=xp)), type="l", col=2)
# predict()는 다양한 모델을 함수로 적합한 결과로부터 예측값을 제공하는 R-함수
> mf3 <- lm(y ~ x + I(x^2) + I(x^3), data=df); summary(mf3); plot(mf3)
> plot(df, xlim=c(0,1)); xp <- seq(0, 1, length=500)
> lines(xp, predict(mf3, data.frame(x=xp)), type="l", col=2)
```

9.3.3 다중회귀모형의 적합

식 (9.31)과 같이 주어지는 다중회귀모형에서 종속변수 Y를 m개의 독립변수 $X_1, \cdots, X_m$의 함수로 모형화할 때, 주어진 데이터 집합이 다음과 같다고 하자.

$$(y_k, x_{1k}, x_{2k}, \cdots, x_{mk}), \ k = 1, 2, \cdots, n \tag{9.33}$$

종속변수의 관측치 y_k는 m개의 독립변수 $X_1, \cdots, X_m$의 실측값 $x_{1k}, x_{2k}, \cdots, x_{mk}$와 함께 관측된다. 다중선형회귀식 (9.31)에서 회귀계수 $b_0, b_i, i = 1, \cdots, m$는 미지의 모수이며, 오차항 ϵ_k는 $\epsilon_k \sim iid N(0, \sigma^2)$이며 $N(0, \sigma^2)$에서 추출한 독립 관측치라고 가정한다. 독립변수 $X = (x_1, \cdots, x_m)$이 주어졌을 때, 종속변수의 기댓값은 다음과 같다.

$$E(Y|X) = b_0 + b_1 x_1 + b_2 x_2 + \cdots + b_m x_m \tag{9.34}$$

[예 9.2] 식 (9.34)에서 $m=2$이면 기댓값은 평면 위에 놓이게 된다.

[예 9.3] 식 (9.34)에서 $m=2$이고 $x_2=x_1^2$이면 회귀모형은 2차 다항회귀식이 되고 종속변수를 독립변수의 2차 다항식으로 표시할 수 있다.

◎ **최소제곱법:** 이제 모수 $b_0, b_i, i=1,\cdots,m$를 최소제곱법을 이용하여 추정하기로 하고 잔차의 제곱합이 최소가 되도록 하기 위해 R을 다음과 같이 두기로 하자.

$$R=\sum_{k=1}^{n}[y_k-(b_0+b_1x_{1k}+b_2x_{2k}+\cdots+b_mx_{mk})]^2 \tag{9.35}$$

먼저 식 (9.35)를 b_0에 관해서 편미분하면 다음 식을 얻는다.

$$\frac{\partial R}{\partial b_0}=-2\sum_{k=1}^{n}[y_k-(b_0+b_1x_{1k}+b_2x_{2k}+\cdots+b_mx_{mk})]$$

다음으로, 식 (9.35)를 $b_i, i=1,\cdots m$에 관해서 편미분하면 다음 식을 얻는다.

$$\frac{\partial R}{\partial b_i}=-2\sum_{k=1}^{n}x_{ik}[y_k-(b_0+b_1x_{1k}+b_2x_{2k}+\cdots+b_mx_{mk})]$$

잔차의 제곱합을 최소화하기 위해 $\partial R/\partial b_0=0$, $\partial R/\partial b_i=0$로 두고 정리하면 다음과 같은 선형연립방정식을 얻는다.

$$\begin{aligned}
\sum_{k=1}^{n}y_k &= nb_0+b_1\sum_{k=1}^{n}x_{1k}+b_2\sum_{k=1}^{n}x_{2k}+\cdots+b_m\sum_{k=1}^{n}x_{mk}\\
\sum_{k=1}^{n}y_kx_{1k} &= b_0\sum_{k=1}^{n}x_{1k}+b_1\sum_{k=1}^{n}x_{1k}^2+b_2\sum_{k=1}^{n}x_{1k}x_{2k}+\cdots+b_m\sum_{k=1}^{n}x_{1k}x_{mk}\\
&\vdots\\
\sum_{k=1}^{n}y_kx_{mk} &= b_0\sum_{k=1}^{n}x_{mk}+b_1\sum_{k=1}^{n}x_{mk}x_{1k}+b_2\sum_{k=1}^{n}x_{mk}x_{2k}+\cdots+b_m\sum_{k=1}^{n}x_{mk}^2
\end{aligned}$$

– 위 식을 행렬형(matrix form)으로 다시 쓰면 다음과 같은 식을 얻는다.

$$\begin{pmatrix}
n & \sum_{k=1}^{n}x_{1k} & \sum_{k=1}^{n}x_{2k} & \cdots & \sum_{k=1}^{n}x_{mk}\\
\sum_{k=1}^{n}x_{1k} & \sum_{k=1}^{n}x_{1k}^2 & \sum_{k=1}^{n}x_{1k}x_{2k} & \cdots & \sum_{k=1}^{n}x_{1k}x_{mk}\\
\sum_{k=1}^{n}x_{2k} & \sum_{k=1}^{n}x_{2k}x_{1k} & \sum_{k=1}^{n}x_{2k}^2 & \cdots & \sum_{k=1}^{n}x_{2k}x_{mk}\\
\vdots & \vdots & \vdots & \ddots & \vdots\\
\sum_{k=1}^{n}x_{mk} & \sum_{k=1}^{n}x_{mk}x_{1k} & \sum_{k=1}^{n}x_{mk}x_{2k} & \cdots & \sum_{k=1}^{n}x_{mk}^2
\end{pmatrix}
\begin{pmatrix}b_0\\ b_1\\ b_2\\ \vdots\\ b_m\end{pmatrix}
=
\begin{pmatrix}\sum_{k=1}^{n}y_k\\ \sum_{k=1}^{n}x_{1k}y_k\\ \sum_{k=1}^{n}x_{2k}y_k\\ \vdots\\ \sum_{k=1}^{n}x_{mk}y_k\end{pmatrix}. \tag{9.36}$$

식 (9.36)으로 주어지는 연립방정식이 해를 갖는다면 최소제곱추정치는 모수추정치가 되고 $\hat{b_0}$, $\hat{b_i}, i=1,\cdots,m$로 표시한다.

적합모형의 적합정도 분석: 모수추정치가 결정되면 식 (9.33)으로 주어지는 데이터 집합에 대한 종속변수의 적합치는 다음과 같다.

$$\hat{y_k} = \hat{b_0} + \hat{b_1}x_{1k} + \hat{b_2}x_{2k} + \cdots + \hat{b_m}x_{mk},\ k=1,2,\cdots,n \tag{9.37}$$

종속변수의 관측치와 적합치의 차에 대한 값으로 $k,(k=1,\cdots,n)$번째 **잔차** e_k와 **잔차제곱합(오차제곱합)** SSE는 다음과 같이 정의한다.

$$SSE \equiv \sum_{k=1}^{n}(y_k - \hat{y_k})^2 = \sum_{k=1}^{n} e_k^2,\ where\ \ e_k \equiv y_k - \hat{y_k} \tag{9.38}$$

오차항의 분산 σ^2 또한 모수이기 때문에 단순선형회귀모형에서와 같은 방법으로 식 (9.15)와 유사하게 추정치는 잔차제곱합 SSE를 $n-m-1$로 나눈 값인 다음의 **평균제곱오차**(MSE: mean squared error)를 사용한다.

$$\hat{\sigma^2} = MSE = \frac{SSE}{n-m-1} = \frac{1}{n-m-1}\sum_{k=1}^{n} e_k^2 \tag{9.39}$$

다중선형회귀모형의 적합정도를 분석하기 위해서는 단순선형회귀모형에서와 같이 모형의 적합정도 표시측도인 결정계수를 정의할 필요가 있다. 단순회귀모형에서 결정계수(R^2)는 총제곱합(SST)에 대한 회귀제곱합(SSR)의 비율로 정의하였고 $SST = SSE + SSR$이 성립함을 증명하였다. 단순회귀모형에서 총제곱합(SST)은 [정의 9.6]의 식 (9.26)에 나타나 있고, 회귀제곱합(SSR)은 [정의 9.7]의 식 (9.28)에, 결정계수(R^2)는 [정의 9.8]의 식 (9.29)에 잘 정의되어 있다.

정의 9.9 다중선형회귀모형에서 종속변수 Y의 (1) **총제곱합**(SST), (2) **회귀제곱합**(SSR)과 총제곱합에 대한 회귀제곱합의 비율인 (3) **결정계수**(R^2) 및 (4) **수정결정계수**(R_{Adj}^2)는 각각 다음과 같이 정의한다.

(1) 총제곱합 $$SST = \sum_{k=1}^{n}(y_k - \overline{Y})^2 = S_{YY} \tag{9.40a}$$

(2) 회귀제곱합 $$SSR = \sum_{k=1}^{n}(\hat{y_k} - \overline{Y})^2 = S_{XY}^2 / S_{XX} \tag{9.40b}$$

(3) 결정계수 $$R^2 = \frac{SSR}{SST} = \frac{S_{XY}^2}{S_{XX}S_{YY}} = 1 - \frac{SSE}{SST} \tag{9.40c}$$

(4) 수정결정계수 $$R_{Adj}^2 = 1 - \frac{SSE/(n-m-1)}{SST/(n-1)} \tag{9.40d}$$

다중회귀모형의 행렬 표현: 다중회귀모형 식 (9.31)을 행렬형으로 표현하기 위해 X를 식 (9.33)의 독립변수들의 값을 포함하는 $n\times(m+1)$ 행렬로, 모수 B는 $(m+1)\times 1$인 벡터로 각각 다음과 같이 두자.

$$X=\begin{pmatrix} 1 & x_{11} & x_{21} & \cdots & x_{m1} \\ 1 & x_{12} & x_{22} & \cdots & x_{m2} \\ \vdots & \vdots & \vdots & \ddots & \vdots \\ 1 & x_{1n} & x_{2n} & \cdots & x_{mn} \end{pmatrix},\quad B=\begin{pmatrix} b_0 \\ b_1 \\ \vdots \\ b_m \end{pmatrix} \tag{9.41}$$

또한 Y를 $n\times 1$인 독립변수 벡터로, ϵ을 $n\times 1$인 오차항 벡터로 두자.

$$Y=\begin{pmatrix} y_1 \\ y_2 \\ \vdots \\ y_n \end{pmatrix},\quad \epsilon=\begin{pmatrix} \epsilon_1 \\ \epsilon_2 \\ \vdots \\ \epsilon_n \end{pmatrix} \tag{9.42}$$

식 (9.33)으로 주어지는 데이터 집합에 대한 다중회귀모형에 대한 식 (9.31)의 행렬형 표현(matrix representation)은 다음과 같다.

$$Y=XB+\epsilon \tag{9.43}$$

더구나 X^t를 X의 전치행렬이라고 하면, 행렬형 연립방정식 (9.36)은 X, Y, B의 값들로 다음과 같이 간단히 표현된다.

$$X^tXB=X^tY \tag{9.44}$$

식 (9.33)의 데이터 집합에서 독립변수들이 서로 선형결합되지 않는다면 식 (9.44)는 해가 존재하며 모수추정치 $\hat{B}$와 적합 곡선 $\hat{Y}$는 각각 다음과 같다.

$$\hat{B}=(X^tX)^{-1}X^tY,\quad \hat{Y}=X\hat{B} \tag{9.45}$$

정리 9.7 (모수 B에 대한 추론) 다중선형회귀모형에서 모수 B에 대한 추론은 $\hat{B}$와 표준오차 $S.E.(\hat{B})$를 이용하여 실행할 수 있다.

(1) 특정 모수 b_k에 대해 검정을 위한 가설은 다음과 같다.

$$H_0: b_k=b_{k0} \text{ 대 } H_1: b_k\neq b_{k0}$$

(2) 귀무가설 H_0에 대한 검정통계량은 다음과 같이 주어진다.

$$T=(\hat{b}_k-b_{k0})/S.E.(\hat{b}_k), \tag{9.46}$$

여기서 $S.E.(\hat{b}_k)$는 특정 모수추정량 $\hat{b}_k$의 표준오차로 행렬 $(X^tX)^{-1}$의 대각요소를 $diag[(X^tX)^{-1}]_k$로 나타낼 때 $S.E.(\hat{b}_k)=\sqrt{MSE}\sqrt{diag[(X^tX)^{-1}]_k}$로 주어진다.

(3) 유의수준 α에서 다음의 대립가설에 대한 기각역은 다음과 같다.

$$H_1 : b_k > b_{k0} \text{ 일 때, } H_0 \text{의 기각역 } R_1 : T > t_\alpha(n-m-1),$$
$$H_1 : b_k < b_{k0} \text{ 일 때, } H_0 \text{의 기각역 } R_2 : T < -t_\alpha(n-m-1),$$
$$H_1 : b_k \neq b_{k0} \text{ 일 때, } H_0 \text{의 기각역 } R_3 : |T| > t_{\alpha/2}(n-m-1)$$

[증명] [정리 9.3]의 증명과 유사한 절차와 방법을 따르므로 생략한다.

예제 9.11 R의 패키지 {datasets}은 21행 4열의 'stackloss' 데이터 집합을 제공한다. 암모니아를 질산으로 바꾸는 식물의 작용에 대한 데이터 집합으로 찬 공기의 흐름(Air.Flow)과 물의 온도(Water.Temp)가 결과(stack.loss)에 영향을 미친다는 것을 알아보기 위해 다중회귀모형의 행렬 표현 계산절차를 이용한다. 단, 거의 영향을 미치지 않는 산의 집약도(Acid.Conc.)는 제외하기로 한다. 식 (9.41)부터 식 (9.45)에 걸친 계산과정을 R 프로그램으로 작성하고 최종 적합모형인 다중선형회귀식을 구하고 함수 lm()의 결과와 비교하시오.

풀이 최종 적합모형인 다중선형회귀식과 이를 구하는 R 프로그램은 다음과 같다.

$$y = -50.3588 + 0.6712 \times Air.Flow + 1.2954 \times Water.Temp$$

```
# 9장 회귀분석 - 9.3 다중선형회귀 - 9.3.3 다중회귀모형의 적합
# [예제 9.11] 패키지 {datasets}의 'stackloss' 데이터셋을 이용한 모형적합
> library(datasets); stackloss
> attach(stackloss); nrow(stackloss)
> Y <- as.matrix(stack.loss, nrow=nrow(stackloss)); Y
> ones <- rep(1,nrow(stackloss)); ones
> X <- cbind(ones,Air.Flow,Water.Temp); X
> Binv <- solve(t(X)%*%X); Binv # Binv = (t(X)%*%X)^-1
> hB <- Binv%*%t(X)%*%Y; hB # 식 (9.45): 아래 명령과 같은 결과를 나타냄
> summary(lm.stack <- lm(stack.loss~Air.Flow+Water.Temp))
# 적합회귀식: y = -50.3588 + 0.6712*Air.Flow + 1.2954*Water.Temp
```

9.3.4 잔차의 분석

단순선형회귀모형에서 잔차(residual)는 [정의 9.2]에 잘 정의되어 있다. 다중선형회귀모형에서 잔차를 정의하기 위해 다항회귀모형의 데이터 집합 식 (9.33)에 대하여 종속변수의 적합모형인 식 (9.37)을 고려한다.

정의 9.10 데이터 집합 $(y_k, x_{1k}, x_{2k}, \cdots, x_{mk}), 1 \leqq k \leqq n$에 대한 종속변수의 적합모형이 $\hat{y}_k = \hat{b}_0 + \sum_{i=1}^{m}(\hat{b}_i x_{ik})$로 주어졌을 때 $n \times 1$ **잔차벡터** $\boldsymbol{e}$는 다음과 같다.

$$\boldsymbol{e} = \begin{pmatrix} e_1 \\ e_2 \\ \vdots \\ e_n \end{pmatrix} = Y - \hat{Y} = Y - \widehat{XB} = \begin{pmatrix} y_1 - \hat{y}_1 \\ y_2 - \hat{y}_2 \\ \vdots \\ y_n - \hat{y}_n \end{pmatrix} \tag{9.47}$$

잔차벡터 $\boldsymbol{e}$는 식 (9.43)의 모형오차벡터 $\boldsymbol{\epsilon}$과 구분되며 $\boldsymbol{e}$는 관측될 수 있으나 $\boldsymbol{\epsilon}$은 관측될 수 없는 값이다(이후 벡터란 용어는 생략함). 오차는 관측될 수 없으므로 오차에 대한 가정을 점검하기 위해서 오차(ϵ)의 추정량인 잔차(e)를 살펴볼 필요가 있다. 잔차분석은 적합모형이 적절한 모형인지, 모형에 대한 가정이 유효한지를 검토하기 위한 중요한 도구로 활용되고 다음과 같은 목적을 위해 사용된다.

(1) 데이터 집합에서 이상점(outlier)을 검토

(2) 오차항들이 서로 독립인지 검토

(3) 오차항들의 분산(σ^2)이 일정한지 검토

(4) 오차항들이 $\epsilon_k \sim N(0, \sigma^2)$인지 검토

(5) 적합시킨 모형의 타당성 확인

위에 언급된 오차항들에 대한 (2) 독립성, (3) 등분산성, (4) 정규성을 만족하는지를 검토하여 최종적으로 (5) 모형의 타당성을 확인한다.

○ **예측값에 대한 잔차의 산점도:** 여기서는 잔차들에 대한 여러 가지 그림으로 모형의 타당성을 대략적으로 파악하는 방법을 다룬다. 잔차를 그림으로 나타내는 방법은 모형에 대한 가정 중에서 어떤 것을 조사하는지에 따라 여러 가지 방법이 있다. 예측값($\hat{Y}$)과 잔차(e)의 **산점도**는 수평축에 예측값, 수직축에 잔차로 좌표평면을 구성하고 관측값에 대응되는 $(e_k, \hat{y}_k), 1 \leqq k \leqq n$을 좌표평면에 표시한다. 예측값과 잔차의 산점도는 수평축을 중심으로 평행하고 고르게 띠를 형성하며 분포되는 것이 가장 바람직하다.

산점도의 경향은 예측값이 증가함에 따라 점차 증가하거나 감소한다면 등분산성의 가정이 위배될 가능성이 크다. 또한 평면상에서 볼록하거나 오목하다면 다항회귀모형이나 다른 비선형회귀모형이 고려되어야 할 것이다. 특정 잔차값이 다른 점들에 비해 특별히 수평축에서 떨어져 있다면 이점은 이상점일 가능성이 크다. 이상점을 판단하는 쉬운 방법으로 잔차를 표준편차의 추정치 $\hat{\sigma}$로 나눈 값(표준잔차; standard residual)의 절댓값이 3보다 크면 이상점으로 간주할 수 있다는 것이다.

예제 9.12 R 프로그램과 [예제 9.11]의 데이터셋을 이용하여 (1) 예측값에 대한 잔차의 산점도와 (2) 예측값에 대한 표준잔차의 절댓값의 제곱근의 산점도를 그리고 R이 제공하는 함수 lm()의 결과와 비교하시오.

풀이 예측값에 대한 잔차의 산점도를 그리는 R 프로그램은 다음과 같다.

```
# 9장 회귀분석 - 9.3 다중선형회귀 - 9.3.4 잔차의 분석
# [예제 9.12]: [예제 9.11]에서 계속 - 예측값과 잔차의 산점도
> llibrary(datasets); attach(stackloss)
> Y <- as.matrix(stack.loss, nrow=nrow(stackloss)); Y
> ones <- rep(1,nrow(stackloss)); ones
> X <- cbind(ones,Air.Flow,Water.Temp); X
> Binv <- solve(t(X)%*%X); hB <- Binv%*%t(X)%*%Y; hB
> summary(lm.stack <- lm(stack.loss~Air.Flow+Water.Temp))
> hY <- X%*%hB; hY # 9.3.3절의 절차에 따라 구한 예측값
> ev <- Y-hY; ev # [정의 9.10]에 따라 구한 잔차벡터
> plot(hY, ev); abline(h=0, col=2) # (1)번 답: 예측값에 대한 잔차의 산점도
> sigma <- sqrt(sum(ev*ev)/(length(Y)-3)); sigma
> sev <- ev/sigma; sev # 표준잔차(standardized residuals)
> qqnorm(y=sev); qqline(y=sev, col=2) # 잔차의 정규성 검정
> plot(hY, sqrt(abs(sev)), ylim=c(0,1.55)) # (2)번: 표준잔차 절댓값의 제곱근
> opar <- par(mfrow=c(2,2), oma=c(0,0,1.1,0), mar=c(4.1,4.1,2.1,1.1))
> plot(lm.stack); par(opar) # [그림 9.5] 참조
# 이 명령의 좌상 그림은 위 예측값에 대한 잔차의 산점도와 동일함(선형성)
# 이 명령의 우상 그림은 종속변수와 잔차의 정규성 정도를 나타냄
# 좌하 그림은 표준잔차 절댓값의 제곱근 산점도와 동일함(등분산성)
# 우하 그림은 잔차 대 영향력(leverage) 그림으로 이상점을 검토함
# 독립성 확인은 위 네 개의 그래프로 알 수 없으며 데이터셋을 어떻게 모았는지를
# 알아야 하며 연속적인 잔차의 쌍(e_{k-1},e_k)의 산점도를 검토하는 방법이 있음
```

○ **잔차의 정규성 검정:** 잔차가 정규분포를 따르는지를 대략적으로 알아보기 위해 잔차의 히스토그램을 그려보아 검토할 수 있다. 분포의 모양이 0(평균)을 중심으로 대칭이고 종모양을 구성하면 정규성을 따를 가능성이 높다고 할 수 있다. 그러나 히스토그램이 대칭이고 종모양을 갖는다고 하여 반드시 정규분포를 따른다고 할 수는 없다. 다른 방법으로 R이 제공하는 정규확률그림을 생성하는 함수 qqnorm()과 qqline()을 이용하여 잔차의 정규성을 검토할 수 있으며 [예제 9.12]의 풀이에서 이들의 활용 프로그램을 확인할 수 있다. 또 다른 방법으로 R이 제공하는 함수 lm()의 결과를 이용한 그림([그림 9.4] 및 [그림 9.5]의 우상 그래프)으로 대략적으로 검정할 수 있다.

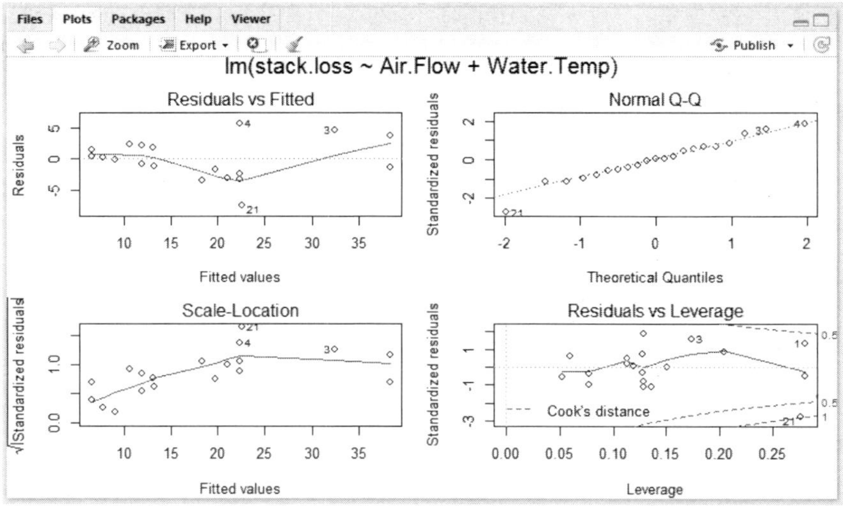

[그림 9.5] 적합값과 영향력에 대한 잔차 및 표준잔차의 여러 가지 산점도

◯ **오차의 독립성검정:** 회귀모형에서 가장 중요한 가정은 오차 $\epsilon_k, k=1,\cdots,n$가 서로 독립이라는 것이지만 실제에서는 오차의 독립성이 위배되는 경우가 흔하게 발생한다. 독립성검정은 R의 패키지 {stats}가 제공하는 선형회귀모형 적합을 위한 함수 lm()의 결과로 작성하는 네 개의 그래프로 알 수 없으며 데이터 집합을 어떻게 모았는지를 알아야 한다. 다른 방법으로는 연속적인 잔차의 쌍 $(e_{k-1}, e_k), k=1,\cdots,n$들의 산점도를 좌표평면에 그리고 검토하는 방법이 있다. 시간의 흐름에 따라 관측되는 데이터셋에 대한 적합 모형에서 잔차의 독립성이 위배된다면 시계열모형으로 데이터를 분석하는 것이 바람직하다.

9.3.5 모형 선택과 R의 구현

1. 모형 선택(model selection)

단순선형회귀모형이 하나의 독립변수로 종속변수의 변화를 설명하기에 충분하지 않으면 두 개 이상의 독립변수를 사용하여 종속변수를 설명하는 다중회귀분석모형을 사용할 수 있다. 독립변수의 수가 많다고 해서 모두를 모형에 넣어 분석할 수는 없으며 꼭 필요한 독립변수만을 모형에 넣는 모형 선택과정을 거칠 필요가 있다. 다중회귀모형에 포함시킬 독립변수들을 선택할 때 기본적으로 고려해야 할 사항들은 다음과 같다.

(1) 모형에 포함시킬 독립변수가 종속변수와 상관관계가 높아야 한다.

(2) 포함시킬 독립변수들 간에는 상관관계가 낮아야 한다.

(3) 가급적 적은 수의 독립변수로 종속변수를 잘 설명해야 한다.

언급한 기본적 고려사항 (1)과 (2)를 만족하는 독립변수들을 모형에 많이 포함시킬수록 종속변수를 잘 설명할 수 있을 것이지만 독립변수들의 수가 많아지면 관리하는 데 많은 자원이 필요하기도 하고 계산상의 문제를 유발하기도 하므로 (3)을 고려해야 한다. 이 외에도 모형 선택에 필요한 고려해야 할 가정은 9.1.2절에 잘 언급되어 있으며 모형을 선택한 후에 이것이 적절한지 확인해야 할 검토사항들도 잘 기술되어 있다. 독립변수를 선택하는 방법에는 여러 가지가 있으며 9.1.2절에 잘 나타나 있고 요약하면 다음과 같다.

(1) 모든 가능한 조합: 가능한 모든 독립변수들의 조합으로 모형을 구성

(2) 후진선택법: 모든 변수를 넣고 기여도가 낮은 것부터 제거

(3) 전진선택법: 가장 유의한 변수부터 하나씩 추가해 나가는 방식

(4) 단계적 선택법: 결과적으로 전진(추가)과 후진(제거)을 조합한 방식

2. 모형 선택을 위한 R의 구현

R의 패키지 {stats}는 선형회귀분석을 지원하기 위해 함수 lm()을 제공하며 사용형식은 다음과 같다.

$$lm(Y \sim X_1 + \cdots + X_n, data = \sim),$$

여기서 Y는 종속(반응)변수이고 $X_1, \cdots, X_n$은 독립(설명)변수이며 data=~은 변수를 포함하고 있는 리스트(list)나 데이터프레임(data.frame)을 나타낸다. R의 패키지 {stats}는 변수선택 방법을 지원하기 위해 함수 step()을 제공하며 사용형식은 다음과 같다.

$$step(lm(Y \sim X, data =), scope = list(lower = \sim, upper = \sim), direction = \sim),$$

(1) lm()은 선형회귀분석임을 나타냄

(2) scope()는 고려할 변수의 범위를 정함; 가장 낮은 단계 'lower=~1'은 상수항을 나타내고, 가장 높은 단계는 독립변수 모두를 포함하는 것임

(3) 'direction=~'은 변수선택 방법(forward, backward, both)을 나타냄

예제 9.13 R의 패키지 {datasets}의 데이터셋 'attitude'는 다양한 금융기관 30개 부서의 사무직 근로자 35명으로부터 얻은 근무태도에 관한 문항들로 구성된 설문결과 30×7 데이터프레임(data.frame) 자료이다. 이것을 이용하여 후진선택법으로 다중회귀분석을 위한 R 프로그램을 작성하고 결과를 보이시오.

풀이 후진선택법을 위한 R 프로그램과 결과는 다음과 같다.

```
# 9장 회귀분석 - 9.3 다중선형회귀 - 9.3.3 모형 선택과 R의 구현
# [예제 9.13] {datasets}의 데이터셋 'attitude'를 이용한 후진 선택법
> require(stats); require(graphics)
> pairs(attitude, main = "attitude data"); summary(attitude)
> fm1 <- lm(rating ~ ., data = attitude); summary(fm1)
# 실행결과 'privileges', 'raises', 'critical'의 유의확률이 높고
# 그로인해 중요도가 낮으므로 제거할 필요가 있어 보임
> opar <- par(mfrow = c(2, 2), oma = c(0, 0, 1.1, 0),
        mar = c(4.1, 4.1, 2.1, 1.1))
> plot(fm1) # (1) 잔차와 적합그래프 및 (2) 잔차정규확률도 등을 제공함
> fm2 <- lm(rating ~ complaints+learning+advance, data = attitude)
> summary(fm2)
# 실행결과 'advance'의 유의확률이 높으므로 제거함이 바람직해 보임
> fm3 <- lm(rating ~ complaints+learning, data = attitude)
> summary(fm3); plot(fm3) # 아래 단순선형회귀 모델보다 R^2이 더 큼
> fm4 <- lm(rating ~ complaints, data = attitude)
> summary(fm4); plot(fm4) # 결국 단순선형회귀까지 도달함
> par(opar)
> step(lm(rating ~ ., data = attitude), scope=list(lower=~1, upper=~.),
    direction="backward")
> step(lm(rating ~ ., data = attitude), scope=list(lower=~1, upper=~.),
    direction="both") # "backward"와 같은 결과를 얻음
```

9.4 분산분석과 상관분석

6.2절과 6.3절에서는 한 개의 모집단으로부터 확률표본을 추출하여 모집단의 모평균, 모분산 및 모비율의 검정법에 대해 다루었다. 실제적인 상황에서 요구되는 통계적 실험에서는 두 개 이상의 모집단에 대한 모수의 비교가 필요한 경우가 종종 발생한다. 6.4절에서는 두 표본에 대한 T-검정(Tow-sample T-test)을 이용하여 두 모집단의 평균을 비교하는 방법을 다루었다. 여기서는 두 모집단뿐만 아니라 셋 이상의 모집단 간의 평균을 비교하는 방법을 다루기로 한다.

여러 모집단 간의 평균을 비교하는 방법으로 널리 알려진 **분산분석**(ANOVA, analysis of variance)이라는 분석기법이 있다. 분산분석의 목적은 집단 내의 분산(집단 내 변동)에 대해 총평균과 각 집단의 평균의 차에 의해서 생기는 집단 간 분산(집단 간 변동)의 비율을 통해서 각 집단의 모집단평균이 차이가 있는지 검정하거나 모집단분산이 차이가

있는지를 검정하는 것이다. 집단 간 변동에 대한 집단 내 변동의 비율을 분석하기 위해 F-분포를 이용하여 모평균의 동일성을 검정한다.

분산분석에서 종속변인에 영향을 미칠 것으로 예상되는 독립변인(원인)들 중에서 분석에서 고려되는 원인을 **요인**(factor)이라고 하고, 요인 내에서 구분되는 처리 방법 또는 관측그룹에서 선별된 요인의 값을 **수준**(level)이라고 한다. 요인의 각 수준에서 얻은 종속변인의 관측치를 **반응치**(response value)라고 한다. 분산분석이란 반응치의 산포정도를 제곱합(sum of squares)으로 나타내고, 이것을 요인별 제곱합으로 분해하여 오차에 비해 의미 있는 영향을 주는 요인을 선택하는 분석 방법이다.

○ **모집단에 대한 가정**: 분산분석을 위해 모집단에 대한 가정은 다음과 같다.

(1) 각 모집단에서 독립변인 Y의 평균은 다르나 정규분포를 따름(정규성)

(2) 독립변인 Y의 모집단 분산은 각 모집단에서 동일함(등분산성)

(3) 각 모집단에서 크기가 다른 표본들이 독립적으로 선택됨(독립성)

위와 같은 가정 하에서 각 표본에서 산출된 모분산 추정치의 비율을 구하여 모평균의 동일성을 검정한다.

○ **분산분석의 종류**: 분산분석의 분류는 독립변인의 수와 종속변인의 수에 따라 구분한다.

(1) **일원배치** 분산분석(one-way ANOVA): 종속변인이 한 개이며, 독립변인의 집단도 한 개인 경우

(2) **다원배치** 분산분석(multi-way ANOVA): 독립변인의 수가 두 개 이상일 때 집단 간 차이가 유의한지 검정하는 경우; 특별히, **이원배치**(two-way) 분산분석을 고려할 수 있음

(3) **다원변량** 분산분석(multivariate ANOVA): **단변량**(univariate) 분산분석을 확장한 개념으로 두 개 이상의 종속변인이 연계된 상황에 적용하는 경우

9.4.1 일원배치 분산분석

모평균의 추론을 위해 k개의 모집단으로부터 미지의 모평균이 각각 $\mu_1, \mu_2, \cdots, \mu_k$, $(k > 2)$이고 동일한 분산 σ^2을 갖는 k개의 독립인 표본을 추출한다고 하자. 만약 $k = 1$이면, 분석을 위해 6.2절과 6.3절에서 다룬 단일 모평균의 추론 방법, $k = 2$이면, 6.4절에서 다룬 두 모평균의 추론 방법이 적용 가능하다.

일원배치 분산분석은 독립변인이 하나이면서 모집단이 셋 이상$(k \geq 3)$일 때 k개의 표

본을 추출하여 모평균을 비교하는 데 적합하다. k개의 서로 다른 모집단은 서로 다른 **처리**(treatment) 또는 그룹과 같이 한 가지 기준에 의해 구분되는데 처리란 서로 다른 약품, 서로 다른 방식의 적용 등 실험단위들의 구분을 위해 사용되는 용어이다. [표 9.2]는 서로 다른 처리방법이 적용되어 추출된 k개의 확률표본의 관측값 $y_{ij}, i=1,\cdots,k$, $j=1,\cdots,n_i$들로 이루어진 일원배치(one-way layout) 자료구조를 보여준다. 이 표에서 n_i는 i번째 확률표본(처리)의 크기를 나타낸다.

[표 9.2] k개의 확률표본으로 구성된 일원배치 자료구조

확률표본	관측자료	표본크기	평균	제곱합
처리1	$y_{11}, y_{12}, \cdots, y_{1n_1}$	n_1	$\overline{y}_1=(y_{11}+\cdots y_{1n_1})/n_1$	$\sum_{j=1}^{n_1}(y_{1j}-\overline{y}_1)^2$
처리2	$y_{21}, y_{22}, \cdots, y_{2n_2}$	n_2	$\overline{y}_2=(y_{21}+\cdots y_{2n_2})/n_2$	$\sum_{j=1}^{n_2}(y_{2j}-\overline{y}_2)^2$
⋮	⋮	⋮	⋮	⋮
처리k	$y_{k1}, y_{k2}, \cdots, y_{kn_k}$	n_k	$\overline{y}_k=(y_{k1}+\cdots y_{kn_k})/n_k$	$\sum_{j=1}^{n_k}(y_{kj}-\overline{y}_k)^2$

[표 9.2]에서 관측자료의 총수는 $n \equiv n_1+n_2+\cdots+n_k$이므로 **총평균**은 다음과 같이 주어진다.

$$\overline{Y}=\frac{\sum_{i=1}^{k}\sum_{j=1}^{n_i}y_{ij}}{n}=\frac{n_1\overline{y}_1+n_2\overline{y}_2+\cdots+n_k\overline{y}_k}{n_1+n_2+\cdots+n_k} \tag{9.48}$$

예제 9.14 R의 패키지 {ggplot2}의 데이터 집합 'ChickWeight'는 병아리의 조기 성장을 위한 네 가지 다른 단백질 함유 사료의 효과에 대한 경과일수(Time)별 몸무게 증가 결과 578행 4열 데이터프레임이다. R 프로그램을 이용하여 이 데이터 집합에서 21일차 병아리 몸무게를 단백질 종류(처리 방법)별로 추출하여 [표 9.2]와 같은 일원배치 자료구조 표를 작성하시오.

풀이 네 종류의 사료에 대한 병아리 몸무게 추이에 대한 일원배치 자료구조 표를 생성하기 위한 R 프로그램과 결과표는 다음과 같다.

```
# 9장 회귀분석 - 9.4 분산분석과 상관분석 - 9.4.1 일원배치 분산분석
# [예제 9.14] 일원배치 분산분석표 작성
> library(dplyr) # 함수 filter()를 사용하기 위한 R 패키지
> ChickWeight; tail(ChickWeight,100)
# Chick <- filter(ChickWeight, Time==21); Chick # 21일차 자료 추출
> (Chick <- subset(ChickWeight, Time==21)) # 21일차 자료 추출
```

```
> attach(Chick); tapply(weight, Diet, sum) # 사료별 병아리 무게 합계
> mv <- tapply(weight, Diet, mean); mv # 사료별 병아리 무게 평균
> (nv <- tapply(weight,Diet,length)); (vv <- rep(0,4)) # vv 벡터의 초기화
> for(k in 1:4) {vv[k]<-sum((subset(Chick, Diet==k)$weight-mv[k])^2)}
> vv; fit <- aov(weight ~ Diet); summary(fit) # R의 분산분석 함수 적용
> par(mfrow=c(2,2), oma=c(0,0,1.3,0), mar=c(4.2,4.3,2.2,1)); plot(fit)
```

[표 9.3] 네 종류의 사료에 대한 병아리 몸무게 일원배치 자료구조

확률 표본	관측자료	합	표본 크기	평균	제곱합
처리1	205, 215, 202, 157, 223, 157, 305, 98, 124, 175, 205, 96, 266, 142, 157, 117	2844	16	177.75	51689
처리2	331, 167, 175, 74, 265, 251, 192, 233, 309, 150	2147	10	214.7	54950.1
처리3	256, 305, 147, 341, 373, 220, 178, 290, 272, 321	2703	10	270.3	46168.1
처리4	204, 281, 200, 196, 238, 205, 322, 237, 264	2147	9	238.56	15032.22

◯ **일원배치 분산분석모형:** 관측값이 $y_{ij}, i=1,\cdots,k, j=1,\cdots,n_i$로 주어졌다면, 모집단에 대한 가정으로부터 분산분석은 다음과 같은 모형을 가정한다.

$$y_{ij} = u_i + \epsilon_{ij},\ i=1,2,\cdots,k,\ j=1,\cdots,n_i, \tag{9.49}$$

여기서 μ_i는 모평균을 나타내고, 오차(random error) ϵ_{ij}는 서로 독립이며 $\epsilon_{ij} \sim N(0,\sigma^2)$을 만족한다. 따라서 y_{ij}는 $N(\mu_i,\sigma^2)$ 분포로부터 추출한 관측값이라 생각할 수 있다. 더욱이 미지의 오차분산 σ^2은 모든 k개 모집단에 대해 같은 값임을 주목한다면 분산분석은 6.4절에서 다룬 두 모집단 비교를 위한 합동분산(pooled variance)에 관련한 절차와 유사하게 이루어진다.

◯ **총제곱합의 분할:** 모든 모평균 $\mu_i, i=1,\cdots,k$가 같다는 귀무가설에 대한 검정은 다음과 같은 모평균의 추정치 $\hat{\mu}_i = \overline{y}_i$를 기반으로 하여 이루어진다.

$$\hat{\mu}_i = \overline{y}_i = \frac{y_{i1} + \cdots + y_{in_i}}{n_i},\ i=1,\cdots,k \tag{9.50}$$

검정은 동일한 모분산 σ^2에 대한 두 개의 독립적인 추정값을 비교하여 이루어지며 이 두 추정값은 총변동량의 분해 요소를 구성한다.

정의 9.11 일원배치 분산분석에서 편차들은 다음과 같이 정의한다.

(1) **총편차** $(y_{ij} - \overline{Y})$: 각 표본 관측값과 총평균의 차이

(2) **처리간편차** $(\overline{y}_i - \overline{Y})$: 처리(수준)별 평균과 총평균의 차이(**수준간편차**)

(3) **처리내편차** $(y_{ij} - \overline{y}_i)$: 표본 관측값과 처리별 평균과의 차이(**수준내편차**)

처리간편차와 처리내편차는 저자에 따라 각각 수준간편차와 수준내편차로 부르기도 하며 처리내편차는 또한 잔차라 부르기도 한다. 총편차는 다음과 같이 처리간편차와 처리내편차로 분할할 수 있다.

$$y_{ij} - \overline{Y} = (\overline{y}_i - \overline{Y}) + (y_{ij} - \overline{y}_i) \tag{9.51}$$

정의 9.12 분산분석에서 종속변인 Y의 관측값 $\{y_{ij}\}$에 대한 (1) 총제곱합 SST, (2) **처리제곱합** SSA와 (3) 오차제곱합 SSE는 각각 다음과 같이 정의한다.

(1) 총제곱합 $$SST \equiv \sum_{i=1}^{k}\sum_{j=1}^{n_i}(y_{ij} - \overline{Y})^2 \tag{9.52a}$$

(2) 처리제곱합 $$SSA \equiv \sum_{i=1}^{k}\sum_{j=1}^{n_i}(\overline{y}_i - \overline{Y})^2 = \sum_{i=1}^{k} n_i(\overline{y}_i - \overline{Y})^2 \tag{9.52b}$$

(3) 오차제곱합 $$SSE \equiv \sum_{i=1}^{k}\sum_{j=1}^{n_i}(y_{ij} - \overline{y}_i)^2 \tag{9.52c}$$

총제곱합은 관측값의 산포정도를 나타내는 총변동을 의미하고 처리제곱합은 처리 간 변동을 나타내고, 오차제곱합은 오차변동을 나타낸다. 총제곱합의 자유도는 $(\sum_{i=1}^{k} n_i - 1)$이고 처리제곱합의 자유도는 $(k-1)$이며 오차제곱합의 자유도는 $(\sum_{i=1}^{k} n_i - k)=(n-k)$가 된다. 제곱합과 자유도를 분해한 것에 **평균제곱**(MS, mean square) 항목과 검정통계량을 추가하여 정리한 표를 분산분석표라고 한다.

정의 9.13 분산분석표에 추가되는 평균제곱(MS)은 다음과 같이 정의한다.

$$\text{평균제곱} = \frac{\text{제곱합}}{\text{자유도}}$$

(1) **평균처리제곱**은 $MSA \equiv SSA/(k-1)$로 정의하고

(2) **평균제곱오차**는 $MSE \equiv SSE/(n-k)$로 정의한다.

정리 9.8 일원배치 분산분석에서 총제곱합(SST)은 처리제곱합(SSA)과 오차제곱합(SSE)으로 다음과 같이 분할된다.

$$SST = \sum_{i=1}^{k} n_i(\overline{y}_i - \overline{Y})^2 + \sum_{i=1}^{k}\sum_{j=1}^{n_i}(y_{ij} - \overline{y}_i)^2 = SSA + SSE \tag{9.53}$$

[증명] 식 (9.51)의 양변을 제곱하여 모든 관측값에 대해 더하면 다음과 같다.

$$\begin{aligned} SST &= \sum_{i=1}^{k}\sum_{j=1}^{n_i}(y_{ij} - \overline{Y})^2 = \sum_{i=1}^{k}\sum_{j=1}^{n_i}[(\overline{y}_i - \overline{Y}) + (y_{ij} - \overline{y}_i)]^2 \\ &= \sum_{i=1}^{k} n_i(\overline{y}_i - \overline{Y})^2 + \sum_{i=1}^{k}\sum_{j=1}^{n_i}(y_{ij} - \overline{y}_i)^2 + 2\sum_{i=1}^{k}\sum_{j=1}^{n_i}(\overline{y}_i - \overline{Y})(y_{ij} - \overline{y}_i) \\ &= SSA + SSE + 2\sum_{i=1}^{k}\sum_{j=1}^{n_i}(\overline{y}_i - \overline{Y})(y_{ij} - \overline{y}_i) \end{aligned} \tag{9.54}$$

식 (9.54)의 마지막 줄의 우측 항을 정리하면 다음 식을 얻을 수 있다.

$$\begin{aligned} 2\sum_{i=1}^{k}\sum_{j=1}^{n_i}(\overline{y}_i - \overline{Y})(y_{ij} - \overline{y}_i) &= 2\sum_{i=1}^{k}(\overline{y}_i - \overline{Y})\sum_{j=1}^{n_i}(y_{ij} - \overline{y}_i) \\ &= 2\sum_{i=1}^{k}(\overline{y}_i - \overline{Y})\left(\sum_{j=1}^{n_i} y_{ij} - n_i\overline{y}_i\right) \\ &= 2\sum_{i=1}^{k}(\overline{y}_i - \overline{Y})\left(\sum_{j=1}^{n_i} y_{ij} - \sum_{j=1}^{n_i} y_{ij}\right) = 0 \end{aligned}$$

위 식을 식 (9.54)의 마지막 항에 대입하여 식 (9.53)을 증명할 수 있다.

○ **일원배치 분산분석에서 가설검정**: 분산분석의 주요 관심사는 요인이 반응치에 얼마나 영향을 미치는가에 있으며 영향을 주지 못한다면 반응치의 평균은 차이가 거의 없을 것이다. 요인의 수준변화(처리 간 변화)가 반응치의 평균에 영향을 미치는 정도는 처리제곱합(SSA)으로 나타낼 수 있다. 결국 모평균 간 차이는 반응치의 평균 간 차이로 추정할 수 있으며 이는 또한 오차의 차이에도 의존한다. 일부 모평균(모집단의 평균) 간에 차이가 있는지 판단하기 위해 가설검정을 할 수 있으며 이를 위한 귀무가설(H_0)과 대립가설(H_1)은 다음과 같다.

$$\begin{aligned} &H_0 : \mu_1 = \mu_2 = \cdots = \mu_k, \\ &H_1 : \text{적어도 하나는 } \mu_i \neq \mu_j \end{aligned} \tag{9.55}$$

모평균들이 모두 동일하다면 처리간편차 $(\overline{y}_i - \overline{Y})$의 값들이 작아질 것이고 따라서 처리제곱합도 작아질 것이며, 모평균들이 서로 많이 다르면 처리제곱합도 커질 것이다.

정리 9.9 (모평균의 동일성 검정) 처리(수준) k개에 대응되는 모평균에 대해, (1) 귀무가설 H_0를 검정하기 위한 검정통계량은 다음과 같다.

$$F = \frac{SSA/(k-1)}{SSE/(n-k)} = \frac{MSA}{MSE} \sim F(k-1, n-k)$$

(2) 검정통계량 F의 분포는 귀무가설(H_0)이 참일 때 자유도가 $(k-1, n-k)$인 F-분포를 따르고 유의수준 α의 기각역 R은 다음과 같이 주어진다.

$$R: F = \frac{MSA}{MSE} \geq f_\alpha(k-1, n-k),\ n = n_1 + \cdots + n_k,$$

여기서 $f_\alpha(k-1, n-k)$는 F-분포에서 오른쪽 꼬리 면적이 α가 되는 F값이다.

[증명]

(1) 분명하게도 [정리 4.4]로부터 SST/σ^2은 자유도 $n-1$인 $\chi^2(n-1)$분포를 따르고 $V_i = \sum_{j=1}^{n_i}(y_{ij} - \overline{y}_i)/\sigma^2$은 자유도 $n_i - 1$인 $\chi^2(n_i - 1)$분포를 따른다. 그러므로 $SSE/\sigma^2 = V_1 + \cdots + V_k \sim \chi^2(n-k)$가 성립하고, $SST = SSA + SSE$가 성립하므로 $SSA/\sigma^2 \sim \chi^2(k-1)$을 갖는다. 따라서 F-분포의 정의 및 [정리 6.13]으로부터 검정통계량 F는 자유도 $(k-1, n-k)$인 F-분포를 따른다.

(2) 귀무가설이 참이라고 하면 $E(MSA) = E(MSE) = \sigma^2$이 되고 귀무가설이 틀리다면 $E(MSA) > \sigma^2$이므로 [정리 6.14]의 (3)과 같은 맥락에 의해 유의수준 α에서 대립가설에 대한 기각역은 $R: F \geq f_\alpha(k-1, n-k)$가 된다.

F-분포는 양의 구간에서만 확률값을 갖는 분포이고 모양은 대칭이 아니며 카이제곱분포와는 달리 분자와 분모의 분포에 의해 자유도가 결정된다. 보통 F-통계량의 값을 분산분석표의 마지막 열에 배치하며 F-통계량을 사용하는 검정을 F-검정이라고 한다. 이상을 정리하면 일원배치 분산분석표는 다음과 같이 작성된다.

[표 9.4] 일원배치 분산분석표

구분	제곱합	자유도	평균제곱	검정통계량	기각역
처리	SSA	$k-1$	$MSA = SSA/(k-1)$	$F_0 = MSA/MSE$	$f_\alpha(k-1, n-k)$
오차	SSE	$n-k$	$MSE = SSE/(n-k)$		
합계	SST	$n-1$			

예제 9.15 [예제 9.14]의 데이터셋과 R 프로그램을 이용하여

(1) [표 9.4]의 분산분석표를 완성하고,

(2) 유의수준 $\alpha = 0.05$에서 기각역을 구하고,

(3) p-값을 이용하여 가설을 검정하고,

(4) 패키지 {stats}가 제공하는 분산분석 함수 aov()의 실행결과와 비교하시오.

(풀이) 일원배치 분산분석표를 작성하는 R 프로그램은 다음과 같다.

```
# 제 9장 회귀분석 - 9.4 분산분석과 상관분석 - 9.4.1 일원배치 분산분석
# [예제 9.15] 일원배치 분산분석표 작성
> library(dplyr) # 함수 filter()를 사용하기 위한 R 패키지
> Chick <- filter(ChickWeight, Time==21); Chick # 21일차 자료 추출
> (Chick <- subset(ChickWeight, Time==21)) # 21일차 자료 추출
> attach(Chick); nd <- tapply(weight,Diet,length); nd
> mv <- tapply(weight,Diet,mean); mv
> ssa <- sum(nd*(mv-mean(weight))^2); ssa # 처리제곱합
> dfssa <- length(nd)-1; dfssa # 처리제곱합의 자유도
> msa <- ssa/dfssa; msa # 평균처리제곱
> sqv <- rep(0,4); sqv # 벡터의 초기화
> for(k in 1:4) {sqv[k]<-sum((subset(Chick, Diet==k)$weight-mv[k])^2)}
> sse <- sum(sqv); sse # 오차제곱합
> dfsse <- length(weight) - length(nd); dfsse # 오차제곱합의 자유도
> mse <- sse/dfsse; mse # 평균오차제곱
> fvalue <- msa/mse; fvalue # 검정통계량: F = 4.654713
> falpha <- qf(1-0.05,dfssa,dfsse); falpha # falpha = 2.832747
# 검정통계량이 falpha보다 커서 기각역에 포함됨
> pvalue <- 1 - pf(fvalue,dfssa,dfsse); pvalue # p-값 = 0.00686
# p-값이 유의수준 0.05 또는 0.01보다 작으므로 귀무가설을 기각함
> sst <- sum((weight-mean(weight))^2); sst # 'sst = ssa + sse'도 성립함
> dfsst <- dfssa + dfsse; dfsst # 총합계 자유도
> fit <- aov(weight ~ Diet); summary(fit) # R의 분산분석 함수 적용
> par(mfrow=c(2,2), oma=c(0,0,1.3,0), mar=c(4.2,4.3,2.2,1)); plot(fit)
# 다음은 병아리 성장에 대한 사료의 효과를 쉽게 알기 위한 상자그림 생성
> par(mfrow=c(1,1)); win.graph(7,5)
> boxplot(weight~Diet, main="사료별 병아리 무게", xlab="사료 종류",
      ylab="무게", col="lightblue")
> points(Diet, weight, pch=16, col=2, cex=0.9)
> lines(1:4, mv, type="b", lty=2, pch=17, col=4, cex=1.1)
# 'Diet = 3'인 사료가 가장 효과가 있음을 알 수 있음
```

[표 9.5] [예제 9.15]의 일원배치 분산분석표

구분	제곱합	자유도	평균제곱	검정통계량	기각역($\alpha = 0.05$)
처리	57164.22	3	19054.74	$F = 4.654713$	$R = \{F > 2.83275\}$
오차	167839.4	41	4093.644		
합계	225003.62	44			

(1) 분산분석표는 [표 9.5]에 잘 나타나 있다.

(2) 유의수준 $\alpha = 0.05$에서 기각역도 [표 9.5]의 우측에 나타나 있고 $F > 2.833$이므로 F가 기각역에 속하여 귀무가설을 기각한다.

(3) p-값 $= 0.00686 < 0.05$이므로 귀무가설을 기각한다. 즉, 사료의 종류에 따라 병아리의 성장 정도가 다르다고 결론을 내릴 수 있다.

(4) [표 9.5]의 내용과 계산된 F-통계량 및 p-값이 함수 aov()의 실행결과와 같다.

9.4.2 상관분석

상관분석(correlation analysis)은 데이터 내의 두 변수 X와 Y사이의 선형적 관계를 알아보기 위한 것이고 회귀분석은 변수들을 독립변수와 종속변수로 구분하여 종속변수를 독립변수들의 함수 형태로 설명할 수 있는지 분석하는 기법이다. 상관분석과 회귀분석은 둘 다 변수간의 관련성을 알아본다는 점은 동일하나 회귀분석은 인과관계를 확인할 수 있다.

두 변수 X와 Y사이의 관계를 측정하는 문제의 예로 키를 X로 하고 몸무게를 Y로 나타내면 키가 커지면 몸무게가 증가하는지를 결정한다거나 중고차의 연식을 X로 가격을 Y로 하여 상관관계를 측정하는 것 등을 들 수 있다. 상관분석은 두 변수 사이의 선형관계를 계량적으로 분석하기 위해 상관계수(correlation coefficient)를 도입한 측정 방법이다.

1. 상관계수

공분산은 X와 Y의 관계뿐만 아니라 그것들의 산포정도에도 영향을 받는다. 공분산의 산포정도를 제거하고 두 확률변수의 관계를 측정하는 것이 **상관계수**이다. 상관계수에는 두 변수간의 관련성을 측정하기 위해 보편적으로 이용하는 표본(피어슨, Pearson)상관계수와 서열척도인 두 변수들 간의 관계를 측정하는 스피어만(Spearman) 상관계수가 있다. 상관계수는 2.2절에서 다룬 바와 같이 두 확률변수 X와 Y의 선형적 상관관계의 부호와 강약을 나타내는 계량적 측도이다. 상관계수는 공분산 ρ_{XY}를 각 확률변수의 표준편차 ρ_X와 ρ_Y의 곱을 나눈 것으로 정의된다.

정의 9.14 두 확률변수 X와 Y의 평균이 μ_X와 μ_Y이고 표준편차가 σ_X와 σ_Y라고 하면 공분산 σ_{XY}와 상관계수 ρ_{XY}는 다음과 같이 정의한다.

$$\sigma_{XY} \equiv Cov(X, Y) = E(X - \mu_X)(Y - \mu_Y) \tag{9.56}$$

$$\rho_{XY} \equiv Corr(X, Y) = \frac{Cov(X, Y)}{\sigma_X \sigma_Y} = \frac{\sigma_{XY}}{\sigma_X \sigma_Y}$$

상관계수의 특성: 상관계수는 다음과 같은 특성을 갖는다.

(1) 상관계수 ρ_{XY}는 $-1 \leq \rho_{XY} \leq 1$를 만족한다.

(2) 두 변수 X와 Y가 독립이면 $\rho_{XY} = 0$이다.

(3) 두 변수 X와 Y가 정규분포를 따르고 $\rho_{XY} = 0$이면 X와 Y는 독립이다.

(4) $\rho_{XY} = 0$이면 두 변수 간에 선형적 상관관계는 없다.

(5) 임의의 상수 $a \neq 0, b$에 대해 $Y = aX + b$이면 $\rho_{XY} = 1$ 또는 $\rho_{XY} = -1$이다.

(6) 임의의 상수 $a, b \neq 0$에 대해 $Corr(aX, bY) = (ab/|ab|)Corr(X, Y)$이다. 즉 0이 아닌 상수가 곱해진 경우 그 부호에만 영향을 받는다.

표본상관계수(피어슨 상관계수): 표본상관계수(Sample correlation coefficient)는 표본을 통하여 상관계수를 추정하는 통계량으로 피어슨 상관계수라고도 한다. 표본상관계수를 구하기 위해서는 먼저 표본공분산을 구해야 한다. 표본상관계수는 -1과 1 사이의 값을 가지며 양수일 때 X가 증가하면 Y도 증가하고 음수이면 반대가 된다. 두 변수간의 산점도가 직선에 가깝게 분포하면 상관계수의 절댓값이 1에 가까워지고 이는 강한 상관관계를 반영하는 것으로 볼 수 있고 직선에서 넓게 퍼져(비선형관계에) 있을수록 0에 가까워진다. 아래 정의되는 표본상관계수 r_{XY}는 두 변수간의 선형연관성의 크기를 측정하며, 상관계수 ρ_{XY}에 대한 추정치로 볼 수 있다.

정의 9.15 두 확률변수 X와 Y의 모집단으로부터 n쌍의 확률표본 (X_1, Y_1), $(X_2, Y_2), \cdots, (X_n, Y_n)$을 얻었을 때, 표본상관계수는 다음과 같이 정의한다.

$$r_{XY} \equiv \frac{S_{XY}}{\sqrt{S_{XX} S_{YY}}} = \frac{\sum_{k=1}^{n} (X_k - \overline{X})(Y_k - \overline{Y})}{\sqrt{\sum_{k=1}^{n} (X_k - \overline{X})^2} \sqrt{\sum_{k=1}^{n} (Y_k - \overline{Y})^2}}, \tag{9.57}$$

여기서 S_{XX}, S_{YY} 및 S_{XY}는 다음과 같이 주어진다.

$$S_{XX} \equiv \sum_{k=1}^{n} (X_k - \overline{X})^2 = \sum_{k=1}^{n} X_k^2 - \frac{1}{n}(\Sigma_{k=1}^{n} X_k)^2 \tag{9.58}$$

$$S_{YY} \equiv \sum_{k=1}^{n}(Y_k - \overline{Y})^2 = \sum_{k=1}^{n} Y_k^2 - \frac{1}{n}(\Sigma_{k=1}^{n} Y_k)^2$$

$$S_{XY} \equiv \sum_{k=1}^{n}(X_k - \overline{X})(Y_k - \overline{Y})$$

예제 9.16 R의 패키지 {datasets}의 데이터셋 'mtcars'는 11개 변수를 갖고 32개 자동차에 관한 성능시험 자료를 제공한다. drat(차축비율, rear axle ratio)에 대한 disp(배기량, displacement)의 산점도를 그리고 상관계수를 구하시오.

풀이 두 변수 drat와 disp의 산점도와 상관계수를 생성하기 위한 R 프로그램은 다음과 같다.

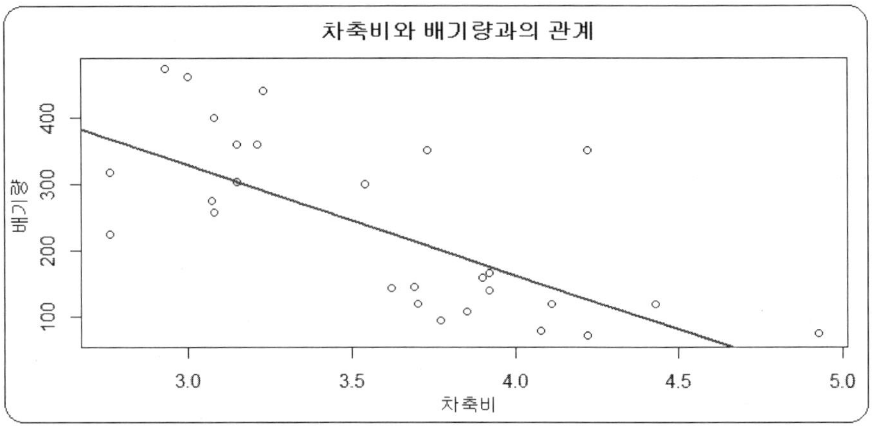

[그림 9.6] mtcars의 차축비와 배기량과의 산점도

```
# 9장 회귀분석 - 9.4 분산분석과 상관분석 - 9.4.2 상관분석
# [예제 9.16] 산점도 그리기([그림 9.6])와 표본상관계수 구하기
> head(mtcars); dim(mtcars)
> x <- mtcars$drat; y <- mtcars$disp
> plot(x,y, main="차축비와 배기량과의 관계", xlab="차축비", ylab="배기량")
> summary(lm1 <- lm(y ~ x))
> abline(lm1, col=2, lwd=2) # 기울기가 음인 직선 관계임을 보여줌
> sxx <- sum((x-mean(x))^2); sxx
> syy <- sum((y-mean(y))^2); syy
> sxy <- sum((x-mean(x))*(y-mean(y))); sxy
> scc <- sxy/(sqrt(sxx)*sqrt(syy)); scc # 음의 상관관계를 가짐
> cor(x,y) # 위에서 정의에 따라 직접 계산한 값과 동일함
> cov(mtcars); cor(mtcars)
> library(Hmisc) # 함수 rcorr()를 사용하기 위한 {Hmisc} 업로드
```

```
# 함수 rcorr()는 상관계수와 함께 가설 H_0: rho=0의 p-값을 출력함
> rcorr(as.matrix(mtcars), type="pearson")
```

스피어만 상관계수: 스피어만 상관계수(Spearman's rank correlation coefficient)는 피어슨 상관계수가 나타내지 못하는 비선형적인 관계도 나타낼 수 있다. 데이터가 서열척도인 경우 자료의 값 대신 순위를 이용하는 것으로 데이터를 작은 것부터(또는 낮은 서열부터) 차례로 단조증가 순서로 재배열하여 상관관계를 측정한다. 스피어만 상관계수는 두 데이터의 실제 값 대신 두 변수 값의 순위를 사용하여 상관계수를 계산하는 방식이다. 두 변수 간의 연관 관계가 있는지 없는지를 밝혀주며 자료에 이상점이 있거나 표본크기가 작을 때 유용하다. 스피어만 상관계수는 -1과 1 사이의 값을 가지며 두 변수 간의 순위가 완전히 일치하면 +1이고, 완전히 반대이면 -1이 된다. 예를 들어 수학을 잘하는 학생이 물리를 잘하는 것과 상관있는지 알아보는 데 사용할 수 있다.

정의 9.16 R_i를 $\{X_1, X_2, \cdots, X_n\}$에서 X_i의 순위, S_i를 $\{Y_1, \cdots, Y_n\}$에서 Y_i의 순위라고 하면 스피어만 상관계수는 다음과 같이 정의한다.

$$\theta = \frac{\sum_{k=1}^{n}(R_k - \overline{R})(S_k - \overline{S})}{\sqrt{\sum_{k=1}^{n}(R_k - \overline{R})^2}\sqrt{\sum_{k=1}^{n}(S_k - \overline{S})^2}}$$

2. 선형상관관계에 대한 검정

표본상관계수는 회귀직선과 크게 관계가 있다. 확률표본 $\{(X_k, Y_k), k = 1, \cdots, n\}$에 대한 회귀직선이 $\widehat{Y_k} = \hat{a} + \hat{b}X_k$로 주어진다면 [정리 9.1]에 의해 기울기 회귀계수 추정량 $\hat{b}$는 식 (9.9)의 항으로 다음과 같이 주어진다.

$$\hat{b} = \frac{S_{XY}}{S_{XX}}$$

따라서 식 (9.57)에 의해 표본상관계수 r_{XY}는 다음과 같이 다시 쓸 수 있다.

$$r_{XY} = \frac{S_{XY}}{\sqrt{S_{XX}}\sqrt{S_{YY}}} = \frac{S_{XY}}{S_{XX}}\frac{\sqrt{S_{XX}}}{\sqrt{S_{YY}}} = \hat{b}\sqrt{\frac{S_{XX}}{S_{YY}}} \tag{9.59}$$

그러므로 표본상관계수는 기울기 모수 추정값과 관계되며 식 (9.30)에 나타난 바와 같이 표본상관계수의 제곱(r_{XY}^2)은 회귀모형의 결정계수 R^2과 같다. 이제부터 모상관계수의 가설검정을 다루어보기로 한다. 모상관계수 ρ_{XY}가 $\rho_{XY} = 0$일 때 두 변수 간에

어떠한 선형적 상관관계가 없음을 뜻하므로 다음과 같은 귀무가설(H_0)과 대립가설(H_1)을 고려할 수 있다.

$$H_0 : \rho_{XY} = 0 \text{ 대 } H_1 : \rho_{XY} \neq 0 \tag{9.60}$$

한편, 식 (9.56)에 의해서 가설 $\rho_{XY} = 0$를 검정하는 것은 단순선형회귀모형에 대한 [정리 9.3]에서 가설 $b = 0$를 검정하는 것과 동일하므로 자유도 $n-2$인 t-분포를 이용한 절차가 적용될 수 있다.

정리 9.10 상관관계 유무에 대한 가설검정

(1) 두 변수 X와 Y의 모상관계수 ρ_{XY}에 대한 귀무가설 $H_0 : \rho_{XY} = 0$의 기각 여부를 결정하는 데 사용하는 검정통계량은 다음과 같다.

$$T = \frac{r_{XY}\sqrt{n-2}}{\sqrt{1-r_{XY}^2}} \sim t(n-2) \tag{9.61}$$

(2) 유의수준 α에서 다음의 대립가설에 대하여 각 기각역은 다음과 같다.

$$\begin{aligned} &H_0 : \rho_{XY} = 0 \text{ 대 } H_1 : \rho_{XY} > 0 \text{ 일 때, } H_0 \text{의 기각역 } R_1 : T > t_\alpha(n-2), \\ &H_0 : \rho_{XY} = 0 \text{ 대 } H_1 : \rho_{XY} < 0 \text{ 일 때, } H_0 \text{의 기각역 } R_2 : T < -t_\alpha(n-2), \\ &H_0 : \rho_{XY} = 0 \text{ 대 } H_1 : \rho_{XY} \neq 0 \text{ 일 때, } H_0 \text{의 기각역 } R_3 : |T| > t_{\alpha/2}(n-2) \end{aligned}$$

[증명]

(1) [정리 9.3]에서 $H_0 : b = 0$의 기각 여부를 결정하는 데 사용하는 검정통계량은 식 (9.15)와 (9.19)를 이용하여 다음과 같이 주어진다.

$$T = \frac{\hat{b}}{s/\sqrt{S_{XX}}} \sim t(n-2) \ with \ s = \sqrt{\frac{SSE}{n-2}}$$

위 식에서 $s = \sqrt{SSE/(n-2)}$를 대입하고 식 (9.29)의 $SSE = (1-R^2)SST$를 이용하여 다시 쓰면 다음 식을 얻을 수 있다.

$$T = \frac{\hat{b}}{s/\sqrt{S_{XX}}} = \frac{\sqrt{n-2}\,\hat{b}\sqrt{S_{XX}}}{\sqrt{SSE}} = \frac{\sqrt{n-2}}{\sqrt{1-R^2}}\frac{\hat{b}\sqrt{S_{XX}}}{\sqrt{SST}}$$

위 식에 $SST = S_{YY}$를 대입하고 식 (9.59)와 $r_{XY}^2 = R^2$을 이용하여 귀무가설의 기각 여부를 결정하는 데 사용하는 검정통계량 식 (9.61)을 얻는다.

(2) T-분포의 검정통계량을 사용하여 기각역을 구하는 [정리 6.2]의 (2)와 같은 절차를 따라 쉽게 증명할 수 있다.

예제 9.17 [예제 9.16]에서 주어진 결과를 이용하여 두 변수 drat(차축비율)와 disp(배기량) 간에 (1) 상관계수를 구하고, (2) 유의수준 $\alpha = 0.05$에 대한 기각역을 구하고, (3) 선형적 상관관계가 있다고 할 수 있는지 검정하시오.

풀이

(1) [예제 9.16]에서 $S_{XX} = 8.862322$, $S_{YY} = 476184.8$, $S_{XY} = -1458.985$이므로 $\sqrt{S_{XX}} \approx 2.9770$, $\sqrt{S_{YY}} = 690.0614$이다. 따라서 $r_{XY} \approx -0.7102$가 된다.

(2) 유의수준 $\alpha = 0.05$에 대한 기각역은 자유도가 $n-2 = 30$인 t-분포를 이용하여 [정리 9.10]의 (2)에 따라서 $R_3 = \{|t| > t_{0.05/2}(30)\} = \{|t| > 2.0423\}$이다.

(3) 검정통계량 값은 $t_0 = r_{XY}\sqrt{n-2}/\sqrt{1-r_{XY}^2} \approx -5.5257$이므로 $t_0 = -5.5257 < -2.0423$이다. 따라서 기각역에 포함되므로 귀무가설을 기각한다. 즉, 두 변수 drat와 disp 간에는 선형관계가 있다. 참고로 p-값 $= 2 \times P(T \leq t_0)$, 즉 p-값 $= 2 \times pt(t_0, 30) \approx 5.28202e-06 < \alpha$이므로 귀무가설을 기각한다.

```
# 제 9장 회귀분석 - 9.4 분산분석과 상관분석 - 9.4.2 상관분석
# [예제 9.17] 선형적 상관관계의 유무에 대한 검정
> head(mtcars); dim(mtcars)
> x <- mtcars$drat; y <- mtcars$disp
> sxx <- sum((x-mean(x))^2); sxx # sxx = 8.862322
> syy <- sum((y-mean(y))^2); syy # syy = 476184.8
> sxy <- sum((x-mean(x))*(y-mean(y))); sxy # sxy = -1458.985
> library(Hmisc) # 함수 rcorr()를 사용하기 위한 {Hmisc} 업로드
> rcorr(as.matrix(mtcars), type="spearman")
> sqrt(sxx); sqrt(syy) # sqrt(sxx)=2.9770, sqrt(syy)=690.0614
> rxy <- sxy/(sqrt(sxx)*sqrt(syy)); rxy # 표본상관계수 = -0.7102
> talpha2 <- qt(1-0.05/2,length(x)-2); talpha2 # 기각역={|t|>2.0423}
> (tzero <- rxy*sqrt(length(x)-2)/sqrt(1-rxy^2)) # 검정통계량 값=-5.5257
> pvalue <- 2*pt(tzero,30); pvalue # 아래 결과와 동일함
> summary(lm1 <- lm(y ~ x))
# R^2 = rxy^2 = (-0.7102)*(-0.7102) = 0.504384: 위 결과와 동일
```

연습문제

[1] R의 패키지 {MASS}의 데이터셋 'hills'는 35명의 스코틀랜드 사람의 언덕 오르기 경기 결과(hills$dist는 마일 단위 달린 거리, hills$time은 분 단위 걸린 시간)에 대한 자료이다. 여기서 편의상의 자료를 얻기 위해 걸린 시간(time)이 90분 이하만 선택하기로 할 때 R 프로그램을 작성하여 다음 각 물음에 답하시오.

(1) 함수 lm()을 이용하여 선형회귀분석을 실행하고,

(2) 함수 summary()를 이용하여 회귀분석결과의 요약 통계를 확인하고,

(3) 자료집합의 산점도와 회귀직선을 그래프로 그리고

(4) 함수 lm()을 실행한 결과로 키에 대한 잔차(residuals)도를 그리시오.

[2] 다음 자료는 15명 학생의 중간고사 성적(X)과 기말고사 성적(Y)을 나타낸다. 주어진 자료를 이용하여 다음 각 물음에 답하시오.

X	36	32	62	62	27	18	26	14	28	59
	34	10	29	33	27	49				
Y	12	39	55	62	29	8	33	21	15	56
	25	8	21	22	20	35				

(1) 최소제곱법을 이용하여 회귀직선을 추정하고,

(2) 중간고사에서 50점을 받은 학생의 기말고사 점수를 추정하고,

(3) R이 제공하는 선형회귀 함수 lm()을 실행하여 결과를 비교하고,

(4) R의 함수 plot()를 이용하여 (X, Y)의 산점도를 그리고,

(5) (1)에서 구한 회귀직선을 산점도에 같이 그리고,

(6) 잔차도와 잔차 정규확률도를 그리고,

(7) 위 결과를 얻는 R 프로그램을 작성하시오.

[3] 연습문제 [1]의 자료를 이용하여 다음 물음에 답하시오.

(1) 최소제곱법을 이용하여 회귀직선을 추정하고,

(2) 한 시간 동안 달린 거리를 추정하고,

(3) 잔차제곱합 SSE를 구하고,

(4) 평균제곱오차 MSE와 오차항의 표준편차 추정값 s를 구하시오.

[4] 연습문제 [2]에서 계산한 값들을 이용하여 다음 물음에 답하시오.

(1) 잔차제곱합 SSE를 구하고,

(2) 평균제곱오차 MSE와 오차항의 표준편차 추정값 s를 구하시오.

[5] 연습문제 [1]에서 새로 선택한 자료를 활용한 걸린 시간(time)과 달린 거리(dist)를 이용하여 time과 dist에 대한 선형관계(선형적 연관성)의 여부를 판단하는 즉, 모수 b에 대해 추론하는 다음 각 물음에 답하시오.

(1) 귀무가설과 대립가설을 설정하고,

(2) 귀무가설이 참일 때 검정통계량을 구하고,

(3) 유의수준 $\alpha=0.01$에 대한 기각역을 구하고,

(4) (3)의 기각역을 이용한 가설을 검정하고,

(5) 모수 b에 대한 99% 신뢰구간을 구하시오.

[6] 연습문제 [2]의 자료를 활용하여 중간고사 성적(X)과 기말고사 성적(Y)을 이용하여 X와 Y에 대한 선형관계(선형적 연관성)의 여부를 판단하는 즉, 모수 b에 대해 추론하는 다음 각 물음에 답하시오.

(1) 귀무가설과 대립가설을 설정하고,

(2) 귀무가설이 참일 때 검정통계량을 구하고,

(3) 유의수준 $\alpha=0.01$에 대한 기각역을 구하고,

(4) (3)의 기각역을 이용한 가설을 검정하고,

(5) 모수 b에 대한 99% 신뢰구간을 구하시오.

[7] 연습문제 [2]의 데이터를 이용하여 모수 a에 대해 추론하는 다음 각 물음에 답하시오.

(1) Y-절편 a가 0인지 여부를 검정하기 위한 귀무가설과 대립가설을 설정하고,

(2) 귀무가설이 참일 때 검정통계량을 구하고,

(3) 유의수준 $\alpha = 0.05$에 대한 기각역을 구하고,

(4) (3)의 기각역을 이용한 가설을 검정하고,

(5) 모수 a에 대한 95% 신뢰구간을 구하시오.

[8] 연습문제 [2]의 자료를 이용하여 다음 물음에 답하시오.

(1) 중간고사 점수가 50점일 때 기말고사 점수의 95% 신뢰구간을 구하고,

(2) 결정계수 $R^2 = S_{XY}^2 / (S_{XX} S_{YY})$을 구하고,

(3) R 프로그램을 이용하여 (1)과 (2)의 결과를 도출하시오.

[9] 아래와 같이 주어진 데이터셋에 대해 Y가 X에 대해 어떻게 변하는지 적절한 다항 회귀모형을 찾는 각 물음에 답하시오.

X	1	2	3	4	5	6	7	8	9	10
Y	4.5	3.0	2.5	3	4	6	9	13	17.5	23.5

(1) 본문 식 (9.45)를 이용하여 회귀직선의 회귀계수 추정량을 구하고,

(2) 회귀직선에 대한 결정계수를 구하고,

(3) R의 함수 lm()을 이용하여 회귀직선을 구하고,

(4) 잔차와 적합 그래프를 이용하여 선형회귀의 적절성을 판단하고,

(5) R의 함수 lm()을 이용하여 적절한 다항 회귀식을 구하고,

(6) 회귀 다항식에 대한 결정계수를 구하고,

(7) 식 (9.45)를 이용하여 다항회귀식을 구하고 (4)의 결과와 비교하시오.

[10] 아래와 같이 주어진 데이터셋에 대해 Y가 X1과 X2에 대해 어떻게 변하는지 적절한 다항회귀모형을 찾는 각 물음에 답하시오.

Y	135	181	164	176	127	66	152	178	149	192	133	120
X1	35	15	10	30	23	10	8	10	23	32	15	25
X2	10	55	54	33	19	8	54	64	30	38	34	11

(1) 식 (9.45)를 이용하여 회귀식의 회귀계수(모수) 추정량을 구하고,

(2) 회귀직선에 대한 결정계수와 수정결정계수를 구하고,

(3) R의 함수 lm()을 이용하여 추정 회귀식을 구하고,

(4) 잔차와 적합 그래프를 이용하여 다중회귀의 적절성을 판단하고,

(5) 유의수준 $\alpha = 0.05$에 대한 기각역과 검정통계량을 구하고,

(6) 독립변수 $x = (1, 20, 50)$에서 종속변수(반응변수)의 적합값을 구하고,

(7) $(x_1, x_2) = (20, 50)$에 대해 95% 신뢰구간을 구하고,

(8) 식 (9.45)를 이용하여 구한 회귀식과 (4)의 결과를 비교하시오.

[11] 아래와 같이 주어진 데이터셋에 대해 Y가 (X1, X2, X3, X4)에 대해 어떻게 변하는

지 적절한 다항회귀모형을 찾는 각 물음에 답하시오.

Y	135	181	164	176	127	66	152	178	149	192	133	120
X1	2	3	10	5	3	4	2	6	6	8	9	6
X2	35	15	10	30	23	10	8	10	23	32	15	25
X3	10	55	54	33	19	8	54	64	30	38	34	11
X4	31	75	23	38	85	50	73	48	10	26	76	75

(1) R의 함수 lm()을 사용하여 후진제거법으로 적절한 다항회귀모형을 찾고,

(2) (1)의 결과를 알고 X4를 빼고 Y가 (X1, X2, X3)에 대해 어떻게 변하는지 식 (9.45)를 이용하여 회귀식의 회귀계수(모수) 추정량을 구하고,

(3) 회귀직선에 대한 결정계수와 수정결정계수를 구하고,

(4) R의 함수 lm()을 이용하여 추정 회귀식을 구하고,

(5) 잔차와 적합 그래프를 이용하여 다중회귀의 적절성을 판단하고,

(6) 유의수준 $\alpha=0.05$에 대한 기각역과 검정통계량을 구하고,

(7) (1)의 결과를 알고 X1과 X4를 빼고 (X2, X3)에 대해 (2)부터 (6)까지를 반복하시오.

[12] R의 패키지 {UsingR}의 데이터 집합 'cfb'는 1000명의 고객에 대한 14가지 재정 조사 자료인 1000×14 데이터프레임을 제공한다. 연령(AGE)이 50세 이상 60세 미만인 고객을 대상으로 학력 수준에 대한 수입효과를 분석하고자 한다. a) 수학 연수가 12년 미만(EDUC ＜12)이면 수준 1, b) 12년 이상이고 13년 이하(12≦EDUC ≦13)이면 수준 2, c) 14년 이상이고 17년 미만(13〈EDUC〈17)이면 수준 3 그리고 d) 17년 이상(EDUC≧17)이면 수준 4로 하고 R 프로그램을 이용하여 다음 각 물음에 답하시오.

(1) R의 패키지 {dplyr}이 제공하는 함수 filter()를 사용하여 문제에서 분류한 학력 수준에 따라 데이터의 15열에 수준 번호를 생성하고,

(2) 4가지 학력수준에 대해 관측자료 외 다음 일원배치 자료구조 표를 작성하고,

[표 9A1] 네 가지 학력수준에 대한 수입액의 일원배치 자료구조

확률표본	관측자료	합	표본크기	평균	제곱합
수준1	생략				
수준2	생략				
수준3	생략				
수준4	생략				

(3) 아래와 같은 일원배치 분산분석표를 완성하고,

[표 9A2] 일원배치 분산분석표

구분	제곱합	자유도	평균제곱	검정통계량	기각역
수준	SSA	$k-1$	MSA	$F_0 = MSA/MSE$	$f_\alpha(k-1, n-k)$
오차	SSE	$n-k$	MSE		
합계	SST	$n-1$			

(4) 유의수준 $\alpha = 0.01$에서 기각역을 구하고,

(5) p-값을 이용하여 가설을 검정하고,

(6) R의 분산분석 함수 aov()의 실행결과와 비교하고,

(7) 수입금액에 대한 학력수준의 영향을 알기 쉽게 상자그림을 생성하시오.

부록 A1

R-언어 입문

부록 A1

R-언어 입문

A1.1 R-언어 개요

A1.1.1 R-언어의 역사와 특징

1. R-언어의 역사

S-언어는 R-언어의 원조로 1976년 AT&T Bell Lab에서 개발한 통계분석 프로그래밍 언어이다. 'S'라는 이름은 Statistical computing의 머리글자로 C-언어와 연관성을 강조하기 위한 것이다. R-언어는 1993년 오클랜드대학에서 Ross Inaka와 Robert Gentleman이 개발하였기에 두 개발자의 머리글자를 따서 'R'이라고 정한 것으로 알려져 있다. 1995년 이래로 자유 소프트웨어 재단의 허가를 받아 무료로 공개되고 있다.

2. R-언어의 특징

오픈소스 컴퓨팅 환경을 제공하는 R-언어는 전산통계 및 빅데이터 분석 분야의 공용어로 자리잡아가고 있으며 상용 소프트웨어에 버금가는 상당한 수준의 그래픽 및 그림 기능 지원하고 있다. 벡터, 행렬, 배열, 데이터프레임, 리스트 등 다양한 형태의 데이터 구조를 지원하여 데이터 처리 및 계산 능력이 우수하다. 또한, 사용자 스스로 개발하여 공유 가능한 패키지로 인해 확장성이 뛰어나다. 이러한 많은 장점에도 불구하고 빅데이터 분석 분야는 상당한 시간과 노력이 필요하다는 점도 알아둘 필요가 있다.

3. R-언어의 사용환경

R-언어는 리눅스(Linux), 맥(Mac), 윈도우(Windows) 시스템에서 컴파일 및 실행이 가능하고 서버용과 데스크탑 용을 제공하고 있다. R-언어는 과학계산을 위한 훌륭한 오픈소

스 언어로 우수한 성능과 편리한 소프트웨어 사용 환경 덕분에 기업과 대학에서 널리 사용되고 있다. R-언어의 단점은 R이 기본적으로 메모리에 전체 데이터셋을 로드하여 사용하기 때문에 대규모 데이터셋을 다루기는 불편하다는 점이다.

A1.1.2 R의 설치

1. R 프로그램 다운로드

(1) 웹페이지 (http://cran.r-project.org/)에서 'Download for Windows'를 선택

(2) [그림 A1.1] 화면의 다음 화면에서 'install R for the first time'를 선택

(3) 그 다음 화면에서 'Download R 3.6.0 for Windows'를 선택

(4) 다음 화면의 하단부의 저장 바를 눌러 '다른 이름으로 저장'을 선택하여 자신이 저장하기를 원하는 위치에 저장

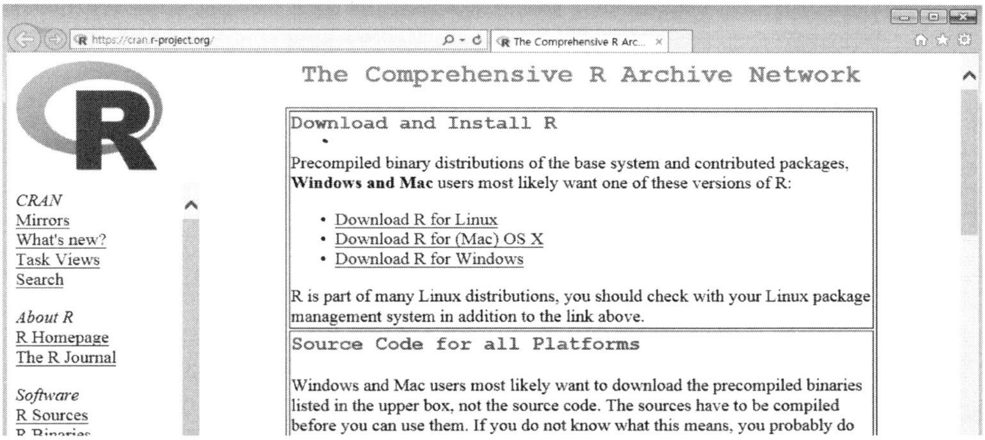

[그림 A1.1] 메인 페이지 → CRAN mirrors 페이지

2. R의 설치 단계

(1) 설치 파일을 마우스 오른쪽 버튼을 눌러 '관리자 권한으로 실행'을 선택

(2) 설치할 위치 선택 - C:₩Program Files₩R₩R-3.6.0

(3) 총 4개의 구성요소(첫째: Core Files, 둘째: 32-bit Files, 셋째: 64-bit Files, 넷째: Message translation) 선택항목 중 첫째와 넷째는 선택, 둘째와 셋째는 둘 중 하나를 선택(자신의 컴퓨터의 OS에 좌우)

(4) 스타트 옵션은 'No(기본값 사용)'을 선택

(5) 시작 메뉴 폴더 선택 - 기본적으로는 R임

(6) '바탕화면에 아이콘 생성', '레지스트리에 버전정보 저장', 'R을 .RData 파일들과 연결' 등 추가사항을 선택

(7) R의 설치가 끝나면 다음 과정으로 Java JDK를 설치해야 함

3. R의 설치완료 후 실행

(1) R의 실행 아이콘을 2번 클릭하여 [그림 A1.2]의 화면을 띄움

(2) 화면의 주메뉴 '패키지들'을 선택하고 이어 부메뉴 'CRAN 미러 설정...'을 선택하고 [그림 A1.2]에서와 같이 '(HTTP mirrors)'를 선택

(3) 이후 'HTTPS CRAN mirrors' 화면에서 'Korea (Seoul 1)'을 선택

(4) 'CRAN 미러 설정' 단계가 끝나면 R 코드를 실행할 수 있음

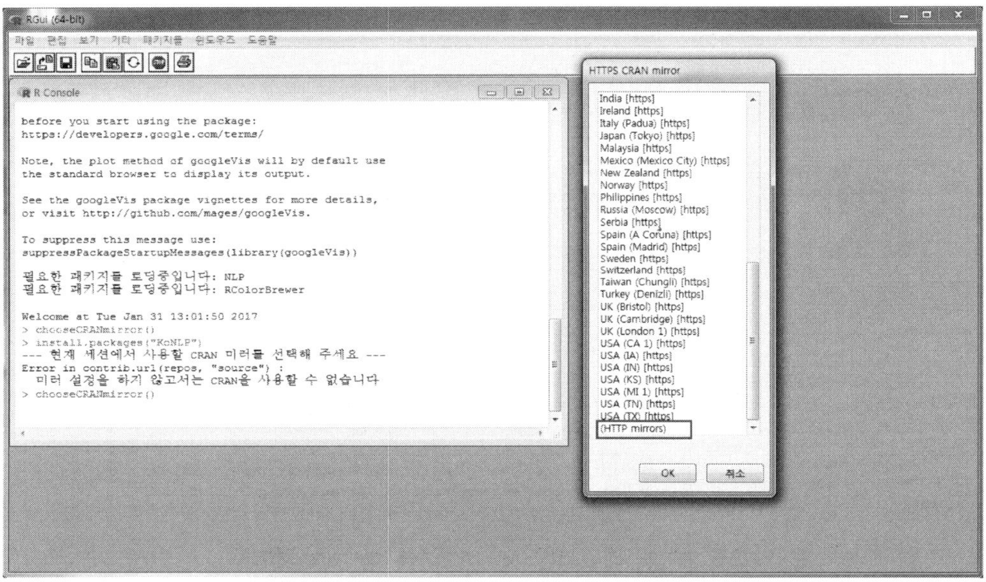

[그림 A1.2] CRAN mirrors 설정 단계

A1.1.3 RStudio의 설치와 실행 방법

1. RStudio의 특징

RStudio는 사용자들이 R을 이용하는 데 보다 편리하게 접근할 수 있도록 **통합개발환경**(IDE; Integrated Development Environment)을 제공한다. 통합개발환경(IDE)을 사용하면 간편하고 확장된 기능 하에서 R을 실행할 수 있다. RStudio의 단점은 아주 큰 크기의 데이터셋을 로드할 때 어려울 수 있다. 그러나 RStudio는 작업 중인 데이터 객체

(object)를 시각화하는 데 좋은 도구이며 데이터 분석에 필요한 것들을 한눈에 볼 수 있게 해준다.

2. RStudio 다운로드 절차

(1) 홈페이지(https://www.rstudio.com/)에 접속

(2) 메인 페이지에서 RStudio의 Download 버튼을 누름([그림 A1.3] 참조)

(3) 데스크탑용과 서버용 프로그램 중 개인 사용자는 데스크탑용 프로그램을 설치해야 하므로 RStudio Desktop 버튼을 클릭

(4) RStudio Desktop 버튼을 누른 후 'Windows Vista/7/8/10'를 선택

[그림 A1.3] RStuido Desktop의 DOWNLOAD

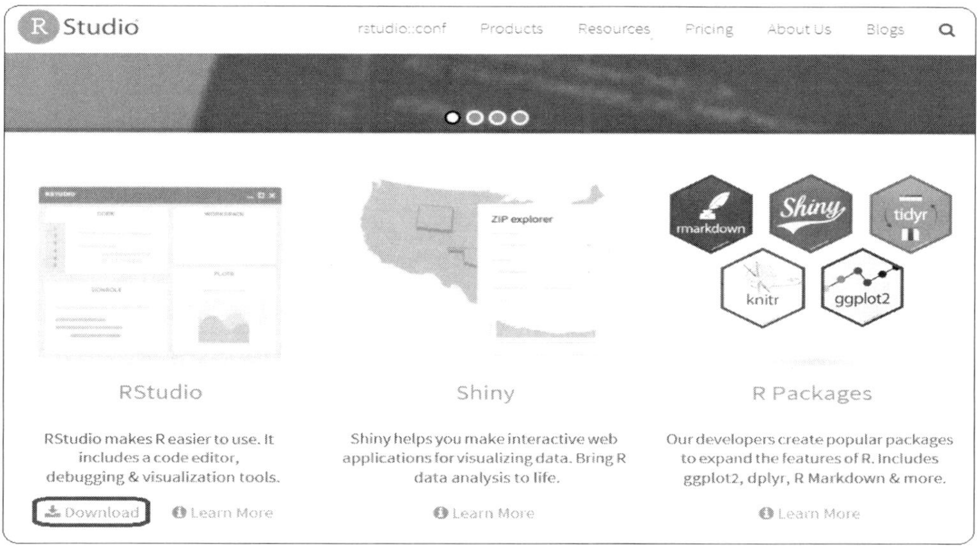

[그림 A1.4] RStudio 메인 페이지에서 RStudio Download

3. RStudio의 설치 단계

(1) 설치 파일을 마우스 오른쪽 버턴을 눌러 '관리자 권한으로 실행'을 선택

(2) 설치할 위치 선택 – C:₩Program Files₩RStudio

(3) '시작메뉴 폴더 선택' 창에서 적절한 위치를 지정함

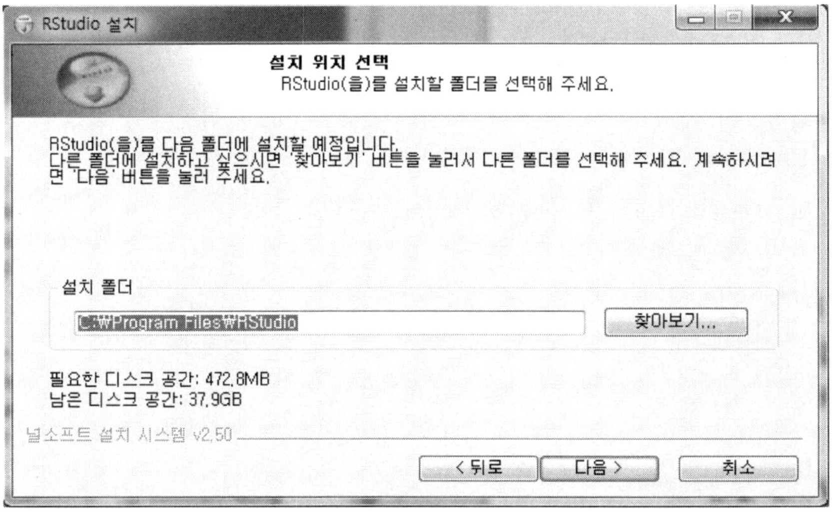

[그림 A1.5] RStuido 설치 화면

4. Rstudio의 설치 완료 후 실행

(1) RStudio의 실행 아이콘을 2번 클릭하여 [그림 A1.6]의 화면을 띄움

(2) 'CRAN 미러 설정'은 따로 필요 없음

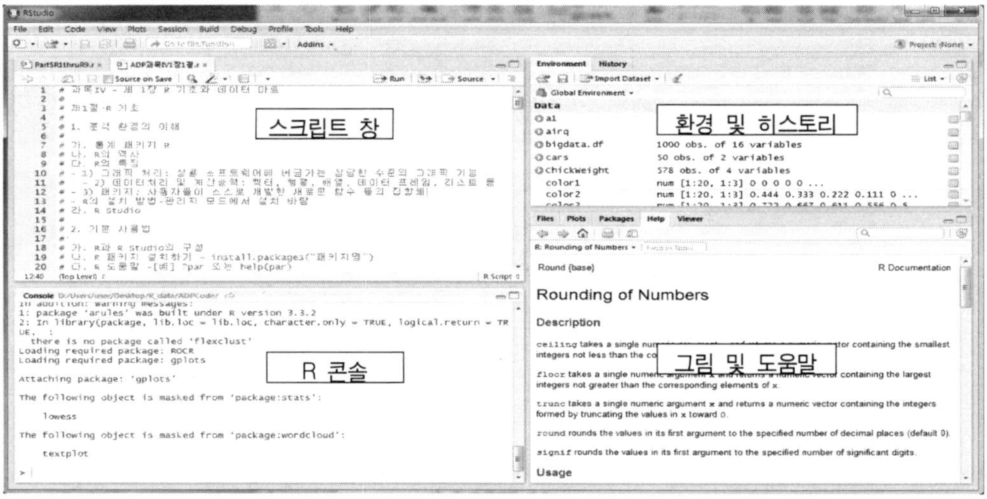

[그림 A1.6] RStudio 실행 화면

A1.2 R과 RStudio의 사용법

A1.2.1 R과 RStudio의 구성

1. R의 구성

(1) 메뉴 바: R에서 사용할 수 있는 다양한 기본 기능들이 나열되어 있음

(2) 단축 아이콘 툴 바: 자주 사용하는 기능들의 단축 아이콘들이 나열됨

(3) R 콘솔: R명령어가 입력되고 결과가 출력되는 R의 핵심적인 작업 공간

(4) 스크립트 창(R 편집기): 파일 메뉴의 스크립트 부메뉴로 열수 있음

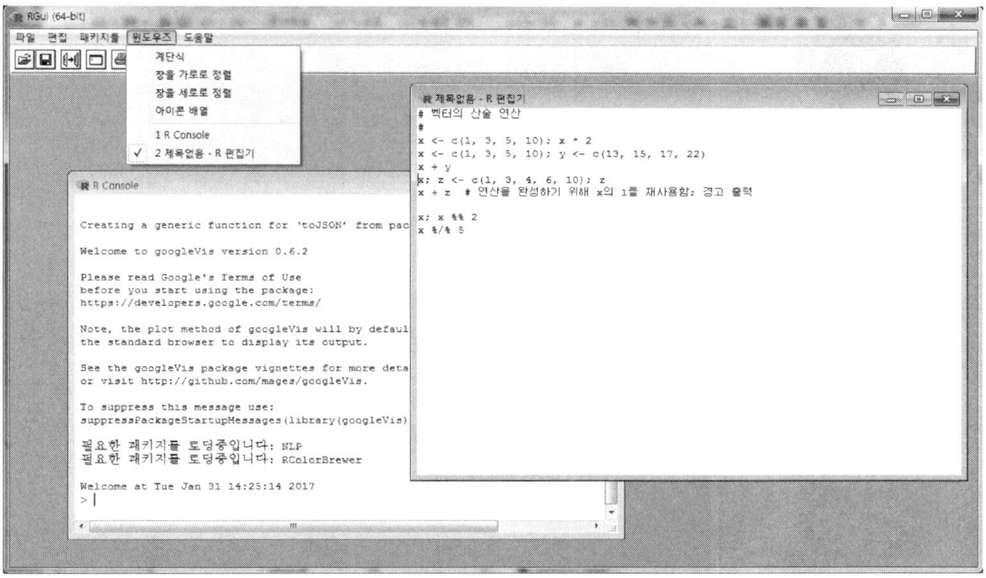

[그림 A1.7] R 구성 화면(콘솔과 스크립트 창)

2. RStudio의 구성([그림 A1.6] 참조)

(1) 스크립트 창: R에서 별도로 열 수 있는 R편집기 창과 동일한 역할

(2) Rstudio 콘솔: R에서 볼 수 있는 R콘솔창과 동일함

(3) 환경 및 히스토리: 환경과 작업 히스토리를 살펴볼 수 있음

(4) 저장 폴더, 그림, 패키지, 도움말, 뷰어 등 확인 영역

A1.2.2 R 패키지 설치하기

R을 이용하여 어떤 데이터 분석 작업을 수행하기 위해서는 해당 기능을 하는 **패키지**가 필요하다. 기본 패키지는 R을 설치할 때 함께 설치되며 찾는 기능이 없는 경우 원하는 기능을 실행해 주는 패키지를 찾아서 추가로 설치해야 한다. 패키지들은 CRAN (http://cran.r-project.org) 사이트에서 모두 검색이 가능하다.

(1) 화면 왼편 'Software의 Packages'를 누른 후

(2) 다음 화면에서 'Table of available packages, sorted by name'를 클릭하면 아래 그림과 같이 알파벳 이름순으로 패키지 목록을 확인할 수 있다.

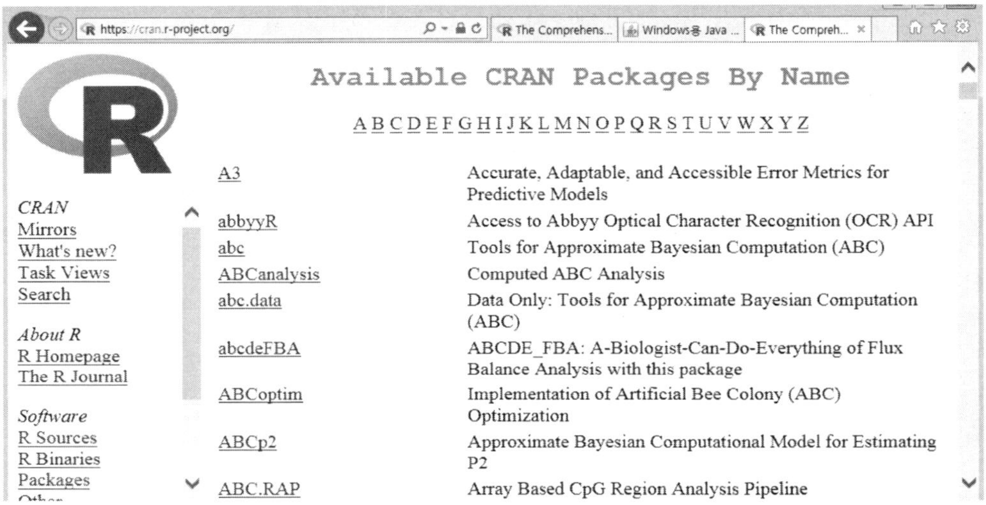

[그림 A1.8] CRAN 사이트에서 패키지 참고하기

1. R에서 R 패키지 설치 및 사용

R에서 R 패키지를 추가로 설치하기 위해서는 필요한 패키지의 이름을 확인하고 명령어 install.packages("패키지명")과 library(패키지명)을 실행해야 한다. 다수 패키지를 동시에 설치하려면 install.packages(c("aaa","bbb"))를 실행한다. 패키지를 설치하는 또 다른 방법은 CRAN(the Comprehensive R Archive Network) 미러 사이트가 설정이 완료되었다면 주메뉴 '패키지들'의 부메뉴 '패키지 불러오기'를 선택하면 된다. 선택 화면에서 필요한 패키지를 지정하고 다운로드를 진행하며 설치를 완료하는데 한 번 install.packages() 설치 작업을 성공하면 이후에는 library()만 실행하면 된다. 명령어 install.packages()는 패키지를 다운로드하여 사용자 컴퓨터에 설치하고 명령어 library()는 해당 패키지가 설치된 경로를 R에게 알려준다.

2. RStudio에서 R 패키지 설치 및 사용

RStudio를 이용하면 패키지 설치도 간편하게 진행할 수 있다. 우측 하단 인터페이스의 'Packages' 탭을 클릭 → 'Install'을 클릭 → (새로운 창에서) 패키지 이름을 입력하면 된다. 물론 R콘솔 창에서 직접 'install.packages("패키지명")'을 입력하고 library(패키지명)를 입력해도 가능하다. 명령어 library(패키지명) 대신에 명령어 require(패키지명)를 사용해도 같은 결과를 얻을 수 있다.

3. 패키지 업데이트와 삭제

설치된 패키지를 업데이트하려면 update.packages("패키지명")를 사용하는데 패키지 명을 안 쓰면 모든 패키지의 업데이트 내역을 자동 확인해서 실행한다. 어떤 패키지들이 설치되어 있는지 확인하려면 installed.packages()를 사용한다. 설치되어 있는 패키지를 삭제하려면 remove.packages("패키지명")를 사용하고 설치할 수 있는 패키지 확인을 위해서는 available.packages()를 사용한다.

R의 또 다른 장점은 다양한 패키지 및 함수와 옵션에 대한 상세한 도움말을 제공하는 점이다. 해당 함수들에 대한 기본적인 설명과 각 인수들(arguments)에 대한 설명, 사용 가능 옵션의 목록과 다양한 예제가 준비되어 있다.

4. R의 작업 디렉터리

작업 디렉터리(working directory)라는 곳은 R로 작업을 할 때 필요한 데이터들을 미리 가져다두는 약속된 디렉터리이다. 작업 디렉터리 지정하기 위해서는 setwd("디렉터리명") 함수를 사용하며 함수 getwd()는 현재 작업 디렉터리를 확인하기 위한 명령어이다.

```
# A1 R-언어 입문 - A1.2 R과 RStudio의 사용법 - A1.2.2 R 패키지 설치하기
# install.packages("패키지명")
# library(패키지명) # 이후 패키지를 나타내는 표현은 {패키지명}으로 사용함
# require(패키지명) 명령은 library(패키지명) 명령과 동일한 의미임
> .libPaths() # 설치된 패키지들의 경로를 확인함
> update.packages() # 설치되어 있는 패키지를 업데이트함
# Update (y/N/c)?에서 'y'를 입력하면 업데이트를 계속함
> ?par # 아래와 같은 기능, 기호 '#' 이후는 주석을 의미함
> help(par) # 위와 같은 기능
## A1.2.2 R 패키지 설치하기 - 4. R의 작업용 디렉터리
> getwd() # 현재 설정되어 사용 중인 작업 디렉터리 출력
> setwd("D:/Lecture/R확률통계") # 작업 디렉터리로 사용하고자 하는 곳을 지정
```

A1.3 자료형과 연산자

A1.3.1 R의 자료형

R의 **자료형**(data type)에는 숫자형(numeric), 정수형(integer), 문자형(character), 논리형(logical), 복소수형(complex), 인수형(factor), NA형, NULL형, 날짜형 등이 있다. NA(Not Available)는 결측값이라고도 하며 정해진 범위 안에 있는 값이 아니어서 사용할 수 없는 경우를 의미하며 논리형(logical)으로 분류된다. 인수형(factor)은 범주형 자료(예를 들어 혈액형 등)를 다룰 때 문자형데이터를 저장하는 새로운 방식의 자료유형을 나타내는 데 사용한다. NULL형은 값이 정해지지 않아서 얼마인지 모른다는 의미이다. 복소수형(complex)은 실수부와 허수부로 표시하며 허수부를 표시하는 변수는 'i'를 사용한다(예를 들어 3+4i 등).

1. 숫자형과 산술연산자

R에서 숫자는 정수와 실수로 구분하고, 정수는 숫자 뒤에 L을 추가한다(예: 3L). 숫자 벡터를 생성하려면 c() 함수를 사용한다[예: x<-c(1,2,3,4,5)]. 실수형은 배정도 숫자로 소수점 또는 'e'를 사용하여 표현한다. R-언어에서 사용하는 **산술연산자**는 C-언어와 유사하며 연산자 적용 우선순위도 거의 같다.

[표 A1.1] R에서 사용하는 산술연산자

산술연산자	의미	산술연산자	의미
+x	부호유지	x/y	요소들의 나누기
-x	반대부호	x·y, x**y	x의 y승
x+y	요소들의 합	x%%y	정수 x/y의 나머지
x-y	요소들의 차	x%/%y	정수 x/y의 몫
x*y	요소들의 곱	x%*%y	x와 y의 내적

```
# A1.3 자료형과 연산자 - A1.3.1 R의 자료형 - 1. 숫자형과 산술연산자
> x <- c(1,2,3,4,5); x; class(x)  # c()는 combine function이라는 의미임
> int_x <- c(1L,2L,3L,4L,5L); int_x # 정수형은 숫자 뒤 L을 붙임
> class(int_x) # 자료형을 확인할 수 있음
> 3e2; 3e5; 3e-1; 3e-3; 3e-4
> y <- c(5,4,3,2,1); x+y; x^y
> 17%%3; 17%/%3
```

2. 문자형

문자를 처리할 때는 항상 쌍따옴표(") 또는 홑따옴표(')를 사용해야 하고 데이터가 숫자형인지 문자형인지 알 수 없다면 class() 함수를 사용하여 데이터 형태를 확인할 수 있다.

```
# A1.3 자료형과 연산자 - A1.3.1 R의 자료형  - 2. 문자형(character)
> char_x <- c("Pear","Apple"); char_x  # 반드시 따옴표 사용필요
> class(char_x)
> Pear; Apple # Error: object 'Pear' not found : 변수(object)로 인식함
> as.numeric('1')+as.numeric('2') # 함수 s.numeric()은 문자를 숫자로 변환
> as.numeric('a')+as.numeric('b') # 결과는 [1] NA
```

3. 논리형

참과 거짓을 나타내는 TRUE(!=0)와 FALSE(0)를 포함하여 연산자 '&'(곱), '|'(합), '!'(not) 등을 포함하는 자료형을 의미한다. 데이터를 비교해서 참일 경우 TRUE를 거짓일 경우 FALSE를 반환하며 '&' 기호는 양쪽이 모두 참일 때 결과가 참으로 나온다. 반면에 '|' 기호는 둘 중 하나가 참일 때 결과가 참으로 나타난다.

```
# A1.3 자료형과 연산자 - A1.3.1 R의 자료형  - 3. 논리형(logical)
> 5&0; 5&1  # 전자는 FALSE, 후자는 TRUE
> 5|0; 1&-1  # 전자도 TRUE, 후자도 TRUE
> !0; !1; class(!0)  # 전자는 TRUE, 후자는 FALSE
```

4. 인수형(factor)

인수형은 범주형 자료를 다룰 때 문자형 데이터를 저장하는 새로운 방식의 프레임이다. 수준(levels)이라고 부르는 대푯값만을 포함하는 특별한 벡터로 여러 번 중복으로 나오는 데이터들을 각각의 값으로 모아서 대푯값으로 출력할 때 사용하는 데이터 형이다. 글자로 된 데이터를 Factor형으로 바꾸지 않고 있는 그대로 사용하고 싶을 경우 인수(argument) 옵션을 "stringsAsFactors=FALSE"로 지정해야 한다.

```
# A1.3 자료형과 연산자 - A1.3.1 R의 자료형  - 4. 인수형(factor)
> blood_type <- c("A","B","B","O","AB","A","B","A","O","AB"); blood_type
> summary(blood_type) # 함수 summary()는 객체의 요약 설명을 제공
> blood_type <- factor(blood_type); blood_type
> class(blood_type); summary(blood_type)
```

5. NA 및 Null

NA(Not Available)는 결측값이라고도 하며 정해진 범위 안에 있지 않는 값으로 NA가 들어 있는 값과 연산을 하면 결과는 NA로 나타난다. 변수 값이 NA인지 아닌지 확인하려면 is.na() 함수를 사용한다. 데이터에서 NA 값을 제거하려면 'na.rm=T' 인수를 사용해야 한다. 그리고 NULL이란 값이 정해지지 않아서 얼마인지 모름을 의미한다.

```
# A1.3 자료형과 연산자 - A1.3.1 R의 자료형 - 5. NA, NULL, 복소수형
> cat(1, NA, 2,'\n'); sum(1,NA,2) # 후자의 합은 NA가 됨
> cat(1,NULL,2,'\n'); sum(1,NULL,2) # 후자의 합은 3이 됨
> sum(1,3,NA); sum(1,3,NA, na.rm=T) # 후자는 NA가 제거되고 합산됨
```

A1.3.2 R에서 날짜와 시간

R에서는 날짜만 보는 함수가 있고 '날짜+시간'까지 함께 보는 함수가 있는데 날짜와 시간을 동시에 보려면 POSIXct, POSIXlt 클래스를 사용해야 한다. 그리고 날짜와 시간을 보다 쉽게 관리해 주는 {lubridate} 패키지도 있다.

1. 문자열(character string)을 날짜형으로 변환

(1) 함수 Sys.Date()는 사용자 컴퓨터의 현재의 날짜를 객체로 반환함

(2) 함수 Sys.time()은 사용자 컴퓨터의 현재의 날짜와 시간을 반환함

(3) 함수 as.Date()는 날짜를 날짜형 객체로 변환함

```
# A1.3 자료형과 연산자 - A1.3.2 날짜와 시간 - 1. 문자열을 날짜형으로 변환
> Sys.Date() # 결과 -> [1] "2017-02-01"
> Sys.time() # 결과 -> [1] "2017-02-01 16:17:21 KST"
> class("2017-02-01") # 결과 -> [1] "character"
> class(as.Date("2017-02-01")) # [1] "Date" - 즉, 날짜를 객체로 변환함
> class(Sys.Date()) # 결과 -> [1] "Date“
> as.Date('2016/10/24'); class('2016/10/24'); class(as.Date('2016/10/24'))
```

2. 날짜형을 문자열로 변환

함수 format()을 사용하여 날짜형 객체를 문자열로 변환하여 사용할 수 있으며 날짜 외에도 다양하게 데이터 포맷을 변경할 수 있다. 함수 as.Date()의 인수로서 'format=~'을 지정하기 위한 형식을 알아보기로 하자. format() 함수 및 인수와 함께 몇 가지 옵션을

[표 A1.2]의 형식과 같은 형태로 사용할 수 있다.

[표 A1.2] as.Date()의 인수 및 함수로서 format의 사용형식

형식	의미	형식	의미
%d	일자를 숫자로 인식	%b	월을 영어 약자로 인식
%m	월을 숫자로 인식	%B	월을 전체 이름으로 인식
%Y	연도를 숫자 4자리로 인식	%y	연도를 2자리 숫자로 인식

```
# A1.3 자료형과 연산자 - A1.3.2 날짜와 시간 - 2. 날짜형을 문자열로 변환
> as.Date('08/13/2016') # 오류가 나옴
> as.Date('08/13/2016',format='%m/%d/%Y') # 오류 해소됨
> as.character(Sys.Date()) # 현재 날짜를 문자형 변수로 변환
> format(Sys.Date(),format='%m/%d/%Y') # mm/dd/yyyy 형의 문자열로 출력
> format(Sys.Date(),'%a') # 현재의 요일을 출력
> format(Sys.Date(),'%b'); format(Sys.Date(),'%B') # 현재의 월을 출력
> format(Sys.Date(),'%m') # 현재의 월을 출력
```

3. 패키지 {lubridate}의 사용법

패키지 {lubridate}는 날짜 요소를 분석하고 다루기 쉽도록 하는 도구를 제공하며 {lubridate}의 요소 선택 기능은 문자열을 POSIXct 날짜-시간 객체로 읽을 수 있도록 해준다.

```
# A1.3 자료형과 연산자 - A1.3.2 날짜와 시간 - 2. 패키지 {lubridate}의 사용법
> library(lubridate)
> date1<-now(); date1 # 현재의 날짜와 시간 넣기
> year(date1) # 연도만 출력하기
> month(date1,label=T) # 월만 출력하되 영문 이름으로 출력
> month(date1,label=F) # 월만 출력하되 숫자로 출력
> day(date1); wday(date1,label=T) # 일자출력; 요일을 출력하되 영문이름으로
> date2<-date1-days(2); date2 # date1에서 2일을 뺀 결과 출력
> month(date2)<-2; date2 # date2에서 월을 2월로 교체
> date2 + years(1) # 연도 연산 가능
> date2 + months(2) + hours(-2) # 연도 및 시간 연산 가능
> date2+minutes(1); date2 + seconds(1) # 분, 초도 연산 가능함
> date3<-hm("22:30"); date3 # hm()에서 h는 시간, m은 분을 의미
> date3<-hms("22:30:15"); date3 # hms()에서 h는 시간, m은 분, s는 초를 의미
```

예제 A1.1 (1) 현재 시점 오늘의 날짜와 요일을 출력하고 360일 이전 날짜와 요일을

출력하고 360일 이후 날짜와 요일을 출력하고,

(2) 현재 시점에서 50만초 이후에는 몇 월 며칠, 무슨 요일인가 출력하고,

(3) 현재 시점에서 5만분 이후에는 몇 월 며칠, 무슨 요일인가 출력하고,

(4) 현재 시점에서 5달 50일 500시간 이후의 월, 일, 요일을 출력하시오.

(풀이) 날짜와 요일을 출력하여 문제를 해결하기 위한 R 프로그램은 다음과 같다.

```
# A1.3 자료형과 연산자 - A1.3.2 날짜와 시간 - 3. 패키지 {lubridate}의 사용법
# [예제 A1.1] 날짜와 요일 계산 (1)
> date1 <- Sys.Date(); date1
> format(date1,format='%a')
> date2 <- date1 - 360; date2
> format(date2,format='%a')
> date3 <- date1 + 360; date3
> format(date3,format='%a')
# (2)
> library(lubridate)
> date4 <- now() + seconds(500000); date4
> format(date4, format="%a")
# (3)
> date5 <- now() + minutes(50000); date5
> format(date5, format="%a")
# (4)
> date6 <- now() + months(5) + days(50) + hours(500); date6
> format(date6, format="%a")
```

A1.4 R의 변수

모든 프로그래밍 언어는 **변수**를 사용해서 다양한 작업을 한다. 변수란 사용자가 프로그래밍 언어와 데이터를 주고받을 때 담는 그릇으로 이해할 수 있다. 그릇에는 어떤 형태나 종류의 음식을 담을 수 있고 변수에는 어떤 자료형의 변할 수 있는 데이터도 담을 수 있다는 의미에서 변수를 그릇으로 설명할 수 있다. 그러나 미리 정해진 데이터를 저장하고 전달할 때 사용하는 것을 상수라고 부른다. C-언어에서와 달리 R-언어에서는 변수의 자료형을 미리 지정하지 않아도 된다.

A1.4.1 변수에 데이터 할당

변수에 값을 **할당**할 때 "<-" 기호 또는 "=" 기호를 사용하며 여러 개의 값을 하나의 변수에 담으려면 배열형 c() 함수를 사용한다. 하나의 변수에 여러 개의 데이터를 담으려면 데이터 형이 동일해야 한다. 영어와 숫자를 모두 사용할 수 있으나 첫 자는 반드시 문자여야 하며 대소문자를 구별한다. C-언어에서와 달리 R-언어에서는 문자와 문자열을 구분하지 않고 모두 문자열로 취급하여 할당한다.

```
# 부록 A1 R-언어 입문 - A1.4 R의 변수 - A1.4.1 변수에 데이터 할당
> var1 <- "홍길동"; var1; var2 <- 1996019; var2
> var3 <- Sys.Date(); var3; var4 <- c("a","b","c"); var4
> var3 -> var4 -> var5; var4; var5
> var6 <- var7 <- var3; var6; var7
> string1 <- '00대학교 00융합공학부 정보통신전공'; string1
> comp <- c(1,"2"); comp # 숫자와 문자가 동시에 들어 있으면 문자로 변경됨
```

A1.4.2 변수에 값 저장과 연산

두 변수 각각에 숫자형 데이터가 저장되어 있으면 **산술연산**이 가능하다. 그러나 두 개의 변수 중 하나라도 숫자가 아닐 경우 산술연산은 불가능하다. 함수 seq()와 rep()를 사용하여 편리하게 연속적인 값을 할당할 수 있다.

```
# 부록 A1 R-언어 입문 - A1.4 R의 변수  - A1.4.2 변수에 값 저장과 연산
> num1 <- pi; num2<-exp(1)
> num1 + num2; sum(pi+exp(1))
> char1 <- "a"; char1
> num1 + char1 # 오류가 발생함
> seq1 <- 1:7; seq1 # 1부터 7까지 1씩 증가하는 등차수열 저장
> rep1 <- rep(2,7); rep1 # 2를 7회 반복
> seq1 + rep1
> seq2 <- "a":"k"; seq2 # 문자는 연속적으로 할당이 불가능
```

A1.4.3 변수 확인과 제거

함수 objects()를 사용하면 작업창에서 생성한 변수들을 확인할 수 있다. objects(all.names=T)은 숨겨져 있는 변수도 나타내주며 함수 rm("변수명")으로 변수들을 지울 수 있다. 명령어 rm(list=ls())는 정의되어 있는 모든 변수를 제거하는 데 사용된다.

```
# 부록 A1 R-언어 입문 - A1.4 R의 변수  - A1.4.3 변수 확인과 제거
> objects() # 정의되어 있는 모든 변수들을 나열함
> objects(all.names=T) # 숨겨져 있는 변수도 나타냄
> rm(num1) # 특정 변수를 제거함
> ls() # ls() 역시 모든 변수들을 나열함
> rm(list=ls()) # 모든 변수를 제거함
> ls(); objects() # 두 함수 모두 변수들을 나열함
```

A1.5 R의 자료 구조

A1.5.1 일반 벡터

벡터는 일반 벡터(atomic vector)와 리스트(list)를 포괄하는 개념이다. 일반 벡터는 **논리값**(logical), 숫자(numeric), 정수(integer), 문자(character), 복소수(complex) 등의 자료형 중에서 단일 속성을 가지며 c() 함수를 이용하여 생성할 수 있다. 숫자형 벡터와 문자형 벡터를 합치면 모든 **요소**가 문자형으로 바뀐다. **정수형** 벡터를 생성하려면 숫자 뒤에 L을 붙이고 논리값 벡터를 생성하려면, TRUE(또는 T)와 FALSE(또는 F)를 이용한다.

1. 벡터의 생성

정수형 벡터, 논리형 벡터, 문자형 벡터 및 숫자형 벡터를 생성해 보기로 하자. 반복되는 원소들로 구성된 벡터를 생성하기 위해서는 seq() 함수와 rep() 함수를 사용한다.

```
# A1.5 R의 자료구조 - A1.5.1 일반 벡터  - 1. 벡터의 생성
> int_vec <- c(1L, 2L, 12L, 29L); int_vec # 정수형 벡터
> class(int_vec)
> logic_vec <- c(T, TRUE, F, FALSE); logic_vec # 논리형 벡터
> char_vec <- c("Apple", "Pear", "Red", "Green", "Fruits and colors")
> char_vec; class(char_vec) # 문자형 벡터
> num_vec <- c(1, 3.4, 5, 10); num_vec # 숫자형 벡터
> seq(1, 12, by=3) # 수열생성: 결과 - [1]  1  4  7 10
> (y <- seq(1, 12)) # 1부터 12까지 1씩 증가하는 등차수열 생성
> v1 <- 1:12; v1 # 위 결과와 동일
> v2 <- c(1:3, v1); v2 # 한 벡터에 다른 벡터를 추가
> v3 <- rep(3, 12); v3 # 3을 12번 반복함
> rep(seq(1, 4), 3) # 1부터 4까지를 3번 반복함
```

2. 벡터의 특정요소 제어

벡터는 일차원 행렬로 볼 수 있고 배열로도 볼 수 있다. 때에 따라서는 벡터의 특정 요소를 정교하게 다룰 필요가 있다.

```
# A1.5 R의 자료구조 - A1.5.1 일반 벡터 - 2. 벡터의 특정요소 제어
> v1<-c(1,2,3,4,5,6); v1; class(v1)
> v1[3:5] # v1의 3번째 요소부터 5번째 요소까지를 표시
> v2<-c('1','2','3','4','5'); v2; class(v2)
> v1[3]; v1[-3] # 전자는 3번째 요소; 후자는 3번째만 뺀 것을 보여줌
> length(v1); length(v2) # 벡터의 길이를 보여줌
> v1<-c(v1,7); v1; v1[9]<-9; v1 # v1[8]은 NA가 됨
> va<-append(v1,c(10,11),after=3); va # 요소 끼워 넣기
```

3. 숫자형 벡터의 연산

벡터 간의 연산은 원칙적으로 숫자형 벡터를 대상으로 한다. 숫자형 벡터 간 연산을 다루는 간단한 R 스크립트를 보기로 하자.

```
# A1.5 R의 자료구조 - A1.5.1 일반 벡터 - 3. 숫자형 벡터의 연산
> c(1,2,3,4,5) + 2 # 모든 요소에 2를 더함
> v1<-c(1,2,3,4,5) + c(5,6,7,8,9); v1 # 요소별 합을 계산
> v2<-c('1','2','3','4','5'); union(v1,v2) # 숫자를 문자로 바꾸고 둘을 붙임
> v3<-c(1,2,3); v1+v3 # 서로 길이가 맞지 않아 재활용의 특징이 사용됨
> setdiff(c(1,2,3),c(3,4,5)) # c(1,2,3)에는 있으나 c(3,4,5)에는 없는 요소 표시
> intersect(c(1,2,3),c(3,4,5)) # 공통으로 있는 요소 표시
```

4. 벡터의 길이 표시 및 열에 이름 지정

벡터의 **길이**를 표시하는 함수 명령은 length()이다. 벡터를 행렬로 간주할 때 NROW()는 벡터의 열의 수를 표시하고 NCOL()은 행의 수를 표시한다. 그리고 벡터에 열 이름을 지정하기 위해서는 names() 함수를 사용한다.

```
# A1.5 R의 자료구조 - A1.5.1 일반 벡터 - 4. 벡터 길이표시 및 열 이름 지정
> v5<-seq(1,10,2); v5
> v6<-rep(1:3,2); v6
> length(v5) # 벡터의 길이를 표시
> NROW(v6); NCOL(v6) # 벡터의 열의 수; 행의 수를 표시
> 4%in%v5; 3%in%v6 # 벡터에서 특정문자 찾기
```

```
> vz <- 1:3; names(vz)
> names(vz)[2] <- "b"; vz # 열이름 하나만 지정
> names(vz) <- c("a","b","c"); vz # 열이름 모두를 지정
```

A1.5.2 행렬

행렬형 구조는 형과 열을 갖는 형태의 직사각형에 나열한 데이터 구조를 말하며 기본적으로 값은 열을 우선적으로 채우는 방향으로 입력된다. 함수 matrix()는 행과 열의 개수를 인수 nrow와 ncol의 옵션값(인수)으로 받는다. 그리고 함수 cbind()와 rbind()를 사용하여 여러 개의 벡터를 행렬로 구성할 수 있다. 어떤 객체(변수)가 행렬인지 여부를 확인하려면 is.matrix() 함수를 사용한다. 어떤 객체를 행렬로 변환하기 위해서는 as.matrix() 함수를 사용한다.

1. 행렬의 생성

생성되는 행렬에서 모든 **행**(row)과 **열**(column)의 자료형은 동일해야 한다. 함수 matrix(vec, arg)의 첫째 인수 vec에는 행렬요소가 되는 데이터묶음, 둘째 인수 arg에는 ncol 옵션으로 열의 수를, nrow 옵션으로 행의 수를 지정할 수 있다.

```
# A1.5 R의 자료구조 - A1.5.2 행렬 - 1. 행렬의 생성
> m1<-matrix(c(1,2,3,4)); m1 # 기본적으로 열(column)로 생성됨
> m2<-matrix(c(1,2,3,4), nrow=2); m2  # 열부터 먼저 완성
> m3<-matrix(c(1,2,3,4), nrow=2, byrow=T); m3 # 행부터 먼저 완성
> m3; m3[,1] # 첫째 열을 출력
> m3[1,]; m3[1,1] # 전자는 첫째 열을 출력; 후자는 1행1열 요소를 출력
> m1<-matrix(c("a","b","c","d"),nrow=2,byrow=T); m1 # 문자형 요소 행렬
> colnames(m1) <- c("Y1","Y2"); m1 # 열에 이름 주기
> v1 <- seq(1, 18, by=2); v1 # 초항 1, 등차 2인 수열 벡터
> m1v1 <- matrix(v1, nrow=3, ncol=3); m1v1 # v1 벡터로 m1행렬을 생성
> m1v1[2,2] # m1v1 행렬의 2행2열 요소 : 9
> m1v1[4] # m1v1 행렬의 네 번째 요소 : 7
> length(m1v1); dim(m1v1) # 전자는 행렬의 원소의 수, 후자는 행렬의 차원
> NROW(m1v1); nrow(m1v1) # 전자, 후자 모두 행렬의 행의 수 출력
> NCOL(m1v1); ncol(m1v1) # 전자, 후자 모두 행렬의 열의 수 출력
> m1v1; colnames(m1v1) <- c("cA", "cB", "cC"); m1v1 # 열 이름 지정
> rownames(m1v1) <- c("rA", "rB", "rC"); m1v1 # 행 이름 지정
```

2. 행렬에 행과 열 추가 및 역행렬

함수 rbind()와 cbind()를 사용하여 주어진 행렬에 행과 열을 추가할 수 있으며 함수 solve()를 사용여 역행렬을 출력할 수 있다.

```
# A1.5 R의 자료구조 - A1.5.2 행렬 - 2. 행렬에 행/열 추가 및 역행렬 구하기
> m4<-matrix(c(1:9), nrow=3, byrow=T); m4 # 3행3열 행렬
> m5<-rbind(m4, c(1,2,4)); m5 # 제 4행을 추가
> m5<-cbind(m5, c(2,4,6,12)); m5 # 제 4열을 추가
> dim(m5); length(m5)
# 행렬의 역행렬 구하기: 함수 solve()를 사용
> solve(m5) # singular: reciprocal condition number = 1.18614e-18
> m5[1] <- m5[2,2] <- m5[16] # 대각 요소를 크게 변경
> m5[3,3] <- m5[16]; m5 # 대각 요소를 크게 변경
> m5inv <- solve(m5); m5inv # 결과가 잘 나옴
> round(m5%*%m5inv, digit=15) # 소수점 이하 14자리까지가 정확함
> round(m5inv%*%m5, digit=15)
```

예제 A1.2 행렬 A가 matrix(c(1,4,7,1,2,1,8,2,3,6,1,4,2,4,6,1), nrow=4)로 주어질 때 (1) 각 열의 최댓값을 구하고, (2) 그 최댓값이 각 열의 어느 위치에 있는지를 나타내는 R 명령어를 작성하고, (3) 행렬 A의 요소의 최댓값을 구하고, (4) 행렬 요소의 최댓값이 위치하는 행과 열의 번호를 찾으시오.

```
# A1.5 R의 자료구조 - A1.5.2 행렬 - [예제 A1.2] 행렬 요소의 위치 찾기
> A <- matrix(c(1,4,7,1,2,1,8,2,3,6,1,4,2,4, 6,1), nrow=4); A
> dim(A); length(A)
> apply(A,2,max) # (1) 각 열의 최댓값 또는 다음과 같은 방법으로 계산
> cmax <- c(max(A[,1]), max(A[,2]), max(A[,3]), max(A[,4])); cmax
# (2) 그 최댓값이 각 열의 어느 위치에 있는지
> which(A[,1]==max(A[,1]))
> which(A[,2]==max(A[,2]))
> which(A[,3]==max(A[,3]))
> which(A[,4]==max(A[,4]))
# (3) 행렬 A의 요소의 최댓값
> max(A)
# (4) 행렬 요소의 최댓값이 위치하는 행과 열의 번호
> mn <- which(A==max(A)); mn # 최대 요소 8의 위치 확인
> if (mn%%nrow(A)==0) rn <- nrow(A) else rn <- mn%%nrow(A); rn
> if(mn%%nrow(A)==0) cn<-mn%/%nrow(A) else cn<-ceiling(mn/nrow(A));cn
> rcn <- c(rn,cn); rcn # which(A==max(A), arr.ind = T)
> which(A==max(A),arr.ind=T) # 위 결과와 동일함
```

A1.5.3 배열

벡터는 1차원 배열을 표시하고 행렬은 2차원 배열을 표시하며 3차원 이상은 **배열** 함수 array()를 사용하여 표시한다. 함수 array()로 2차원 데이터 구조도 구성할 수 있다[예: array(c(1:12), dim=(4,3))]. 벡터(vector)와 행렬(matrix) 및 배열(array)은 요소가 모두 동일한 형이어야 한다. 배열은 행렬을 여러 층 쌓는 큐브(cube) 형태라고 생각할 수 있다. 다차원 배열은 일반벡터를 생성한 후 차원들을 부여하여 만들 수 있다.

```
# 부록 A1 R-언어 입문 - A1.5 R의 자료구조 - A1.5.3 배열(Array)
> m1<-array(c(1:9),dim=c(3,3)); m1; class(m1)
> a1<-array(c(1:12),dim=c(2,2,3)); a1 # 3차원 배열
> a1[1,1,3] # 3차원 (x,y,z)에서 (x,y,z)=(1,1,3)의 해당 요소인 9를 출력
> a2 <- array(1:16, dim=c(2, 8, 2)); a2 # 3차원 배열
> a2[1, , ]
> a2[1, 2, ]; a2[2, 1, ]
> a2[1, 2, 2]
> v1 <- seq(1, 12, by=2); v1 # 초항 1, 등차 2인 수열
> dim(v1) <- c(2,3); v1 # v1의 값으로 2행3열 행렬 생성
> dim(v1) <- c(3,2); v1 # values의 값으로 3행2열 행렬 생성
```

A1.5.4 리스트

벡터와 달리 **리스트**는 다른 형의 요소들을 포함할 수 있으며 list() 함수를 사용하여 생성한다. 리스트는 (키, 값) 형태로 데이터를 저장하며 벡터와 비슷한 형태를 갖는다. 리스트 내 특정 요소에 접근하려면 벡터에서처럼 인덱스([k])를 사용한다. 일반 벡터를 리스트로 변환하려면 as.list() 함수를 사용하며 리스트는 데이터 프레임의 기초가 되는 자료 구조이다.

```
# 부록 A1 R-언어 입문 - A1.5 R의 자료구조 - A1.5.4 리스트(list)
> lst1<-list(이름='홍길동',주소='충남',전화='010-5555-2222',연봉=50000000)
> lst1$이름; lst1$전화; lst1$연봉 # 변수명$Key 형태로 Value를 출력
> lst1$생일<-'1966-11-22'; lst1 # 생일을 간단히 추가
> lst1$이름<-c('홍길동','의적1'); lst1$연봉=NULL; lst1 # 추가 및 삭제
> lst1v1 <- as.list(v1); str(lst1v1) # 일반벡터를 리스트로 변환
> lst2 <- list(1:4, rep(3, 5), "cat"); str(lst2) # lst2의 데이터 구조를 반환
> lst3 <- list(1:4, "I like pears", c(F,T), c(3,5), lst2); str(lst3)
> lst4 <- c(list(1, 2, lst2), c(3, 4), seq(5, 6)); lst4 # c()가 lst2를 강제 변
환
```

```
> lst2; cat("다음 \n"); lst2[3] # lst2의 3번째 원소를 출력
> str(lst2[3]) # lst2의 3번째 원소의 구조를 출력
> str(lst2[[3]]) # 문자벡터(chr)인 " cat "를 출력; str()은 structure의 약어
> str(lst2[[1]]) # 정수벡터(int)인 "1 2 3 4"의 구조를 출력
```

A1.5.5 데이터프레임

데이터프레임은 다루기 쉽고 많은 정보를 담을 수 있어 R에서 널리 사용되는 자료구조이다. 데이터프레임은 2차원 배열이지만 행렬과는 달리 각 열이 서로 다른 자료형을 가질 수 있다. R에서 다른 자료형을 같이 저장할 경우 배열이나 행렬을 사용할 수 없다. 일반 DBMS(Database Management System)에서 컬럼(column)이라고 부르는 것을 R에서는 **라벨**(label)이라 부른다. 데이터프레임은 데이터 분석을 더 쉽게 해줌으로 특히 범주형 데이터를 다룰 때 많이 쓰인다. 함수 rownames()와 함수 colnames()를 사용하여 데이터프레임의 행과 열 이름을 지정할 수 있다.

1. 벡터와 행렬로 데이터프레임 생성

함수 data.frame()을 이용하여 여러 개의 벡터나 행렬을 하나의 데이터프레임으로 구성할 수 있다. 문자 벡터를 데이터프레임에 포함시킬 때는 자동으로 인수형(factor)으로 변환된다. 이를 원하지 않으면, data.frame()과 옵션 stringAsFactors를 사용해야 한다. 함수 transform()을 사용하여 객체의 요소를 숫자형으로 저장하고 싶으면 as.numeric() 옵션을 사용해야 한다. 기존의 R 객체를 데이터프레임으로 변환하려면 함수 as.data.frame()을 사용한다.

```
# A1.5 R의 자료구조 - A1.5.5 데이터 프레임 - 1. 데이터프레임 생성
# (1) 벡터로부터 데이터프레임 생성하기
> name <- c("John", "Mary", "Ethan", "Dora")
> no<-c(1,2,3,4); score <- c(76, 82, 84, 67)
> grade <- c("B", "A", "A", "C") # (1) 벡터들로부터 데이터프레임 생성
> df1 <- data.frame(번호=no, 이름=name, 점수=score, 등급=grade); df1
# (2) 행렬로부터 데이터프레임 생성하기
> test1 <- matrix(c(1,"John",76,"B", 2,"Mary",82,"A", 3,"Ethan",84,"A",
        4 ,"Dora",67,"C"), nrow=4,byrow=T); test1 # 숫자형이 변경됨을 주의
> df2 <- data.frame(test1, stringsAsFactors=F); df2 # 데이터프레임 생성
> names(df2)<-c('번호','이름','점수','등급'); df2 # 라벨(label) 지정
> class(df2$점수); print("**********"); class(df2$등급)
# (3) 함수 transform()을 이용하여 객체의 자료형을 변환
```

```
> mdf1 <- transform(df2, 점수=as.numeric(점수)); mdf1
> mdf1 <- transform(mdf1, 등급=as.factor(등급)); mdf1
> class(mdf1 $점수); print("**********"); class(mdf1 $등급)
# (4) 함수 as.data.frame()을 사용 기존 객체를 데이터프레임으로 변환
> m4 <- matrix(c(1:9), nrow=3, byrow=T); m4 # 3행3열 matrix
> m4 <- as.data.frame(m4); m4; class(m4)
```

2. 데이터 조회

데이터프레임에서는 원하는 데이터만 조회할 수 있으며 함수 subset()은 조건에 부합하는 벡터, 행렬 및 데이터 프레임의 일부를 반환하는데 사용한다. 특정 데이터프레임의 열을 조회하고자 하면 “변수명$라벨명”을 사용한다.

```
# A1.5 R의 자료구조 - A1.5.5 데이터 프레임 - 2. 데이터 조회
> df2$이름; df1$점수  # "변수명$라벨명"의 형태를 사용 내용조회
> df2[1,]; cat("***다음 명령*** \n"); df2[-1,] # 1행 조회;  1행만 빼고 조회
# [주의] 명령 print("*****")와 명령 cat("*****\n")은 동일한 결과를 출력
> df2[c(1,2),]; df2[,c(1,2)] # 1,2행만 조회, 1,2열만 조회
> df1[,2]  # 2번째 열인 학생 이름을 조회
> subset(df1,점수<80) # subset() 함수의 용례1
> subset(df1,등급=="A") # subset() 함수의 용례2
> subset(df2, 등급=="A", select = -이름) # class(df2$등급)은 문자형
> library(googleVis) # install.packages("googleVis")
> Fruits; print("*****"); Fruits$Year # "변수명$라벨명"의 사용 예
```

3. 데이터 추가 및 축소

함수 rbind()와 cbind()를 사용하여 데이터프레임에 행과 열을 추가하고 **합병**(binding)할 수 있으며 함수 subset()을 이용하여 일부를 선택할 수 있다.

```
# A1.5 R의 자료구조 - A1.5.5 데이터 프레임 - 3. 데이터 추가 및 축소
# 데이터프레임에 행과 열 추가하기
> df3 <- rbind(df1,data.frame(번호=5,이름='Tom',점수=90,등급='A')); df3
> df4 <- cbind(df1,data.frame(순위=c(3,2,1,4))); df4
> df5 <- cbind(df3,data.frame(순위=c(4,3,2,5,1))); df5
# 데이터프레임의 일부를 조건에 맞게 선택하기
> df5a <- subset(df5, select=c(이름, 점수, 등급)); df5a
> df5b <- subset(df5, select=-순위); df5b
# 데이터프레임들을 합병하기
```

```
> dfa<-data.frame(Name=c('홍시','포도','사과'), Price=c(300,200,100))
> dfb<-data.frame(Name=c('홍시','딸기','사과'), Qty=c(10,20,30))
> dfa; print("*****"); dfb
> merge(dfa,dfb) # dfa와 dfb에 공통으로 있는 것만 교집합으로 조회
> merge(dfa,dfb,all=T) # dfa와 df2의 합집합으로 합병 공백은 NA로 출력
# 열이름 변경하기
> colnames(df1) <- c("NO", "Name", "Score", "Grade"); df1
```

예제 A1.3 행렬 A가 matrix(c(1,4,7,1,2,1,8,2,3,6,1,4,2,4,6,1), nrow=4)로 주어질 때 (1) A의 열 이름을 c("C1", "C2", "C3", "C4")로 주고, (2) 열 이름이 바뀐 행렬 A를 데이터프레임 B로 저장하고, (3) 행렬 A와 데이터프레임 B의 역행렬 구하고, (4) A와 B의 자신의 역행렬들과 곱행렬을 구하시오. 이때 결과는 소수점 이하 14자리에서 반올림하여 출력하시오.

풀이 문항 (1)~(4)에 대한 답을 구하기 위한 R 프로그램은 다음과 같다.

```
# A1.5.5 데이터 프레임 - [예제 A1.3] 행렬과 dataframe 차이
> A <- matrix(c(1,4,7,1,2,1,8,2,3,6,1,4,2,4, 6,1), nrow=4); A
# (1) 행렬 A에 열이름 주기
> colnames(A) <- c("C1", "C2", "C3", "C4"); A
> B <- as.data.frame(A); B # (2) 데이터 프레임 생성
> solve(A); cat("**********\n"); solve(B) # (3) 역행렬 구하기
# (4) 행렬 자신과 그 역행렬의 곱
> round(solve(A)%*%A, digits=14)
> round(A%*%solve(A), digits=14)
> round(solve(B)%*%B, digits=14) # 행렬과 dataframe의 차이
> round(B%*%solve(B), digits=14) # 행렬과 dataframe의 차이
```

A1.6 자료의 입출력

A1.6.1 객체의 간단한 저장과 로딩

R에서 대부분의 읽기 함수는 데이터프레임 형태로 반환하기 때문에 다른 세션에서 열수 있도록 데이터프레임으로 저장하는 것이 필요하다. 데이터의 간단한 저장과 로딩을 위해서는 다음과 같은 세 종류의 함수가 있다.

(1) 함수1 : dump()와 source()

(2) 함수2 : save()와 load()

(3) 함수3 : saveRDS()와 loadRDS()

1. 함수 dump()와 source()

함수 dump()는 "*.R" 파일과 "*.txt" 파일로 저장 가능하며 "*.R" 파일은 R 외부에서 볼 수 없으나 "*.txt" 파일은 참고할 수 있다. 함수 source()로 "*.R"과 "*.txt" 파일 모두 로드 가능하며 데이터프레임 형태를 따른다. 객체를 저장하고 로드할 때 혼동을 피하기 위해 가급적 같은 이름을 사용하는 것이 바람직하다.

```
# A1.6 자료의 입출력 - A1.6.1 객체의 간단한 저장과 로딩 -
# (1) 함수1 : dump()와 source()
> name <- c("John", "Mary", "Ethan", "Dora")
> no<-c(1,2,3,4); score <- c(76, 82, 84, 67)
> grade <- c("B", "A", "A", "C") # 데이터 프레임 생성
> df1 <- data.frame(번호=no, 이름=name, 점수=score, 등급=grade); df1
# (1-1) 데이터프레임으로 저장
> dump("df1","mydf1.R") # 반드시 이름을 같이 하여 저장해야 함
> source("mydf1.R"); mydf1 # 오류 발생
> mydf1 <- df1; dump("mydf1","mydf1.R") # 이름을 mydf1으로 통일
> source("mydf1.R"); mydf1 # 오류 없음
# (1-2) "*.txt" 파일로 저장
> dump("mydf1","mydf1.txt") # "*.txt" 파일로도 저장가능
> source("mydf1.txt"); class(mydf1) # 데이터프레임 형태임
# (1-3) 함수 dput()과 dget()
> dput(df1, file="ddf1.R") # dump()와 유사하고 이름이 달라도 무방함
> dput(df1, file="ddf1.txt") # "*.txt" 파일로도 저장 가능
> ddf2 <- dget("ddf1.R"); ddf2 # source()와 같으나 변수에 저장해야 함
> ddf3 <- dget("ddf1.txt"); ddf3 # 변수에 저장해야 함
```

2. 함수 save()와 load()

함수 save()와 load()는 각각 함수 dump() 및 source()와 유사한 기능을 한다.

```
# A1.6 자료의 입출력 - A1.6.1 객체의 간단한 저장과 로딩
# (2) 함수2 : save()와 load()
> mydf2 <- mydf1; save(mydf2, file="mydf2.R")
> load("mydf2.R"); mydf2
```

```
> save(mydf2, file="mydf2.txt")
> rm(mydf2); mydf2 # 지워졌으므로 오류 발생
> load("mydf2.txt"); mydf2; class(mydf2)
```

3. 함수 saveRDS()와 loadRDS() 및 sink()

함수 saveRDS()와 loadRDS()는 함수 save()와 load()의 좋은 대안으로 사용할 수 있다. 함수 saveRDS()는 객체의 이름을 저장하는 대신 개념표현만 저장하고 함수 loadRDS()로 다시 불러오면 객체에 할당(변수에 저장)해야 한다. 함수 sink()를 사용하여 R의 계산 결과를 외부 파일에 기록할 수 있다.

```
# A1.6 자료의 입출력 - A1.6.1 객체의 간단한 저장과 로딩
# (3-1) 함수3 : saveRDS()와 loadRDS()
> saveRDS(mydf2,"mydf2.rds")
> myData1 <- readRDS("mydf2.rds"); myData1
> rm(myData1); myData1
> saveRDS(mydf2,"myData1.txt")
> myData1 <- readRDS("myData1.txt"); myData1
# (3-2) 함수 sink()의 기능
> sink("data1.txt")
> x<-c(1,2,3); y<-c(4,5,6); x+y # 결과는 data1.txt 파일에 저장됨
# x+y 뒤의 주석문은 파일에 기록되지 않음
> sink() # sink("data1.txt")의 해제
```

4. 파일 이름 확인하기

데이터 파일을 R로 읽어들일 때 파일 이름을 지정해야 한다.

```
# A1.6 자료의 입출력 - A1.6.1 객체의 간단한 저장과 로딩
# (4) 작업 디렉터리에 저장된 파일들을 확인
> list.files() # 현재 워킹 디렉토리의 저장 파일들을 나타냄
> list.files(recursive=T) # 하위 디렉토리의 파일까지 출력
> list.files(all.files=T) # 숨긴 파일까지 전부 출력
```

A1.6.2 텍스트 파일 읽기와 저장

1. 함수 scan()의 기능

함수 scan()은 C-언어의 scanf()와 비슷한 기능을 하며 기본적으로 변수에 배열로 저장된다. 작업창에서 함수 scan()은 인수가 없을 때 사용자로부터 바로 입력 받을 때 사용할 수 있다. 기본적으로 숫자를 입력 받지만, 문자를 입력 받을 때에는 인수 what=" "을 사용해야 한다.

```
# A1.6 자료의 입출력 - A1.6.2 텍스트 파일 읽기와 저장
# 1. 함수 scan()의 기능
> win1<-scan(); win1 # 숫자 입력받기
> win2<-scan(what=" "); win2 # 문자 입력 시 반드시 what="" 사용
> scan1<-scan('input1.txt'); scan1 # 정수형 파일
> scan2<-scan('input2.txt'); scan2; class(scan2) # 실수형 파일
> scan2<-scan('input2.txt', what=""); scan2; class(scan2) # 문자로 읽음
# 개수를 출력하고 what=""으로 인해 숫자를 모두 문자형으로 대체
> scan3<-scan('input3.txt', what=""); scan3 # 본래 문자형 파일
> scan4<-scan('input4.txt', what=""); scan4 # 숫자형과 문자형 혼합 파일
# 텍스트 파일을 읽어서 행렬을 만들고 역행렬 구하기
> magic9 <- scan("magic9.txt"); magic9
> magic9 <- matrix(magic9, nrow=9, byrow=T); class(magic9)
> invm9 <- solve(magic9); invm9 # 역행렬을 구함
> round(magic9%*%invm9, digits=15)
```

2. 함수 readline()와 readLines()의 기능

함수 readline()은 작업창에서 사용자로부터 한줄 단위로 바로 입력받을 때 사용한다. 특히 readline(prompt = "") 형식에서 prompt는 자료 입력 전에 사용자에게 알리는 주석 문자열을 나타낸다. 함수 readLines()는 파일에서 데이터를 행단위로 읽어 배열로 만들어 준다.

```
# A1.6 자료의 입출력 - A1.6.2 텍스트 파일 읽기와 저장
# 2. 함수 readline()과 readLines()의 기능
> win3 <-readline(); win3  # 한줄 입력
> win4 <-readline("기계ICT융합공학부 소속: Yes or No? : "); win4
> read1 <-readline('input4.txt '); read1 # 파일을 읽는 것이 아님
# 위 명령문에서 'input4.txt '는 자료 입력 전의 주석문자열에 해당함
> read2 <-readLines('input4.txt'); read2 # L이 반드시 대문자
```

3. 함수 read.table()과 read.delim()의 기능

함수 read.table()은 *.txt 파일을 읽어서 데이터프레임을 생성한다. 마찬가지로 함수 read.delim()도 *.txt 파일을 읽어서 데이터프레임을 생성한다.

```
# A1.6 자료의 입출력 - A1.6.2 텍스트 파일 읽기와 저장
# 3. 함수 resd.table()와 read.delim()의 기능
> mydf1 <- read.table("myData.txt", header=TRUE); mydf1; class(mydf1)
> mydf2 <- read.delim("myData.txt", header=TRUE); mydf2; class(mydf2)
> in1<-read.table("magic9.txt"); in1; class(in1)
> mat1<-as.matrix(in1); mat1
> inv1<-round(solve(mat1),digits=17); inv1 # mat1의 역행렬
> round(mat1%*%inv1,digits=14)
```

4. 함수 write.table()의 기능

패키지 {utils}가 제공하는 함수 write.table()을 사용하여 행렬 또는 데이터프레임을 *.txt 파일 혹은 다른 구분자를 사용한 파일로 저장할 수 있다. 함수 write.table()를 사용할 때 행이름(row.names)과 열이름(col.names)을 옵션으로 지정할 수 있다.

```
# A1.6 자료의 입출력 - A1.6.2 텍스트 파일 읽기와 저장
# 4. 함수 write.table()의 기능
> write.table(mydf1, file="myWr1.txt", quote=F, row.names=T, col.names=T)
# 인수 "quote=F"는 현재 디렉토리에 있는 파일명을 폐기하고 사용함
> write.table(mydf2, file="myWr2.txt", quote=F, row.names=T, col.names=T)
> mydf1; class(mydf1)
> write.table(mydf1, file="myWr1.R", quote=F, row.names=F, col.names=F)
> write.table(mydf1, file="myWr1.csv", quote=F, row.names=FALSE,
        col.names=TRUE, sep=',')
> tst1 <- matrix(scan("myWr1.R"), nrow=3, byrow=T); tst1; class(tst1)
```

A1.6.3 엑셀 파일 읽기와 저장

1. 엑셀 (*.csv) 파일 읽기

패키지 {utils}가 제공하는 함수 read.csv()로 확장자가 *.csv인 엑셀 파일을 읽을 수 있다. 함수 read.table()은 라벨 구분이 공백일 때 사용하면 되지만 라벨이 콤마로 구분될 때는 read.csv() 함수를 사용해야 한다. 원본 파일에 라벨명이 없다면 문제가 될 수 있으므로 수동으로 지정해줘야 한다.

```
# A1.6 자료의 입출력 - A1.6.3 엑셀 파일 읽기와 저장
# 1. 엑셀 (*.csv) 파일 읽기 - 함수 read.csv() 이용
> csv1<-read.csv('fruits3.csv'); csv1 # 엑셀의 *.csv 파일임
> csv2<-read.csv('fruits4.csv'); csv2 # 라벨(헤드)명이 없으면 문제가 됨
> csv3<-read.csv('fruits4.csv',header=F); csv3 # 헤드 없음을 표시
> label<-c('NO','NAME','PRICE','QTY') # 읽어면서 라벨명을 붙일 수 있음
> csv4<-read.csv('fruits4.csv',header=F,col.names=label); csv4
```

2. 엑셀 (*.csv)로 파일 저장

패키지 {utils}가 제공하는 함수 write.csv()을 이용하면 작업 중 생성된 객체들을 데이터프레임으로 바꾸어 확장자가 *.csv인 엑셀 파일로 저장할 수 있다.

```
# A1.6 자료의 입출력 - A1.6.3 엑셀 파일 읽기와 저장
# 2. 엑셀 (*.csv)로 파일 저장 - 함수 write.csv() 이용
> txt1<-read.csv("fruits3.csv"); txt1
> write.csv(txt1,"fruits3csv.csv")  # write.csv() 함수의 용례
  # 저장 파일은 의도하지 않은 행이름이 추가되는 문제가 발생
> write.csv(txt1,"fruits3csv.csv",row.names=F)  # 문제가 수정됨
```

3. 엑셀 (*.xls) 파일 읽기

확장자가 *.xls인 엑셀 파일을 데이터프레임으로 담기 위해서는 패키지 {XLConnect}가 필요하다. R이 32bit 용이면 {RODBC} 패키지를 64bit 용이면 {XLConnect}를 설치해야 한다. 함수 read_excel()을 사용하여 파일을 읽으려면 패키지 {readxl}이 필요하다.

```
# A1.6 자료의 입출력 - A1.6.3 엑셀 파일 읽기와 저장
# 3. 엑셀 (*.xls) 파일 읽기 - 함수 read_excel() 이용
> library(XLConnect) # 오류가 나면 install.packages("XLConnect")를 실행
> data1<-loadWorkbook("fruits3.xls",create=T); data1 # 파일이름 전달용
> data2<-readWorksheet(data1,sheet="sheet1", startRow=1,endRow=6,
          startCol=1,endCol=5); data2; class(data2)
# 위 명령문이 실행 오류가 나면 다음과 같이 {rJava} 패키지를 설치해야함
# install.packages("rJava")
# source("https://install-github.me/talgalili/installr")
# installr::install.java(); library(rJava)
> library(readxl) # 오류가 나면 install.packages("readxl")을 실행
> data3<-read_excel("SeoulSubway2008Y5m.xlsx",sheet=1,
          col_names=T,col_types=NULL,na="",skip=0); head(data3)
```

4. 엑셀 (*.xls) 파일 형식으로 저장

이 작업을 실행하기 위해서는 {xlsx} 패키지 또는 ActivePerl과 {WriteXLS}라는 패키지가 있어야하며 ActivePerl은 (http://www.activestate.com/activeperl/downloads)에서 다운로드할 수 있다. 패키지 {xlsx}는 이 작업을 위해 함수 write.xlsx()를 제공한다.

```
# A1.6 자료의 입출력 - A1.6.3 엑셀 파일 읽기와 저장
# 4. 엑셀 (*.xls) 파일 형식으로 저장 - 함수 write.xlsx() 이용
> library(xlsx) # install.packages("xlsx")
> library(WriteXLS) # install.packages("WriteXLS")
> name<-c('홍시','사과','감귤'); price<-c(300,200,100)
> item1<-data.frame(과일명=name, 가격=price); item1
> write.xlsx(item1,"fruits5.xlsx") # 행 이름(row label)이 붙여짐
> write.xlsx(item1,"fruits5.xls") # 행 이름(row label)이 붙여짐
> WriteXLS("item1","fruits6.xlsx") # Perl이 설치되어야 함
```

A1.7 R의 함수

A1.7.1 기본적인 함수

1. 패키지 {base}의 기본 함수

R에는 매우 많은 **함수**들이 들어 있으며 이 함수들을 사용해서 원하는 계산이나 처리를 할 수 있다. R의 {base} 패키지에서 지원하고 주로 사용하는 기본 함수는 아래 [표 A1.3]에 요약되어 있다.

[표 A1.3] R에서 주로 사용하는 기본 함수

함수	의미	함수	의미
apply()	행렬 등 관련 연산	prod()	곱을 출력
cumsum()	누적합 계산	range()	범위값을 출력
cumprom()	누적곱 계산	rank()	각 요소의 순위를 출력
diff()	차이나는 부분 표시	rev()	요소의 역순을 출력
length()	벡터 요소의 개수 표시	sort()	정렬 결과를 출력
max()	최댓값 출력	sum()	총합을 출력
min()	최솟값 출력	summary()	요약 통계치를 출력
mean()	평균값 출력	sweep()	한꺼번에 차이 구하기
order()	각 요소의 원래 위치		

```
# A1.7 R의 함수 - A1.7.1 기본적인 함수 - 1. 패키지 {base}의 기본 함수
# (1) max(), mean(), min(), sum() 등
> v1 <- c(1,3,5,7,9,11); sum(v1)
> max(v1); min(v1);
> mean(v1); length(v1)
> rev(v1)
> v2 <- c('a','b','c','d','e'); v2
> max(v2); min(v2)
> rev(v2)
```

2. 패키지 {base}의 반올림 관련 함수

R의 {base} 패키지가 지원하는 반올림 관련 함수는 다음과 같다.

[표 A1.4] R에서 사용하는 반올림 관련 함수

함수	의미	함수	의미
ceiling(x)	x를 초과하는 최소 정수	signif()	round()와 유사
floor(x)	x를 넘지 않는 최대 정수	trunc(x)	floor(x)와 유사
round()	반올림 값을 출력		

```
# A1.7 R의 함수 - A1.7.1 기본적인 함수 - 2. 패키지 {base}의 반올림 함수
# (2) round(), ceiling(), floor(), trunc() 등
> round(pi); ceiling(pi); floor(pi); trunc(pi)
> x1 <- seq(-2, 4, by = .5)
> round(x1) # IEEE 반올림: [1] -2 -2 -1  0  0  0  1  2  2  2  3  4  4
> round(.5 + -2:4) # IEEE 반올림: [1] -2  0  0  2  2  4  4
> x1[trunc(x1) != floor(x1)]
> x1[round(x1) != floor(x1 + .5)]
> non.int <- ceiling(x1) != floor(x1); non.int
> (x2 <- pi * 100^(-1:3)) # 명령 "x2 <- pi * 100^(-1:3); x2"와 같은 의미
> round(x2, 3); signif(x2, 3)
```

3. 패키지 {stats}의 기본 함수

통계관련 패키지 {stats}가 지원하고 주로 사용하는 기본 함수는 다음과 같다.

[표 A1.5] R에서 주로 사용하는 통계관련 기본 함수

함수	의미	함수	의미
cor()	상관(correlation)함수	sd()	표준편차를 출력
cov()	공분산(covariance)	var()	분산값을 출력
median()	중앙값 출력		

```
# A1.7 R의 함수 - A1.7.1 기본적인 함수 - 3. 패키지 {stats}의 기본 함수
# (3) median(), var(), min(), sum() 등
> v1 <- c(1,3,5,7,9,11); v2 <- c(1,2,3,4,5,6)
> median(v1); median(v2);
> sd(v1); var(v1)
> cor(v1,v2); cov(v1,v2)
```

4. 행렬(벡터) 및 데이터프레임(리스트) 대상 함수

행렬을 포함한 배열 및 데이터프레임을 대상으로 간단한 수식 계산이 가능하다. 함수 aggregate()와 tapply()는 데이터프레임을 대상으로 그룹별로 지정된 함수를 적용하여 계산결과를 도출할 때 주로 사용한다. 함수 apply()는 주로 행렬을 대상으로 함수를 적용하여 결과를 도출한다. 함수 lapply(), sapply(), mapply()는 주로 리스트를 대상으로 적용한다.

[표 A1.6] apply() 계열 함수

함수	의미	함수	의미
aggregate()	주어진 함수값 구하기	apply()	행렬대상 주로 사용
tapply()	주로 데이터프레임 대상	lapply()	주로 벡터/리스트 대상
mapply()	벡터 대상 주로 사용	sapply()	주로 벡터/리스트 대상

```
# A1.7 R의 함수 - A1.7.1 기본적인 함수 - 4. apply() 계열 함수
> library(googleVis)
> Fruits
# (1) 데이트프레임에 aggregate() 함수 적용
# aggregate()는 세 종류의 사용유형이 있음; aggregate(y~x)는 'formular'형임
> aggregate(Profit~Year, Fruits, sum) # 연도별 판매이익(Profit)의 합
> aggregate(Profit~Fruit, Fruits, sum) # 과일별 판매이익(Profit)의 합
> aggregate(Profit~Fruit+Year, Fruits, max) # 과일별&연도별 판매이익
> tapply(Fruits$Profit, Fruits$Fruit, sum) # 열 벡터에 적용됨
> attach(Fruits) # 데이트프레임의 레벨명을 변수처럼 사용하게 지정함
> tapply(Profit, Year, sum)
# (2) 행렬에 apply() 함수 적용
> mat1 <- scan("magic9.txt"); dim(mat1); mat1  # 마방진 행렬
> mat1 <- matrix(mat1, nrow=9, byrow=T); mat1
> colsum <- apply(mat1, 2, sum); colsum
> rowsum <- apply(mat1, 1, sum); rowsum
> colmax <- apply(mat1, 2, max); colmax
> rowmin <- apply(mat1, 1, min); rowmin
# (3) 리스트형(list)에 lapply(), sapply() 함수 적용
```

```
#    형식은 lapply/sapply(벡터, 함수) 형태로 적용됨
> lst1 <- list(mat1[,2]); lst2 <- list(mat1[,7])
> lapply(c(lst1,lst2), min)
> lapply(c(list(mat1[,2]), list(mat1[,7])), min)
> sapply(c(lst1,lst2), max)
> sapply(c(list(mat1[,2]), list(mat1[,7])), max)
# (4) 벡터형나 리스트형에 mapply() 함수 적용
# 형식은 mapply(함수, 벡터1, 벡터2, 벡터3) 형태로 적용됨
> mapply(sum, mat1[,1], mat1[,2], mat1[,7])
> mat1[,1] + mat1[,2] + mat1[,7]
```

A1.7.2 수리 관련 함수

다음 표에 정리되어 있는 주요 함수들은 수리계산에 활용하는 데 편리한 기능을 제공한다. 수리 관련 함수에 대한 간단한 사용 예를 몇 가지 들어보기로 한다.

[표 A1.7] R에서 많이 사용하는 수학 함수

함수	의미	함수	의미
sin(x)	sin x	acos(x)	arc cos x
cos(x)	cos x	atan(x)	arc tan x
tan(x)	tan x	asinh(x)	arc sinh x
sinpi(x)	sin (pi*x)	acosh(x)	arc cosh x
cospi(x)	cos (pi*x)	atanh(x)	arc tanh x
tanpi(x)	tan (pi*x)	log(x)	자연로그 계산
sinh(x)	sin hyperbolic x	log10(x)	상용로그 계산
cosh(x)	cos hyperbolic x	log2(x)	밑이 2인 로그 계산
tanh(x)	tan hyperbolic x	log1p(x)	log(1+x)
asin(x)	arc sin x	choose(x,y)	(a+b)·x의 3번째 항의 계수

```
# 부록 A1 R-언어 입문 - A1.7 R의 함수 - A1.7.2 수리 관련 함수
# sin(), sinh(), asin(), asinh(), log(), log10(), log2(), log1p(x)=log(1+x)
> v1 <- c(1,-2,3,-4,5); abs(v1)
> sin(v1); sinh(v1); cos(v1)
> v2 <- c(1,2,3,4,5); log(v2)
> log10(v2); log2(v2); log1p(v2)
> choose(5,3)  # (a+b)^5을 계산할 때 3번째 항의 계수
> for (n in 0:10) print(choose(n, k = 0:n))
> atan2(2,1); atan(2/1)
> atan2(1,2); atan(1/2)
```

```
> floor(3.2); ceiling(3.2)
> round(3.25,digits=1); round(pi,digits=7)
```

A1.7.3 사용자정의함수

1. 사용자정의함수의 기본형식

사용자정의함수는 R의 기본 함수와는 별도로 사용자가 필요해 생성한 함수를 의미하며 사용형식은 다음과 같다.

함수명 <- function(인수) {계산식1; 계산식2; return(계산결과 반환값)}

입력하는 인수가 없거나 입력 인수가 하나인 간단한 경우도 있으며 입력 인수가 두 개 이상이고 출력 값이 두 개 이상인 경우도 가능하다.

```
# A1.7 R의 함수 - A1.7.3 사용자 정의 함수 - 1. 사용자정의함수의 기본형식
> myft1 <- function(){return(7)}; myft1 #
> myft1 <- function(){return(7)}; myft1() # 입력 인수가 없음
> myft1 <- function(x){return(x)}; myft1(7) # 입력 인수가 하나
> myft2 <- function(x){return(x^2)}; myft2(10)
# 사용자 정의 함수의 응용
# 1) 라디안=>각도 그리고 각도=>라디안
> rad2deg <- function(rad) {(rad*180)/(pi)}; rad2deg(pi) #180: 각도로
> deg2rad <- function(deg) {(deg*pi)/(180)}; deg2rad(180) #pi: 라디안으로
# 2) 두 개의 인수를 입력하여 하나의 값으로 계산
> myft3 <- function(x,y){return(x*y)}; myft3(10,20)
# 3) 두 개의 인수를 입력하여 두세 개의 값으로 출력
> myft4 <- function(x,y){s4=x+y; p4=x*y; return(c(s4,p4))}
> ans4 <- myft4(10,20); cat('sum=',ans4[1],', product=',ans4[2])
> (function(x, y){ z <- x^2 + y^2; x+y+z })(0:7, 1)
```

2. 함수의 저장과 로딩

R에서 이미 만들어져 있는 함수들이 어떻게 작성되어 있고 어떤 파라미터와 변수를 사용하는지 알고 싶을 때가 있다(조회-패키지명::함수명). 자신이 생성한 사용자정의함수의 **저장**과 **로딩**이 필요할 때도 있다. 사용자정의함수를 저장하기 위한 명령어 함수는 save()이고 저장된 함수를 작업공간에 불러들이기 위한 명령어 함수는 load()이다. 이 두 함수의 사용 형식은 다음 예제에 잘 나타나 있다.

예제 A1.4 다음 (1)에 주어진 함수 $g(x)$의 함수에 대한 가중치 평균을 구하는 (2)와 같이 정의되는 사용자정의함수 $f(a,b,c)$를 작성하시오.

(1) $g(x) = (2x^3 + 3x^2 + 4x - 5)/(x^2 - 2x + 3\exp(-x))$

(2) $f(a,b,c) = (a \times g(a) + b \times g(b) + c \times g(c))/(a+b+c)$

풀이 주어진 조건의 사용자정의함수를 구하기 위한 R 프로그램은 다음과 같다.

```
# A1.7 R의 함수 - A1.7.3 사용자정의함수 - 2. 함수의 저장과 로딩
# "fabc.R"이라는 파일로 저장하고 명령어 load("fabc.R")로 로딩함
> fabc <- function(a,b,c) {
    gx <- function(x) (2*x^3 + 3*x^2 + 4*x -5)/(x^2 - 2*x + 3*exp(-x))
    if(sum(a+b+c) != 0) {  # R에서 if문은 다른 언어와 매우 유사함
    fx <- (a*gx(a)+ b*gx(b)+ c*gx(c))/(a+b+c)
    return(fx)}
  else {
    return(print("not calcurated"))}
} # fabc(1,2,3)과 .fabc(1,1,-2)를 실행해 보기 바람
> fabc(1,2,3) # fabc(1,2,3)의 실행
> fabc(1,1,-2) # fabc(1,1,-2)의 실행
> save(fabc, file="fabc.R") # 사용자정의함수 fabc의 저장
> rm(list=ls()) # fabc()를 포함한 현 작업창의 모든 함수와 변수를 삭제
> fabc(1,2,3) # fabc(1,2,3)의 실행 = 실행되지 않음
> load("fabc.R") # 저장되었던 사용자정의함수 fabc의 로딩
> fabc(1,2,3) # fabc(1,2,3)의 재실행 = 정상적으로 실행됨
```

예제 A1.5 함수 $f_i(x)$, $i = 1,2,3$가 다음과 같이 주어져 있을 때 각 함수 $f_i(x)$에 대해 또한 임의 세 실수 벡터 $a = (a_1, a_2, a_3)$에 대해 아래 $f(a, f_i(a))$와 같이 정의된 값을 구하는 사용자정의함수를 작성하시오.

$$f_1(x) = \exp(x) - x^2$$
$$f_2(x) = x^2 - 2x + 2$$
$$f_3(x) = 3\sin(x) + 2\cos(x)$$
$$f(a, f_i(a)) = (a_1 f_i(a_1) + a_2 f_i(a_2) + a_3 f_i(a_3))/(a_1 + a_2 + a_3)$$

풀이 벡터 $a = (a_1, a_2, a_3)$뿐만 아니라 함수인 $f_i()$ 조차도 사용자정의함수문의 입력 인수(argument)로 사용된다는 점을 유의해야 한다.

```
# A1.7 R의 함수 - A1.7.3 사용자정의함수  - [예제 A1.5] 사용자정의함수가 인수
> f1 <- function(x) {exp(x) - x^2}
> f2 <- function(x) {x^2 - 2*x + 2}
```

```
> f3 <- function(x) {3*sin(x) + 2*cos(x)}
> fxa <- function(a,fx) {
  if(sum(a) != 0) { # R에서 if문은 다른 언어와 매우 유사함
    y <- (a[1]*fx(a[1]) + a[2]*fx(a[2]) + a[3]*fx(a[3]))/sum(a)
    return(y)}
  else {      return(print("not calcurated"))} }
```

A1.8 조건문과 반복문

A1.8.1 if 조건문

다른 프로그래밍 언어와 마찬가지로 R도 **조건문**과 **반복문**이 있으며 조건문과 반복문은 프로그래밍 언어에서 매우 중요하다.

(1) if (조건) {명령} 문을 사용하면 중괄호 { } 안에 있는 명령을 (조건)의 논리값이 참(TRUE)일 때 수행함

(2) else {명령} 문을 덧붙이면 if (조건) 문의 조건 값이 거짓(FALSE)일 때 { } 안의 명령을 수행함

[표 A1.8] 조건식에 사용되는 연산자

기호	의미	기호	의미
==	같음(등호 2개)	>	큼
!=	다름(=이 아님)	<=	작거나 같음
>=	크거나 같음	<	작음
&&, &	그리고	||, |	또는

1. if (cond) {expr1} else {expr2} 형

조건이 2개일 경우 사용하는 if 조건문으로 조건과 실행관계는 다음과 같다.

– if (조건) {<조건이 TRUE일 때 실행>} else {<조건이 FALSE일 때 실행>}

아래 예는 입력 숫자의 절댓값을 출력하는 사용자정의함수문과 입력숫자가 양수일 때만 주어진 반경에 대해 구의 체적을 구하는 사용자정의함수에 대한 프로그램이다.

```
# A1.8 조건문과 반복문 - A1.8.1 if 조건문 - 1. 조건이 2개일 경우
```

```
# (1) 입력숫자의 절댓값을 출력
> fabs <- function(x) {
   if(x<0) {return(-x)}
   else {return(x)} }
> fabs(-8.7)
# (2) 반경이 r인 구의 체적 구하기 0이나 음수가 입력되면 NA를 출력
> vol <- function(r) {
   if(r>0) {return((4/3)*pi*r^3)}
   else {return("NA")}
 }
> vol(3)
```

2. if (cond) {expr1} else if {expr2} else {expr3} 형

조건이 3개 이상일 경우 사용하는 if 조건문으로 조건과 실행관계는 다음과 같다.

- if (조건1) {〈조건1이 TRUE일 때 실행〉} else if {〈조건2가 TRUE일 때 실행〉} else {〈조건1, 2 모두 FALSE일 때 실행〉}

```
# A1.8 조건문과 반복문 - A1.8.1 if 조건문 - 2. 조건이 3개 이상인 경우
# (3) 입력숫자의 절댓값을 또는 0을 출력
> fabsv <- function(x) {
    if(x<0) {
       return(-x)}
    else if (x>0) {
       return(x)}
    else {return(0)}}
> fabsv(-8.7); fabsv(-0)
> fabsv(10); fabsv(0)
```

3. ifelse(test, yes, no) 형

조건의 TRUE와 FALSE 여부에 따라 결과가 결정되는 'ifelse(a,b,c)' 문은 a가 TRUE이면 b를 출력하고 FALSE이면 c를 출력한다.

```
# A1.8 조건문과 반복문 - A1.8.1 if 조건문 - 3. ifelse 문
# (4) ifelse(a,b,c): a가 참이면 b를 출력, 거짓이면 c를 출력
> num <- 1:5; num
> ifelse (num%%2==0,'짝수','홀수') # 입력숫자 x가 짝수인지 홀수인지를 출력
> mf3 <- function(x) {
```

```
    if(x%%2==0) {
      return(print(paste(x,'은 짝수',sep='')))}
    else{
      return(print(paste(x,'은 홀수',sep='')))}
}
> mf3(11) # 옵션 sep=''는 숫자와 문자 사이 공백을 없앰
# 다음 예는 숫자와 문자 사이 공백이 남게 됨
> mf4 <- function(x) {
  if(x%%2==0) {
    return(print(paste(x,'은 짝수')))}
  else{
    return(print(paste(x,'은 홀수')))}
}
mf4(11) # 출력 결과 숫자와 문자 사이 공백이 남아 있음
```

A1.8.2 while 반복문

반복적 실행문으로 while(cond) {expr} 문은 코드의 블록을 괄호 (cond) 안의 조건이 FALSE가 될 때까지 반복한다. 횟수 지정이 없이 주어진 조건을 만족할 동안 계속 반복하는 명령문이다. 한편, if 문과 break 문을 사용하여 while 루프를 제어할 수 있으며 이와 유사한 repeat{ }, break 문이 있다.

```
# A1.8 조건문과 반복문 - A1.8.2 while 반복문과 repeat {}, break 문
> num <- 0; while(num<5) {print(num); num=num+1}
> x <- 1; while(x<7) {x<-x+1; if(x==5) break; print(x)}
> x <- 1; while(x<5) {x<-x+1; if(x==4) next; print(x)}
# repeat 문을 사용한 피보나치(Fibonacci) 수열의 생성
# F_0 = 0, F_1 = 1, F_n = F_{n-1} + F_{n-2}, n>1
Fibo <- F1<-0; F2 <- 1
Fibo <- c(Fibo, F2); cnt <- 1
repeat{
    cnt <- cnt + 1; old2<- F2
    F2 <- F1 + F2  # F_n = F_{n-1} + F_{n-2}
    Fibo <- c(Fibo, F2); F1 <- old2
    if (cnt>=11) { break } }
Fibo # [1]  0  1  1  2  3  5  8 13 21 34 55 89
```

예제 A1.6 두 개의 정수를 인수로 하여 최대공약수(GCD)를 구하는 사용자정의함수문(fgcd)과 최소공배수(LCM)를 구하는 함수문(flcm)을 작성하시오.

(풀이) 구하는 사용자정의함수문들은 다음과 같다.

```
# A1.8 조건문과 반복문  - A1.8.2 while 반복문 - [예제 A1.6] 최대공약수
> fgcd <- function(n1,n2) {
        gcd <- n1
        while (n1%%gcd != 0 || n2%%gcd != 0) gcd <- gcd - 1;
        return(gcd)
}
> fgcd(90,105); fgcd(548,959)
# A1.8 조건문과 반복문 - A1.8.2 while 반복문 - [예제 A1.6] 최소공배수
> flcm <- function(n1,n2) {
  lcm <- n1
  while (lcm%%n1 != 0 || lcm%%n2 != 0) lcm <- lcm + 1;
  return(lcm)
}
> flcm(37,61); flcm(73,107)
```

A1.8.3 for 반복문

앞에서 소개한 while 반복문은 반복횟수를 정하기 어려울 때 주로 사용하지만 for 반복문은 횟수가 정해진 반복문을 수행할 때 주로 사용하는 명령문으로 형식은 다음과 같다.

- for (변수 in 횟수벡터) { 〈반복할 식〉 }

```
# A1.8 조건문과 반복문  - A1.8.3 for 반복문
> for1 <- function(x){ for(n in 1:x) { print(n)} }; for1(5)
> for2a <- function(x){ for(n in 1:x*10) { print(n)} }; for2a(5)
> for2b <- function(x){ for(n in 1:x*5) { print(n)} }; for2b(10)
> for3 <- function(x){ sum<-0; for(j in 1:x){ sum<-sum+j}; print(sum)}
> for3(100)
> for(n in c(2,5,10,20,50)) {
   x <- rnorm(n); cat(n, ": ", sum(x^2), "\n", sep = "") }
> myf4 <- function(a,b)
{
   if((a>1)&&(b>1)) {
      c<-a*b; return(c)}
   else{
      c<-a+b; return(c)}
}
> myf4(2,3); myf4(5,-2); myf4(-5,11)
```

예제 A1.7 다음과 같이 주어진 테일러급수에 대해 x와 n값을 인수로 입력받아 합을 계산하는 (1) 사용자정의함수를 작성하고, (2) $\exp(x)$와 비교하시오.

$$f(x) = 1 + x + \frac{x^2}{2!} + \frac{x^3}{3!} + \frac{x^4}{4!} + \cdots + \frac{x^n}{n!}$$

풀이 구하는 사용자정의함수문은 다음과 같다.

```
# A1.8 조건문과 반복문  - A1.8.3 for 반복문 - [예제 A1.7] 급수의 합 구하기
> fsum <- function(x,n) {
         sum <- 1.0; p <- 1.0
         for (k in 1:n) { p <- p*x/k; sum <- sum + p }
         return(sum) } # (1)
> fsum(1,6); exp(1) # (2)
> fsum(1,10); exp(1) # (2)
```

연습문제

[1] 주어진 벡터와 행렬에 대해 다음 각 물음에 답하시오.

(1) 다음 행렬 m1과 벡터 v1을 묶어서 3×3행렬 A를 생성하고 A의 역행렬을 구하시오.

$$m1 = \begin{pmatrix} 2 & 4 & 1 \\ 1 & 2 & 1 \end{pmatrix}, \quad v1 = (3,4,2)$$

(2) 다음 행렬 m2와 벡터 v2를 묶어서 3×3행렬 B를 생성하고 B의 역행렬과 전치행렬을 구하시오.

$$m2 = \begin{pmatrix} 6 & 4 \\ 4 & 3 \\ 3 & 2 \end{pmatrix}, \quad v2 = \begin{pmatrix} 3 \\ 4 \\ 2 \end{pmatrix}$$

[2] 행렬 C가 matrix(c(16, 2, 3, 13, 5, 11, 10, 8, 9, 7, 6, 12, 4, 14, 15, 1), nrow=4)로 주어질 때 다음 각 물음에 답하시오.

(1) 각 행의 합과 평균을 구하고,

(2) 각 열의 합과 평균을 구하고,

(3) 각 열의 최댓값과 최솟값을 구하고,

(4) 그 최댓값이 각 열의 어느 위치에 있는지를 나타내는 R 명령어를 작성하고,

(5) 행렬 C의 요소의 최댓값을 구하고,

(6) 행렬 요소의 최댓값이 위치하는 행과 열의 번호를 찾으시오.

[3] 다음 각 문항의 주어진 결과를 나타내는 문자형 벡터를 생성하는 R-코드를 작성하시오.

(1) 다음 결과를 나타내는 벡터 vec1을 생성하는 R 코드

〉vec1 [Enter]

[1] "사과" "바나나" "밤" "딸기" "복숭아“

(2) 다음 결과를 나타내는 벡터 vec2를 생성하는 R 코드

〉vec2 [Enter]

[1] "사과" "포도 "밤" "배" "대추“

(3) vec1에는 있지만 vec2에는 없는 요소를 출력하는 R 코드

(4) vec1과 vec2에 공통으로 있는 요소를 출력하는 R 코드

(5) vec1과 vec2의 요소가 모두 있는 결과를 출력하는 R 코드

[4] R의 {MASS} 패키지가 제공하는 'immer' 데이터셋은 5종(Var) 의 보리를 6개 지역(Loc)에서 시험 재배한 산출량을 2년에 걸쳐 제공한다. 이 데이터셋을 이용하여 다음 각 물음에 답하시오.

(1) 제1차 년도(Y1)의 평균 산출량을 구하시오.

(2) 제2차 년도(Y2)의 평균 산출량을 구하시오.

(3) 제1차 년도와 제2차 년도의 중앙값(median)을 구하시오.

(4) 제1차 년도(Y1)의 지역별 평균 산출량과 품종별 평균 산출량을 구하시오.

(5) 제2차 년도(Y2)의 지역별 평균 산출량과 품종별 평균 산출량을 구하시오.

[5] 두 개의 정수를 입력 받아 최솟값과 최댓값을 구하고 최솟값부터 최댓값까지 2씩 증가하는 수열의 합을 구하는 R-프로그램을 작성하시오.

(1) R이 제공하는 내부함수 sum()을 이용하여 구하되 입력하는 두 수가 25와 115일 때 수열의 합은 (　　　　)이다.

(2) for 반복문을 이용하여 구하되 입력하는 두 수가 110과 31일 때 수열의 합은 (　　　　)이다.

[6] 다음과 같이 주어진 함수와 테일러급수에 대해 x와 n값을 인수로 입력받아 합을 계산하는 각 물음에 답하시오.

$$\frac{1}{1-x} \approx \sum_{k=0}^{n} x^k = 1 + x + x^2 + x^3 + \cdots + x^n, \ (|x| < 1)$$

$$\sin(x) \approx \sum_{k=0}^{n} \frac{(-1)^k x^{2k+1}}{(2k+1)!} = x - \frac{x^3}{3!} + \frac{x^5}{5!} - \frac{x^7}{7!} + \cdots + \frac{(-1)^n x^{2n+1}}{(2n+1)!}$$

$$\ln(1+x) \approx \sum_{k=1}^{n} \frac{(-1)^{k+1} x^k}{k} = x - \frac{x^2}{2} + \frac{x^3}{3} - \frac{x^4}{4} + \cdots - \frac{(-1)^n x^n}{n}, \ (|x| < 1)$$

$$\cos(x) \approx \sum_{k=0}^{n} \frac{(-1)^k x^{2k}}{(2k)!} = x - \frac{x^2}{2!} + \frac{x^4}{4!} - \frac{x^6}{6!} + \cdots + \frac{(-1)^n x^{2n}}{(2n)!}$$

(1) 테일러급수를 계산하는 사용자정의함수를 작성하고,

(2) $x = c(0.5, 0.9)$일 때, 각 $n = 5, 10, 15$에 대하여, 주어진 함수와 급수의 계산 결과를 비교하시오.

부록 A2

누적분포표와 분위수

부록 A2

누적분포표와 분위수

A2.1 이항분포의 누적분포표

이산확률변수 X가 모수 n, p인 이항분포를 따른다고($X \sim B(n,p)$) 하면 누적확률질량함수(CMF, Cumulative Mass Function)는 다음과 같이 주어진다.

$$P(X \leqq c) = F_X(c) = \sum_{k=0}^{c} \binom{n}{k} p^k (1-p)^{n-k} \qquad \text{(A2.1)}$$

시행횟수 n과 확률 p 및 상수 c가 주어졌을 때 이항확률분포의 **누적분포표**를 작성하기 위한 R 프로그램은 다음과 같다.

```
# 이항 분포의 행렬형(행수=n, 열수=13) 누적분포표 작성
BinomCDFtable <- function(n,p) {
  pn <- length(p)
  pv <- array(NA, dim=c((n+1),pn))
  colnames(pv) <- paste0("p=",p)
  lab <- paste("n=",n," c=")
  rownames(pv) <- paste0(lab,0:n)
       for (m in 1:(n+1)) pv[m,] <- pbinom((m-1), n, p)
       return(round(pv,4))
}
p <- c(0.01,0.05,0.1,0.2,0.3,0.4,0.5,0.6,0.7,0.8,0.9,0.95,0.99)
Bit <- BinomCDFtable(1,p); print(Bit)
for (k in 2:9) {
  Bik <- BinomCDFtable(k,p); print(Bik)
  Bit <- rbind(Bit,Bik)
}
write.csv(Bit, file="이항누적분포표1.csv", quote=F, row.names=T)
Bit <- BinomCDFtable(10,p); print(Bit)
for (k in 11:15) {
```

```
  Bik <- BinomCDFtable(k,p); print(Bik)
  Bit <- rbind(Bit,Bik)
}
write.csv(Bit, file="이항누적분포표2.csv", quote=F, row.names=T)
Bit <- BinomCDFtable(16,p); print(Bit)
for (k in 17:20) {
  Bik <- BinomCDFtable(k,p); print(Bik)
  Bit <- rbind(Bit,Bik)
}
write.csv(Bit, file="이항누적분포표3.csv", quote=F, row.names=T)
```

A2.2 포아송 분포의 누적분포표

이산확률변수 X가 모수 m인 포아송 분포를 따른다고($X \sim Pois(m)$) 하면 확률질량함수(PMF, Probability Mass Function)는 다음과 같이 주어진다.

$$P(X=k) = f_X(k) = e^{-m}\frac{m^k}{k!},\ k=0,1,2,\cdots,\ m>0$$

누적확률질량함수(CMF)는 다음과 같이 주어진다.

$$P(X \leq c) = F_X(c) = \sum_{k=0}^{c} \frac{e^{-m}m^k}{k!} \tag{A2.2}$$

단위시간당 도착률 m이 주어졌을 때 포아송확률분포의 누적확률분포표를 작성하기 위한 R 프로그램은 다음과 같다.

```
# 포아송 분포의 행렬형(행수=n, 열수=10) 누적분포표 작성
#
PoisCDFtable <- function(m) {
  pn <- length(m)
  mm <- max(m); rn <- qpois(0.9999,mm)
  pv <- array(NA, dim=c((rn+1),pn))
  colnames(pv) <- paste0("m=",m)
  rownames(pv) <- paste0("c=",0:rn)
        for (k in 1:(rn+1)) pv[k,] <- ppois((k-1), m)
        return(round(pv,4))
}
mA <- seq(0,9)/100; mA
PoisA <- PoisCDFtable(mA); print(PoisA)
```

```
write.csv(PoisA, file="포아송누적분포표0A.csv", quote=F, row.names=T)
mB <- seq(0.1,0.55,0.05); mB
PoisB <- PoisCDFtable(mB); print(PoisB)
write.csv(PoisB, file="포아송누적분포표0B.csv", quote=F, row.names=T)
mC <- c(seq(0.6,0.95,0.05),0.975,0.99); mC
PoisC <- PoisCDFtable(mC); print(PoisC)
write.csv(PoisC, file="포아송누적분포표0C.csv", quote=F, row.names=T)
#
for (k in 1:12) {
  m <- seq(k,k+0.9,0.1)
  Pois <- PoisCDFtable(m); print(Pois)
  lab <- paste("포아송누적분포표",k,".csv",sep="")
  write.csv(Pois, file=lab, quote=F, row.names=T)
}
#
```

A2.3 표준정규분포

A2.3.1 표준정규분포의 누적분포표

연속확률변수 Z가 평균이 $\mu = 0$이고 분산이 $\sigma^2 = 1$인 표준정규분포를 따른다고 ($Z \sim N(0,1)$) 하면 누적확률밀도함수(CDF)는 다음과 같이 주어진다.

$$P(Z \leq z) = \Phi(z) = \int_{-\infty}^{z} \frac{1}{\sqrt{2\pi}} e^{-t^2/2} dt \tag{A2.3}$$

표준정규분포의 누적확률분포표를 작성하기 위한 R 프로그램은 다음과 같다.

```
# 표준정규분포의 행렬형(행수=40 또는 80, 열수=10) 누적분포표 작성
# 행의 눈금은 0.0부터 0.1씩 증가하면서 3.9까지 40줄
# 열의 눈금은 0.00부터 0.01씩 증가하면서 0.09까지 10칸
#
STDnormTable <- function(rn, cn) {
  pr <- 4/rn; rr <- seq(0,4-pr,pr)
  pc <- pr/cn; rc <- seq(0,pr-pc,pc)
         pv <- array(NA, dim=c(rn,cn))
         colnames(pv) <- paste0("z+",rc)
         rownames(pv) <- paste0("z=",rr)
         for (m in 1:rn) pv[m,] <- pnorm(rr[m]+rc)
```

```
        return(round(pv,5))
}
(STD <- STDnormTable(40,10)) # 행의 수 40개, 열의 수 10개
write.csv(STD, file="표준정규누적분포표.csv", quote=F, row.names=T)
#
(STD2 <- STDnormTable(80,10)) # 행의 수 80개, 열의 수 10개
write.csv(STD2, file="표준정규누적분포표2.csv", quote=F, row.names=T)
#
```

[표 A2.1] 표준정규분포 누적분포표$[P(Z \leq z)]$

	z+0	z+0.01	z+0.02	z+0.03	z+0.04	z+0.05	z+0.06	z+0.07	z+0.08	z+0.09
z=0	0.5	0.504	0.508	0.512	0.516	0.5199	0.5239	0.5279	0.5319	0.5359
z=0.1	0.5398	0.5438	0.5478	0.5517	0.5557	0.5596	0.5636	0.5675	0.5714	0.5753
z=0.2	0.5793	0.5832	0.5871	0.591	0.5948	0.5987	0.6026	0.6064	0.6103	0.6141
z=0.3	0.6179	0.6217	0.6255	0.6293	0.6331	0.6368	0.6406	0.6443	0.648	0.6517
z=0.4	0.6554	0.6591	0.6628	0.6664	0.67	0.6736	0.6772	0.6808	0.6844	0.6879
z=0.5	0.6915	0.695	0.6985	0.7019	0.7054	0.7088	0.7123	0.7157	0.719	0.7224
z=0.6	0.7257	0.7291	0.7324	0.7357	0.7389	0.7422	0.7454	0.7486	0.7517	0.7549
z=0.7	0.758	0.7611	0.7642	0.7673	0.7704	0.7734	0.7764	0.7794	0.7823	0.7852
z=0.8	0.7881	0.791	0.7939	0.7967	0.7995	0.8023	0.8051	0.8078	0.8106	0.8133
z=0.9	0.8159	0.8186	0.8212	0.8238	0.8264	0.8289	0.8315	0.834	0.8365	0.8389
z=1	0.8413	0.8438	0.8461	0.8485	0.8508	0.8531	0.8554	0.8577	0.8599	0.8621
z=1.1	0.8643	0.8665	0.8686	0.8708	0.8729	0.8749	0.877	0.879	0.881	0.883
z=1.2	0.8849	0.8869	0.8888	0.8907	0.8925	0.8944	0.8962	0.898	0.8997	0.9015
z=1.3	0.9032	0.9049	0.9066	0.9082	0.9099	0.9115	0.9131	0.9147	0.9162	0.9177
z=1.4	0.9192	0.9207	0.9222	0.9236	0.9251	0.9265	0.9279	0.9292	0.9306	0.9319
z=1.5	0.9332	0.9345	0.9357	0.937	0.9382	0.9394	0.9406	0.9418	0.9429	0.9441
z=1.6	0.9452	0.9463	0.9474	0.9484	0.9495	0.9505	0.9515	0.9525	0.9535	0.9545
z=1.7	0.9554	0.9564	0.9573	0.9582	0.9591	0.9599	0.9608	0.9616	0.9625	0.9633
z=1.8	0.9641	0.9649	0.9656	0.9664	0.9671	0.9678	0.9686	0.9693	0.9699	0.9706
z=1.9	0.9713	0.9719	0.9726	0.9732	0.9738	0.9744	0.975	0.9756	0.9761	0.9767
z=2	0.9772	0.9778	0.9783	0.9788	0.9793	0.9798	0.9803	0.9808	0.9812	0.9817
z=2.1	0.9821	0.9826	0.983	0.9834	0.9838	0.9842	0.9846	0.985	0.9854	0.9857
z=2.2	0.9861	0.9864	0.9868	0.9871	0.9875	0.9878	0.9881	0.9884	0.9887	0.989
z=2.3	0.9893	0.9896	0.9898	0.9901	0.9904	0.9906	0.9909	0.9911	0.9913	0.9916
z=2.4	0.9918	0.992	0.9922	0.9925	0.9927	0.9929	0.9931	0.9932	0.9934	0.9936
z=2.5	0.9938	0.994	0.9941	0.9943	0.9945	0.9946	0.9948	0.9949	0.9951	0.9952
z=2.6	0.9953	0.9955	0.9956	0.9957	0.9959	0.996	0.9961	0.9962	0.9963	0.9964
z=2.7	0.9965	0.9966	0.9967	0.9968	0.9969	0.997	0.9971	0.9972	0.9973	0.9974
z=2.8	0.9974	0.9975	0.9976	0.9977	0.9977	0.9978	0.9979	0.9979	0.998	0.9981
z=2.9	0.9981	0.9982	0.9982	0.9983	0.9984	0.9984	0.9985	0.9985	0.9986	0.9986

[표 A2.1] (계속)

	z+0	z+0.01	z+0.02	z+0.03	z+0.04	z+0.05	z+0.06	z+0.07	z+0.08	z+0.09
z=3	0.9987	0.9987	0.9987	0.9988	0.9988	0.9989	0.9989	0.9989	0.999	0.999
z=3.1	0.999	0.9991	0.9991	0.9991	0.9992	0.9992	0.9992	0.9992	0.9993	0.9993
z=3.2	0.9993	0.9993	0.9994	0.9994	0.9994	0.9994	0.9994	0.9995	0.9995	0.9995
z=3.3	0.9995	0.9995	0.9995	0.9996	0.9996	0.9996	0.9996	0.9996	0.9996	0.9997
z=3.4	0.9997	0.9997	0.9997	0.9997	0.9997	0.9997	0.9997	0.9997	0.9997	0.9998
z=3.5	0.9998	0.9998	0.9998	0.9998	0.9998	0.9998	0.9998	0.9998	0.9998	0.9998
z=3.6	0.9998	0.9998	0.9999	0.9999	0.9999	0.9999	0.9999	0.9999	0.9999	0.9999
z=3.7	0.9999	0.9999	0.9999	0.9999	0.9999	0.9999	0.9999	0.9999	0.9999	0.9999
z=3.8	0.9999	0.9999	0.9999	0.9999	0.9999	0.9999	0.9999	0.9999	0.9999	0.9999
z=3.9	1	1	1	1	1	1	1	1	1	1

A2.3.2 표준정규분포의 분위수표

표준정규분포의 누적분포함수(CDF, Cumulative Distribution Function)와 분위수를 구하기 위한 R의 내부함수들은 다음과 같다.

[표 A2.2] 표준정규분포 관련 R제공 함수의 형식과 실행 내용

R제공 함수 형식	인수 설명	실행 내용
dnorm(z, $\mu=0, \sigma=1$, log=~)	z,q: 분위수 μ: 모수-평균 σ: 표준편차 p: 누적확률	$Z \sim N(0,1)$의 $P(Z=z)$ 값을 반환
pnorm(q, $\mu=0, \sigma=1$, ~)		$Z \sim N(0,1)$의 $P(Z \leq q)$ 값을 반환
qnorm(p, $\mu=0, \sigma=1$, ~)		$Z \sim N(0,1)$의 p에 대응 분위수를 반환
rnorm(k, $\mu=0, \sigma=1$)		$Z \sim N(0,1)$에 따르는 k개의 난수생성
상세형식 : qnorm(p, mean = μ, sd = σ, lower.tail = T, log = FALSE)		
약식 : qnorm(p, lower.tail = T, log = F) # $\mu=0$, $\sigma=1$일 때 생략 가능		

표준정규분포의 분위수표를 작성하기 위한 R 프로그램은 다음과 같다.

```
# 표준정규분포의 행렬형(행수=50 및 100, 열수=10) 분위수표 작성
# 첫째 저장 파일: 행은 0.5부터 0.01씩 증가하면서 0.99까지 50줄
# 둘째 저장 파일: 행은 0.5부터 0.005씩 증가하면서 0.99까지 100줄
# 열은 0.000부터 0.001씩 증가하면서 0.009까지 10칸
#
STDquanTable <- function(rn, cn) {
  pr <- 0.5/rn; rr <- seq(0.5,1-pr,pr)
  pc <- pr/cn; rc <- seq(0,pr-pc,pc)
        qv <- array(NA, dim=c(rn,cn))
        colnames(qv) <- paste0("z+",rc)
        rownames(qv) <- paste0("z=",rr)
```

```
        for (m in 1:rn) qv[m,] <- qnorm(rr[m]+rc)
        return(round(qv,5))
}
# 행이 0.5부터 0.01씩 증가하면서 0.99까지 50줄
(Quan <- STDquanTable(50,10)) # (1) 행의 수 50개, 열의 수 10개
write.csv(Quan, file="표준정규분위수표.csv", quote=F, row.names=T)
# 행이 0.5부터 0.005씩 증가하면서 0.99까지 100줄
(Quan2 <- STDquanTable(100,10)) # (2) 행의 수 100개, 열의 수 10개
write.csv(Quan2, file="표준정규분위수표2.csv", quote=F, row.names=T)
#
```

A2.3.3 정규분포의 표준화

연속확률변수 X가 평균 $E(X)=\mu$와 표준편차 $\sqrt{Var(X)}=\sigma$를 갖는 정규분포라고 $(X \sim N(\mu,\sigma^2))$ 하면 확률밀도함수(CDF)는 다음과 같이 주어진다.

$$f_X(x)=\frac{1}{\sigma\sqrt{2\pi}}exp\left[-\frac{(x-\mu)^2}{2\sigma^2}\right], -\infty < x < \infty$$

연속확률변수 X를 표준화하기 위하여 Z를 $Z=(X-\mu)/\sigma$로 두면 $E(X)=\mu$이므로 $E(Z)=0$이고 $Var(X)=\sigma^2$이므로 $V(Z)=1$이 된다. 따라서 $Z \sim N(0,1)$이 되고 확률변수 X의 누적확률은 다음과 같이 표준정규분포표를 이용하여 구할 수 있다.

$$P(X \leq c)=P\left(\frac{X-\mu}{\sigma} \leq \frac{c-\mu}{\sigma}\right)=\Phi((c-\mu)/\sigma) \quad \text{(A2.4)}$$

즉, 위 식에서 $\Phi((c-\mu)/\sigma)$의 값은 식 (A2.3)에 주어진 $\Phi(z)$에서 $z=(c-\mu)/\sigma$로 두고 표준정규분포표를 이용하여 구할 수 있다.

이 외에도 표준정규분포를 포함한 정규분포의 유용한 특성은 이항분포를 포함한 다른 일반 분포들에 대한 양호한 근사치를 제공한다는 것이다. 중심극한정리에 의해 서로 독립인 확률변수들의 평균 분포는 표본의 수가 충분히 크면 정규분포에 가까워진다는 것을 알고 있으므로 표준정규분포표는 유용한 도구로 활용할 수 있다.

[표 A2.3] 표준정규분포 분위수표[$P(Z \leq q)=p$]

	+0	+0.001	+0.002	+0.003	+0.004	+0.005	+0.006	+0.007	+0.008	+0.009
p=0.5	0	0.0025	0.005	0.0075	0.01	0.0125	0.015	0.0175	0.0201	0.0226
p=0.51	0.0251	0.0276	0.0301	0.0326	0.0351	0.0376	0.0401	0.0426	0.0451	0.0476
p=0.52	0.0502	0.0527	0.0552	0.0577	0.0602	0.0627	0.0652	0.0677	0.0702	0.0728
p=0.53	0.0753	0.0778	0.0803	0.0828	0.0853	0.0878	0.0904	0.0929	0.0954	0.0979

p=0.54	0.1004	0.103	0.1055	0.108	0.1105	0.113	0.1156	0.1181	0.1206	0.1231
p=0.55	0.1257	0.1282	0.1307	0.1332	0.1358	0.1383	0.1408	0.1434	0.1459	0.1484
p=0.56	0.151	0.1535	0.156	0.1586	0.1611	0.1637	0.1662	0.1687	0.1713	0.1738
p=0.57	0.1764	0.1789	0.1815	0.184	0.1866	0.1891	0.1917	0.1942	0.1968	0.1993
p=0.58	0.2019	0.2045	0.207	0.2096	0.2121	0.2147	0.2173	0.2198	0.2224	0.225
p=0.59	0.2275	0.2301	0.2327	0.2353	0.2378	0.2404	0.243	0.2456	0.2482	0.2508
p=0.6	0.2533	0.2559	0.2585	0.2611	0.2637	0.2663	0.2689	0.2715	0.2741	0.2767
p=0.61	0.2793	0.2819	0.2845	0.2871	0.2898	0.2924	0.295	0.2976	0.3002	0.3029
p=0.62	0.3055	0.3081	0.3107	0.3134	0.316	0.3186	0.3213	0.3239	0.3266	0.3292
p=0.63	0.3319	0.3345	0.3372	0.3398	0.3425	0.3451	0.3478	0.3505	0.3531	0.3558
p=0.64	0.3585	0.3611	0.3638	0.3665	0.3692	0.3719	0.3745	0.3772	0.3799	0.3826
p=0.65	0.3853	0.388	0.3907	0.3934	0.3961	0.3989	0.4016	0.4043	0.407	0.4097
p=0.66	0.4125	0.4152	0.4179	0.4207	0.4234	0.4261	0.4289	0.4316	0.4344	0.4372
p=0.67	0.4399	0.4427	0.4454	0.4482	0.451	0.4538	0.4565	0.4593	0.4621	0.4649
p=0.68	0.4677	0.4705	0.4733	0.4761	0.4789	0.4817	0.4845	0.4874	0.4902	0.493
p=0.69	0.4959	0.4987	0.5015	0.5044	0.5072	0.5101	0.5129	0.5158	0.5187	0.5215
p=0.7	0.5244	0.5273	0.5302	0.533	0.5359	0.5388	0.5417	0.5446	0.5476	0.5505
p=0.71	0.5534	0.5563	0.5592	0.5622	0.5651	0.5681	0.571	0.574	0.5769	0.5799
p=0.72	0.5828	0.5858	0.5888	0.5918	0.5948	0.5978	0.6008	0.6038	0.6068	0.6098
p=0.73	0.6128	0.6158	0.6189	0.6219	0.625	0.628	0.6311	0.6341	0.6372	0.6403
p=0.74	0.6433	0.6464	0.6495	0.6526	0.6557	0.6588	0.662	0.6651	0.6682	0.6713
p=0.75	0.6745	0.6776	0.6808	0.684	0.6871	0.6903	0.6935	0.6967	0.6999	0.7031
p=0.76	0.7063	0.7095	0.7128	0.716	0.7192	0.7225	0.7257	0.729	0.7323	0.7356
p=0.77	0.7388	0.7421	0.7454	0.7488	0.7521	0.7554	0.7588	0.7621	0.7655	0.7688
p=0.78	0.7722	0.7756	0.779	0.7824	0.7858	0.7892	0.7926	0.7961	0.7995	0.803
p=0.79	0.8064	0.8099	0.8134	0.8169	0.8204	0.8239	0.8274	0.831	0.8345	0.8381
p=0.8	0.8416	0.8452	0.8488	0.8524	0.856	0.8596	0.8633	0.8669	0.8705	0.8742
p=0.81	0.8779	0.8816	0.8853	0.889	0.8927	0.8965	0.9002	0.904	0.9078	0.9116
p=0.82	0.9154	0.9192	0.923	0.9269	0.9307	0.9346	0.9385	0.9424	0.9463	0.9502
p=0.83	0.9542	0.9581	0.9621	0.9661	0.9701	0.9741	0.9782	0.9822	0.9863	0.9904
p=0.84	0.9945	0.9986	1.0027	1.0069	1.011	1.0152	1.0194	1.0237	1.0279	1.0322
p=0.85	1.0364	1.0407	1.045	1.0494	1.0537	1.0581	1.0625	1.0669	1.0714	1.0758
p=0.86	1.0803	1.0848	1.0893	1.0939	1.0985	1.1031	1.1077	1.1123	1.117	1.1217
p=0.87	1.1264	1.1311	1.1359	1.1407	1.1455	1.1503	1.1552	1.1601	1.165	1.17
p=0.88	1.175	1.18	1.185	1.1901	1.1952	1.2004	1.2055	1.2107	1.216	1.2212
p=0.89	1.2265	1.2319	1.2372	1.2426	1.2481	1.2536	1.2591	1.2646	1.2702	1.2759

p=0.9	1.2816	1.2873	1.293	1.2988	1.3047	1.3106	1.3165	1.3225	1.3285	1.3346
p=0.91	1.3408	1.3469	1.3532	1.3595	1.3658	1.3722	1.3787	1.3852	1.3917	1.3984
p=0.92	1.4051	1.4118	1.4187	1.4255	1.4325	1.4395	1.4466	1.4538	1.4611	1.4684
p=0.93	1.4758	1.4833	1.4909	1.4985	1.5063	1.5141	1.522	1.5301	1.5382	1.5464
p=0.94	1.5548	1.5632	1.5718	1.5805	1.5893	1.5982	1.6072	1.6164	1.6258	1.6352
p=0.95	1.6449	1.6546	1.6646	1.6747	1.6849	1.6954	1.706	1.7169	1.7279	1.7392
p=0.96	1.7507	1.7624	1.7744	1.7866	1.7991	1.8119	1.825	1.8384	1.8522	1.8663
p=0.97	1.8808	1.8957	1.911	1.9268	1.9431	1.96	1.9774	1.9954	2.0141	2.0335
p=0.98	2.0537	2.0749	2.0969	2.1201	2.1444	2.1701	2.1973	2.2262	2.2571	2.2904
p=0.99	2.3263	2.3656	2.4089	2.4573	2.5121	2.5758	2.6521	2.7478	2.8782	3.0902

A2.4 카이제곱분포

A2.4.1 카이제곱분포의 누적분포표

연속확률변수 X가 자유도 ν인 카이제곱(χ^2)분포를 따른다고($X \sim \chi^2(\nu)$) 하면 확률밀도함수(PDF)는 다음과 같이 주어진다.

$$P(X=x) = f_X(x) = \frac{x^{\nu/2-1}e^{-x/2}}{\Gamma(\nu/2)2^{\nu/2}},\ x \geq 0, \qquad \text{(A2.5)}$$

여기서 $\Gamma(\alpha) = \int_0^\infty t^{\alpha-1}e^{-t}dt$는 감마 함수이다. 카이제곱분포의 누적확률분포표를 작성하기 위한 R 프로그램은 다음과 같다.

```
# 카이제곱분포의 행렬형(행수=51, 열수=13) 누적분포표 작성
Chi2cdfTable <- function(nu, qn) {
  rn <- length(nu); cn <- length(qn)
        pv <- array(NA, dim=c(rn,cn))
        colnames(pv) <- paste0("q=",qn)
        rownames(pv) <- paste0("nu=",nu)
        for (m in 1:rn) pv[m,] <- pchisq(qn,nu[m])
        return(round(pv,4))
}
(nu <- c(seq(1,40),seq(50,150,10))) # nu = df: degrre of freedom
qn <- c(seq(1,5),seq(10,50,10),100,150,200); qn
(ChiP <- Chi2cdfTable(nu,qn)) # 행의 수 51개, 열의 수 13개
```

```
write.csv(ChiP, file="카이2누적분포표.csv", quote=F, row.names=T)
#
```

A2.4.2 카이제곱분포의 분위수표

카이제곱분포의 누적확률분포와 분위수를 구하기 위한 R이 제공하는 내부함수들은 다음과 같다.

[표 A2.4] 카이제곱분포 관련 R제공 함수의 형식과 실행 내용

R제공 함수 형식	인수 설명	실행 내용
pchisq(q, ν, ncp, log=~)	q: 분위수 ν: 모수:자유도 p: 누적확률	$X \sim \chi^2(\nu)$의 $P(X \leq q)$ 값을 반환
qchisq(p, ν, ncp, ~)		$X \sim \chi^2(\nu)$의 p에 대응 분위수를 반환
상세형식1 : pchisq(q, df=ν, ncp = 0, lower.tail = TRUE, log.p = FALSE)		
상세형식2 : qchisq(p, df=ν, ncp = 0, lower.tail = TRUE, log.p = FALSE)		

카이제곱분포의 분위수표를 작성하기 위한 R 프로그램은 다음과 같다.

```
# 카이제곱분포의 행렬형(행수=51, 열수=11) 분위수표 작성
Chi2QuanTable <- function(nu, p) {
  rn <- length(nu); cn <- length(p)
         pv <- array(NA, dim=c(rn,cn))
         colnames(pv) <- paste0("p=",p)
         rownames(pv) <- paste0("nu=",nu)
         for (m in 1:rn) pv[m,] <- qchisq(p,nu[m])
         return(round(pv,4))
}
nu <- c(seq(1,40),seq(50,150,10)); nu # nu=df(degrre of freedom)
p1 <- c(0.005,0.01,0.025,0.05,0.1,0.5,0.9,0.95,0.975,0.99,0.995)
(ChiQ <- Chi2QuanTable(nu,p1)) # 행의 수 51개, 열의 수 11개
write.csv(ChiQ, file="카이2분위수표.csv", quote=F, row.names=T)
```

A2.5 스튜던트 t-분포

A2.5.1 t-분포의 누적분포표

연속확률변수 X가 자유도 ν인 t-분포를 따른다고($X \sim t(\nu)$) 하면 확률밀도함수(PDF)는 다음과 같이 주어진다.

$$P(X=x) = f_X(x) \frac{\Gamma[(\nu+1)/2]}{\Gamma(\nu/2)\sqrt{\pi\nu}} \left(1+\frac{x^2}{\nu}\right)^{-(\nu+1)/2}, \ -\infty < x < \infty \quad \text{(A2.6)}$$

스튜던트 t-분포의 누적확률분포표를 작성하기 위한 R 프로그램은 다음과 같다.

```
# 티(T)분포의 행렬형(행수=51, 열수=13) 누적분포표 작성
TcdfTable <- function(nu, qn) {
  rn <- length(nu); cn <- length(qn)
        pv <- array(NA, dim=c(rn,cn))
        colnames(pv) <- paste0("q=",qn)
        rownames(pv) <- paste0("nu=",nu)
        for (m in 1:rn) pv[m,] <- pt(qn,nu[m])
        return(round(pv,4))
}
(nu <- c(seq(1,40),seq(50,150,10),Inf)) # nu = df: degrre of freedom
qn <- c(0.001,0.05,0.01,0.1,0.5,seq(1,5),seq(10,30,10)); qn
(Tcdf <- TcdfTable(nu,qn)) # 행의 수 51개, 열의 수 13개
write.csv(Tcdf, file="티분포누적분포표.csv", quote=F, row.names=T)
```

A2.5.2 t-분포의 분위수표

스튜던트 t-분포의 분위수표를 작성하기 위한 R 프로그램은 다음과 같다.

```
# 티(T)분포의 행렬형(행수=51, 열수=11) 분위수표 작성
TQuanTable <- function(nu, p) {
  rn <- length(nu); cn <- length(p)
        pv <- array(NA, dim=c(rn,cn))
        colnames(pv) <- paste0("p=",p)
        rownames(pv) <- paste0("nu=",nu)
        for (m in 1:rn) pv[m,] <- qt(p,nu[m])
        return(round(pv,4))
}
nu <- c(seq(1,40),seq(50,150,10),Inf); nu # nu=df(degrre of freedom)
```

```
p1 <- c(0.5,0.6,0.7,0.8,0.9,0.95,0.975,0.99,0.995,0.999,0.9995)
(TQ <- TQuanTable(nu,p1)) # 행의 수 53개, 열의 수 11개
write.csv(TQ, file="티분포분위수표.csv", quote=F, row.names=T)
```

A2.6 F-분포

A2.6.1 F-분포의 확률밀도함수

연속확률변수 X가 자유도 $\nu_1, \nu_2 > 0$를 갖는 F-분포를 따른다고($X \sim F(\nu_1, \nu_2)$) 하면 확률밀도함수(PDF)는 다음과 같이 주어진다.

$$P(X=x) = \frac{1}{B(\nu_1/2, \nu_2/2)} \left(\frac{\nu_1 x}{\nu_1 x + \nu_2} \right)^{\nu_1/2} \left(1 - \frac{\nu_1 x}{\nu_1 x + \nu_2} \right)^{\nu_2/2} x^{-1},\ x \geqq 0, \quad \text{(A2.7)}$$

여기서 $B(\alpha, \beta) = \Gamma(\alpha)\Gamma(\beta)/\Gamma(\alpha+\beta)$로 베타함수이고, $\Gamma(\alpha) = \int_0^\infty t^{\alpha-1} e^{-t} dt$이며 F-분포에서 $\alpha = \int_{f_\alpha}^\infty P(X=x)dx$가 되는 f_α를 F-분포의 임계값이라고 한다. F-분포의 누적확률분포와 분위수를 구하기 위한 R이 제공하는 내부함수들은 다음과 같다.

[표 A2.5] F-분포 관련 R제공 함수의 형식과 실행 내용

R제공 함수 형식	인수 설명	실행 내용
pf(q, ν_1, ν_2, ncp, ~)	q: 분위수 p: 누적확률	$X \sim F(\nu_1, \nu_2)$의 $P(X \leqq q)$ 값을 반환
qf(p, ν_1, ν_2, ncp, ~)		$X \sim F(\nu_1, \nu_2)$의 p에 대응 분위수를 반환
상세형식2 : pf(q, df1=ν_1, df2=ν_2, ncp, lower.tail = TRUE, log.p = FALSE)		
상세형식3 : qf(p, df1=ν_1, df2=ν_2, ncp, lower.tail = TRUE, log.p = FALSE)		

A2.6.2 F-분포의 분위수표

$P(X \leqq f_{0.9}(\nu_1, \nu_2)) = 0.9$를 만족하는 F-분포의 분위수표를 작성하기 위한 R 프로그램은 다음과 같다. 마찬가지로 $P(X \leqq f_{0.95}(\nu_1, \nu_2)) = 0.95$와 $P(X \leqq f_{0.99}(\nu_1, \nu_2)) = 0.99$ 및 $P(X \leqq f_{0.975}(\nu_1, \nu_2)) = 0.975$를 만족하는 각각의 분위수표를 작성하기 위한 R 프로그램은 쉽게 작성할 수 있다.

```
# 에프(F)분포의 행렬형(행수=52, 열수=11) 분위수표 작성(p=0.9)
#
Fp9QuanTable <- function(nu1, nu2) {
  rn <- length(nu2); cn <- length(nu1)
        pv <- array(NA, dim=c(rn,cn))
        colnames(pv) <- paste0("nu1=",nu1)
        rownames(pv) <- paste0("nu2=",nu2)
        for (m in 1:rn) pv[m,] <- qf(0.9,nu1,nu2[m])
        return(round(pv,4))
}
(nua <- c(seq(1,10),11)) # nu=df(degrre of freedom)
(nu2 <- c(seq(1,40),seq(50,150,10),Inf)) # nu = df
(Fp9a <- Fp9QuanTable(nua,nu2)) # 행의 수 52개, 열의 수 11개
write.csv(Fp9a, file="에프F분위수표p9A.csv", quote=F, row.names=T)
#
(nub <- c(seq(12,15),seq(20,50,10),100,150,Inf)) # nu = df
(Fp9b <- Fp9QuanTable(nub,nu2)) # 행의 수 52개, 열의 수 11개
write.csv(Fp9b, file="에프F분위수표p9B.csv", quote=F, row.names=T)
```

A2.7 윌콕슨 순위합분포

A2.7.1 윌콕슨 순위합분포의 누적분포표

윌콕슨(Wilcoxon) 순위합검정과 순위합분포는 9.3절에 잘 나타나 있다. 윌콕슨 순위합분포(Wilcoxon rank rum distribution)의 누적확률분포와 분위수를 구하기 위한 R의 {stats} 패키지가 제공하는 내부함수들은 다음과 같다.

[표 A2.6] 윌콕슨 순위합분포 관련 R제공 함수의 형식과 실행 내용

R제공 함수 형식	인수 설명	실행 내용
pwilcox(q, m, n, ~)	x,q: 분위수 p: 누적확률	$X \sim U(m,n)$의 $P(X \leq q)$ 값을 반환
qwilcox(p, m, n, ~)		$X \sim U(m,n)$의 p에 대응 분위수를 반환
여기서 $m \Leftarrow n_1$과 $n \Leftarrow n_2$는 식 (9.3)에서 표본의 크기를 의미함		

윌콕슨 순위합분포의 누적확률분포표를 작성하기 위한 R 프로그램은 다음과 같다.

```
# 윌콕슨 순위합분포의 행렬형(행수=nu, 열수=11) 누적분포표 작성
WilcoxCDFtable <- function(n) {
```

```
        cat("n = n2 =",n,"일 때\n")
    nu <- floor(n^2/2)+1
        pv <- array(NA, dim=c(nu,n)) # nu = u; n = n2
        colnames(pv) <- paste0("n1=",1:n) # n1 = m
        rownames(pv) <- paste0("u=",0:(nu-1))
        for (k in 1:n) {pv[,k] <- pwilcox(0:(nu-1), k, n)}
        return(round(pv,4))
}
for (k in 3:11) {
    Wil <- WilcoxCDFtable(k); print(Wil) # (k >= 3)이어야 함
    lab <- paste("순위합누적분포표",k,".csv",sep="")
    write.csv(Wil, file=lab, quote=F, row.names=T)
}
```

A2.7.2 윌콕슨 순위합분포의 분위수표

윌콕슨(Wilcoxon) 순위합 분위수표는 비교하기 위한 두 연속분포의 표본의 수에 대한 쌍 (n_1, n_2)과 $P(U \leqq u) = p$에서 누적확률 p에 의해 결정되므로 단순한 작업으로 구하기 어렵다. 단순하게 $n_1 = n_2$일 경우 분위수표는 다음 프로그램으로 작성할 수 있다.

```
# 윌콕슨 순위합분포의 행렬형(행수=61, 열수=11) 분위수표 작성
#
WilQuanTab <- function(p) {
    cn <- length(p)
        pv <- array(NA, dim=c(55,cn))
        colnames(pv) <- paste0("p=",p)
        rownames(pv) <- paste0("m=",1:55) # m = n1
        for (m in 1:55) pv[m,] <- qwilcox(p, m, m) # m = n1, n2
        # pv: vector of quantiles, p: vector of probabilities
        # m, k=m: numbers of observations in the 1st and 2nd sample
    return(pv)
}
p <- c(0.01,0.25,0.05,0.1,0.2,0.5,0.7,0.9,0.95,0.975,0.99)
(WilQ <- WilQuanTab(p)) #
write.csv(WilQ, file="순위합분위수표.csv", quote=F, row.names=T)
#
```

A2.8 윌콕슨 부호순위분포

A2.8.1 윌콕슨 부호순위분포의 누적분포표

윌콕슨 부호 있는 순위검정(Wilcoxon signed rank test)과 순위합분포는 9.4절에 잘 나타나 있다. 차이가 0일 경우를 제외하고 차의 절댓값이 가장 작은 것을 순위 1로 하여 크기순으로 순위를 부여한다. 순위를 부여할 때, 원래 값이 같으면 순위의 평균을 해당 순위로 부여한다.

원래 값의 차이가 +부호를 가지는 쌍의 순위합을 W_+로, −부호를 가지는 쌍의 순위합을 W_-로 놓으며 확률변수 W는 $W = \min(W_+, W_-)$로 정의한다. 윌콕슨 부호순위분포의 누적확률분포와 분위수를 구하기 위한 R의 {stats} 패키지가 제공하는 내부함수들은 다음과 같다.

[표 A2.7] 윌콕슨 부호순위 분포관련 R제공 함수의 형식과 실행 내용

R제공 함수 형식	인수 설명	실행 내용
dsignrank(q, n, log=~)	x, q: 분위수 p: 누적확률 r: 누적확률	$X \sim W(n)$의 $P(X=x)$ 값을 반환
psignrank(q, n, ~)		$X \sim W(n)$의 $P(X \leq q)$ 값을 반환
qsignrank(p, n, ~)		$X \sim W(n)$의 p에 대응 분위수를 반환
여기서 n은 두 모집단 자료 표본쌍의 크기를 의미함		

부호순위분포의 누적확률분포표를 작성하기 위한 R 프로그램은 다음과 같다.

```
# 부호순위분포의 행렬형(행수=63, 열수=12) 누적분포표 작성
#
SRcdfTable <- function(qn, n) {
  rn <- length(qn); cn <- length(n)
         pv <- array(NA, dim=c(rn,cn))
         colnames(pv) <- paste0("n=",n)
         rownames(pv) <- paste0("q=",qn)
         for (m in 1:rn) pv[m,] <- psignrank(qn[m],n)
         return(round(pv,4))
}
qn <- c(seq(3,40),seq(50,500,50)) # vector of quantiles
qn <- c(qn,seq(50,200,20),seq(250,500,50),1000); qn
n <- c(seq(5,10),seq(15,40,5)); n # n=number of observations
(SRcdf <- SRcdfTable(qn,n)) # 행의 수 63개, 열의 수 12개
write.csv(SRcdf, file="부호순위누적분포표.csv", quote=F, row.names=T)
#
```

A2.8.2 윌콕슨 부호순위분포의 분위수표

윌콕슨 부호순위분포의 분위수표를 작성하기 위한 R 프로그램은 다음과 같다.

```
# 부호순위분포의 행렬형(행수=51, 열수=11) 분위수표 작성
#
SignRQuanTable <- function(n, p) {
  rn <- length(n); cn <- length(p)
        pv <- array(NA, dim=c(rn,cn))
        colnames(pv) <- paste0("p=",p)
        rownames(pv) <- paste0("nu=",n)
        for (m in 1:rn) pv[m,] <- qsignrank(p,n[m])
        return(round(pv,4))
}
n <- c(seq(1,40),seq(50,150,10)); n # n=number of observations
p1 <- c(0.005,0.01,0.025,0.05,0.1,0.5,0.9,0.95,0.975,0.99,0.995)
(SignR <- SignRQuanTable(n,p1)) # 행의 수 51개, 열의 수 11개
write.csv(SignR, file="부호순위분위수표.csv", quote=F, row.names=T)
#
```

부록 A3

R 프로그램 소스

부록
A3

R 프로그램 소스

A3.1 본문 예제 보충 프로그램

부록 A3에서는 본문 예제와 그림에서 R 프로그램이 생략된 부분을 보충하여 제시하기로 한다.

A3.1.1 1장 예제

1.2.2절의 산포정도 표시 측도 중에서 범위와 분위수에 대한 [예제 1.10]의 보충 프로그램이다.

```
# 1.2 기초 통계량 - 1.2.2 산포정도 표시측도 - 1. 범위와 분위수
# [예제 1.10] 범위와 분위수 계산
library(MASS) # install.packages("MASS")
immer # 5종의 보리를 6개 지역에서 시험 재배한 산출량
barley <- ceiling(immer$Y2); barley # 정수(자연수)로 변환
(barley1 <- sort(barley)) # 자료를 오름차순으로 정리
(order1 <- order(barley)) # 자료를 오름차순으로 정리할 때 위치
j1 <- 25/100*(length(barley)-1)+1; (j1 <- floor(j1))
j2 <- 50/100*(length(barley)-1)+1; (j2 <- floor(j2))
j3 <- 75/100*(length(barley)-1)+1; (j3 <- floor(j3))
Q1 <- 0.75*barley1[j1] + 0.25*barley1[j1+1]; Q1
Q2 <- 0.5*barley1[j2] + 0.5*barley1[j2+1]; Q2
Q3 <- 0.25*barley1[j3] + 0.75*barley1[j3+1]; Q3
(IQR <- Q3 - Q1) # 사분위수범위
```

A3.1.2 2장 예제

다음은 2.1.5절의 베이즈 정리 중에서 베이즈 정리에 대한 [예제 2.10]의 보충 프로그램이다.

```
# 2장 확률과 확률분포 - 2.1 확률 -2.1.5 베이즈 정리 - 3. 베이즈 정리
# [예제 2.10] 베이즈 정리를 이용한 불량률 및 사건의 확률 계산
# 임의로 선택한 제품이 불량제품일 사건을 A라고 하면
pAbyB <- c(0.02, 0.03, 0.01); pAbyB # P(A|B_i), i=1,2,3
# 임의로 선택한 제품이 B_i, i=1,2,3 기계 제품일 확률은
pB <- c(0.3, 0.3, 0.4); pB # P(B_i), i=1,2,3
# 전확률 법칙에 의해 임의의 제품이 불량일 사건의 확률
pA <- sum(pB*pAbyB); pA
pB1byA <- pB[1]*pAbyB[1]/pA; pB1byA
pB2byA <- pB[2]*pAbyB[2]/pA; pB2byA
pB3byA <- pB[3]*pAbyB[3]/pA; pB3byA
#
```

다음은 2.2.2절의 확률분포와 확률밀도함수 중에서 연속확률밀도함수에 대한 [예제 2.15]와 [예제 2.16]의 보충 프로그램이다.

```
# 2.2 확률분포 - 2.2.2 확률분포와 확률밀도함수 - 2. 연속확률분포
# [예제 2.15] 및 [예제 2.16] 연속확률분포의 확률밀도함수(pdf)
f1 <- function(x) 1/(x+1)^2
f2 <- function(x) exp(-2*x) # R의 함수 exp()를 사용
# [예제 2.15]
(prob1 <- integrate(f1, 0, 10)$value); 10/11
# [예제 2.16]
(const2 <- 1/integrate(f2, 0, Inf)$value) # c = 2
```

다음은 2.2.2절의 확률분포와 확률밀도함수 중에서 주변확률질량함수에 대한 [예제 2.20]의 보충 프로그램이다.

```
# 2.2 확률분포 - 2.2.2 확률분포와 확률밀도함수 - 3. 결합확률분포
# [예제 2.20] 이산확률분포의 주변확률질량함수 구하기
x <- 1:5; y <- 1:4
fxy <- matrix(c(5,0,0,0,9,1,0,0,4,8,1,0,2,9,4,0,0,1,3,3)/50,4,5)
fxy  # 결합확률질량함수표 작성
fx <- apply(fxy,2,sum); fx
fy <- apply(fxy,1,sum); fy
```

```
tab <- cbind(fxy,fy); tab <- rbind(tab,c(fx,sum(fx)))
colnames(tab) <- c("x1","X2","X3","X4","X5","fY")
rownames(tab) <- c("Y1","Y2","Y3","Y4","fX"); tab
# rm(list=ls())
```

다음은 2.2.2절의 확률분포와 확률밀도함수 중에서 결합확률밀도함수에 대한 [예제 2.21]의 보충 프로그램이다.

```
# 2.2 확률분포 - 2.2.2 확률분포와 확률밀도함수 - 3. 결합확률분포
# [예제 2.21] 이중적분: Integration of 2-Dimensional Functions
myf1 <- function(x,y) {4*exp(-2*x-2*y)} #
llim <- 0; ulim <- Inf
integrate(function(y) {
  sapply(y, function(y) {
    integrate(function(x) myf1(x,y), llim, ulim)$value
  })
}, llim, ulim) # 확률분포임을 확인함
myf2 <- function(x,y) {4*exp(-2*x-2*y)} #
integrate(function(y) {
  sapply(y, function(y) {
    integrate(function(x) myf2(x,y), 0, 1)$value
  })
}, 0, 1)
(1-exp(-2))^2 # 참고로 위 적분과 같은 결과를 얻음
#
```

다음은 2.2.3절의 확률변수의 기댓값과 분산 중에서 이산 확률변수의 기댓값에 대한 [예제 2.25]의 보충 프로그램이다.

```
# 2.2 확률분포 - 2.2.3 확률변수의 기댓값과 분산 - 1. 확률변수의 기댓값
# [예제 2.25] 이산 확률변수의 기댓값
x <- 2:12; x
px <- c(1:6,rev(1:5))/36; px
ex <- sum(x*px); ex # (1)번 답: 7
y <- 0:5; y
py <- c(1/6, 5/18, 2/9, 1/6, 1/9, 1/18)
(ey <- sum(y*py)); 35/18 # (2)번 답: 1.944444
#
```

다음은 2.2.3절의 확률변수의 기댓값과 분산 중에서 두 확률변수의 독립에 대한 [예제 2.30]의 보충 프로그램이다.

```
# 2.2 확률분포 - 2.2.3 확률변수의 기댓값과 분산 - 4. 두 확률변수의 독립
# [예제 2.30] 두 확률변수의 독립성 확인 - 독립임
x <- c(2,4,6); fx <- c(0.3,0.45,0.25)
y <- c(1,3,5); fy <- c(0.25,0.4,0.35)
(fxy <- outer(fx,fy)) # 결합확률질량함수표 작성
tab1 <- cbind(fxy,fx); tab1
tab1 <- rbind(tab1,c(fy,sum(fy))); tab1
colnames(tab1) <- c("Y1","Y3","Y5","fX")
rownames(tab1) <- c("X2","X4","X6","fY"); tab1
ex <- sum(x*fx); ex
ey <- sum(y*fy); ey
exy <- sum(fxy*outer(x,y)); exy
covxy <- exy - ex*ey; covxy
varx <- sum(x*x*fx) - ex^2; varx
vary <- sum(y*y*fy) - ey^2; vary
#
```

다음은 2.2.3절의 확률변수의 기댓값과 분산 중에서 공분산과 상관계수에 대한 [예제 2.32]의 보충 프로그램이다.

```
# 2.2 확률분포 - 2.2.3 확률변수의 기댓값과 분산 - 5. 공분산과 상관계수
# [예제 2.32] 중적분을 이용한 공분산과 상관계수 구하기
# (1) 독립성 확인하기(먼저 독립성을 가정함)
fx <- function(x) { x }
cx <- 1/integrate(fx, 0, 1)$value; cx
fy <- function(y) { y*y }
cy <- 1/integrate(fy, 0, 1)$value; cy
fxy <- function(y) { sapply(y,
    function(z) {  z*z*integrate(fx, 0, 1)$value }) }
cxy <- 1/integrate(fxy, 0, 1)$value; cxy
cxy - cx*cy # 독립성 가정이 참으로 확인됨
# (1) Vectorize() 함수를 이용한 간단한 방법
fx <- function(x) x
fy <- Vectorize(function(y) { y*y*integrate(fx, 0, 1)$value})
cnt <- 1/integrate(fy, 0, 1)$value; cnt # cnt = 6
# (2) E(X), Var(X), E(Y), Var(Y) 및 Cov(X,Y) 구하기
fxx <- function(x) x*(2*x)
ex <- integrate(fxx, 0, 1)$value; ex # E(X)=2/3
fx2 <- function(x) x^2*(2*x)
integrate(fx2, 0, 1)$value # E(x^2)=1/2=0.5
(varx <- integrate(fx2, 0, 1)$value  - ex^2) # Var(X)=1/18
fy <- function(y) y*(3*y^2)
ey <- integrate(fy, 0, 1)$value; ey # E(Y)=3/4
```

```
fy2 <- function(y) y^2*(3*y^2)
integrate(fy2, 0, 1)$value # E(Y^2)=3/5=0.6
(vary <- integrate(fy2, 0, 1)$value - ey^2) # Var(Y)=3/80
fyy <- Vectorize(function(y) { 3*y^3*integrate(fxx, 0, 1)$value})
exy <- integrate(fyy, 0, 1)$value; exy # E(XY)=1/2
covxy <- exy - ex*ey; covxy # 그러므로 Cov(X,Y)=Cor(X,Y)=0가 됨
#
```

A3.1.3 3장 예제

다음은 3.1.1절의 베르누이 시행과 분포 중에서 이항분포의 확률계산에 대한 [예제 3.2]의 보충 프로그램이다.

```
# 3.1 이산 확률 분포 - 3.1.1 베르누이 시행과 분포 - 2. 이항분포
# [예제 3.2] 이항분포의 확률계산
# [풀이] X~B(n,p)에서 n=10, p=0.8이므로 X~B(10,0.8)이 됨
# (1) 10명 중 5명이 만족할 확률 구하기
p1 <- choose(10,5)*0.8^5*0.2^5; p1
dbinom(5,10,0.8) # R 내부함수를 이용한 결과가 위 결과와 동일함
# (2) 10명 중 2명이 불만족할 확률 구하기
p2 <- choose(10,8)*0.8^8*0.2^2; p2
dbinom(8,10,0.8)
# (3) 10명 중 만족하는 시민의 평균수와 분산 구하기
# (3-1) [정리 3.2]의 결과에 따라 E[X]=n*p=10*0.8=8,
#        Var(X)=n*p*(1-p)=10*(0.8)*(0.2)=1.6
# (3-2) 확률질량함수와 평균과 분산이 정의에 의한 계산
x <- 0:10; x
fx <- choose(10,x)*0.8^x*0.2^(10-x); fx
mu <- sum(x*fx); mu
var <- sum(x*x*fx)-mu*mu; var
# (3-3) R의 내부함수(dbinom(x,10,0.8))를 이용
mu1 <- sum(x*dbinom(x,10,0.8)); mu1
var1 <- sum(x*x*dbinom(x,10,0.8))-mu1*mu1; var1
#
```

다음은 3.1.2절의 초기하분포 중에서 초기하분포의 확률질량함수에 대한 [예제 3.4]의 보충 프로그램이다.

```
# 3장 중요한 확률분포 - 3.1 이산 확률 분포 - 3.1.2 초기하분포
# [예제 3.4] 초기하분포의 확률질량함수; N = 15, n = 5, k = 11
```

```
# 조건 (1<=x) and (n-x<=4) => (1<=x) and (5-x<=4) => x=1,2,3,4,5
# fX(x) = choose(k,x)*choose(N-k, n-x)/choose(N,k)
N <- 15; n <- 5; k <- 11
xv <- 1:5; xv
fx <- choose(k,xv)*choose(N-k,n-xv)/choose(N,n); fx
ex1 <- sum(xv*fx); ex1  # 기댓값의 정의에 의한 계산
ex2 <- n*k/N; ex2  # [정리 3.4]의 결과로 ex2 = n*k/N
sigma1 <- sum(xv^2*fx) - ex1^2; sigma1 # 분산의 정의에 의한 계산
sigma2 <- n*(k/N)*(1-k/N)*(N-n)/(N-1); sigma2 # 정리 4.4의 결과
# 5*(11/15)*(1-11/15)*(15-5)/(15-1)
```

다음은 3.1.2절의 초기하분포 중에서 초기하분포의 평균과 분산에 대한 [예제 3.5]의 보충 프로그램이다.

```
# 3장 중요한 확률분포 - 3.1 이산 확률 분포 - 3.1.2 초기하분포
# [예제 3.5] 초기하분포 평균과 분산: N=5000, n=50, k=5000*0.95=4750
N <- 5000; n <- 50; k <- 4750;
# (1) 이항정리에 대한 [정리 3.2]에 따라 평균과 분산 구하기
ex1 <- 50*0.95; ex1 # E(X)=n*p
var1 <- 50*0.95*0.05; var1 # Var(X)=n*p*(1-p)
# (1) [정리 3.3]에 의한 평균과 분산 구하기
ex2 <- n*k/N; ex2  # 정리 3.4의 결과로 ex2 = n*k/N
sigma2 <- n*(k/N)*(1-k/N)*(N-n)/(N-1); sigma2 # 정리 3.4의 결과
# (1) 이항분포를 이용하여 정의에 의해 평균과 분산 구하기
x <- 0:50; p <- 0.95 # n=50, p=0.95
fx <- choose(n,x)*p^x*(1-p)^(n-x); fx; sum(fx)
ex3 <- sum(x*fx); ex3  # E[X] : 기댓값의 정의에 의한 계산
var3 <- sum(x*x*fx)-ex3*ex3; var3 # Var(X) = E[X^2]-(E[X])^2
# (2) 초기하분포를 이용하여 정의에 의해 평균과 분산 구하기
px <- choose(k,x)*choose(N-k,n-x)/choose(N,n); px; sum(px)
ex4 <- sum(x*px); ex4  # E[X] : 기댓값의 정의에 의한 계산
var4 <- sum(x*x*px)-ex4*ex4; var4 # Var(X) = E[X^2]-(E[X])^2
# 이항분포와 초기하분포 결과에서 평균은 같으나 분산은 차이가 있음
```

다음은 3.1.3절의 포아송 분포 중에서 포아송 분포의 확률계산에 대한 [예제 3.6]과 [예제 3.7]의 보충 프로그램이다.

```
# 3장 중요한 확률분포 - 3.1 이산확률분포 - 3.1.3 포아송 분포
# [예제 3.6] 포아송 분포의 확률계산 1
x1 <- 1:9
1-exp(-8)*(1+ sum(8^x1/factorial(x1))); 1-ppois(9,8)
```

```
# [예제 3.7] 포아송 분포의 확률계산 2
x2 <- 1:2
1-exp(-2)*(1 + sum(2^x2/factorial(x2))); 1-ppois(2,2)
#
```

다음은 3.1.3절의 포아송 분포 중에서 이항분포와 포아송 분포의 관계에 대한 [예제 3.10]의 보충 프로그램이다.

```
# 3장 중용한 확률 분포 - 3.1 이산확률분포 - 3.1.3 포아송 분포
# [예제 3.10] B(n,p)와 Pois(lam); 사고가 발생할 확률: n=500, p=0.004
n <- 500; p <- 0.004; lam <- n*p; lam # 500일 동안
choose(n,2)*p^2*(1-p)^498   # (1)번: 사고가 2건 발생할 확률
exp(-lam)*2^2/2   # (1)번
x <- 0:3; x # (2)번: 사고가 많아야 3건일 확률 구하기 위해
sum(choose(n,x)*p^x*(1-p)^(n-x)) # (2)번: B(n,p) 이용
sum(dbinom(x,n,p)); pbinom(3,n,p) # (2)번: R 이항함수 이용
sum(dpois(x,lam)); ppois(3,2)  # (2)번용: R 포아송 함수 이용
#
```

다음은 3.1.4절의 음이항분포와 기하분포 중에서 음의 이항분포의 확률질량함수에 대한 [예제 3.11]의 보충 프로그램이다.

```
# 3.1 이산확률분포 - 3.1.4 음이항분포와 기하분포 - 1.음이항분포
# [예제 3.11] 음이항분포의 확률질량함수, 기댓값, 분산, 확률 구하기
# [풀이] (1) 확률변수 X의 확률질량함수 구하기
# P(X=x)=choose(x-1,3-1)*(0.1)^3*(1-0.1)^(x-3), x=3,4,5,...
# (2) [정리 3.7]의 결과를 이용하여 기댓값과 분산을 구하기
# mu = E[X]=r/p=3/0.1=30, var=r*(1-p)/p^2 = 3*(1-0.1)/0.1^2=270
r <- 3; p <- 0.1; mu <- r/p; mu
var <- r*(1-p)/p^2; var
# (2) 기댓값과 분산을 (1)의 확률분포를 이용하여 직접 구하기
x <- 3:300; x
px <- choose(x-1,r-1)*p^r*(1-p)^(x-r); px
mu1 <- sum(x*px); mu1
var1 <- sum(x*x*px)-mu1*mu1; var1
# (2) R의 내부함수를 이용하여 기댓값과 분산 구하기
# dnbinom(x-r, size, prob), 여기서 size=r, prob=p
mu2 <- sum(x*dnbinom(x-r,r,p)); mu2
var2 <- sum(x*x*dnbinom(x-r,r,p))-mu2*mu2; var2
# (3) 4번째 방문에서 첫 구좌를 판매할 확률 구하기
# 구하는 확률은 모수 p=0.1인 기하분포 이므로
```

```
p3 <- (1-0.1)^3*0.1; p3
dnbinom(4-1,1,0.1); dgeom(3,0.1)
# (4) 15번째 방문에서 3구좌를 모두 판매할 확률 구하기
p4 <- choose(15-1,3-1)*(0.1)^3*(1-0.1)^(15-3); p4
dnbinom(15-3,3,0.1)
#
```

다음은 3.1.4절의 음이항분포와 기하분포 중에서 음의 이항분포와 기하분포의 관계에 대한 [예제 3.12]의 보충 프로그램이다.

```
# 3.1 이산확률분포 - 3.1.4 음이항분포와 기하분포 - 1.음이항분포
# [예제 3.12] 음의 이항분포와 기하분포를 이용한 확률 계산
# (1) 3의 배수를 두 번 가지기 위해 5번 시행할 확률
r <- 2; p <- 1/3; x <- 5;
px <- choose(x-1,r-1)*p^r*(1-p)^(x-r); px # [예제 3.12]의 (1)번
choose(4,1)*(1/3)^2*(1-1/3)^3
dnbinom(x-r, r, p)  # (1)번: R의 내부함수를 이용
# (2) 표면 숫자 6이 처음으로 나올 때가 정확히 6번 던질 확률
r <- 1; p <- 1/6; x <- 6;
px1 <- choose(x-1,r-1)*p^r*(1-p)^(x-r); px1 # [예제 3.12]의 (2)번
choose(5,0)*(1/6)*(1-1/6)^5 # (2)번: pmf를 이용
dnbinom(x-r, r, p) # (2)번: 음이항분포의 R 내부함수를 이용
dgeom(5,1/6) # (2)번: 기하분포의 R 내부함수를 이용
#
```

다음은 3.3.1절의 정규분포의 확률계산 중에서 가우스 적분에 대한 [예제 3.21]의 보충 프로그램이다.

```
# 3장 중용한 확률 분포 - 3.3 정규분포 - 3.3.1 정규분포의 확률계산
# [예제 3.21] 가우스 적분
a <- 1; a
fx <- function(x) {exp(-a*x*x)} # x in (-Inf, Inf)
cst <- integrate(fx,-Inf,Inf)$value; cst # sqrt(pi)
cst <- 1/cst; cst # cst = 1/sqrt(pi)
1/sqrt(pi)
# 표준정규분포 함수
sigma <- 1; a <- 1/(2*sigma^2)
gx <- function(x) {exp(-a*x*x)} # x in (-Inf, Inf)
ncst <- integrate(gx,-Inf,Inf)$value; ncst
ncst <- 1/ncst; ncst # ncst = 1/sqrt(2*pi)
1/sqrt(2*pi)
#
```

다음은 3.3.4절의 일반분포의 정규분포 근사 중에서 포아송 분포의 정규분포 근사에 대한 [예제 3.28]의 보충 프로그램이다.

```
# 3.3 정규분포 - 3.3.4 일반분포의 정규분포 근사 - 2. 중심극한정리
# [예제 3.28] 포아송 분포의 정규분포 근사
p1 <- ppois(45,50); p1 # X_1 ~ Pois(0.5*100), lambda=0.5, t=100
p2 <- pnorm(45,50,sqrt(50)); p2 # X_2 ~ N(50,50)
p3 <- pnorm(-5/sqrt(50)); p3
#
```

A3.1.4 4장 예제

다음은 4.1.1절의 모수와 통계량 중에서 통계량의 확률분포에 대한 [예제 4.2]의 보충 프로그램이다.

```
# 4.1 모집단과 표본 - 4.1.1 모수와 통계량 - 2.통계량의 확률분포
# [예제 4.2] 초기하분포의 통계량의 결합확률 분포
# [풀이] 확률질량함수: choose(k,x)*choose(N-k,n-x)/choose(N,n)
# N=모집단 크기, n=표본의 크기, k=모집단 내 성공요소의 수, N-k=실패
x <- 0:2; N <- 6; n <- 2; k <- 3
px <- choose(k,x)*choose(N-k,n-x)/choose(N,n); px
fxy <- px%o%px; fxy
fx <- apply(fxy, 1, sum); fx
fy <- apply(fxy, 2, sum); fy
pxb <- xb <- rep(0, 5); xb
for (m in 1:3) {
  for (n in 1:3) {
    tmp <- (m+n-2)/2; k <- m+n-1; xb[k] <- tmp
    if (tmp == xb[k]) pxb[k] <- pxb[k] + fxy[m,n]
  }
}
xb; pxb # 구하는 X̄의 분포
#
```

다음은 4.1.2절의 표본평균의 분포 중에서 표본평균의 평균과 분산에 대한 [예제 4.3]의 보충 프로그램이다.

```
# 4.1 모집단과 표본 - 4.1.2 표본평균의 분포 - 1.표본평균의 평균과 분산
# [예제 4.3] 두개의 주사위를 던지는 실험에서 표면숫자의 평균
```

```
x <- 1:6; x # 주사위를 던져서 나오는 표면의 숫자를 변수 X로
ex <- sum(x/6); ex # 확률변수 X의 평균
px <- rep(1,6)/6; px # 확률변수 X의 확률 질량
sum(x*px); mean(x) # 또 다른 두 가지 방법으로 구한 평균값(기댓값)
px <- rep(1,6)/6; px # 확률변수 X의 확률 질량
varx <- sum((x-ex)^2/6); varx # X의 분산
sum(x^2*px)-sum(x*px)^2 # X의 분산
# 두개의 주사위를 던져서 나오는 표면 숫자들의 평균을 bar{X}
xbar <- seq(1,6,by=0.5); xbar
pxb <- c(1:6,5:1)/36; pxb # bar{X}의 확률 질량
exbar <- sum(xbar*pxb); exbar # bar{X}의 평균
varxb <- sum((xbar-exbar)^2*pxb); varxb # bar{X}의 분산
varx/2 # 의심할 바 없이 varx/2 = varxb이 되고 ex = exbar가 됨
```

다음은 4.2.1절의 표본분산의 분포 중에서 카이제곱분포에 대한 [예제 4.9]의 보충 프로그램이다.

```
# 4장 표본과 표본분포-4.2 표본분산과 비율의 분포-4.2.1 표본분산의 분포
# [예제 4.9] 자유도 (10-1)인 카이제곱분포에 대한 풀이
#    X_k~N(mu, 25)이므로 (n-1)S^2 = sum_{k=1}^10 {X_k^2}이고
#    V=(n-1)S^2/sigma^2=(10-1)S^2/5^2 = (3/5)^2*S^2 ~ chisq(9)
#    P(16<=S^2<=20)=P(0.36*16<=0.36*S^2<=0.36*20)=P(5.76<=V<=7.2)
pchisq(7.2,9)-pchisq(5.76,9)
pchisq((3/5)^2*20,9)-pchisq((3/5)^2*16,9)
# [예제 4.9A] 정규모집단으로부터 n개의 확률표본을 추출하여 표본분산 S^2을
#    구하면 n=5,10,30,100일 때 P(S^2<=c*sigma^2)=0.95인 c값은?
# [풀이] P(S^2<=c*sigma^2)=P((n-1)S^2/sigma^2<=(n-1)c)
#    (n-1)S^2/sigma^2은 자유도가 n-1인 카이제곱분포를 따르므로
#    (n-1)c=qchisq(0.95,n-1)이 되어야 하므로 c=qchisq(0.95,n-1)/(n-1)
n1 <- c(5,10,30,100); n1 # n1=확률표본의 수
c1 <- qchisq(0.95,n1-1)/(n1-1); c1
#
```

다음은 4.2.1절의 표본분산의 분포 중에서 F-분포의 이용에 대한 [예제 4.11]의 보충 프로그램이다.

```
# 4.2 표본분산과 비율의 분포-4.2.1 표본분산의 분포-3. F-분포의 이용
# [예제 4.11] F-분포의 정의와 이용(표본분산의 비율) 관련 예제
# [풀이] 모분산이 같으므로 F=(S1^2/sigma1^2)/(S2^2/sigma2^2)=S1^2/S2^2은
#    자유도가 각각 nu1=n1-1=10과 nu2=n2-1=15인 F-분포를 따름
# (1) 또한 P(S1^2/S2^2<=a)=0.95이므로 a=qf(0.95,10,15)가 되어야 함
```

```
a1 <- qf(0.95,10,15); a1 # a1 = 2.543719
a2 <- qf(0.95,11,15); a2 # a2 = 2.506806
# (2) 비율이 2배 이상 차이날 확률은 P(S1^2/S2^2<0.5)+P(S1^2/S2^2>2)이므로
p1 <- pf(0.5,10,15) + 1-pf(2,10,15); p1 # 0.2445252
p2 <- pf(0.5,11,15) + 1-pf(2,11,15); p2 # 0.2307009
#
```

다음은 4.2.2절의 표본비율의 분포에서 이항분포의 정규분포 근사에 대한 [예제 4.12]의 보충 프로그램이다.

```
# 4.2 표본분산과 비율의 분포-4.2.2 표본비율의 분포-1. 이항분포 근사
# [예제 4.12] 이항분포의 정규분포 근사
# [풀이] (1) 이항확률분포의 확률질량함수를 직접계산하여 구하기
x <- 0:4; x
px1 <- sum(choose(25,x)*(0.2)^x*(1-0.2)^(25-x)); px1
# (2) R의 내부 함수를 이용하여 구하기: pbinom(q,size=n,prob=p)
px2 <- pbinom(4,25,0.2); px2
# (3) 이항확률 분포(X)의 정규분포 근사를 이용하여 구하기
#  E(X)=np=25*0.2=5, Var(X)=np(1-p)=25*0.2*0.8=5*0.8=4
#  P(X<=4)=P((X-5)/2 <= (4-5)/2) ≒ P(Z < -0.5)
px3 <- pnorm(-0.5); px3 # (3)번 답
# P(X<=4.5)=P((X-5)/2 <= (4.5-5)/2) ≒ P(Z < -0.25) : 연속성수정 확률
px3b <- pnorm(-0.25); px3b # (4)번 답
#
```

A3.1.5 5장 예제

다음은 5.3.1절의 모평균의 신뢰구간 중에서 모분산을 모를 때 모평균의 구간추정에 대한 [예제 5.19]의 보충 프로그램이다.

```
# 5장 통계적 추정 - 5.3 구간추정 - 5.3.1 모평균의 신뢰구간
# [예제 5.19] 모분산을 모를 때 모평균의 구간추정
# [예제 5.2]의 결과로부터 xbar = 30.17097, s = 16.43785
xbar <- 30.17097 # 표본평균은 30.17097로 주어짐
sx <- 16.43785 # 표본분산은 16.43785로 주어짐
n <- 31 # 표본의 크기는 n = 31로 주어짐
zalp <- qnorm(1-0.025,0,1); zalp
lowconf <- xbar - zalp*sx/sqrt(n); lowconf # 하한
upconf <- xbar + zalp*sx/sqrt(n); upconf # 상한
library(TeachingDemos) # install.packages("TeachingDemos")
```

```
z.test(xbar, xbar, sx, n=31, conf.level = 0.95)
#
```

A3.1.6 6장 예제

다음은 6.4.4절의 모분산과 모비율 비교 중에서 두 모비율의 비교에 대한 [예제 6.19]의 또 다른 보충 프로그램이다.

```
# 제6.4절 두 모집단의 비교 - 6.4.4 모분산과 모비율 비교 - 2. 두 모비율 비교
# [예제 6.19B] 두 모비율의 차에 대한 추론(구간 추정과 가설검정)
n1 <- 150; ph1 <- 75/150; ph1
n2 <- 200; ph2 <- 77/200; ph2
qnorm(0.05/2); qnorm(1-0.05/2) # 근사값으로 1.96을 선택
errlim <- 1.96*sqrt(ph1*(1-ph1)/n1 + ph2*(1-ph2)/n2); errlim
cIntval <- (ph1 - ph2) + c(-1, 1)*errlim; cIntval # (1)번 답
phc <- (150*ph1 + 200*ph2)/(150+200); phc
# 검정통계량 Z=(ph1-ph2)/sqrt(phc*(1-phc)*(1/n1 + 1/n2))
# 기각역 R_3 = {Z >= z_0.025 = 1.96} 또는 R_3 = {Z <= -1.96}
z0 <- (ph1 - ph2)/sqrt(phc*(1-phc)*(1/150 + 1/200)); z0
pvalue <- 2*(1-pnorm(z0)); pvalue
# 위 결과와 R의 함수 prop.test()의 결과는 다소 차이가 있음
prop <- c(ph1, ph2) # proportion of events
n <- c(150, 200) # number of trials
x <- prop*n # number of events
prop.test(x = x, n = n, alternative = "two.sided", conf.level = 0.95)
# confidence level (= 1- significance level 'alpha')
#
```

A3.1.7 7장 예제

다음은 7.3.2절의 동질성검정 중에서 카이제곱검정에 대한 [예제 7.4]의 또 다른 보충 프로그램이다.

```
# 7장 범주형 자료분석 - 7.3 교차분석 - 7.3.2 동질성검정
# [예제 7.4B] 동질성검정에 대한 다른 예제
yes <- c(82, 70, 62); no <- c(93, 62, 67)
abst <- c(25, 18, 21); abst
abort <- rbind(yes, no, abst); abort
```

```
colnames(abort) <- c("Demo","Repub","Free"); abort
niS <- apply(abort,1,sum); niS # 행별 합을 구함
nSj <- apply(abort,2,sum); nSj # 열별 합을 구함
Oij <- abort; tn <- sum(abort)
Eij <- niS%*%t(nSj)/tn; Eij
chisqZ1 <- (Oij-Eij)^2/Eij; chisqZ1
sum(chisqZ1) # 최종 검정통계량 값 = 1.5274
qchisq(1-0.05,2*2) # 기각역 임계값 = 9.4877로 기각하지 못함
(pv1 <- 1-pchisq(sum(chisqZ1),4))
chisq.test(Oij)
#
```

A3.1.8 8장 예제

다음 R 프로그램은 본문 8장 비모수 통계의 4절 부호 순위 검정 중에서 윌콕슨 부호순위검정에 대한 [예제 8.6]의 또 다른 보충 프로그램이다.

```
# 8장 비모수 통계 - 8.4 부호순위검정 - [예제 8.6B] 윌콕슨 부호순위검정
dat1 <- c(38, 26, 34, 5, 68, 30, 35, 19, 33, 69); dat1
dat2 <- c(28, 21, 31, 11, 59, 28, 28, 23, 32, 38); dat2
dif <- dat1 - dat2; dif;
shapiro.test(dif) # 정규성 검정: p-값=0.042 < 0.05이므로 귀무가설 기각
# 귀무가설 기각에 따라 정규성 가정이 성립하지 않으므로 비모수방법 사용
dif1 <- dif[dif !=0]; dif1
n <- length(dif1); rv <- rank(abs(dif1)); rv
(wp <- sum(rv[dif>0])); (wm <- sum(rv[dif<0]))
pv <- psignrank(min(wm,wp),n,lower.tail = T); pv
pr <- round(pv, digits=4); pr
shapiro.test(dif);
wilcox.test(dat1, dat2, paired=T, alt="g")
library(exactRankTests) # install.packages("exactRankTests")
wilcox.exact(dat1, dat2, paired=T, alt="g")
#
```

A3.1.9 9장 예제

다음은 9.2.3절의 모수에 대한 추정과 검정 중에서 모수 b의 추론에 대한 [예제 9.4]의 또 다른 보충 프로그램이다.

```
# 9장 회귀분석 - 9.2 단순선형회귀 - 9.2.3 모수에 대한 추정과 검정
# [예제 9.4B] 모수 b의 추론: 선형관계(선형적 연관성)의 여부를 판단
x <- c(36, 32, 62, 62, 27, 18, 26, 14, 28, 59, 34, 10, 29, 33, 27,
       49, 3, 3, 7, 3) # 중간고사 점수
y <- c(12, 39, 55, 62, 29, 8, 33, 21, 15, 56, 25, 8, 21, 22, 20,
       35, 8, 10, 6, 10) # 기말고사 점수
n <- length(x); n
sxx <- sum(x^2) - n*(mean(x))^2; sxx
syy <- sum(y^2) - n*(mean(y))^2; syy
sxy <- sum(x*y) - n*mean(x)*mean(y); sxy
hb <- sxy/sxx; hb # 기울기: 0.805187
ha <- mean(y)- hb*mean(x); ha # Y-절편: 2.124246
fit <- lm(y~x) # lm()에서 lm은 linear model의 약칭
summary(fit) # 기술기 Y-절편의 같은 결과를 얻음
plot(x, y, xlab="x", ylab="y", main="(4) 기말고사 직선 적합도")
abline(fit, col="red") # 기말고사에 대한 중간고사의 적합직선
res <- residuals(fit) # (5)번: 적합된 모형의 잔차를 반환함
plot(x, res, xlab="y", ylab="residual", main="기말고사 잔차도")
qqnorm(res, main="잔차 정규확률도") # (5)번
par(mfrow=c(2,2)); plot(fit); par(mfrow=c(1,1))
# (1) 잔차와 그 적합 그래프, (2) 잔차 정규확률도
# (3) 적합값에 대한 표준화 잔차의 제곱근, (3) 잔차 vs 레버리지
# 여기서부터는 잔차제곱합과 평균제곱오차 구하기
(SSE <- syy - sxy^2/sxx) # SSE = 1210.559
(MSE <- SSE/(n-2)); sqrt(MSE) # MSE=67.25328, s=8.20081
# 여기서부터는 검정통계량 관측값과 신뢰구간 구하기
(t0 <- hb/sqrt(MSE/sxx)) # 검정통계량 관측값: 8.095137
qt(1-0.01/2,n-2) # 기각역 R3 = {|t|>2.87844}
(Intv <- hb + qt(1-0.01/2,n-2)*sqrt(MSE)/sqrt(sxx)*c(-1,1))
confint(fit, level=0.99) # 신뢰구간 출력, "level= "은 변경 가능함
#
```

다음은 9.2.3절의 모수에 대한 추정과 검정 중에서 모수 a의 추론에 대한 [예제 9.5]의 또 다른 보충 프로그램이다.

```
# 9장 회귀분석 - 9.2 단순선형회귀 - 9.2.3  모수에 대한 추정과 검정
# [예제 9.5B] 주어진 데이터를 이용하여 모수 a에 대한 추론
x; y # 위 예제 [예제 7.4B]의 x와 y
n <- length(x); n
sxx <- sum(x^2) - n*(mean(x))^2; sxx
syy <- sum(y^2) - n*(mean(y))^2; syy
sxy <- sum(x*y) - n*mean(x)*mean(y); sxy
fit <- lm(y~x); fit
```

```
hb <- sxy/sxx; hb # 기울기: 0.805187
ha <- mean(y)- hb*mean(x); ha # Y-절편: 2.124246
# 여기서부터  연습문제 [7]에 해당
sse <- syy - sxy^2/sxx; sse # s <- sqrt(sse/(n-2))
(mse <- sse/(n-2)); (s <- sqrt(mse)) # 평균제곱오차, 그 표준편차
qt(1-0.05/2,n-2) # (3) 기각역: R3={|t|>2.100922}
tmp <- sqrt(mse*(1/n + mean(x)^2/sxx))
t0 <- ha/tmp; t0  # (4)번: 검정통계량 값
err95 <- qt(1-0.05/2, n-2)*tmp; err95
cIntv <- ha + c(-1, 1)*err95; cIntv # (5)번 답
confint(fit, level=0.95)
#
```

A3.2 본문 그림 보충 프로그램

A3.2.1 1장 그림

다음은 1.1.2절의 자료의 정리 중에서 자료의 시각화에 대한 [그림 1.2]를 그리기 위한 R 프로그램이다.

```
# 1.1 통계학과 자료분석 - 1.1.2 자료의 정리 - 2. 자료의 시각화
# [그림 1.2] R이 제공하는 함수 barplot()을 사용
update.packages("MASS") # install.packages("MASS")
library(MASS)
immer # 5종의 보리를 6개 지역에서 시험 재배한 산출량
barley <- ceiling(immer$Y2); barley # 정수(자연수)로 변환
options(digits=5) # 소수점이하 출력 자릿수 지정
# 함수 barplot()을 사용하여 막대그래프 그리기
freq <- cut(barley, br=c("40","60","80","100","120","140","160"))
tfreq <- table(freq); class(freq) # 각 계급별 도수를 산정
barplot(tfreq, ylim=c(0,12), col=2:7, main="보리 수확량 막대그래프")
#
```

다음은 1.2.2절의 산포정도 표시측도 중에서 산포정도 차이에 대한 [그림 1.8]을 그리기 위한 R 프로그램이다.

```
# 1장 통계분석 기초 - 1.2 기초 통계량 - 1.2.2 산포정도 표시측도
```

```
# [그림 1.8] R 사용형식: dnorm(x, mean = 0, sd = 1, log = FALSE)
x <- seq(-3,3,length=80); f1 <- dnorm(x,0,0.5)
plot(x,f1,type="l", lwd=2, cex=1.0, main="정규분포 3가지")
f2 <- dnorm(x,0,1); grid(); lines(x,f2,lwd=2, col=2)
f3 <- dnorm(x,0,1.5); lines(x,f3,lwd=2, col=4)
text(0,0.6,"N(0,0.5)",cex=1.0); text(0,0.42,"N(0,1)",cex=1.0,col=2)
text(0,0.2,"N(0,1.5)",cex=1.0,col=4)
#
```

A3.2.2 3장 그림

다음은 3.1.3절의 포아송 분포 중에서 포아송 분포의 PMF 변화에 대한 [그림 3.3]을 그리기 위한 R 프로그램이다.

```
# 3장 중요한 확률분포 - 3.1 이산 확률분포 - 3.1.3 포아송 분포
# [그림 3.3] 포아송 분포의 확률질량함수 그래프 변화
x <- 0:12; expr <- expression(dpois(x,lambda))
plot(x,dpois(x,1),type="b", xlab="X", ylab=expr)
text(6,0.36,"포아송 분포의 PMF 변화",cex=1.2)
grid(11,9); points(x,dpois(x,3),type="b",col="red")
points(x,dpois(x,5),type="b",col="blue")
text(1.5,0.3,expression(lambda==1))
text(2.5,0.25,expression(lambda==3),col="red")
text(4.5,0.2,expression(lambda==5),col="blue")
#
```

다음은 3.1.4절의 음이항분포와 기하분포 중에서 기하 분포의 PMF에 대한 [그림 3.4]를 그리기 위한 R 프로그램이다.

```
# 3.1 이산확률분포 - 3.1.4 음이항분포와 기하분포 - 2. 기하분포
# [그림 3.4] 정의에 의한 기하분포의 확률질량함수 그래프
x1 <- 1:11
fx <- function(x1,p) {p*(1-p)^(x1-1)}
plot(x1,fx(x1,0.5),type="b",pch=20,lty=2)
title("기하분포 확률질량함수"); grid()
points(x1,fx(x1,0.7),type="b", col="red",pch=20,lty=2)
points(x1,fx(x1,0.3),type="b",col="blue",pch=20,lty=2)
text(3,0.2,"Geo(0.5)"); text(2.7,0.03,"Geo(0.7)",col=2)
text(5,0.1,"Geo(0.3)",col="blue")
#
```

A3.2.3 4장 그림

다음은 4.2.1절의 표본분산의 분포 중에서 F-분포의 PDF에 대한 [그림 4.6]을 그리기 위한 R 프로그램이다.

```
# 4.2 표본분산과 비율의 분포-4.2.1 표본분산의 분포-3. F-분포의 이용
# [그림 4.6] F-분포의 확률밀도함수(PDF) 그래프
x <- seq(0,5,length=100)
plot(x, df(x,10,10),lwd=2, type="l",xlab="X", col=4)
grid(9,7); text(2.5,0.7,"F-분포 PDF",cex=1.3)
x1 <- seq(from=2.2, to=5, by=0.001); y1 <- df(x1,10,10)
polygon(c(x1,rev(x1)),c(y1,rep(0,length(x1))),col="lightgray")
abline(h=0); text(2.4,0.05,expression(alpha))
arrows(1.9,0.1,2.2,0,length=0.1)
text(1.8,0.1,expression(f[alpha]))
#
```

A3.2.4 5장 그림

다음은 5.3.1절의 모평균의 신뢰구간 중에서 t-분포의 신뢰구간에 대한 [그림 5.3]을 그리기 위한 R 프로그램이다.

```
# 5장 통계적 추정-5.3 구간추정-5.3.1 모평균의 신뢰구간-모분산 모름
# [그림 5.3] t-분포를 사용한 모평균의 신뢰구간(모집단: 정규분포)
x <- seq(-4,4,length=80); plot(x, dt(x,10),lwd=2, type="l", col=4)
x2 <- seq(from=-1.8125, to=1.8125, by=0.001); y2 <- dt(x2,10)
polygon(c(x2,rev(x2)),c(y2,rep(0,length(x2))),col="lightgray")
abline(h=0); abline(v=0,lty=2); text(-2.5,0.35,"t-분포 PDF",cex=1.3)
text(-2.1,0.02,expression(alpha/2)) # [그림 5.3]
text(2.1,0.02,expression(alpha/2)); text(0,0.2,expression(1-alpha))
arrows(-1.55,0.03,-1.8,0,length=0.1); text(-1.3,0.05,expression(-t[α/2]))
arrows(1.55,0.03,1.8,0,length=0.1); text(1.3,0.05,expression(t[α/2]))
#
```

다음은 5.3.2절의 모분산과 모비율의 신뢰구간 중에서 χ^2-분포의 신뢰구간에 대한 [그림 5.4]를 그리기 위한 R 프로그램이다.

```
# 5.3절 구간추정 - 5.3.2 모분산과 모비율 신뢰구간 - 1. 모분산 신뢰구간
# [그림 5.4] Chisq 분포를 이용한 모분산의 신뢰구간(정규모집단)
```

```
x <- seq(0,20,length=100)
plot(x, dchisq(x,6), lwd=2, type="l", col=4)
text(16,0.13,"카이제곱분포 PDF", cex=1.3)
x2 <- seq(from=1.6354, to=12.5916, by=0.001); y2 <- dchisq(x2,6)
polygon(c(x2,rev(x2)),c(y2,rep(0,length(x2))),col="lightgray")
abline(h=0); text(1,0.008,expression(alpha/2))
text(13.5,0.008,expression(alpha/2))
text(5,0.08,expression(1-alpha))
arrows(3,0.015,1.6,0,length=0.1)
text(4,0.02,expression(chi[1-α/2]^2))
arrows(10.7,0.015,12.6,0,length=0.1)
text(10,0.02,expression(chi[α/2]^2))
#
```

다음은 5.3.2절의 모분산과 모비율의 신뢰구간 중에서 F-분포의 신뢰구간에 대한 [그림 5.5]를 그리기 위한 R 프로그램이다.

```
# 5장 통계적 추정 - 5.3 구간추정 - 5.3.2 모분산과 모비율의 신뢰구간
# [그림 5.5] F-분포 이용 모분산비의 신뢰구간(정규모집단 경우)
x <- seq(0,4,length=100)
plot(x, df(x,10,10),type="l",lwd=2, col=4)
text(3.3,0.7,"F-분포 PDF",cex=1.3)
x2 <- seq(from=0.4, to=2.5, by=0.001)
y2 <- df(x2,10,10)
polygon(c(x2,rev(x2)),c(y2,rep(0,length(x2))),col="lightgray")
abline(h=0); text(2.65,0.04,expression(alpha/2))
text(0.25,0.04,expression(alpha/2))
text(0.8,0.4,expression(1-alpha))
arrows(0.5,0.06,0.4,0,length=0.1)
text(0.7,0.08,expression(f[1-α/2]))
arrows(2.36,0.06,2.5,0,length=0.1)
text(2.2,0.08,expression(f[α/2]))
#
```

A3.2.5 6장 그림

다음은 6.1.4절의 유의수준과 p-값의 의미 중에서 제1, 2종 오류간의 관계에 대한 [그림 6.2]를 그리기 위한 R 프로그램이다.

```
# 6장 가설검정 - 6.1 가설검정의 개요 - 6.1.4 유의수준과 p-값의 의미
```

```
# [그림 6.2] 제1종 오류와 제2종 오류와의 관계
xbar <- seq(1950,2200,10); xbar
f1 <- dnorm(xbar,2000,50); plot(xbar,f1,type="l", lwd=2)
f2 <- dnorm(xbar,2150,50); grid(14,11)
points(xbar,f2,type="l",col=4, lwd=2)
abline(v=2000, lty=2); abline(v=2150, lty=2, col=4)
abline(h=0); abline(v=2082.243, lty=1, lwd=1)
x2 <- seq(from=1950, to=2082.243, by=0.001); y2 <- dnorm(x2,2150,50)
polygon(c(x2,rev(x2)),c(y2,rep(0,length(x2))), col="lightblue")
x1 <- seq(from=2082.243, to=2200, by=0.001); y1 <- dnorm(x1,2000,50)
polygon(c(x1,rev(x1)),c(y1,rep(0,length(x1))), col="lightgray")
points(xbar,f1,type="l", lwd=2)
text(2082.243,0.005,"2082.243")
text(2092,0.0008,expression(alpha))
text(2070,0.0008,expression(beta))
arrows(2082.24,0.003,2100,0.003,length=0.1)
text(2115,0.003,"기각역")
arrows(2082.24,0.003,2064,0.003,length=0.1)
text(2050,0.003,"채택역")
text(2000,0.0065,expression(N(2000,50^2)))
text(2150,0.0065,expression(N(2150,50^2)))
#
```

다음은 6.1.6절의 단측검정과 양측검정 중에서 양측검정의 기각역에 대한 [그림 6.4]를 그리기 위한 R 프로그램이다.

```
# 6장 가설검정 - 6.1 가설검정의 개요 - 6.1.6 단측검정과 양측검정
# [그림 6.4] 양측검증에서 기각역 표시
x <- seq(-2,6,length=80); fx <- dnorm(x,2,1)
plot(x,fx,lwd=2, type="l", col=4, xlab="", ylab="")
x1 <- seq(from=-2, to=-0, by=0.001); y1 <- dnorm(x1,2,1)
polygon(c(x1,rev(x1)),c(y1,rep(0,length(x1))),col="lightgray")
abline(h=0); abline(v=2,lty=2)
text(3.1,0.3,expression(hat(theta))); text(3.7,0.3,"의 분포")
x2 <- seq(from=4, to=6, by=0.001); y2 <- dnorm(x2,2,1)
polygon(c(x2,rev(x2)),c(y2,rep(0,length(x2))),col="lightgray")
text(-0.35,0.02,expression(alpha/2))
text(4.35,0.02,expression(alpha/2))
arrows(0.4,0.04,0,0,length=0.1)
text(0.7,0.05,expression(c[4]))
arrows(3.6,0.035,4,0,length=0.1)
text(3.3,0.05,expression(c[3]))
text(2,0.02,expression(theta==theta[0]))
#
```

참고문헌

[1] 노맹석, 박동준, 박용범, 윤민, 이성백, 장대홍, "기초통계학 R을 이용한 통계분석", 자유아카데미, 2011년 2월, p.435

[2] 김진경, 박진호, 박헌진, 이우주, 이재준, 황진수, "통계학 R을 이용한 분석", 자유아카데미, 2016년 6월, p.547

[3] 강정흥, 강종경, 박석봉, 박재신, 방성완, "Excell과 R을 이용한 통계학의 이해와 활용", 교우사, p.412

[4] Anthony J. Hayter, 배석주(역), "이공학도를 위한 확률과 통계(Probability and Statistics for Engineers Scientists)", CENGAGE Learing, 2009년 6월, p.657

[5] Walpole, Meyers, Meyers, Ye(지음), 김봉선, 박상규, 유영관, 정수일(역), "이공학도를 위한 확률과 통계(Probability and Statistics for Engineers Scientists)", PEARSON, 2010년 3월, p.689

[6] 박정섭, "R을 이용한 공학통계 I", 자유아카데미, 2015년 2월, p.108

[7] 임태진, "R-확률통계", 생능출판, 2016년 11월, p.662

[8] 안재형, "R을 이용한 누구나 하는 통계분석", 한나래아카데미, 2014년 7월, p.232

[9] 서진수, "R라뷰(R을 이용한 데이터 분석 입문편)", 도서출판더알음, 2015년 3월, p.595

[10] 최대우, 정석오(역), Paul Gerrad, Radia M. Johnson(지음), "빅데이터 통계분석과 오픈소스 R(Mastering Scientific Computing with R)", PACKET Publishing, 성안당, 2016년 3월, p.443

[11] KoDB, "데이터 분석 전문가 가이드(Guide for Advanced Data Analytics Professional), 한국데이터베이스진흥원, 2016년 6월, p.988

[12] John W. Foreman(지음), 고석범(역), "DATA SMART(엑셀로 이해하는 데이터과학 입문)", Wiley, 에이콘출판, 2016년 9월, p.522

[13] Edward R. Dougherthy, "Probability and Statistics for the Engineering, Computing and Physical Sciences", Prentice-Hall, 1990, p.800

[14] V. K. Rohatgi, "An Introduction to the Probability Theory and Mathematical Statistics", JOHN WILLEY & SONS, 1976, p.684

[15] Carl W. Helstrom, "Probability and Stochastic Processes for Engineers", Macmillian Publishing Co., 1991, p.610

[16] Robert V. Hogg, Allen T. Craig, "Introduction to Mathematical Statistics", Macmillian Publishing Co., 1978, p.437

찾아보기

t

u

v

w

z

저자 소개

박철근
부산대학교 수학과 졸업
한국과학기술원 응용수학 석사
한국과학기술원 응용확률 박사
한국통신 통신망연구소, 선임연구원
현: 선문대학교 정보통신공학과 교수
e-mail: cgpark@sunmoon.ac.kr

한동환
서강대학교 수학과 졸업
한국과학기술원 응용수학 석사
한국과학기술원 응용확률 박사
현: 선문대학교 수학과 교수
e-mail: dhhan@sunmoon.ac.kr

R을 이용한 기초통계학

저 자 박철근 · 한동환
발 행 인 김지영
발 행 처 자유아카데미
주 소 경기도 파주시 회동길 37-42
파주출판도시
전 화 031-955-1321
팩 스 031-955-1322
홈페이지 www.freeaca.com
전자우편 main@freeaca.com (대표)
editor@freeaca.com (편집)
crm@freeaca.com (영업)
등 록 제406-2003-017호, 1980. 7. 12
제1판1쇄 2019년 9월 1일 발행
제1판2쇄 2021년 7월 10일 발행
정 가 27,000원

저자와의 협의하에 인지생략

ISBN 979-11-5808-219-2 93310